Rudolf H. Falb

Betriebswirtschaftslehre mit Rechnungswesen

für Fachoberschulen,
Berufsoberschulen,
Berufliche Gymnasien

Kieser Verlag, Neusäß

Rudolf H. Falb

**Betriebswirtschaftslehre
mit Rechnungswesen**

http://www.kieser-verlag.de

Im Internet-Angebot des Kieser-Verlages können Sie sich über Verlagsneuerscheinungen informieren.
Unter dem Stichwort „Für Ihren Unterricht" finden Sie interessante Informationen und Materialien.

Das Papier ist umweltschonend hergestellt
aus chlorfrei gebleichten Faserstoffen.

ISBN 3-8242-7901-0

1. Auflage 4 3 2 1 2002 01 00 99
Die letzte Zahl bedeutet das Jahr dieses Druckes.
Alle Drucke dieser Auflage können im Unterricht nebeneinander verwendet werden.

© 1999 Kieser Verlag GmbH, Piechlerstraße 3, 86356 Neusäß

Satz und Gestaltung: someTimes GmbH
Druck: Verlagsdruckerei Kessler

04819001

Vorwort

Das vorliegende Lehrbuch deckt die wesentlichen Inhalte der Betriebswirtschaftslehre mit Rechnungswesen von Fachoberschulen, Berufsoberschulen und anderen beruflichen Gymnasien ab.
Für das Bundesland Bayern deckt dieses Lehrwerk den Lehrplan für die 11. und 12. Klasse der Fachoberschule sowie die Vorstufe und die 12. Klasse der Berufsoberschule ab. Die Zuordnung der Inhalte zu den Schularten und zu den Jahrgangsstufen erfolgt durch farbige Markierung im Inhaltsverzeichnis.

Der Lehrstoff ist in geschlossene Kapitel so aufgegliedert, dass die Fachoberschule und die Berufsoberschule gleichermaßen – je nach Lehrplan – unterrichtet werden können.

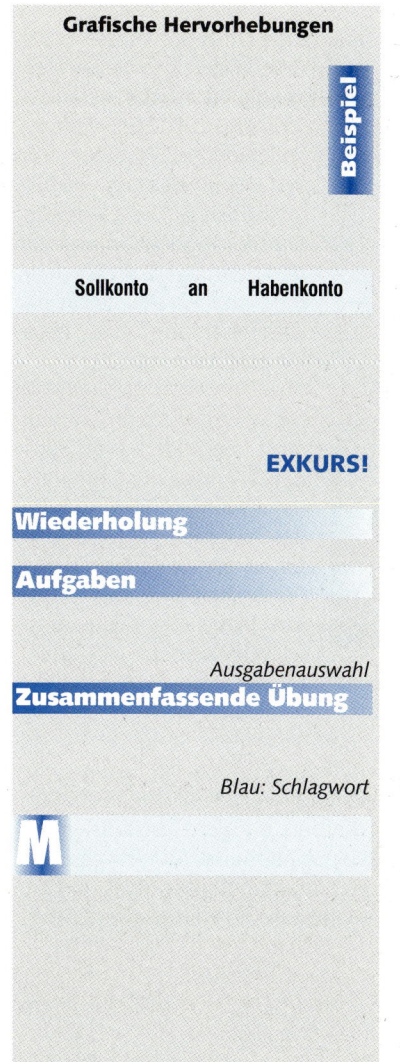

Grafische Hervorhebungen

Beispiel

Sollkonto   an   Habenkonto

EXKURS!

Wiederholung

Aufgaben

Ausgabenauswahl

Zusammenfassende Übung

Blau: Schlagwort

M

Der Stoff ist folgendermaßen schülernah aufbereitet:

- Die Problemstellungen werden einleitend am Beispiel der UMTECH GmbH, die sich vom Handelsbetrieb zum Produktionsbetrieb und von der GmbH zur Aktiengesellschaft entwickelt, sowie einer Vielzahl weiterer Beispiele aufgezeigt.
- Die UMTECH AG vertreibt und produziert Umwelttechnologie. Dadurch wird dem Unterrichtsprinzip Umweltschutz Rechnung getragen.
- Die Geschäftsbuchführung wurde vollständig in den betriebswirtschaftlichen Teil integriert. Die Buchungen finden an der Stelle statt, an der der betriebswirtschaftliche Sachverhalt besprochen wird.
- Die für die Vorstufe der Berufsoberschule konzipierten Kapitel können in der Fachoberschule als Anregung für die betriebswirtschaftlichen Übungen dienen.
- Exkurse sind eingeflochten, um eine tiefergehende Betrachtung zu ermöglichen und Zusammenhänge deutlicher herauszustellen.
- Über 200 zusammenfassende Wiederholungsfragen fordern dazu auf, das Gelernte noch einmal zu rekapitulieren.
- Über 250 komplexe Aufgaben geben Gelegenheit zum Wissenstest und zum selbstständigen Arbeiten. Sie können sowohl in der Erarbeitungsphase als auch zur Übung eingesetzt werden. Die Marginalspalte hilft bei der Ausgabenauswahl.
- In das Buch wurden vier Übungen mit zusammenfassende Fragen zur Vorbereitung auf Prüfungssituationen eingefügt, die jeweils den Stoff von ca. 1/2 Jahr abdecken.
- Blau herausgehobene Schlagworte werden in der Marginalspalte erklärt.
- Merksätze
- Der ansteigende Abstraktions- und Schwierigkeitsgrad soll auf das Studium vorbereiten.
- Der Umgang mit dem angefügten Glossar (→) und dem Stichwortverzeichnis lässt den Schüler die Grundlagen wissenschaftlichen Arbeitens einüben. Die im Glossar erklärten Begriffe sind, um zum Nachschlagen anzuregen, im Text mit einem Pfeil gekennzeichnet.
- Im Anhang befindet sich ein Kontenrahmen, der hilfreich beim Bilden von Buchungssätzen ist.

Autor und Verlagsredaktion wünschen Ihnen viel Erfolg und Spaß bei der Arbeit mit diesem Buch.

Firmenprofil der UMTECH GmbH

Die UMTECH GmbH hat sich aus einem Familienbetrieb zu einem führenden Handelsunternehmen auf dem Bereich des Umweltschutzes entwickelt.

Der Absatzmarkt wurde in den letzten Jahren kontinuierlich über die Grenzen Deutschlands hinaus in den europäischen Raum ausgeweitet. Im Rahmen der Globalisierung werden für das aufstrebende Unternehmen auch andere Märkte interessant. Technisch hochwertige Produkte kauft das Unternehmen primär im deutschprachigen Raum ein. Einfache Produkte werden im zunehmenden Umfang weltweit beschafft.

Die Aktivitäten der eigenen Belegschaft und das wachsende Umweltinteresse in der

Öffentlichkeit sowie die steigende Nachfrage veranlassen die UMTECH GmbH, hochwertige Produkte für den Umweltschutz selbst herzustellen. Die Organisation der Produktion und die Veränderungen in Beschaffung und Absatz stellen die Unternehmung vor neue Herausforderungen.

Die Organisationsstruktur muss verändert und den neuen Entwicklungen angepasst werden. Die Zahl der Beschäftigten wächst und für die Personalführung und Personalentwicklung müssen neue Konzepte entwickelt werden. Die erforderlichen Investitionen führen zu einem hohen Bedarf an finanziellen Mitteln, die die **Umwandlung der GmbH in eine Aktiengesellschaft** erzwingen. Dies hat wesentliche Auswirkungen auf das Rechnungswesen.

Die Geschäftsbuchführung und das betriebliche Rechnungswesen müssen den veränderten Anforderungen angepasst und ausgebaut werden, um der Geschäftsleitung Informationen für die notwendigen Entscheidungen zu liefern und um den gesetzlichen Anforderungen zu genügen. Die Kontrolle des Unternehmenserfolges und die konsequente Ausrichtung der Unternehmung am Markt sollen die Entwicklung langfristig sichern.

In den folgenden Kapiteln des Buches werden wir die UMTECH GmbH auf ihrem Weg zum Produktionsbetrieb und zur Aktiengesellschaft begleiten.

Die jeweiligen Lehrplaninhalte sind in Bayern wie folgt zugeordnet:

FOS 11 ▬▬▬   FOS 12 ▬▬▬   Vorstufe BOS ▬▬▬   BOS 12 ▬▬▬

FOS 11   FOS 12   Vorstufe BOS   BOS 12

BOS 12   Vorstufe BOS   FOS 12   FOS 11

FOS 11 FOS 12 Vorstufe BOS BOS 12

BOS 12   Vorstufe BOS   FOS 12   FOS 11

Teilkostenrechnung   249

BOS 12   **Vorstufe BOS**   **FOS 12**   **FOS 11**

FOS 11   FOS 12   Vorstufe BOS   BOS 12

Die UMTECH GmbH vertreibt Produkte verschiedener Hersteller, die im Bereich des Umweltschutzes eingesetzt werden. Dipl. Ing. H. Schmidt, der in der Unternehmung als technischer Berater im Vertrieb tätig ist, hat einen Filter für Feuerungsanlagen entwickelt, der die Abgasbelastung erheblich vermindert, und die Erfindung beim europäischen Patentamt angemeldet. Die UMTECH GmbH, die bisher als Handelsunternehmen keine Produktionsanlagen hat, möchte das Patent erwerben und die Produktion und den Vertrieb übernehmen. Dazu soll die vor kurzem zur Betriebserweiterung erworbene angrenzende Lagerhalle umgerüstet werden. Die bestehenden Strukturen sollen genutzt und entsprechend angepasst werden.

1 Betriebliche Grundfunktionen

Zur Integration der Fertigung in den bisherigen Geschäftsablauf wird folgende räumliche Aufteilung geplant.

altes Geschäftsgebäude

neues Fabrikationsgebäude

Die Abteilungen geben Aufschluss über die Funktionen, die ein Industriebetrieb erfüllen muss. Der neue Fertigungsbetrieb produziert Filter, die sowohl in privaten Haushalten (Endverbraucher) als Konsumgüter Verwendung finden als auch in anderen Betrieben als Investitionsgüter eingesetzt werden können.

Die **Beschaffung** stellt in erster Linie die Versorgung mit Werkstoffen sicher. Es werden Rohstoffe (→), Hilfsstoffe (→) sowie Betriebsstoffe (→) eingekauft. In zunehmendem Umfang werden Teile der Produktion an Zulieferer ausgelagert (**Outsourcing** (→)). Die Überlegung, ob Teile des Endproduktes selbst produziert oder von Systempartnern als Fremdbauteile bezogen werden, steht häufig im Zentrum des Entscheidungsprozesses.

Bei der Aufnahme oder Erweiterung der Produktion sowie zum Ersatz alter Maschinen müssen Betriebsmittel beschafft werden. Da diese über mehrere Jahre genutzt werden und erhebliche finanzielle Mittel binden, muss die Abwägung besonders sorgfältig erfolgen.

Im weiteren Sinn gehört auch die Versorgung des Betriebes mit Personal und mit Finanzmitteln zur Beschaffungsfunktion.

Vor dem Hintergrund eines zunehmenden Umweltbewusstseins ist auch die Entsorgung von Abfällen und das **Recycling** (→) von zurückgenommenen Altprodukten eine Aufgabe der Beschaffungswirtschaft.

Die Beschaffung versorgt den Betrieb mit den notwendigen Gütern.

Outsourcing: Verlagerung der Produktion auf Zulieferer

Recycling: Rückführung von Abfällen

Auf Grund der vielfältigen Aufgaben hat die Beschaffung wesentlichen Einfluss auf Kosten und Logistik (→).

Im Rahmen der Just-in-time-Beschaffung wird die Lagerhaltung verringert.

Die **Lagerhaltung,** die teilweise der Beschaffung zugeordnet werden kann, dient dem Ausgleich von Unregelmäßigkeiten zwischen Beschaffung, Produktion und Absatz. Neben den beschafften Betriebsmitteln werden Fertigerzeugnisse gelagert, um eine gleichmäßige Produktion bei schwankendem Absatz zu ermöglichen. Zwischenläger für unfertige Erzeugnisse dienen der Abstimmung der Fertigung zwischen Werkstätten und Produktionseinrichtungen. Durch Just-in-time-Beschaffung (→) und Just-in-time-Produktion (→) soll die Beschaffung der Produktion bzw. die Produktion dem Absatz angepasst und die Lagerhaltung abgebaut werden. Um Produktions- bzw. Absatzstockungen vorzubeugen, siedeln sich Zulieferer mit Zweigbetrieben häufig in der Nähe ihrer Abnehmer an.

Die Produktion steht im Zentrum des Industriebetriebes CIM, PPS: Die Datenverarbeitung unterstützt die Fertigung.

Die **Produktion** ist die zentrale Aufgabe des Industriebetriebes. Dabei kann der Betrieb selbst im Inland produzieren, die Produktion ins kostengünstigere Ausland verlagern oder von Fremdfirmen produzieren lassen. Entscheidet sich der Betrieb für die eigene Produktion, so muss die Geschäfts- und Betriebsleitung das Fertigungsverfahren, die Fertigungsart sowie den Einsatz von Maschinen, Robotern und der Informationsverarbeitung (CIM (→), PPS (→)) festlegen. Damit wird die Produktivität, die Flexibilität und die Qualität der Produktion langfristig bestimmt.

Marketing: Der Betrieb wird am Markt ausgerichtet.

Der **Absatz** stellt sicher, dass die produzierten Güter auf dem Markt abgesetzt werden. Seine Bedeutung hat in den letzten Jahrzehnten zugenommen. Die Globalisierung der Märkte hat das Angebot an Gütern qualitativ und quantitativ vergrößert. Um der wachsenden Konkurrenz zu begegnen, müssen die Betriebe ihre Produkte von der Entwicklung bis zum Absatz am Markt ausrichten. Die ganze Unternehmung muss im

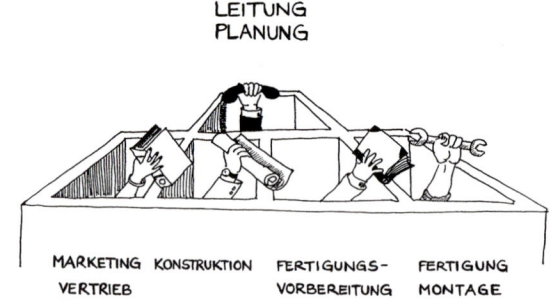

Rahmen eines integrierten Marketings Problemlösungen für die Kunden anbieten und den Absatz durch einen gezielten Einsatz von Werbung, Verkaufsförderung, Preispolitik usw. steuern.

Die Liquidität (Zahlungsfähigkeit) muss durch die Finanzierung gesichert werden.

Ziel der **Finanzierung** ist es, das Unternehmen mit Eigen- und Fremdkapital zu versorgen, um die notwendigen Investitionen und die Produktion zu finanzieren. Die Suche und die Aufnahme von Gesellschaftern bzw. die Ausgabe junger Aktien sowie die Kreditaufnahme bei Banken, Lieferanten und anderen Kapitalgebern zu möglichst günstigen Konditionen stehen im Mittelpunkt. Durch die Planung von Einnahmen und Ausgaben sowie den Ausgleich kurzfristiger Engpässe wird die Zahlungsfähigkeit zu jedem Zeitpunkt sichergestellt (Liquidität (→)). Überschüsse, die nicht sofort in den Produktionsprozess reinvestiert werden können, werden auf dem Kapitalmarkt günstig angelegt.

Die **Geschäftsbuchführung** zeichnet alle die Unternehmung betreffenden finanziellen Vorgänge zur Rechenschaftslegung und Kontrolle nach innen und außen auf. Im Industriebetrieb ist zusätzlich die Erfassung und Auswertung der für die Leistungserstellung notwendigen Vorgänge in der **Kosten- und Leistungsrechnung** als Planungs- und Entscheidungshilfe notwendig.
Das **Controlling** befasst sich, ausgehend von den vorliegenden Werten des Rechnungswesens mit der langfristigen und kurzfristigen Planung und Sicherung des Unternehmungserfolgs.

Informationen sind für die Unternehmensführung unverzichtbar.

Die **Unternehmensführung** (Management), die Planung, Entscheidung, Kontrolle und Organisation umfasst, beschränkt sich nicht nur auf die Geschäftsleitung, sondern durchzieht auch das mittlere und untere Management. Sie ist über die Personalführung eng mit dem Personalwesen verbunden, das zusätzlich die Personalplanung und die Aus- und Weiterbildung umfasst.

Eine funktionierende **Informationswirtschaft** stellt für den Betrieb in zunehmendem Maße einen entscheidenden Wettbewerbsvorteil dar. Alle betriebswirtschaftlichen Vorgänge müssen geplant und kontrolliert werden. Insbesondere für die Fertigung ist ein Planungs- und Kontrollsystem von entscheidender Bedeutung. Die interne Beschaffung von Informationen erfolgt über das Rechnungswesen, die betriebliche Statistik usw. Extern werden Informationen über Kunden, Lieferanten, Konkurrenten usw. von Reisenden, Datenbankanbietern, dem Internet usw. eingeholt. Die aufbereiteten Daten sind für die Unternehmensleitung die Basis für betriebswirtschaftliche Entscheidungen.

Die betrieblichen Funktionen können nicht isoliert betrachtet werden. Sie sind auf mehreren Ebenen miteinander verbunden und überschneiden sich.

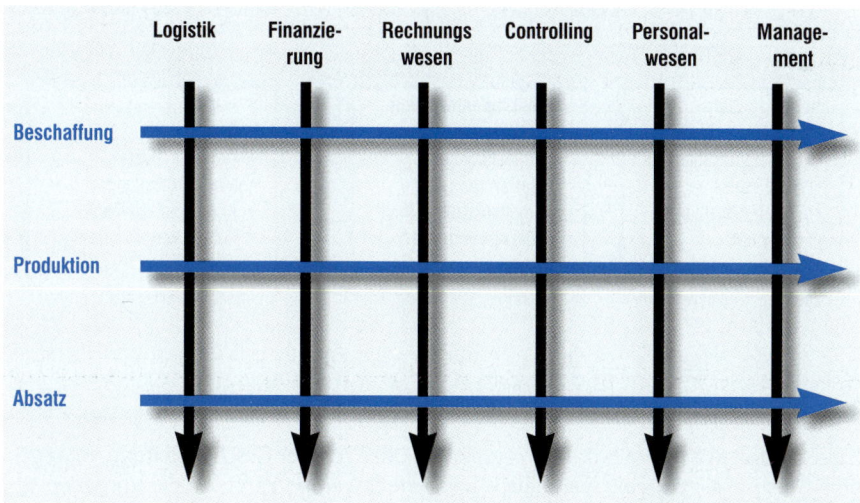

Matrixgliederung betrieblicher Funktionen

2 Ziele der Unternehmung

2.1 Ökonomisches Prinzip

Das wirtschaftliche Handeln eines Betriebes orientiert sich am ökonomischen Prinzip. Die UMTECH GmbH als marktwirtschaftliches und gewinnorientiertes Unternehmen wird nach Gewinnmaximierung und hoher Rentabilität streben. Sie folgt damit dem Maximalprinzip.

> **Maximalprinzip: Mit gegebenen Mitteln die höchste mögliche Leistung erzielen.**

Öffentliche Betriebe wie z. B. die Stadtwerke streben häufig nach Kostenminimierung und hoher Produktivität. Sie folgen dem Minimalprinzip.

> **Minimalprinzip: Eine vorbestimmte Leistung mit den geringsten Mitteln erzielen.**

Bei der Planung der Kosten für einzelne Funktionsbereiche oder Investitionsobjekte sowie bei der Abwicklung von Kundenaufträgen spielt das Minimalprinzip auch in gewinnorientierten Betrieben eine große Rolle.

2.2 Einteilung unternehmerischer Ziele

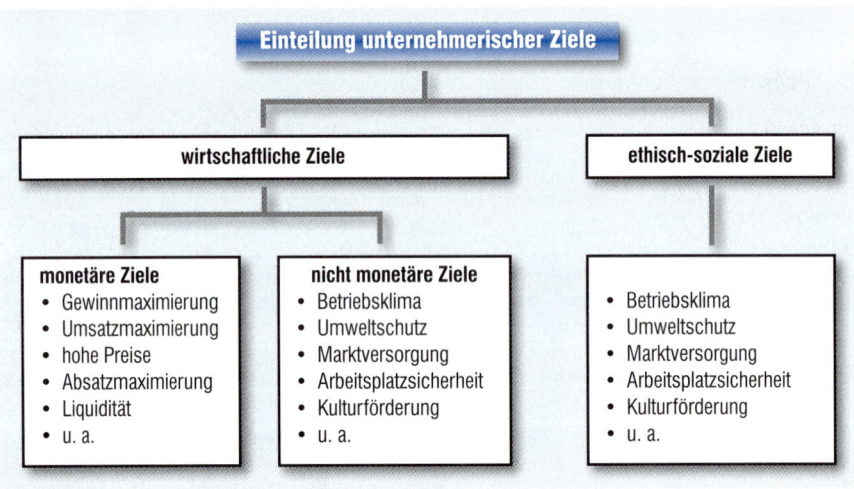

2.3 Operationalisierung von Zielen

Die Zielerreichung muss nachprüfbar sein

Ziele werden mit den Mitarbeitern vereinbart oder von der Geschäftsleitung vorgegeben. Dies ist nur sinnvoll, wenn auch festgestellt werden kann, ob die Vorgaben erreicht wurden. Deshalb müssen Ziele **operationalisiert,** d. h. nachprüfbar, gemacht werden. Der **Zielinhalt**, das **Zielausmaß** und der **Zeitbezug** sind möglichst genau festzulegen. Für die UMTECH GmbH und einige ausgewählte Funktionen können folgende operationalisierte Ziele vorgegeben werden:

monetäre Ziele	Funktion	nicht monetäre Ziele
Steigerung des Gewinns vor Steuern um 10 % im nächsten Geschäftsjahr.	Management	Betriebsklima: Verminderung der Fluktuation (→) um 15 % im nächsten Geschäftsjahr.
Senkung des Einstandspreises für Stahlblech um 3 % im nächsten Jahr.	Beschaffung	Umweltschutz: Beim Bezug von Rohstoffen soll der Anteil der Einwegverpackungen im nächsten Jahr auf maximal 20 % gesenkt werden.
Die Fixkosten der Produktion dürfen im nächsten Jahr 850.000 € nicht übersteigen.	Produktion	Qualität: Im ersten Jahr der Produktion dürfen die Gewährleistungen 5 % des Umsatzes nicht übersteigen.
Im Jahr der Markteinführung soll der Umsatz mindestens 1,5 Millionen € betragen.	Absatz	Bekanntheitsgrad: 10 % aller Befragten sollen die Produkte der Unternehmung kennen.
Der Bestand an liquiden Mitteln soll im nächsten Jahr nicht unter 30 % der kurzfristigen Verbindlichkeiten absinken.	Finanzierung	Unabhängigkeit: Der Anteil eines Gläubigers am Fremdkapital soll 15 % nicht übersteigen.

2.4 Zielbeziehungen

In der Regel werden in der Unternehmung mehrere Ziele vorgegeben. Beeinflussen sich die Ziele gegenseitig nicht, so spricht man von **indifferenten Zielen.** Z. B. wird sich das Ziel, niedrige Einstandspreise auszuhandeln, zum Ziel einer niedrigen Fluktuationsrate neutral verhalten.

Ziele können sich gegenseitig fördern oder beeinträchtigen

In vielen Fällen wird, wenn ein Ziel verfolgt wird, ein anderes Ziel beeinträchtigt. In diesem Fall spricht man von **konkurrierenden Zielen** (A). So dürfte das Ziel, den Anteil an Mehrwegverpackungen bei den Rohstofflieferungen zu erhöhen, das Ziel, niedrige Einstandspreise zu erreichen, negativ beeinflussen. In diesem Fall muss entschieden werden, welches Ziel Priorität hat bzw. in welchem Umfang die Zielerreichung jeweils beeinträchtigt werden darf. Andererseits wird das Ziel der niedrigen Einstandspreise das Ziel der Gewinnmaximierung unterstützen. Es handelt sich deshalb um **komplementäre Ziele** (B). Wird das eine Ziel angestrebt, so wird automatisch auch das andere Ziel unterstützt.

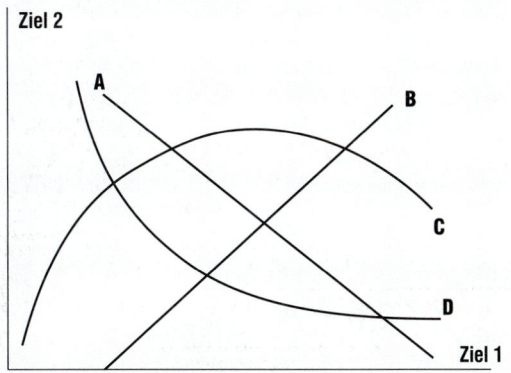

Zielbeziehungen

Häufig **wechseln die Zielbeziehungen** (C), wenn sich die Intensität ändert, mit der das jeweilige Ziel angestrebt wird. Zwei Ziele sind in bestimmten Bereichen komplementär und in anderen Bereichen konkurrierend. So wird eine Erhöhung des Marktanteils in der Regel auch den Gewinn steigern. Soll der Marktanteil jedoch um jeden Preis ausgeweitet werden und wird dieses Ziel durch einen aggressiven Wettbewerb über massive Preissenkungen angestrebt, so werden die beiden Ziele konkurrierend. Der höhere Marktanteil wird durch einen sinkenden Gewinn erkauft. Oft wird zwischen konkurrierenden Zielen eine **nicht-lineare Beziehung** (D) bestehen. Soll z. B. die Qualität der Produktion, ausgehend von einem niedrigen Niveau, um 10 % erhöht werden, so wird die dafür notwendige Kostensteigerung relativ gering sein. Soll die Qualität jedoch weiter erhöht werden, so werden die Kosten stärker anwachsen. Für das Ziel einer höheren Qualität müssen immer höhere Kosten in Kauf genommen werden.

2.5 Zielhierarchie

Ziele müssen in eine Rangfolge gebracht werden

In jeder Unternehmung werden viele Ziele nebeneinander vereinbart und vorgegeben. Da diese komplementär, konkurrierend oder indifferent sein können, müssen die Ziele nach der Priorität geordnet werden. In einer Zielhierarchie werden von Oberzielen Unterziele abgeleitet und mögliche Zielkonflikte aufgezeigt sowie Prioritäten festgelegt. Ziele, die sich nicht aus höheren Zielen ableiten lassen, aber trotzdem verfolgt werden sollen (autonome Ziele), werden eingefügt und auf ihre Zielbeziehungen überprüft.

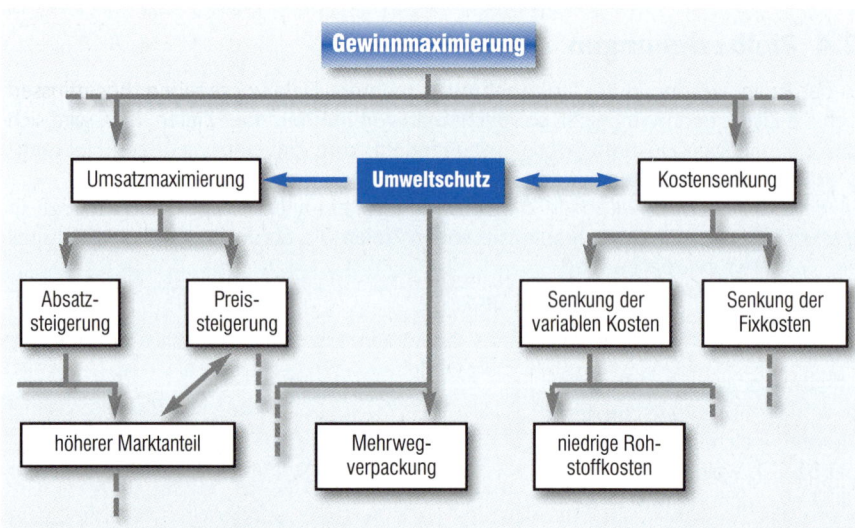

Zielhierarchie (nicht operationalisiert)

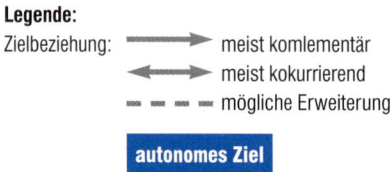

3 Transformations- und Informationsprozess

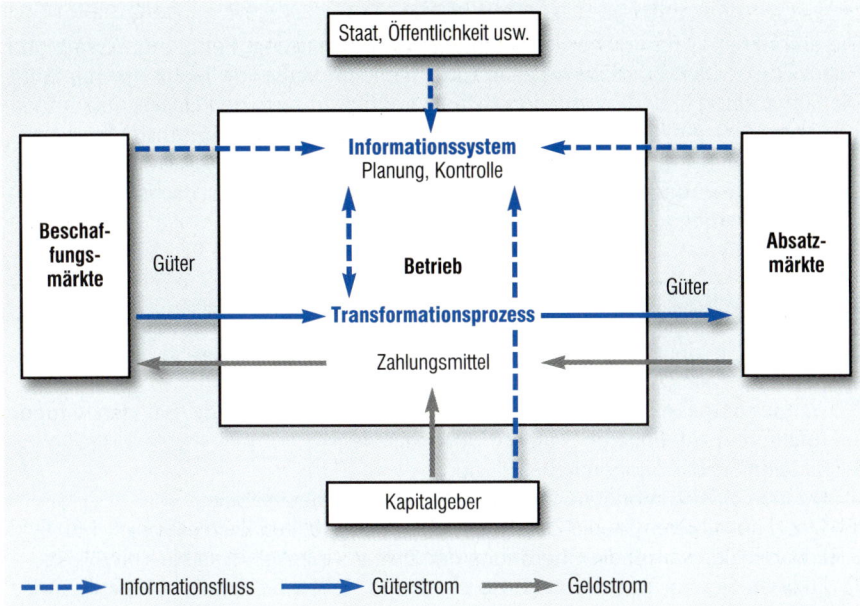

Staat, Öffentlichkeit usw.

Beschaf-
fungs-
märkte

Informationssystem
Planung, Kontrolle

Betrieb

Transformationsprozess

Güter

Güter

Zahlungsmittel

Absatz-
märkte

Kapitalgeber

---▶ Informationsfluss   ──▶ Güterstrom   ──▶ Geldstrom

Der Betrieb beschafft Roh-, Hilfs- und Betriebsstoffe sowie Fertigbauteile und Dienstleistungen auf den Beschaffungsmärkten und wandelt sie durch den Einsatz von
Arbeit und Betriebsmitteln in Fertigerzeugnisse um. Dieser Prozess kann relativ einfach sein oder äußerst komplexe Produktionsvorgänge erfordern (Automobilproduk-
tion). Er kann wenige Minuten aber auch Jahre in Anspruch nehmen. Die Fertigerzeugnisse werden auf den Absatzmärkten abgesetzt. Dem Güterstrom steht ein
Zahlungsmittelstrom gegenüber. Die beschafften Werkstoffe, aber auch die Maschinen und die eingesetzte Arbeit, müssen bezahlt werden. Die Fertigerzeugnisse werden von den Abnehmern bezahlt. Mit diesen Einnahmen können die Ausgaben be-
stritten werden. Der zeitliche Unterschied zwischen Einnahmen und Ausgaben (Vorlagezeit, time-lag), der durch die Fertigungsdauer, die Lagerdauer, das Zahlungsziel
und die notwendigen Investitionen bestimmt wird, muss durch die Beschaffung von
Kapital (Finanzierung) überbrückt werden.

*Industriebetriebe stel-
len aus Werkstoffen
mit Hilfe von Arbeit
und Betriebsmitteln
neue Güter her.*

Zur Planung und Kontrolle des Güter- und Zahlungsmittelstroms benötigt der Betrieb
Informationen. Sollen z. B. Rohstoffe beschafft werden, so müssen Angebote und damit Informationen über den Preis, die Lieferbedingungen usw. eingeholt werden. Um
die zu bestellende Menge zu ermitteln, benötigt die Beschaffungsabteilung Daten
über den voraussichtlichen Absatz und den Verbrauch je Fertigerzeugnis. Für den
Transport der Rohstoffe sind Informationen über die Transportwege, die Transportmittel, Umweltschutzbestimmungen usw. erforderlich. Die Informationen werden von
den jeweiligen Abteilungen, von speziellen mit Informationsverarbeitung betrauten
Abteilungen (Rechnungswesen, Controlling, Marktforschung, Datenverarbeitung
usw.) oder von externen Anbietern (Marktforschungsinstitute, Personalberatung
usw.) zur Verfügung gestellt. In zunehmendem Maße werden elektronische Medien
(Internet, Datenbanken, CD-ROMS usw.) zur Informationsgewinnung genutzt.
Damit die gewonnenen Daten als Entscheidungsgrundlage dienen können, müssen
sie aufbereitet werden. So müssen z. B. eingegangene Angebote in Tabellen gegenüber gestellt werden, um sie zu vergleichen und den günstigsten Lieferanten auszu-

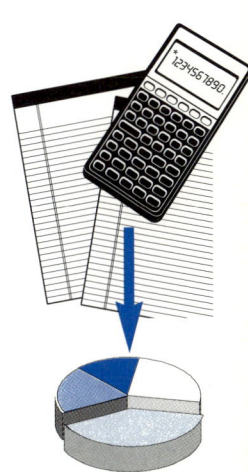

wählen. Daten über die Erlöse können zur Beurteilung des Umsatzes in Diagrammen dargestellt werden.

Die erhobenen Daten dienen der Planung von Beschaffung, Fertigung, Absatz und Finanzierung. Dabei wird die Arbeit in zunehmendem Maße von Teams durchgeführt. Die Entwicklung in der Informationstechnik ermöglicht auch den Einsatz von virtuellen Teams (→). Am Ende einer Periode können Planungsdaten und Istdaten verglichen und der Transformationsprozess und die Zahlungsströme kontrolliert werden. Die daraus gewonnen Daten können wieder zur Planung für die nächsten Perioden eingesetzt werden.

Wiederholung

1. Nennen Sie die Grundfunktionen eines Betriebes und ordnen Sie sie den Funktionsbereichen (Abteilungen) Ihres Praktikumsbetriebes zu.
2. Handelsbetriebe und Industriebetriebe weisen Unterschiede bei den Grundfunktionen auf. Erklären Sie diese Unterschiede.
3. Erklären Sie das ökonomische Prinzip.
4. Nennen Sie drei monetäre Ziele und drei nicht monetäre Ziele.
5. Operationalisieren Sie die Ziele in der oben dargestellten Zielhierarchie.
6. Erklären Sie, warum die Einordnung der Ziele in eine Zielhierarchie sinnvoll ist.
7. Erklären Sie den Transformationsprozess und stellen Sie den Zusammenhang zu Finanzierungsvorgängen her.
8. Nennen Sie Informationen, die der Betrieb zur Planung des Absatzes seiner Produkte benötigt.
9. Ordnen Sie die Vorgänge des Transformations- und Informationsprozesses den betrieblichen Grundfunktionen zu.

Aufgaben

Grundfunktionen
1. Die UMTECH GmbH, die Produkte aus dem Bereich des Umweltschutzes vertreibt und produziert, möchte, um ihr Image zu verbessern, den Umweltschutz im eigenen Haus verbessern. Dies wirkt sich auf die betrieblichen Grundfunktionen aus. Nennen Sie für jede Funktion eine Auswirkung.

Ziele
2. „... Unser Maßstab ist der internationale Wettbewerb. Wir arbeiten ergebnisorientiert und streben nach herausragendem Erfolg und dauerhafter Wertsteigerung. Das sichert uns die nötige Handlungsfreiheit und schafft Vertrauen. Wir ergreifen die Maßnahmen, die für den wirtschaftlichen Erfolg notwendig sind, und optimieren sie nach Zeit, Qualität und Kosten. ..." (Siemens, Geschäftsbericht 1997, S. 4, Unser Leitbild)
    a) Operationalisieren Sie zwei der oben genannten Ziele.
    b) Entwerfen Sie aus den Angaben eine Zielhierarchie mit mindestens zwei Ebenen.
    c) Zeigen Sie an den genannten Zielen den Unterschied zwischen komplementären und konkurrierenden Zielen.

Transformationsprozess
3. Beschreiben Sie den Transformationsprozess an der Filterproduktion der UMTECH GmbH.
4. Die Aufnahme der Filterproduktion wird das Informationssystem der UMTECH GmbH verändern. Der Geschäftsleiter und der neu eingestellte Betriebsleiter wollen feststellen, welche finanziellen Mittel sie für den Aufbau der Produktion benötigen. Diskutieren Sie dieses Problem und beschreiben Sie, wie die notwendigen Informationen beschafft werden können.

Personalwirtschaft/Unternehmensführung

Beispiel

Die UMTECH GmbH benötigt für die Fertigung und die Fertigungsplanung Personal. Die bestehenden Abteilungen müssen verstärkt und geeignete Führungskräfte (Betriebsleiter, Meister usw.) eingestellt werden. Unter der Leitung des Personalchefin A. Müller soll eine Arbeitsgruppe eingerichtet werden, die die Veränderungen im Personalbereich planen und durchführen soll.

1 Personalinformationssystem

Um die Personalwirtschaft den gestiegenen Anforderungen anzupassen, wurde in vielen Betrieben ein EDV-gestütztes Personalinformationssystem aufgebaut.

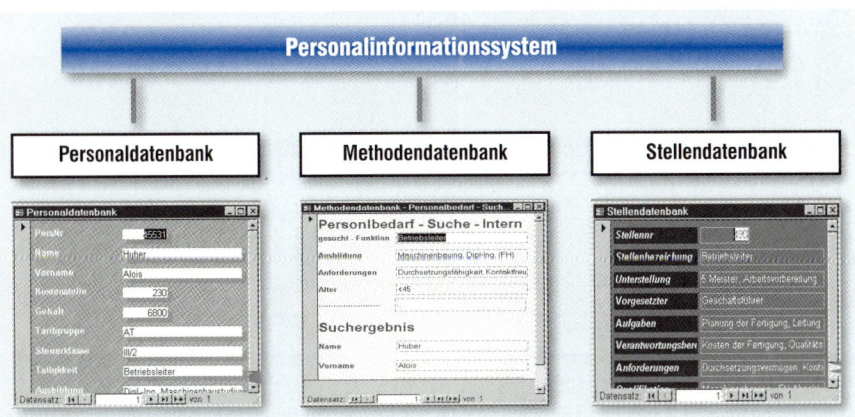

In der Personaldatenbank sind die Stammdaten der Mitarbeiter gespeichert. Sie enthält vom Namen über das Gehalt bis hin zur Beurteilung alle wesentlichen Informationen. Um den Datenschutz zu gewährleisten, muss der Zugang zu den jeweiligen Daten geregelt werden. Dies geschieht durch Zugangsberechtigungen und Passwörter, die dem jeweiligen Nutzer nur die für ihn notwendigen Daten abrufbar machen und die Personen, die Änderungen vornehmen dürfen, begrenzt. Bei der Speicherung und bei dem Umgang mit den persönlichen Daten muss das **Bundesdatenschutzgesetz** beachtet werden. Die Mitarbeiter haben ein Auskunfts- und Berichtigungsrecht. Ferner dürfen nur für das Arbeitsverhältnis notwendige Daten gespeichert werden.

In der Stellendatenbank sind die Stellen mit deren jeweiliger Beschreibung, den Anforderungen, der organisatorischen Einordnung usw. abgespeichert.

Die Methodendatenbank enthält Anwendungen, mit denen die gespeicherten Daten ausgewertet werden können. So können mit ihrer Hilfe z. B. für eine neue Stelle Mitarbeiter aus dem eigenen Unternehmen gesucht oder geeignete Teilnehmer für eine Weiterbildungsmaßnahme ausgewählt werden.

Es können auch andere eigene Datenbanken oder externe Datenbanken genutzt werden. Bei der Einrichtung eines Personalinformationssystems sind die Mitbestimmungsrechte des **Betriebsrates** (BetrVerfG § 87) zu beachten.

Personalinformtionssysteme bieten für den Betrieb erhebliche Vorteile. Sie beschleunigen Arbeitsabläufe, unterstützen Entscheidungsprozesse, sparen Kosten, vermindern den Papieranfall, sind aktuell und verbessern die Information. Es besteht jedoch auch die Gefahr von Fehldeutungen und dem Missbrauch der Informationen.

Personalinformationssysteme müssen gesetzliche Vorschriften beachten.

2 Personalplanung

Im Rahmen der Personalplanung muss zunächst mit Hilfe des Personalinformationssystems, der Personalbestand und der Personalbedarf abgeglichen werden. Die Anzahl der benötigten neuen Stellen für die Fertigung kann durch eine exakte Analyse oder mit Hilfe von Erfahrungswerten erfolgen.

Beispiel

$$\text{Produktivität} = \frac{\text{Output}}{\text{Input}}$$

In vergleichbaren Fertigungseinrichtungen liegt die Arbeitsproduktivität (→) bei 50 Filtern pro Mitarbeiter und Monat. Im ersten Jahr sollen pro Monat 1.500 Filter gefertigt werden.

$$\text{Arbeitsproduktivität} = \frac{\text{Filter}}{\text{Mitarbeiter in der Fertigung}}$$

$$\text{Mitarbeiter in der Fertigung} = \frac{\text{Filter}}{\text{Arbeitsproduktivität}}$$

$$\text{Mitarbeiter in der Fertigung} = \frac{1.500}{50} = 30 \text{ Mitarbeiter}$$

Bei der Ermittlung des Nettobedarfs durch eine exakte Analyse sind folgende Faktoren zu berücksichtigen:

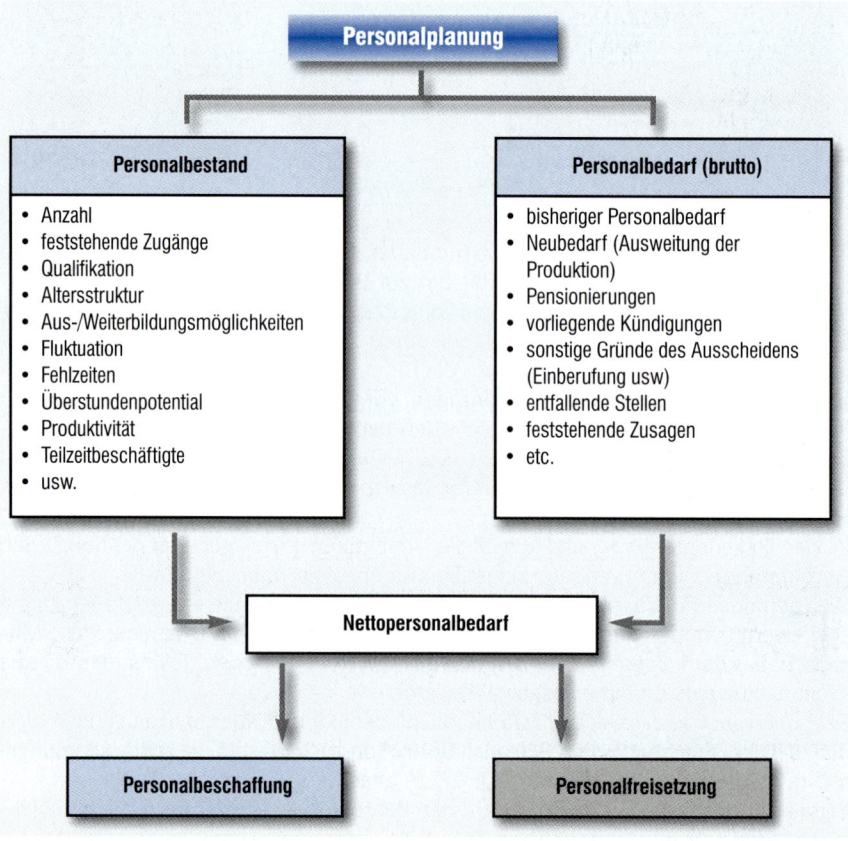

Bei der UMTECH GmbH wird auf Grund der Betriebsausweitung eine Personalbeschaffung notwendig sein.

2.1 Personalbeschaffung

Auf Grund der in den Stellenbeschreibungen festgelegten Daten werden nun Personalanforderungen erstellt. Sie enthalten u. a.:

• Tätigkeitsbeschreibung	• Alter
• allgemeine Anforderungen	• Gehalt
• sachliche Anforderungen	• Vorgesetzte
• gesundheitliche Anforderungen	• unterstellte Mitarbeiter
• gewünschte Erfahrungen	• Grund des Bedarfs
• Ausbildung	• Besonderheiten

Der Personalbedarf kann intern oder extern gedeckt werden. Die **interne Beschaffung** kann durch Verlängerung der Arbeitszeit (Überstunden etc.), durch Qualifizierungsmaßnahmen oder durch innerbetriebliche Bewerbungen evtl. kombiniert mit einer gezielten Personalentwicklung erfolgen.

Interne Personalbeschaffung

Ist der Bedarf zu groß oder sind keine internen Bewerber vorhanden, so wird eine **externe Beschaffung** eingeleitet. Die Besetzung kann durch persönlich vorsprechende Bewerber, über die Arbeitsverwaltung, Zeitungsanzeigen, Personalberater usw. erfolgen. Bei schwankender Auslastung können auch Personalleasing (→) (Zeitarbeitsfirmen) oder die Vergabe von Werkverträgen in Frage kommen.

Externe Personalbeschaffung

Als führendes Unternehmen im Bereich Umweltschutztechnik suchen wir für unsere neue Produktionsstätte zum baldmöglichen Eintritt eine/n junge/n motivierte/n

Maschinenbau-Ingenieur/in
(Dipl.-Ing. (FH))

Sie haben Erfahrung in der Konstruktion und mit 3-D-Systemen zur normgerechten Zeichnungserstellung
Wir bieten Ihnen einen interessanten Aufgabenbereich und gute Austiegsmöglichkeiten.

UMTECH GmbH
90429 Nürnberg, Roonstraße 27

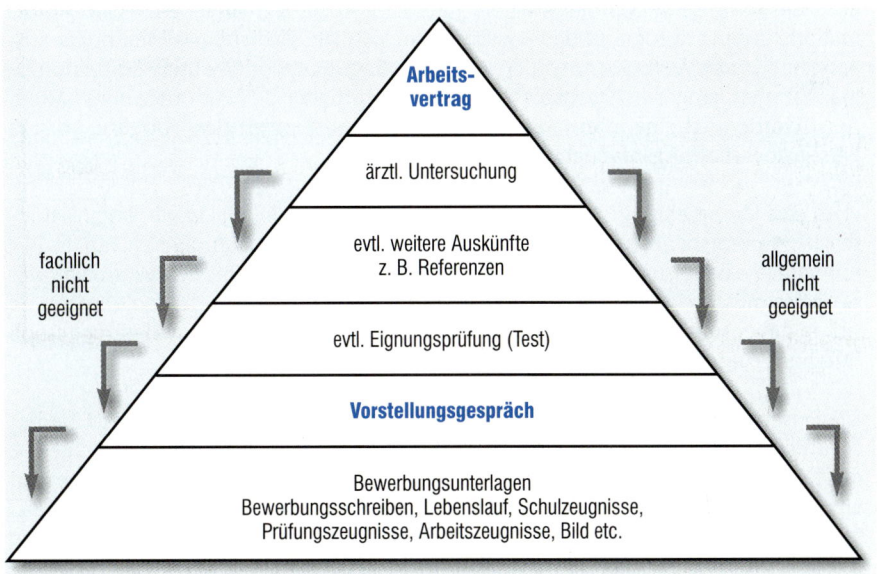

Die Einstellung neuer Mitarbeiter stellt für den Betrieb ein erhebliches finanzielles Risiko dar. Bei einer Fehlbesetzung fallen neben den Aufwendungen für die internen oder externen Beschaffungsmaßnahmen (Inserate etc.) die Kosten der Auswahl (Sichtung der Unterlagen, Vorstellungsgespräch, Tests usw.) und die Kosten für die

Assessment Center: Beurteilung der Kandidaten in realitätsnahen Situationen

Einarbeitung an. Ferner können ungeeignete Mitarbeiter erhebliche Schäden verursachen und genießen nach Ablauf der Probezeit den üblichen Kündigungsschutz. Personalentscheidungen werden deshalb, insbesondere wenn Führungspositionen zu besetzen sind, wie Investitionen gründlich vorbereitet. **Assessment Centers** (→) in denen ausgewählte Kandidaten realitätsnahen Situationen ausgesetzt werden und ihre Reaktion und ihr Verhalten getestet wird, sollen das Risiko vermindern. Bei der Neueinstellung und bei der Personalplanung hat der Betriebsrat umfangreiche Informations- und Mitbestimmungsrechte.

2.2 Personaleinsatz

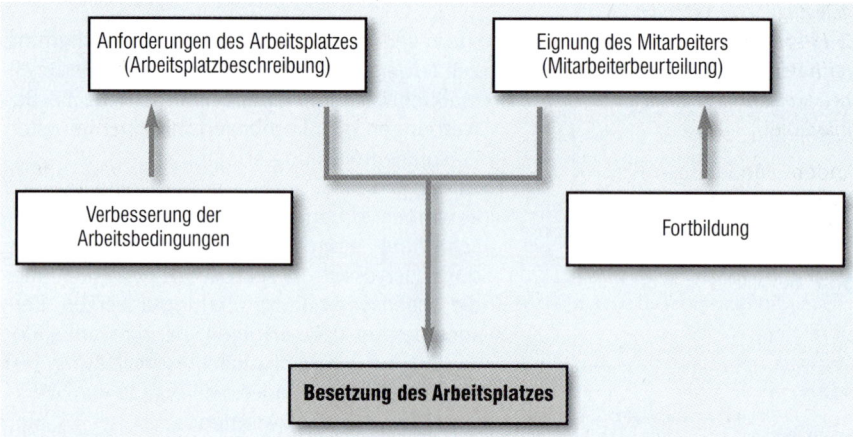

Bei der Planung des Personaleinsatzes spielt sowohl die Eignung des Mitarbeiters als auch die Anforderungen des Arbeitsplatzes eine Rolle. Mit Hilfe des Personalinformationssystems werden für den jeweiligen Arbeitsplatz die richtigen Mitarbeiter ausgewählt. Durch Verbesserung der Arbeitsbedingungen oder durch Fortbildungsmaßnahmen kann der Arbeitsplatz bzw. der Mitarbeiter den Anforderungen angepasst werden. Ist eine interne Besetzung des Arbeitsplatzes nicht möglich, so sind Personalbeschaffungsmaßnahmen notwendig.

Wird eine Umbesetzung der Arbeitsplätze z. B. durch Krankheit, Urlaub, organisatorische Änderungen, verändertes Produktionsprogramm oder Nachfrageschwankungen notwendig, so werden erhöhte Anforderungen an die Flexibilität der Mitarbeiter gestellt. Sie müssen in der Lage sein, auch die Tätigkeiten anderer zu übernehmen und sich in neue Aufgaben einzuarbeiten. Dies kann durch Fortbildungsmaßnahmen, Job Rotation(→), teilautonome Arbeitsgruppen (→) etc. erreicht werden.

Die Einsatzplanung ist u. a. von der Beschäftigungslage abhängig. Bei einer Überbeschäftigung werden Überstunden und evtl. die Erhöhung des Personals durch Neueinstellungen oder Personalleasing notwendig. Die Mehrarbeit ist in der Regel mit Überstundenzuschlägen bzw. Schichtzuschlägen und einer Verminderung der Leistung verbunden und nur im Rahmen der gesetzlichen und tariflichen Bestimmungen möglich. Neueinstellungen führen zu langfristigen Bindungen und Personalleasing ist eine relativ teuere Lösung.
Unterbeschäftigung kann durch Kurzarbeit oder Entlassungen überbrückt werden. Kurzarbeit wirkt sich in der Regel ungünstig auf die Kostenstruktur aus. Entlassungen sind nur im Rahmen der arbeitsrechtlichen Bestimmungen möglich und aus sozialen Gründen problematisch. Ferner verliert der Betrieb qualifizierte Fachkräfte.

Beschäftigungsschwankungen können aber auch durch eine Flexibilisierung der Arbeitszeit ausgeglichen werden. Es kann z. B. im Rahmen eines Arbeitszeitkontos eine Jahresarbeitszeit (oder Monatsarbeitszeit) festgesetzt werden. Die tatsächliche Arbeitszeit wird dann in Wochen- oder Monatseinsatzplänen geregelt. Kapazitätsorientierte variable Arbeitszeiteinteilungen (**Kapovaz** (→)) vermindern die Kosten und erhöhen die Flexibilität des Betriebes. Wenn sich die Interessen des Betriebes und des Mitarbeiters vereinbaren lassen, so bringt dies auch für den Mitarbeiter Vorteile. Die Grenzen der Flexibilisierung gibt Artikel 1 § 4 BeschFG vor :

Kapovaz: Kapazitätsorientierte variable Arbeitszeit

1. Die Dauer der Arbeitszeit ist vertraglich zu regeln; sie kann nicht der Weisung des Arbeitgebers (Direktionsrecht) überlassen werden. Ist eine bestimmte Dauer der Arbeitszeit nicht festgelegt, gilt eine wöchentliche Arbeitszeit von zehn Stunden als vereinbart. -
2. Es kann vereinbart werden, dass die Lage der Arbeitszeit am Tag (oder Woche oder Monat) nach Bedarf angesetzt wird, allerdings mit viertägiger Ankündigungsfrist. Ist die tägliche Dauer der Arbeitszeit nicht vereinbart, ist der Arbeitgeber verpflichtet, den Arbeitnehmer jeweils für mindestens drei aufeinander folgende Stunden zur Arbeitsleistung in Anspruch zu nehmen.

Andere Modelle zur Flexibilisierung der Arbeitszeit, wie z. B. Gleitzeitarbeit, Altersteilzeit, Telearbeit, Arbeitszeit à la carte können den Personaleinsatz positiv oder negativ beeinflussen.

2.3 Personalentwicklung

Die Betriebe können dem internationalen Konkurrenzdruck nur standhalten, wenn sie qualifizierte und motivierte Mitarbeiter haben. Die Qualifikation der Mitarbeiter muss deshalb durch betriebliche Maßnahmen gefördert werden.

Betriebliche Maßnahme	Ziel der Maßnahme
Ausbildung	Ausbildung in einem Ausbildungsberuf (i. d. R. Erstqualifikation), wird meist im dualen System durchgeführt
Fortbildung	Anpassung an sich verändernde berufliche Aufgaben, z. B. Anpassung an technische Änderungen
Weiterbildung	Schaffung der Voraussetzung für eine qualifiziertere Tätigkeit, Aufstiegsförderung, Führungskräfte aus dem eigenen Betrieb
Umschulung	Qualifizierung von Personal für neue Aufgaben, da sie die alten Arbeiten aus persönlichen oder betrieblichen Gründen nicht mehr ausführen können

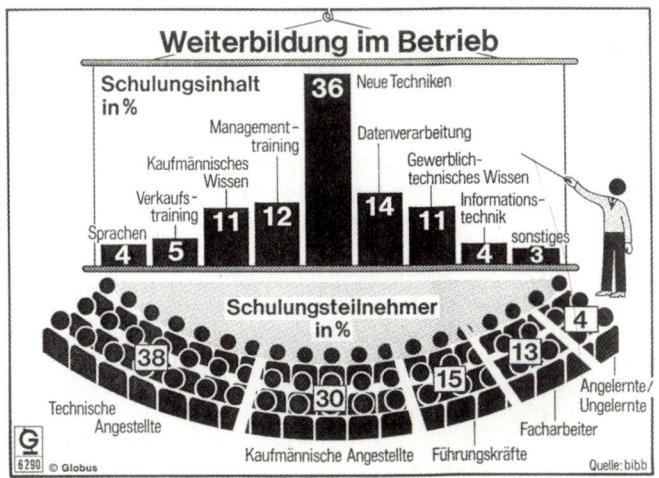

Maßnahmen zur Fort- und Weiterbildung

- Job Rotation
- Einsatz bei Projekten
- interne Fortbildung in Seminaren, Kursen usw. (fachlich, Gruppenverhalten, Führungstechniken, Sonstiges)
- externe Fortbildung in Seminaren, Kursen usw. (fachlich, Gruppenverhalten, Führungstechniken, Sonstiges)
- spezielle Förderungsprogramme
- usw.

Schlüsselqualifikationen und Handlungskompetenz

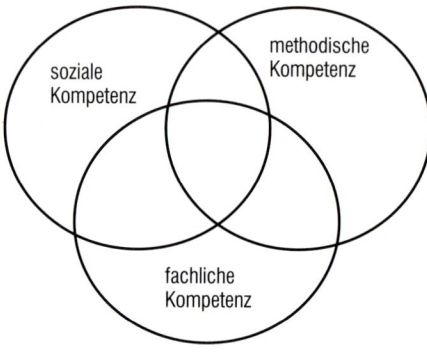

In der Ausbildung, Fortbildung und Weiterbildung sollen zur Erreichung von Handlungskompetenz Schlüsselqualifikationen vermittelt werden.

Schlüsselqualifikation: Qualifikation, die relativ unabhängig von der konkreten Tätigkeit und der Zeit ist

Schlüsselqualifikationen sind Kenntnisse, Fähigkeiten und Fertigkeiten, die nicht in unmittelbarem und begrenztem Bezug zu einer bestimmten praktischen Tätigkeit stehen, sondern
- die eine Eignung für eine große Zahl von Positionen und Funktionen als alternative Optionen zum gleichen Zeitpunkt darstellen
- die Person qualifizieren, die meist unvorhersehbaren Änderungen von Anforderungen im Laufe ihres Lebens zu bewältigen.

Dabei ist der Erwerb von Methode, wie z. B. analytisches und kreatives Vorgehen oder logisches Denken, und von sozialen Verhaltensweisen, wie z. B. Kritikfähigkeit und Kooperationsbereitschaft, besonders wichtig. Fachliches Wissen sollte möglichst viele auf andere Sachverhalte übertragbare Komponenten enthalten.

Für die Personalentwicklung ist eine individuelle **Laufbahnplanung** für die Mitarbeiter und regelmäßige **Laufbahnberatungsgespräche** zwischen Mitarbeitern und Vorgesetzten notwendig.

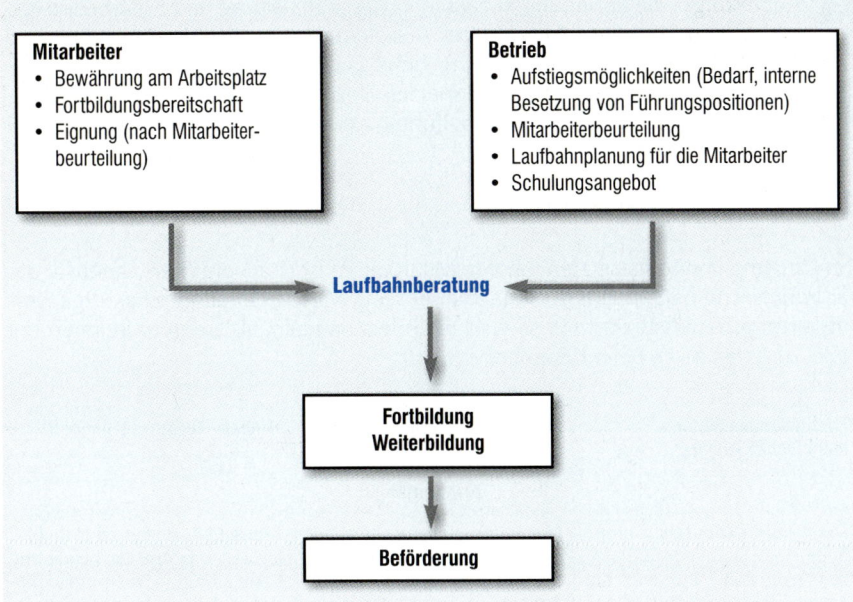

2.4 Personalfreisetzung

Beendigung des Arbeitsverhältnisses durch

- Vertragsablauf bei befristeten Arbeitsverträgen, Ausbildungsverträgen usw.
- Auflösungsvertrag im gegenseitigen Einvernehmen
- Kündigung durch den Arbeitnehmer
- Kündigung durch den Arbeitgeber innerhalb der gesetzlichen oder vertraglichen Kündigungsfrist (Kündigungsschutzgesetz)
- durch fristlose Kündigung aus wichtigem Grund

Vermeidung von Kündigungen

- Qualifizierung für eine andere Tätigkeit durch Umschulung
- Bindung der Mitarbeiter durch Aufstiegsmöglichkeiten im Unternehmen
- Teilzeitregelungen

3 Personalführung

Beispiel

Die Geschäftsleitung der UMTECH GmbH befürchtet, dass sich durch die Angliederung eines Produktionsbetriebes und durch die damit verbundenen Änderungen die Beziehungen zwischen Geschäftsleitung und Mitarbeiter verschlechtern könnten. Um negative Auswirkungen auf das Betriebsklima und den Unternehmenserfolg wie z. B. hohe Fluktuation, Unzufriedenheit, viele Fehltage wegen Krankheit zu vermeiden, soll die Personalabteilung Maßnahmen zur Verbesserung der Personalführung erarbeiten.

3.1 Menschenbilder

Der Umgang von Vorgesetzten mit den Mitarbeitern ist u. a. vom Menschenbild, das der Vorgesetzte hat, abhängig. Betrachtet er seine Mitarbeiter als gleichwertige, verantwortungsbewusste Partner, so wird er anders handeln, als wenn er in ihnen nur faule, unzuverlässige Befehlsempfänger sieht.

Traditionelles Modell: Befehl, Kontrolle und Lohn erhöhen die Produktivität

Human-Relations-Modell: Menschen werden durch Anerkennung und Wertschätzung motiviert

Human-Resources-Modell: Selbstbestimmung, Kreativität und Selbstkontrolle motiveren

Traditionelles Modell technischer Ansatz	Human-Relations-Modell	Human-Resources-Modell
Annahmen		
Die meisten Menschen empfinden Abscheu vor der Arbeit. Lohn ist wichtiger als die Arbeit selbst. Nur wenige können oder wollen Aufgaben übernehmen, die Kreativität, Selbstbestimmung und Selbstkontrolle erfordern.	Menschen wollen sich als bedeutend und nützlich empfinden. Menschen benötigen Zuneigung und Anerkennung. Dies ist im Rahmen der Arbeitsmotivation wichtiger als Geld.	Menschen wollen zu sinnvollen Zielen beitragen, bei deren Formulierung sie mitgewirkt haben. Die meisten Menschen könnten viel kreativere und verantwortungsvollere Aufgaben übernehmen, als es die gegenwärtige Arbeit verlangt.
Empfehlungen		
Der Manager hat seine Untergebenen eng zu überwachen und zu kontrollieren. Er soll Aufgaben in einfache, wiederholbare und einfach zu lernende Schritte aufteilen. Er soll detaillierte Arbeitsanweisungen entwickeln und durchsetzen.	Der Manager sollte jedem Arbeiter ein Gefühl der Nützlichkeit und Wichtigkeit geben. Er soll seine Mitarbeiter gut informieren, auf ihre Einwände hören. Er soll den Mitarbeitern Gelegenheit zur Selbstkontrolle bieten	Der Manager sollte verborgene Anlagen und Qualitäten der Mitarbeiter nutzen. Er soll eine Atmosphäre schaffen, in der die Mitarbeiter sich voll entfallten können. Er soll die Mitbestimmung praktizieren und dabei die Fähigkeiten zur Selbstbestimmung und Selbstkontrolle entwickeln.
Erwartungen		
Menschen ertragen die Arbeit, wenn der Lohn stimmt und der Vorgesetzte fair ist. Wenn die Aufgaben einfach genug sind und die Arbeiter eng kontrolliert werden, erreichen sie das Soll.	Informationen und Mitsprache befriedigen die Bedürfnisse nach Anerkennung und Werteinschätzung. Die Befriedigung führt zur Zufriedenheit und baut Widerstände gegen die formale Autorität ab.	Mitbestimmung, Selbstbestimmung und Selbstkontrolle führen zu Produktivitätssteigerungen. Als Nebenprodukt kann auch die Zufriedenheit steigen, da die Mitarbeiter all ihre Fähigkeiten nutzen.

Dem **traditionellen oder technischen Ansatz** folgten die klassischen Theoetiker Taylor und Smith. Aus ihm wurde die Trennung von ausführender Tätigkeit und Leitung, Kontrolle, Arbeitsteilung (→) und der Lohn als wichtigster Anreiz für die Leistungssteigerung abgeleitet. Neben einer Erhöhung der Produktivität, Normierung und sichere und optimierte Arbeitsplätze waren Unzufriedenheit, Monotonie, hohe Fehlzeiten, Fluktuation usw. die Folge.

Um die dadurch entstehende Unzufriedenheit zu beheben, wurden bereits ab 1927 Untersuchungen z. B. in den Hawthorne-Werken von General Electric in Chicago durchgeführt. In dem Werk sollte festgestellt werden, ob die Zufriedenheit und Leistung durch eine Ver-

Fließband mit extremer Arbeitsteilung

besserung der Beleuchtung angehoben werden kann. Man stellte fest, dass bei der Gruppe, bei der die Beleuchtung verbessert wurde, und bei der Kontrollgruppe, bei der die Beleuchtung unverändert blieb, die Leistung anstieg. Bei einer Verschlechterung der Beleuchtungsverhältnisse ging die Leistung nicht zurück. Daraus wurde die Schlussfolgerung gezogen, dass die Veränderung der sozialen Situation einen signifikanten (→) Einfluss auf die Leistung hatte. Bei der Untersuchung kümmerte sich das Testpersonal um die Mitarbeiter und diese fühlten sich als wichtige Mitglieder der Unternehmung. Aus diesen Untersuchungen wurde **der Human-Relations-Ansatz** entwickelt, bei dem der Mitarbeiter und seine Bedürfnisse nach Zugehörigkeit, Anerkennung usw. berücksichtigt werden.

Ab 1975 rückte das **Human-Resources-Modell** in das Zentrum der Betrachtung. Sinnvolle, kreative und verantwortungsvolle Arbeit soll den Menschen motivieren. Er soll sich in der Arbeit entfalten können und dadurch den Unternehmenserfolg steigern.

3.2 Motivation

Unternehmensführung heißt, Mitarbeiter in ihrem Verhalten mit entsprechenden Techniken und Instrumenten so zu beeinflussen, dass sie den gewünschten Beitrag zum Unternehmenserfolg leisten. Die Mitarbeiter zu motivieren ist ein wesentliches Element der personenbezogenen Führungsfunktion.

 "Motivation – das ist einerseits ein Antrieb, eine Kraft in der Person, die diese zum Handeln drängt, ein Beweggrund des Verhaltens.
Motivation – das ist andererseits ein von außen kommender Anreiz, die aus der Situation kommende Anregung, die menschlichen Motive aktiviert und das Verhalten beeinflusst." (Rosenstiel)

Motivation: Kraft, die eine Person zu einem bestimmten Handeln bringt

Verschiedene Motivationstheorien versuchen, die Beziehung zwischen Motivation, Verhalten und Leistung zu erklären. Zu den bekanntesten gehören die Theorien vom Maslow und Herzberg.

Die **Stufentheorie des amerikanischen Psychologen Maslow** geht von einer Dringlichkeitsanordnung aus und teilt die Motive in 5 Stufen ein. Er geht dabei davon aus, dass das höhere Bedürfnis erst angestrebt wird, wenn das darunter liegende befriedigt ist. Die ersten vier Kategorien bezeichnet er als Defizitbedürfnisse, das Bedürfnis nach Selbstverwirklichung als Wachstumsbedürfnis. Nicht befriedigte Bedürfnisse haben die stärkste Antriebskraft

Maslowsche Pyramide (nächste Seite)

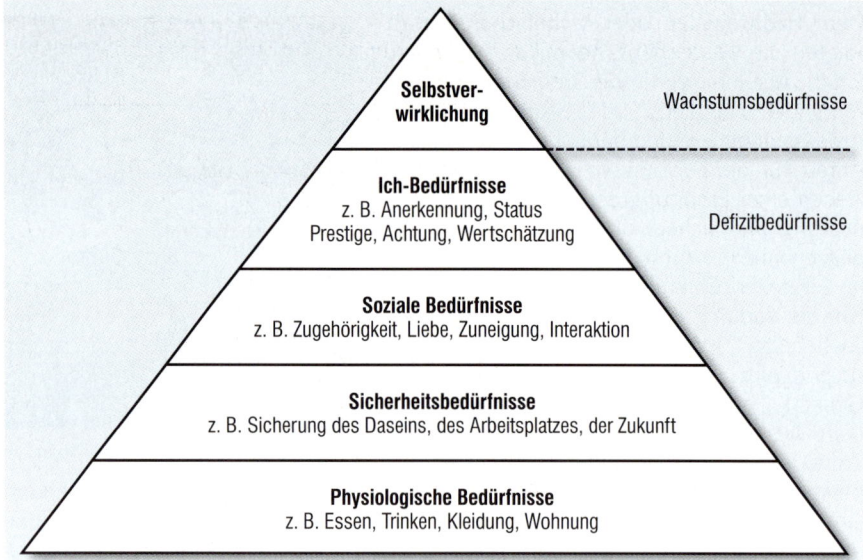

Ist in der Bedürfnispyramide eine Bedürfnisebene befriedigt, gewinnt die nächst höhere Ebene an Bedeutung

Die Bedürfnispyramide erweckt den Eindruck, dass es sich um klar trennbare Stufen und um eine feste Bedürfnisreihenfolge handelt. In Wirklichkeit wird es genügen, dass ein Teil der Bedürfnisse einer Kategorie befriedigt ist, um die nächsthöhere verhaltensbestimmend werden zu lassen. Ferner können tieferliegende Bedürfnisse wieder an Bedeutung gewinnen, wenn höhere Bedürfnisse befriedigt wurden. So kann z. B. die Anerkennung über die erreichte Position das Bedürfnis auslösen, diesen Status abzusichern.

Die Zwei-Faktoren-Theorie von F. Herzberg beruht auf empirischen Untersuchungen in den 50er Jahren. Bei der Auswertung der Untersuchungen stellte man fest, dass ganz bestimmte Arbeitsfaktoren jeweils Unzufriedenheit oder Zufriedenheit hervorriefen. Dabei wurden Faktoren, die eng mit der Tätigkeit in Beziehung standen, als besonders motivierend empfunden. Ein Fehlen dieser **Motivatoren** führt nicht zu Unzufriedenheit, sonders zu Nicht-Zufriedenheit.

Die Motivatoren führen zu Zufriedenheit und hoher Leistung

Unzufriedenheit wurde von Faktoren verursacht, die keinen direkten Zusammenhang zur Tätigkeit hatten. Sie wurden **Hygienefaktoren** genannt. Sind sie erfüllt, so führt dies nicht zur Zufriedenheit, sondern es besteht nur keine Unzufriedenheit (es besteht kein Kontinuum von Zufriedenheit bis Unzufriedenheit).

Die Hygienefaktoren vermeiden Unzufriedenheit

Die Hygienefaktoren entstammen dem Streben nach Schmerzvermeidung (tierische Wurzel), während die Motivatoren in dem menschlichen Streben nach Selbstverwirklichung ihre Wurzel haben. Sie können den Mitarbeiter zu hohen Leistungen motivieren.

Will ein Betrieb Unzufriedenheit, die sich z. B. in einer hohen Fluktuation (→) oder einem hohen Krankenstand äußert, vermindern, so müssen die Hygienefaktoren wie z. B. die Arbeitsbedingungen oder der Führungsstil verbessert werden. Soll die Leistung der Mitarbeiter erhöht werden, so muss bei den Motivatoren wie z. B. bei den Arbeitsinhalten, der Verantwortung etc. angesetzt und die Tätigkeit des Mitarbeiters ausgeweitet werden (Job Enrichment (→), Job Rotation (→), selbststeuernde Arbeitsgruppen (→).

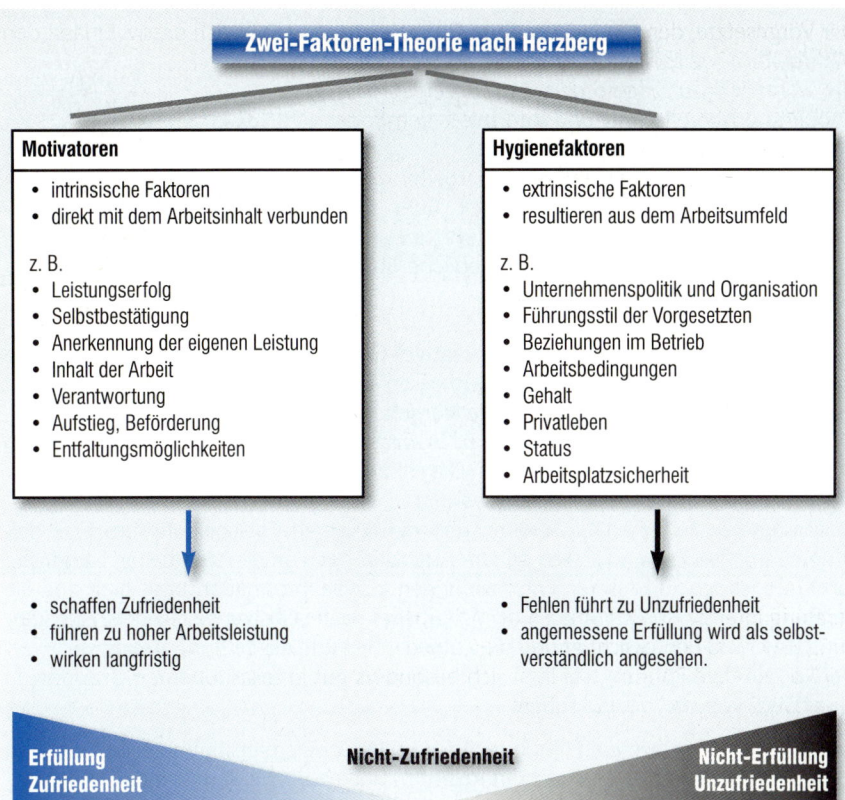

Neben den Theorien von Maslow und Herzberg gibt es verschiedene andere Ansätze zur Erklärung der Arbeitsmotivation wie z. B. die Erwartungs-Valenz-Theorie. Sie geht davon aus, dass Menschen längerfristig wertbesetzte Ziele (z. B. Sicherheit, Anerkennung, Selbstverwirklichung) anstreben. Dabei ist für die Stärke der Motivation der Wert eines Handlungsergebnisses, die Erwartung hinsichtlich der Lösbarkeit und die Wahrscheinlichkeit, dass die Handlung zum angestrebten Ziel führt, von Bedeutung.

3.3 Führungsstile

Wesentlichen Einfluss auf die Zufriedenheit und die Leistung der Mitarbeiter hat das Verhalten des Vorgesetzten. Der Führungsstil, den ein Vorgesetzter praktiziert, ist ein Bestandteil des Führungsverhaltens. Grundsätzlich werden drei Arten von Führungsstilen unterschieden.

Beim **autoritären oder autokratischen Führungsstil** ordnet der Vorgesetzte alles im Detail an. Nur der Vorgesetzte ist über alle Zusammenhänge genau informiert. Es besteht ein Verhältnis von Befehl und Gehorsam. Die Mitarbeiter führen die Anordnungen gemäß den Anforderungen aus. Die Kontrolle ist ausgeprägt und die Führung straff und hierarchisch.

Autoritäre Führer bevorzugen Befehl und Kontrolle

Kurzfristig kann dies zur Leistungssteigerung und evtl. zur Zufriedenheit der Mitarbeiter führen, da Entscheidungen schnell getroffen werden und die Mitarbeiter sich "sicher" fühlen. Langfristig werden die Mitarbeiter unterfordert und bevormundet, da ihnen alle Entscheidungen abgenommen werden. Die Eigeninitiative und die Leistungsbereitschaft nehmen ab. Dies beeinträchtigt auch die Leistung. Ferner ist der Vorgesetzte durch die Konzentration des Entscheidungsprozesses auf seine Person häufig überfordert und es kommt zu unbefriedigenden oder falschen Entscheidungen.

Der Laissez-Faire-Stil:
Der Vorgesetzte
führt nicht

Der Vorgesetzte, der den **Laissez-faire-Stil** bevorzugt, verhält sich passiv. Er lässt den Mitarbeitern weitgehende Freiheit und greift nur ein, wenn er dazu aufgefordert wird. Er zeigt wenig Kooperationsbereitschaft und informiert und kontrolliert seine Mitarbeiter nicht.

Trotz der großen Freiheit sind die Mitarbeiter meist unzufrieden, da sie kein Feed-back über ihre Leistung erhalten. Der Führungsstil führt meist zu unrationeller Arbeitsweise. Der betriebliche Erfolg wird zu wenig gefördert.

„Am wichtigsten ist ein gutes Betriebsklima."

Der kooperative
Vorgesetzte berät,
überzeugt, vereinbart
Ziele usw.

Der **demokratisch-partizipative (kooperative) Führungsstil** orientiert sich an den Bedürfnissen der Mitarbeiter. Der Vorgesetzte berät die Vorgehensweise gemeinsam mit den Mitarbeitern. Es wird versucht, in einer gleichberechtigten Diskussion die beste Lösung zu finden. Die Mitarbeiter kontrollieren selbst, ob die gemeinsam vereinbarten Ziele erreicht werden.

Kurzfristig belasten die Diskussionen und die längeren Entscheidungsprozesse den Unternehmenserfolg und stellen höhere Anforderungen an die Mitarbeiter. Langfristig führt dies jedoch zu besseren Entscheidungen, da die Informationsbasis breit und die Beratung intensiv ist. Das Streben der Mitarbeiter nach Selbstverwirklichung, Anerkennung usw. wird berücksichtigt und die Zufriedenheit und die Leistung steigen an.

Der kooperative Führungsstil lässt sich besonders gut in teilautonomen Gruppen, in Qualitätszirkeln etc. verwirklichen.

In der Regel lassen sich die Führungsstile nur schwer einem bestimmten Vorgesetzten zuordnen, da diese meistens nicht in Reinform praktiziert werden. Um das Führungsverhalten besser zu erfassen, kann es in einem **Verhaltensgitter** (Grid nach Blacke/Mouton), das die Achsen Mitarbeiterorientierung und Leistungsorientierung enthält, lokalisiert werden.

Der 1.1-Stil verhält sich neutral gegenüber den Mitarbeitern und der Leistung. Er führt nicht. Dem 1.9-Vorgesetzten ist das gute Betriebsklima am wichtigsten und der 9.1-Typ denkt nur an den Output. Das Ideal 9.9 versucht, beide Anforderungen zu optimieren und durch die Mitarbeiterorientierung und hohe Anforderungen an die Leistung einen hohen Output bei zufriedenen Mitarbeitern zu erzielen. Bei der 5.5-Position wird ein Ausgleich auf befriedigendem Niveau angestrebt.

Das Verhaltensgitter ermöglicht eine Führungsdiagnose. Durch die Ermittlung von Stärken und Schwächen kann die Führungsqualität durch gezielte Maßnahmen (z. B. Schulungen) verbessert werden.

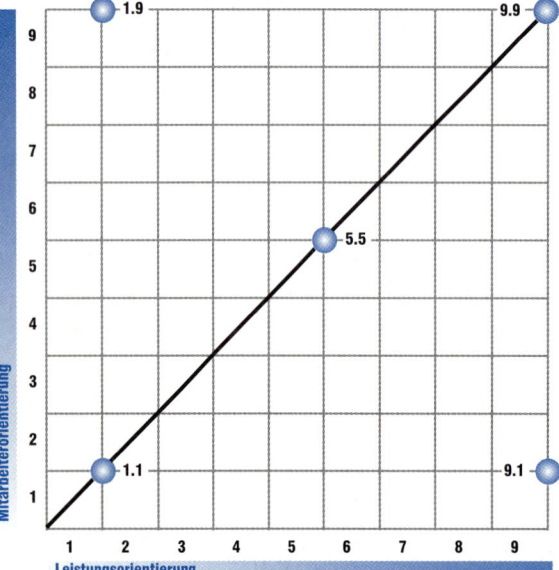

Bei den Untersuchungen hat sich gezeigt, dass es keinen idealen Führungsstil gibt. Welcher Führungsstil das optimale Ergebnis liefert, ist von der Situation abhängig. Werden z. B. in einer Abteilung nur einfache Montagearbeiten durchgeführt, so kann ein autokratischer Führungsstil bessere Ergebnisse erzielen als ein kooperativer. Ein autokratischer Führungsstil kann andererseits in einer Gruppe mit kreativen, hochmotivierten Werbefachleuten unbrauchbar sein.

Führung ist von
mehreren Faktoren
abhängig

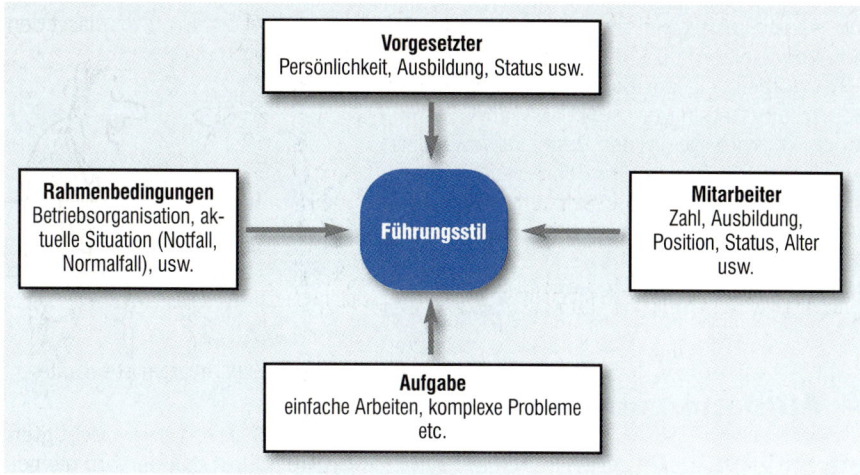

3.4 Personalbeurteilung

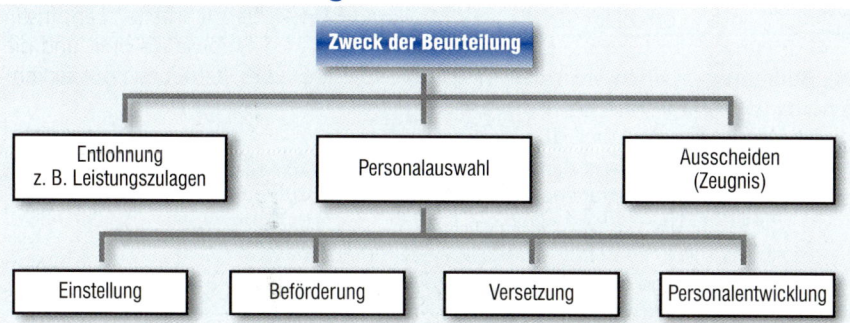

Die Beurteilung wird zu Beginn der Tätigkeit, in regelmäßigen Abständen und bei besonderen Anlässen durchgeführt. Bei der Beurteilung muss die in der Stellenbeschreibung fixierte Stellenanforderung, die Position und die Zeit, die der Mitarbeiter die Tätigkeit ausübt, berücksichtigt werden.

Grundsätzlich können die Beurteilungsverfahren in **summarische Verfahren** und in **analytische Verfahren** unterschieden werden. Bei dem summarischen Vorgehen werden die Mitarbeiter global mit ihren Stärken und Schwächen beschrieben. Die analytischen Verfahren führen die Beurteilung mit Hilfe verschiedener Merkmale durch. Die Merkmale werden dann einzeln bewertet, gewichtet und daraus ein Gesamturteil gebildet. Unter anderem findet man folgende Merkmale:

summarische Verfahren: Stärken vs. Schwächen

Bewertungsmerkmale	Feingliederung
Fachkönnen	Kenntnisse, Fertigkeiten
geistige Fähigkeiten	Auffassungsvermögen, Kreativität, Organisationsvermögen, Selbstständigkeit, Verhandlungsgeschick
Arbeitsverhalten	Arbeitsqualität, Tempo, Ausdauer, Einsatzbereitschaft, Belastbarkeit, Ordnung, Pünktlichkeit, Kostenbewusstsein
Kooperation	Kontaktvermögen, Umgangsformen, Sozialverhalten, Auftreten, Verhältnis zu Vorgesetzten
Führungseigenschaften	Zielvorgaben, Entscheidungsfähigkeit, Motivationsfähigkeit, Verantwortungsbewusstsein, Delegationsvermögen,
Fortbildung	Bereitschaft, Erfolg von Maßnahmen

Die Beurteilung kann am Arbeitsplatz durch den Vorgesetzten oder im Assessment-Center (→) erfolgen. Da die Beurteilung in eigenen Beurteilungsseminaren sehr aufwändig und teuer ist, wird sie in der Regel nur bei der Besetzung von Führungspositionen eingesetzt. Bei der Einführung neuer Beurteilungsgrundsätze hat der Betriebsrat ein Mitbestimmungsrecht (§ 94 BetrVG). Der Mitarbeiter hat Anspruch auf ein Beurteilungsgespräch und auf Einsicht in die Personalakte (§ 82 f BetrVG).

Beurteilungsbogen			
Name.:	Huber, Hans	**Abt:**	RW
Funktion:	Sachbearb.	seit	05.03.94
Grund:	periodisch	letzte B.:	05.03.95

	niedrig				hoch
Fachkönnen	1	2	3	4	5
Arbeitsverhalten	1	2	3	4	5
Kooperation	1	2	3	4	5
Führungseigenschaften	1	2	3	4	5
Fortbildung					

4 Aufbauorganisation

Die Aufbauorganisation schafft den langfristig stabilen Rahmen für den Betrieb

Beispiel

Mit der Geschäftsausweitung der UMTECH GmbH ändert sich der langfristige organisatorische Rahmen der Unternehmung. Dies wird Änderungen in der Aufbauorganisation zur Folge haben. Die Arbeitsgruppe um den Personalchefin Müller soll Vorschläge für die Umorganisation entwerfen.

Die Aufbauorganisation stellt das langfristige Gefüge eines Betriebes dar. Zu ihm gehören u.a.:

- die Stellen, die die Arbeit durchführen
- die Instanzen (→), die mit Führungsaufgaben betraut sind
- die Stäbe, die die Instanzen bei ihrer Arbeit unterstützen, aber keine Weisungsbefugnisse haben
- die Abteilungen, zu denen die Stellen zusammengefasst werden
- die Hierarchie und die Weisungsbefugnisse
- das Leitungssystem (siehe unten)
- das Stellengefüge (Zentralisation bzw. Dezentralisation)

Einliniensystem

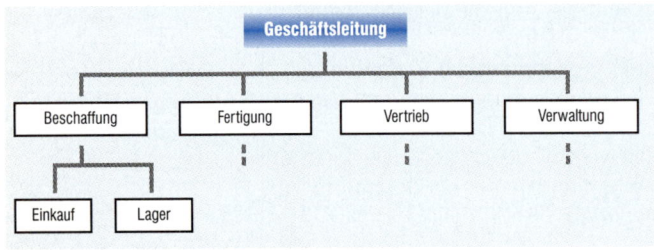

Jeder Mitarbeiter hat nur einen Vorgesetzten. Die Kommunikation läuft über den nächsthöheren gemeinsamen Vorgesetzten. Es erfolgt eine Zentralisation nach Verrichtungen. Dieses Leitungssystem ist häufig in kleinen Unternehmungen anzutreffen. Meist wird eine Kombination mit anderen Leitungssystemen gewählt.

Vorteile:	Nachteile:
• einheitliche Führung	• fehlende Spezialkenntnisse
• straffe Führung	• Gefahr der Überorganisation
• einheitliche Unterstellung	• lange Dienstwege
• Einheit der Auftragserteilung	• langsame Entscheidungen
• klare Kompetenzen	• Überlastung der Führung
• klare Befehls- und Berichtswege	

Mehrliniensystem
(Funktionsmeistersystem nach Taylor)

Es bestehen Funktionsmeister: z. B. Lohnmeister, Verrichtungsmeister usw. (bei Taylor 8 Meister), die jeweils für Ihren Bereich Weisungsbefugnis haben. Die Mitarbeiter haben mehrere Vorgesetzte.
Das Mehrliniensystem kommt in größeren Organisationseinheiten in der Praxis nicht vor. Das System der Mehrfachunterstellung (Mehrliniensystem) wurde jedoch in Teilbereichen verwirklicht.

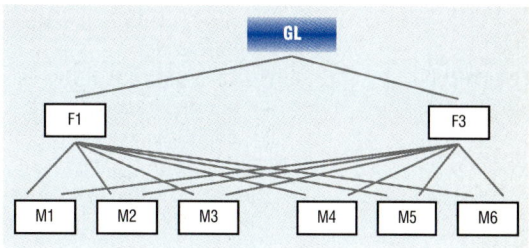

Vorteile:	Nachteile:
• hohe Fachkenntnis der Funktionsmeister • kompetente Entscheidungen	• Gefahr widersprüchlicher Anweisungen • unübersichtliche Organisation

Stabliniensystem

Im Einliniensystem werden den Instanzen (→) Stäbe zugeordnet. Diese Leitungshilfsstellen sind nicht weisungsbefugte Stellen (oder Abteilungen, bei Stäben mit mehreren Mitarbeitern gilt allerdings ein Weisungsrecht innerhalb des Stabes), die für die Instanz (Leitungsstelle, Linienstelle) Aufgaben wahrnehmen und in der Regel beratend tätig sind.

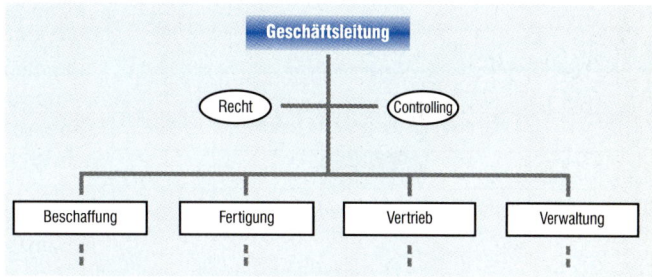

Typische Stabsstellen sind: Organisation, Recht, Unternehmensplanung, Personalwesen, Revision u. a.. Stabsstellen kommen in der Praxis relativ häufig vor. Sie können auch bei nachgeordneten Instanzen auftreten.

Vorteile:	Nachteile:
• Verbesserung der Qualität der Entscheidungen • Einbeziehung von Sachkompetenz	• Überorganisation • langsamere Entscheidungen • Anregungen des Stabs werden oft nicht berücksichtigt

Spartenorganisation:

Dabei handelt es sich um eine Gliederung nach Objekten (Sparten, Produkten, Divisionen) und nicht nach Verrichtungen (Funktionen). Die Sparten werden wie selbstständige Unternehmen geführt und besitzen i. d. R. eine funktionale Gliederung. Sie werden als Profit Center (→), Cost Center (→) oder nach dem Budgetsystem geführt. Welche Bereiche dem Zentralbereich zugeordnet werden ist unterschiedlich. So kann z. B. die Beschaffung zentral oder dezentral in den Sparten erfolgen.
Dieses Leitungssystem wird insbesondere bei Großunternehmen verwendet, z.B. bei Siemens AG, Bayer AG, Degussa AG, Bertelsmann AG.

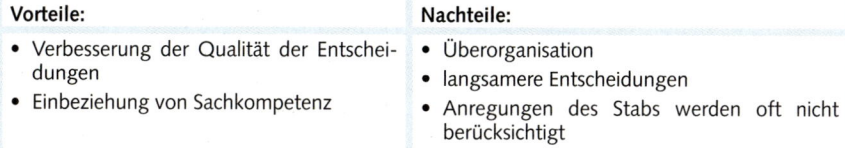
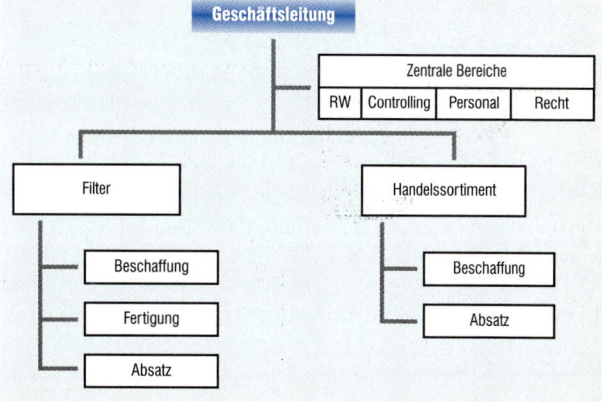

Vorteile:	Nachteile:
• Besonderheiten der Sparten werden berücksichtigt	• Gefahr der Verselbstständigung der Sparten
• Entlastung der Unternehmensspitze	• doppelte Abteilungen und doppelte Arbeit
• schnellere Entscheidung	• Reibungsverluste zwischen den Sparten
• große Kundennähe	• Aufwendungen und Erträge müssen zurechenbar sein

Die Spartenorganisation ermöglicht es Großunternehmen überschaubare Einheiten zu bilden

Matrixorganisation

Jede Stelle ist einer funktional (Verrichtung) gegliederten Instanz und einer nach Objekten gegliederten Instanz unterstellt. Beide Gliederungen überlagern sich. Für jede Entscheidung liegt eine Doppelverantwortung und eine Doppelunterstellung vor. Die beiden zuständigen Instanzen müssen sich bei Differenzen einigen.

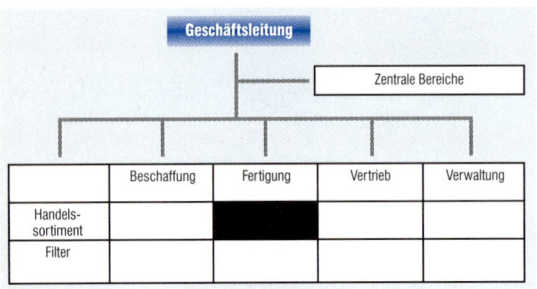

In der Praxis ist dieses Leitungssystem vereinzelt anzutreffen. Neben der Gliederung nach Objekten findet man auch die Gliederung nach Regionen.

Häufiger ist dies System in der Form des Projektmanagement anzutreffen. Für die normalen Geschäfte besteht die Linienorganisation. Ein Projektmanager begleitet Großprojekte (Großaufträge). Die Stellen bleiben weiter in der funktional gegliederten Organisation sind aber für das Projekt dem Projektmanager und dem Vorgesetzten in der Linie unterstellt.

Vorteile:	Nachteile:
• hoher Informationsaustausch	• ständige Konflikte
• langfristige Planung ist notwendig	• schwerfälligere Entscheidungen
• hohe Motivation der Mitarbeiter	• evt. Beeinträchtigung des Arbeitsklimas
• Veränderungen werden gefördert	• Topmanagement wird Konfliktregler

Neben den aufgeführten Leitungssystemen wurden neue gruppenorientierte Systeme entwickelt. In der Praxis sind sie jedoch selten anzutreffen. Um den verstärkten Einsatz von Gruppen gerecht zu werden, hat man die Hierarchien abgeflacht und Entscheidungskompetenzen in die Gruppe verlegt.

Wiederholung

1. Nennen und erklären Sie die Bestandteile eines Personalinformationssystems.
2. Nennen Sie die Vorteile eines Personalinformationssystems.
3. Nennen Sie Faktoren, die bei der Ermittlung des Personalbedarfs eines Betriebes zu berücksichtigen sind.
4. Ein Unternehmen benötigt infolge einer Produktionsausweitung 20 neue Mitarbeiter. Nennen Sie Möglichkeiten der Personalbeschaffung.
5. Die Neueinstellung eines Mitarbeiters verursacht erhebliche Kosten. Erklären Sie, wie das Risiko der Personalbeschaffung vermindert werden kann.
6. Von welchen Faktoren ist der Einsatz der Mitarbeiter abhängig.
7. Erklären Sie, wie sich ein Betrieb an Beschäftigungsschwankungen anpassen kann.

8. Erklären Sie, wie ein Betrieb sicherstellen kann, dass er immer genügend qualifiziertes Personal zur Verfügung hat.
9. Erklären Sie die Begriffe Schlüsselqualifikationen und Handlungskompetenz.
10. Nennen Sie Maßnahmen zur Vermeidung von Kündigungen.
11. Erklären Sie den Unterschied zwischen dem Human-Relation- und dem Human-Resources-Modell.
12. Erklären Sie den Unterschied zwischen intrinsischer und extrinsischer Motivation.
13. Erklären Sie die Theorie von der Dringlichkeitsordnung und der Rangfolge bei Maslow.
14. Zeigen Sie Schwächen der Motivationstheorie nach Maslow auf.
15. Erklären Sie den Unterschied zwischen den Motivationstheorien von Herzberg und Maslow.
16. Grenzen Sie den kooperativen und den Laissez-faire-Stil gegeneinander ab.
17. Erklären Sie von welchen Faktoren der praktizierte Führungsstil abhängig ist.
18. Erklären Sie den Unterscheiden zwischen summarischen und analytischen Beurteilungsverfahren.
19. Erklären Sie den Unterschied zwischen Einliniensystem, Stabliniensystem und Matrixorganisation.
20. Erklären Sie, warum die Spartenorganisation bei großen Unternehmen sehr oft anzutreffen ist.

Aufgaben

1. Die UMTECH GmbH hat bisher 110 Mitarbeiter. Dem Personalbüro liegen zwei Kündigungen vor. Ferner erreicht ein Mitarbeiter im nächsten Monat das Rentenalter. Für die Produktion der Filter werden drei Meister, 15 gelernte (verschiedene Berufe) und 15 ungelernte Mitarbeiter benötigt. Für die neuen Lager sollen zwei Lageristen eingestellt werden. Ferner wird ein Betriebsleiter (Maschinenbauingenieur) und ein Ingenieur für die Forschung und Qualitätssicherung benötigt. Für die Fertigungsplanung werden zwei Techniker und eine Schreibkraft mit EDV-Kenntnissen benötigt. Der Vertrieb soll um zwei und alle anderen Abteilungen um einen Mitarbeiter aufgestockt werden. *Personalplanung*
   a) Ermitteln Sie den Nettopersonalbedarf.
   b) Die Personalabteilung prüft, ob sie die Stellen im Vertrieb mit eigenen Leuten besetzen kann. Erklären Sie das Vorgehen der Personalabteilung bei der Suche, Auswahl und Besetzung der Stellen.
   c) Diskutieren Sie die im Kapitel Personalbeschaffung abgebildete Stellenanzeige und erarbeiten Sie Verbesserungsvorschläge.
   d) Die Stelle des Betriebsleiters soll durch externe Beschaffungsmaßnahmen besetzt werden. Erklären Sie welche Maßnahmen ergriffen werden können, und erstellen Sie eine Stellenanzeige.
   e) Schreiben Sie Bewerbungen für die Stellenanzeige (d) und wählen Sie aus den Bewerbungen einen geeigneten Mitarbeiter aus. (Gruppenarbeit).
   f) Führen Sie ein Vorstellungsgespräch zur Einstellung des Betriebsleiters. Für die UMTECH GmbH nehmen der Geschäftsleiter, der Personalleiter und Herr Dipl. Ing. Schmidt (technischer Berater im Vertrieb) teil.
   g) Machen Sie Verbesserungsvorschläge für das Auswahlverfahren.
   h) Dipl.-Ing. H. Schmidt soll die Forschungs- und Entwicklungsabteilung, die zu einem späteren Zeitpunkt ausgebaut werden soll, leiten. Führen Sie ein Laufbahnberatungsgespräch durch (Beteiligte: Herr Schmidt, Abteilungsleiter Marketing, Personalchefin).

Personalführung   2. Die Geschäftsführung der UMTECH AG hat die Personalabteilung beauftragt, Vorschläge zur Personalführung zu unterbreiten.

 a) Begründen Sie, welches „Menschenbild" Grundlage des Handelns der Vorgesetzten sein sollte.

 b) Die Geschäftsleitung erwägt, die Filter in Fließfertigung (() herzustellen. Welche Auswirkungen wird dies auf die Motivation nach den Theorien von Herzberg bzw. Maslow haben?

 c) Es soll geprüft werden, welchen Einfluss flexiblere Arbeitszeiten auf die Motivation haben.

 d) Die Geschäftsleitung ist seit längerem mit den Leistungen der Abteilung Einkauf, dessen Leiter über hohe Markt- und Produktkenntnisse verfügt, unzufrieden. Die Mitarbeiter sind demotiviert und erledigen ihre Arbeit unzuverlässig. Häufig treffen Waren zu spät im Werk ein. Die Einstandspreise liegen über den Preisen bei vergleichbaren Betrieben. Um die geplante Produktion nicht zu gefährden, soll der Führungsstil in der Abteilung analysiert und Maßnahmen zur Verbesserung vorgeschlagen werden.

 e) Bisher wurde die Mitarbeiterbeurteilung nach einem summarischen Verfahren durchgeführt. Um den neuen Anforderungen gerecht zu werden, soll auf eine analytische Beurteilung umgestellt werden. Entwickeln Sie einen Kriterienkatalog, nach dem eine einheitliche Beurteilung in der Unternehmung durchgeführt werden kann.

Leitungssystem   3. Begründen Sie, welches Leitungssystem die Arbeitsgruppe um die Personalchefin Müller empfehlen sollte.

Personalbedarf   4. In einem Betrieb werden von 500 Mitarbeitern 100.000 Einheiten/Jahr produziert. Die Produktion soll auf 140.000 Einheiten pro Jahr erhöht werden. Ermitteln Sie den Personalbedarf, wenn die Arbeitsproduktivität durch die Produktionsausweitung nicht verändert wird.

Personalauswahl   5. Der Hersteller von Markenkleidung besetzt die Stelle des Vertriebsleiters mit einem externen Bewerber. Die Stelle des Leiters der Materialbeschaffung wird durch eine interne Ausschreibung besetzt. Begründen Sie das Vorgehen der Geschäftsleitung.

Personalführung
Motivation   6. In einem Betrieb werden Autozubehörteile im Akkord montiert. Die anfallenden Arbeiten sind relativ einfach. Es werden überwiegend ungelernte und angelernte Arbeitskräfte beschäftigt. Der Anteil an Aushilfskräften, die nur einen Zeitarbeitsvertrag haben, ist relativ hoch. Die Betriebsleitung klagt über hohe Fehlzeiten, hohe Fluktuation und eine geringe Arbeitsleistung.

 a) Analysieren Sie die Ursachen der Probleme der Betriebsleitung nach den Theorien von Maslow und Herzberg.

 b) Zeigen Sie Lösungsmöglichkeiten nach den Theorien von Maslow und Herzberg auf.

Führungsstil   7. Eine Umfrage ergab, dass 85 % der Mitarbeiter "aufatmen, wenn der Chef nicht da ist". Worauf kann dies zurückzuführen sein?

8. In einem Produktionsbetrieb werden die Vorgesetzten mit Hilfe eines Verhaltensgitters beurteilt. Dabei wird die Selbsteinschätzung der Vorgesetzten und die Einschätzung durch die Mitarbeiter berücksichtigt. Ein Meister in der Fertigung erhält die Zuordnung 7.2 und der Leiter der Werbeabteilung die Einschätzung 2.8. Beurteilen Sie diese Werte.

Leitungssysteme   9. Ein Softwarehersteller hatte bisher eine Stablinenorganisation. Er möchte diese in eine Matrixorganisation umwandeln. Als zweite Ebene sollen entweder die Produkte oder die Länder, in denen die Produkte vertrieben werden, dienen. Nennen Sie Gründe, die für die eine oder die andere Lösung sprechen.

Grundlagen der Geschäftsbuchführung

Beispiel

Für die Geschäftsbuchführung der UMTECH GmbH ergeben sich wesentliche Änderungen. Um den Informationsbedürfnissen eines Industriebetriebes gerecht zu werden, muss neben der Geschäftsbuchführung die betriebliche Statistik und Planung ausgebaut und eine Kosten- und Leistungsrechnung aufgebaut werden. Auch die Geschäftsbuchführung muss wesentlich verändert werden, da der betriebliche Transformationsprozess erfasst werden muss.

1 Betriebliches Rechnungswesen

Die Geschäftsbuchführung gehört zum betrieblichen Rechnungswesen. Letzteres erfaßt alle zahlenmäßigen betrieblichen Vorgänge und dient der Dokumentation, d. h. der Aufzeichnung aller Vorgänge sowie der Information der am Unternehmen interessierten Personen und Organisationen (Eigentümer, Geschäftsleitung, Belegschaft, Finanzamt, Kreditinstitute, Öffentlichkeit usw.). Die gewonnenen Informationen werden zur Disposition, d. h. zur Steuerung der betrieblichen Vorgänge sowie zu deren Kontrolle eingesetzt.

Rechnungswesen dient der
- *Dokumentation,*
- *Information,*
- *Disposition,*
- *Kontrolle.*

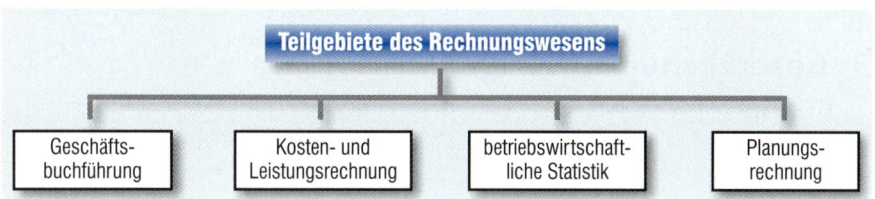

Teilgebiete des Rechnungswesens: Geschäftsbuchführung | Kosten- und Leistungsrechnung | betriebswirtschaftliche Statistik | Planungsrechnung

In der Kosten- und Leistungsrechnung werden die Kosten und Leistungen ermittelt und der betriebliche Erfolg errechnet. Es wird die Wirtschaftlichkeit der betrieblichen Leistungserstellung kontrolliert und die Basis für die Preisberechnung (Kalkulation) bereitgestellt.

Die Statistik wertet die in der Buchführung und Kostenrechnung ermittelten Werte aus und bereitet sie zur Disposition und Planung zu Tabellen, Schaubildern usw. auf.

In der Planungsrechnung werden auf der Basis der Vergangenheitswerte, der Ziele der Unternehmung, der volkswirtschaftlichen Rahmenbedingungen etc. Berechnungen für die Zukunft durchgeführt. Auf dieser Grundlage werden Entscheidungen getroffen, die die Zukunft der Unternehmung bestimmen.

2 Aufgaben der Geschäftsbuchführung

Die Geschäftsbuchführung unterstützt intern mit den gesammelten Daten die jeweiligen Abteilungen und die Geschäftsleitung bei Entscheidungen. Extern dient die Buchführung der Rechenschaftslegung gegenüber Aktionären, Kreditgebern und Mitarbeitern. Die Buchführung ist Grundlage der Besteuerung und die erstellten und gesammelten Unterlagen dienen als Beweismittel bei Rechtsstreitigkeiten. Ferner dient sie Behörden und der Öffentlichkeit als Informationsquelle.

Information (intern, extern) Rechenschaftslegung

Beweismittel

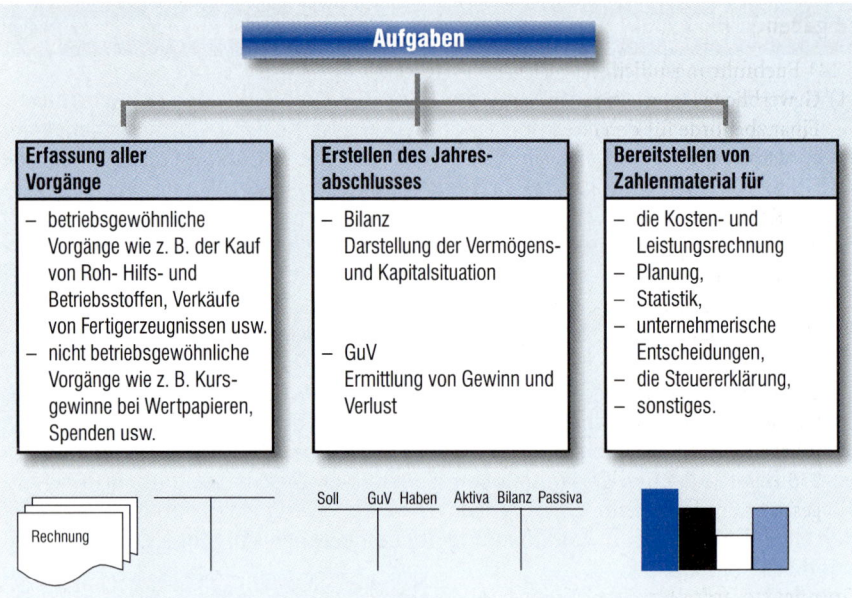

3 Gesetzliche Grundlagen

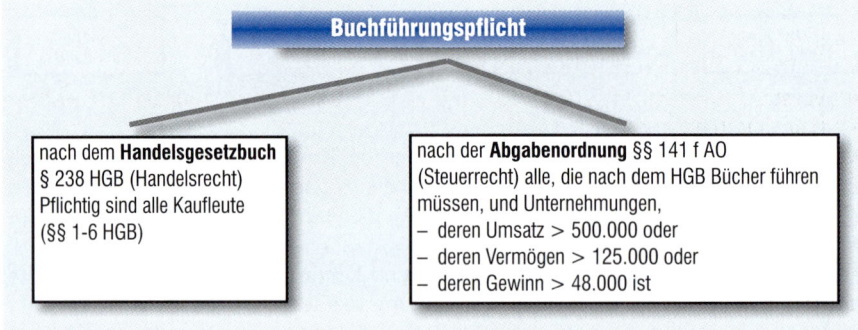

Handels- und Steuerrecht regeln die Buchführung

Handelsgesetzbuch (HGB)

HGB, § 238

§ 238 Buchführungspflicht [Verpflichtung zur Buchführung]

(1) Jeder Kaufmann ist verpflichtet, Bücher zu führen und in diesen seine Handelsgeschäfte und die Lage seines Vermögens nach den Grundsätzen ordnungsmäßiger Buchführung ersichtlich zu machen. Die Buchführung muß so beschaffen sein, daß sie einem sachverständigen Dritten innerhalb angemessener Zeit einen Überblick über die Geschäftsvorfälle und über die Lage des Unternehmens vermitteln kann. Die Geschäftsvorfälle müssen sich in ihrer Entstehung und Abwicklung verfolgen lassen.

Abgabenordnung (AO):

AO, § 141

§ 141 Buchführungspflicht bestimmter Steuerpflichtiger

(1) Gewerbliche Unternehmer sowie Land- und Forstwirte, die nach den Feststellungen der Finanzbehörde für den einzelnen Betrieb

1. Umsätze einschließlich der steuerfreien Umsätze, ausgenommen die Umsätze nach § 4 Nr. 8 bis 10 des Umsatzsteuergesetzes, von mehr als 500 000 Deutsche Mark im Kalenderjahr oder

2. ein Betriebsvermögen von mehr als 125 000 Deutsche Mark oder

3. selbstbewirtschaftete land- und forstwirtschaftliche Flächen mit einem Wirtschaftswert (§ 46 des Bewertungsgesetzes) von mehr als 40 000 Deutsche Mark oder

4. einen Gewinn aus Gewerbebetrieb von mehr als 48 000 Deutsche Mark im Wirtschaftsjahr ....

gehabt haben, sind auch dann verpflichtet, für diesen Betrieb Bücher zu führen und auf Grund jährlicher Bestandsaufnahmen Abschlüsse zu machen, wenn sich eine Buchführungspflicht nicht aus § 140 ergibt. Die §§ 238, 240 bis 242 Abs. 1 und die §§ 243 bis 256 des Handelsgesetzbuches gelten sinngemäß, sofern sich nicht aus den Steuergesetzen etwas anderes ergibt. ...

Grundsätze ordnungsgemäßer Buchführung (GoB):

GoB:
Grundsätze ordnungs-
gemäßer Buchführung

- Inventar und Bilanz jährlich und bei Gründung
- Jahresabschluß muß vom Kaufmann persönlich unterzeichnet werden
- keine Buchung ohne Beleg
- in deutsch oder einer lebenden Sprache (Übersetzungspflicht)
- in DM oder in EURO
- Eintragungen dürfen nicht unkenntlich gemacht werden
- vollständige, richtige, zeitgerechte und geordnete Aufzeichnungen
- bare Geschäftsvorfälle sind täglich aufzuzeichnen
- Aufbewahrungspflicht
  - für Handelsbücher, Inventare und Bilanzen 10 Jahre
  - für sonstige Buchungsbelege 10 Jahre
- die Aufbewahrung auf Datenträgern (Mikrofilm, Disketten, etc ist zulässig
- Datenträger müssen in angemessener Zeit lesbar gemacht werden können

u.a. (HGB §§ 242 ff)

 Insbesondere muß die Buchführung vollständig, materiell (sachlich) richtig, periodengerecht, in zeitlicher Reihenfolge, klar und für einen sachkundigen Dritten nachprüfbar sein.

Die entsprechenden Vorschriften befinden sich im Handelsgesetzbuch (§§ 238f, 243,5 HGB), in der Abgabenordnung (§§ 140-148, 162, 201 AO) und im Einkommensteuerrecht (§§ 4-7 EStG und Abschnitte 13 und 29 EStR).

Sanktionen bei der
Nichtbeachtung

Werden die einschlägigen Vorschriften nicht beachtet, so droht die Steuerschätzung durch das Finanzamt sowie Geldbußen, Geld- und Freiheitsstrafen wegen Steuerverkürzung oder Steuerhinterziehung. Die Buchführung verliert ihre Beweiskraft und im Falle eines Konkurses kann der Tatbestand des betrügerischen Konkurses erfüllt sein und zu entsprechenden Strafen führen.

4 Inventar, Inventur und Bilanz

§ 240 HGB und § 141 AO verpflichtet den Kaufmann, Aufzeichnungen über alle Vermögensgegenstände und Schulden zu führen. Diese Bestandsaufnahme muß bei der Gründung und am Ende eines jeden Geschäftsjahres erfolgen.

Inventur:
körperliche Aufnahme
des Vermögens

Unter **Inventur** versteht man die mengen- und wertmäßige, vollständige und nachprüfbare körperliche Bestandsaufnahme des Vermögens und der Schulden durch
– Zählen (Stückzahl),
– Messen (lfd. Meter, Liter),
– Wiegen (kg, t) und
– Schätzen
sowie anschließender Bewertung.
Die Forderungen und Verbindlichkeiten werden durch Buchinventur ermittelt. Die Bestände auf dem Bank- bzw. Postgirokonto werden anhand der Kontoauszüge ermittelt.

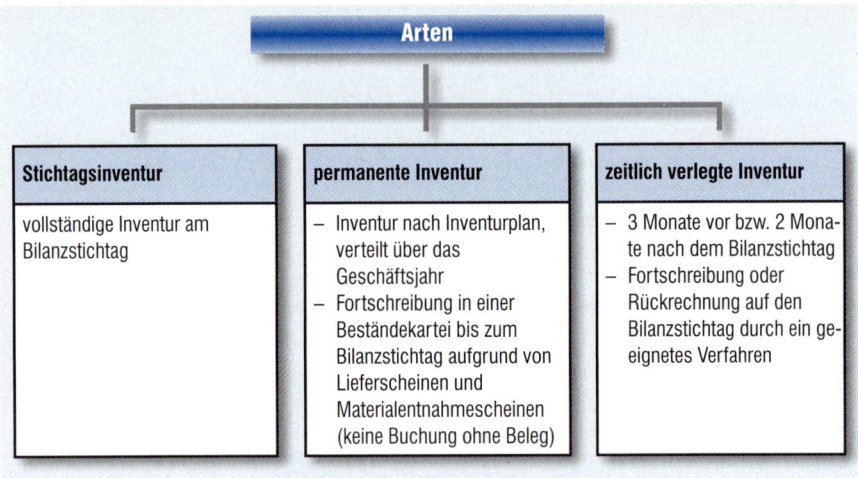

Inventar:
Bestandsverzeichnis

Das **Inventar** ist ein ausführliches Bestandsverzeichnis, das sich aus der Inventur ergibt.

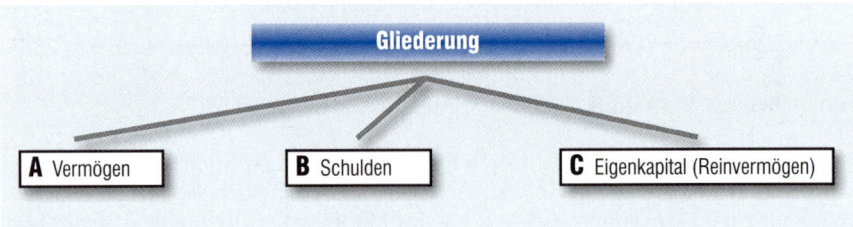

Die Gliederung erfolgt nach der Bindungsdauer in der Unternehmung. Die Schulden werden in der Reihenfolge der Fälligkeit aufgeführt. In der Regel werden im Inventar auch Mengen und Einzelwerte angegeben.

Inventar der UMTECH GmbH vom 00-12-31 (verkürzte Darstellung in TEUR)		*Beispiel*

A Vermögen

I. Anlagevermögen (langfristig gebunden)
   1. Immaterielle Anlagegegenstände
      Patente, gewerbliche Schutzrechte, Konzessionen usw.   500
   2. Sachanlagen
      Grundstücke, Gebäude, Maschinen, Geschäftsausstattung usw.   64.315
   3. Finanzanlagen
      Beteiligungen, Wertpapiere des Anlagevermögens, usw.   0
II. Umlaufvermögen (kurzfristig gebunden)
   RHB, UFE, FE, Handelswaren, sonstige Forderungen, Wert papiere des UV,
   Forderungen a. L. L., Besitzwechsel, Bankguthaben, Kassenbestand usw.   165.926

Summe des Vermögens   230.741

B Schulden

I. Langfristige Schulden
   Rückstellungen   81.976
   Hypothekarische Darlehen   34.991
   langfristige Bankkredite   21.778
II. Kurzfristige Schulden (Restlaufzeit ≤ 1 Jahr)
   Verbindlichkeiten aus Lieferungen und Leistungen (aLL).   11.668
   Wechselschulden   20
   Bankschulden (Kontokorrent)   2.189

Summe der Schulden   152.622

C Reinvermögen (Eigenkapital)
   Summe des Vermögens   230.741
 – Summe der Schulden   152.622
   = Reinvermögen (Eigenkapital)   78.119

Der **Gewinn** kann durch Vergleich des neuen Reinvermögens mit dem Reinvermögen des Vorjahres ermittelt werden. Auf diese Weise berechneten schon die Kaufleute des Mittelalters den Erfolg ihrer Unternehmung. In dieser Zeit wurde der Vermögensvergleich in größeren Abständen, z. B. bei der Übergabe des Geschäfts an die nächste Generation, durchgeführt. Heute ist eine jährliche Gewinnermittlung vorgeschrieben. Aus betriebswirtschaftlicher Sicht ist diese Erfolgskontrolle in noch kürzeren Abständen (Quartal, monatlich) notwendig.

Die **Bilanz** (Waage) ist die kontenmäßige Darstellung des Inventars. Es wird Vermögen und Kapital einander gegenüber gestellt. Gleichartige Inventurposten werden summarisch zusammengefaßt. Mengenangaben werden nicht aufgenommen.

Bilanz: kontenmäßige Darstellung von Vermögen und Kapital

Beispiel:

Bilanz der UMTECH GmbH (verkürzte Darstellung in TEUR)

Aktiva	Bilanz zum	00-12-31 Passiva	
Anlagevermögen		Stammkapital (Eigenkapital)	78.119
Immaterielle Wirtschaftsg.	500		
Grundstücke	20.000	Fremdkapital	
Geschäftsbauten	29.500	Rückstellungen	81.976
Maschinen	9.277	Hypothekenschulden	34.991
Fuhrpark	250	Verbindlichkeiten bei Kreditinst.	21.778
BGA	5.288	Verbindlichkeiten a.L.L.	11.668
Umlaufvermögen		Wechselverbindlichkeiten	20
1. Vorräte		Bankverbindlichkeiten	2.189
Rohstoffe	20.000		
Hilfsstoffe	15.000		
Betriebsstoffe	324		
unfertige Erzeugnisse	10.000		
fertie Erzeugnisse	25.000		
3. andere Gegenst. des UV			
Forderungen	52.843		
Bankguthaben	41.149		
Kassenbestand	1.610		
	230.741		230.741

Bilanzgliederung
§ 266 HGB

Die **Bilanzgliederung** wird vom Handelsgesetzbuch z. B. für die Aktiengesellschaft durch § 266 HGB festgelegt.

Aktiv- und Passivseite der Bilanz müssen stets im Gleichgewicht sein (Summe der Aktiva = Summe der Passiva). Die Aktivseite gibt Auskunft über die Mittelverwendung. Die Passivseite gibt Auskunft über die Mittelherkunft.

Inventur	**Inventar**	**Bilanz**
Aufnahme der Bestände	ausführliches *listenförmiges* Verzeichnis der Bestände, evtl. mit Mengenangaben	kurzgefaßte *kontenförmige* wertmäßige Gegenüberstellung der Bestände

5 Einführung in die doppelte Buchführung

Die ersten bekannten Aufzeichnungen, die auf eine systematische Buchführung im Handel hinweisen, stammen aus dem 14. Jahrhundert. Bei der doppelten Buchführung werden alle Geschäftsfälle

Doppik: doppelte
Buchführung

- auf zwei Konten verbucht (Prinzip der **Doppik**)
- einmal im Soll (linke Seite des Kontos) und einmal im Haben (rechte Seite des Kontos) erfaßt
- chronologisch im Journal und systematisch im Hauptbuch erfaßt

Die Gewinnermittlung ist indirekt durch Vermögensvergleich und direkt durch die Erfolgsrechnung möglich.

5.1 Bücher

In der Buchführung unterscheidet man verschiedene Bücher:

Grundbuch			
Datum	Text	S	H

Hauptbuch

Bestandskonten

Erfolgskonten

Nebenbücher

Geschäftsfreundebuch		Warenbuch	
Kunden-buch	Lieferan-tenbuch	Waren-eingang	Waren-ausgang

Bilanzbuch

Im **Grundbuch (Journal)** werden alle Geschäftsfälle in zeitlicher (chronologischer) Reihenfolge aufgezeichnet. Das **Hauptbuch** zeichnet alle Vorgänge nach sachlichen (systematischen) Gesichtspunkten (Sachkonten) auf. Die Bilanz wird als eigenes Buch geführt. Grundbuch, Hauptbuch und Bilanzbuch nennt man **Systembücher.**

Bücher: Grundbuch, Hauptbuch, Bilanzbuch, Nebenbücher

Neben den Systembüchern werden **Nebenbücher** geführt. Zu ihnen gehören:
* Das **Geschäftsfreundebuch,** dass das
  - **Kundenbuch (Debitoren)** als Verzeichnis der Forderungen aus Lieferungen und Leistungen und das
  - **Liefererbuch (Kreditoren)** in dem die Verbindlichkeiten aus Lieferungen und Leistungen aufgezeichnet sind, enthält.
* Das **Warenbuch, das im**
  - **Wareneingangsbuch** Art und Umfang der erhaltenen Erzeugnisse, Warennebenkosten etc. und im
  - **Warenausgangsbuch** Art und Umfang der gelieferten Erzeugnisse; Ziel, Kredit, Gegenrechnung etc. ausweist.

Kunden = Debitoren

Lieferer = Kreditoren

Es können weitere Bücher geführt werden wie z. B. ein Lohn- und Gehaltsbuch, ein Wechselbuch, ein Effektenbuch, ein Anlagebuch.

Mandant	UMTECH GmbH								Seite		
Mand.Nr.	2ICM								Datum		
Version	V4.4								gebuch		

Buchungs-Journal

Datum	Per	Bu.Nr.	Buchungstext	Beleg Nr	BA	Kto.	Soll	Kto. Haben	Betrag	Mwst	M-Code	FW
02.01.96	1	1	Eröffnungsbuchung	EB1	EB	0510	8000		90.000,00			
02.01.96	1	2	Eröffnungsbuchung	EB2	EB	0530	8000		160.000,00			
02.01.96	1	3	Eröffnungsbuchung	EB3	EB	0700	8000		200.000,00			
02.01.96	1	4	Eröffnungsbuchung	EB4	EB	0840	8000		70.000,00			
02.01.96	1	5	Eröffnungsbuchung	EB5	EB	0870	8000		20.000,00			
02.01.96	1	6	Eröffnungsbuchung	EB6	EB	2000	8000		60.000,00			
02.01.96	1	7	Eröffnungsbuchung	EB7	EB	2020	8000		37.000,00			
02.01.96	1	8	Eröffnungsbuchung	EB8	EB	2030	8000		3.000,00			
02.01.96	1	9	Eröffnungsbuchung	EB9	EB	2100	8000		12.000,00			
02.01.96	1	10	Eröffnungsbuchung	EB10	EB	2200	8000		20.000,00			
02.01.96	1	11	Eröffnungsbuchung	EB11	EB	2400	8000		65.000,00			
02.01.96	1	12	Eröffnungsbuchung	EB12	EB	2800	8000		11.000,00			
02.01.96	1	13	Eröffnungsbuchung	EB13	EB	2850	8000		3.000,00			
02.01.96	1	14	Eröffnungsbuchung	EB14	EB	2880	8000		8.000,00			
02.01.96	1	15	Eröffnungsbuchung	EB15	EB	8000	3000		500.000,00			
02.01.96	1	16	Eröffnungsbuchung	EB16	EB	8000	4250		179.000,00			

5.2 Bilanz und Bestandskonten

Die Bilanz als Gegenüberstellung von Vermögen und Kapital gibt auf der Aktivseite Auskunft über die Mittelverwendung. Sie weist aus, ob viele flüssige Mittel (z. B. Bankguthaben) vorhanden sind, wie viel Geld in Grundstücke investiert ist usw. Die Passivseite dokumentiert die Mittelherkunft. Man kann erkennen, ob das Kapital von den Eigentümern oder von Fremdkapitalgebern kommt. Ferner kann man erkennen, wie lange das Kapital der Unternehmung voraussichtlich zur Verfügung steht. Treten Veränderungen auf, so können diese direkt in der Bilanz dargestellt werden.

Bei der Gründung einer Unternehmung wird eine Eröffnungsbilanz erstellt. Die vereinfachte Eröffnungsbilanz weist nebenstehende Werte aus (in TEUR).

Aktiva	Eröffnungsbilanz		Passiva
Maschinen	2.000	Eigenkapital	1.000
Bankguthaben	1.000	Darlehen	2.000
	3.000		3.000

Geschäftsfall: Kauf einer Maschine im Wert von 500 T€ gegen Banküberweisung.
Es entsteht ein neuer Vermögenswert. Die Position Maschinen nimmt zu. Das Bankkonto nimmt ab.
Es handelt sich um einen **Aktivtausch.**

Aktiva	Bilanz I		Passiva
Maschinen	2.500	Eigenkapital	1.000
Bankguthaben	500	Darlehen	2.000
	3.000		3.000

Geschäftsfall: Ein Darlehnsgeber steigt mit 700 T€ als Teilhaber ein.
Fremdkapital wird zu Eigenkapital. Die Position Eigenkapital erhöht sich. Das Fremdkapital nimmt ab.
Es handelt sich um einen **Passivtausch.**

Aktiva	Bilanz II		Passiva
Maschinen	2.500	Eigenkapital	1.700
Bankguthaben	500	Darlehen	1.300
	3.000		3.000

Geschäftsfall: Die Eigentümer erhöhen das Eigenkapital um 300 T€ (Privateinlage) durch die Einzahlung auf das Bankkonto.
Eigenkapital und Bankguthaben erhöhen sich. Es handelt sich um eine **Bilanzverlängerung.**

Aktiva	Bilanz II		Passiva
Maschinen	2.500	Eigenkapital	2.000
Bankguthaben	800	Darlehen	1.300
	3.300		3.300

Geschäftsfall: Ein Darlehen über 400 T€ wird zurückgezahlt (Bank)
Fremdkapital und Bankguthaben nehmen ab. Es handelt sich um eine **Bilanzverkürzung.**

Aktiva	Bilanz II		Passiva
Maschinen	2.500	Eigenkapital	2.000
Bankguthaben	400	Darlehen	900
	2.900		2.900

Würden alle Geschäftsfälle sofort in der Bilanz dargestellt, so wäre dies unübersichtlich und umständlich. Deshalb wird die Bilanz in Konten aufgelöst.

Aktiva	Eröffnungsbilanz zum 01.01.		Passiva
Anlagevermögen		Eigenkapital	130.000
Maschinen	120.000	Fremdkapital	
BGA	45.000	Darlehensschulden	30.000
Bank	20.000	Verbindlichkeiten a.L.L.	25.000
	185.000		185.000

Jeder Geschäftsvorfall hat eine Änderung von mindestens zwei Bilanzpositionen zur Folge (Doppik – doppelte Buchführung). Um solche Veränderungen übersichtlich aufzuzeichnen, wird für jede Bilanzposition ein Konto eröffnet. Die Konten, die die Bestände der Aktivseite der Bilanz aufnehmen, nennt man **aktive Bestandskonten**, die die Bestände der Passivseite aufnehmen, nennt man **passive Berstandskonten**. Die linke Seite der Konten wird **Soll**, die rechte Seite der Konten wird **Haben** genannt.

Die Bilanz wird in Konten aufgelöst. Für jede Bilanzposition wird ein Konto eröffnet.

S	aktives Bestandskonto	H
Anfangsbestand	Abgänge (Minderung)	
Zugänge (Mehrungen)	Endbestand (Saldo)	

S	passives Bestandskonto	H
Abgänge (Minderungen)	Anfangsbestand	
Endbestand (Saldo)	Zugänge (Mehrungen)	

Um das Prinzip der Doppik auch bei den Eröffnungsbuchungen konsequent einzuhalten, wird ein **Eröffnungsbilanzkonto (EBK)** geführt, das spiegelbildlich zur Eröffnungsbilanz angelegt ist.

Vor dem Buchen werden **Buchungssätze** gebildet **(kontieren).** Beim Buchungssatz wird zunächst die Sollbuchung und danach werden die Habenbuchung (Soll an Haben) sowie die Beträge genannt.

Kontieren: Bilden von Buchungssätzen

 Buchungssatz: **Sollkonto**   **an**   **Habenkonto**

Beispiel: Kauf einer Maschine für 10.000 € gegen Bankscheck.

	S	H
Maschinen an Bank	10.000	10.000

Die Buchungssätze für die Eröffnungsbuchungen lauten:

	S	H
Aktive Bestandskonten		
Maschinen an EBK	120.000	120.000
BGA an EBK	45.000	45.000
Bank an EBK	20.000	20.000
Passive Bestandskonten		
EBK an Eigenkapital	130.000	130.000
EBK an Darlehensschulden	30.000	30.000
EBK an Verb. a. L.L.	25.000	25.000

Während des Geschäftsjahres fallen folgende Geschäftsfälle an (die Umsatzsteuer wird vernachlässigt):
1. Kauf eines Personalcomputers für 5.000,00 €. Der Betrag wird sofort per Bank überwiesen.
2. Nach Vereinbarung mit einem Lieferanten wird eine Verbindlichkeit aLL. in Höhe von 10.000,00 € in eine Darlehensschuld umgewandelt.
3. Wir kaufen eine Schleifmaschine auf Ziel im Wert von 40.000 €.
4. Zum Ausgleich einer Verbindlichkeit aLL. überweisen wir einem Lieferanten 4.000 € aus unserem Bankguthaben.

Für die Geschäftsfälle werden Buchungssätze gebildet.

	S	H
1. BGA an Bank	5.000	5.000
2. Verb.a.L.L. an Darlehensschulden	10.000	10.000
3. Maschinen an Verb. a. L. L.	40.000	40.000
4. Verb. a. L. L. an Bank	4.000	4.000

Die Geschäftsfälle werden nun auf den Konten (T-Konten) verbucht (siehe unten). Es erfolgt immer mindestens eine Buchung im Soll und eine Buchung im Haben (Doppik). Dabei wird die Nummer des Geschäftsfalls (Belegs) und das Gegenkonto angegeben.

Danach werden die Konten über das **Schlussbilanzkonto** abgeschlossen. Der Saldo der Aktivkonten steht im Haben. Der Saldo der Passivkonten im Soll. Die Aktivkonten erscheinen beim Schlussbilanzkonto im Soll und die Passivkonten im Haben. Das Schlussbilanzkonto entspricht der Bilanz.

Die Geschäftsfälle werden auf Konten verbucht.

S	Eröffnungsbilanzkonto 01.01.00...		H
Eigenkapital	130.000	Maschinen	120.000
Darlehens.	30.000	BGA	45.000
Verb. aLL	25.000	Bank	20.000
	185.000		185.000

S	Schlussbilanzkonto 31.12.00		H
Maschinen	160.000	Eigenkapital	130.000
BGA	50.000	Darlehens	40.000
Bank	11.000	Verb. aLL	51.000
	221.000		221.000

Die Konten werden in der Schlussbilanz abgeschlossen.

S	Maschinen		H
EBK	120.000	SBK	160.000
3. Verb. aLL.	40.000		
	160.000		160.000

S	Betriebs- und Geschäftsausstattung		H
EBK	45.000	SBK	50.000
1. Bank	5.000		
	50.000		50.000

S	Bank		H
EBK	20.000	1. BGA	5.000
		2. Verb. aLL.	4.000
		SBK	11.000
	20.000		20.000

S	Verbindlichkeiten aLL		H
2. Darlehens.	10.000	EBK	25.000
4. Bank	4.000	3. Maschinen	40.000
SBK	51.000		
	65.000		65.000

S	Darlehensschulden		H
SBK	40.000	EBK	30.000
		2. Verb. aLL.	10.000
	40.000		40.000

S	Eigenkapital		H
SBK	130.000	EBK	130.000
	130.000		130.000

Die Buchungssätze für die Abschlussbuchungen lauten:

	S	H
Aktive Bestandskonten		
SBK an Maschinen	160.000	160.000
SBK an BGA	50.000	50.000
SBK an Bank	11.000	11.000
Passive Bestandskonten		
Eigenkapital an SBK	130.000	130.000
Darlehensschulden an SBK	40.000	40.000
Verbindlichkeiten aLL an SBK	51.000	51.000

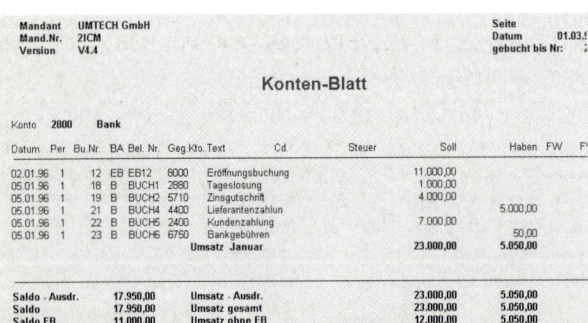

In der Praxis erfolgt die Verbuchung der Geschäftsfälle nicht auf T-Konten, sondern über die EDV-Buchführung auf einseitigen Konten, die nur eine Textspalte aufweisen und sich nur bei den Beträgen in Soll und Haben unterscheiden.

Auflösung der Bilanz in Konten – Schematische Darstellung:

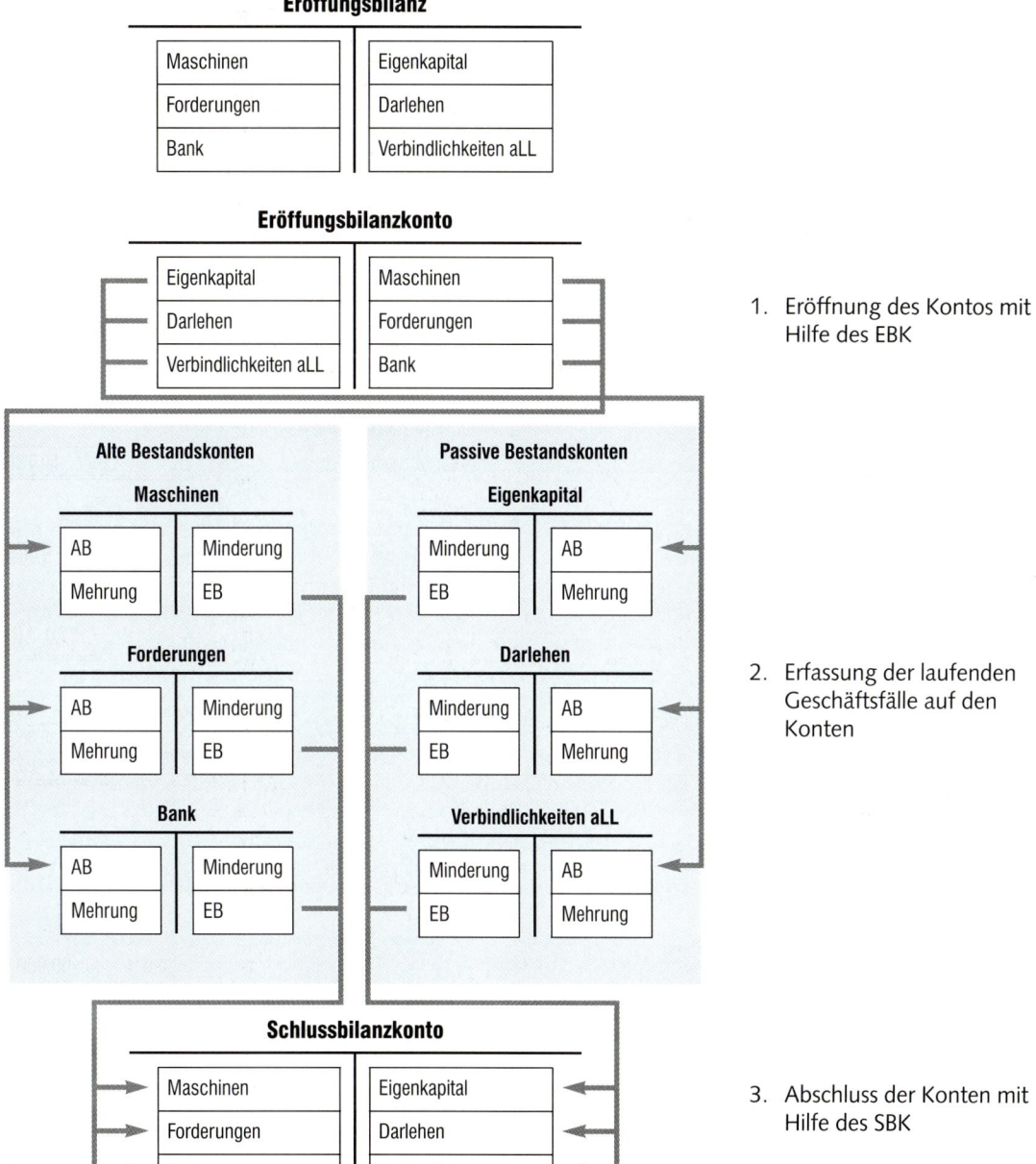

Eröffnungsbilanz

Maschinen	Eigenkapital
Forderungen	Darlehen
Bank	Verbindlichkeiten aLL

Eröffnungsbilanzkonto

Eigenkapital	Maschinen
Darlehen	Forderungen
Verbindlichkeiten aLL	Bank

1. Eröffnung des Kontos mit Hilfe des EBK

Alte Bestandskonten

Maschinen

| AB | Minderung |
| Mehrung | EB |

Forderungen

| AB | Minderung |
| Mehrung | EB |

Bank

| AB | Minderung |
| Mehrung | EB |

Passive Bestandskonten

Eigenkapital

| Minderung | AB |
| EB | Mehrung |

Darlehen

| Minderung | AB |
| EB | Mehrung |

Verbindlichkeiten aLL

| Minderung | AB |
| EB | Mehrung |

2. Erfassung der laufenden Geschäftsfälle auf den Konten

Schlussbilanzkonto

Maschinen	Eigenkapital
Forderungen	Darlehen
Bank	Verbindlichkeiten aLL

3. Abschluss der Konten mit Hilfe des SBK

5.3 Erfolgskonten

Ertrag
– Aufwand
= Gewinn

Die bisherigen Geschäftsfälle waren erfolgsneutral. Sie wirkten sich nicht auf den Gewinn oder Verlust aus. Das Ziel jeder Unternehmung ist jedoch die Erzielung von Gewinn durch den Absatz der gefertigten Produkte. Die aus dem Absatz erzielten

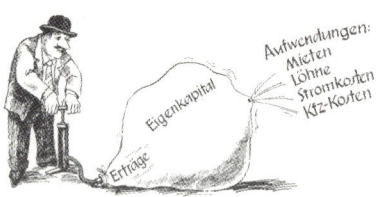

Umsatzerlöse gehören zu den **Erträgen**. Ihnen steht der durch die Kombination der betrieblichen Produktionsfaktoren entstandene **Aufwand** gegenüber. Übersteigen die Erträge die Aufwendungen, so wird Gewinn erzielt. Übersteigen die Aufwendungen die Erträge, so entsteht ein Verlust.

Ein Gewinn erhöht das Eigenkapital. Ein Verlust senkt es.

S	Eigenkapital	H
Aufw. für RHB	ANFANGSBESTAND	
Aufw. für Löhne und Gehälte	Erträge aus Umsatzerlösen	
Aufwand für Abschreibungen	Zinserträge	
Zinsaufwand	Mieterträge	
usw.	usw.	
ENDBESTAND		

Gewinn erhöht das Eigenkapital. Verlust senkt es.

Wie aus dem Konto ersichtlich ist, wirken sich Erträge und Aufwendungen auf das Eigenkapital aus. Die Erfassung im Eigenkapitalkonto wäre unsystematisch und unübersichtlich. Deshalb wird für jede Aufwandsart und für jede Ertragsart ein Konto geführt. Aufwendungen werden im Soll und Erträge im Haben verbucht. Alle Aufwands- und Ertragskonten werden über das **Gewinn- und Verlustkonto** (GuV) abge-

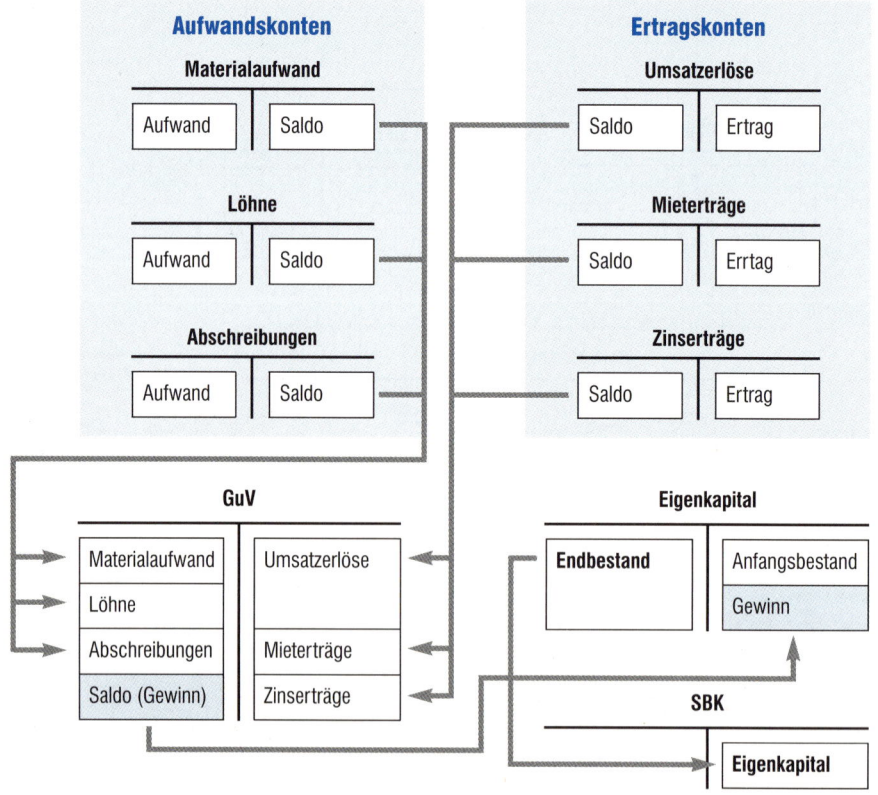

schlossen. Der Saldo auf der Sollseite des GuV-Kontos stellt einen Gewinn, ein Saldo auf der Habenseite einen Verlust der Abrechnungsperiode dar. Die Gegenbuchung erfolgt auf dem Kapitalkonto. Gewinn erhöht das Eigenkapital, Verlust vermindert das Eigenkapital.

Es liegen folgende Bestände (Auszug) und Geschäftsfälle (ohne Umsatzsteuer) vor.

AB Eigenkapital	100.000	AB Verbindlichkeiten aLL	25.000
AB Forderungen aLL.	20.000	AB Bank	30.000

1.	Fertigungslöhne werden per Bank überwiesen	20.000	4.	Kauf von Rohstoffen auf Ziel für die Fertigung	12.000
2.	Zinsgutschrift auf unserem Bankkonto	5.000	5.	Bankgutschrift für Miete	3.000
3.	Verkauf von Fertigerzeugnissen auf Ziel	30.000	6.	Banküberweisung für Reparaturrechnung	1.000

Buchungssätze (ohne Eröffnungsbuchungen)

	S	H
1. Löhne an Bank	20.000	20.000
2. Bank an Zinserträge	5.000	5.000
3. Forderungen an Umsatzerlös	30.000	30.000
4. Aufwendungen für Rohstoffe an Verb. aLL	12.000	12.000
5. Bank an Mieterträge	3.000	3.000
6. Aufwendungen für Reparaturen an Bank	1.000	1.000

Verbuchung auf T-Konten incl. Abschluss (ohne EBK, SBK und nicht benötigte Konten):

S	Löhne		H
1. Bank	20.000	GuV	20.000
	20.000		20.000

S	Umsatzerlöse		H
GuV	30.000	3. Ford. aLL	30.000
	30.000		30.000

S	Aufwendungen für Rohstoffe		H
4. Verb. aLL.	12.000	GuV	12.000
	12.000		12000

S	Zinserträge		H
GuV	5.000	2. Bank	5.000
	5.000		5.000

S	Aufwendungen für Reparaturen		H
6. Bank	1.000	Guv	1.000
	1.000		1.000

S	Mieterträge		H
		3.000	5. Bank	3.000
		3.000		3.000

S	Bank		H
EBK	30.000	1. Löhne	20.000
2. Zinsertr.	5.000	6. Auf.f.Rep.	1.000
5. Mietertr.	3.000	....	

S	Forderungen aLL.		H
EBK	20.000	....	
3. Umsatzerl.	30.000		
....			

S	Verbindlichkeiten aLL.		H
....		EBK	25.000
		4. Auf.f.Rohs.	12.000

	Eigenkapital		
SBK	**105.000**	EBK	100.000
		GuV	5.000
	105.000		105.000

S	GuV		H
Aufw.f.Rohst.	12.000	Umsatzerl.	30.000
Löhne	20.000	Zinserträge	5.000
Aufw.f..Rep.	1.000	Mieterträge	3.000
Eigenkapital	**5.000**		
	38.000		38.000

S	SBK		H
....		Eigenkapital	105.000
		.....	

EXKURS!

Privatkonto

Bei Einzelunternehmen und Personengesellschaften können die Eigentümer (vollhaftenden Gesellschafter) Geld oder Sachwerte entnehmen. Z. B. kann sich der Eigentümer monatlich einen Geldbetrag als Gehalt auf sein Konto überweisen lassen oder private Rechnungen vom Firmenkonto zahlen lassen. Will er private Mittel im Unternehmen anlegen, so kann er eine Privateinlage tätigen.

Privateinlagen erhöhen das Eigenkapital.
Privatentnahmen vermindern das Eigenkapital.

Um die Übersichtlichkeit zu wahren, werden die Buchungen i. d. R. nicht auf dem Eigenkapitalkonto, sondern auf dem Unterkonto Privat durchgeführt. Am Jahresende wird dieses Konto über das Eigenkapitalkonto abgeschlossen.

Beispiel: Neben den auf der vorhergehenden Seite gebuchten Geschäftsfällen sind folgende Vorgänge zu buchen.
a. Der Eigentümer überweist 50.000 € vom privaten Bankkonto auf das Bankkonto der Unternehmung.
b. Die private Lebensversicherungsprämie in Höhe von 650 € wird vom Bankkonto der Unternehmung überwiesen.
c. Der Eigentümer entnimmt 500 € für private Zwecke aus der Kasse.

Buchungssätze

	S	H
Laufende Buchungen		
a. Bank an Privat	50.000	50.000
b. Privat an Bank	650	650
c. Privat an Kasse	500	500
Abschluss der Konten		
Privat an Eigenkapital	48.850	48.850
GuV an Eigenkapital	5.000	5.000
Eigenkapital an SBK	153.850	153.850

S	Bank		H
EBK	30.000	1. Löhne	20.000
2. Zinsertr.	5.000	6. Auf.f.Rep.	1.000
5. Mietertr.	3.000	a) Privat	50.000
b) Privat	650	....	

S	Kasse		H
EBK	1.000	c) Privat	500
....		.....	

S	Privat		H
b) Bank	650	a) Bank	50.000
c)Kasse	500		
Eigenkapital	**48.850**		
	50.000		50.000

S	Eigenkapital		H
SBK	**153.850**	EBK	100.000
		GuV	5.000
		Privat	**48.850**
	153.850		153.850

S	GuV		H
Aufw.f.Rohst.	12.000	Umsatzerl.	30.000
Löhne	20.000	Zinserträge	5.000
Aufw.f..Rep.	1.000	Mieterträge	3.000
Eigenkapital	**5.000**		
	38.000		38.000

S	SBK		H
.....		**Eigenkapital**	**153.850**
		.....	

Bei der Entnahme von Gegenständen (Eigenverbrauch) ist Umsatzsteuer zu entrichten. Bemessungsgrundlage ist der Teilwert.

6 Industriekontenrahmen

Ein erstes **Ordnungsschema** für die Buchführung wurde bereits 1890 entwickelt. 1948 wurde der Gemeinschaftskontenrahmen der Industrie (GKR) eingeführt. Dieser wurde, um ihn internationalen Standards anzupassen, vom Bundesverband der Deutschen Industrie überarbeitet und 1971 als Industriekontenrahmen (IKR) veröffentlicht. Das Bilanzrichtlinien-Gesetz, das 1986 die 4. EG-Richtlinie in nationales Recht transformierte, führte zu weiteren Veränderungen. Neben dem Kontenrahmen für die Industrie wurden Kontenrahmen für den Einzelhandel, den Großhandel, Banken, Versicherungen usw. entwickelt.

Kontenrahmen: Ordnungsschema, das die Sachkonten nach einheitlichen Prinzipien gliedert

Obwohl gesetzlich kein Kontenrahmen vorgeschrieben ist, ist der Kontenrahmen ein wichtiges Ordnungsmittel, das die Ordnungsmäßigkeit der Buchführung sicherstellt.

Der Kontenrahmen ist nach dem Dezimalsystem (dekadisches System) aufgebaut.

Kontenummer			Stelle	Bedeutung	Beispiel
6			erste	Konten**klasse**	Betriebliche Aufwendungen
6	9		zweite	Konten**gruppe**	Aufwendungen für .... Wertkorrekturen...
6	9	5	dritte	Konten**art**	Abschreibungen auf Forderungen
6	9	5 3	vierte	Konten**unterart**	Einstellung in Pauschalwertberichtigung

Der Industriekontenrahmen ist in einen Rechnungskreis I und in einen Rechnungskreis II untergliedert. Die Finanzbuchhaltung wird im Rechnungskreis I mit den Kontenklassen 0 bis 8 abgewickelt. Der Rechnungskreis II kann für die Kosten- und Leistungsrechnung genutzt werden, so weit diese in buchhalterischer Form durchgeführt wird.

Die Konten des **Rechnungskreises I** sind nach dem Abschlussgliederungsprinzip eingeteilt. Das Abschlusskonto und die Kontenseite, auf der der Abschluss erfolgt, legt fest, zu welcher Kontenklasse ein Konto gehört. Die Kontenklassen 0 bis 4 werden über das Schlussbilanzkonto abgeschlossen. Das GuV-Konto nimmt die Kontenklassen 5, 6 und 7 auf. Das Eröffnungsbilanzkonto und die Ergebnisrechnung (GuV und SBK) befinden sich in der Kontenklasse 8.

Der Rechnungskreis I des IKR ist nach dem Dezimalsystem und nach dem Abschlussgliederungsprinzip gegliedert.

Der Rechnungskreis II orientiert sich am Produktionsprozess und ordnet die Konten nach dem Prozessgliederungsprinzip. In den Kontenarten 900, 910 und 911 werden die unternehmensbezogenen und die betriebsbezogenen Abgrenzungen durchgeführt und die kalkulatorischen Positionen ermittelt. Die Kontenarten 92 bis 99 erfassen das Betriebsergebnis, die Kosten nach Kostenstellen und Kostenträgern, die fertigen Erzeugnisse, die internen Lieferungen und Leistungen und deren Kosten, die Umsatzkosten, die Umsatzleistungen und den Ergebnisausweis.

Aus dem Kontenrahmen leitet jede Unternehmung einen **Kontenplan** ab, der sich an den Bedürfnissen der Branche, der Rechtsform und des Betriebes orientiert. Jeder Betrieb führt nur die Konten, die für seinen Betrieb notwendig sind. Die Kontennummern sollten, um die Verarbeitung mit Hilfe der EDV sicher zu stellen, alle gleich lang sein. Leere Stellen werden mit Nullen aufgefüllt. Eine weiter gehende Untergliederung der Konten ist möglich und in der Praxis üblich.

Der Kontenplan wird aus dem Kontenrahmen abgeleitet.

Beim Kontieren werden die Kontennummern mit oder ohne Kontenbezeichnung angegeben.

				S	H
0720 Fertigungsmasch.	an	2800 Bank		10.000	10.000

Gliederung des Industriekontenrahmens

	Rechnungskreis I – Finanzbuchhaltung								RK II	
Bereich	**Bestandskonten**				**Erfolgskonten**			**Ergebnisrechnung**	**Abgrenzungsrechnung**	**Kosten- und Leistungsrechnung**
	Aktiva			Passiva	Ertrag	Aufwand				
Klassen	0	1	2	3	4	5	6	7	8	9	9
	Imm. Wirtschaftsgüter, Sachanlagevermögen	Finanzanlagen	Umlaufvermögen, aktive Rechnungsabgrenzung	Eigenkapital, Rückstellungen	Verbindlichkeiten, passive Rechnungsabgrenzung	Erträge	betriebliche Aufwendungen	weitere Aufwendungen	Eröffnungsbilanzkonto Schlussbilanzkonto GuV	90-91	92-99

Prozessgliederungsprinzip

```
S     8010 Schlussbilanzkonto        H
aktive                    passive
Bestandskonten            Bestandskonten

S          8020 GuV               H
Aufwandskonten     Ertragskonten
```

Abschlussgliederungsprinzip

Prozessgliederungsprinzip

7 Umsatzsteuer

7.1 Das System der Umsatzsteuer

Der Gesetzgeber erhebt auf die Umsätze der Unternehmung Umsatzsteuer (USt). Die Unternehmung ist der Steuerschuldner. Der Träger der Steuer ist der Endverbraucher. Die Umsatzssteuer gehört deshalb zu den Verbrauchssteuern. Für die Unternehmung ist die Umsatzsteuer erfolgsneutral. Sie wird als durchlaufender Posten behandelt und an das Finanzamt abgeführt. Damit der Verbraucher nur mit dem gesetzlichen Steuersatz belastet wird und sich die Steuer nicht von Verkauf zu Verkauf steigert, muss jeder Steuerschuldner nur den in seinem Betrieb erwirtschafteten Mehrwert (Wertschöpfung) versteuern und abführen.

Steuerträger ist der Endverbraucher. Steuerschuldner ist die Unternehmung.

Beispiel

Die UMTECH AG bezieht Filtereinsätze von einem Zulieferer und verkauft diese an einen Kunden weiter. Es liegen folgende Rechnungen vor:

Eingangsrechnung (ER)

H. Maier oHG
Filtereinsätze

H. Maier oHG, Postfach 234, 94034 Passau

UMTECH GmbH
Roonstr. 27

90429 Nürnberg

RECHNUNG

Ihre Bestellung	vom	Kunden-Nr.	Rechnungs-Nr.	Datum
20521	19..-05-21	368	57423	19..-06-09

Pos.	Art.-Nr.	Artikelbezeichnung	Menge	Preis	Gesamt
1	ZF423	Filtereinsätze	2000	35,00	70.000,00

Umsatzsteuer 16 %	11.200,00
Gesamtbetrag	81.200,00

Zahlungsziel: 30 Tage
Lieferung: frei Haus

Bankverbindung
Dresdner Bank, Passau
BLZ 70080000; Konto-Nr: 1512621

Telefon-Nr. 0851/35321
Telefax-Nr. 0851/35324

Internet
http://www.Filtermaier.de

Ausgangsrechnung (AR)

UMTECH GmbH
Umweltschutztechnik

UMTECH GmbH Roonstr. 27 90429 Nürnberg

Chemische Werke
Postfach 4345

80995 München

RECHNUNG

Ihre Bestellung	vom	Kunden-Nr.	Rechnungs-Nr.	Datum
42383	19..-05-15	15735	65389	19..-06-20

Pos.	Art.-Nr.	Artikelbezeichnung	Menge	Preis	Gesamt
1	FE835	Filtereinsätze	2000	45,00	90.000,00

Umsatzsteuer 16 %	14.400,00
Gesamtbetrag	104.400,00

Zahlungsziel: 60 Tage
Lieferung: frei Haus

Bankverbindung
Postbank Nürnberg
BLZ 76010085; Konto-Nr: 1937 59-859

Telefon-Nr. 0911/345432
Telefax-Nr. 0911/345433

Internet
http://www.umtech.de

Die in der Eingangsrechnung verrechnete Umsatzsteuer in Höhe von 11.200,00 € wurde von der H. Maier oHG oder deren Zulieferer an das Finanzamt abgeführt. Die UMTECH GmbH muss also nur noch 16 % vom Mehrwert dem Finanzamt überweisen. Aus diesem Grund wird die Umsatzsteuer häufig auch als Mehrwertsteuer bezeichnet.

	Warenwert		Umsatzsteuer
Ausgangsrechnung	90.000		14.400
– Eingangsrechnung	–70.000		-11.200
= Wertschöpfung	20.000	→ davon 16 % = USt.-Zahllast	3.200

verrechnete USt
- Vorsteuer
= Zahllast

Die 11.200,00 € stellen für die UMTECH GmbH Vorsteuer dar, die sie von der an ihre Kunden weiter verrechneten Umsatzsteuer abziehen kann.

Betrachtet man die Erhebung der Umsatzsteuer von der Urproduktion bis zum Endverbraucher, so ergibt sich folgendes Bild:

Urproduktion	€	Weiterverarbeitung	€	Weiterverarbeitung	€	**Endverbraucher**	€
Verkaufswert 1	100	Verkaufswert 2	150	Verkaufswert 3	250		
– bezogene Waren*	0	– bezogene Waren	100	– bezogene Waren	150		
= Mehrwert 1	100	= Mehrwert 2	50	= Mehrwert 3	100	**Verkaufswert 3**	250
↓		↓		↓		↓	
16 % UST	16	+ 16 % UST	8	+ 16 % UST	16	**= 16 % UST**	40

*Auch von der Urproduktion werden Waren und Dienstleistungen (z. B. Maschinen) von anderen Unternehmungen bezogen.

Der Endverbraucher zahlt, unabhängig davon, wie viele Wirtschaftsstufen durchlaufen werden, 16 % Umsatzsteuer. Jede durchlaufene Wirtschaftsstufe führt die auf Ihre Wertschöpfung entfallende Umsatzsteuer ab.

7.2 Gesetzliche Grundlagen

Steuerpflicht:
Lieferungen und
Leistungen von
Unternehmen u. a.

Die **Steuerpflicht** ist in den §§ 1 ff UStG geregelt. Der Steuerschuldner ist in in den meisten Fällen ein Unternehmer. Unternehmer ist nach § 2 UStG, wer eine berufliche oder gewerbliche Tätigkeit selbstständig ausübt. Die Tätigkeit muss nachhaltig und auf die Erzielung von Einnahmen gerichtet sein (Gewinnabsicht ist nicht notwendig).

Bemessungsgrundlage
ist das vereinbarte
Entgelt.

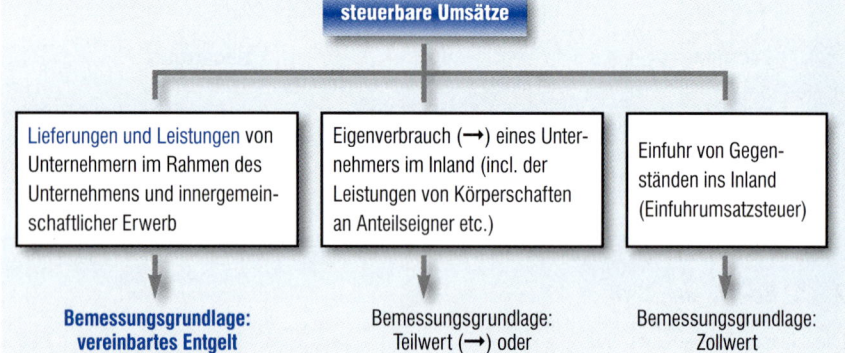

Steuerbefreit sind u. a.
Ausfuhrlieferungen.

Nach § 4 UStG gelten u.a. folgende **Steuerbefreiungen**:
• Ausfuhrlieferungen,
• Versicherungsprämien,
• Vermietung, Verpachtung und Verkauf von Grundstücken sowie
• Zinsen.
Bei einer Steuerbefreiung entfällt auf der Ausgabenseite der Vorsteuerabzug.

optieren:
Wahl der Besteuerung
bei steuerfreien
Umsätzen

In gewissen Fällen (z. B. bei der Vermietung von gewerblichen Räumen) hat der Steuerpflichtige die Möglichkeit, für die Besteuerung zu **optieren** (§ 9 UStG). Damit kann der Steuerpflichtige für die mit den Einnahmen in Zusammenhang stehenden Ausgaben Vorsteuerabzug geltend machen. Für den Unternehmer, dem die Umsatzsteuer in Rechnung gestellt wird, ist dies kein Nachteil, da auch dieser zum Vorsteuerabzug berechtigt ist. Durch die Umsatzsteuerbefreiung für Ausfuhrlieferungen geht das Recht zum Vorsteuerabzug nicht verloren.

Der allgemeine **Steuersatz** (§ 12 UStG) beträgt zur Zeit 16 %. Der ermäßigte Steuersatz von 7 % wird unter anderem auf Grundnahrungsmittel, Kulturgegenstände, kul-

turelle Leistungen und Leistungen zur Personenbeför-
derung im Linienverkehr erhoben. Für jeden Steuersatz
sind getrennte Umsatzsteuerkonten und Erlöskonten zu
führen.

Für jeden Monat ist binnen 10 Tagen eine **Umsatzsteuer-
voranmeldung** zu erstellen und die Umsatzsteuervorauszahlung zu leisten. Liegt die Umsatzsteuerschuld im vorangegangenen Kalenderjahr unter 6.000,00 €, so ist das
Kalendervierteljahr der Voranmeldungszeitraum. Der Berechnung sind alle in dem Zeitraum erbrachten Leistungen
zugrunde zu legen (§13 UstG). Dem Vorsteuerabzug sind
alle erhaltenen Lieferungen und Leistungen zu Grunde zu
legen, für die eine Rechnung vorliegt (§15 UStG).
Für das Kalenderjahr ist eine Steuererklärung abzugeben.
Die geleisteten Vorauszahlungen werden mit der Umsatzsteuerschuld verrechnet.
Ergibt sich bei der Voranmeldung oder der Veranlagung
ein Vorsteuerüberhang, so wird dieser vom Finanzamt
erstattet.

Der § 14 UStG enthält Formvorschriften für die Rechnungen. Folgende Angaben sind vorgeschrieben:
- der Name sowie die Anschrift des Empfängers und des
  Lieferers
- die Menge und Bezeichnung der Ware bzw. Art und
  Umfang der Leistung
- der Tag der Lieferung oder Leistung
- das Entgelt
- die im Entgelt enthalte Umsatzsteuer (bei Rechnungen bis zu 200,00 € genügt die
  Angabe des Steuersatzes).

7.3 Verbuchung der Umsatzsteuer

7.3.1 Buchungen beim Ein- und Verkauf

Die **Umsatzsteuer,** die auf der Ausgangsrechnung aufgeführt werden muss, stellt eine sonstige Verbindlichkeit gegenüber dem Finanzamt dar. Sie wird deshalb auf dem
passiven Bestandskonto **4800 Umsatzsteuer** verbucht. Für den Verkauf der Filtereinsätze (siehe AR) ergibt sich folgender Buchungssatz:

Umsatzsteuer
→Verbindlichkeit

			S	H
2400 Forderungen aLL	an	5000 Umsatzerlöse	104.400	90.000
		4800 Umsatzsteuer		**14.400**

Die bei der Beschaffung zu zahlende **Vorsteuer,** die auf der Eingangsrechnung ausgewiesen wird, ist eine Forderung an das Finanzamt. Sie wird auf dem aktiven Bestandskonto 2600 Vorsteuer verbucht. Für den Kauf der Filtereinsätze (siehe ER) ergibt sich
folgender Buchungssatz:

Vorsteuer
→Forderung

			S	H
6010 Aufw. f. Fremdbau.			70.000	
2600 Vorsteuer	an	4400 Verb. aLL	**11.200**	81.200

7.3.2 Umsatzsteuervorauszahlung – Umsatzsteuerzahllast

Um die monatlichen Umsatzsteuervorauszahlungen zu ermitteln, muss der Saldo des Kontos Vorsteuer mit der Umsatzsteuer verrechnet werden. Buchungstechnisch wird diese Verrechnung durch die Übertragung oder Umbuchung der Vorsteuer auf das Konto Umsatzsteuer durchgeführt. Danach wird das Umsatzsteuerkonto saldiert und die so ermittelte **Zahllast** überwiesen.

Umsatzsteuer
– Vorsteuer
= Zahllast

Gehen wir davon aus, dass für den Monat Juni nur die umseitig verbuchte Ein- bzw. Ausgangsrechnung zu berücksichtigen ist, so ergibt sich folgender Sachverhalt.

Umbuchung der Vorsteuer am Ende des Monats:

			S	H
4800 Umsatzsteuer	an	2600 Vorsteuer	11.200	11.200

Banküberweisung für die Umsatzsteuerzahllast bis zum 10. Februar:

			S	H
4800 Umsatzsteuer	an	2800 Bank	3.200	3.200

Kontenmäßige Darstellung:

S	6010 Fremdbauteile	H		S	5000 Umsatzerlöse	H
4400	70.000				2400	90.000

S	2600 Vorsteuer	H		S	4800 Umsatzsteuer	H
4400	11.200	4800	11.200 → 2600	2800	11.200	2400	14.400
					3.200	

S	2400 Forderungen aLL	H		S	Verbindlichkeiten aLL	H
5000, 4800	104.400				6010, 2600	81.200

S	Bank	H
	4800	3.200

Die monatliche Umsatzsteuerzahllast kann auch rechnerisch ermittelt werden. Damit wird das monatliche Saldieren des Vorsteuer- und Umsatzsteuerkontos vermieden. Die Umsatzsteuervorauszahlungen können auf einem Unterkonto verbucht werden. Das Konto Vorsteuer und Umsatzsteuervorauszahlung wird dann am Jahresende über das Umsatzsteuerkonto abgeschlossen.

Beispiel

Σ 5000 Umsatzerlöse (Juni)	90.000	
$-\Sigma$ 5001 Erlösberichtigungen (Juni)	0	
= Bereinigte Umsatzerlöse (Juni)	90.000	
davon 16 %		14.400
$-\Sigma$ 2600 Vorsteuer (Juni)		11.200
= Zahllast für Juni		3.200

In dem Beispiel wird von einem einheitlichen Steuersatz von 16 % ausgegangen. In der Praxis sind Erlöskonten, Umsatzsteuerkonten und Vorsteuerkonten für jeden Steuersatz (16 % und 7 %) zu führen

7.3.3 Umsatzsteuerbilanzierung

Wird die Umsatzsteuerzahllast für den letzten Monat des Geschäftsjahres ermittelt, so ist sie zu passivieren. Das Konto **Umsatzsteuer ist über das Schlussbilanzkonto abzuschließen.**

Gehen wir davon aus, dass umseitiger Vorgang am Ende des Geschäftsjahres durchgeführt wird.

Umbuchung der Vorsteuer am Ende des Geschäftsjahres:

						S	H
4800	Umsatzsteuer	an	2600	Vorsteuer		11.200	11.200

Vorsteuer wird über Umsatzsteuer abgeschlossen

Passivierung der Umsatzsteuerzahllast:

						S	H
4800	Umsatzsteuer	an	8010	SBK		3.200	3.200

Passivierung: Abschluss in die Passivseite der Bilanz

Kontenmäßige Darstellung:

S	2600 Vorsteuer	H		S	4800 Umsatzsteuer		H
4400	11.200	4800	11.200 →	2600	11.200	2400	14.400
				8010	3.200		

S	8010 SBK	H
	4800	3.200

Die Eröffnungsbilanz des neuen Geschäftsjahres weist die entsprechende Umsatzsteuerschuld aus. Die Eröffnung erfolgt auf dem Konto Umsatzsteuer des Vorjahres, da das Umsatzsteuerkonto nur Umsatzsteuerbeträge des lfd. Jahres aufnehmen darf. Die Zahllast ist innerhalb der ersten 10 Tage des neuen Geschäftsjahres zu überweisen. Für das abgelaufene Jahr ist eine Umsatzsteuererklärung abzugeben.

7.3.4 Vorsteuerüberhang

Ist in einem Monat die Vorsteuer höher als die Umsatzsteuer, so entsteht ein Vorsteuerüberhang und damit eine Forderung gegenüber dem Finanzamt. Der Vorsteuerüberhang wird vom Finanzamt erstattet. Hohen Investitionen z. B. bei der Geschäfteröffnung oder Erweiterung, hohe Vorratskäufe z. B. bei Saisonbetrieben oder hohe Exporte, die von der Umsatzsteuer befreit sind, können einen Vorsteuerüberhang verursachen. In diesem Fall ist der Saldo des Umsatzsteuerkontos auf das Vorsteuerkonto zu übertragen bzw. am Jahresende das Umsatzsteuerkonto über das Vorsteuerkonto abzuschließen.

Beispiel

Vorsteuerüberhang am Jahresende:

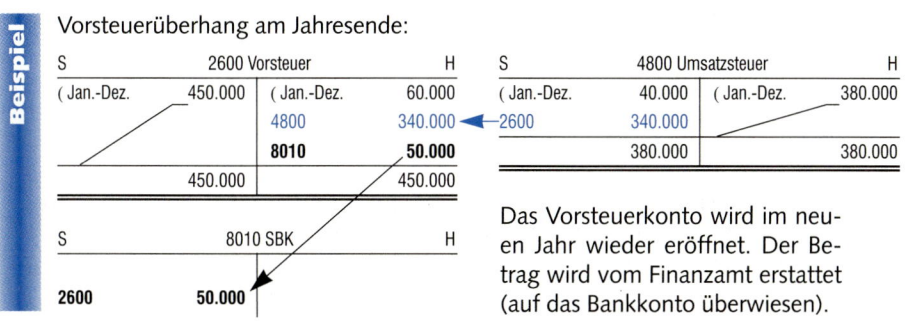

Das Vorsteuerkonto wird im neuen Jahr wieder eröffnet. Der Betrag wird vom Finanzamt erstattet (auf das Bankkonto überwiesen).

Umbuchung der Umsatzsteuer am Ende des Geschäftsjahres:

					S	H
4800	Umsatzsssteuer	an	2600	Vorsteuer	340.000	340.000

Aktivierung der Umsatzsteuerforderung:

					S	H
8010	SBK	an	2600	Vorsteuer	50.000	20.000

Wiederholung

1. Nennen Sie die Aufgaben des Rechnungswesens und der Buchführung.
2. Skizzieren Sie die gesetzlichen Grundlagen der Buchführungspflicht.
3. Nennen Sie Grundsätze ordnungsgemäßer Buchführung und geben Sie die jeweilige Fundstelle im Gesetz an.
4. Stellen Sie Systembücher und die wichtigsten Nebenbücher dar.
5. Erklären Sie, welche Aufzeichnungen
    a) das Grundbuch enthält.
    b) das Hauptbuch enthält.
    c) das Geschäftsfreundebuch enthält.
6. Beschreiben Sie, was man unter einer Inventur versteht (Definition).
7. Erklären Sie den Unterschied zwischen einer Stichtagsinventur und einer zeitlich verlegten Inventur.
8. Verdeutlichen Sie, unter welchen Voraussetzungen eine permanente Inventur möglich ist und wie sie durchgeführt wird.
9. Zeigen Sie den Unterschied zwischen Inventar und Bilanz auf.
10. Nennen und beschreiben Sie die wichtigsten Bücher, die i. d. R. geführt werden.
11. Nennen Sie je zwei Beispiele für
    a) einen Aktivtausch,
    b) einen Passivtausch,
    c) eine Bilanzverkürzung,
    d) eine Bilanzverlängerung.
12. Kennzeichnen Sie die Veränderungen, die in der Bilanz durch folgende Geschäftsfälle ausgelöst werden:
    a) Der Betrieb kauft Rohstoffe gegen Bankscheck 5.000 €.
    b) Der Eigentümer erhöht das Eigenkapital durch Banküberweisung 50.000 €.
    c) Die Unternehmung zahlt einen Bankkredit in Höhe von 10.000 € zurück.
    d) Die Unternehmung kauft Rohstoffe auf Ziel 5000 €.
    e) Die Bank wandelt den Kontokorrentkredit über 20.000 € in ein Darlehen um.
13. Erklären Sie die Unterschiede zwischen Aktiv- und Passivkonten in Bezug auf Eröffnung, Zunahme oder Abnahme und Abschluss.
14. Nennen Sie den Buchungssatz für den Abschluss eines
    a) passiven Bestandskontos,
    b) aktiven Bestandskontos,
    c) Ertragskontos,
    d) Aufwandskontos.
15. Nennen Sie den Buchungssatz für den Abschluss des
    a) GuV-Kontos,
    b) Eigenkaptialkontos.
16. Erklären Sie, wie sich erfolgswirksame Geschäftsfälle auf das Eigenkapital und die Bilanz auswirken.
17. Nennen Sie je zwei erfolgsneutrale und erfolgswirksame Geschäftsfälle.

18. Diskutieren Sie, nach welchem Gliederungsprinzipien der Industriekontenrahmen geordnet ist.
19. Beschreiben Sie die Bedeutung der vierstelligen Kontennummern des Industriekontenrahmens.
20. Verdeutlichen Sie den Unterschied zwischen Rechnungskreis I und II.
21. Veranschaulichen Sie den Unterschied zwischen Kontenrahmen und Kontenplan.
22. Ordnen Sie folgende Konten den Kontenklassen zu und geben Sie die vierstellige Kontonummer sowie das Abschlusskonto an:
    Aufwendungen für Rohstoffe, Betriebsgebäude, Kasse, Verbindlichkeiten aus Lieferungen und Leistungen, Eigenkapital, Umsatzerlöse, Forderungen aLL., Abschreibungen auf Sachanlagen, Rohstoffe, GuV-Konto, Zinserträge.
23. Erläutern Sie die folgende Begriffe aus dem Bereich der Umsatzsteuer:
    a) Mehrwertsteuer
    b) durchlaufender Posten
    c) Umsatzsteuerpflicht
    d) steuerbare Umsätze
    e) Steuerbefreiung
    f) Vorsteuer
    g) Bemessungsgrundlage
    h) Steuersätze
    i) Umsatzsteuervorauszahlung und Zahllast

Aufgaben

(Anmerkung: Der Kauf von Rohstoffen ist auf dem Aufwandskonto 6000 zu buchen)
1. Buchen auf Bestandskonten: Geschäftsgang I (ohne Berücksichtigung der Umsatzsteuer).   *Bestandskonten*
   Eröffnen Sie die Konten auf Grund der unten stehenden Bilanz. Kontieren und verbuchen Sie die folgenden Geschäftsfälle und schließen Sie die Konten ab.

Aktiva	Bilanz zum 00-12-31		Passiva
Sachanlagevermögen	805.000	Eigenkapital	875.000
Forderungen aLL	270.000	Darlehen	140.000
Bank	60.000	Verbindlichkeiten aLL	120.000
	1.135.000		1.135.000

Geschäftsfälle:
   a) Kauf von Fertigungsmaschinen auf Ziel von einem italienischen Anbieter für 72.000 €,
   b) Ausgleich einer Eingangsrechnung aus dem Vormonat über 30.000 € (Bank)
   c) Ausgleich einer Ausgangsrechnung aus dem Vormonat 60.000 € per Bank,
   d) Tilgung eines Darlehens. Tilgungsrate 10.000 € per Bank,
   e) Verkauf eines gebrauchten PKWs zum Buchwert 8.000 € auf Ziel,

2. Buchen auf Bestandskonten: Geschäftsgang 2 (ohne Berücksichtigung der Umsatzsteuer).
   Eröffnen Sie die Konten auf Grund der unten stehenden Anfangsbestände. Kontieren und verbuchen Sie die folgenden Geschäftsfälle und schließen Sie die Konten ab. Geben Sie ferner die jeweilige Veränderung in der Bilanz an.
   Aktiva (in €): Maschinen 782.000; Forderungen aLL 248.800;
   Bank 160.000; Kasse 28.000
   Passiva (in €): Eigenkapital 824.000; Darlehen 300.000;
   Verbindlichkeiten aLL 94.800.

Geschäftsfälle:
a) Kauf einer Maschine auf Ziel 121.000 €,
b) Banküberweisung an einen Lieferanten 34.000 €,
c) Banküberweisung eines Kunden 125.000 €,
d) Barabhebung vom Bankkonto 30.000 €,
e) Rückzahlung eines Darlehnes durch Banküberweisung 40.000 €.

Bestandskonten

3. Buchen auf Bestandskonten: Geschäftsgang 3 (ohne Berücksichtigung der USt). Eröffnen Sie die Konten auf Grund der unten stehenden Anfangsbestände. Kontieren und verbuchen Sie die folgenden Geschäftsfälle und schließen Sie die Konten ab.
Aktiva (in €): Betriebs- und Geschäftsausstattung 988.000;
Forderungen aLL 262.400; Kasse 33.000;
Passiva (in €): Eigenkapital 1.000.000; Verbindlichkeiten aLL 238.400;
Bank (Kontokorrentkonto) 45.000;
Geschäftsfälle:
a) Eröffnung eines Postbankkontos, Bareinlage 10.000 €,
b) Einkauf von Büromöbeln auf Ziel 128.000 €,
c) Ein Kunde zahlt die Ausgangsrechnung per Bank über 70.000 €,
d) Banküberweisung an einen Lieferanten zum Rechnungsausgleich 64.000 €,
e) Einzahlung auf das Bankkonto 5.000 €,
f) Kauf eines Computers mit Drucker auf Ziel 6.000 €.

Erfolgskonten

4. Buchen auf Erfolgskonten: Bilden Sie Buchungssätze für folgende Geschäftsfälle (ohne Berücksichtigung der USt)
a) Bezahlung der Telefonrechnung über 2.340 € per Bank,
b) Zahlung der Prämie für die Feuerversicherung des Geschäftsgebäudes durch Banküberweisung 3.400 €,
c) Auf dem Bankkonto gehen 17.000 € Provision für vermittelte Geschäfte ein,
d) Barzahlung eines Zeitungsinserates 143 €,
e) Zinsgutschrift auf dem Bankkonto 2.100 €,
f) Zahlung der Grundsteuer per Bank 3.700 €,
g) Banküberweisung für Zinsen an die Bank 36.400,
h) Barzahlung von Rechtsberatungskosten an einen Rechtsanwalt 800 €.

5. Buchen auf Erfolgskonten: Geschäftsgang 1 (ohne Berücksichtigung der USt). Eröffnen Sie die Konten auf Grund der unten stehenden Anfangsbestände. Kontieren und verbuchen Sie die folgenden Geschäftsfälle und schließen Sie die Konten ab.
Aktiva (in €): Sachanlagevermögen 200.000; Forderungen aLL 50.000; Bank, 483.000; Kasse 55.000,00;
Passiva (in €): Eigenkapital 538.000,00, Darlehen 200.000; Verbindlichkeiten aLL 50.000
Geschäftsfälle:
a) Überweisung der monatlichen Miete für unsere Geschäftsräume per Bank 9.500 €,
b) Kauf von diversem Büromaterial gegen Barzahlung 750 €,
c) Zahlung für Zeitungswerbung per Bank 12.700 €,
d) Zinsgutschrift auf dem Bankkonto 1.500 €,
e) Provisionseingang für vermittelte Geschäfte auf dem Bankkonto 73.000 €.

6. Buchen auf Erfolgskonten: Geschäftsgang 2 (ohne Berücksichtigung der USt). Eröffnen Sie die Konten auf Grund der unten stehenden Anfangsbestände. Kontieren und verbuchen Sie die folgenden Geschäftsfälle und schließen Sie die Konten ab.
Aktiva (in €): Sachanlagevermögen 350.000, Forderungen aLL 50.000;
Bank 392.000, Kasse 40.000
Passiva (in €): Eigenkapital 432.000; Darlehen 360.000,
Verbindlichkeiten aLL 40.000

Geschäftsfälle:
a) Bezahlung der Geschäftsmiete per Bank 17.800 €,
b) Provisionseinnahmen 80.000 €; Gutschrift auf dem Bankkonto,
c) Kauf von Briefmarken bar 240 €,
d) Zahlung der Jahresprämie für die Feuerversicherung per Bank 16.700 €,
e) Zinsgutschrift auf dem Bankkonto 3.000 €.

7. Bilden Sie Buchungssätze für die folgenden Geschäftsfälle. Verwenden Sie die vier- *IKR*
stelligen Kontennummern des Industriekontenrahmens (ohne Berücksichtigung der
Umsatzsteuer).
a) Barzahlung des Paketportos 20 €,
b) Kauf einer Maschine auf Ziel 20.300 €,
c) Überweisung einer Kundenrechnung auf das Bankkonto 4.000 €,
d) Überweisung von Rechtsanwaltskosten per Postbank 15.000 €,
e) Überweisung einer Lieferantenrechnung 7.500 €,
f) Zahlung von Versicherungsprämie per Bank 14.000 €,
g) Barabhebung 1.000 €.

8. Bilden Sie Buchungssätze für die folgenden Geschäftsfälle. Verwenden Sie die vierstelligen Kontennummern des Industriekontenrahmens. Berücksichtigen Sie die
Umsatzsteuer.
a) Verkauf von Fertigerzeugnissen auf Ziel netto 10.000 €,
b) Kauf von Rohstoffen auf Ziel netto 5.000 €,
c) Kauf von Heizöl gegen Bankscheck für brutto 3.480 €,
d) Der Rechnungsbetrag von a) geht auf dem Bankkonto ein,
e) Für den vorangegangenen Monat Okt. wird die Zahllast in Höhe von 8.300 €
per Bank an das Finanzamt überwiesen,
f) Barabhebung vom Bankkonto 2.500 €,
g) Kauf von Verpackungsmaterial auf Ziel netto 2.800 €,
h) Es werden Rohstoffe im Wert von 20.000 € geliefert,
i) Barverkauf von Fertigerzeugnissen für 23.200 € brutto,
j) Ein Kunde bezahlt die AR über 10.500 € brutto,
k) Verkauf von Fertigerzeugnissen auf Ziel für 98.600 € brutto,
l) Die Bank schreibt uns Zinsen in Höhe von 850 € gut,
m) Der Eigentümer entnimmt Fertigerzeugnisse für den eigenen Gebrauch. Der Teilwert beträgt 5.000 €.

9. Umsatzsteuer: Geschäftsgang 1 (Verwenden Sie die vierstelligen Kontennummern *USt*
des Industriekontenrahmens.)
Tragen Sie in die Konten die Summen ein. Kontieren und verbuchen Sie die folgenden Geschäftsfälle und schließen Sie die Konten ab. Bestandsveränderungen liegen
nicht vor. Laut Inventur entspricht der Endbestand an Rohstoffen dem Anfangsbestand
Geschäftsfälle im November:
a) Ermitteln Sie die Umsatzsteuervorauszahlung für den Monat Oktober und überweisen Sie die Zahllast
b) Verkauf von Fertigerzeugnissen auf Ziel 15.000 € netto.
c) Kauf von Rohstoffen auf Ziel 10.000 € netto.
d) Bareinkauf von Büromaterial 580,00 € brutto.
e) Die Bank schreibt Zinserträge über 1.500 € gut.
Geschäftsfälle Dezember:
f) Ermitteln und überweisen Sie die Umsatzsteuervorauszahlung für Dezember.
g) Verkauf von Fertigerzeugnissen auf Ziel 20.000 € netto.
h) Kauf einer Fertigungsmaschine auf Ziel 10.000 € netto.

i) Kauf von Rohstoffen auf Ziel 2.000 € netto.
j) Bezahlung der Rechnung b).
k) Bezahlung der Rechnung c).
l) Die Bank belastet unser Bankkonto mit Zinsen in Höhe von 2.000 €.

Summen der Konten zum 31. Oktober 00 (in EUR)

0720	Fertigungsmaschinen	500.000	0
0800	BGA	250.000	1.000
2000	Rohstoffe	50.000	
2400	Forderungen aLL	580.000	400.000
2600	Vorsteuer	60.000	55.000
2800	Bank	460.000	400.000
2880	Kasse	25.000	22.000
3000	Eigenkapital		734.000
4250	Darlehen		100.000
4400	Verbindlichkeiten aLL	380.000	450.000
4800	Umsatzsteuer	75.000	90.000
5000	Umsatzerlöse	5.000	500.000
5710	Zinserträge		5.000
6000	Aufwendungen für Rohstoffe	360.000	1.000
6800	Aufwendungen für Büromaterial	6.000	
7510	Zinsaufwand	7.000	

10. Umsatzsteuer: Geschäftsgang 2 (Verwenden Sie die vierstelligen Kontennummern des Industriekontenrahmens.)

Tragen Sie in die Konten die Summen ein. Kontieren und verbuchen Sie die folgenden Geschäftsfälle und schließen Sie die Konten ab. Bestandsveränderungen liegen nicht vor. Laut Inventur entspricht der Endbestand an Rohstoffen dem Anfangsbestand

Geschäftsfälle:

a) Ermitteln Sie die Umsatzsteuervorauszahlung für November und überweisen Sie den Betrag.
b) Kauf eines LKWs für 150.000 € netto auf Ziel.
c) Verkauf von Fertigerzeugnissen für 40.000 € netto auf Ziel.
d) Kauf von Rohstoffen auf Ziel für 34.800 € brutto.
e) Die Bank belastet unser Bankkonto mit Darlehenszinsen in Höhe von 3.000 €.

Summen der Konten zum 30. November 00.. (in EUR)

0720	Fertigungsmaschinen	800.000	0
0840	Fuhrpark	320.000	1.000
2000	Rohstoffe	80.000	
2400	Forderungen aLL	650.000	520.000
2600	Vorsteuer	88.000	75.000
2800	Bank	420.000	360.000
2880	Kasse	15.000	11.000
3000	Eigenkapital		?
4250	Darlehen		800.000
4400	Verbindlichkeiten aLL	380.000	450.000
4800	Umsatzsteuer	102.000	120.000
5000	Umsatzerlöse	15.000	750.000
5500	Erträge aus Beteiligungen		5.000
6000	Aufwendungen für Rohstoffe	550.000	1.000
6700	Mieten	25.000	
7510	Zinsaufwand	60.000	

Materialwirtschaft

Beispiel

Neben den bisher vertriebenen Handelswaren muss die UMTECH GmbH nur Roh-, Hilfs- und Betriebsstoffe sowie Fremdbauteile beschaffen. Der Bedarf für diese Materialien ist nur indirekt vom Absatz abhängig. Der Bedarf, die Bestellung und die Lagerung werden von der Produktion bestimmt. Da in einem Endprodukt unterschiedliche Materialien aufgehen, die in unterschiedliche Phasen der Fertigung benötigt werden, ist die Planung des Bedarfs wesentlich aufwändiger. Fehlende Materialien beeinträchtigen nicht nur die Lieferbereitschaft, sondern führen auch zu Stillstandzeiten und erheblichen Kosten. Die Qualität der beschafften Güter wirkt sich nicht nur auf die Qualität des Endprodukts aus, sondern beeinflusst auch die Fertigung und die Kosten. Die Materialwirtschaft soll deshalb Konzepte für die neuen Anforderungen entwickeln.

1 Aufgaben und Ziele

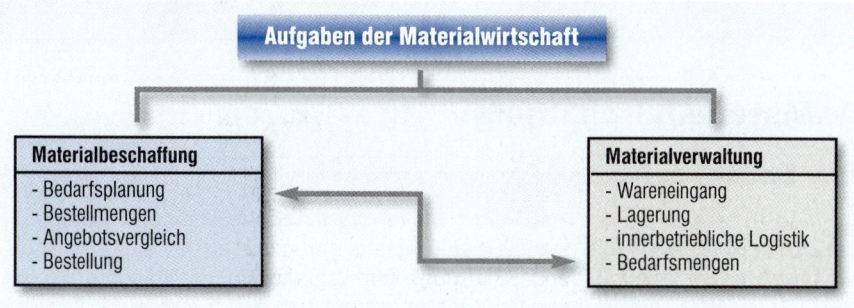

Die Kostensenkungen in der Automobilindustrie, die nicht zuletzt durch eine Optimierung der Materialwirtschaft erreicht wurden, zeigen, welches Rationalisierungspotenzial in diesem Bereich zu erzielen ist. Andererseits führen Streiks bei Zulieferern in der Automobilindustrie innerhalb kürzester Zeit zu Produktionsausfällen und hohen Kosten. Die **Just-in-time-Beschaffung** (→) hat zwar die Lagerbestände, die Lagerkosten und die Kapitalbindung gesenkt, aber zu Problemen bei der Lieferbereitschaft und der Sicherung der Produktion geführt. Eine Senkung der Beschaffungskosten geht häufig auf Kosten der Qualität. Die Suche nach geeignete Lieferanten, die hohe Qualität zu niedrigen Preisen bei hoher Zuverlässigkeit anbieten, stellt bei der **Globalisierung** (→) der Märkte hohe Anforderungen an das Beschaffungsmarketing.

In den letzten Jahren sind ferner die Anforderungen an den Umweltschutz gestiegen. Ein Lager auf Rädern, wie es durch Just-in-time entsteht, führt jeodch zu höheren **Schadstoffemissionen.** Eine sichere Lagerung, schadstofffreie Produkte und eine emissionsarme Produktion sind nur mit umweltverträglichen Materialien möglich. Schonung der Ressourcen und ein hoher Verwertungsgrad und damit wenig Produktionsabfälle sind weitere Problemfelder, um die sich die Materialwirtschaft bemühen muss. Die Verantwortung des Herstellers von der umweltfreundlichen Erzeugung der bezogenen Werkstoffe bis zum Recycling der eigenen Produkte (Productstewardship (→)) müssen mit den anderen Zielen harmonisiert werden.

Just-in-time-Beschaffung: Anlieferung der Werkstoffe nach den betrieblichen Verbrauch

Globalisierung: Weltweite Beschaffungs- und Absatzmärkte

Emission (→): Abgabe von Schadstoffen u. a.

Die Materialwirtschaft sieht sich somit einer Vielzahl zum Teil widersprüchlicher Zielvorgaben von unterschiedlichen Anspruchsgruppen (→) gegenüber, die durch geeignete Verfahren optimiert werden muüssen.

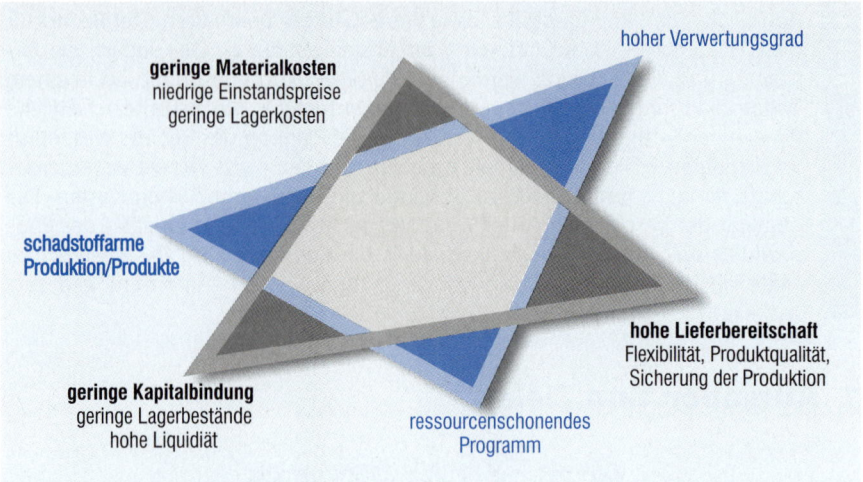

2 Materialbeschaffung

2.1 Bedarfsdeckung

Standardisierung: Vereinheitlichung von Produkten etc. (Normung, Typung)

Im Industriebetrieb ist der Materialbedarf von verschiedenen Faktoren abhängig. Langfristig ist die Auswahl des geeigneten Materialsortiments zu planen. Dabei müssen Probleme der Qualität, der Beschaffungs- und Lagerkosten, der **Standardisierung** (→) und der Wahl der Verfahren zur Materialdisposition gelöst werden. Kurzfristig steht der laufende Materialbedarf im Mittelpunkt. Neben dem Absatz, d. h. den bestellten Fertigerzeugnissen, müssen der Bedarf an Materialien für jedes Fertigerzeugnis sowie bereits veranlasste Materialbestellungen berücksichtigt werden. Ferner sind die Bestände im Fertigteilelager, im Materiallager und in den Zwischenlagern einzuplanen.

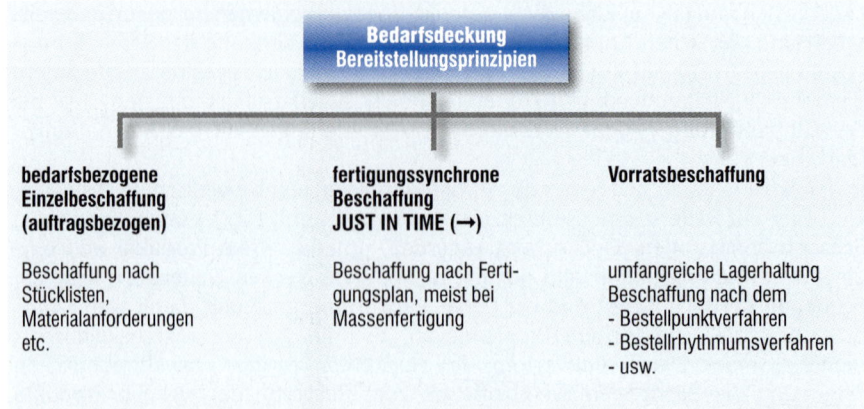

2.1.1 Verfahren der Bedarfsplanung

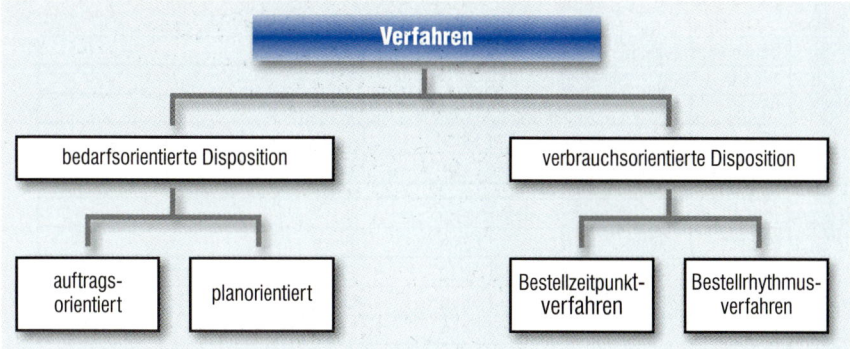

2.1.2 Fertigungssynchrone Beschaffung

Eine fertigungssynchrone Beschaffung (Just-in-time (→)) setzt einen gleichmäßigen Materialbedarf, wie er z. B. bei einer Fließfertigung gegeben ist, und/oder **eine bedarfsorientierte Dispostion** voraus. Eine bedarfsorientierte Disposition wird für einen Kundenauftrag (Einzelanfertigung), für mehrere Kundenaufträge (z. B. Serienfertigung) oder auf Grund eines Produktionsplanes, der auf den erwarteten oder vorhandenen Kundenaufträgen beruht, durchgeführt. Der Bedarf wird wie folgt ermittelt:

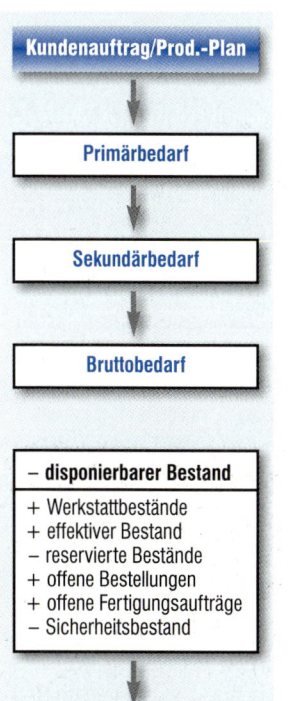

Kundenaufträge führen zu einem Bedarf an Fertigerzeugnissen

Durch Auflösung der Stücklisten kann der Bedarf an Rohstoffen, Baugruppen und Fremdbauteilen je Stück ermittelt werden. Durch Multiplikation mit dem Primärbedarf ergibt sich der Sekundärbedarf. Zusammen mit den dadurch ausgelösten Bedarf an Hilfs- und Betriebsstoffen **(Tertiärbedarf)** kann der Bruttobedarf ermittelt werden

Vom Bruttobedarf ist der **disponierbare Bestand** abzuziehen. Zum disponierbaren Bestand gehören die Bestände an Baugruppen und Halbfertigfabrikaten in den Werkstätten, Lagerbestände, noch nicht eingetroffene Warenlieferungen und nicht durchgeführte Fertigungsaufträge. Für andere Kundenbestellungen reservierte Bestände und der Sicherheitsbestand vermindern den disponierbaren Bestand

= Bruttobedarf - disponierbarer Bestand

Bruttobedarf
– disp. Bestand
= Nettobedarf

Sicherheitsbestand (eiserner Bestand): Bestand zum Ausgleich unvorhersehbarer Verzögerungen

Beispiel

Die UMTECH GmbH produziert in ihrer Fertigungseinrichtung neben den Filtern eine Universalhalterung für Heizungszubehör.

Baukastenstückliste

Teile-Nr. 24000   Benennung: Universalhalterung

Pos-Nr.	Teilenr.	Menge	Einheiten	Benennung
10	24001	1	Stück	Grundplatte
20	24002	2	Stück	Halterung

Teile-Nr. 24001   Benennung: Grundplatte

Pos-Nr.	Teilenr.	Menge	Einheiten	Benennung
10	24003	1	Stück	Platte 100•100•10 mm
20	24004	4	Stück	Schrauben M10x60
30	24005	4	Stück	Muttern M10

Teile-Nr. 24002   Benennung: Halterung

Pos-Nr.	Teilenr.	Menge	Einheiten	Benennung
10	24006	1	Stück	Halteblech 100•50•10 mm
20	24004	2	Stück	Schrauben M10•60
	24005	2	Stück	Muttern M10

Teile-Nr. 24003   Benennung: Platte

Pos-Nr.	Teilenr.	Menge	Einheiten	Benennung
10	24007	100	mm	Flachstahl 100•10 mm

Teile-Nr. 24006   Benennung: Halteblech

Pos-Nr.	Teilenr.	Menge	Einheiten	Benennung
10	24008	90	mm	Flachstahl 50•10 mm

Im Lager befinden sich 1.000 Schrauben M10•60 und 1.000 Muttern M10. Der Sicherheitsbestand beträgt jeweils 500 Stück. An Flachstahl ist jeweils nur der Sicherheitsbestand von je 12 m auf Lager. Ferner befinden sich 100 Grundplatten auf Lager (kein Sicherheitsbestand). Im Fertigteilelager befinden sich noch 100 Unviversalhalterungen. Es liegen Kundenaufträge über 500 Halterungen vor.

Nettobedarf vgl. S. 67

Aus den Angaben lässt sich der **Nettobedarf** wie folgt berechnen (ohne Tertiärbedarf, Verschnitt etc.):

Benennung	UniHalt.	Grundpl.	Halter.	Platte	Haltebl.	F100(10	F50(10	SchM10	MuM10
Teilenrummer	24000	24001	24002	24003	24006	24007	24008	24004	24005
Einheit	Stück	Stück	Stück	Stück	Stück	mm	mm	Stück	Stück
Primärbedarf	500								
Sekundärbedarf	500	500	1000	500	1000	50000	90000	4000	4000
Tertiärbedarf	vernachlässigt								
Bruttobedarf	**500**	**500**	**1000**	**500**	**1000**	**50000**	**90000**	**4000**	**4000**
+FE Bestand	100	100	200	100	200	10000	18000	800	800
+UFE Bestand	0	100	0	100	0	10000	0	400	400
+eff. Mat.-Bestand						12000	12000	1000	1000
– reserv. Best.A11									
– off. Fert.-Auftr.									
+Sicherheitsbest.						12000	12000	500	500
– disp. Best.	**100**	**200**	**200**	**200**	**200**	**20000**	**18000**	**1700**	**1700**
Nettobedarf	**400**	**300**	**800**	**300**	**800**	**30000**	**72000**	**2300**	**2300**

Wie dieses Beispiel zeigt, ist die bedarfsorientierte Disposition selbst bei
relativ einfachen Erzeugnissen aufwändig. Sie wird deshalb heute in
der Regel EDV-gestützt z. B. mit Hilfe eines Produktplanungssystems
(PPS) (→) durchgeführt. Sie ermöglicht die Just-in-time-Beschaffung
und die Minimierung der Lagerbestände, der Kapitalbindung und
der Lagerkosten. Die Lagerhaltung
beschränkt sich auf den Sicherheitsbestand.

Die Materialien werden entsprechend dem Produktionsfortschritt
angeliefert und sofort in die Ferti-
gung gegeben. Der Ausgleich von kurzfristigen Produktionsschwankungen erfolgt
über vollautomatisierte und fertigungsintegrierte Puffer. Zuverlässige Lieferanten, eine gute Infrastruktur und eine perfekte Logistik (→) sind unabdingbare Voraussetzungen für eine fertigungssynchrone Beschaffung.

2.1.3 Vorratshaltung

Auf Grund des zu geringen Materialbedarfs, wegen zu hoher Beschaffungskosten
oder wegen der fehlenden Planungssicherheit ist häufig eine **fertigungssynchrone
Beschaffung** nicht sinnvoll oder nicht möglich. In diesem Fall muss der Betrieb über eine effiziente Lagerhaltung die Versorgung der Fertigung mit Materialien und die
Lieferbereitschaft sicherstellen. Weitere Gründe für eine Lagerhaltung können die erwartete Preisentwicklung, Mengenrabatte, natürliche Schwankungen in der Verfüg-
barkeit (z. B. bei landwirtschaftlichen Produkten) und hohe Anforderungen an die
Lieferbereitschaft sein. Die Planung des Lagerbestandes und der Beschaffung erfolgt
über die **verbrauchsorientierte Disposition**.

*Eine fertigungssyn-
chrone Beschaffung ist
nur unter bestimmten
Voraussetzungen
möglich.*

2.1.3.1 Bestellpunktverfahren

Das in der Praxis am häufigsten eingesetzte Verfahren ist das Bestellpunkt- oder
Meldebestandsverfahren. Für die Lagerhaltung wird ein **Sicherheitsbestand, ein
Meldebestand (Bestellbestand)** und ein **Höchstbestand** festgelegt. Der Sicherheitsbestand wird so festgelegt, dass unerwartete Lieferverzögerungen oder ein Mehrverbrauch ausgeglichen werden können. Die Höhe des Melde- oder Bestellbestandes
ist von dem täglichen Verbrauch und der Lieferdauer abhängig. Der Höchstbestand
wird unter Berücksichtigung der Lager- und Beschaffungskosten (optimaler Bestellbestand), der Lagermöglichkeiten usw. festgelegt. Wird der Meldebestand erreicht, so
wird der Bestellvorgang eingeleitet. Bei korrekter Planung trifft die Lieferung vor dem
Erreichen des Sicherheitsbestandes ein und füllt das Lager auf den Höchstbestand auf.

Unterstellt man einen kontinuierlichen Verbrauch, so kann der Meldebestand wie
folgt berechnet werden:

*Bestellpunkt =
Meldebestand:
Bestand, bei dem das
Bestellverfahren ein-
geleitet wird*

*Sicherheitsbestand =
eiserner Bestand:
Vorrat zur Über-
brückung von
Ausnahmesituationen*

Höchstbestand:
Bestellmenge +
Sicherheitsbestand

 Meldebestand = (Tagesverbrauch • Beschaffungszeit) + Sicherheitsbestand

Unter **Tagesverbrauch** versteht man den durchschnittlichen Verbrauch in Mengen-einheiten je Tag. Die **Beschaffungszeit** setzt sich aus der Zeit für die Bestelldisposition, der Liefer- und Transportzeit, der für die Warenannahme benötigten Zeit und der Zeit zum Einlagern (jeweils in Tagen) zusammen.

Beispiel

Schrauben werden nach dem Bestellpunktverfahren disponiert. Der Sicherheits-bestand beträgt 800 Stück. Die Beschaffungszeit liegt bei 5 Arbeitstagen. Pro Tag werden 200 Schrauben verbraucht. Der Höchstbestand beträgt 5000 Schrauben.

Meldebestand = 200 • 5 + 800 = 1800 Stück

Bei einem Bestand von 1.800 Stück ist das Bestellverfahren einzuleiten.

$$\text{Bestellintervall} = \frac{5000 - 800}{200} = \frac{4200}{200} = 21 \text{ Tage}$$

Bei gleichmäßigem Verbrauch muss in einem Abstand von 21 Tagen bestellt werden.

Bei einer grafischen Lösung ergibt sich folgendes Bild:

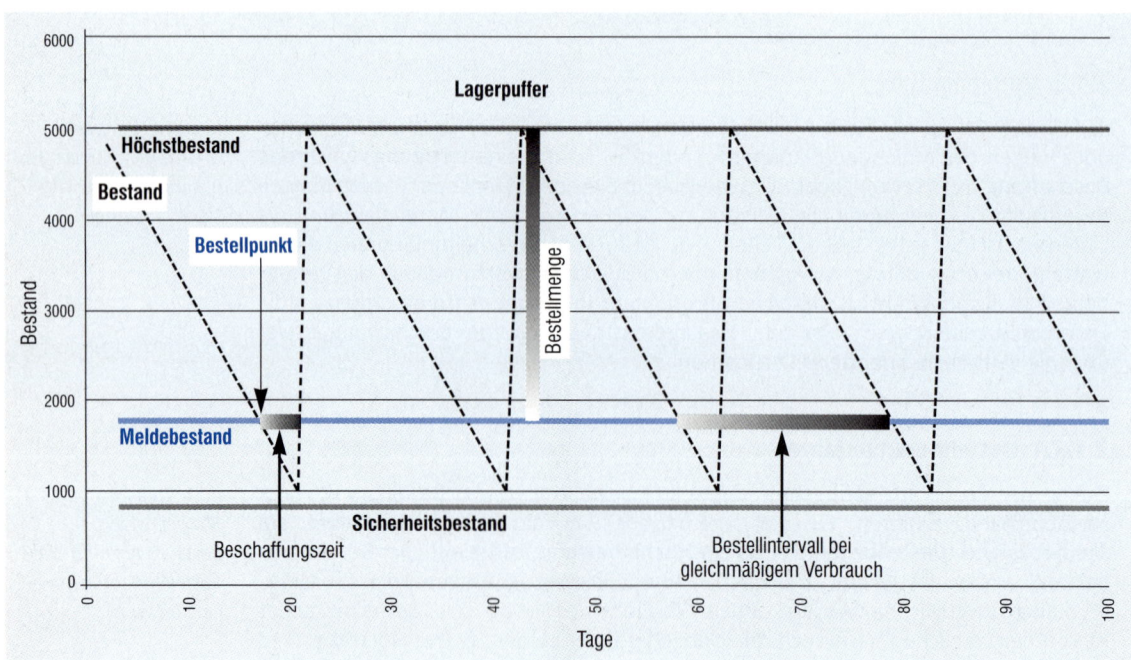

Wird das Bestellpunktverfahren bei unregelmäßigem Verbrauch angewendet, ist der Meldebestand so anzusetzen, dass er im ungünstigsten Fall die Beschaffungszeit ab-deckt. Ein festes Bestellintervall lässt sich nicht festlegen. Der Bestand muss laufend z. B. durch das Lagerverwaltungsprogramm überprüft werden, damit die Bestellung bei Erreichen des Meldebestandes eingeleitet werden kann.

Stellt man die Situation grafisch dar, so ergibt sich folgendes Bild (Skizze):

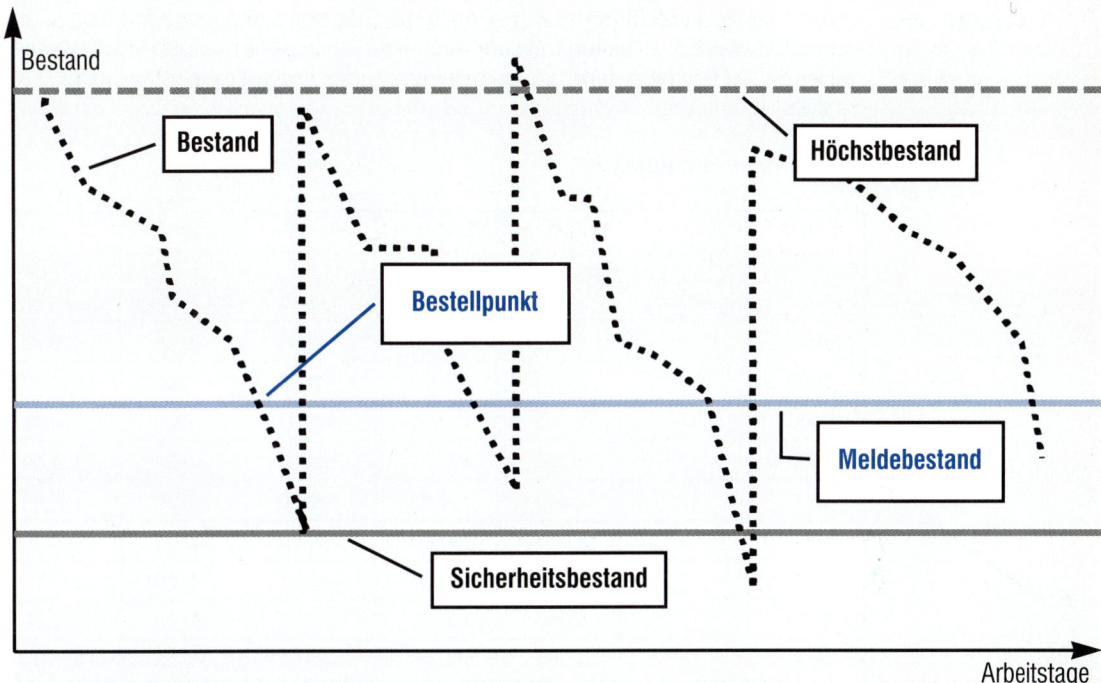

2.1.3.2 Optimale Bestellmenge

Der Höchstbestand hängt wesentlich von der optimalen Bestellmenge ab. Sie wird durch folgende Faktoren beeinflusst:

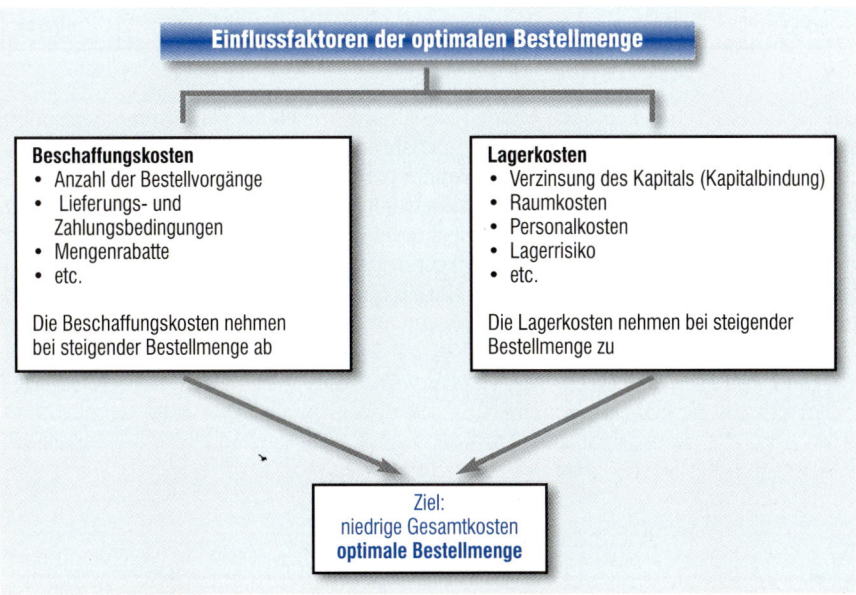

Die optimale Bestellmenge ist von den Lager- und Beschaffungskosten abhängig.

Jedes Unternehmen versucht, seine Gesamtkosten so niedrig wie möglich zu halten und die **Bestellmenge zu optimieren.** Drei Lösungsverfahren sollen nun an dem im vorigen Kapitel eingeführten Beispiel der Disposition von Schrauben M10 (vgl. S. 68) dargestellt werden. Es gelten folgende Angaben: Jahresbedarf 48.000 Stück, Bestellkosten 30,00 € je Bestellung, Lagerkosten 20 % des Bestandes, Einstandspreis 0,10 €/Stück

Tabellarische Ermittlung

Bestell-menge	Bestell-häufigkeit	Ø-Bestand (St)	Ø-Be-stand (€)	Bestell-kosten	Lager-kosten	Gesamt-kosten
	Jahresbedarf Bestellmenge	Bestellmenge 2	Bestellwert 2	Bestellhäufig-keit•30	20% vom Ø-Lagerwert	Bestell-+Lagerkosten
1000	48	500	50,00	1.440,00	10,00	1.450,00
2000	24	1.000	100,00	720,00	20,00	740,00
3000	16	1.500	150,00	480,00	30,00	510,00
4000	12	2.000	200,00	360,00	40,00	400,00
5000	10	2.500	250,00	288,00	50,00	338,00
6000	8	3.000	300,00	240,00	60,00	300,00
7000	7	3.500	350,00	205,71	70,00	275,71
8000	6	4.000	400,00	180,00	80,00	260,00
9000	5	4.500	450,00	160,00	90,00	250,00
10000	5	5.000	500,00	144,00	100,00	244,00
11000	4	5.500	550,00	130,91	110,00	240,91
12000	**4**	**6.000**	**600,00**	**120,00**	**120,00**	**240,00**
13000	4	6.500	650,00	110,77	130,00	240,77
14000	3	7.000	700,00	102,86	140,00	242,86
15000	3	7.500	750,00	96,00	150,00	246,00
16000	3	8.000	800,00	90,00	160,00	250,00

Bei der tabellarischen Methode handelt es sich um eine Näherungslösung. Begonnen wird mit einer Bestellmenge, die zum höchsten technisch möglichen Lagerbestand führt. Dann wird die Bestellmenge vermindert bzw die Bestellhäufigkeit erhöht. Es werden jeweils die Lagerkosten (Verzinsung für Kapitalbindung und Lagerkostensatz) von der Hälfte des jeweils maximalen Bestandes (= durchschnittlicher Bestand) ohne dem Sicherheitsbestand und die Bestellkosten berechnet und zu den Gesamtkosten aufaddiert. Bei einer Bestellmenge von 12.000 Stück (= optimale Bestellmenge) fallen in dem Beispiel die niedrigsten Gesamtkosten an.

Grafische Ermittlung

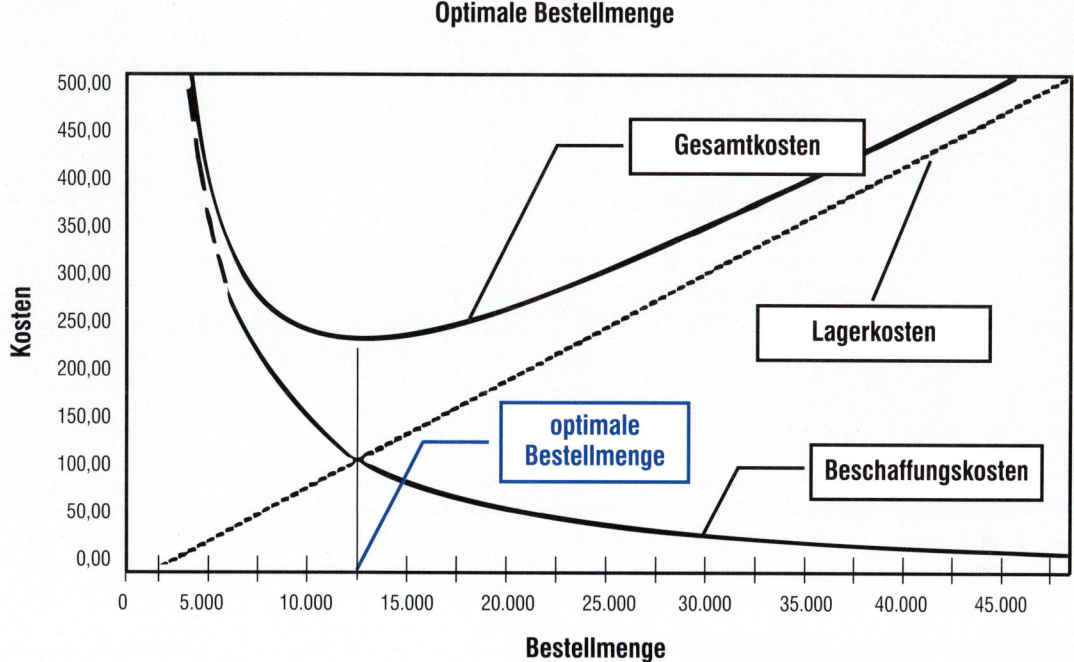

Optimale Bestellmenge

Zeichnet man die ermittelten Werte in ein Koordinatensystem ein, so fallen die niedrigsten Gesamtkosten im Schnittpunkt von Lager- und Bestellkosten an. Auch die grafische Ermittlung führt zu einer optimalen Bestellmenge von ca. 12.000 Stück.

Rechnerische Ermittlung

Die obige Zeichnung lässt sich in die nachfolgende Formel umsetzen. Der Zinssatz enthält die Kosten für die Kapitalbindung (Verzinsung des gebundenen Kapitals) und der Lagerkostensatz die sonstigen Lagerkosten wie z. B. Raum- und Personalkosten.

$$\text{optimale Bestellmenge} = \sqrt{\frac{200 \bullet \text{Jahresbedarf} \bullet \text{Bestellkosten}}{\text{Einstandspreis} \bullet (\text{Zins-} + \text{Lagerkostensatz})}}$$

$$\text{optimale Bestellmenge} = \sqrt{\frac{200 \bullet 48000 \bullet 30}{0,10 \bullet 20}}$$

Auch die mathematische Methode, die eine genaue Berechnung ermöglicht, führt zu einer optimalen Bestellmenge von 12.000 Stück. Im vorliegenden Fall muss geprüft werden, ob der unter Vorratshaltung angegebene Höchstbestand von 5.000 Stück (vgl. S. 69 ff.) nicht auf 12.800 Stück erhöht werden sollte. Dann könnte bei Erreichen des Meldebestandes die optimale Bestellmenge geordnet werden.

2.1.3.3 Bestellrhythmusverfahren

Bestellrhythmus-
verfahren: Bestellung
in festen Zeit-
intervallen

Beim **Bestellrhythmusverfahren** sind die Beschaffungstermine von natürlichen Gegebenheiten (z. B. Ernte), den Lieferanten oder dem Fertigungsprozess abhängig. Damit sind die Überprüfungsintervalle und die Bestelltermine unveränderbar. Auch die Beschaffungszeit bleibt in der Regel gleich. Die Bestellmenge variiert und ist von dem Verbrauch abhängig.

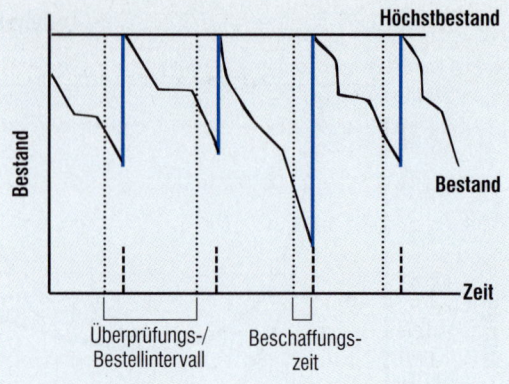

2.1.4 Kriterien für die Auswahl des Verfahrens

ABC-Analyse:
Bewertung der Güter
nach ihrem
Verbrauchswert

Die Auswahl des Verfahrens zur Verbrauchsplanung ist von der Bedeutung des Materials abhängig. Aufwändige Verfahren sind nur gerechtfertig, wenn entsprechende Einsparungseffekte zu erwarten sind. Entscheidungshilfe kann die **ABC-Analyse** (→) bieten. Dabei werden die Güter nach ihrem jährlichen wertmäßigen Verbrauch in drei Gruppen eingeteilt:

Gruppe	A	B	C
Kennzeichen	**hoher Verbrauchswert**	**mittlerer Verbrauchswert**	**niedriger Verbrauchswert**
bevorzugtes Verfahren	• bedarfsorientierte Disposition • fertigungssynchrone Beschaffung	Auswahl des Verfahrens mit Hilfe zusätzlicher Kriterien	• verbrauchsorientierte Disposition • Vorratshaltung
Anmerkung	• minimale Lagerzeiten • genaue Kontrolle (Termin, Qualität, usw.) • zuverlässige Lieferanten • Skonto nutzen usw.		• wenige große Bestellungen • Stichprobenkontrolle • große Sicherheitsbestände

Die ABC-Analyse wird auch in anderen Bereichen angewandt.

Ein weiteres Kriterium zur Auswahl des Verfahrens kann die Planbarkeit sein. Nur wenn der Verbrauch genau planbar oder zumindest abschätzbar (Trend) ist, kann eine bedarfsorientierte Disposition durchgeführt werden.
Auch der mengenmäßige Verbrauch kann zur Entscheidung herangezogen werden. So wird man z. B. dazu neigen, Güter der Kategorie B, die in großen Mengen verbraucht werden und einen hohen Platzbedarf haben, bedarfsorientiert zu disponieren. Materialien, die die Umwelt sehr stark belasten, da sie zu den Gefahrstoffen gehören, hohe Emissionen verursachen oder nur begrenzt verfügbar sind, wird man bedarfsorientiert planen, um Abfälle zu vermeiden und die Gefahren bei der Lagerung klein zu halten.

2.2 Angebotsvergleich

Zur Deckung des Bedarfs sind zuverlässige Lieferanten, die preiswerte Materialien in gleich bleibender hoher Qualität anbieten, von entscheidender Bedeutung. Deshalb ist in den letzten Jahren das **Beschaffungsmarketing** (→) entstanden. Der Markt wird gezielt nach geeigneten Materialien, Substitutionsmaterialien, Beschaffungsmärkten und Lieferern durchsucht. Dabei verstehen sich immer mehr Unternehmungen als global players, die ihre Materialien auf dem Weltmarkt beschaffen.

Beschaffungsmarketing: Beobachtung, Analyse und Gestaltung des Beschaffungsmarktes

2.2.1 Auswahl der Lieferanten

Geeigenete Lieferanten können aus eigenen Aufzeichnungen (Lieferantendatei, Materialbeschaffungsdatei usw.) oder aus externen Quellen wie Adressbüchern, Lieferantenverzeichnissen, ABC der Deutschen Wirtschaft, Fachzeitschriften, Messen, Online-Datenbanken oder dem Internet ermittelt werden. Bei der Auswahl der Lieferanten spielen sowohl quantitative als auch qualitative Faktoren eine Rolle.

Suche von Lieferanten in internen und externen Quellen

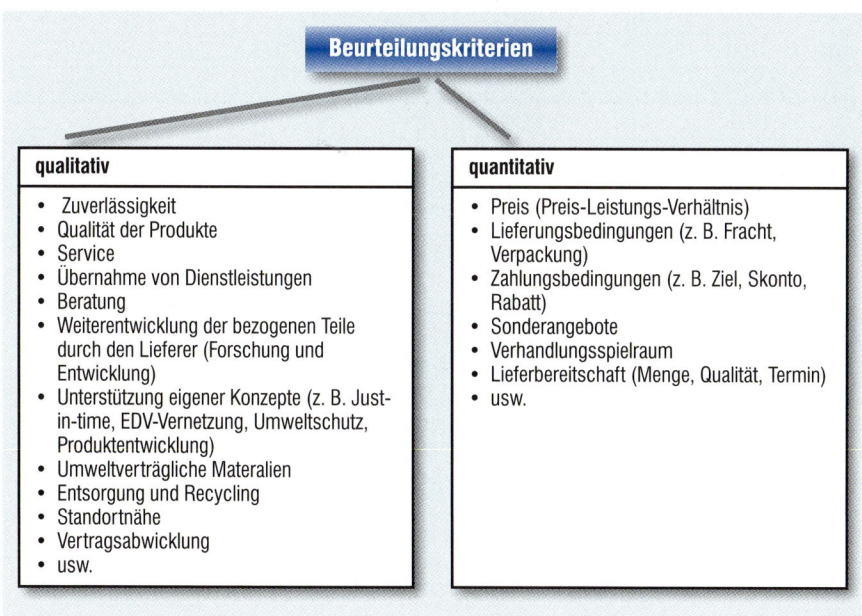

Beurteilungskriterien

qualitativ
- Zuverlässigkeit
- Qualität der Produkte
- Service
- Übernahme von Dienstleistungen
- Beratung
- Weiterentwicklung der bezogenen Teile durch den Lieferer (Forschung und Entwicklung)
- Unterstützung eigener Konzepte (z. B. Just-in-time, EDV-Vernetzung, Umweltschutz, Produktentwicklung)
- Umweltverträgliche Materialien
- Entsorgung und Recycling
- Standortnähe
- Vertragsabwicklung
- usw.

quantitativ
- Preis (Preis-Leistungs-Verhältnis)
- Lieferungsbedingungen (z. B. Fracht, Verpackung)
- Zahlungsbedingungen (z. B. Ziel, Skonto, Rabatt)
- Sonderangebote
- Verhandlungsspielraum
- Lieferbereitschaft (Menge, Qualität, Termin)
- usw.

Nach der Auswahl potenzieller Lieferanten werden Anfragen versandt.

2.2.2 Angebotsprüfung und Angebotsvergleich

Die auf Grund der Anfragen eingehenden Angebote werden zunächst formal auf Übereinstimmung mit der Anfrage geprüft. Angebote, die nicht mit der Anfrage übereinstimmen, scheiden in der Regel aus.

Formale Prüfung

Danach werden die vorliegenden Angebote verglichen. Dabei kann in bestimmten Fällen ein Kriterium wie z. B. der Liefertermin, der Einstandspreis oder die Qualität ausschlaggebend sein.

Materielle Prüfung

Mehrfaktoren-
vergleich

In der Regel werden jedoch **mehrere Faktoren in den Vergleich einbezogen.** Zu ihnen gehören:

Preis	Preis, Konditionen, Einstandspreis (Bezugspreis) (Berechnung siehe Bezugs-kalkulation)
Liefertermin	Länge der Lieferzeit, Übernahme einer Konventionalstrafe (→),
Termintreue	bisherige Termintreue
Flexibilität	Möglichkeit, nachträglich Änderungen etc. vorzunehmen
Standort	Transport, Entfernung, Schnelligkeit
Qualität	Qualitätsgarantien, Testergebnisse
Umweltver-träglichkeit	Recyclingzusagen für Abfälle und alte Produkte, umweltfreundliche Materialien, umweltfreundlicher Transport und Produktion

Beispiel

Bei drei Anbietern wurden Angebote für 12.000 Schrauben M10•60 eingeholt. Es liegen folgende Werte vor:

Lieferant	A	B	C
Einstandspreis	1.100,00	1.200,00	1.250,00
Lieferzeit	60 Tage	10 Tage	30 Tage
Qualität	ausreichend	gut	hoch
Umweltschutz	unbekannt	unbedenklich	unbedenklich
Standort	Fernost	regionaler Anbieter	Norddeutschland

Wird beim Vergleich nur der **Einstandspreis** berücksichtigt, so ist **das Angebot von A vorzuziehen**.

Ist der **Liefertermin** das ausschlaggebende Kriterium, so erhält der **Lieferer B den Zuschlag.**

Bewertung und
Gewichtung der
Faktoren

Sollen alle Faktoren berücksichtigt **(Mehrfaktorenvergleich)** werden, so müssen die einzelnen Faktoren bewertet und gewichtet werden. Dabei wird jeder Betrieb entsprechend seinen Bedürfnissen andere Maßstäbe anlegen. Die UMTECH GmbH vergibt Punkte von 1 bis 10 (10 ist die beste Bewertung) und gewichtet als Unternehmen des Umweltschutzes den Faktor Umwelt besonders stark

Lieferant	Gewich-tung	A		B		C	
		Punkte	gewich-tet	Punkte	gewich-tet	Punkte	gewich-tet
Einstandspreis	4	10	40	7	28	6	24
Lieferzeit	3	2	6	10	30	6	18
Qualität	3	2	6	7	21	10	30
Umweltschutz	5	3	15	8	40	8	40
Standort	2	1	2	9	18	7	14
Summe		18	**69**	43	**137**	39	**126**

Nach den Vorgaben wäre beim **Mehrfaktorenvergleich der Lieferant B zu bevorzugen.**

Bei der Angebotsvergabe können auch noch andere Faktoren berücksichtigt werden. So können z. B. Stammlieferer den Zuschlag erhalten, obwohl sie über dem niedrigsten Preis liegen. Ferner können Verhandlungen mit den Lieferern zu einer Veränderung der Vorteilhaftigkeit führen.

2.2.3 Bezugskalkulation

Zu den wichtigsten Entscheidungskriterien gehört zweifellos der Preis. Da die Lieferungs- und Zahlungsbedingungen von Lieferer zu Lieferer unterschiedlich sind, eignet sich der Listeneinkaufspreis nicht zum Vergleich. Es muss der Bezugspreis (= Einstandspreis) errechnet werden. Ferner müssen die Anschaffungskosten (Einstandspreis) für die Kostenrechnung und aus steuer- und handelsrechtlichen Gründen für die Buchhaltung ermittelt werden.

2.2.3.1 Einfache Bezugskalkulation

Der **Bezugspreis** (Einstandspreis) wird wie folgt berechnet:

Listeneinkaufspreis
– Liefererrabatt
Zieleinkaufspreis
– Liefererskonto
Bareinkaufspreis
+ Bezugskosten
Bezugspreis (Einstandspreis)

Zu den **Bezugskosten** gehören:
Fracht, Rollgeld, Verpackung, Lagerkosten, Ladegebühren, Umschlagskosten, Versicherung. Zoll, Provision, Courtage (Maklergebühr) u. a.

Bezugspreis = Einstandspreis: Tatsächliche zum Erwerb des Materials geleistete Aufwendungen

Die Umsatzsteuer geht als durchlaufender Posten nicht in die Kalkulation ein.
Für den Rabatt ist der Listeneinkaufspreis und für den Skonto der Zieleinkaufspreis die Berechnungsgrundlage.
Die Bezugskosten sind in der Regel nicht skontierfähig. Der Skonto ist vom Warenwert (Zieleinkaufspreis) zu berechnen.
Provision und Courtage werden vom Zieleinkaufspreis berechnet.

Bezugskosten: Nebenkosten, die beim Bezug der Ware entstehen

Beispiel

Angebote für Schrauben M10x60; 12.000 Stück
Lieferer A: Listenpreis 0,05 €/Stück; Fracht 500,00 €, Zahlung sofort
Lieferer B: Listenpreis 0,125 €/Stück; Rabatt 20 %; Zahlung sofort unter Abzug von Skonto 2 % oder 30 Tage Ziel, Verpackung 24,00 €
Lieferer C: Listenpreis 0,12 €/Stück; Rabatt 30 %, Zahlung sofort unter Abzug von Skonto 3 % oder 30 Tage Ziel, Verpackung 20,00 €, Fracht 252,24 €

Lieferer	%	A	%	B	%	C
Listeneinkaufspreis		600,00		1.500,00		1.440,00
– Liefererrabatt	0	0,00	20	300,00	30	432,00
Zieleinkaufspreis		600,00		1.200,00		1.008,00
– Liefererskonto	0	0,00	2	24,00	3	30,24
Bareinkaufspreis		600,00		1.176,00		977,76
+ Bezugskosten						
Fracht		500,00		0,00		252,24
Verpackung		0,00		24,00		20,00
Bezugspreis für 12000 Stück		**1.100,00**		**1.200,00**		**1.250,00**
je Einheit		**0,09**		**0,10**		**0,10**

Für das Angebot A errechnet sich der niedrigste Bezugspreis. Ob der Lieferer A den Zuschlag erhält, muss beim Angebotsvergleich entschieden werden.

2.2.3.2 Zusammengesetzte Bezugskalkulation

Bezugskosten richten sich nach Gewichts- und Wertspesen.

Bezieht der Betrieb unterschiedliche Werkstoffe vom gleichen Lieferer, so müssen die **Bezugskosten** auf die verschiedenen Materialien verteilt werden. Bezugskosten die nach Gewicht berechnet werden, werden Gewichtsspesen genannt und nach dem Gewicht auf die Materialien verteilt. Für Bezugskosten, die nach dem Wert berechnet werden, ist der Zieleinkaufspreis die Verteilungsbasis.

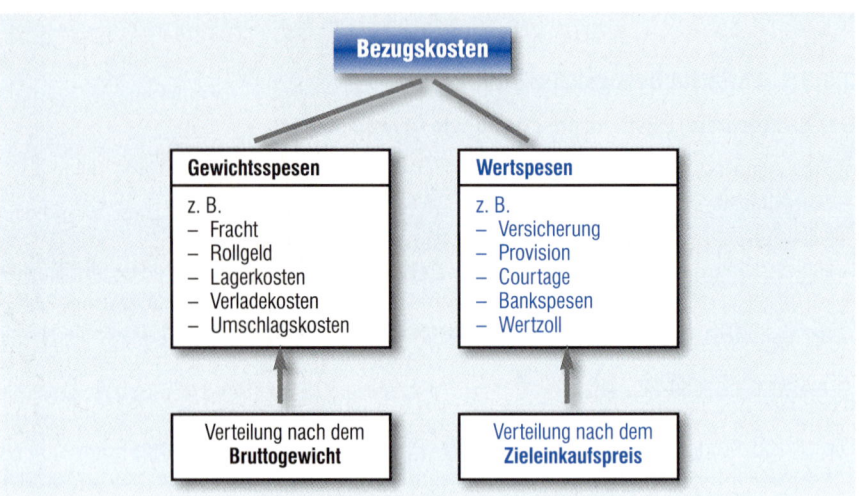

Die Verteilung erfolgt nach dem folgenden Beispiel:

Beispiel

Die UMTECH GmbH bezieht folgende Rohstoffe bei einem Lieferer:
Rohstoff A: 560 kg brutto, Verpackung (Tara) 40 kg, Preis 15,00 €/kg
Rohstoff B: 800 kg brutto, Verpackung (Tara) 60 kg, Preis 20 €/kg
Der Lieferer gewährt 10 % Rabatt und 3 % Skonto. Für Fracht fallen 1.020,00 € und für Transportversicherung 1.017,00 € an.

Material	Nettoge-wicht	Tara	Brutto-gewicht	Gewichts-spesen	Wert	Wert-spesen
A	520	40	560	420,00	7.020,00	351,00
B	740	60	800	600,00	13.320,00	666,00
Summe	1260	100	1360	1.020,00	20.340,00	1.017,00
je kg bzw. je €				0,75		0,05

Material	%	A	B	Summe
Listenpreis		7.800,00	14.800,00	22.600,00
– Liefererrabatt	10	780,00	1.480,00	2.260,00
Zieleinkaufspreis		7.020,00	13.320,00	20.340,00
– Liefererskonto	3	210,60	399,60	610,20
Bareinkaufspreis		6.809,40	12.920,40	19.729,80
Fracht		420,00	600,00	1.020,00
Transportversicherung		351,00	666,00	1.017,00
Bezugspreis		7.580,40	14.186,40	21.766,80
je Einheit		14,58	19,17	

3 Optimierung der Lagerhaltung – Lagerkennzahlen

Obwohl die fertigungssnychrone Beschaffung und die bedarfsorientierte Disposition die **Lagerhaltung** in vielen Betrieben drastisch vermindert hat, ist ein gewisser Lagerbestand unvermeidlich. Die Optimierung der Lagerhaltung betrifft nicht nur das Beschaffungslager sondern auch die Zwischenlager in der Fertigung und das Absatzlager. Die Lager sollen Mengenschwankungen, die durch Absatz- oder Beschäftigungsschwankungen entstehen können, Preisschwankungen (z. B. saisonale Preisunterschiede) und zeitliche Verzögerungen (z. B. Verkehrsstörungen) ausgleichen.
Andererseits verursacht die Lagerhaltung erhebliche Kosten und bindet Kapital. Ferner können gelagerte Waren veralten, beschädigt oder unbrauchbar werden.

Das Lager hat eine Ausgleichs- und Überbrückungsfunktion

Durch unterschiedliche Maßnahmen wurden die Kosten reduziert und die Effizienz erhöht. So haben z. B. Hochregallager, EDV-gesteuerte Lagerhallen und automatische Transportvorrichtungen die Ein- und Auslagerung erheblich beschleunigt und die Personalkosten reduziert. Die Kapitalbindung durch Material und Einrichtung, die Raumkosten usw. erfordern jedoch nach wie vor eine Kontrolle der Lagerhaltung. Dieser Kontrolle dienen u. a. die **Lagerkennzahlen**. Die wichtigsten Kennzahlen sollen an dem folgenden Beispiel erklärt werden.

Lagerkennzahlen

Beispiel

Für das Jahr 1998 liegen aus der Lagerverwaltung für die Schrauben M10X60 folgende Werte vor:
Anfangsbestand:　　4.000 Stück　　　400,00 €
Endbestand　　　　 3.000 Stück　　　300,00 €
Jahresverbrauch　 48.000 Stück　　4.800,00 €
Jahreszinssatz 9 %,
Zahl der Materialanforderungen 85, erfüllte Materialanforderungen 82,
Branchenwerte: Umschlagshäufigkeit 12, Lieferbereitschaft 90 %;

3.1 Durchschnittlicher Lagerbestand

$$\text{durchschnittlicher Lagerbestand} = \frac{\text{Jahresanfangsbestand} + \text{Jahresendbestand}}{2}$$

oder

$$\text{durchschnittl. Lagerbestand} = \frac{\text{Jahresanfangsbestand} + 12 \text{ Monatsendbestandteile}}{13}$$

Die Bestände können durch Inventur oder über die Lagerkartei ermittelt werden. Für bestimmte Werkstoffe kann der durchschnittliche Lagerbestand mengenmäßig oder wertmäßig errechnet werden. Für den Gesamtbestand ist nur eine wertmäßige Angabe möglich.

Je höher der **Lagerbestand,** desto höher sind die Lagerkosten. Sie setzen sich aus den Kosten

Hohe Bestände verursachen hohe Kosten

- der Lagereinrichtung (Abschreibung, Instandhaltung, Heizung etc.),
- der Lagerverwaltung (Gehälter, Löhne, Büromaterial),
- des Lagerrisikos (Wertverlust, Beschädigung, Versicherungsprämie etc.) sowie
- der Kapitalbindung (Verzinsung des im Lagerbestand gebundenen Kapitals)

zusammen.

Zur Beurteilung können die Bestände der letzten Jahre oder die Bestände der Branche herangezogen werden. Der durchschnittliche Lagerbestand ist jedoch von der Größe des Betriebes abhängig. Ferner kann geprüft werden, ob die Bestandsentwicklung der Umsatzentwicklung entspricht.

Beispiel

$$\text{durchschnittlicher Lagerbestand} = \frac{4.000 \text{ Stück} + 3.000 \text{ Stück}}{2} = 3.500 \text{ Stück}$$

$$= \frac{400 \text{ DM} + 300 \text{ DM}}{2} = 350 \text{ DM}$$

Eine Beurteilung ist nicht möglich, da keine Vergangenheitswerte vorliegen. Ein Branchenvergleich ist nicht möglich bzw. nicht sinnvoll, da es sich nur um einen Teilbereich des Lagers handelt und die Betriebsgrößen vermutlich unterschiedlich sind.

3.2 Lagerumschlagshäufigkeit

 $$\text{Umschlagshäufigkeit} = \frac{\text{Materialverbrauch}}{\text{durchschnittlicher Lagerbestand}}$$

Der Materialverbrauch oder Lagerabgang pro Jahr kann über die Materialentnahmescheine oder nach der Formel

 Materialverbrauch = Anfangsbestand + Zugänge – Endbestand

Eine hohe Umschlagshäufigkeit verringert die Kosten und das Lagerrisiko

ermittelt werden. Die Zugänge können aus den Eingangsrechnungen ermittelt werden.

Die Kennzahl gibt an, wie oft sich das Lager im Jahr umschlägt. Zum Vergleich können Branchenwerte oder Werte der Vergangenheit herangezogen werden.

Die Umschlagshäufigkeit ist unabhängig von der Größe des Unternehmens. Sie ist jedoch von der Branche abhängig. So hat z. B. die Möbelbranche eine niedrigere Umschlagshäufigkeit als die Lebensmittelbranche.

Beispiel

$$\text{Umschlagshäufigkeit} = \frac{48.000 \text{ Stück}}{3.500 \text{ Stück}} = \frac{4.800 \text{ DM}}{350 \text{ DM}} = 13,7$$

Der Wert liegt über dem Branchendurchschnitt und ist günstig zu beurteilen. Die UMTECH GmbH hat niedrigere Lagerkosten und eine geringere Kapitalbindung. Das Material durchläuft den Lagerbereich schneller. Die Gefahr von Schwund, Beschädigung, Wertverlust usw. ist geringer.

3.3 Durchschnittliche Lagerdauer

 durchschnittliche Lagerdauer $= \dfrac{360}{\text{Umschlagshäufigkeit}}$

Die Kennzahl gibt an, wie lange das Material im Durchschnitt auf Lager liegt. Eine hohe Lagerdauer ist als negativ zu bewerten. Im Übrigen gelten die Erläuterungen zu 3.2.

Das Material soll möglichst kurz im Lager liegen

 durchschnittliche Lagerdauer $= \dfrac{360}{13{,}7} = 26{,}3$ (Tage)

Die Lagerdauer ist kürzer als die der Branche (30 Tage). Dadurch sind die Lagerkosten und die Kapitalbindung günstiger als im Branchendurchschnitt.

3.4 Lagerzinssatz

Ein wesentlicher Kostenbestandteil ist die Verzinsung des im Lagerbestand gebundenen Kapitals. Der Lagerzinssatz gibt an, mit wie viel % Kapitalverzinsung das gelagerte Material belastet wird.

Die Zinsbelastung der Werkstoffe ist von der Lagerdauer abhängig

 Lagerzinssatz $= \dfrac{\text{Jahreszinsfuß} \bullet \text{Lagerdauer}}{360}$

Je kürzer die Lagerdauer ist, desto niedriger ist der auf die einzelnen Werkstoffe entfallende Zinsanteil.

Lagerzinssatz $= \dfrac{9 \bullet 26{,}3}{360} = 0{,}66\%$

Jede Schraube ist mit 0,34 % Kapitalverzinsung zu belasten.
Die 48.000 Schrauben pro Jahr mit einem Wert von 4.800,00 € verursachen Kosten für die Kapitalverzinsung in Höhe von

$\dfrac{4.800 \bullet 0{,}34}{100} = 16{,}32$ €

3.5 Lieferbereitschaft

 Lieferbereitschaft $= \dfrac{\text{Zahl der sofort erfüllten Bedarfsanforderungen} \bullet 100}{\text{Gesamtzahl der Bedarfsanforderungen}}$

Der %-Satz soll möglichst hoch sein. Zum Vergleich können Werte der Vergangenheit oder Durchschnittswerte der Branche herangezogen werden.

Ein niedriger Lagerbestand darf die Produktion und Lieferbereitschaft nicht beeinträchtigen

Lieferbereitschaft $= \dfrac{82 \bullet 100}{85} = 96{,}5\%$

Es wurden über 96 % der Bedarfsanforderungen sofort erfüllt. Dies liegt über dem Branchendurchschnitt. Da auch die Umschlagshäufigkeit günstiger als der Brachendurchschnitt ist, ist die Lagerhaltung in diesem Bereich als gut zu beurteilen.
Um die Lagerhaltung zu beurteilen, müssten die Gesamtwerte mit den Branchenwerten verglichen werden. Ein Vergleich zwischen den Gesamtwerten und den Werten für die jeweiligen Materialien könnte zusätzlich über Schwachpunkte Aufschluss geben.

4 Zielkonflikte

Die Maßnahmen zur Optimierung der Beschaffung und Lagerhaltung führen in der Regel zu Zielkonflikten. Zu den wichtigsten gehören:

Maßnahme	geförderte Ziele	gefährdete Ziele
fertigungs-synchrone Beschaffung → Reduktion des Lagers auf den Sicherheitsbestand	geringe Kapitalbindung niedrige Lagerkosten geringes Lagerrisiko geringes Umweltrisiko im Lager	Gefährdung der Lieferbereitschaft und der Produktion höhere Einstandspreise, da die Lieferer die Lagerung übernehmen Umweltbelastung durch erhöhte Transportleistung (Lager auf Räder)
hohe Vorratshaltung	hohe Lieferbereitschaft, günstige Einstandspreise geringere Umweltbelastung durch den Transport (Anlieferung großer Mengen evt. per Bahn) günstige Einstandspreise	hohe Lagerkosten hohe Kapitalbindung hohes Lagerrisiko evtl. Umweltgefahren durch gelagerte Waren
Einkauf auf dem Weltmarkt (Global player)	niedrige Einstandspreise geringere Kapitalbindung neues know-how	evtl. Qualitätsprobleme evtl. verminderte Lieferbereitschaft bei Lieferproblemen evtl. Umweltgefahren durch billige Materialien, fehlendes Recycling, Transport etc. evtl. höhere Lagerkosten
regionale Lieferanten	höhere Lieferbereitschaft geringere Transport- und Lagerkosten (Just-in-time leichter möglich) niedrigere Umweltgefahren Recycling leichter möglich gute Zusammenarbeit (know-how-transfer)	evtl. höhere Einstandspreise und dadurch höhere Kapitalbindung, neues know-how fehlt

Wiederholung

1. Erklären Sie die Begriffe Just-in-time-Beschaffung, fertigungssynchrone Beschaffung und Globalisierung im Zusammenhang mit der Materialwirtschaft.
2. Nennen Sie die Aufgaben der Materialbeschaffung und der Materialverwaltung.
3. Beschreiben Sie die Ziele der Materialwirtschaft.
4. Diskutieren Sie die Vorteilhaftigkeit der verschiedenen Bereitstellungsprinzipien.
5. Definieren Sie den Nettobedarf bei einer bedarfsorientierten Disposition.
6. Nennen und beschreiben Sie die Verfahren der Disposition, die sich zur Optimierung einer Vorratshaltung eignen.
7. Klären Sie die Begriffe Meldebestand, Sicherheitsbestand, Höchstbestand und Bestellpunkt.
8. Nennen Sie die Faktoren, die die optimale Bestellmenge beeinflussen.
9. Begründen Sie die Ermittlung der optimalen Bestellmenge und diskutieren Sie ihre Bedeutung.

10. Beschreiben Sie das Bestellrhythmusverfahren.
11. Nennen Sie die quantitativen und qualitativen Beurteilungskriterien für die Auswahl von Lieferanten und den Vergleich von Angeboten.
12. Definieren Sie den Bezugspreis.
13. Unterscheiden Sie Gewichts- und Wertspesen
14. Erläutern Sie die wichtigsten Lagerkennzahlen.

Aufgaben

1. Die Verpa AG stellt Verpackungsmaterial aus PVC her.   *Ziele und Aufgaben*
   a) Begründen Sie, welche Kriterien bei der Auswahl der Lieferer für den Rohstoff (PVC-Granulat) besonders wichtig sind.
   b) Diskutieren Sie, wie sich Veränderungen auf den Beschaffungsmärkten für die Unternehmung auswirken.
   c) Die Forschungsabteilung entwickelt neue Verpackungen, die aus nachwachsenden Rohstoffen hergestellt werden und leicht zu recyceln sind. Erklären Sie, wie die Einkaufsabteilung neue Bezugsquellen ermitteln kann.

2. Ermitteln Sie die optimale Bestellmenge mit Hilfe der drei Verfahren, wenn folgende Werte gelten: Einstandspreis 1,10 €/kg, Bestellkosten 1.300,00 € pro Vorgang, Lagerkosten 5 %; Jahresbedarf 288.000 kg.   *optimale Bestellmenge*

3. Ein Rohstoff wird nach dem Bestellpunktverfahren beschafft. Es gelten folgende Werte: Tagesverbrauch 30 Tonnen, Lieferzeit 15 Tage, Sicherheitsbestand 5 Tage, Höchstbestand 1.200 Tonnen.   *Bestellpunktverfahren*
   a) Ermitteln Sie den Meldebestand, die Bestellmenge und das Bestellintervall, wenn ein kontinuierlicher Verbrauch angenommen werden kann.
   b) Ermitteln Sie die Auswirkungen auf den Meldebestand, das Bestellintervall, den Höchstbestand und den Sicherheitsbestand, wenn aus wirtschaftlichen Gründen (Rabattstaffel des Lieferers) mindestens 1.500 Tonnen bestellt werden.

4. Es liegen folgende Angebote vor: *Angebotsvergleich*
   Angebot A: Listenpreis 620,00 €, Rabatt 10 %, Skonto 2 % bei Zahlung innerhalb von 10 Tagen oder 30 Tage Ziel, Fracht und Rollgeld 40,00 €, Verpackung 3,00 €
   Angebot B: Listenpreis 600,00 €, Verkaufsverpackung, frei Haus, Zahlung sofort
   Angebot C: Listenpreis 600,00 € Rabatt 5 %, Skonto 3 % bei Zahlung innerhalb von 10 Tagen oder 30 Tage Ziel, Fracht und Rollgeld 40,00 €, Verpackung 10,00 €
   Angebot D: Listenpreis 610,00 €, frei Haus, Verpackung 10,00 €, Skonto 2 % bei Zahlung innerhlab von 10 Tagen oder 30 Tage Ziel
   a) Vergleichen Sie den Einstandspreis der Angebote.
   b) Nennen Sie weitere Krieterien, die beim Angebotsvergleich eine Rolle spielen.

5. Die Metall GmbH bezieht 400 Rohrschellen zu je 1,80 € und 320 Winkelbinder zu je 2,20 €. Rabatt 10 %, Skonto 2 %, Fracht 100,00 €, Verpackung 8,00 €, Wertspesen 64,08. Berechnen Sie den Bezugspreis je Einheit

6. Berechnen Sie den Bezugspreis für 1 kg.

Rohstoff	I	II	III
Preis	4,00 €/kg	5,00 €/kg	6,00 €/kg
Brutto	2.000 kg	500 kg	1.500 kg
Tara	5 %	2 %	2 %
Rabatt	15 %	10 %	10 %
Skonto	3 %	3 %	3 %

Fracht 880,00 €, Versicherung 664,12 €

Lagerkennzahlen   7. Für ein Lager liegen folgende Werte vor: Jahresverbrauch 100 t, Lagerzins 10 %, erfüllte Anforderungen 230, Anforderungen 240, Endbestände in Tonnen:

Monate:	12	1	2	3	4	5	6	7	8	9	10	11	12
Bestand	15	20	30	25	28	33	34	18	11	40	35	30	20

   a) Ermitteln Sie die Lagerkennzahlen.
   b) Beurteilen Sie die Lagerhaltung, wenn die Umschlagshäufigkeit der Branche 6 beträgt und die Lieferbereitschaft bei 90 % liegt.
   c) Nennen Sie Ursachen für die Unterschiede.
   d) Diskutieren Sie Maßnahmen zur Verbesserung der Lagerhaltung und deren Auswirkung auf die Kennzahlen.

Gruppenarbeit   8. Zur Optimierung der Lagerhaltung wird bei der UMTECH GmbH ein Qualitätszirkel (→) gebildet. Ihm soll ein Vertreter des Lagers, des Einkaufs, der Fertigung, des Marketings und des Controllings angehören. Der Zirkel soll in seinen Sitzungen bestimmte Probleme der Materialwirtschaft diskutieren und Lösungsvorschläge erarbeiten.

   Folgende Probleme sollen diskutiert werden:
   a) Für die Materialwirtschaft soll eine Zielhierarchie erstellt werden, die später für Entscheidungen in diesem Bereich verwendet werden soll.
   b) Für die verschiedenen Materialien (die zunächst zu bestimmen sind) sollen Verfahren der Bedarfsplanung festgelegt werden.
   c) Es sollen Beurteilungskriterien, Bewertungsverfahren und Gewichtungen für die Auswahl von Lieferanten und den Angebotsvergleich festgelegt werden. Für den Einkauf soll ein Bewertungsverfahren festgelegt werden, das einen Mehrfaktorenvergleich ermöglicht.
   d) Es sollen Vorschläge zur Verbesserung der Umschlagshäufigkeit erarbeitet werden.
   e) Es sollen Vorschläge zur Verbesserung des Umweltschutzes erarbeitet werden.

   Bearbeitungsvorschlag:
   a) Bilden Sie Gruppen nach den o. g. Abteilungen. Erarbeiten Sie Vorschläge (z. B. Brainstroming (→)).
   b) Diskutieren Sie Vorschläge und erarbeiten Sie ein Ergebnispapier.
   c) Bilden Sie neue Gruppen, denen je ein Mitglied jeder Abteilungsgruppe angehört. Mit Hilfe des Ergebnispapiers wird das Problem diskutiert. Jeder vertritt die Argumente seiner Abteilungsgruppe und bringt auch neue Vorschläge und Argumente ein.
   d) Erarbeiten Sie eine Präsentation.
   e) Wählen Sie einen Sprecher, der die Präsentation in der Klasse vorstellt.

   Anmerkungen: Für die Problemstellung b) müssen erst die Materialien und ihre Bedeutung für die Fertigung festgelegt werden.

5 Buchungen im Beschaffungsbereich

Für die Buchungen im Beschaffungsbereich werden folgende Konten benötigt (ohne Unterkonten):

Aufwandskonten (Kontenklasse 6)		Bestandskonten (Kontenklasse 2)	
Nr.	Konto (Beispiele)	Nr.	Konto (Erklärung)
6000	Aufwendungen für Rohstoffe/Fertigungsmaterial (Blech beim Auto)	2000	Rohstoffe/Fertigungsmaterial (Hauptbestandteile des Erzeugnisses)
6010	Aufwendungen für Fremdbauteile (Autoelektronik beim Autobau)	2010	Fremdbauteile (Teile, Baugruppen etc., die vom Zulieferer gekauft werden und die Bestandteil des Produktes werden)
6020	Aufwendungen für Hilfsstoffe (Klebstoffe und Lack beim Auto)	2020	Hilfsstoffe (nicht wesentliche Bestandteile des Produkts)
6030	Aufwendungen für Betriebsstoffe (Brennstoffe, Treibstoffe, Schmierstoffe, Reinigungsmittel)	2030	Betriebsstoffe (kein Produktbestandteil, für die Aufrechterhaltung der Produktion notwendig)
6040	Aufwendungen für Verpackungsmaterial		
6050	Aufwendungen für Energie (Gas- und Stromverbrauch)		

5.1 Beschaffung von Werkstoffen

Es wird davon ausgegangen, dass der Betrieb seine Werkstoffe fertigungssynchron beschafft. Die **angelieferten Materialien** werden sofort in die Fertigung gegeben und verbraucht. Im Lager wird nur ein Sicherheitsbestand gehalten. Die Bestände weisen nur geringe Schwankungen auf. Die Bestandskonten für Werkstoffe werden deshalb als ruhende Konten geführt und erst am Jahresende berichtigt. Die eingehenden Materialien werden sofort als Aufwand in der Kontenklasse 6 verbucht.

Materialeingänge werden als Aufwand verbucht.

Beispiel

Die UMTECH GmbH kauft folgende Werkstoffe:
1. Rohstoffe: 6.000,00 € netto; auf Ziel
2. Fremdbauteile: 8.000,00 € netto; auf Ziel
3. Hilfsstoffe: 2.000,00 € netto; auf Ziel
4. Betriebsstoffe (Schmiermittel): 1.200,00 € netto; auf Ziel
5. Kauf von Verpackungsmaterial zur Verpackung von Fertigerzeugnissen, 500,00 € netto, Bezahlung mit Bankscheck.
6. Stromabschlagszahlung, netto 1.500,00 €, Zahlung per Banküberweisung

Buchung nach Rechnungserhalt - Buchungssätze

					S	H
1	6000 Aufw. für Rohstoffe				6.000,00	
	2600 Vorsteuer	an	4400	Verbindlichkeiten aLL	960,00	6.960,00

					S	H
2	6010 Aufw. f. Fremdbauteile				8.000,00	
	2600 Vorsteuer	an	4400	Verbindlichkeiten aLL	1.280,00	9.280,00

					S	H
3	6020	Aufw. f. Hilfsstoffe			2.000,00	
	2600	Vorsteuer	an	4400 Verbindlichkeiten aLL	320,00	2.320,00

					S	H
4	6030	Aufw. f. Betriebsstoffe			1.200,00	
	2600	Vorsteuer	an	4400 Verbindlichkeiten aLL	192,00	1.392,00

					S	H
5	6040	Aufw. f. Verpackung			500,00	
	2600	Vorsteuer	an	2800 Bank	80,00	580,00

Hinweis: Das Verpackungsmaterial gehört nicht zu den gelieferten Werkstoffen, sondern wird zur Verpackung von Fertigerzeugnissen eingekauft und mit der Ausgangsrechnung an den Kunden weiter verrechnet (siehe Verkaufsbuchungen).

					S	H
6.	6050	Aufw. f. Energie			1.500,00	
	2600	Vorsteuer	an	2800 Bank	240,00	1.740,00

Rechnungsausgleich nach Ablauf des Zahlungsziels – Buchungssätze

					S	H
1.	4400	Verbindlichkeiten aLL	an	2800 Bank	6.960,00	6.960,00
2.	4400	Verbindlichkeiten aLL	an	2800 Bank	9.280,00	9.280,00
3.	4400	Verbindlichkeiten aLL	an	2800 Bank	2.320,00	2.320,00
4.	4400	Verbindlichkeiten aLL	an	2800 Bank	1.392,00	1.392,00

5.2 Besondere Vorgänge bei der Beschaffung

Die Liefer- und Zahlungsbedingungen sind Bestandteile des Kaufvertrages. Die dort getroffenen Vereinbarungen beeinflussen den Einstandspreis (Anschaffungkosten).
In den Lieferbedingungen werden Versandkosten wie Fracht und Rollgeld, die Verpackungskosten und die Risikoübernahme (Transportversicherung) geregelt.
Die Zahlungsbedingungen legen Zahlungsfristen, Nachlässe (Rabatte, Boni, Skonti), Verzugszinsen und Anzahlungen fest.
Ferner können bei der Erfüllung des Kaufvertrages Störungen auftreten.
Die Verbuchung erfolgt auf den entsprechenden Aufwandskonten oder Unterkonten.

5.2.1 Bezugskosten

Bezugskosten: Fracht, Verpackung, Zoll, Versicherungen

Neben dem Preis für die Waren fallen Fracht, Verpackung, Zoll, Versicherungsprämien (Transportversicherung) usw. an. Diese Bezugskosten werden, um die Konten übersichtlich zu behalten und die verschiedenen Aufwendungen besser zu kontrollieren, auf Unterkonten verbucht.

Bezugskosten werden auf Unterkonten verbucht.

Es sollen folgende Unterkonten geführt werden:

6001 Bezugskosten für Rohstoffe	6011 Bezugskosten für Fremdbauteile
6021 Bezugskosten für Hilfsstoffe	6031 Bezugskosten für Betriebsstoffe

Unterkonten werden über das Hauptkonto abgeschlossen

Am Ende des Geschäftsjahres werden die Unterkonten über die Hauptkonten 6000, 6010, 6020 und 6030 abgeschlossen. Diese Buchungen gehören zu den vorbereitenden Abschlussbuchungen.

Beispiel

Die UMTECH GmbH erhält folgende Rechnung für den Einkauf von Rohstoffen:

Listenpreis	7.000,00 €
Verpackung	**80,00 €**
verauslagte Fracht	**480,00 €**
Transportversicherung	**40,00 €**
Rechnungsbetrag netto	7.600,00 €
Umsatzsteuer 16 %	1.216,00 €
Rechnungsbetrag brutto	8.816,00 €

Zahlungsziel 30 Tage

Beim Eintreffen der Ware werden **58,00 € Rollgeld** (brutto) an den Spediteur bar bezahlt.

Verpackung	80,00
Fracht	480,00
Transportversicherung	40,00
	600,00
Rollgeld	50,00
Bezugskosten	**650,00**

Buchung nach Rechnungserhalt bzw. Lieferung – Buchungssätze

				S	H
6000 Aufw. f. Rohstoffe				**7.000,00**	
6001 Bezugskosten f. Rohst.				**600,00**	
2600 Vorsteuer	**an**	**4400 Verbindlichkeiten aLL**		**1.216,00**	**8.816,00**

Rollgeld

				S	H
6001 Bezugskosten f. Rohst.				**50,00**	
2600 Vorsteuer	**an**	**2880 Kasse**		**8,00**	**58,00**

Rechnungsausgleich nach Ablauf des Zahlungsziels – Buchungssatz

				S	H
4400 Verbindlichkeiten aLL	an	2800 Bank		8.816,00	8.816,00

Umbuchung am Jahresende – Buchungssatz – vorbereitende Abschlussbuchung
(wenn keine weiteren Buchungen im Geschäftsjahr anfallen)

				S	H
6000 Aufw. f. Rohstoffe	**an**	**6001 Bezugskosten f. Rohst.**		**650,00**	**650,00**

Kontenmäßige Darstellung:

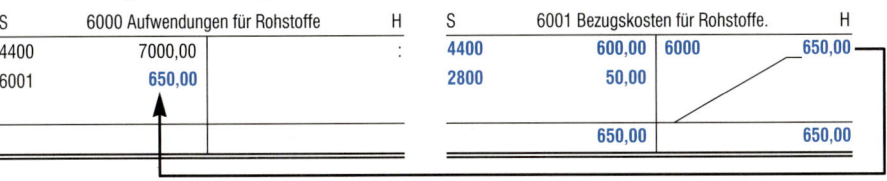

S	6000 Aufwendungen für Rohstoffe	H		S	6001 Bezugskosten für Rohstoffe.		H
4400	7000,00		:	4400	600,00	6000	650,00
6001	650,00			2800	50,00		
					650,00		650,00

Die Verbuchung bei Fremdbauteilen, Hilfsstoffen und Betriebsstoffen erfolgt analog.

5.2.2 Sofortrabatte

Sofortrabatte werden nicht gebucht.

Als Sofortrabatte werden unter anderem Mengenrabatte, Wiederverkäuferrabatte, Treuerabatte und Sonderrabatte z. B. für besondere Waren gewährt. Sofortrabatte werden sofort vom Listenpreis abgezogen und **nicht gebucht.**

Beispiel

Die UMTECH GmbH erhält folgende Rechnung für den Einkauf von Hilfsstoffen:

Listenpreis	2.000,00 €
– Rabatt 10 %	**200,00 €**
Rechnungsbetrag netto	1.800,00 €
Umsatzsteuer 16 %	288,00 €
Rechnungsbetrag brutto	2.088,00 €

Zahlungsziel 30 Tage

Buchung nach Rechnungserhalt bzw. Lieferung – Buchungssatz

				S	H
6020 Aufw. f. Hilfsstoffe				1.800,00	
2600 Vorsteuer	an	4400 Verbindlichkeiten aLL		288,00	2.088,00

Rechnungsausgleich nach Ablauf des Zahlungsziels – Buchungssatz

				S	H
4400 Verbindlichkeiten aLL	an	2800 Bank		2.088,00	2.088,00

5.2.3 Skonti

Skonto ist der Zins für die Ausnutzung des Zahlungsziels

Ein Kaufvertag ist Zug um Zug zu erfüllen. Räumt der Lieferer ein Zahlungsziel (Liefererkredit) ein, so ist im Listenpreis das Entgelt (Zins) für die verspätete Zahlung einkalkuliert. Zahlt der Kunde sofort, so kann er den Zins als **Skonto** abziehen. Der Skonto, der in der Regel weit über den normalen Bankzinsen liegt, bietet den Kunden einen Anreiz, innerhalb der Skontofrist zu zahlen und das Zahlungsziel nicht auszunutzen.

Skonto wird beim Rechnungsausgleich abgezogen und auf das Konto Nachlässe gebucht. Die VSt ist zu berichtigen.

Bei Rechnungseingang wird zunächst der volle Betrag auf den Konten verbucht (siehe 5.1). Wird in der Skontofrist bezahlt und Skonto abgezogen, so wird der Skontobetrag auf dem Konto **Nachlässe,** einem Unterkonto des jeweiligen Aufwandskontos im Haben gebucht. Da sich durch den Skontoabzug die Bemessungsgrundlage für die Umsatzsteuer geändert hat, ist die Vorsteuer zu berichtigen. Am Ende des Geschäftsjahres wird das Konto Nachlässe über das entsprechende Aufwandskonto abgeschlossen.

Nachlässe werden über das entsprechende Hauptkonto abgeschlossen.

Es werden folgende Konten für Nachlässe geführt.

6002 Nachlässe für Rohstoffe	6012 Nachlässe für Fremdbauteile
6022 Nachlässe für Hilfsstoffe	6032 Nachlässe für Betriebsstoffe

Die UMTECH GmbH kauft Betriebsstoffe für 2.000,00 € netto, Zahlungsziel 60 Tage, Skontoabzug innerhalb von 10 Tagen 2 %

Buchung nach Rechnungserhalt bzw. Lieferung – Buchungssatz

				S	H
6030 Aufw. f. Hilfsstoffe				2.000,00	
2600 Vorsteuer	an	4400 Verbindlichkeiten aLL		320,00	2.320,00

Rechnungsausgleich innerhalb von 10 Tagen – Buchungssatz

				S	H
4400	Verbindlichkeiten aLL	an	6032 Nachlässe f. Betriebsst.	2.320,00	40,00
			2600 Vorsteuer		6,40
			2800 Bank		2.273,60

Umbuchung am Jahresende – Buchungssatz – vorbereitende Abschlussbuchung
(wenn keine weiteren Buchungen im Geschäftsjahr anfallen)

				S	H
6032	Nachlässe f. Betriebsst.	an	6030 Aufw. f. Betriebsstoffe	40,00	40,00

Kontenmäßige Darstellung:

S	6030 Aufwendungen für Betriebsstoffe	H		S	6032 Nachlässe für Betriebsstoffe	H
4400	2000,00	6032 40,00		6030 40,00	4400 40,00
:		:			40,00	40,00

Die Verbuchung bei Rohstoffen, Fremdbauteilen und Hilfsstoffen erfolgt analog.

5.2.4 Boni

Werden Rabatte nachträglich beim Erreichen bestimmter Mindestumsätze gewährt, so spricht man von einem Bonus. Der **Bonus** mindert den Einstandspreis und wird als Korrektur auf dem Konto Nachlässe gebucht. Da sich die Bemessungsgrundlage für die Umsatzsteuer vermindert, ist die Vorsteuer zu korrigieren.

Bonus: Nachträglich gewährter Rabatt. Die Vorsteuer ist zu berichtigen.

Der Lieferer von Fremdbauteilen gewährt nachträglich einen Bonus von 8 % auf den Nettojahresumsatz von 80.000,00 €. Die Gutschrift liegt vor.

Buchung bei Vorlage der Gutschrift – Buchungssatz

				S	H
4400	Verbindlichkeiten aLL	an	6012 Nachlässe f. Fertigbaut.	7.424,00	6.400,00
			2600 Vorsteuer		1.024,00

Das Konto wird am Jahresende im Rahmen der vorbereitenden Abschlussbuchungen über 6010 abgeschlosssen (siehe 5.2.3).
Die Verbuchung bei Rohstoffen, Hilfsstoffen und Betriebsstoffen erfolgt analog.

5.2.5 Preisnachlässe auf Grund von Mängelrügen

Werden minderwertige oder beschädigte Werkstoffe geliefert, so kann der Empfänger über eine Mängelrüge Wandlung (Rücktritt vom Kaufvertrag), die Lieferung einwandfreier Ware oder **Minderung** (Preisnachlass) verlangen. Ein Preisnachlass führt zu einer Korrektur des Einstandspreises über das Unterkonto Nachlässe. Da sich die Bemessungsgrundlage für die Umsatzsteuer ändert, ist die Vorsteuer zu korrigieren.

Minderungen werden auf dem Konto Nachlässe verbucht.

Die VSt ist zu berichtigen.

Die Stahl AG hat Blech (Rohstoff) zum Listenpreis von 6.000,00 € geliefert. Auf Grund einer Mängelrüge gewährt der Lieferer per Gutschrift der UMTECH GmbH einen Preisnachlass von 10 % auf den Listenpreis der fehlerhaften Ware.

Buchung bei Vorlage der Gutschrift – Buchungssatz

				S	H
4400 Verbindlichkeiten aLL	an	6002 Nachlässe f. Rohstoffe		696,00	600,00
		2600 Vorsteuer			96,00

Das Konto wird am Jahresende im Rahmen der vorbereitenden Abschlussbuchungen über 6000 abgeschlosssen (siehe 5.2.3).
Die Verbuchung bei Fremdbauteilen, Hilfsstoffen und Betriebsstoffen erfolgt analog.

5.2.6 Rücksendungen

Stornierung:
Rückbuchung

Ist das Material unbrauchbar, so wird es in der Regel zurückgesandt. Die Rücksendung führt zur **Stornierung** auf dem entsprechenden Aufwandskonto. Auch die Vorsteuer ist zu berichtigen.

Gelieferte Schmiermittel (Betriebsstoffe) zum Warenwert von 1.200,00 € entsprechen nicht den vereinbarten Qualitätsanforderungen und sind nicht verwendbar. Nach Absprache mit dem Lieferer werden sie zurückgesandt.

Buchung bei Vorlage der Gutschrift – Buchungssatz

				S	H
4400 Verbindlichkeiten aLL	an	6030 Aufw. f. Betriebsstoffe		1.392,00	1.200,00
		2600 Vorsteuer			192,00

Die Verbuchung bei Rohstoffen, Fremdbauteilen und Hilfsstoffen erfolgt analog.

5.2.7 Zahlungsverzug

Wird eine Eingangsrechnung nicht bezahlt und gerät der Schuldner in Zahlungsverzug, so ist der Lieferer berechtigt, Verzugszinsen von mindestens 5 % (§ 352) bzw. von mindestens 4 % (§ 288 BGB) beim einseitigen Handelsgeschäft zu erheben. Verzugszinsen gehören nicht zum umsatzsteuerpflichtigen Entgelt, sondern sind als Schadenersatz für die verspätete Zahlung zu sehen.

Ein Lieferer berechnet der UMTECH GmbH für eine noch nicht beglichene Rechnung 5 % Verzugszinsen vom Rechnungsbetrag für 40 Tage. Die Rechnung lautet auf 2.500,00 €. Die UMTECH GmbH befindet sich im Zahlungsverzug.

Lastschrift über Verzugszinsen – Buchungssatz

			S	H
7510 Zinsaufwendungen	an	4400 Verbindlichkeiten aLL	13,89	13,89

Überweisung des Rechnungsbetrages und der Verzugszinsen – Buchungssatz

			S	H
4400 Verbindlichkeiten aLL	an	2800 Bank	2.513,89	2.513,89

5.2.8 Geleistete Anzahlungen – Exkurs

Werden Anzahlungen geleistet, so stellt die Anzahlung eine Forderung gegenüber dem Lieferer dar. Nach § 13 Abs. 1 Nr. 1a UStG wird für das Teilentgelt die Umsatzsteuer fällig.

Beispiel

Die UMTECH AG leistete auf Grund der vorliegenden Teilrechnung an einen Lieferer am 15.08. eine Anzahlung von 4.000,00 € + Umsatzsteuer für Rohstoffe. Am 15.09 erhielt die UMTEC AG folgende Rechnung, die sie am 15.10 per Banküberweisung beglich.

Rechnung

Listenpreis	10.000,00
– Anzahlung	4.000,00
Rechungsbetrag (netto)	6.000,00
Umsatzsteuer 16 %	960,00
Rechnungsbetrag (brutto)	6.960,00

Anzahlung – Buchungssatz

				S	H
2300 geleistete Anzahlungen				4.000,00	
2600 Vorsteuer	an	2800	Bank	640,00	4.640,00

Rechnungseingang – Buchungssatz

				S	H
6000 Aufw. f. Rohstoffe		2300	geleistete Anzahlungen	10.000,00	4.000,00
2600 Vorsteuer	an	4400	Verbindlichkeiten	960,00	6.960,00

Rechnungsausgleich – Buchungssatz

				S	H
4400 Verbindlichkeiten aLL	an	2800	Bank	6.960,00	6.960,00

5.3 Abschluss der Konten und Jahresgesamtverbrauch

Am Ende des Geschäftsjahres müssen die Bestände festgestellt und der Verbrauch ermittelt werden. Die **Bestandskonten** 2000, 2010, 2020 und 2030 werden bei der verbrauchsorientierten Verbuchung als ruhende Konten geführt. Sie nehmen nur den Anfangsbestand, den Schlussbestand und die Bestandsveränderungen auf.

Deshalb muss am Jahresende der Bestand durch Inventur oder auf Grund der Lagerbuchführung (bei permanenter oder verlagerter Inventur) festgestellt werden. Der Inventurbestand bzw. der fortgeschriebene Inventurbestand werden als Endbestand in die Bestandskonten übernommen. Die Differenz zum Anfangsbestand stellt einen Mehrverbrauch (Bestandsminderung) oder einen Minderverbrauch (Bestandsmehrung) dar und wird auf dem Aufwandskonto entsprechend verbucht.

Die Bestandskonten nehmen nur den Anfangsbestand, den Endbestand und die Bestandsveränderungen auf.

Für die Ermittlung des Gesamtverbrauchs gilt folgende Rechnung:

Σ gekaufte Werkstoffe lt. Aufwandskonto (z. B. 6000)
(einschließlich Umbuchungen von Bezugskosten und Nachlässen)
+ Bestandsminderungen
– Bestandsmehrerungen
= **Gesamtverbrauch**

Bestandsmehrung (Anfangsbestand < Endbestand)
Kontenmäßige Darstellung

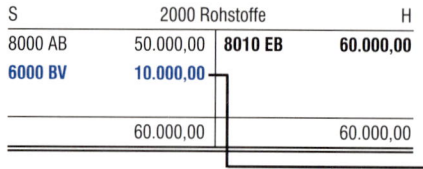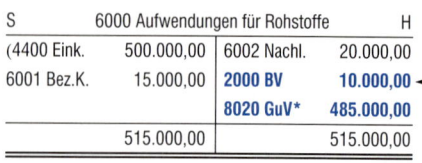

S	2000 Rohstoffe		H
8000 AB	50.000,00	**8010 EB**	**60.000,00**
6000 BV	**10.000,00**		
	60.000,00		60.000,00

S	6000 Aufwendungen für Rohstoffe		H
(4400 Eink.	500.000,00	6002 Nachl.	20.000,00
6001 Bez.K.	15.000,00	**2000 BV**	**10.000,00**
		8020 GuV*	**485.000,00**
	515.000,00		515.000,00

* Verbrauch

Buchungssätze:
Eröffnungsbuchung

				S	H
2000 Rohstoffe		an	8000 EBK	50.000,00	50.000,00

Vorbereitende Abschlussbuchungen und Abschlussbuchungen

				S	H
2000 Rohstoffe		**an**	**6000 Aufw. f. Rohstoffe**	**10.000,00**	**10.000,00**

Es wurden weniger Rohstoffe verbraucht als eingekauft. Der Lagerbestand ist angestiegen. Die Aufwendungen werden nach unten korrigiert.

				S	H
8020 GuV		**an**	**6000 Aufw. f. Rohstoffe**	**485.000,00**	**485.000,00**

Das Konto Aufwendungen für Rohstoffe wird über das GuV-Konto abgeschlossen. Der Saldo entspricht dem Verbrauch.

				S	H
8010 SBK		**an**	**2000 Rohstoffe**	**60.000,00**	**60.000,00**

Rechnerische Verbrauchsermittlung

gekaufte Rohstoffe	500.000,00	
+ Bezugskosten	15.000,00	
– Nachlässe	20.000,00	495.000,00
– Bestandsmehrung		10.000,00
Verbrauch		**485.000,00**

Bestandsminderung (Anfangsbestand > Endbestand)
Kontenmäßige Darstellung

S	2010 Fremdbauteile		H
8000 AB	70.000,00	**8010 EB**	**60.000,00**
		6010 BV	**10.000,00**
	70.000,00		70.000,00

S	6010 Aufwendungen für Fremdbauteile		H
Σ4400 Eink.	650.000,00	6002 Nachl.	25.000,00
6001 Bez.K.	20.000,00	**8020 GuV***	**655.000,00**
2010 BV	**10.000,00**		
	680.000,00		680.000,00

* Verbrauch

Buchungssätze:
Eröffnungsbuchung

				S	H
2010 Fremdbauteile		an	8000 EBK	70.000,00	70.000,00

Vorbereitende Abschlussbuchungen und Abschlussbuchungen

			S	H
6010 Aufw. f. Fremdbauteile	an	2010 Fremdbauteile	10.000,00	10.000,00

Es wurden mehr Fremdbauteile verbraucht als eingekauft. Der Lagerbestand ist gesunken. Die Aufwendungen werden nach oben korrigiert.

			S	H
8020 GuV	an	6010 Aufw. f. Fremdbauteile	655.000,00	655.000,00

Das Konto Aufwendungen für Fremdbauteile wird über das GuV-Konto abgeschlossen. Der Saldo entspricht dem Verbrauch.

			S	H
8010 SBK	an	2010 Fremdbauteile	60.000,00	60.000,00

Rechnerische Verbrauchsermittlung

gekaufte Fremdbauteile	650.000,00	
+ Bezugskosten	20.000,00	
– Nachlässe	25.000,00	645.000,00
+ Bestandsminderung		10.000,00
Verbrauch		**655.000,00**

Hilfs- und Betriebsstoffe werden analog behandelt.

Bei der Inventur können Differenzen zum Buchbestand der Lagerkartei durch Diebstahl, Schwund, Schadensfälle usw. auftreten. In der Geschäftsbuchführung werden bei einer verbrauchsorientierten Verbuchung keine zusätzlichen Buchungen notwendig, da alle Einkäufe sofort als Verbrauch verbucht werden.

Exkurs:
Bei einer bestandsorientierten Verbuchung, die in Betrieben mit hohen Lagerbeständen, bei denen eine fertigungssynchrone Beschaffung nicht möglich ist, angewendet wird, wird der Einkauf auf dem Bestandskonto verbucht. Werden die Materialien in der Fertigung verbraucht, erfolgt die Aufwandsbuchung. Der Saldo des Bestandskonto gibt dann den Buchbestand wieder.

Beispiel

Einkauf von Rohstoffen auf Ziel 5.000,00 €

			S	H
2000 Rohstoffe			5.000,00	
2600 Vorsteuer	an	4400 Verbindlichkeiten aLL	800,00	5.800,00

Laut Materialentnahmeschein wurden Rohstoffe für 1.000,00 € in die Fertigung begeben.

			S	H
6000 Aufw. f. Rohstoffe	an	2000 Rohstoffe	1.000,00	1.00,00

Wiederholung

1. Erklären Sie, warum an unserer Schule Werkstoffeinkäufe auf den Aufwandskonten verbucht werden.
2. Zeigen Sie die Unterschiede zwischen Rohstoffen, Fremdbauteilen, Hilfsstoffen und Betriebsstoffen auf.

3. Diskutieren Sie, warum Bezugskosten und Nachlässe auf Unterkonten verbucht werden.
4. Begründen Sie, warum sich Boni und Skonti auf die Vorsteuer auswirken.
5. Erklären Sie die Unterschiede zwischen Sofortrabatten, Boni und Skonti.
6. Beschreiben Sie die buchhalterische Behandlung von Mängelrügen.
7. Stellen Sie die kontenmäßige und rechnerische Ermittlung des Gesamtverbrauchs mit Hilfe eines Beispiels dar.

Aufgaben

Beschaffungs-buchungen

(Die Basis für die Skontoberechnung ist in der Regel der Warenwert)
1. Eingangsrechnung für Fremdbauteile € 6.000,00 € abzüglich 10 % Rabatt + 180,00 € Verpackungsmaterial.
   a) Buchen Sie den Rechnungseingang.
   b) Buchen Sie die Zahlung per Bank innerhalb der Skontofrist bei 3 %
2. Zieleinkauf von Betriebsstoffen netto 4.200,00 €
   a) Buchen Sie den Rechnungseingang.
   b) Buchen Sie die Zahlung, wenn innerhalb der Skontofrist abzüglich 2 % Skonto per Postbank bezahlt wird.
3. Rücksendung des Verpackungsmaterials (1.) gegen Gutschrift von 80,00 € netto.
4. Unser Lieferer für Hilfsstoffe schreibt uns einen Bonus von 1.160,00 € (brutto) gut.
5. Wir vereinbaren für leicht beschädigte Vorprodukte eine Preisminderung mit unseren Lieferanten. Wir erhalten eine Gutschrift in Höhe von 696,00 € brutto.
6. Zieleinkauf von Rohstoffen netto 10.000,00 € + 200,00 € Verpackung, 20 % Rabatt, 3 % Skonto. Der Spediteur stellt uns 600,00 € Fracht (netto) in Rechnung.
   a) Buchen Sie den Rechnungseingang.
   b) Buchen Sie die Fracht.
   c) Buchen Sie den Rechnungsausgleich. Skonto wird in Anspruch genommen.
7. Bareinkauf von Betriebsstoffen 240,00 € netto abzüglich 10 % Rabatt
8. Wir schicken Rohstoffe im Bruttowert von 5.800,00 € an den Lieferanten zurück (Mängelrüge). Die Gutschriftanzeige geht am 2. Juni ein.
9. Wir bezahlen am 3. Dezember an einen Betriebsstofflieferanten nach Abzug von 3 % Skonto 25.879,60 € durch Banküberweisung.
10. Am 7. Dezember erhalten wir eine Rohstofflieferung. Der Importeur stellt neben dem Warenwert von 110.000,00 € netto, Frachtkosten von 5.000,00 € netto in Rechnung. Nach Ablauf des Zahlungsziel bezahlen wir die Rechnung.
11. Wir erhalten am 1. Juli eine Rohstofflieferung. Der Lieferant stellt für die Rohstoffe 70.000,00 € netto, für die Leihcontainer 6.000,00 € netto in Rechnung.
    Wir schicken die Leihcontainer zurück und erhalten dafür am 8. Juli eine Gutschrift von 90 % des Rechnungsbetrages. Am 10. Juli zahlen wir unter Abzug von 3 % Skonto, berechnet vom Warenwert, durch Banküberweisung.
12. Wir reklamieren Mängel an gelieferten Rohstoffen. Der Lieferant gewährt deshalb einen Nachlass von 1.948,80 € brutto.
13. Wir importieren am 20. Juli 20 Tonnen eines bestimmten Rohstoffes aus Frankreich. Der Lieferant stellt für die Tonne 2.450,00 € in Rechnung. Der Zoll erhebt am 14. Dezember 16 % Einfuhrumsatzsteuer, berechnet vom Einfuhrwert, durch Banklastschrift.
    Buchen Sie die Eingangsrechnung des Importeurs und die Umsatzsteuererhebung.
14. Am 18. August erhalten wir eine Rechnung über Rohstoffe. Die Rohstoffe gehen am gleichen Tag bei uns ein. Die Rechnung weist folgende Werte auf (jeweils Netto):

Listenpreis	20.000,00	Verpackung	500,00
Rabatt	20 %	Fracht	1.100,00
Transportversicherung	200,00	60 Tage Ziel oder 10 Tage 2 % Skonto	

a) Buchen Sie den Rechnungseingang.

b) Aufgrund einer Mängelrüge senden wir mit Einverständnis des Lieferers Rohstoffe im Warenwert von 2.000,00 € zurück. Auf den restlichen Warenwert erhalten wir einen Preisnachlass von 10 %.

c) Wir senden die Verpackung zurück und erhalten eine Gutschrift von 50 %.

d) Am 26. August überweisen wir den Restbetrag unter Abzug von 2 % Skonto auf den restlichen Warenwert.

15. Ermitteln Sie den Gesamtverbrauch der Rohstoffe auf Grund der vorliegenden Konten rechnerisch und kontenmäßig:

Verbrauchsermittlung
Abschlussbuchungen

S	2000	H		S	6000	H
AB	95.000,00	EB 82.000,00		Σ	350.000,00	Σ 45.000,00

S	6001	H		S	6002	H
Σ	42.000,00	Σ 5.000,00				Σ 35.000,00

16. *Geschäftsgang:* Für die Geschäftsbuchhaltung der K. Müller KG liegen folgende Angaben vor:

Geschäftsgang

Anfangsbestände: Anlagevermögen 500.000,00 €; Rohstoffe 60.000,00 €; Hilfsstoffe 50.000,00 €; Betriebsstoffe 10.000,00 €; Bank 100.000,00 €; Eigenkapital 400.000,00 €; Darlehen 250.000,00 €; Verbindlichkeiten aLL 65.000,00 €, UST 5.000 €

Geschäftsfälle (alle Zahlungen erfolgen per Bank, USt 16 %):

a) Kauf von Rohstoffen auf Ziel, Listenpreis 10.000,00 €, Fracht 500,00 €; Verpackung 80,00 €;

b) Zahlung von a) unter Abzug von 2 % Skonto

c) Kauf von Hilfsstoffen 5.000,00 €, 10 % Rabatt,

d) Bezahlung von c) unter Abzug von 3 % Skonto

e) Die K. Müller KG begleicht eine Eingangsrechnung für Betriebsstoffe und zieht 2 % Skonto ab; Überweisungsbetrag 454,72 €

f) Kauf von Rohstoffen auf Ziel: Listenpreis 8.000,00 €; Rabatt 10 %; Fracht 500,00 €

g) Aufgrund einer Mängelrüge werden Waren im Wert von 1.000,00 € von d) zurückgesandt.

h) Die K. Müller KG zahlt die Rechnung f) und zieht 2% Skonto vom restlichen Warenwert ab (g) beachten).

i) Die Müller KG zahlt die Gasrechnung über 520,00 € netto.

j) Die Bank belastet unser Konto mit Zinsen in Höhe von 250,00 €.

k) Kauf von Hilfsstoffen über 2.000,00 €, Fracht 100,00 € auf Ziel

l) Aufgrund einer Mängelrüge erhält die K. Müller KG einen Preisnachlass von 400,00 € auf die Rechnung k).

m) Nach Ablauf des Zahlungsziels wird die Rechnung k) beglichen (l beachten).

n) Die K. Müller KG erhält die Mietzahlung für eine vermietete Lagerhalle 2.000,00 €.

o) Am Jahresende erhält die K. Müller KG von einem Rohstofflieferanten einen Bonus von 500,00 € netto.

Am Ende des Geschäftsjahres werden durch Inventur folgende Endbestände festgestellt: Rohstoffe: 61.000,00 €; Hilfsstoffe 49.500,00 €; Betriebsstoffe 9.000 €. Die Endbestände des Anlagevermögens und des Darlehens entsprechen den Anfangsbeständen.

a) Ermitteln Sie den Verbrauch an Roh-; Hilfs- und Betriebsstoffen.

b) Führen Sie alle vorbereitenden Abschlussbuchungen und alle Abschlussbuchungen durch.

c) Erstellen Sie die GuV und die Bilanz.

d) Erklären Sie Veränderungen auf dem Eigenkapitalkonto.

Zusammenfassende Übungen I

Die Maschinenenbau AG stellt Fertigungsmaschinen (Drehbänke, Fräßmaschinen, Fertigungsautomaten) für den internationalen Markt her. Wegen des Konkurrenzdruckes aus dem Ausland möchte die Unternehmung den Beschaffungsbereich rationalisieren.

Grundfunktionen

1. Die Rationalisierung wird auch die anderen Grundfunktionen des Betriebes betreffen. Nennen Sie drei betroffene Grundfunktionen und zeigen Sie die Auswirkungen an je zwei Beispielen auf.
2. Zeigen Sie an einem Beispiel die Verbindung zwischen den betroffenen betrieblichen Funktionen (Frage 1) auf.

Ziele

3. Formulieren Sie für den Beschaffungsbereich ein operationalisiertes Rationalisierungsziel.
4. Bei Rationalisierungsmaßnahmen im Beschaffungsbereich können Ziele konkurrieren oder komplementär sein. Zeigen Sie an je einem Beispiel konkurrierende und komplementäre Zielbeziehungen auf.
5. Eine Unternehmensberatung hat das Verhalten der Kosten und die Umweltbelastung bei einer Umstellung von Vorratsbeschaffung auf fertigungssynchrone Beschaffung untersucht. Angenommen, die Untersuchung hätte folgende Ergebnisse erbracht:

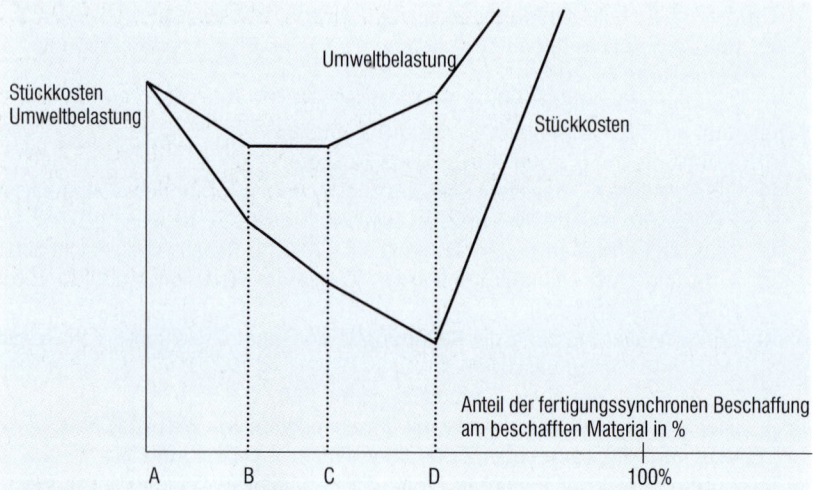

Geben Sie die Zielbeziehungen in den Intervallen an und begründen Sie Ihre Aussage.
6. Erstellen Sie eine Zielhierarchie mit drei Ebenen für die Rationalisierungsmaßnahmen.

Personalplanung

7. Für die Rationalisierungsmaßnahmen soll ein Projektleiter eingesetzt werden.
   a) Zunächst soll eine interne Besetzung geprüft werden. Die Personalabteilung wird beauftragt, einen entprechenden Bewerber zu finden. Beschreiben Sie das Vorgehen der Personalabteilung.
   b) Da kein geeigneter interner Bewerber vorhanden ist, soll eine Anzeige in der Tageszeitung erscheinen. Entwerfen Sie die Anzeige und beschreiben Sie das weitere Vorgehen.
8. Erläutern Sie mögliche Auswirkungen der Rationalisierungsmaßnahmen auf die Personalplanung, den Personaleinsatz, die Personalentwicklung und die Personalfreisetzung.

9. Im Rahmen der Rationalisierungsmaßnahmen soll die Bedarfsplanung mit Hilfe eines PPS-Systems EDV-gestützt durchgeführt werden. Nennen Sie je eine positive und eine negative Auswirkung auf die Motivation der Mitarbeiter und belegen Sie Ihre Meinung mit *Personalführung*
   a) der Theoroie von Maslow
   b) der Theorie von Herzberg
   c) Begründen Sie, auf welchem Menschenbild die Theorie von Herzberg beruht.

10. Diie Maschinenbau AG ist nach dem Stabliniensystem organisiert. *Aufbauorganisation*
   a) Beschreiben Sie dieses System.
   b) Begründen Sie, unter welchen Voraussetzungen ein Übergang zur Spartenorganisation sinnvoll ist.

11. Im Rahmen der Rationalisierung soll zur fertigungssynchronen Beschaffung übergegangen werden. *Materialbeschaffung*
   a) Begründen Sie, für welche Materialien dies sinnvoll ist und mit welchen Verfahren die Auswahl getroffen werden kann.
   b) Nennen Sie Vor- und Nachteile der Just-in-time Beschaffung.
   c) Erklären Sie den Unterschied und die Gemeinsamkeiten der Begriffe bedarfsbezogene Disposition und fertigungssynchrone Beschaffung.

12. Betriebsstoffe sollen weiter verbrauchsgesteuert geplant werden. Ermitteln Sie die optimale Bestellmenge, wenn folgende Angaben gelten: Einstandspreis 4,50 €/Stück, Bestellkosten 130,00 € pro Bestellung, Lagerkosten 18 %, Jahresbedarf 5.040 Stück.
   a) Berechnen Sie die optimale Bestellmenge.
   b) Erklären Sie den Zusammenhang zwischen der optimalen Bestellmenge und dem Bestellpunktverfahren.

14. Durch die Just-in-time Beschaffung soll der Lagerbestand gesenkt werden. Beschreiben Sie die Auswirkungen auf die durschnittliche Lagerdauer, die Umschlagshäufigkeit, den Lagerzins, die Lieferbereitschaft, die Lieferantenauswahl und den Angebotsvergleich.

15. Berechnen Sie den Bezugspreis für einen Liter der folgenden Betriebsstoffe, die von einem Zulieferer angeboten werden.
   Betriebsstoff A: Preis 14,00 €/Liter, 8.000 Liter, 10 % Rabatt, 2 % Skonto
   Betriebsstoff B: Preis 18,00 €/Liter, 5.500 Liter, 2 % Skonto
   Fracht 570,00 €, Verpackung 105,00 €, Transportversicherung 1.498,50 €

Geschäftsbuchführung

16. Errechnen Sie die Umsatzsteuervorauszahlung für November und bilden Sie die notwendigen Buchungssätze. Es gelten folgende Werte: *USt*
   Umsatzerlöse November: 89.000,00 €, Vorsteuer für November 7.350,00 €, Erlöskorrekturen 1.500,00 €.

17. Bilden Sie die Buchungssätze für folgenden Geschäftsfall: *Beschaffungs-*
   Die Maschienenbau AG kauft Rohstoffe für 10.000,00 € netto. Auf den Warenwert *buchungen* gewährt der Lieferer einen Rabatt von 10 %. Für Fracht verrechnet er 100,00 € und für Verpackung 50,00 €. Bei Zahlung innerhalb von 10 Tagen gewährt er einen Skonto von 2 % auf den Warenwert.
   a) Buchen Sie den Rechnungseingang.
   b) 10 % der Rohstoffe sind unbrauchbar und werden zurückgeschickt. Der Rest ist von minderer Qualität. Der Lieferer gewährt darauf (Warenwert) einen Preisnachlass von 50 %. Buchen Sie den Vorgang
   c) Buchen Sie die Zahlung innerhalb der Skontofrist.

Verbrauchsermittlung, Abschlussbuchungen, Ust

18. Konten der AG weisen am 31.12. folgende Werte auf

S	2010	H	S	6010	H
AB	115.000,00	EB 98.000,00	Σ	850.000,00	Σ 66.000,00

S	6011	H	S	6012	H
Σ	60.000,00	Σ 8.000,00			Σ 45.000,00

S	2600	H	S	4800	H
Σ	236.000,00	Σ 9.300,00	Σ	15.000,00	Σ 350.000,00

a) Ermitteln Sie den Gesamtverbrauch und geben Sie die Buchungssätze für den Abschluss der Materialkonten (Abschlussbuchungen und vorbereitende Abschlussbuchungen) an.

b) Geben Sie alle Buchungssätze zur Passivierung der Umsatzsteuerzahllast an.

Übung
Buchungssätze ver-
schiedene Bereiche

19. Bilden Sie die Buchungssätze für folgende Geschäftsfälle:

a) Zieleinkauf von Betriebsstoffen auf Ziel 2.500,00 € netto, 10 % Rabatt, 2 % Skonto

b) Bezahlung von a) nach Ablauf des Zahlungsziels.

c) Zahlung von Zinsen für ein Bankdarlehen 1.500,00 €.

d) Zahlung von Miete für das gemietete Bürogebäude 8.500,00 €:

e) Ein Kunde begleicht eine Ausgangsrechnung über 5.800,00 €.

f) Tilgung eines Darlehens. Tilgungsrate 5.000,00 €

h) Kauf eines LKWs zum Preis von 90.000,00 € netto

i) Kauf von Fremdbauteilen im Wert von 140.000,00 € netto, 20 % Rabatt, 400,00 € Verpackung, 1.200,00 € Fracht auf Ziel

j) Der Spediteur kassiert 139,20 € (brutto) Rollgeld bar bei der Zustellung von i).

k) Die Maschinenbau AG sendet die Verpackung zurück (i) und erhält eine Gutschrift von 50 %.

l) Von i) sind Bauteile im Wert von 5.000,00 (netto) unbrauchbar und werden zurückgesandt.

m) Ferner erhält die Maschinenbau AG einen Preisnachlass von 8.000,00 € auf die restlichen Bauteile (i) wegen kleinerer Mängel.

n) Die Maschinenbau AG zahlt die Rechnung unter Abzug von 3 % Skonto auf den restlichen Warenwert (i)-m) beachten).

Fragen zur
Geschäftsbuchführung

20. Erklären Sie die Auswirkung des Übergangs von der Vorratshaltung zur Just-in-time-Beschaffung auf die Inventur.

21. Begründen Sie, warum die Geschäftsbuchhaltung den Anstoß zu den Rationalisierungsmaßnahmen gegeben haben könnte.

22. Erläutern Sie den Zusammenhang zwischen Geschäftsfreundebuch und der Beschaffung von Roh- Hilfs- und Betriebsstoffen.

23. Geben Sie an, wie sich die Bilanz verändert, wenn

a) Betriebsstoffe bezogen und bar bezahlt werden.

b) Betriebsstoffe auf Ziel gekauft werden

c) die Rechnung (b) nach Ablauf des Zahlungsziels beglichen wird

24. Beschreiben Sie die Auswirkung der Beschaffung von Hilfsstoffen auf die Bestandskonten, auf die Erfolgskonten, auf die GuV und auf das Eigenkapital.

25. Erklären Sie die Auswirkung folgender Vorgänge auf die Bemessungsgrundlage der Umsatzsteuer

a) Rücksendung an einen Lieferer

b) Gewährung von Skonto

c) Sofortrabatt

Produktionswirtschaft

Beispiel

Mit dem Übergang zum Produktionsbetrieb muss die UMTECH GmbH weit reichende Entscheidungen treffen. Um die Produktion optimal zu organisieren, setzt sie sich mit verschiedenen Zulieferbetrieben in Verbindung, um deren Erfahrungen zu nutzen. Auf dieser Grundlage und mit Hilfe von theoretischen Erwägungen soll die Produktion auf- und ausgebaut werden.

1 Produktionsfaktoren

In einem Industriebetrieb werden **Produktionsfaktoren** kombiniert, um neue Güter zu schaffen. Die volkswirtschaftlichen Produktionsfaktoren Arbeit, Boden und Kapital sind für die Betriebswirtschaftslehre nicht praktikabel, da z. B. in der BWL Kapital als Begriff für die Mittelherkunft verwendet wird. In der Betriebswirtschaftslehre werden die Faktoren wie folgt eingeteilt.

Faktoren (lat.) „Macher"; Produktionsfaktoren: An der Produktion mitwirkende Größen

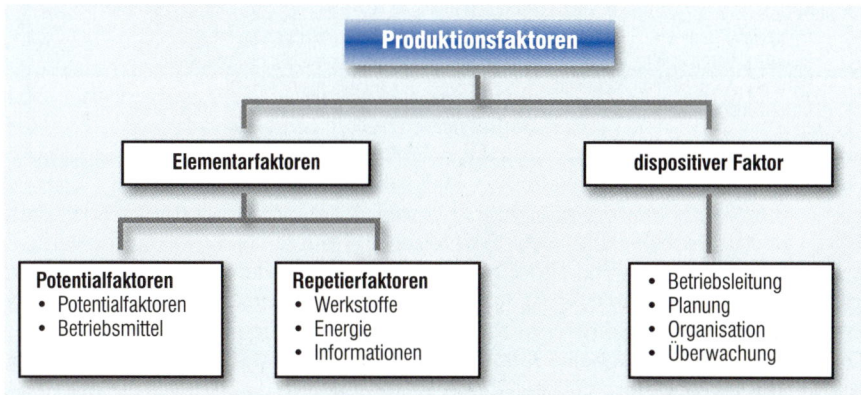

Für einen Industriebetrieb haben die Produktionsfaktoren Betriebsmittel und Arbeit einen anderen Stellenwert als im Handelsbetrieb. Sie stellen den Betrieb langfristig ein gewisses Leistungspotenzial zur Verfügung. Die Anforderung an die Planung von Betriebsabläufen und die moderne Fertigungstechnik (Maschinen und Anlagen) prägen die industrielle Produktion. Werkstoffe und Energie werden in Produkte umgewandelt und sind laufend zu beschaffen (Repetierfaktoren). Dabei wird ausführende Arbeit in zunehmenden Maße durch den Faktor Betriebsmittel substituiert (→) und Rohstoffe durch Fremdbauteile (Outsourcing (→)) ersetzt.

Die UMTECH GmbH wird prüfen, in welchem Umfang sie Produktionsfaktoren beschafft und selbst produziert oder Fremdbauteile von Zulieferern bezieht. Ferner sind grundsätzliche Entscheidungen über das Produktionsprogramm und über das Produktionsverfahren sowie über den Mechanisierungs- und Automationsgrad zu treffen.

2 Produktionsplanung

Im Rahmen der Produktionsplanung ist das Produktionsprogramm und der Produktionsablauf einschließlich der Bereitstellung der Produktionsfaktoren zu planen.

2.1 Planung des Produktionsprogramms

Langfristig ist die Programmbreite und die Programmtiefe festzulegen.

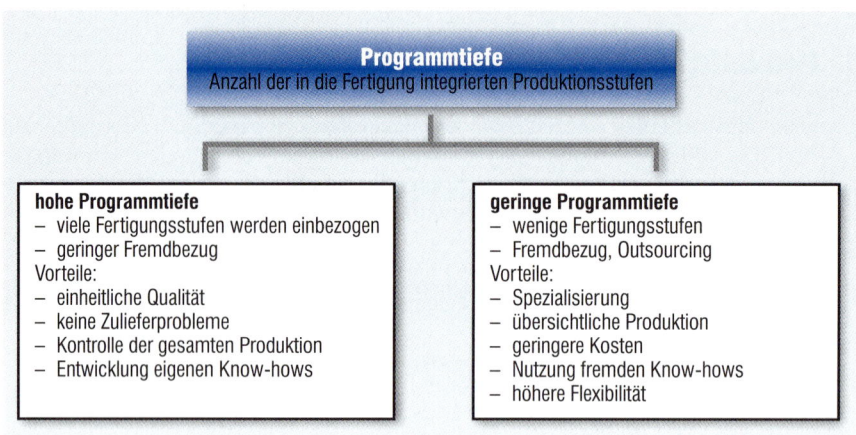

Programmtiefe = Fertigungstiefe: einbezogene Fertigungsstufen

Fertigt ein Automobilhersteller sehr viele Teile der erzeugten PKWs selbst und verfügt er über eine eigene Stahlherstellung, so besitzt die Unternehmung eine hohe **Programmtiefe.** Werden alle Teile des Automobils von Zulieferern produziert und nur die Endmontage findet im Betrieb statt, so ist die Programmtiefe gering.
Da die UMTECH GmbH keine Erfahrungen als Fertigungsbetrieb hat, wird sie das Know-how von Anbietern mit langjähriger Erfahrung nutzen und möglichst viele Teile fremdbeziehen. Nur die neuentwickelten Bestandteile der Filter und die Endmontage wird in den neuen Fertigungseinrichtungen durchgeführt werden.

Sortimentstiefe: Zahl der unterschiedlichen Varianten einer Produktgruppe

Bei einer großen Sortimentstiefe werden sehr viele verschiedene Typen eines Produktes angeboten. Bei einer geringen Sortimentstiefe beschränkt sich der Anbieter auf wenige Arten des gleichen Produktes. Ein Automobilhersteller, der einen PKW in verschiedenen Ausstattungen, mit verschiedenen Motorversionen etc. anbietet, hat eine hohe Sortimentstiefe. Das Gleiche gilt für ein Handelsunternehmen, das eine Ware von unterschiedlichen Herstellern anbietet.
Die UMTECH GmbH wird den Filter als technisch neues Produkt zunächst nur in wenigen Ausführungen auf den Markt bringen. Im Laufe der Zeit wird sie jedoch auf der Basis eines Grundproduktes mehrere Ausführungen anbieten (Produktdifferenzierung).

Programmbreite: Zahl der verschiedenen Produkte

Ein Betrieb, der sehr viele verschiedene Produkte anbietet, hat eine große **Programmbreite.** Dies ist z. B. bei einer Unternehmung der Fall, die neben PKWs auch LKWs, Flugzeuge, Traktoren usw. anbietet.
Die UMTECH GmbH wird zunächst nur die neuen Filter produzieren. Eine ausreichende Programm- bzw. Sortimentsbreite wird über die vertriebenen Handelswaren sichergestellt.

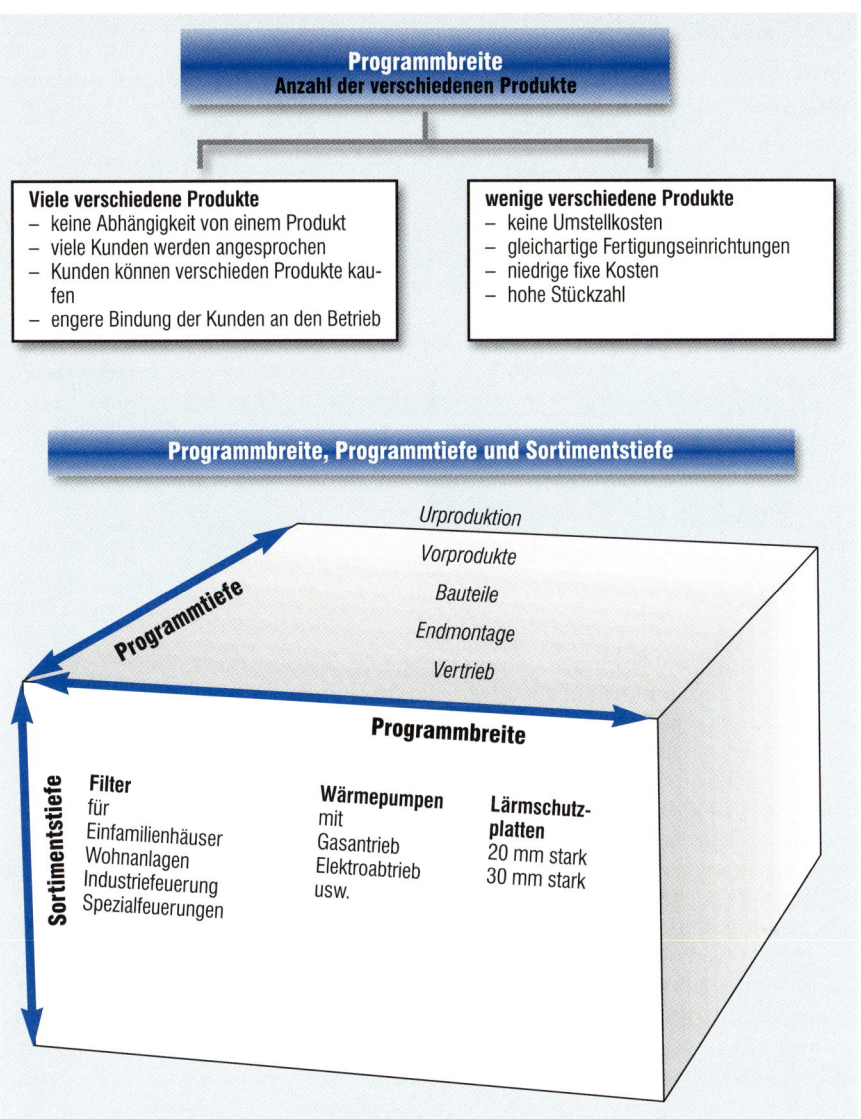

Programmbreite
Anzahl der verschiedenen Produkte

Viele verschiedene Produkte
– keine Abhängigkeit von einem Produkt
– viele Kunden werden angesprochen
– Kunden können verschieden Produkte kaufen
– engere Bindung der Kunden an den Betrieb

wenige verschiedene Produkte
– keine Umstellkosten
– gleichartige Fertigungseinrichtungen
– niedrige fixe Kosten
– hohe Stückzahl

Programmbreite, Programmtiefe und Sortimentstiefe

Urproduktion
Vorprodukte
Bauteile
Endmontage
Vertrieb

Programmtiefe

Programmbreite

Sortimentstiefe

Filter
für
Einfamilienhäuser
Wohnanlagen
Industriefeuerung
Spezialfeuerungen

Wärmepumpen
mit
Gasantrieb
Elektroabtrieb
usw.

Lärmschutz-platten
20 mm stark
30 mm stark

2.2 Fertigungsplanung

Die Fertigungsplanung umfasst die Personalplanung, die Materialplanung, die Arbeitsplanung, die Materialfluss- und Transportplanung, die Betriebsmittelplanung, die Durchlaufzeitplanung und die Terminplanung. Wichtige Planungsfaktoren lassen sich in der Zeitplanung zusammenfassen.

2.2.1 Zeitplanung

Durchlaufzeit:
Zeitbedarf eines
Erzeugnisses um den
Feritgungsprozess zu
durchlaufen

Ziel der Zeitplanung ist die Einhaltung des Liefertermins bei möglichst kurzer **Durchlaufzeit** und optimaler Betriebsmittelauslastung

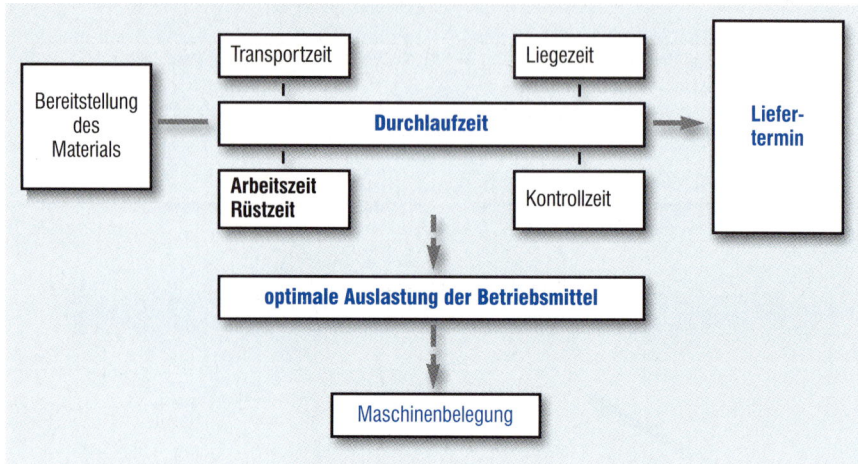

Zu den wichtigsten Zielen der Zeitplanung gehört die Einhaltung des Liefertermins. Nicht eingehaltene Termine beeinträchtigen den Ruf der Unternehmung und damit den Absatz der Produkte. Ferner können sich durch einen Lieferungsverzug erhebliche finanzielle Belastungen (Rücktritt vom Kaufvertrag, Konventionalstrafe (→), Schadenersatz) ergeben.
Die Durchlaufzeit hat wesentlichen Einfluss auf die Kapitalbindung und die Kosten. Bei langen Durchlaufzeiten müssen die verbrauchten Roh-, Hilfs- und Betriebsstoffe, die aufgewendete Arbeitszeit und der auf die Erzeugnisse entfallende Anteil an den Betriebsmitteln lange vorfinanziert werden. Es fallen mehr Kosten für den Transport, die Lagerung und die Bearbeitung an, als wenn das Erzeugnis schnell fertig gestellt wird. Ferner werden die Betriebsmittel länger als nötig durch den Auftrag belegt.
Die optimale Auslastung der Betriebsmittel senkt durch die höhere Ausbringungsmenge die Stückkosten. Ferner kann die gleiche Menge mit einem kleineren Maschinenpark produziert werden. Dies wirkt sich ebenfalls günstig auf die Kapitalbindung und die Kosten aus.

Zur Zeitplanung werden zunächst für jeden Fertigungsauftrag die Arbeitsgänge und die dafür benötigen Zeiten ermittelt und in einem Arbeitsplan dokumentiert. Ferner muss die zu fertigende Stückzahl ermittelt werden. Diese ergibt sich aus den vorliegenden Aufträgen oder wird bei einer Lagerproduktion festgelegt (optimale Losgröße (→)).

Die Bearbeitungszeit lässt sich wie folgt ermitteln:

Rüstzeit:
Vorbereitungszeit

 Zeitbedarf je Arbeitsgang (Vorgabezeit) = Rüstzeit + Arbeitszeit je Einheit • Stückzahl

Die Durchlaufzeit errechnet sich aus:

Bearbeitungszeit
+ Transportzeit   Veränderungszeit

Lagerzeiten
+ Wartezeiten   Liegezeiten
                Durchlaufzeit

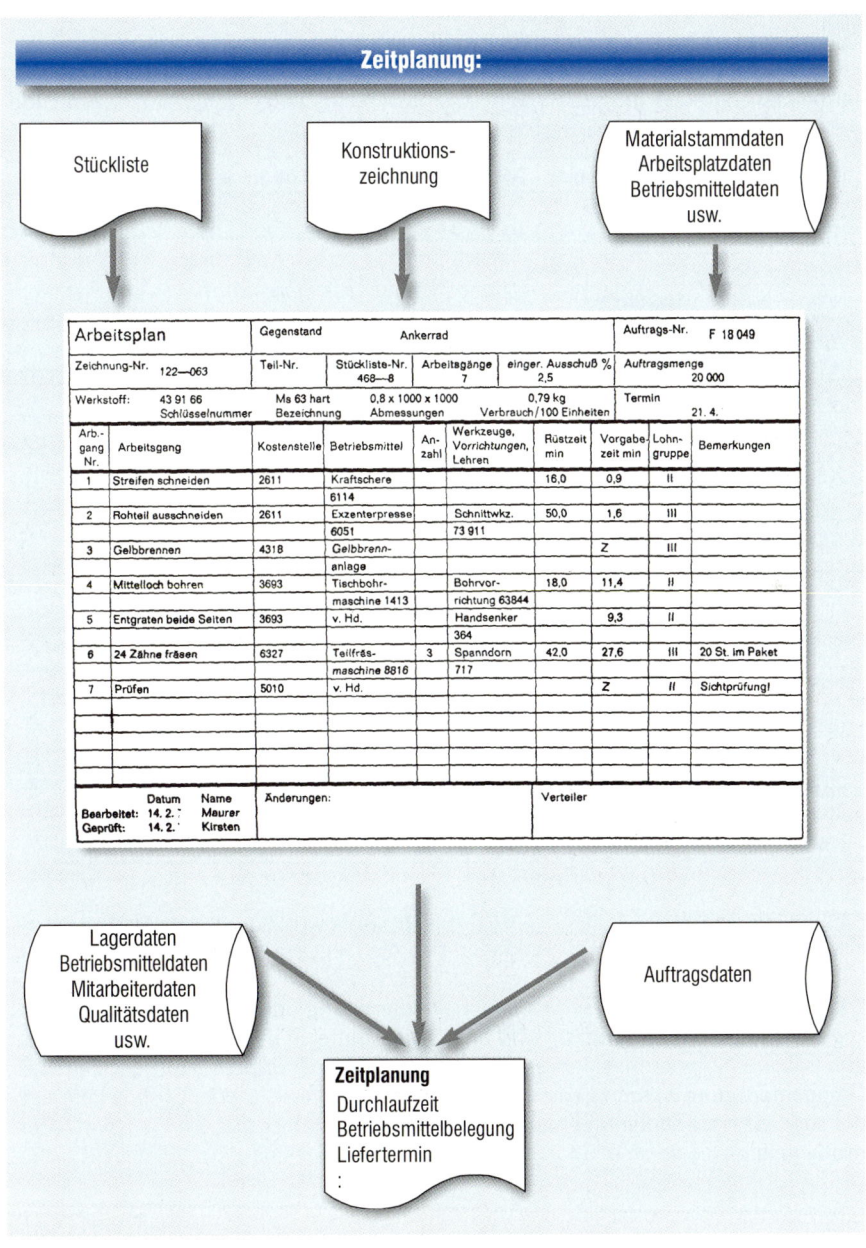

Aus den vorliegenden Daten werden **Terminpläne** entwickelt. Sie können als **Balkendiagramm** dargestellt werden.

> **Beispiel**
>
> Fertigungsauftrag über 5.000 Universalhalterungen. Liefertermin 20. Arbeitstag. Aus betrieblichen Gründen muss immer ein Arbeitsgang abgeschlossen werden, bevor der nächste beginnen kann. Bohrmaschine 01 und 02 können parallel arbeiten. Es gelten folgende Bearbeitungszeiten:
>
> Blechschere 01:   24003 Platte, Schneiden, 2 Tage
>   24006 Haltebleche, Schneiden, 3 Tage
> Bohrmaschine 01:   24003 Platte, Bohren 2 Tage
> Bohrmaschine 02   24006 Haltebleche, Bohren, 3 Tage
> Montageplatz 01:   24000 Montieren, 5 Tage
> Beschichtungsanlage 01:   24000 Beschichten, 3 Tage

progressive Terminplanung

Terminpläne können **progressiv** von links nach rechts aufgebaut werden. Am Ende steht der frühestmögliche Liefertermin als Ergebnis

Teilenummer/ Arbeits- vorgang	Terminplanung – 24000 – Uni-Halterung 5.000 Stück
	Arbeitstage 1 5 10 15 20
24003 schneiden	
24006 schneiden	
24003 bohren	
24006 bohren	frühester Liefertermin
24000 montieren	
24000 beschichten	

retrograde Terminplanung

Die Terminplanung kann jedoch auch **retrograd**, d. h. von rechts nach links aufgebaut werden. Dann wird, ausgehend vom Liefertermin, der späteste Fertigungsbeginn bestimmt.

Reihenfertigung

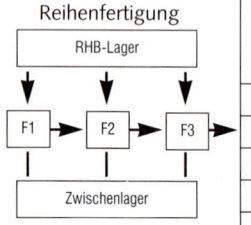

Teilenummer/ Arbeits- vorgang	Terminplanung – 24000 – Uni-Halterung 5.000 Stück
	Arbeitstage 1 5 10 15 20
24003 schneiden	
24006 schneiden	spätester Fertigungs- beginn
24003 bohren	
24006 bohren	Liefertermin
24000 montieren	
24000 beschichten	

Gruppenfertigung

Ein Produkt oder eine Baugruppe wird vollständig in der Gruppe gefertigt.

Kann mit der Fertigung an der nächsten Anlage (Abteilung) begonnen werden, bevor alle Teile gefertigt werden, so verkürzen sich die Liegezeiten und dadurch auch die Durchlaufzeiten.

Das Beispiel geht davon aus, dass eine Reihenfertigung oder Gruppenfertigung vorliegt. Bei einer **Reihenfertigung** sind die Betriebsmittel in der Reihenfolge des Fertigungsablaufs angeordnet und es fallen keine langen Transportzeiten an. Bei einer **Gruppenfertigung** werden gleiche Bauteile oder Erzeugnisse in einer Gruppe gefertigt, die über alle notwendigen Betriebsmittel verfügt. Auch hier sind die Transportzeiten relativ gering.

Ob bei den beiden Fertigungsverfahren lange oder kurze Liegezeiten (Lager- und Wartezeiten) auftreten, hängt von der Art der Erzeugnisse und der Organisation ab.

Würde eine **Werkstättenfertigung** vorliegen, so wären alle artgleichen Fertigungseinrichtungen in jeweils einer Abteilung zusammengefasst. Die Teile müssten nach Fertigstellung von Werkstätte zu Werkstätte transportiert werden. Diese Transportzeiten müssten z. B. durch einen späteren Fertigungsbeginn am nächsten Arbeitsplatz eingeplant werden und die Durchlaufzeiten würden sich erhöhen. Dies müsste auch beim Liefertermin berücksichtigt werden.

Ist die Fertigung als **Fließfertigung** organisiert, so ist die Bearbeitungszeit von Arbeitsplatz zu Arbeitsplatz durch entprechende Arbeitsteilung zeitlich aufeinander abgestimmt (Taktzeit). Dadurch entfallen alle Liegezeiten und Zwischenlager. Die Durchlaufzeit kann dadurch wesentlich verkürzt werden.

Die Terminplanung kann auch mit Hilfe eines **Netzplanes** erfolgen.

Beispiel: Netzplan für die Fertigung von 5.000 Universalhalterungen

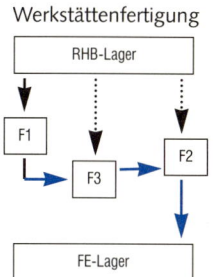
Werkstättenfertigung

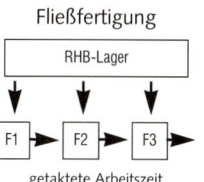
Fließfertigung

getaktete Arbeitszeit

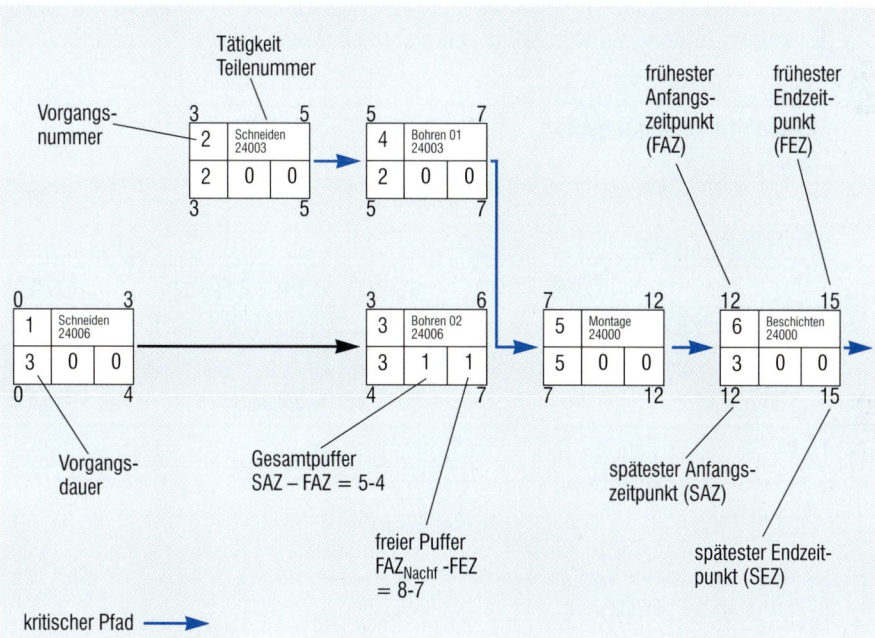

Der **Gesamtpuffer** gibt an, um wie viel Zeit man eine Aktivität maximal verschieben kann, ohne die **spätesten** Termine der Nachfolger zu beeinflussen.

Der **freie Puffer** gibt an, um wie viel Zeit man eine Aktivität maximal verschieben kann, ohne die **frühsten Termine** der Nachfolger zu beeinflussen. Der **kritische Pfad** gibt den Weg an, auf dem die Ereignisse liegen, deren Termine in jedem Fall eingehalten werden müssen, damit der Endtermin nicht gefährdet wird.

Der Netzplan ermöglicht eine sehr genaue Zeitplanung. Spielräume und mögliche Engpässe werden erkennbar. Die Erstellung und die Interpretation erfordert jedoch gewisse Kenntnisse. Das Balkendiagramm stellt die Zeitplanung anschaulich dar. Für Details sind jedoch Zusatzinformationen erforderlich.

2.2.2 Maschinenbelegungsplan

Der optimale Einsatz der Betriebsmittel wird durch den Maschinenbelegungsplan sichergestellt. Er gibt die zeitliche Auslastung der Maschinen wider und stellt eine möglichst hohe Nutzung der Aggregate und Arbeitsplätze sicher. Treten Leerzeiten auf, so können diese durch Veränderungen in der Terminplanung oder durch Lohnaufträge etc. abgebaut werden. Mit Hilfe des Maschinenbelegungsplanes können auch Doppelbelegungen rechtzeitig erkannt und beseitigt werden

Wird der Maschinenbelegungsplan als „Gantt-Diagramm" dargestellt, so kann für jede Maschine eine Zeile vorgesehen werden, die in Arbeitsstunden, Arbeitstage oder Wochen unterteilt ist. Die jeweiligen Aufträge werden dann als Streifen aufgetragen und mit der Auftragsnummer gekennzeichnet. Sowohl die Zeitplanung als auch die Maschinenbelegung werden EDV-gestützt, z. B. mit Hilfe eines PPS-Programms (→), durchgeführt.

Beispiel

Das folgende Beispiel beruht auf den Daten des vorhergehenden Kapitels. Die dafür notwendigen Belegungszeiten sind grün ausgewiesen. Aus Vereinfachungsgründen wurde an Stelle der Auftragsnummer die Teilenummer eingetragen. Andere Aufträge wurden grau ausgewiesen.

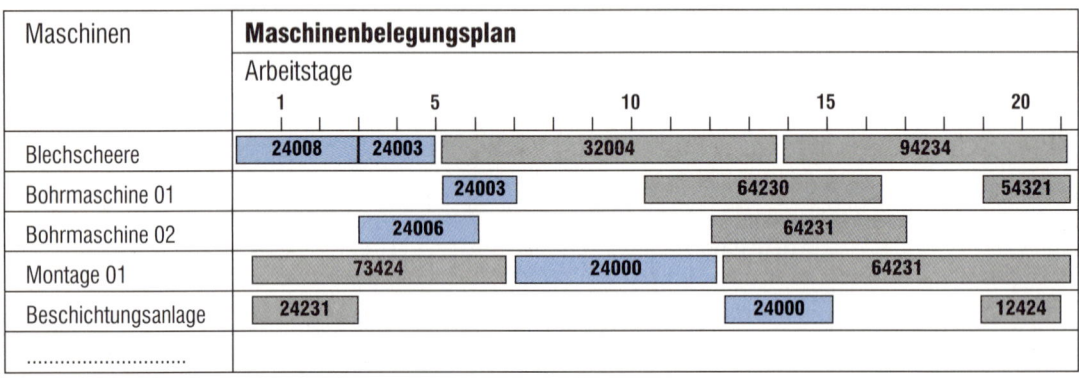

Nach dem vorliegenden Maschinenbelegungsplan ist die Blechschere und die Montage 01 sehr gut ausgelastet. Bei den Bohrmaschinen und bei der Beschichtungsanlage sind freie Kapazitäten vorhanden. Bei der Planung sind auch Reparatur und Wartungsarbeiten zu berücksichtigen.

Gibt es mehrere Anlagen, auf denen die gleichen Arbeiten durchgeführt werden können, so muss die günstigste Maschine ausgewählt werden. In der Regel wird die Maschine mit den niedrigsten variablen Stückkosten gewählt. Ferner muss über die Produktion und über die Maschinenbelegung bei Engpässen entschieden werden. Solche Entscheidungen werden mit Hilfe spezieller Verfahren (relative Deckungsbeitragsrechnung, lineare Optimierung usw.) getroffen.

Terminpläne müssen, um eine optimale Maschinenbelegung, kurze Durchlaufzeiten und sichere Liefertermine zu garantieren, aufeinander abgestimmt werden.

3 Rationalisierung

Die Konkurrenz auf den nationalen und internationalen Märkten zwingt alle Unternehmungen zur permanenten Rationalisierung. Zeitungsmeldungen wie „Die XY AG baut Hierarchien ab", „Die Lohnstückkosten sind um 3,4 Prozent gesunken", „Robotereinsatz am Bau" usw. dokumentieren diese Tendenz.

Rationalisierung: ratio (lat.) = Vernunft; Durchführung von Maßnahmen zur Verbesserung bestehender Zustände.

3.1 Rationalisierungsanlässe

Rationalisierungsmaßnahmen können von unterschiedlichen Faktoren ausgelöst werden.

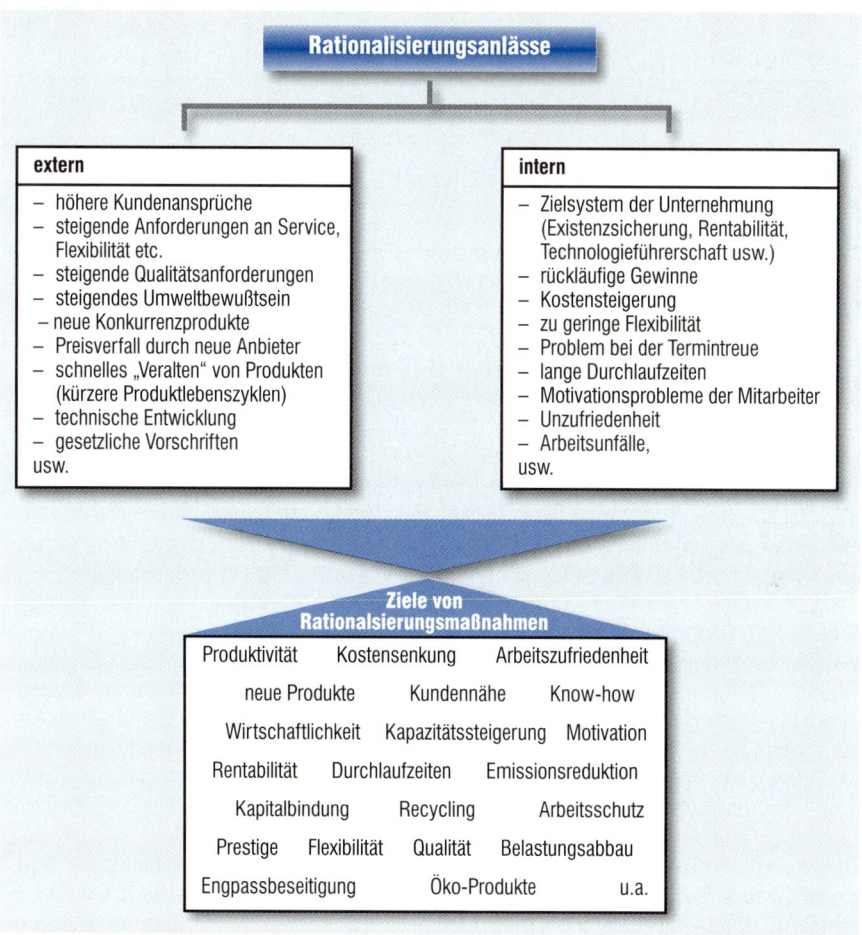

Rationalisierungsanlässe

extern
- höhere Kundenansprüche
- steigende Anforderungen an Service, Flexibilität etc.
- steigende Qualitätsanforderungen
- steigendes Umweltbewußtsein
- neue Konkurrenzprodukte
- Preisverfall durch neue Anbieter
- schnelles „Veralten" von Produkten (kürzere Produktlebenszyklen)
- technische Entwicklung
- gesetzliche Vorschriften
usw.

intern
- Zielsystem der Unternehmung (Existenzsicherung, Rentabilität, Technologieführerschaft usw.)
- rückläufige Gewinne
- Kostensteigerung
- zu geringe Flexibilität
- Problem bei der Termintreue
- lange Durchlaufzeiten
- Motivationsprobleme der Mitarbeiter
- Unzufriedenheit
- Arbeitsunfälle,
usw.

Ziele von Rationalsierungsmaßnahmen

Produktivität	Kostensenkung	Arbeitszufriedenheit
neue Produkte	Kundennähe	Know-how
Wirtschaftlichkeit	Kapazitätssteigerung	Motivation
Rentabilität	Durchlaufzeiten	Emissionsreduktion
Kapitalbindung	Recycling	Arbeitsschutz
Prestige Flexibilität	Qualität	Belastungsabbau
Engpassbeseitigung	Öko-Produkte	u.a.

Durch Rationalisierungsmaßnahmen können sehr unterschiedliche Ziele verfolgt werden. Andere Ziele können durch die Maßnahmen gefördert oder beeinträchtigt werden.

3.2 Rationalisierungsmaßnahmen

Rationalisierungsmaßnahmen können als punktuelle Einzelmaßnahmen oder als ganzheitliches Rationalisierungskonzept durchgeführt werden.

3.2.1 Einzelmaßnahmen

Häufig setzen Rationalisierungsmaßnahmen an einzelnen Punkten im Betrieb an:

3.2.1.1 Standardisierung – Spezialisierung – Outsourcing

Die Unternehmung sieht sich den Forderungen des Marktes nach großer Produktvielfalt und dem Zwang zur kostengünstigen Produktion, die nur durch große Mengen und eine damit verbundene Beschränkung der Produktionsprogramme zu erreichen ist, gegenüber.

Standardisierung: Vereinheitlichung bei der Produktgestaltung

Das Ziel der **Standardisierung** (→) ist es, die Produkte zu vereinheitlichen, ohne dabei die Produktvielfalt für den Kunden zu beschränken.

Normung: Vereinheitlichung von Einzelteilen

Bei der **Normung** (→) werden Einzelteile wie z. B. Schrauben vereinheitlicht. Dies kann innerhalb des Betriebes (Werknormen), auf nationaler Ebene (DIN) oder international (ISO, CEN) erfolgen. Werden diese Teile in allen Produkten konsequent verwendet, so entstehen aus genormten Teilen, die im Betrieb oder von Zulieferern günstig in großen Mengen produziert werden können, eine Vielzahl differenzierter Produkte.

Typung: Vereinheitlichung von Endprodukten

Werden die Endprodukte eines Betriebes vereinheitlicht, so spricht man von **Typung** (→). Ein Grundtyp wird dann in verschiedenen Ausführungen angeboten, z. B. gibt es einen PKW-Typ mit verschiedenen Motoren, verschiedener Lackierung und verschiedener Ausstattung. Durch die wenigen Grundtypen, die jeweils in größerer Menge abgesetzt werden, können die wichtigsten Teile in großer Menge zu niedrigeren Kosten hergestellt werden. Trotzdem hat der Kunde durch die unterschiedliche Ausstattung der Grundtypen eine reiche Auswahl.

Baukastensystem: Das Produkt wird aus Bausteinen zusammengesetzt.

Eine weitere Vereinheitlichung der Produkte bei bestehender Vielfalt bietet das **Baukastensystem**. Die Produkte werden in Bausteine aufgeteilt. Die Bausteine werden so gestaltet, dass sie in verschiedene Enderzeugnisse passen. Nach Baumusterplänen werden dann Bausteine unterschiedlich kombiniert und zu verschiedenartigen Erzeugnissen zusammengebaut. So kann z. B. die Bodengruppe oder der Motor bei Personenwagen in unterschiedlichen PKW-Typen verwendet werden. Durch das Baukastensystem können differenzierte Produkte angeboten werden. Trotzdem kann sich die Produktion auf wenige verschiedene Teile beschränken und diese in großer Zahl herstellen.

Die radikalste Methode der Vereinfachung stellt die **Produktspezialisierung** dar. In diesem Fall beschränkt sich die Unternehmung auf die Produktion weniger End-erzeugnisse (Konzentration auf die Kernbereiche). Dies ermöglicht zwar eine rationel-le Produktion, wirkt sich aber negativ auf die Stellung im Markt aus, da nicht mehr al-le Kundenwünsche erfüllt werden können. Durch **Outsourcing** (→) kann dieses Problem teilweise gelöst werden. Die Produktion weniger gefragter Erzeugnisse kann ganz oder teilweise durch Zulieferer erfolgen. Die „zugekauften" Erzeugnisse werden dann im eigenen Namen verkauft. Es können auch Kooperationen mit anderen Herstellern geschlossen werden. Jeder Betrieb spezialisiert sich auf bestimmte Pro-dukte, die dann ausgetauscht und unter dem eigenen Namen verkauft werden. Bei Warentests wird dies in Testzeitschriften mit der Bemerkung *„Baugleich mit ..."* an-gedeutet.

Produktspezialisierung: Beschränkung des Fertigungsprogramms auf wenige Erzeugnisse.

> **Beispiel**
>
> Die UMTECH GmbH wird sich darum bemühen, ihre Produkte vorwiegend aus genormten Einzelteilen zu produzieren. Sie wird sich auf wenige Typen (Filter für Einfamilienhäuser, Wohnanlagen und Industrieanlagen) beschränken und, wenn möglich, das Produkt nach dem Baukastensystem aufbauen. Die Pro-grammbreite wird durch die Handelswaren gewährleistet.

Ansatzpunkte der produktorientierten Rationalisierung:

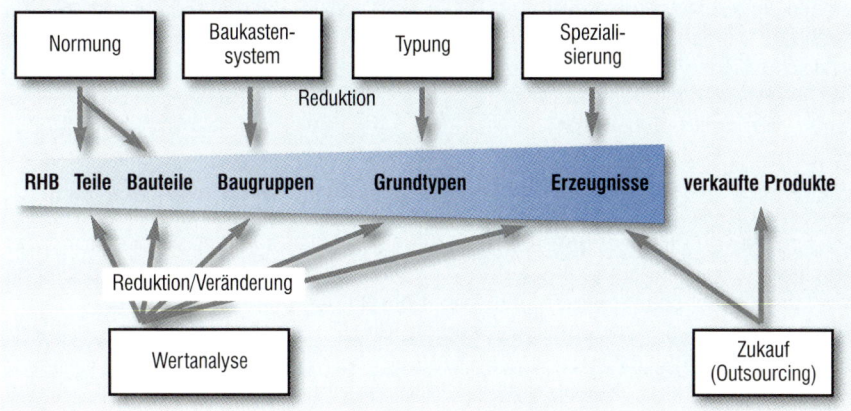

3.2.1.2 Wertanalyse

Die Wertanalyse ist eine spezielle Methodik zur Ergebnisverbesserung in allen Berei-chen einer Unternehmung. Es werden z. B. alle Funktionen eines Produktes durch systematische Analyse und Planung in einem Team unter Anwendung von Kreati-vitätstechniken untersucht, um eine Verbesserung der Erlös-Kosten-Relation zu errei-chen. Dabei sollen Kosten eingespart werden, ohne dass sich der Gebrauchswert oder die Qualität des Produktes verschlechtern

value engineering

Die Wertanalyse kann auch angewendet werden, um Produktionsfaktoren, Produk-tionsverfahren und Produktionsorganisationen auf einen möglichst hohen Stand der Wirtschaftlichkeit hin zu entwickeln *(value engineering)* oder (soweit vorhanden) ent-sprechend umzugestalten *(value analysis)*.

value analysis

Die UMTECH GmbH wird versuchen, ihr neues Produkt so zu konstruieren, dass bei der Fertigung möglichst geringe Kosten anfallen. D. h. Teile, die keine unmittelbare Funktion besitzen, werden eingespart und unnötige Fertigungsschritte werden vermieden. Um dies zu erreichen, werden bei der Konstruktion, bei der Fertigungsplanung usw. Teams eingesetzt, die mit Hilfe kreativer Techniken wie z. B. Brainstorming neue Fertigungstechniken oder bessere Problemlösungen beim Produkt entwickeln.

3.2.1.3 Automatisierung

Mechanisierung: Ersetzen manueller Arbeit durch die Maschine

Automation: Übernahme der Prozesssteuerung durch die Maschine

Seit Beginn der Industrialisierung wird Handarbeit durch Maschinenarbeit ersetzt. Neben der **Mechanisierung** hat die **Automation** an Bedeutung gewonnen. Wurde durch die Mechanisierung bei der Produktion die Kraft, die Schnelligkeit und die Genauigkeit und damit die Produktivität erhöht, so wird durch die Automation auch die Prozesssteuerung von „Maschinen" übernommen. Programmierbare elektronische Steuerungssysteme erhöhen nicht nur die Produktivität, sondern wirken sich auf die Flexibilität und die Wirtschaftlichkeit aus. Produktionsprozesse können, ohne dass neue Maschinen eingesetzt werden müssen, verändert werden. Damit können unterschiedliche Produkte auf den gleichen Anlagen gefertigt werden. Ferner verringern sich durch die elektronische Optimierung Warte-

und Nebenzeiten, da auch die Hilfsprozesse wie Fördern, Lagern, Handhaben und Kontrollieren automatisch oder EDV-gestützt durchgeführt werden.

Industrieroboter: Handhabungsautomaten

Der Einsatz von Handhabungsrobotern führt zusätzlich zu einer Verbesserung des Arbeitsschutzes, da belastende, gefährliche oder gesundheitsschädliche Tätigkeiten wie z. B. Schweißen und Beschichten vom **Roboter** übernommen werden.

Durch die Automation nehmen ausführende Arbeiten ab. Überwachungs- und Wartungsarbeiten nehmen zu.

Der Mechanisierungs- und Automationsgrad wird für die UMTECH GmbH von den geplanten Absatzzahlen abhängen. Mechanisierung und Automation verursachen in der Regel hohe fixe Kosten, die sich auf möglichst viele Produkte verteilen müssen.

3.2.1.4 Veränderung der Fertigungsorganisation

Arbeitsteilung und Fließfertigung erhöht die Produktivität.

Die Fließfertigung ermöglicht die Massenproduktion zu niedrigen Preisen

Die **Arbeitsteilung** stand lange Zeit im Mittelpunkt der Fertigungsorganisation. Die Arbeit, die zur Herstellung eines Produktes notwendig war, wurde in immer kleinere Teile zerlegt, sodass am Ende jeder Mitarbeiter nur wenige Handgriffe und im Extremfall nur einen Handgriff beitrug. Dadurch konnten leistungsfähige Maschinen eingesetzt und die Produktion enorm gesteigert werden. Die Fertigungsorganisation entwickelte sich von der Werkstattfertigung (→) über die Werkstättenfertigung(→) und Reihenfertigung (→) zur **Fließfertigung** (→). Diese Entwicklung brachte enorme **Produktivitätssteigerungen**. Parallel dazu fand die Entwicklung von der Einzelfertigung (→), über die Serienfertigung (→) zur Massenfertigung (→) statt. Heute bestehen alle Typen nebeneinander. Welche Organisationsform gewählt wird, hängt von der erforderlichen Produktionskapazität, den Produkten, dem Markt usw. ab.

Steigt in einem Bereich die Nachfrage an, so kann für einen Betrieb der Übergang von der Werkstättenfertigung zur Reihen- oder Fließfertigung als Rationalisierungsmaßnahme sinnvoll und notwendig sein.

Die Massenproduktion und der Übergang zur Fließfertigung hat neben den positiven Effekten auch zur **Demotivation** der Mitarbeiter auf Grund monotoner Arbeitsverhältnisse geführt. Ferner führte die Arbeitsteilung zu **Qualitätsproblemen** und im Zusammenhang mit dem Einsatz von Spezialmaschinen zu einer verminderten **Flexibilität**. Zur Beseitigung dieses Problems wurden **selbststeuernde teilautonome Arbeitsgruppen** (→) geschaffen, die Teile des Produktes herstellen und die Arbeitsverteilung, die Kontrolle usw. selbst regeln und durchführen.

Selbststeuernde Arbeitsgruppen verbessern Motivation, Qualität und Flexibilität

Welches Fertigungsverfahren die UMTECH GmbH wählen wird, hängt entscheidend von den Absatzerwartungen und den Qualitätsansprüchen ab. Wegen der hohen Flexibilität und der besseren Qualität könnte die Entscheidung für Arbeitsgruppen fallen.

3.2.1.5 Just-in-time-Produktion

Die Methode der Just-in-time-Beschaffung lässt sich auch auf die Fertigung ausdehnen. Jede Fertigungseinheit stellt nur so viele Teile her, wie die nächste Stelle benötigt. Dadurch werden Zwischenlager und damit Kosten und Kapitalbindung vermieden. Die von Toyota entwickelte **Kanban-Methode** realisiert dies durch Behälter (Karten). In jedem Behälter hat eine bestimmte Zahl von Vorproduktteilen Platz. Ein Behälter steht bei der produzierenden Stelle (z. B. Drehbank) und ein Behälter bei der verbrauchenden Stelle (z. B. Montage). Ist der Behälter der verbrauchenden Stelle (Montage) leer, tauscht diese den leeren Behälter (Transportkanban, Pendelkarte 2) gegen den Behälter bei der produzierenden Stelle (Produktionskanban, Pendelkarte 1) aus. Der Transportkanban wird zum Produktionskanban und wieder aufgefüllt. Dadurch steuert die nachgelagerte Stelle die vorgelagerte Stelle. Im Endeffekt steuert die letzte Stelle (der Kunde) die erste Stelle (den Lieferanten). Es ist ein sich selbst steuerndes System entstanden, in dem die Bestände minimiert werden.

Kanban-Methode: Methode zur Realisierung der Just-in-time-Produktion

3.2.1.6 Sonstige

In der Praxis gibt es unterschiedliche Rationalisierungsansätze. So kann z. B. die ABC-Analyse auch in der Fertigung zum effizienten Einsatz von Rationalisierungsmaßnahmen verwendet werden. Die Just-in-time-Produktion kann z. B. mit dem Fortschrittszahlenkonzept verwirklicht werden. Der EDV-Einsatz in Teilbereichen kann die Wirtschaftlichkeit verbessern. Umweltfreundliche Rohstoffe oder umweltverträgliche Fertigungsverfahren können nicht nur die Emissionen vermindern, sondern auch Einsparungseffekte bei den Entsorgungs- und Arbeitsschutzkosten erzielen und den Absatz durch eine höhere Akzeptanz bei den Kunden verbessern.

3.2.2 Rationalisierungskonzepte

3.2.2.1 Computerintegrierte Produktion

Die EDV hat in viele Bereiche des Unternehmens Einzug gehalten. Wesentliche Rationalisierungseffekte lassen sich jedoch durch die Vernetzung der Bereiche erzielen.

CIM: Computerintegrierte Produktion, Integration verschiedener EDV-gestützter Komponenten

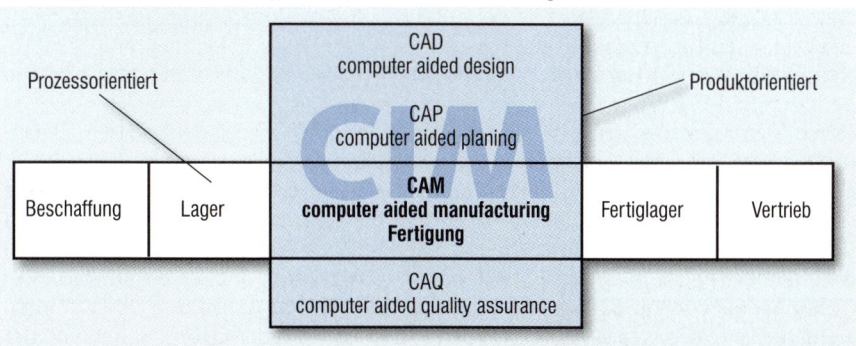

Werden die computerunterstütze Produktion, die Fertigungsplanung, die Fertigung und die Qualitätssicherung miteinander verbunden, so kann zwischen den Teilbereichen ein ungehinderter Datenaustausch erfolgen. Die Daten aus der Konstruktion bilden die Basis für die Fertigungsplanung. Aus beiden Bereichen werden Daten in die Fertigung z. B. zur Programmierung von NC-Maschinen (→) und schließlich zur Kontrolle des Erzeugnisses in der Qualitätssicherung übernommen.

Die Integration von **PPS-Komponenten** bezieht auch den kaufmännischen Bereich mit ein. Die Beschaffungsdisposition, die Lagerhaltung und das Rechnungswesen werden mit einbezogen.

Zwischen dem CIM-Componenten und den PPS-Komponenten lässt sich folgende Beziehung (vereinfacht) herstellen:

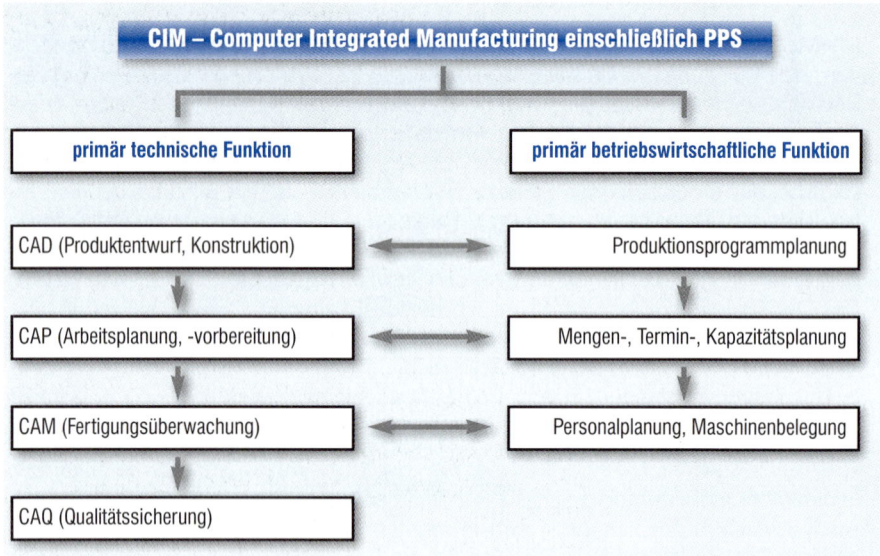

Vereinfacht lässt sich die Integration der Bereiche in fünf Stufen darstellen.

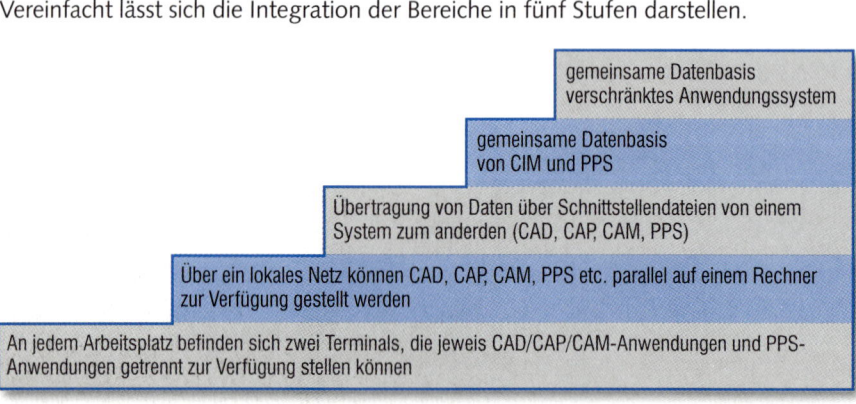

Durch CIM-Konzepte können die Durchlaufzeiten erheblich gesenkt werden. Bei einer Anfrage kann die Konstruktion mit Hilfe eines CAD-Programmes und mit der Online-Unterstützung des PPS-Programmes und der betroffenen Abteilungen die Konstruktion erstellen, den Preis ermitteln, die Bestände und Kapazitätsfragen klären und die entsprechenden Informationen incl. Preis und Liefertermin an den Kunden weitergeben. Bei Auftragserteilung stehen die CAD-Daten und die ermittelten PPS-Daten bereits zur Verfügung und können in die Fertigungsplanung übernommen werden. Die Daten werden auch von den NC-Maschinen der Fertigung und von der

Qualitätskontrolle genutzt. Es entfallen eine Vielzahl von Formularen, Anrufen, Gesprächen und Transportvorgängen. Prozesse, die früher Wochen oder Monate in Anspruch nahmen, können in nur wenigen Tagen erledigt werden.

3.2.2.2 Lean Production/Lean Management

Lean Mangement: Verschlankung von Arbeitsabläufen mit gleichzeitiger Qualitätssteigerung

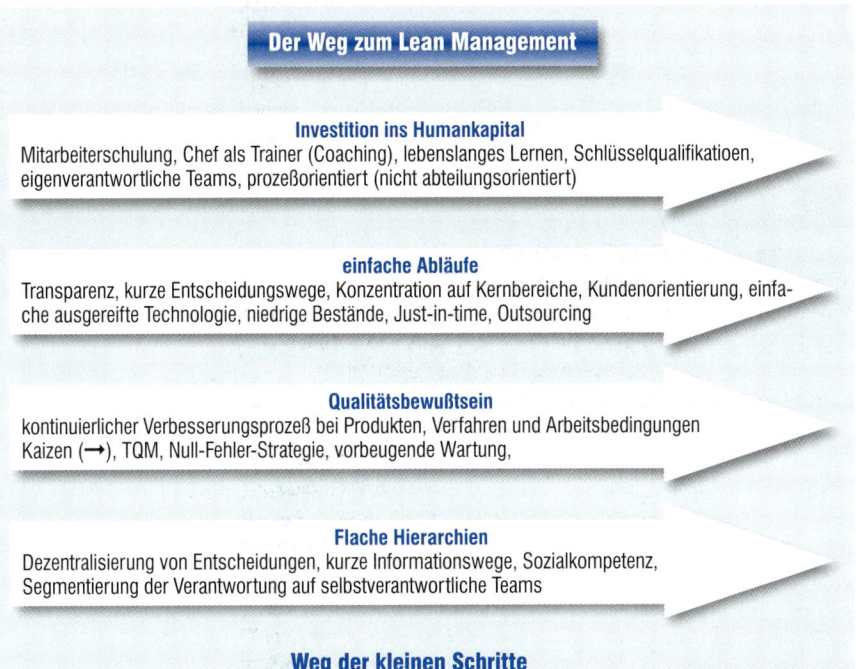

Der Weg zum Lean Management

Investition ins Humankapital
Mitarbeiterschulung, Chef als Trainer (Coaching), lebenslanges Lernen, Schlüsselqualifikatioen, eigenverantwortliche Teams, prozeßorientiert (nicht abteilungsorientiert)

einfache Abläufe
Transparenz, kurze Entscheidungswege, Konzentration auf Kernbereiche, Kundenorientierung, einfache ausgereifte Technologie, niedrige Bestände, Just-in-time, Outsourcing

Qualitätsbewußtsein
kontinuierlicher Verbesserungsprozeß bei Produkten, Verfahren und Arbeitsbedingungen Kaizen (→), TQM, Null-Fehler-Strategie, vorbeugende Wartung,

Flache Hierarchien
Dezentralisierung von Entscheidungen, kurze Informationswege, Sozialkompetenz, Segmentierung der Verantwortung auf selbstverantwortliche Teams

Weg der kleinen Schritte

Lean Production und Lean Management sind Konzepte, die die Rationalisierung des gesamten Wertschöpfungsprozesses zum Ziel haben. Der Abbau von Hierarchieebenen, die Vereinfachung von Prozessen bei steigender Qualität stehen dabei im Mittelpunkt. Der Schulung der Mitarbeiter kommt dabei eine besondere Bedeutung zu. Die Kompetenzen der abgebauten Leitungsstellen (Instanzen) sollen Mitarbeiterteams übertragen werden, die abteilungsübergreifend und prozessorientiert und eigenverantwortlich arbeiten. Betreut werden diese Gruppen von Trainern (Coaching), die mit ihnen Probleme diskutieren, Fortbildungsmaßnahmen einleiten usw.

Lean Production bezieht sich nicht nur auf die Produktion. Deshalb wird der Begriff Lean Management verwendet

Größere Flexibilität und steigende Verantwortung
Auf die Mitarbeiter kommt es an
In der Gruppenarbeit spiegelt sich der neue Führungsstil wieder

Der Wettkampf um Marktanteile wird heute vor allem auf der Ebene der Kosten entschieden. Die Produktionskosten sind dabei eine wichtige Größe. Das Bestreben nach Verringerung der Produktionskosten und Steigerung der Produktivität hat sich als Motor für die Entwicklung neuer, erfolgreicher Konzepte erwiesen.
Eine vielversprechende Perspektive hat das „schlanke"

Unternehmen, das zum richtigen Zeitpunkt (Zeit) ein überzeugendes Produkt (Qualität) zu einem wettbewerbsfähigen Preis (Kosten) liefern kann. Ein „schlankes" Unternehmen ist so organisiert, daß Mitarbeiter und Management gemeinsam Unternehmensziele verfolgen und zusammen an der Optimierung der zentralen Geschäftsprozesse beteiligt sind ...

Süddeutsche Zeitung, 29.07.1994 S. 23

Lean Produktion: Weg
der kleinen Schritte

Durch eine Vielzahl von **kleinen Schritten** soll der Betrieb verschlankt und dadurch die Kosten und die Kapitalbindung verringert werden.

Die UMTECH GmbH sollte den Aufbau der Produktion nutzen, um Lean Management-Ansätze zu verwirklichen und auch bestehende Strukturen umgestalten. Durch die Ausweitung der Geschäftstätigkeit wäre dies ohne den negativen Aspekt von Entlassungen möglich.

3.2.2.3 Total Quality Management

Total Quality Management ist ein Rationalisierungkonzept zur Qualitätsverbesserung im ganzen Unternehmen.

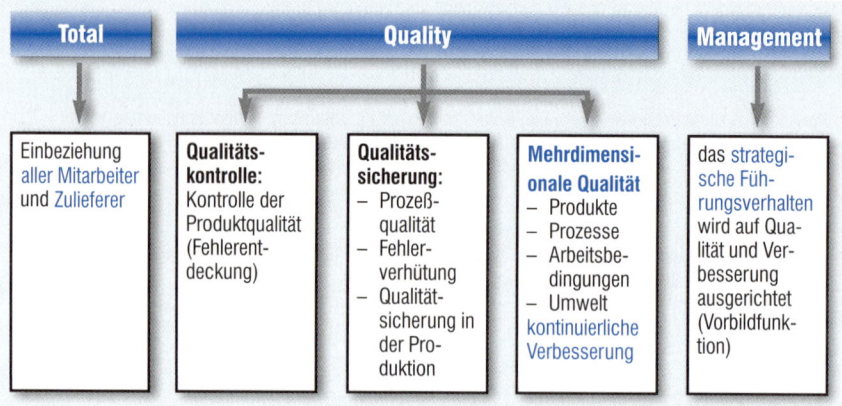

Die Qualitätssicherung setzt nicht erst bei der Kontrolle des Fertigproduktes an, sondern bezieht den Fertigungsprozess und die Zulieferer mit ein. Ziel ist die Fehlervermeidung. Vorbeugende Instandhaltung und Fertigungsprozesse, die Fehler ausschließen, gehören ebenso zum Konzept wie qualitätsbewusste Mitarbeiter und Führungskräfte, die sich um eine ständige Qualitätsverbesserung bemühen. Die Qualität der Arbeitsbedingungen und die Umweltqualität werden ebenfalls in das Qualitätsstreben einbezogen.

Die UMTECH GmbH hat bisher nur die bezogenen Produkte auf ihre Qualität kontrolliert (Qualitätskontrolle). Bei der Organisation der Produktion sollte auf Qualitätssicherung und gute Arbeitsbedingungen besonders geachtet werden. Für eine Unternehmung, die Umwelttechnik verkauft, muss der Umweltschutz von großer Bedeutung sein. Eine entsprechende Unternehmensphilosophie sollte vom Management und den Mitarbeitern entwickelt werden.

3.3 Auswirkungen von Rationalisierungsmaßnahmen

Rationalisierungsmaßnahmen sollen die Wettbewerbsposition der Unternehmung verbessern. Sie haben aber auch Nebenwirkungen. Einige positive und negative Wirkungen sollen in der folgenden Tabelle aufgezeigt werden.

Maßnahme	positive Wirkungen	negative Nebenwirkungen
Standardisierung, Spezialisierung	weniger verschiedene Teile – größere Stückzahlen – niedrigere Stückkosten	Kundenwünsche können nicht berücksichtigt werden
Wertanalyse	Kostensenkung ohne Gebrauchs- und Qualitätseinbußen	Probleme beim Design

Maßnahme	positive Wirkungen	negative Nebenwirkungen
Automatisierung	– Kostensenkung – bessere Arbeitsbedingungen	– meist nur bei Massenproduktion sinnvoll – Entlassungen
Fertigungs- organisation	bei höhere Arbeitsteilung – höhere Produktivität bei geringere Arbeitsteilung – höhere Arbeitszufriedenheit – höhere Qualität – höhere Flexibilität	bei höherer Arbeitsteilung – Monotonie – mittlere Qualität – geringe Flexibilität bei geringerer Arbeitsteilung – geringe Produktivitätseinbußen – hohe Anforderungen an die Mitarbeiter
Justi-in-time	– Senkung der Kapitalbindung – Senkung der Kosten – Vereinfachung der Lagerhaltung	– Lieferbereitschaft gefährdet – Produktionsausfälle bei Störungen – Umweltprobleme (Lager auf Rädern) – komplexe Beschaffungsplanung
ABC-Analyse	– Konzentration auf die wichtigen Rationalisierungspotenziale	– Vernachlässigung anderer Bereiche
CIM	– schneller Informationsfluss – schnelle Durchlaufzeiten – hohe Flexibiliät – Kostensenkung – hohe Transparenz	– Problem der Schnittstellen – hohe Anforderungen an die Mitarbeiter
Lean Production	– Kostensenkung – geringere Kapitalbindung – höhere Motivation – bessere Marktposition – höhere Flexibilität – höhere Qualität	– geringere Motivation durch beschränkte Beförderungsmöglichkeiten – Entlassungen – fehlende qualifizierte Mitarbeiter – "Magersucht"
TQM	– geringere Kosten für Nacharbeiten und Garantieleistungen – höhere Kundentreue – höhere Preise möglich – geringere Marketingaufwendungen – Preiskämpfe vermeiden – Arbeitszufriedenheit	– höhere Fertigungskosten – zu teuere Produkte

Wiederholung

1. Nennen Sie die betriebswirtschaftlichen Produktionsfaktoren.
2. Erklären Sie den Unterschied zwischen Programmbreite und Programmtiefe.
3. Erläutern Sie den Begriff Durchlaufzeit.
4. Beschreiben Sie den Aufbau eines Terminplanes als Balkendiagramm.
5. Nennen Sie Vorteile der Terminplanung mit Hilfe eines Neztplanes.
6. Zeigen Sie die Aufgaben des Maschinenbelegungsplanes auf.
7. Begründen Sie, warum ein Betrieb Rationalisierungsmaßnahmen ergreift.
8. Nennen Sie Maßnahmen zur Rationalisierung und beschreiben Sie sie.
9. Erklären Sie das CIM-Konzept und zeigen Sie den Zusammenhang zum PPS-System auf
10. Nennen Sie Maßnahmen, die sich unter den Begriff Lean Management einordnen lassen.
11. Beschreiben Sie Maßnahmen zur Qualitätssicherung.
12. Zeigen Sie Vor- und Nachteile von Lean Management auf.

Aufgaben

Produktionsfaktoren   1   Zeigen Sie die Unterschiede zwischen den betriebswirtschaftlichen und den volkswirtschaftlichen Produktionsfaktoren auf.

Produktionsprogramm   2.   Diskutieren Sie das Problem der Programmbreite und der Programmtiefe für die UMTECH GmbH. Beachten Sie dabei die Sicht des Verkaufs, der Fertigung und der Beschaffung.

Ziele   3.   Zeigen Sie die Vorteile einer kurzen Durchlaufzeit auf.

Terminplanung   4.   Die Baugruppen für ein Erzeugnis (Auftragsnr. 2345) werden auf drei Anlagen hergestellt. Die Bearbeitungszeit auf der Drehbank liegt bei drei Tagen, auf der Fräßmaschine werden sechs Tage und auf der Stanzmaschine zwei Tage benötigt. Auf den drei Anlagen kann parallel gefertigt werden. Die Baugruppen werden in der Montageabteilung in sechs Tagen montiert. Die Verpackung nimmt einen Tag in Anspruch.

a)   Erstellen Sie eine progressive Terminplanung (Balkendiagramm) und prüfen Sie, ob der Liefertermin (15. Arbeitstag) eingehalten werden kann.

b)   Ermitteln Sie mit Hilfe der retrograden Methode den spätesten Fertigungsbeginn.

c)   Erstellen Sie einen Netzplan.

d)   Überprüfen Sie den optimalen Einsatz der Betriebsmittel mit Hilfe eines Maschinenbelegungsplanes bis zum 15. Arbeitstag, wenn zusätzlich folgende Aufträge vorliegen:
Auftrag 1348; Drehen, ab 6. Arbeitstag, 10 Tage
Auftrag 1348; Montage, ab 13. Arbeitstag 10 Tage
Auftrag 9843; Fräßen, ab 6. Arbeitstag, 5 Tage
Auftrag 7899, Stanzen, ab 10. Arbeitstag, 3 Tage
Auftrag 2349; Montage, ab sofort. 4 Tage
Alle Aufträge werden nach der Fertigung verpackt, jeweils 1 Tag

e)   Prüfen Sie, ob Enpässe bzw. Stillstandzeiten auftreten.

f)   Nennen Sie Maßnahmen, um die bestehenden Probleme zu beseitigen (e).

Rationalisierung   5.   Die UMTECH AG möchte in ihrer neuen Fertigung möglichst günstige, qualitativ hochwertige und umweltfreundliche Produkte herstellen. Diskutieren Sie in Gruppen, die jeweils eine Abteilung repräsentieren, dieses Problem und entwickeln Sie Vorschläge für die neuen Produktionsanlagen. Bilden Sie danach abteilungsübergreifende Gruppen und diskutieren Sie das Problem. Erstellen Sie ein Konzept für die Fertigung und ein Rationalisierungskonzept zur Anpassung des bestehenden Betriebes.

6.   Schlagen Sie für drei Rationalisierungsziele Maßnahmen zu deren Erreichung vor und begründen Sie Ihre Auswahl.

7.   Erklären Sie den Zusammenhang zwischen Automation und Fertigungsorganisation.

CIM   8.   Beschreiben Sie die Wirkungen des CIM-Konzepts auf die Ziele Produktivität, Flexibilität und Qualität.

Jit   9.   Just-in-time-Beschaffung und -Produktion können durch CIM-Konzepte unterstützt werden. Begründen Sie diese Aussage.

Lean Management   10. Lean Management wird häufig in Verbindung mit dem Abbau von Arbeitsplätzen und geringeren Aufstiegsmöglichkeiten genannt. Diskutieren Sie dieses Problem.

11. Lean Management soll den Mitarbeiter und seine Kreativität in den Mittelpunkt stellen. Erörtern Sie Möglichkeiten, dies in der Praxis umzusetzen.

TQM   12. Diskutieren Sie Maßnahmen, mit denen alle Mitarbeiter in das Qualitätsstreben des Betriebes eingebunden werden können.

Auswirkungen   13. Begründen Sie die im Kapitel 3.3 genannten positven und negativen Wirkungen von Rationalisierungsmaßnahmen durch geeignete Argumentationsketten.

4 Verkaufsbuchungen und Bestandsveränderungen

Für die Buchungen im Verkaufsbereich werden folgende Konten benötigt (ohne Unterkonten):

Ertragskonten (Kontenklasse 5)		Bestandskonten (Kontenklasse 2)	
Nr.	Konto	Nr.	Konto (Erklärung)
5000	Umsatzerlöse für eigene Erzeugnisse und andere eigene Leistungen	2100	Unfertige Erzeugnisse (Bauteile oder Baugruppen, die in Zwischenlagern auf ihre weitere Benutzung warten)
5001	Erlösberichtigungen	2190	Unfertige Leistungen
5200	Bestandsveränderungen	2200	Fertige Erzeugnisse

4.1 Verkauf von Erzeugnissen und Leistungen

Werden Fertigerzeugnisse verkauft, so werden Ausgangsrechnungen und Lieferscheine erstellt. Auf Grund der Ausgangsrechnung wird der **Verkauf** als **Ertrag** in der Kontengruppe 50 verbucht. Das Bestandskonto „2200 Fertige Erzeugnisse" wird als ruhendes Konto geführt. Der Bestand wird erst am Jahresende berichtigt

Verkäufe werden als Ertrag verbucht.

> **Beispiel**
>
> Die UMTECH GmbH verkauft Filter für Heizungsanlagen auf Ziel, 8.000,00 € netto
>
> **Buchung nach Ausgangsrechnung – Buchungssatz**
>
> | | | | | S | H |
> |---|---|---|---|---|---|
> | 2400 Forderungen aLL | an | 5000 | Umsatzerlöse | 9.280,00 | 8.000,00 |
> | | | 4800 | Umsatzsteuer | | 1.280,00 |
>
> **Rechnungsausgleich nach Ablauf des Zahlungsziels – Buchungssatz**
>
> | | | | | S | H |
> |---|---|---|---|---|---|
> | 1. 2800 Bank | an | 2400 | Forderungen aLL | 9.280,00 | 9.280,00 |

4.2 Besondere Vorgänge beim Absatz von Erzeugnissen

Die in den Liefer- und Zahlungsbedingungen getroffenen Vereinbarungen beeinflussen den Verkaufserlös. Sie müssen buchhalterisch erfasst werden.

4.2.1 Sofortrabatte

Als Sofortrabatte werden unter anderem Mengenrabatte, Wiederverkäuferrabatte, Treuerabatte und Sonderrabatte z. B. für besondere Waren gewährt. Sofortrabatte werden sofort vom Listenpreis abgezogen und **nicht gebucht.**

Sofortrabatte werden nicht gebucht

> **Beispiel**
>
> Die UMTECH GmbH erstellt folgende Ausgangsrechnung für gelieferte Erzeugnisse:
>
> | | |
> |---|---|
> | Listenpreis | 2.000,00 € |
> | – Rabatt 10 % | 200,00 € |
> | Rechnungsbetrag netto | 1.800,00 € |
> | Umsatzsteuer 16 % | 288,00 € |
> | Rechnungsbetrag brutto | 2.088,00 € |
> | Zahlungsziel 30 Tage | |

Buchung bei Rechnungsstellung – Buchungssatz

				S	H
2400 Forderungen aLL	an	**5000 Umsatzerlöse**		2.088,00	**1800,00**
		4800 Umsatzsteuer			288,00

Zahlungseingang nach Ablauf des Zahlungsziels – Buchungssatz

				S	H
2800 Bank	an	2400 Forderungen aLL		2.088,00	2.088,00

4.2.2 Skonti

Skonto ist der Zins für die Ausnutzung des Zahlungsziels

Ein Kaufvertag ist Zug um Zug zu erfüllen. Wird dem Kunden ein Zahlungsziel (Liefererkredit) eingeräumt, so ist im Listenpreis das Entgelt (Zins) für die verspätete Zahlung einzukalkulieren. Zahlt der Kunde sofort, so kann er den Zins als **Skonto** abziehen. Der Skonto, der in der Regel weit über dem normalen Bankzinsen liegt, bietet dem Kunden einen Anreiz, innerhalb der Skontofrist zu zahlen.

Skonto wird beim Rechnungsausgleich abgezogen und auf das Konto Erlösberichtigungen gebucht. Die USt ist zu berichtigen

Bei Rechnungseingang wird zunächst der volle Betrag auf dem Konto Umsatzerlöse verbucht (siehe 4.1). Wird in der Skontofrist bezahlt und Skonto abgezogen, so wird der Skontobetrag auf dem Konto **Erlösberichtigungen**, einem Unterkonto des Erlöskontos, im Soll gebucht. Da sich durch den Skontoabzug die Bemessungsgrundlage für die **Umsatzsteuer** geändert hat, ist sie zu berichtigen. Am Ende des Geschäftsjahres wird das Konto Erlöskorrekturen über das Konto Umsatzerlöse abgeschlossen.

Das Konto Erlösberichtigungen wird über das Konto Umsatzerlöse abgeschlossen.

Beispiel

Die UMTECH GmbH verkauft Fertigerzeugnisse für 2.000,00 € netto, Zahlungsziel 60 Tage, Skontoabzug innerhalb von 10 Tagen 2 %

Buchung bei Rechnungsstellung – Buchungssatz

				S	H
2400 Forderungen aLL	an	5000 Umsatzerlöse		2.320,00	2.000,00
		4800 Umsatzsteuer			320,00

Rechnungsausgleich innerhalb von 10 Tagen – Buchungssatz

				S	H
5001 Erlösberichtigung				**40,00**	
4800 Umsatzsteuer				**6,40**	
2800 Bank	an	2400 Forderungen aLL		2.273,60	2.320,00

Umbuchung am Jahresende – Buchungssatz – vorbereitende Abschlussbuchung
(wenn keine weiteren Buchungen im Geschäftsjahr anfallen)

				S	H
5000 Umsatzerlöse	an	**5001 Erlösberichtigungen**		**40,00**	**40,00**

Kontenmäßige Darstellung:

S	5000 Umsatzerlöse	H		S	5001 Erlösberichtigungen	H
5001	40,00	2400	2000,00	2400	40,00	5000	40,00
:		:				
				40,00		40,00

4.2.3 Boni

Werden Rabatte dem Kunden nachträglich beim Erreichen bestimmter Mindestumsätze gewährt, so spricht man von einem **Bonus**. Die Boni mindern die Umsatzerlöse und werden als Korrektur auf dem Konto Erlöskorrekturen gebucht. Da sich die Bemessungsgrundlage für die **Umsatzsteuer** vermindert, ist sie zu korrigieren.

Boni:
Nachträglich gewähr
ter Rabatt
Die USt ist zu berichti
gen.

Beispiel

Wir gewähren einem Kunden per Gutschrift nachträglich einen Bonus von 8 % auf den Nettojahresumsatz von 80.000,00 €.

Buchung der Gutschrift – Buchungssatz

			S	H
5001 Erlösberichtigungen			6.400,00	
4800 Umsatzsteuer	an	2400 Forderungen aLL	1.024,00	7.424,00

Das Konto 5001 wird am Jahresende im Rahmen der vorbereitenden Abschlussbuchungen über 5000 abgeschlosssen (siehe 4.2.2).

4.2.4 Preisnachlässe auf Grund von Mängelrügen

Wurden an einen Kunden minderwertige oder beschädigte Erzeugnisse geliefert, so kann der Empfänger über eine Mängelrüge Wandlung (Rücktritt vom Kaufvertrag), die Lieferung einwandfreier Ware oder **Minderung** (Preisnachlass) verlangen. Ein Preisnachlass führt zu einer Korrektur der Umsatzerlöse über das Unterkonto Erlöskorrekturen. Da sich die Bemessungsgrundlage für die **Umsatzsteuer** ändert, ist diese zu korrigieren.

Minderungen werden
auf dem Konto Erlös
korrekturen verbucht.
Die USt ist zu berichti
gen.

Beispiel

Einem Kunden wurden Fertigerzeugnisse zum Listenpreis von 6.000,00 € geliefert. Auf Grund einer Mängelrüge gewähren wir dem Kunden per Gutschrift einen Preisnachlass von 10 % auf den Listenpreis der fehlerhaften Ware.

Buchung der Gutschrift – Buchungssatz

			S	H
5001 Erlösberichtigungen			600,00	
4800 Umsatzsteuer	an	2400 Forderungen aLL	96,00	696,00

Das Konto wird am Jahresende im Rahmen der vorbereitenden Abschlussbuchungen über 5000 abgeschlossen (siehe 4.2.2).

4.2.5 Rücksendungen

Sind die Fertigerzeugnisse unbrauchbar, so werden sie in der Regel vom Kunden zurückgesandt. Die Rücksendung führt zur **Stornierung** auf dem Konto Umsatzerlöse. Auch die **Umsatzsteuer** ist zu berichtigen.
Auch die **Rücksendung von Leihverpackung** durch den Kunden führt zur Rückbuchung auf dem Konto Umsatzerlöse und zur Berichtigung der Umsatzsteuer.

Stornierung:
Rückbuchung

Bei Rücksendungen ist
die USt zu berichti
gen.

Beispiel

Von uns gelieferte Fertigerzeugnisse zum Warenwert von 1.200,00 € entsprechen nicht den vereinbarten Qualitätsanforderungen und sind nicht verwendbar. Nach Absprache mit dem Kunden werden sie an uns zurückgesandt.

Buchung bei Gutschrift – Buchungssatz

			S	H
5000 Umsatzerlöse			1.200,00	
4800 Umsatzsteuer	an	2400 Forderungen aLL	192,00	1.392,00

4.2.6 Zahlungsverzug

Wird eine Ausgangsrechnung nicht gezahlt und gerät der Schuldner in Zahlungsverzug, so ist der Lieferer berechtigt, Verzugszinsen von mindestens 5 % (§ 352) bzw.
von mindestens 4 % (§ 288 BGB) beim einseitigen Handelsgeschäft zu erheben.
Verzugszinsen gehören nicht zum umsatzsteuerpflichtigen Entgelt, sondern sind als
Schadenersatz für die verspätete Zahlung zu sehen.

Beispiel

Ein Kunde kommt in Zahlungsverzug. Wir verrechnen für die noch nicht beglichene Rechnung 5 % vom Rechnungsbetrag für 40 Tage. Die Rechnung lautet auf 2.500,00 €.

Lastschrift über Verzugszinsen – Buchungssatz

			S	H
2400 Forderungen aLL	an	5710 Zinserträge	13,89	13,89

Überweisung des Rechnungsbetrages und der Verzugszinsen – Buchungssatz

			S	H
2800 Bank	an	2400 Forderungen aLL	2.513,89	2.513,89

4.2.7 Geleistete Anzahlungen – Exkurs

Werden Anzahlungen geleistet, so stellt die Anzahlung eine Verbindlichkeit gegenüber dem Kunden dar. Nach § 13 Abs. 1 Nr. 1a UStG wird für das Teilentgelt die Umsatzsteuer fällig.

Beispiel

Die UMTECH AG erhält auf Grund einer Teilrechnung am 15.08. eine Anzahlung von 4.000 + Umsatzsteuer für noch nicht gelieferte Fertigerzeugnisse. Am 15.09 erstellt die UMTECH AG folgende Ausgangsrechnung, die der Kunde am 15.10 per Banküberweisung begleicht.

Rechnung:	Listenpreis	10.000,00
	– Anzahlung	4.000,00
	Rechungsbetrag (netto)	6.000,00
	Umsatzsteuer 16 %	960,00
	Rechnungsbetrag (brutto)	6.960,00

Anzahlung – Buchungssatz

			S	H
2800 Bank	an	4300 erhalt. Anzahlungen	4.640,00	4.000,00
		4800 Ust		640,00

Rechnungsausgang – Buchungssatz

			S	H
4300 erhalt. Anzahlungen	an	5000 Umsatzerlöse	4.000,00	10.000,00
2400 Forderungen aLL		4800 Umsatzsteuer	6.960,00	960,00

Rechnungsausgleich – Buchungssatz

				S	H
2800 Bank	an	2400 Forderungen aLL		6.960,00	6.960,00

4.2.8 Ausgangsfrachten – Exkurs

Fallen beim Warenausgang Verpackungskosten, Frachten etc. an, so wird die Ausgabe als Aufwand (siehe Beschaffungsbuchungen) verbucht. Wird die Fracht, die Verpackung etc. dem Kunden in Rechnung gestellt, so ist sie Bestandteil des Umsatzerlöses und wird auf dem Konto 5000 Umsatzerlöse verbucht

Beispiel

Die UMTECH GmbH erstellt folgende Ausgangsrechnung:

Listenpreis	4.000,00 €
Fracht	300,00 €
Verpackung	100,00 €
Rechnungsbetrag (netto)	4.400,00 €
16 % Umsatzsteuer	704,00 €
Rechnungsbetrag (brutto)	5.104,00 €

Buchung nach Ausgangsrechnung- Buchungssatz

			S	H
2400 Forderungen aLL	an	5000 Umsatzerlöse	5.104,00	4.400,00
		4800 Umsatzsteuer		704,00

4.3 Abschluss der Konten und Bestandsveränderungen

Am Ende des Geschäftsjahres müssen die Bestände festgestellt und die Bestandsveränderungen ermittelt werden. Die Bestandskonten 2100, 2190, 2200 werden als ruhende Konten geführt. Sie nehmen nur den Anfangsbestand, den Schlussbestand und die Bestandsveränderungen auf.

Deshalb muss am Jahresende der Bestand durch Inventur oder auf Grund der Lagerbuchführung (bei permanenter oder verlagerter Inventur) festgestellt werden. Der Inventurbestand bzw. der fortgeschriebene Inventurbestand wird als Endbestand in die Bestandskonten übernommen. Die Differenz zum Anfangsbestand stellt einen **Lagerabgang (Bestandsminderung)** oder einen **Lagerzugang (Bestandsmehrung)** dar.

Die Bestandskonten nehmen nur den Anfangsbestand, den Endbestand und die Bestandsveränderungen auf.

Hat sich der Lagerbestand vermindert, so wurden mehr Erzeugnisse verkauft als produziert. Da diese Erzeugnisse in der Vorperiode hergestellt wurden, stehen den aus dem Verkauf erzielten Erträgen keine Aufwendungen gegenüber. Es würde ein zu hoher Gewinn ausgewiesen, obwohl eine Vermögensminderung vorliegt.
Wird eine Bestandsmehrung festgestellt, so wurden mehr Erzeugnisse produziert als verkauft. In diesem Fall sind Aufwendungen angefallen, ohne dass Erlöse für diese Produkte erzielt wurden. Obwohl eine Vermögensmehrung vorliegt, würde ein zu niedriger Gewinn ausgewiesen.
Um einen korrekten Gewinnausweis zu erreichen, muss der Herstellungsaufwand bzw. der Ertrag (Verkaufserlös) in der Abrechnungsperiode korrigiert werden.
Dies geschieht mit Hilfe des Kontos **5200 Bestandsveränderungen**.

Das Konto Bestandsveränderungen korrigiert die Aufwendungen und Erträge bei Schwankungen des Lagerbestandes.

Bestandsminderung (Anfangsbestand > Endbestand)
Kontenmäßige Darstellung

S	2200 Fertigerzeugnisse	H		S	5200 Bestandsveränderungen	H
8000 AB	70.000,00	**8010 EB** 60.000,00		**2200 FE**	10.000,00	**8020 GuV** 10.000,00
		5200 BV 10.000,00				
	70.000,00	70.000,00			10.000,00	10.000,00

S	8010 SBK...	H		S	8020 GuV	H
2200	60.000,00			**5200**	10.000,00	

Bestandsminderung → Aufwand

Buchungssätze:
Eröffnungsbuchung

				S	H
2200 Fertigerzeugnisse	an	8000 EBK		70.000,00	70.000,00

Vorbereitende Abschlussbuchungen und Abschlussbuchungen

			S	H
5200 Bestandsveränderungen	an	2200 Fertigerzeugnisse	10.000,00	10.000,00

Es wurden mehr Fertigerzeugnisse verkauft als produziert. Der Lagerbestand ist gesunken. Es sind Erträge entstanden, die Aufwendungen sind zu korrigieren.

			S	H
8020 GuV	an	5200 Bestandsveränderungen	10.000,00	10.000,00

Das Konto Bestandsveränderungen wird über das GuV-Konto abgeschlossen. Der Saldo erstellt einen zusätzlichen Aufwand dar.

			S	H
8010 SBK	an	2200 Fertigerzeugnisse	60.000,00	60.000,00

Bestandsmehrung (Anfangsbestand < Endbestand)
Kontenmäßige Darstellung

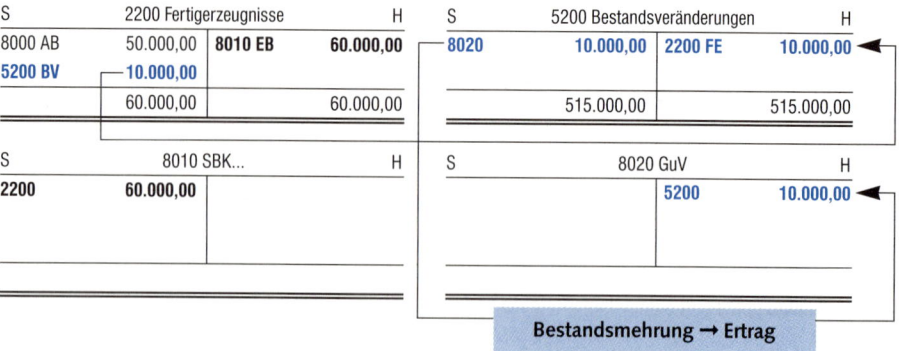

S	2200 Fertigerzeugnisse	H		S	5200 Bestandsveränderungen	H
8000 AB	50.000,00	**8010 EB** 60.000,00		**8020**	10.000,00	**2200 FE** 10.000,00
5200 BV	10.000,00					
	60.000,00	60.000,00			515.000,00	515.000,00

S	8010 SBK...	H		S	8020 GuV	H
2200	60.000,00				**5200**	10.000,00

Bestandsmehrung → Ertrag

Buchungssätze:
Eröffnungsbuchung

			S	H
2200 Fertigerzeugnisse	an	8000 EBK	50.000,00	50.000,00

Vorbereitende Abschlussbuchungen und Abschlussbuchungen

			S	H
2200 Fertigerzeugnisse	an	5200 Bestandsveränderungen	10.000,00	10.000,00

Es wurden weniger Fertigerzeugnisse verkauft als produziert. Der Lagerbestand ist angestiegen. Es sind Aufwendungen angefallen, die Erträge sind zu korrigieren.

			S	H
5200 Bestandsveränderungen	an	8020 GuV	10.000,00	10.000,00

Das Konto Bestandsveränderungen wird über das GuV-Konto abgeschlossen. Der Saldo stellt einen zusätzlichen Ertrag dar.

			S	H
8010 SBK	an	2200 Fertigerzeugnisse	60.000,00	60.000,00

Bestandsveränderungen bei Fertigerzeugnissen und bei unfertigen Erzeugnissen – Kontenmäßige Darstellung

Treten Bestandsveränderungen bei Fertigerzeugnissen und bei unfertigen Erzeugnissen auf, so ergibt sich folgendes Bild.

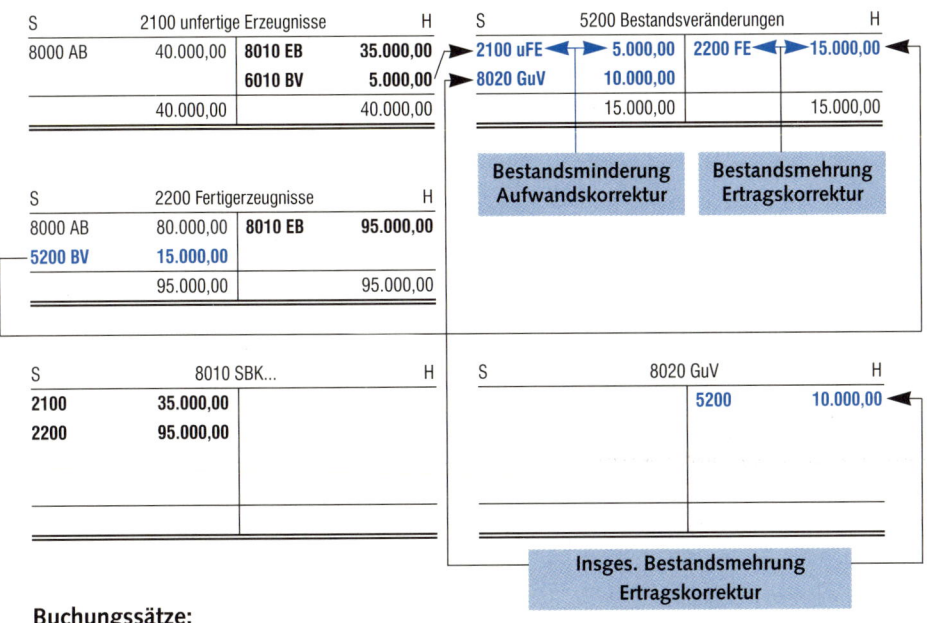

Buchungssätze:
Eröffnungsbuchung

			S	H
2100 Unfertige Erzeugnisse	an	8000 EBK	40.000,00	40.000,00
2200 Fertigerzeugnisse	an	8000 EBK	80.000,00	80.000,00

Vorbereitende Abschlussbuchungen und Abschlussbuchungen

					S	H
5200	Bestandsveränd.	an	2100	Unfertige Erzeugnisse	5.000,00	5.000,00
2200	Fertigerzeugnisse	an	5200	Bestandsveränderungen	15.000,00	15.000,00

					S	H
5200	Bestandsveränderungen	an	8020	GuV	10.000,00	10.000,00

					S	H
8010	SBK	an	2100	Unfertige Erzeugnisse	35.000,00	35.000,00
8010	SBK	an	2200	Fertigerzeugnisse	95.000,00	95.000,00

Erhöht sich der Bestand an fertigen und unfertigen Erzeugnissen, so muss dies durch einen Ertrag in Höhe der Bestandsmehrung korrigiert werden. Dies führt zu einer Zunahme des Gewinns. Sinkt der Bestand an fertigen und unfertigen Erzeugnissen, so muss dies durch einen Aufwand in Höhe der Bestandsminderung korrigiert werden. Dies führt zu einer Abnahme des Gewinns.

Wiederholung

1. Erklären Sie die Auswirkung von Absatzbuchungen auf den Gewinn.
2. Diskutieren Sie, warum die Erlöskorrekturen auf einem Unterkonto verbucht werden.
3. Begründen Sie, warum sich Boni und Skonti auf die Umsatzsteuer auswirken.
4. Erklären Sie die Unterschiede zwischen Sofortrabatten, Boni und Skonti beim Verkauf.
5. Beschreiben Sie die buchhalterische Behandlung von Mängelrügen.
6. Erläutern Sie, wie die Bestände an fertigen und unfertigen Erzeugnissen ermittelt werden.
7. Zeigen Sie, wie sich Bestandsminderungen und Bestandsmehrungen auf den Gewinn auswirken.
8. Begründen Sie, warum Bestandsveränderungen gebucht werden.

Aufgaben

Verkaufsbuchungen

(Die Basis für die Skontoberechnung ist in der Regel der Warenwert)

1. Ausgangsrechnung für Fertigerzeugnisse 6.000,00 € abzüglich 10 % Rabatt
   a) Buchen Sie den Rechnungsausgang.
   b) Buchen Sie die Zahlung per Bank innerhalb der Skontofrist bei 3 %
2. Zieleinkauf von Betriebsstoffen netto 6.200,00 €
   a) Buchen Sie den Rechnungseingang.
   b) Buchen Sie die Zahlung, wenn innerhalb der Skontofrist abzüglich 2 % Skonto per Postbank bezahlt wird.
3. Rücksendung des Verpackungsmaterials (1.) gegen Gutschrift von 80,00 € netto.
4. Wir schreiben einem Kunden einen Bonus von 1.160,00 € (brutto) gut.
5. Wir vereinbaren für leicht beschädigte Fertigerzeugnisse eine Preisminderung mit unserem Kunden und senden ihm eine Gutschrift in Höhe von 696,00 € brutto.
6. Zielverkauf von Fertigerzeugnissen netto 10.000,00 €, 20 % Rabatt, 3 % Skonto.
   a) Buchen Sie den Rechnungsausgang.
   b) Buchen Sie den Rechnungsausgleich. Skonto wird in Anspruch genommen.
7. Barverkauf von Fertigerzeugnissen 240,00 € netto abzüglich 10 % Rabatt
8. Ein Kunde schickt schadhafte Fertigerzeugnisse im Bruttowert von 5.289,60 € an uns zurück. Wir erteilen eine Gutschrift.

9. Wir erhalten am 3. Dezember die Zahlung für eine Ausgangsrechnung nach Abzug von 3 % Skonto 25.879,60 € durch Banküberweisung.

10. Am 7. Dezember liefern wir Fertigerzeugnisse an einen ausländischen Kunden. Diesem stellen wir den Warenwert von 110.000,00 Euro (netto) in Rechnung. Am 14. Dezember bezahlt der Kunde unter Abzug von 2 % Skonto.

11. Wir liefern am 1. Juli Fertigerzeugnisse. Wir stellen 70.000,00 € netto für den Warenwert und für Leihcontainer 6.000,00 € netto in Rechnung.
Der Kunde schickt die Leihcontainer zurück und erhält dafür am 8. Juli eine Gutschrift von 90 % des Rechnungsbetrages. Am 10. Juli zahlt er unter Abzug von 3 % Skonto, berechnet vom Warenwert, durch Banküberweisung.

12. Ein Kunde reklamiert Mängel an gelieferten Waren. Wir gewähren deshalb einen Nachlass von 1.948,80 € brutto.

13. Wir exportieren am 20. Juli 20 Tonnen eines Fertigerzeugnisses nach Frankreich. Wir stellen für die Tonne 2.450,00 € in Rechnung.
Buchen Sie die Ausgangsrechnung.

14. Am 18. August erstellen wir folgende Ausgangsrechnung (jeweils netto):
Listenpreis   20.000,00   Verpackung   500,00 €
Rabatt   20 %
60 Tage Ziel oder 10 Tage 2 % Skonto
a) Buchen Sie den Rechnungsausgang.
b) Aufgrund einer Mängelrüge sendet der Kunde mit unserem Einverständnis Waren im Wert von 2.000,00 € zurück. Auf den restlichen Warenwert gewähren wir einen Preisnachlass von 10 %.
c) Der Kunde sendet die Verpackung zurück und erhält eine Gutschrift von 50 %.
d) Am 26. August überweist er den Restbetrag unter Abzug von 2 % Skonto auf den restlichen Warenwert.

15. Ermitteln Sie die Bestandsveränderungen und schließen sie die Konten ab. *Bestandsverände-*
rungen

S	2100		H	S	2200		H
AB	95.000,00	EB	82.000,00	AB	50.000,00	EB	60.000,00

S	5200	H

16. Geschäftsgang: Für die Geschäftsbuchhaltung der K. Maier oHG liegen folgende *Geschäftsgang*
Angaben vor:
Anfangsbestände: Anlagevermögen 500.000,00 €; Rohstoffe 60.000,00 €; unfertige Erzeugnisse 50.000,00 €; fertige Erzeugnisse 10.000,00 €; Forderungen aLL 100.000,00 €; Bank 100.000,00 €; Eigenkapital 400.000,00 €; Darlehen 250.000,00 €; Verbindlichkeiten aLL 160.000,00 €; Umsatzsteuer 10.000,00 €
Geschäftsfälle (alle Zahlungen erfolgen per Bank, USt 16 %):
a) Kauf von Rohstoffen auf Ziel, Listenpreis 8.000,00 €, Fracht 300,00 €; Verpackung 50,00 €;
b) Zahlung von a) unter Abzug von 2 % Skonto
c) Verkauf von Fertigerzeugnissen 5.000,00 €, 10 % Rabatt,
d) Bezahlung von c) unter Abzug von 3 % Skonto
e) Ein Kunde begleicht eine Ausgangsrechnung für Fertigerzeugnisse und zieht 2 % Skonto ab; Überweisungsbetrag 454,72 €
f) Verkauf von Fertigerzeugnissen auf Ziel: Listenpreis 8.000,00 €; Rabatt 10 %.
g) Aufgrund einer Mängelrüge werden Waren im Wert von 1.000,00 € an die Maier oHG (d)) zurückgesandt.
h) Der Kunde zahlt die Rechnung f) und zieht 2% Skonto vom restlichen Warenwert ab (g) beachten).

i) Die Maier KG verkauft Fertigerzeugnisse über 520,00 € netto gegen Bankscheck.

j) Die Bank belastet unser Konto mit Zinsen in Höhe von 150,00 €

k) Verkauf von Erzeugnissen über 2.000,00 € auf Ziel

l) Aufgrund einer Mängelrüge gewährt die K. Maier oHG einen Preisnachlass von 400,00 € auf die Rechnung k).

m) Nach Ablauf des Zahlungsziels wird die Rechnung k) beglichen (l beachten).

n) Die K. Maier oHG erhält die Mietzahlung für eine vermietete Lagerhalle 2.000,00 €.

o) Am Jahresende gewährt die K. Maier oHG einem Kunden einen Bonus von 500,00 € netto.

Am Ende des Geschäftsjahres werden durch Inventur folgende Endbestände festgestellt: Rohstoffe: 61.000,00 €; unfertige Erzeugnisse 39.000,00 €; fertige Erzeugnisse 20.000,00 €. Die Endbestände des Anlagevermögens und des Darlehens entsprechen den Anfangsbeständen.

a) Ermitteln Sie den Verbrauch an Rohstoffen.

b) Ermitteln Sie die Bestandsveränderungen an fertigen und unfertigen Erzeugnissen.

c) Führen Sie alle vorbereitenden Abschlussbuchungen und alle Abschlussbuchungen durch.

d) Erstellen Sie die GuV und die Bilanz.

e) Erklären Sie Veränderungen auf dem Eigenkapitalkonto.

Finanzwirtschaft

Die UMTECH GmbH benötigt für die neue Produktion Fertigungsanlagen. Da sich der Absatz und die Produktion stürmisch entwickelten, müssen ständig neue Maschinen zur Produktionserweiterung angeschafft werden. Ferner wird die Erweiterung des Produktionsprogramms erwogen. Die benötigten Investitionen erfordern erhebliche finanzielle Mittel. Die Eigenkapitalbasis der GmbH ist nicht ausreichend. Um neues Eigenkapital zu beschaffen, wird die GmbH in eine Aktiengesellschaft umgewandelt. Eine Planungsgruppe bereitet die Investitions- und Finanzierungsvorgänge vor und überwacht sie.

1 Investition

1.1 Begriff

Von **Investitionen** (→) spricht man, **wenn Geldkapital in Produktionsgüter umgewandelt wird.** Der Begriff Investition wird jedoch nicht einheitlich verwendet. Es lassen sich u. a. folgende Definitionen unterscheiden:

Investition: Umwandlung von Geldkapital in Produktionsgüter

	Definition	Bedeutung
enge Definition	Anlage von Geldkapital in Sachanlagevermögen.	Kauf von Grundstücken, Gebäuden, Maschinen, Fahrzeugen usw.
weitere Definition	Anlage von Geldkapital in langfristig gebundenes Vermögen	Kauf von Sachanlagevermögen, Finanzanlagen (→) und immateriellen Wirtschaftsgütern (→) (gesamtes Anlagevermögen)
weiteste Definition	Anlage von Geldkapital in Vermögensteilen	Anlagevermögen + Umlaufvermögen (ohne flüssige Mittel)

Aus bilanzieller Sicht bezeichnet man die Aktiva (linke Seite) der Bilanz als Seite
- der **Investition**
- der Mittelverwendung oder
- der Kapitalverwendung,

da sie angibt, für welche Zwecke das vorhandene Kapital verwendet wurde. Man kann auf der Aktivseite feststellen, ob Gebäude, Maschinen oder Vorräte gekauft wurden.

Investition: Mittelverwendung

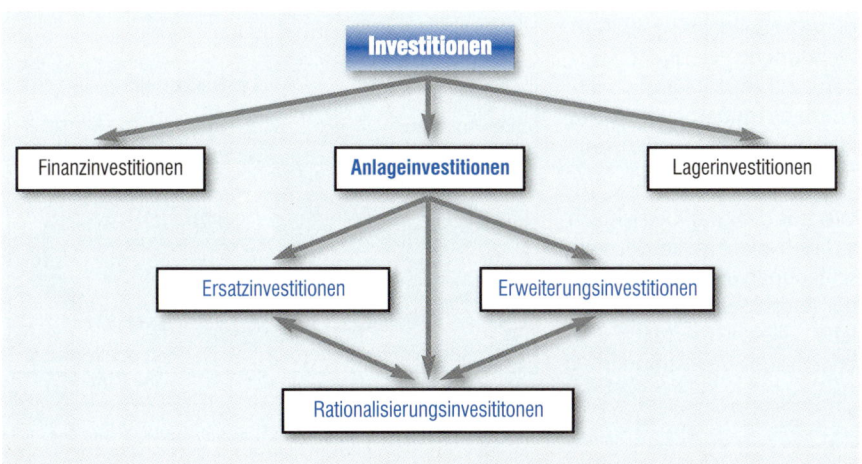

1.2 Investitionsarten

Anlageinvestitionen dienen der Kapazitätserweiterung, dem Ersatz alter Anlagen oder der Rationalisierung

Wird Anlagevermögen (Gebäude, Maschinen usw.) zur Kapazitätsausweitung oder zum Aufbau neuer Produktionsanlagen (Neuinvestition) gekauft, so spricht man von einer **Erweiterungsinvestition**. Werden alte Anlagen durch neue Anlagen ersetzt, so handelt es sich um eine **Ersatzinvestition.** Werden dabei vom Betrieb erwirtschaftete Abschreibungen verwendet, so spricht man von **Reinvestitionen**. **Rationalisierungsinvestitionen** werden getätigt um die Kosten zu senken, die Durchlaufzeit zu erhöhen oder die Qualität zu verbessern. Häufig sind Ersatz-, Erweiterungs und Rationalisierungsinvestitionen miteinander verbunden. Wird zum Beispiel eine alte Maschine durch eine neue ersetzt (Ersatzinvestition), so wird die neue Maschine in der Regel wirtschaftlicher produzieren als die alte Maschine (Rationalisierungsinvestition). Sind mehr Güter auf dem Markt absetzbar, so wird der Betrieb eine Maschine kaufen, die über eine größere Kapazität verfügt, und damit zusätzlich die Produktionsmenge ausweiten (Erweiterungsinvestition).

Reinvestition: Erwirtschaftete Abschreibungen werden investiert

Lagerinvestitionen = Vorratsinvestitionen

Wenn nach einer Erweiterungsinvestition mehr produziert wird, so müssen in der Regel auch die Bestände an Roh-, Hilfs- und Betriebsstoffen, Fremdbauteilen und fertigen und unfertigen Erzeugnissen erhöht werden. In diesem Fall kommt es zu einer **Lagerinvestition.** Vorratsinvestitionen können auch z. B. durch eine Erhöhung der Lieferbereitschaft oder durch Absatzprobleme ausgelöst werden. Im letzten Fall handelt es sich um ungeplante Lagerinvestitionen.

Finanzinvestitionen: Kauf von Wertpapieren

Beteiligt sich die Unternehmung an anderen Unternehmen oder legt sie Geld an, so spricht man von **Finanzinvestitionen**.

Häufig wird auch von Forschungs- und Entwicklungsinvestitionen, von Investitionen in Werbung und Ausbildung etc. gesprochen. In diesem Fall werden durch die Verwendung von Mitteln immaterielle Leistungspotenziale aufgebaut, von denen man sich langfristig einen bestimmten Nutzen („Leistungsabgabe") verspricht. Diese Investitionen sind jedoch in der Regel nicht sichtbar (z. B. in der Bilanz), da die Ausgaben sofort als Aufwendungen verbucht werden und nicht käuflich erworbene immaterielle Werte nicht bilanziert werden dürfen.

Wie aus der Grafik ersichtlich ist, sind die Anteile der verschiedenen Investitionen in der deutschen Wirtschaft relativ gleich verteilt. Die Erweiterungsinvestitionen

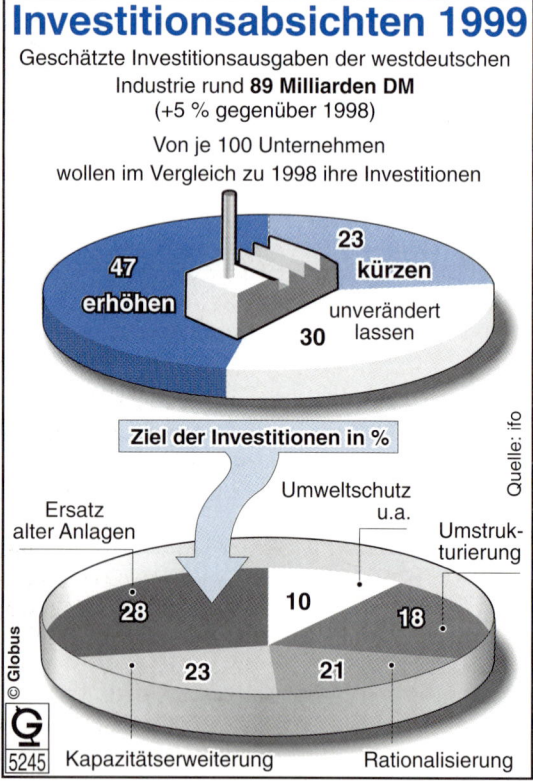

sind konjunkturabhängig. Rationalisierungsmaßnahmen und Umstrukturierungen, die häufig auch aus Rationalisierungsgründe vorgenommen werden, haben einen hohen Anteil.

Die UMTECH GmbH tätigt bei der Einrichtung einer neuen Fertigung überwiegend Neu- oder Erweiterungsinvestitionen.

2 Finanzierung

2.1 Begriff

Um finanzielle Mittel in Anlagegüter, Vorräte etc. umzuwandeln, müssen diese beschafft werden. Diesen Vorgang nennt man **Finanzierung** (→).

 Finanzierung: Maßnahmen zur Beschaffung und Rückzahlung finanzieller Mittel.

Finanzierung: Mittelbeschaffung

Aus bilanzieller Sicht bezeichnet man die Passiva (rechte Seite) der Bilanz als Seite
- der Finanzierung
- der Mittelherkunft
- der Kapitalherkunft oder
- des Kapitals

2.2 Finanzierungsarten

Die Möglichkeiten, finanzielle Mittel zu beschaffen, werden von der folgenden Finanzierungsmatrix aufgezeigt.

Herkunft / Rechtsstellung	**Außenfinanzierung** exogene Finanzierung Marktfinanzierung	**Innenfinanzierung** Finanzierung aus dem Umsatz-prozess (endogen)
Eigenfinanzierung	Beteiligungsfinanzierung	Selbstfinanzierung (i.e. S)
Fremdfinanzierung	Kreditfinanzierung	selbstgebildetes Fremdkapital

2.2.1 Eigenfinanzierung

Finanziert sich eine Unternehmung mit Eigenkapital, so stellen die Eigentümer der Unternehmung die Mittel zur Verfügung. Bei einer Einzelunternehmung oder einer Personengesellschaft (offene Handelsgesellschaften (→), Kommanditgesellschaften (→) etc.) geschieht das in der Form der Privateinlagen. Die Gesellschafter stellen der Unternehmung Mittel zur Verfügung und haften in der Regel mit ihrer Einlage und mit ihrem Privatvermögen für die Verpflichtungen der Unternehmung. Die Mittel stehen der Unternehmung im Allgemeinen langfristig zur Verfügung und berechtigen den Gesellschafter zur Teilhabe an der Geschäftsführung, dem Gewinn und dem Liquidationserlös (Eigentümerrechte).

Eigenfinanzierung: Beteiligung durch Geschäftsanteile, Aktien etc.

Bei Kapitalgesellschaften (→) (Gesellschaft mit beschränkter Haftung (→), Aktiengesellschaft(→) usw.) beteiligen sich die Gesellschafter oder Aktionäre durch den Kauf von Geschäftsanteilen oder Aktien an der Unternehmung. Die Mittel stehen der Gesellschaft auf Dauer zur Verfügung. Die Haftung ist jedoch im Allgemeinen auf die Beteiligung beschränkt. Die Mitwirkungsrechte reduzieren sich auf ein Stimmrecht in der Gesellschafter- oder Hauptversammlung. Ferner besteht ein Anspruch auf Gewinn (Dividende) und Liquidationserlös.

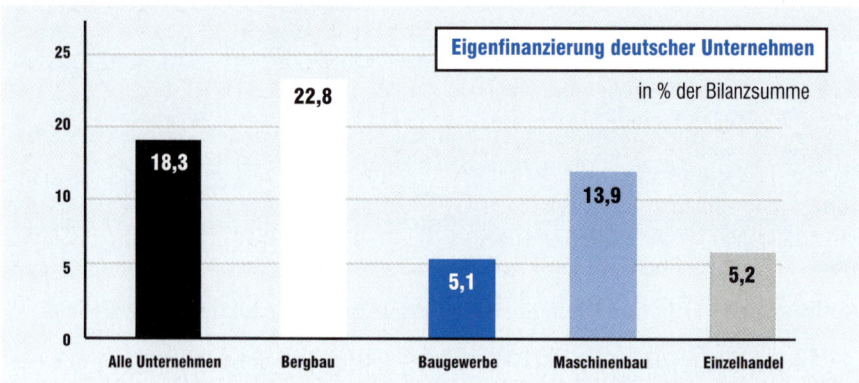

Aktien werden von Unternehmen über Bankenkonsortien zu einem Ausgabekurs, der sich auf dem Markt bildet, ausgegeben. Dem Unternehmen fließt der Nennwert und das Agio (Aufgeld, Differenz zwischen Kurswert und Nennwert) zu. Der Mindestnennwert einer Aktie beträgt fünf DM bzw. ein EUR. Höhere Aktiennennbeträge müssen auf volle fünf DM bzw. volle EUR lauten. Ferner sind Stückaktien, die einen gleichen Anteil am Grundkapital verbriefen, zugelassen. Werden die Aktien später vom Inhaber zum Kurswert weiterverkauft, so hat dies keine unmittelbaren Auswirkungen auf die Finanzierung der Aktiengesellschaft.
Eine Eigenfinanzierung kann auch durch Gewinnthesaurierung erfolgen.

2.2.2 Fremdfinanzierung

Fremdfinanzierung: Kreditaufnahme etc.

Können die Eigentümer nicht genügend Mittel aufbringen, so besteht die Möglichkeit der **Fremdfinanzierung**. Personen, die der Unternehmung Fremdkapital zur Verfügung stellen, haben in der Regel kein Recht zur Geschäftsführung und haften nicht für die Unternehmung. Sie haben als Gläubiger das Recht auf Rückzahlung und auf Zins. Eine Fremdfinanzierung führt zu einer Belastung mit Zins- und Tilgungszahlungen. Ferner werden von den Kreditgebern meist Sicherheiten (Eintragung einer Grundschuld, Bürgschaft etc.) gefordert. Mit zunehmender Verschuldung wird es immer schwerer, Fremdkapital zu günstigen Konditionen zu erhalten. Ferner können große Fremdkapitalgeber Informations- oder Mitspracherechte vertraglich vereinbaren.
Zu den wichtigsten Möglichkeiten der Fremdfinanzierung gehören:

Anleihen: festverzinsliche Wertpapiere

Anleihen (→) **(Industrieobligation):** Anleihen sind festverzinsliche Wertpapiere. Sie werden über Bankenkonsortien ausgegeben und können an der Börse zum jeweiligen Kurs gehandelt werden. Am Ende der Laufzeit wird der Nennwert zurückgezahlt. Die Zinszahlung erfolgt durch die Einlösung von Zinskupons über die Banken. Wegen der hohen Ausgabekosten und der hohen Sicherheitsanforderungen (Grundschuld) nehmen diese Form der Finanzierung nur große Unternehmen in Anspruch. Sie können mit Hilfe der Anleihen über den Kapitalmarkt von einer großen Anzahl von Anlegern hohe finanzielle Mittel beschaffen.

Schuldscheindarlehen (→): Schuldscheine sind Beweisurkunden (keine Wertpapiere), mit denen der Schuldner eine bestimmte Leistung (Rückzahlung, Zins) verspricht. Schuldscheindarlehen werden meist von den Kapitalsammelstellen (Versicherungen) vergeben und mit Grundpfandrechten abgesichert. Der Zins liegt über dem Zins der Anleihen. Die Ausgabekosten sind jedoch wesentlich niedriger als bei Anleihen. Schuldscheindarlehen eignen sich für die langfristige Beschaffung hoher Geldbeträge.

Schuldscheindarlehen: Darlehen von Versicherungen etc. gegen Schuldschein

Bankdarlehen: werden meist als Festdarlehen mit laufender Zinszahlung und Tilgung am Ende der Laufzeit vergeben. Abzahlungsdarlehen oder Annuitätendarlehen (→) treten seltener auf. Sondertilgungen sind meist nicht möglich. Als Kosten entstehen Bearbeitungsgebühren, Disagio und Zinsen. Die Absicherung kann über Grundpfandrechte oder Sicherungsübereignung erfolgen. Für kleinere Betriebe ist das Bankdarlehen die gängige Fremdfinanzierungsform.

Bankdarlehen: Kredit einer Bank

Kontokorrentkredit: Kredit mit lfd. Inanspruchnahme (Kontoüberziehung) und lfd. Tilgung. Das Konto kann auch mit einem Guthaben geführt werden. Mit der Bank wurde ein Kreditlimit vereinbart. Die Kosten sind von Vertrag zu Vertrag unterschiedlich. Es können Zinsen, Überziehungszinsen, Umsatzprovision, Buchungsgebühren, Bereitstellungsgebühren, Spesen usw. entstehen. Der Kontokorrentkredit ist relativ teuer und eignet sich für die kurzfristige Finanzierung des Umsatzprozesses (Lagerbestände etc.)

Kontokorrentkredit: Bankkredit mit lfd. Tilgung und lfd. Inanspruchnahme.

Lieferantenkredit (Lieferungskredit): Der Lieferant stundet die Zahlung des Kaufpreises für mehrere Tage oder Wochen (Zahlungsziel). Die Tilgung erfolgt mit der Zahlung des Kaufpreises. Der Zins fällt bei Inanspruchnahme des Zahlungsziels als entgangener Skontoabzug an. Dieser liegt in der Regel weit über den üblichen Bankzinsen. Der Vorteil des Lieferantenkredits liegt in der leichten Erhältlichkeit.

Lieferantenkredit: Nutzung des Zahlungsziels.

Der Übergang von der Eigenfinanzierung zur Fremdfinanzierung ist in der Praxis fließend. Er hängt von der Art der Finanzierung und der vertraglichen Ausgestaltung ab.

Eigenfinanzierung		Fremdfinanzierung	
Privateinlage	Vorzugsaktien (→)	Gewinnschuldverscheibungen (→)	Darlehen
Aktien	stille Beteiligung(→)	Wandelschuldverschreibungen (→)	Anleihe

2.2.3 Außenfinanzierung

Bei der **Außenfinanzierung** fließen der Unternehmung die Mittel von außen zu. Typische Formen der Außenfinanzierung sind die Beschaffung von Eigenkapital durch die Ausgabe junger Aktien oder die Aufnahme von Fremdkapital über einen Bankkredit. In beiden Fällen erhält die Unternehmung die Mittel von Außenstehenden.

Außenfinanzierung: Mittelzufluss von Außenstehenden.

2.2.4 Innenfinanzierung

Werden die Mittel in der Unternehmung durch den Umsatzprozess erwirtschaftet, so spricht man von einer **Innenfinanzierung.** Wird z. B. bei einer Aktiengesellschaft der erzielte Jahresüberschuss (Gewinn) ganz oder teilweise nicht als Dividende ausgeschüttet, sondern einbehalten (Gewinnthesaurierung(→)) und in die Gewinnrücklagen eingestellt, so handelt es sich um eine Innen- und Eigenfinanzierung.
Eine Innen- und Fremdfinanzierung liegt vor, wenn für die Mitarbeiter Pensionsrückstellungen für später zu zahlende Firmenpensionen gebildet werden. Die in die Rückstellungen eingestellten Beträge sind Aufwendungen, die, soweit der Betrieb einen Gewinn erzielt, über die Umsatzerlöse vom Betrieb erwirtschaftet werden.

Innenfinanzierung: Finanzierung aus dem Umsatzprozess.

Selbstfinanzierung: Einbehaltung von Gewinn

Auch die Abschreibungen, die über die Kalkulation in den Verkaufspreis eingerechnet werden und dadurch über den Umsatzprozess wieder verdient werden, können zur Innenfinanzierung gerechnet werden. Die Finanzierung über Abschreibungen gehört ferner zur Finanzierung aus Vermögensumschichtungen.

Ist bei Wirtschaftsgütern die Abschreibung höher als der tatsächliche abnutzungsbedingte Wertverlust, so entstehen stille Rücklagen. Da durch die erhöhte Abschreibung weniger Gewinn anfällt, werden auch weniger Steuern bezahlt und weniger Dividende ausgeschüttet. Da die zurückbehaltenen finanziellen Mittel dem Betrieb zur Verfügung stehen, spricht man von stiller Selbstfinanzierung.

2.3 Kreislauf finanzieller Mittel

Die Finanzierung überbrückt den time lag zwischen Auszahlungen und Einzahlungen.

Der Betrieb benötigt finanzielle Mittel, um den Zeitunterschied (**time lag**) zwischen den Auszahlungen für die Beschaffung von Gebäuden, Maschinen, Rohstoffen usw. sowie für Gehälter, Löhne, Mieten etc. und den Eingang der Einzahlungen aus den Umsatzerlösen zu überbrücken. Diesen Vorgang nennt man Kapitalbeschaffung oder Finanzierung im engeren Sinne.

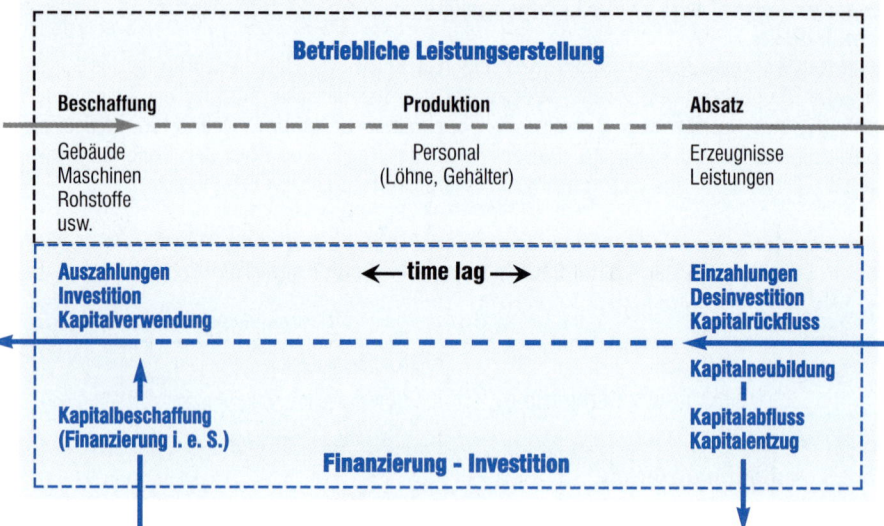

Durch den Verkauf von Fertigerzeugnissen fließen die investierten Mittel wieder in den Betrieb zurück. Diesen Vorgang nennt man **Desinvestition, Kapitalrückfluss** oder **Kapitalfreisetzung**. Zu einer **Desinvestition** kommt es immer, wenn Vermögensteile veräußert werden. Werden die Fertigerzeugnisse mit Gewinn verkauft, kommt es zu einer Kapitalneubildung. Von einem **Kapitalentzug** oder einem **Kapitalabfluss** spricht man, wenn Eigenkapital entnommen wird, Dividende (Gewinn) ausgeschüttet wird oder Fremdkapital zurückgezahlt wird (Tilgung).

Wird z. B. Fremdkapital in Eigenkapital oder kurzfristiges Fremdkapital in langfristiges Fremdkapital umgewandelt, so liegt eine **Kapitalumschichtung** oder **Umfinanzierung** vor.

Finanzierung, Investition und Bilanz

Eine Investition oder eine Desinvestition führt zu einem Aktivtausch, da Vermögensteile in flüssige Mittel umgewandelt werden. Eine Finanzierung und eine Kapitalneubildung hat eine Bilanzverlängerung zur Folge, da Aktiva (flüssige Mittel) und Eigen bzw. Fremdkapital zunehmen. Ein Kapitalabfluss verkürzt die **Bilanz,** da das Eigen- oder Fremdkapital und die flüssigen Mittel abnehmen. Eine Umfinanzierung löst einen

Passivtausch aus. Stellt man den Vorgang in der Bilanz dar, so ergibt sich folgendes Bild:

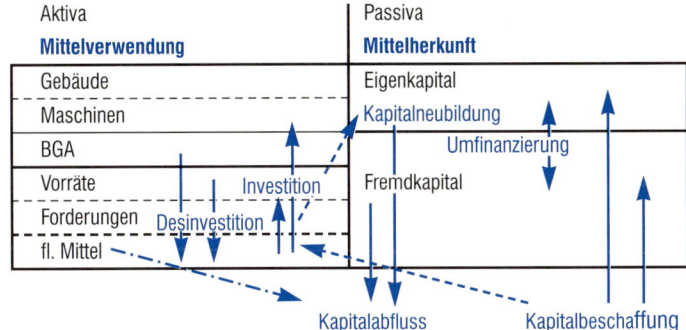

Stellt man die Ausweitung des Geschäftsbetriebes der UMTECH GmbH dar, so ergibt sich folgendes Bild (Veränderungen sind blau unterlegt)

Aktiva	Passiva
Mittelverwendung	**Mittelherkunft**
Gebäude	Eigenkapital
Maschinen	
BGA	
Vorräte	Fremdkapital
Forderungen	
fl. Mittel	

Durch die Aufnahme der Filterproduktion und die anschließenden Erweiterungsinvestitionen haben sich die Bestände an Gebäuden, Maschinen, Betriebs- und Geschäftsausstattung erhöht. Um die kontinuierliche Produktion und die Lieferbereitschaft sicherzustellen, mussten die Vorräte erhöht werden. Durch die höheren Verkaufserlöse, die erst nach Ablauf des Zahlungsziels eingehen, haben sich auch die Forderungen erhöht. Damit Löhne, Gehälter usw. rechtzeitig gezahlt werden können, musste auch der Bestand an flüssigen Mitteln aufgestockt werden.

Um das erhöhte Vermögen zu finanzieren, musste die Kapitalseite im gleichen Umfang erhöht werden. Dabei erhöhen die beschafften Gelder in der Regel zunächst die flüssigen Mittel und werden dann in Vermögensteile investiert. Die Finanzierung und die Investition können auch, wie z. B. beim Kauf auf Ziel, eng miteinander verbunden sein. In den meisten Fällen kann später nicht mehr festgestellt werden, ob eine Investition mit Eigenkapital oder mit Fremdkapital finanziert wurde.

Die UMTECH GmbH hat sich entschieden, das Eigenkapital und das Fremdkapital aufzustocken. Die Beschaffung des benötigten Eigenkapitals soll durch die Umwandlung der GmbH in eine Aktiengesellschaft erleichtert werden. Da Aktien leichter gehandelt werden können als GmbH-Anteile und ferner die Möglichkeit der Börseneinführung besteht, kann sich die Unternehmung an einen breiteren Kreis von Kapitalgebern wenden. Die jungen Aktien können über ein Bankenkonsortium einem großen Anlegerkreis angeboten werden oder von wenigen Großaktionären übernommen werden. Werden **Inhaberaktien** ausgegeben, so können diese später ohne Zustimmung und Kenntnis der Aktiengesellschaft an Dritte weiterverkauft werden. Bei **Namensaktien** müsste die Weitergabe der Aktiengesellschaft mitgeteilt werden. Der Aktiengesellschaft fließen der Nennwert und das Agio zu (Außenfinanzierung), die der Unternehmung dauerhaft zur Verfügung stehen. Die Alteigentümer erhalten für ihre Geschäftsanteile Aktien und können zusätzlich junge Aktien übernehmen.

Inhaberaktien werden durch Einigung und Übergabe übertragen Namensaktien werden durch Indossament übertragen

Die Erhöhung des Eigenkapitals erleichtert auch die Beschaffung von Fremdkapital, da sich das haftende Kapital und damit die Sicherheit erhöht. Vermutlich wird die UMTECH AG ein Bankdarlehen aufnehmen.

Nach der Anlaufphase werden die laufenden Auszahlungen über die Einzahlungen aus den Umsatzerlösen finanziert. Um eventuell notwendige Betriebserweiterungen zu finanzieren, wird die Aktiengesellschaft versuchen, die erwirtschafteten Gewinne im Unternhemen zu behalten (Innenfinanzierung, Selbstfinanzierung). Über die Bildung von Pensionsrückstellungen etc. kann die Unternehmung zusätzlich eine Innenfinanzierung mit Fremdkapital anstreben.

2.4 Planung des Finanzbedarfs

Um die Finanzierung der Betriebsausweitung sicher zu stellen, muss die Unternehmung zunächst den Kapitalbedarf ermitteln und danach die ständige Zahlungsbereitschaft durch eine effektive Finanzplanung sicher stellen.

2.4.1 Kapitalbedarfsrechnung

Bei der Kapitalbedarfsermittlung ist sowohl das benötigte Anlagevermögen als auch das Umlaufvermögen zu berücksichtigen. Der Kapitalbedarf setzt sich aus den notwendigen Investitionen ins Anlagevermögen, den sonstigen einmaligen Ausgaben und laufenden Ausgaben für den Geschäftsbetrieb bis zum ersten Zahlungseingang (Umsatzerlöse) zusammen. Die letzteren sind von der **Vorlagezeit** abhängig. Die Vorlagezeit ist die Zeit, die zwischen den Auszahlungen (RHB, Löhne usw.), die für ein Erzeugnis entstehen, und dem Eintreffen der dadurch ausgelösten Einzahlungen (Umsatzerlöse) vergeht. Die Auszahlungen fallen verteilt auf die gesamte Vorlagezeit an.

Vorlagezeit: Vorfinanzierung der Produktion

Vorlagezeit:

Die Berechnung des Kapitalbedarfs soll nun an folgendem vereinfachten Beispiel aufgezeigt werden:

Beispiel

Für eine Betriebserweiterung soll der zusätzliche Kapitalbedarf ermittelt werden: Grundstücke 2.000.000,00 €, Erschließungskosten 50.000,00 €, Rechtskosten 20.000,00 €, Maschinen 500.000,00 €, Anschaffungsnebenkosten 8.000,00 €, Fuhrpark 50.000,00 €, sonstige einmalige Ausgaben: 3.000,00 €.

Täglicher Materialbedarf 400,00, €, tägliche Löhne 800,00 €, tägl. Gemeinkosten (ohne Afa, EK-Zinsen usw.) 300,00 € Produktionsdauer 20 Tage, Lagerdauer 30 Tage, Kundenziel 60 Tage, eigenes Ziel 30 Tage. Notwendige zusätzliche Barbestände für den lfd. Geschäftsbetrieb 20.000,00.

Ermittlung des Kapitalbedarfs

Grundstücke			
10000 qm bebaut	2.000.000,00		
Erschließungskosten	50.000,00		
Rechtskosten	20.000,00	2.070.000,00	
Maschinen	500.000,00		
Anschaffungsnebenkosten	8.000,00		
Fuhrpark	50.000,00	558.000,00	
Kapitalbedarf des Anlagevermögens			2.628.000,00
sonstige einmalige Ausgaben			3.000,00
Produktionsdauer 20 Tage			
Lagerdauer 30 Tage			
Kundenziel <u>60 Tage</u> 110 Tage • 1500		165.000,00	
– eigenes Ziel 30 Tage • 400,00		12.000,00	
Kasse, Bank für lfd. Geschäfte		20.000,00	
Kapitalbedarf des Umlaufvermögens			173.000,00
Kapitalbedarf			**2.804.000,00**

Die Vorlagezeit beträgt in diesem Fall 110 Tage - 30 Tage = 90 Tage

2.4.2 Finanzplan

Der Finanzplan stellt die Ein- und Auszahlungen des Unternehmens gegenüber und überprüft, ob die flüssigen Mittel und die vorhandenen Verschuldungsmöglichkeiten (Kreditlimit) ausreichen, um die Zahlungsfähigkeit sicherzustellen. Neben den ordentlichen Finanzplänen, die die laufenden Ein- und Auszahlungen aufnehmen, können zur Finanzierung von Großprojekten wie z. B. großen Erweiterungsinvestitionen außerordentliche Finanzpläne erstellt werden.

Finanzpläne können die Ein- und Auszahlungen je Quartal, je Monat, je Woche oder je Tag gegenüberstellen. Die Genauigkeit ist von betrieblichen Gegebenheiten abhängig. Eine Bank wird eine genauere Finanzplanung benötigen als ein kleiner Industriebetrieb. In der Regel wird der Finanzplan für mehrere Perioden im Voraus erstellt und nach jeder Periode überprüft, korrigiert und **fortgeschrieben.**

Weist der Finanzplan Zahlungsmittelengpässe aus, so können, da diese einige Perioden vorher aufgedeckt werden, die notwendigen Maßnahmen wie z. B. eine Erhöhung des Kreditlimits durchgeführt werden. Evtl. Zahlungsmittelüberschüsse können ebenfalls frühzeitig erkannt und deren Anlage geplant werden.

Rollierender Finanzplan: Der Finanzplan wird laufend überarbeitet und fortgeschrieben.

Der folgende ordentliche Finanzplan (in T€) stellt die Ein- und Auszahlungen monatlich für ein halbes Jahr gegenüber. Die Ein- und Auszahlungen werden auf Grund der bestehenden Absatz-, Kosten-, Invstitionsplänen usw. ermittelt.

1. Halbjahr	Jan.	Febr.	März	April	Mai	Juni	Ges.
Voraussichtliche Einzahlungen							
Einzahlungen aus fälligen Kundenforderungen (Umsatzerlöse)	200	250	300	300	280	260	
sonstige Einnahmen	10	10	10	5	5	10	
Anfangsbestand an flüssigen Mitteln	90						
Verfügbar	**300**	**260**	**310**	**305**	**285**	**270**	**1730**
Voraussichtliche Auszahlungen							
Zahlungen an Lieferer	210	180	200	200	230	180	
Personalkosten	30	30	35	35	40	40	
Steuern	5	10	5	5	10	5	
sonstige fällige Schulden	40	50	60	40	30	10	
Privatentnahmen	5	4	10	8	5	10	
Fällig	**290**	**274**	**310**	**288**	**315**	**245**	**1722**
Überdeckung	10		0	17		25	52
Unterdeckung		14			30		44
Bestand	**+10**	**-4**	**-4**	**+13**	**-17**	**+8**	**8**
Inanspruchnahme des Bankkredits **Limit: 25.000,00 €**		4	4		17		

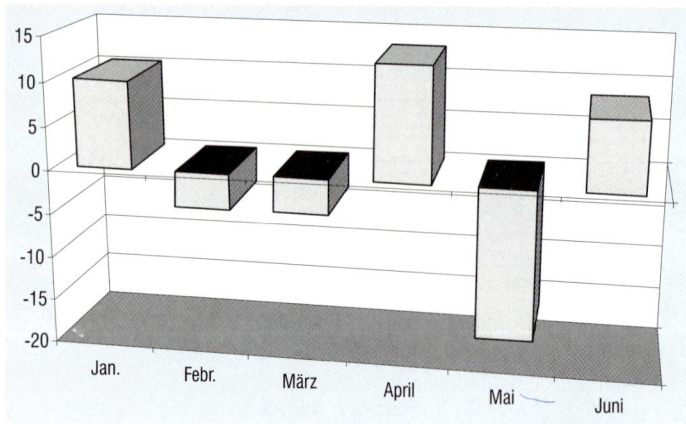

Das Limit wurde nicht überschritten. Die Liquidität ist gesichert. Das nebenstehende Diagramm veranschaulicht die Entwicklung der flüssigen Mittel.

Wie alle Pläne ist auch der Finanzplan mit gewissen Unsicherheiten behaftet. Umso weiter die Einzahlungen und Auszahlungen in der Zukunft liegen, umso ungewisser sind die geschätzten Werte. Durch die permanente Überarbeitung wird jedoch die Sicherheit verbessert.

Wiederholung

1. Definieren Sie Investition und Finanzierung.
2. Erklären Sie die verschiedenen Investitionsarten.
3. Nennen Sie die verschiedenen Finanzierungsarten und ihre Einteilung.
4. Erläutern Sie die Begriffe Kapitalverwendung, Kapitalbeschaffung, Kapitalrückfluss, Kapitalneubildung, Kapitalabfluss, Desinvestition, Kapitalumschichtung, Kapitalentzug, Umfinanzierung und Kapitalfreisetzung.
5. Beschreiben Sie die Aufgaben der Kapitalbedarfsrechnung.
6. Erklären Sie, warum ein Betrieb einen Finanzplan erstellt.

Aufgaben

1. Diskutieren Sie die unterschiedlichen Investitionsbegriffe.
2. Erklären Sie, wie sich der Kauf einer Maschine auf die Bilanz auswirkt.
3. Nennen Sie die jeweiligen Finanzierungsarten bzw. die Investitionsarten.
   a) Kontoüberziehung
   b) Ausgabe junger Aktien
   c) Einbehaltener Gewinn
   d) Die Abschreibungen werden zum Kauf einer neuen Maschine verwendet.
   e) Aufnahme eines Darlehens
   f) Produktion auf Lager
   g) Ausgabe einer Anleihe
   h) Einlage des Inhabers
   i) Zielgewährung durch einen Lieferanten
   k) Beteiligung an einem Zulieferbetrieb
   l) Bildung von Pensionsrückstellungen
   m) Kauf von Rohstoffen für das Lager
   n) Eine alten Anlage wird durch eine neue Anlage ersetzt
   o) Für n) wird ein Bankdarlehen aufgenommen
   p) Tilgung einer Hypothek
   q) Auszahlung der Dividende
   u) Kauf von festverzinslichen Wertpapieren
4. Ein Betrieb geht bei konstantem Anlagevermögen vom Einschichtbetrieb auf den Zweischichtbetrieb über. Diskutieren Sie die Auswirkungen auf Finanzierung und Investition.
5. Der Kauf einer neuen Fertigungsstraße (10 Mio. €) muss finanziert werden. Diskutieren Sie in Gruppen unterschiedliche Finanzierungsarten und präsentieren Sie einen begründeten Lösungsvorschlag.
6. Für die Neugründung eines kleinen Fertigungsbetriebes gelten folgende Werte: Grundstücke und Bauten 3.000.000,00 €; Rechtskosten der Gründung und für den Grunderwerb 60.000,00 € Anschaffungskosten für Maschinen 1.000.000,00 €. Der tägliche Materialbedarf liegt bei 800,00 €. Löhne werden im Durchschnitt 1.800,00 € je Tag anfallen. Ferner fallen an: Abschreibungen 1.200,00 €/Tag, kalkulatorische Zinsen für das Eigenkapital 200,00 €/Tag, Zinsen für das Fremdkapital 400,00 €/Tag und sonstige ausgabenwirksame Gemeinkosten 800,00 €/Tag. Die Barbestände sollen bei 10.000,00 € liegen. Die Produktionsdauer und die Lagerdauer beträgt je 40 Tage. Unsere Kunden erhalten ein Zahlungsziel von 60 Tagen. Wir können ein Zahlungsziel von 30 Tagen beanspruchen.
   a) Ermitteln Sie den Kapitalbedarf
   b) Nennen Sie Faktoren, die den Kapitalbedarf beeinflussen.
7. Erstellen Sie den Finanzplan für die Elektronik AG, wenn folgende Zahlungsströme für die Monate April bis Juli vorliegen (Angaben in Millionen): Kreditlimit: 0,5

Marginalien: Investition; Finanzierungs-/Investitionsarten; Kapitalbedarf; Finanzierung des Kapitalbedarfs; Kapitalbedarfsrechnung; Finanzplan

Bestände/Ein- und Auszahlungen	April	Mai	Juni	Juli
Zahlungsmittelbestand/-fehlbetrag	8			
Einzahlungen aus Barverkäufen	20	15	18	24
Einz. aus fälligen Kundenforderungen	40	30	35	32
Einz. aus sonstigen Erträgen	4	3	5	6
Einz. aus reinen Finanzbewegungen	–	2	3	20
Auszahlungen für Personalaufwand	14	12	15	18
Auszahlungen für Materialaufwand	16	12	17	20
Auszahlungen für sonst. betriebl. Aufwand	20	14	18	24
Auszahlungen für neutrale Aufwendungen	5	–	6	3
Auszahlungen für Anlageinvestitionen	–	10	10	15
Auszahlungen aus reinen Finanzbewegungen	15	4	–	5

3 Bewegungen im Sachanlagevermögen

Die Beschaffung, die Nutzung und der Verkauf von Sachanlagevermögen muss auch in der Finanzbuchhaltung erfasst werden. Anlagevermögen verbleibt in der Regel länger im Betrieb und wird zur Leistungserstellung genutzt. Die Bestandskonten befinden sich in der Kontenklasse 0.

Für die Buchungen werden folgende Konten benötigt:

Kontonr.	Bezeichnung	Bemerkung
0200	Konzessionen, gewerbliche Schutzrechte und ähnliche Rechte und Werte sowie Lizenzen an solchen Rechten und Werten	Käuflich erworbene immaterielle Wirtschaftsgüter wie z. B. Patente, Firmenwert
0500 0510 0530 0540 0550 0590	Unbebaute Grundstücke Bebaute Grundstücke Betriebsgebäude Verwaltungsgebäude Andere Bauten Wohngebäude	Wegen der Abschreibung müssen Grundstücke und Gebäude getrennt ausgewiesen werden.
0710 0720 0730 0790	Anlagen der Materiallagerung Fertigungsmaschinen Transportanlagen Geringwertige Anlagen und Maschinen	Maschinen und Anlagen
0810 0820 0830 0840 0860 0870 0890	Werkstätteneinrichtungen Werkzeuge, Werksgeräte u. Modelle, Prüf- und Messmittel Lager- und Transporteinrichungen Fuhrpark Büromaschinen, Organisationsmittel und Kommunikationsanlagen Büromöbel und sonstige Geschäftsausstattung Geringwertige Vermögensgegenstände der Betriebs- und Geschäftsausstattung	Betriebs- und Geschäftsausstattung
0900 0950	Geleistete Anzahlungen auf Sachanlagen Anlagen im Bau	Bei Großanlagen bzw. noch nicht fertigen Anlagen

3.1 Anschaffungskosten

Aktivieren: Auf der Aktivseite verbuchen, in die Aktivseite der Bilanz schreiben.

Auf den Bestandskonten sind bei käuflich erworbenen Gegenständen des Anlagevermögens die Anschaffungskosten (AK) zu **aktivieren**. Die Bewertung mit den Anschaffungskosten schreibt der § 6 Abs. 1 Einkommenssteuergesetz (EStG) und das Handelsrecht (§§ 253, 255 HGB) vor.

AK: Alle Kosten, die zum Erwerb und zur Inbetriebnahme anfallen

Neben dem Kaufpreis zählen auch die **Anschaffungsnebenkosten**, die zum Erwerb des Wirtschaftgutes notwendig sind oder dazu dienen, es betriebsbereit zu machen, zu den Anschaffungkosten. **Rabatte, Skonti und Preisnachlässe** auf Grund von Mängelrügen vermindern die Anschaffungskosten.

Laufende Ausgaben, Anlaufkosten (z. B. Einarbeitungszeit), Finanzierungskosten und die Umsatzsteuer gehören nicht zu den Anschaffungskosten.

Berechnung der Anschaffungskosten:

Kaufpreis
– Nachlässe
+ Anschaffungs-
  nebenkosten
= AK

	Grundstücke/Gebäude	Anlagen/Maschinen	Fuhrpark
Preis		Kaufpreis (Listenpreis)	
Anschaffungs-preisminde-rungen		– Rabatte – Skonti – Nachlässe wegen Mängelrügen	
Anschaffungs-neben-kosten	+ Erschließungskosten* + Vermessungsgebühr + Überführung + Maklergebühr + Notariatsgebühr + Grundbuchgebühr + Grunderwerbssteuer* + sonstige Gebühren	+ Verpackung + Fracht + Transportversicherung + Zoll + Fundament + Montage + Sonstiges	+ Sonderausstattung + Zulassung + Überführung
	Anschaffungskosten		

* Die Grunderwerbssteuer beträgt z. Zt. 3,5 %. Erschließungskosten werden nur dem Grundstück zugerechnet. Umbauten etc. fallen i. d. R. nur auf das Gebäude an.

Der Kauf von Grundstücken und Gebäude ist von der Umsatzsteuer befreit. Bei den Nebenkosten anfallende Umsatzsteuer ist zu aktivieren. Wird für die Umsatzsteuer optiert, so ist die anfallende Umsatzsteuer als Vorsteuer zu buchen. Wird das Grundstück für einen Gewerbebetrieb gekauft und genutzt, so fällt für die damit erzielten Erlöse Umsatzsteuer an. Die beim Kauf des Grundstücks anfallende Umsatzsteuer kann dann als Vorsteuer gebucht werden.

Beispiel 1

Die UMTECH AG kauft eine Fertigungsmaschine zum Listenpreis von netto 20.000,00 € abzüglich 10 % Rabatt und 2 % Skonto. Für die Montage stellt der Hersteller 1.060,00 € in Rechnung. Der Spediteur erhält für die Fracht 300,00 € per Verrechnungsscheck. Für die Finanzierung wird ein Darlehen über 20.000,00 € zum Zinssatz von 8 % von der Bank eingeräumt. Ermitteln Sie die Anschaffungskosten. Es wird mit Skontoabzug bezahlt.

Berechnung:

Listenpreis	20.000,00 €
– Rabatt 10 %	2.000,00 €
	18.000,00 €
– Skonto 2 %	360,00 €
	17.640,00 €
+ Montage	1.060,00 €
+ Fracht	300,00 €
AK	**19.000,00 €**

Die Zinsen gehören als Finanzierungskosten nicht zu den Anschaffungskosten.

Beispiel 2

Beim Kauf eines Betriebsgebäudes mit Grundstück fallen folgende Beträge an:

Grundstückspreis	500.000,00 €	Notariatsgebühren netto	1.200,00 €
Gebäude	1.000.000,00 €	Grundbuchgebühren	800,00 €
Maklergebühr netto	51.000,00 €	Grundsteuer 1. Jahr	750,00 €
Grunderwerbssteuer	52.500,00 €	Erschließungskosten	4.833,33 €

Alle Beträge werden per Banküberweisung bezahlt.

Berechnung:

	Grund	Gebäude
Preis	500.000,00 €	1.000.000,00 €
Makler	17.000,00 €	34.000,00 €
Grunderwerbssteuer	17.500,00 €	35.000,00 €
Notar	400,00 €	800,00 €
Grundbuch	266,67 €	533,33 €
Erschließungskosten	4.833,33 €	
AK	**540.000,00 €**	**1.070.333,33 €**

Die AK sind für Grundstücke und Gebäude getrennt zu berechnen.

Die Anschaffungskosten sind für Grundstücke und Gebäude getrennt zu berechnen, da nur Gebäude der Regelabschreibung unterliegen und die Verbuchung auf verschiedenen Konten erfolgt. Wird ein Gebäude mit dem Grundstück erworben, so fällt Grunderwerbssteuer für Gebäude und Grundstück an. Die Grundsteuer gehört zu den laufenden Ausgaben und nicht zu den Anschaffungskosten.

Beispiel 3

Die UMTECH AG kauft einen PKW zum Listenpreis von 35.000,00 €. Das Autohaus gewährt einen Rabatt von 20 % auf den Listenpreis. Für Sonderausstattung stellt das Autohaus 1.500,00 €, für die Überführung 500,00 € und für die Zulassung 100,00 € in Rechnung. Auf Grund einer Mängelrüge wegen eines Lackierungsfehlers erhält die UMTECH AG eine Gutschrift über 560,00 €. Laut Steuerbescheid sind 430,00 € Kfz-Steuer zu überweisen.

Berechnung:

Listenpreis	35.000,00 €
– Rabatt 20 %	7.000,00 €
	28.000,00 €
– Preisnachlass wegen Mängelrüge	560,00 €
	27.440,00 €
+ Sonderausstattung	1.500,00 €
+ Überführung	500,00 €
+ Zulassung	100,00 €
AK	**29.540,00 €**

Die Kfz-Steuer gehört zu den laufenden Ausgaben und damit nicht zu den Anschaffungskosten

3.2 Beschaffungsbuchung

Die Anschaffungskosten, die Anschaffungspreisminderungen und die Anschaffungsnebenkosten werden direkt auf dem jeweiligen Bestandskonto verbucht.

Beispiel 1

Rechnungseingang – Buchungssatz

				S	H
0720 Fertigungsmaschinen				**19.000,00**	
2600 Vorsteuer	**an**	**4400**	**Verbindlichkeiten aLL**	**3.040,00**	**22.040,00**

Beim Rechnungseingang werden die Anschaffungskosten ohne Skontoabzug verbucht. Der Skonto darf erst bei Zahlung berichtigt werden.
Beim Kauf von Sachanlagevermögen fällt Vorsteuer an.

			S	H
0720 Fertigungsmaschinen			**360,00**	
2600 Vorsteuer	**an**	**2800 Bank**	**57,60**	**417,60**

Anschaffungsnebenkosten werden auf dem Konto Fertigungsmaschinen verbucht.

Rechnungsausgleich – Buchungssatz

			S	H
4400 Verbindlichkeiten aLL	**an**	**0720 Fertigungsmaschinen**	**22.040,00**	**360,00**
		2600 Vorsteuer		**57,60**
		2800 Bank		**21.622,40**

Der Skonto wird auf dem Bestandskonto verbucht. Die Vorsteuer ist zu korrigieren.

Buchung der Finanzierung – Buchungssatz

			S	H
2800 Bank	an	4250 Bankdarlehen	20.000,00	20.000,00

Die Zinsen werden, wenn sie von der Bank berechnet werden, auf dem Konto Zinsaufwendungen verbucht.

Kauf des Grundstücks – Buchungssatz

			S	H
0510 bebaute Grundstücke			**540.000,00**	
0530 Betriebsgebäude			**1.070.333,33**	
2600 VSt	**an**	**2800 Bank**	**8.352,00**	**1.618.685,33**

Das Grundstück und das Gebäude sind getrennt zu verbuchen, da das Grundstück nicht der Regelabschreibung unterliegt. Maklerprovisionen und Notargebühren sind umsatzsteuerpflichtig. Die Vorsteuer ist zu buchen.

Grundsteuer – Buchungssatz

			S	H
7020 Grundsteuer	an	2800 Bank	750,00	750,00

Die Grundsteuer gehört nicht zu den Anschaffungskosten, sondern zu den laufenden Ausgaben. Sie wird als Aufwand gebucht.

Rechnungseingang – Buchungssatz

			S	H
0840 Fuhrpark			**30.100,00**	
2600 Vorsteuer	**an**	**4400 Verbindlichkeiten aLL**	**4.816,00**	**34.916,00**

Beim Kauf von Sachanlagevermögen fällt Vorsteuer an.

Mängelrüge/Gutschrift – Buchungssatz

			S	H
4400 Verbindlichkeiten aLL	**an**	**0840 Fuhrpark**	**649,60**	**560,00**
		2600 Vorsteuer		**89,60**

Der Preisnachlass vermindert die Anschaffungskosten und die Bemessungsgrundlage für die Umsatzsteuer. Die Vorsteuer ist zu korrigieren.

Rechungsausgleich – Buchungssatz

				S	H
4400	Verbindlichkeiten aLL	an	2800 Bank	34.266,40	34.266,40

Kranftfahrzeugsteuer – Buchungssatz

				S	H
7030	Kraftfahrzeugsteuer	an	2800 Bank	430,00	430,00

Die Kraftfahrzeugsteuer gehört nicht zu den Anschaffungskosten, sondern zu den laufenden Ausgaben. Sie wird als Aufwand gebucht.

EXKURS! Anzahlungen

Für eine Maschine zum Listenpreis von 50.000,00 € leistet die UMTECH AG auf Grund einer Teilrechnung am 30.03. eine Anzahlung über 20.000,00 €. Am 20.05. wird die Maschine geliefert und am 20.06. der Restbetrag überwiesen.

Anzahlung – Buchungssatz:

				S	H
0900	Anzahlungen			20.000,00	
2600	Vorsteuer	an	2800 Bank	3.200,00	23.200,00

Lieferung und Rechnungsstellung – Buchungssatz:

				S	H
0720	Fertigungsmaschinen	an	0900 Anzahlungen	50.000,00	4.800,00
2600	Vorsteuer		4400 Verbindlichkeiten aLL	20.000,00	34.800,00

Rechnungsausgleich – Buchungssatz:

				S	H
4400	Verbindlichkeiten aLL	an	2800 Bank	34.800,00	34.800,00

3.3 Aktivierte Eigenleistungen

Industriebetriebe fertigen nicht nur Produkte für den Verkauf, sondern auch für den eigenen Bedarf. Werden Maschinen etc. benötigt, die man selbst erstellen kann, so werden diese in der eigenen Fertigung hergestellt. Selbst erstellte Maschinen, Anlagen etc. werden wie die gekauften Anlagen über einen längeren Zeitraum genutzt und müssen aktiviert und auf ihre Nutzungsdauer abgeschrieben werden. Aktivierte Eigenleistungen werden zu den Herstellungskosten (Berechnung siehe Jahresabschluss, Bewertung und Erfolgsanalyse 3.2.1.1) bewertet und auf dem entsprechenden Bestandskonto gebucht. Die Gegenbuchung erfolgt auf dem Ertragskonto **5300 Andere aktivierte Eigenleistungen.**

Buchung und Aktivierung selbst erstellter Leistungen: Konto 5300

Die Verbuchung erfolgt auf dem Ertragskonto, da
* für die Produktion Aufwendungen für Materialien, Löhne usw. verbucht wurden, die den Gewinn vermindern. Eine Ertragsbuchung in gleicher Höhe neutralisiert diesen Effekt.
* die hergestellten Erzeugnisse bei einem Verkauf auch als Ertrag verbucht worden wären.

Beispiel

Die UMTECH AG baut für die Fertigungungswerkstätte einen Speizalabluftfilter. Die Herstellungskosten betragen 5.800,00 €.
Die Löhne, die Fremdbauteile sowie Roh-, Hilfs- und Betriebsstoffe wurden als Aufwand verbucht (siehe Beschaffungsbuchungen).

Aktivierte Eigenleistung – Buchungssatz

				S	H
0810 Werkstätteneinrichtung	an	5300 Aktivierte Eigenleistungen	5.800,00		5.800,00

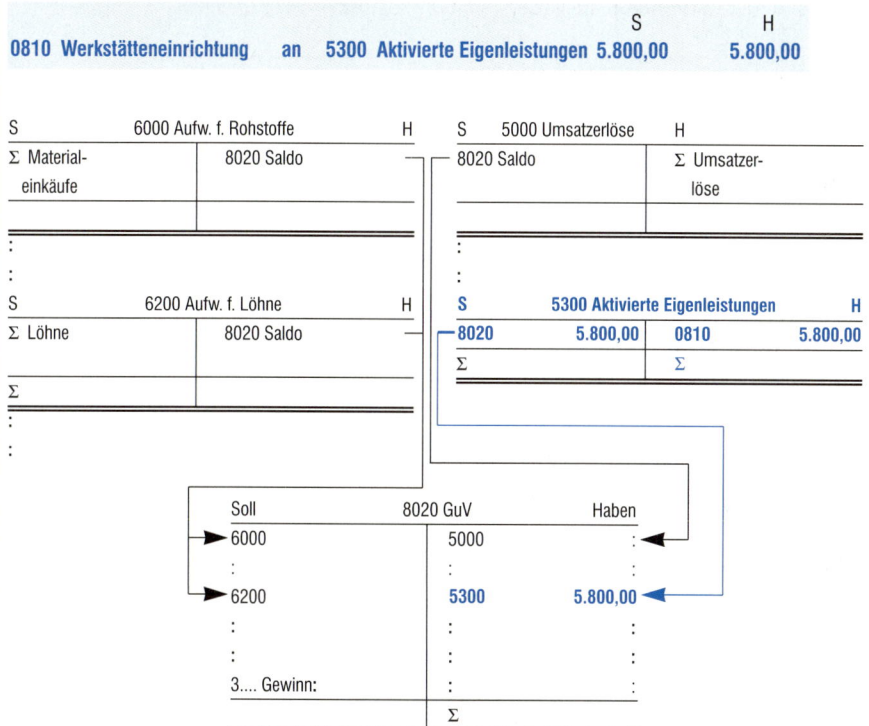

In den Aufwendungen sind die Herstellungskosten anteilig enthalten. Ihnen stehen die aktivierten Eigenleistungen gegenüber.

Durch die Aktivierung entsteht wie beim Kauf ein Bestand im Sachanlagevermögen. Durch den verbuchten Ertrag werden die Aufwendungen neutralisiert. Maschinen, Anlagen etc. verlieren im Laufe ihrer Nutzungsdauer durch ihren Gebrauch und durch den Zeitverlauf an Wert. Deshalb werden sie abgeschrieben. **Abschreibungen** sind Aufwendungen, die den Gewinn mindern. Sie werden in der Periode verbucht, in der die Anlage durch die Produktion von Gütern abgenutzt wird. Die Berechnung und die Verbuchung der Abschreibung finden Sie im Kapitel Jahresabschluss, Bewertung und Erfolgsanalyse 3.2.1.2).

Abschreibungen i.e.S.: Betrag, der im Laufe der Nutzungsdauer durch Wertminderung angesetzt werden kann.

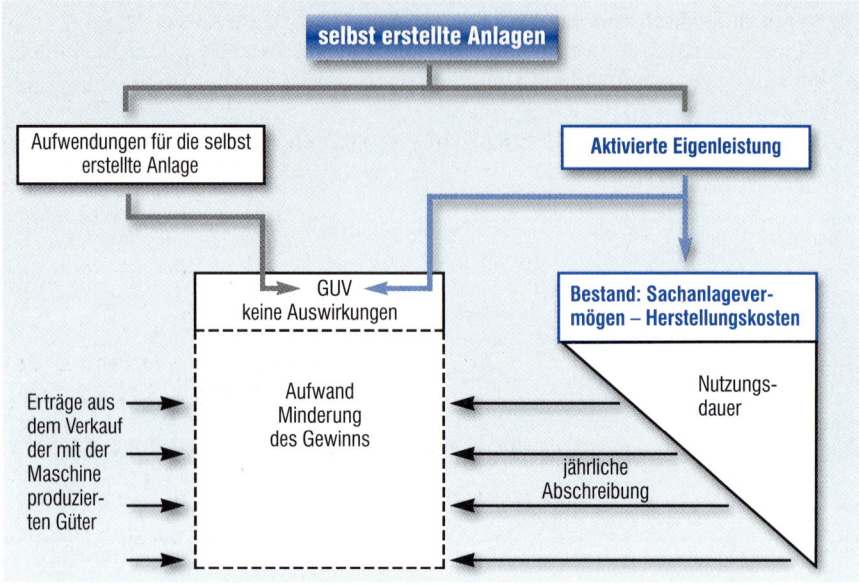

3.4 Buchen des Verkaufs

Verkauf von SAV
- Erlös
- Bestand ausbuchen
- Aufwand oder Ertrag

Werden Wirtschaftsgüter veräußert, so entsteht ein **umsatzsteuerpflichtiger Erlös**, der buchhalterisch erfasst werden muss. Ferner muss, soweit die Anlage nicht vollständig abgeschrieben ist, der **Buchwert** aus dem entsprechenden Konto im Sachanlagevermögen **ausgebucht** werden. Liegt der Buchwert über dem Verkaufswert, so entsteht ein Verlust aus dem Abgang von Anlagevermögen, der als **Aufwand** zu buchen ist. Liegt der Buchwert unter dem Verkaufswert, so entsteht ein Gewinn, der als **Ertrag** zu buchen ist.

In der Praxis wird die Buchführung in der Regel mit einem Finanzbuchhaltungsprogramm über die Datenverabeitungsanlage durchgeführt. Das Programm berechnet und verbucht die Vorsteuer und die Umsatzsteuer automatisch. Um dies zu gewährleisten gibt es Konten, bei denen automatisch Umsatzsteuer verbucht wird, und Konten, bei denen dies nicht der Fall ist. Aus diesem Grund muss die Verbuchung des Verkauf in zwei Stufen erfolgen:

- **Verkaufsbuchung**: Der umsatzsteuerpflichtige Erlös wird auf ein Interimskonto (5410 sonstige Erlöse) gebucht.
- Ausbuchen des **Buchwerts** auf dem Vermögenskonto und Verbuchung des **Erfolges** (Aufwand oder Ertrag).

Beispiel

Eine Fertigungsmaschine hat einen Restbuchwert von 20.000,00 € und wird zu zu folgendem Nettoverkaufspreis abgegeben und mit Bankscheck bezahlt:
a) 20.000,00 €;   b) 15.000,00 €;   c) 25.000,00 €

a) Buchwert = Nettoverkaufspreis (20.000,00 €)

Buchung des Verkaufs – Buchungssatz

				S	H
2800 Bank	an	5410	Sonstige Erlöse	23.200,00	20.000,00
		4800	Umsatzsteuer		3.200,00

Es fällt Umsatzsteuer an. Der Kaufpreis wird als Erlös verbucht.

Ausbuchen des Vermögensgegenstandes – Buchungssatz

			S	H
5410 Sonstige Erlöse	an	0720 Fertigungsmaschinen	20.000,00	20.000,00

Der Buchwert der Maschinen wird ausgebucht.

b) Buchwert > Nettoerlös (15.000,00 €)

Buchung des Verkaufs – Buchungssatz

			S	H
2800 Bank	an	5410 Sonstige Erlöse	17.400,00	15.000,00
		4800 Umsatzsteuer		2.400,00

Ausbuchen des Vermögensgegenstandes – Buchungssatz

Buchwert > Nettoerlös
→ Aufwand

			S	H
5410 Sonstige Erlöse			15.000,00	
6960 Verluste a. d. Abg. v. VG	an	0720 Fertigungsmaschinen	5.000,00	20.000,00

Der beim Verkauf auftretende Verlust wird als Aufwand verbucht

c) Buchwert < Nettoerlös (25.000,00 €)

Buchung des Verkaufs – Buchungssatz

			S	H
2800 Bank	an	5410 Sonstige Erlöse	29.000,00	25.000,00
		4800 Umsatzsteuer		4.000,00

Ausbuchen des Vermögensgegenstandes – Buchungssatz

Buchwert < Nettoerlös
→ Ertrag

			S	H
5410 Sonstige Erlöse	an	0720 Fertigungsmaschinen	25.000,00	20.000,00
		5460 Erträge a. d. Abg. v. VG		5.000,00

Der beim Verkauf auftretende Gewinn wird als Ertrag verbucht.

Inzahlunggabe:

EXKURS!

Die UMTECH AG kauft einen PKW zum Preis von 40.000,00 € auf Ziel und gibt einen alten PKW (Buchwert 5.000,00 €) für 6000,00 € in Zahlung.

Buchung des Kaufs (neuer PKW) – Buchungssatz

			S	H
0840 Fuhrpark			40.000,00	
2600 Vorsteuer	an	4400 Verbindlichkeiten aLL	6.400,00	46.400,00

Buchung der Gutschrift für den alten PKW

			S	H
4400 Verbindlichkeiten aLL	an	5410 Sonstige Erlöse	6.960,00	6.000,00
		4800 Umsatzsteuer		960,00

Ausbuchen des Vermögensgegenstandes

				S	H
5410 Sonstige Erlöse	an	0840 Fuhrpark		6.000,00	5.000,00
		5460 Erträge a. d. Abg. v. VG			1.000,00

Rechnungsausgleich nach Ablauf des Zahlungsziels

			S	H
4400 Verbindlichkeiten aLL	an	2800 Bank	39.440,00	39.440,00

3.5 Gründe für den Verkauf von Sachanlagevermögen

Die Veräußerung von Anlagevermögen kann unterschiedliche Anlässe haben.

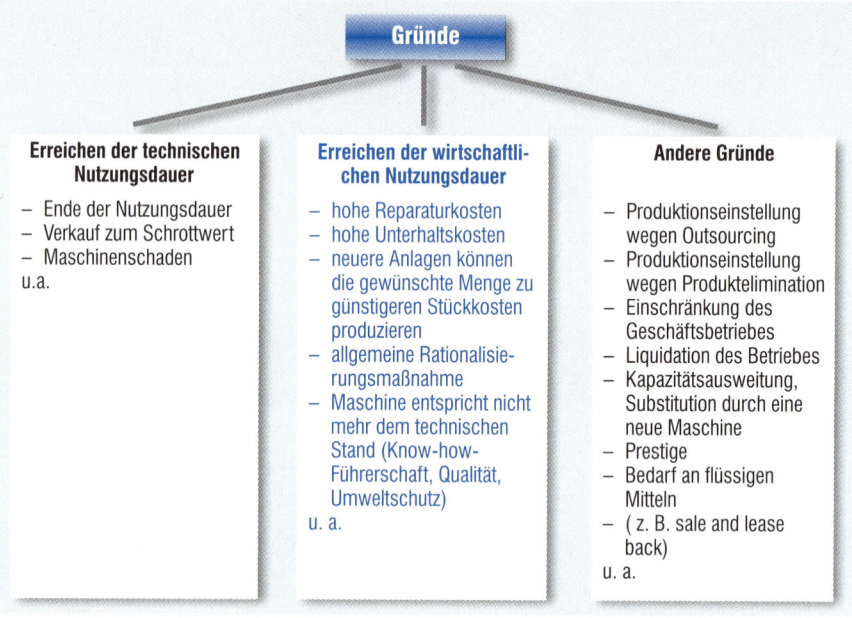

Im Allgemeinen spielt die technische Nutzungsdauer eine untergeordnete Rolle. Meist kommen vor ihrem Erreichen neue Maschinen auf den Markt, die eine kostengünstigere und schnellere Produktion ermöglichen. Häufig veralten auch die hergestellten Produkte, sodass die Produktion eingestellt wird und die Maschinen nicht mehr benötigt werden.

Wiederholung

1. Beschreiben Sie die Berechnung der Anschaffungskosten.
2. Erklären Sie, wie Skonto und Fracht beim Kauf von Sachanlagevermögen verbucht werden.
3. Begründen Sie, warum die Anschaffungskosten beim Kauf von Immobilien den Gebäuden und den Grundstücken getrennt zugerechnet werden müssen.
4. Nennen Sie Ausgaben, die für Sachanlagevermögen anfallen, aber nicht zu den Anschaffungskosten gehören.
5. Ein Betrieb baut ein Betriebsgebäude selbst. Diskutieren Sie die Auswirkungen auf die angesprochenen Konten, auf die Gewinn- und Verlustrechnung und auf die Bilanz.

6. Der Verkauf von Anlagevermögen kann die Gewinn- und Verlustrechnung beeinflussen. Veranschaulichen Sie dies an geeigneten Beispielen.
7. Nennen Sie Gründe, die zum Verkauf von Sachanlagevermögen führen können.

Aufgaben

1. Erklären Sie die Wirkung des Vorsteuerabzuges beim Kauf von Sachanlagen.   *Maschinen, KFZ*
2. Ein Betrieb nimmt zum 1.Oktober eine selbst erstellte Produktionsmaschine in Betrieb. Als Herstellungskosten werden 130.000,00 € angesetzt. Buchen Sie.
3. Der Betrieb kauft am 10. Oktober einen neuen LKW. Der Händler gewährt auf den Listenpreis von 110.000,00 € einen Rabatt von 10 %. Zusätzlich stellt der Händler die Überführung mit 1050,00 € netto, das Sonderzubehör mit 5.400,00 € netto und die Zulassung mit 200,00 € netto in Rechnung.
   Für die 1. Tankfüllung bezahlt der Fahrer bei der Abholung des LKW bar 243,60 € brutto.
4. Am 15. Oktober bezahlt der Betrieb die Rechnung (3.) unter Abzug von 3 % Skonto vom verbleibenden Listenpreis. Buchen Sie den Rechnungsausgleich und berechnen Sie die Anschaffungskosten für den LKW.

5. Der Betrieb verkauft einen alten LKW zum Preis von 40.600,00 € brutto gegen   *Verkauf*
   Barzahlung. Der alte LKW hat einen Restbuchwert von 32.650,00 €. Buchen Sie den Verkauf.

6. Der Betrieb beschafft am 17. Dezember einen Aktenschrank zum Listenpreis von   *BGA*
   850,00 € abzüglich 6 % Rabatt. Für die Anlieferung und Montage stellt der Händler zusätzlich eine Pauschale von 50,00 € netto in Rechnung. Der Betrieb bezahlt die Rechnung am 20. Dezember unter Abzug von 3 % Skonto, berechnet vom Warenwert, durch Postbanküberweisung.
   Buchen Sie die Vorgänge und berechnen Sie die Anschaffungskosten.

7. Die XY-AG kauft am 8. Januar eine Maschine mit einer betriebsgewöhnlichen   *Kauf/Verkauf*
   Nutzungsdauer von 8 Jahren. Listenpreis (netto): 50.000,00 € ; Rabatt: 10 %; Fracht: 500,00 €; Fundament: 4.000,00 €; Montage: 500,00 €; Disagio für den Kredit: 400,00 €; Einarbeitungskosten für die Mitarbeiter: 1.000,00 €
   a) Ermitteln Sie die Anschaffungskosten.
   b) Verbuchen Sie den Kauf der Maschine (auf Ziel).
   c) Verbuchen Sie den Rechnungsausgleich.
   d) Verbuchen Sie den Verkauf einer alten Maschine (auf Ziel) zu 30.000,00 € netto, wenn der Buchwert 28.000,00 € beträgt.

8. Die Maschinenbau AG hat am 01.03. ein bebautes Grundstück mit einer Fläche   *Gebäude/*
   von 2500 m² erworben. Für einen Qadratmeter Grund wurden 200,00 € gezahlt.   *Grundstücke*
   Der Kaufpreis für das erst im Jahr des Kaufes fertig gestellte Gebäude betrug 3.000.000,00 €. Im Rahmen des Kaufes mussten noch folgende Beträge entrichtet werden:
   Grunderwerbssteuer 3,5 %
   Rechnung der Finanzberatungs-GmbH für die Abwicklung der Gesamtfinanzierung 5.684,00 € brutto
   Grundbuchgebühren 4.620,00 €
   Feuerversicherung für die Zeit von 01.03 bis 30.09. einschl. Versicherungssteuer 308,00 €
   Handwerkerrechnung für die Fertigstellung der Personenaufzüge 136.040,00 € netto.
   Alle Beträge werden per Bank überwiesen.
   Berechnen Sie die Anschaffungskosten und buchen Sie.

Maschinen 9. Die Metallbau AG bestellt am 06.11. eine Fertigungsmaschine, die am 03.12. geliefert wird. Die Überführungskosten im Gesamtrechnungsbetrag von 4.083,20 € werden per Bankscheck an den Frachtführer bezahlt. Die mit der Lieferung eingehende Rechnung enthält folgende Angaben: Listenpreis 80.000,00 €, 5 % Rabatt, 2 % Skonto bei Zahlung innerhalb von 10. Tagen oder 60 Tage Ziel. Die Herstellungskosten für eine Vorrichtung betragen 5.000,00 € .

    a) Buchen Sie den Rechnungseingang.

    b) Buchen Sie die aktivierte Eigenleistung.

    c) Ermitteln Sie die Anschaffungs- und Herstellungskosten.

    d) Im kommenden Jahr wird die Maschine zum Preis von 60.000,00 € netto verkauft (auf Ziel). Der Buchwert beträgt 70.550,00 €. Buchen Sie den Vorgang.

KFZ 10. Die Hardware AG kauft am 08.12. einen Lieferwagen zum Nettopreis von 80.000,00 €. Der Händler stellt zusätzlich für die Überführung und die Zulassung insgesamt 1.000,00 € netto in Rechnung. Ein gebrauchter LKW mit einem Restbuchwert von 44.000,00 € wird vom Händler für 50.000,00 € netto in Zahlung genommen. Am 15.12. bezahlt die Hardware AG die Restschuld unter Abzug von 2 % Skonto vom Kaufpreis des Lieferwagens durch Banküberweisung.

Geschäftsgang 11. Am 11.12. weisen die Konten der Maschinenbau GmbH folgende Summen auf:

	S	H		S	H
0510	1.500.000,00	0,00	5000	10.000,00	1.995.000,00
0530	3.000.000,00	0,00	5001	35.000,00	
0720	2.020.000,00	20.000,00	5410	0,00	110.000,00
2000	50.000,00	0,00	5460	0,00	6.000,00
2020	60.000,00	0,00	6000	500.000,00	5.000,00
2100	40.000,00	0,00	6001	11.500,00	0,00
2200	80.000,00	0,00	6002	0,00	40.000,00
2400	1.980.000,00	1.820.000,00	6020	300.000,00	5.000,00
2800	280.000,00	240.000,00	6021	1.200,00	0,00
3000		2.000.000,00	6022	0,00	4.800,00
4250		4.000.000,00	6200	400.000,00	0,00
4400	720.000,00	750.000,00	6960	0,00	0,00
			7510	8.100,00	0,00

Für Dezember sind noch folgende Geschäftsfälle zu buchen:

a) Die Maschinenbau GmbH erhält am 11.12. Rohstoffe lt. Eingangsrechnung zum Listenpreis von 20.000,00 € abzüglich 10 % Rabatt und 2 % Skonto. Der Lieferer stellt 500,00 € Verpackung in Rechnung. An die Spedition werden 800,00 € Fracht überwiesen.

b) Die Rechnung wird am 15.12. mit Skontoabzug überwiesen.

c) Die Maschinenbau GmbH erhält am 15.12. eine Maschine. Lt. Eingangsrechung beträgt der Listenpreis 10.000,00 €. Für die Anlage wird ein Transportband selbst erstellt. Die Herstellungskosten betragen 3.000,00 €.

d) Am 18.12. wird die Rechnung c) unter Abzug von 3 % Skonto bezahlt.

e) Die Maschinenbau GmbH verkauft am 18.12. Fertigerzeugnisse zum Listenpreis von 30.000,00 € abzüglich 5 % Rabatt auf Ziel (60 Tage oder innerhalb 10 Tage 2 % Skonto).

f) Die Ausgangsrechnung e) wird am 19.12. mit Skontoabzug beglichen.

g) Am 20.12. verkauft die GmbH die Fertigungsmaschine A für 5.000,00 € netto und die Maschine B für 8.000,00 netto auf Ziel. Der Buchwert von A beträgt 6.000,00 € und der Buchwert von B 7.000,00 €

Erstellen Sie alle Buchungen und schließen Sie alle Konten ab. Lt. Inventur wurden folgende Endbestände festgestellt.

2000:	60.000,00 €;	2020:	50.000,00 €;
2100:	50.000,00 €;	2200:	71.000,00 €

Vollkostenrechnung

Der Vorstandsvorsitzende der UMTECH AG liest in einer Wirtschaftszeitung nebenstehenden Artikel. Er ist der Meinung, dass die Geschäftsbuchführung als Kontrollinstrument für einen Industriebetrieb nicht ausreichend ist, und beschließt, dass das betriebliche Rechnungswesen, das sich seit der Produktionsaufnahme im Aufbau befindet, mit Nachdruck auszubauen.

Metall AG schließt größtes Zweigwerk
Hohe Kosten führten zur Stilllegung

Im Geschäftsbericht für das Vorjahr weist die Metall AG einen Jahresüberschuss von € 20.000.000,00 aus. Dies entspricht einer Eigenkapitalrentabilität von 19,3 %. Auf der Hauptversammlung kündigte der Vorstand die Schließung des Normteilewerkes an.

Diese Maßnahme wurde vom Vorstand mit den veralteten Anlagen des Werkes und den hohen Lohnkosten sowie Absatzschwierigkeiten begründet. Für die Abfindung der Mitarbeiter wurde ein Sozialplan angekündigt.
....

1 Aufgaben der Kostenrechnung

Die Geschäftsbuchführung erfasst die gesamte Unternehmung und ermittelt den Gewinn. Alle Aufwendungen und Erträge werden erfasst und einander gegenübergestellt. Würden die Erzeugnisse unwirtschaftlich produziert, aber hohe Gewinne durch den Verkauf von Wertpapieren erzielt, so würde die Gewinn- und Verlustrechnung einen Gewinn ausweisen, obwohl die Kosten des Betriebes zu hoch sind.

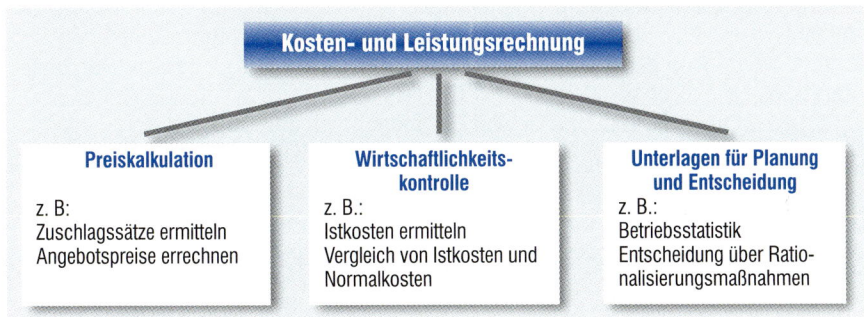

Die Kosten- und Leistungsrechnung befasst sich gezielt mit der Leistungserstellung im Betrieb. Aufwendungen und Erträge, die nicht dem Betriebszweck dienen, werden nicht berücksichtigt bzw. herausgerechnet.

Die Kostenrechnung befasst sich mit der Leistungserstellung

Die Kosten- und Leistungsrechnung ermittelt die im Betrieb anfallenden **Kosten**, ordnet sie nach bestimmten Kriterien und stellt sie den betrieblichen **Leistungen** gegenüber. Sie ermöglicht es, die **Wirtschaftlichkeit** durch den Vergleich von Soll- und Normalwerten zu prüfen, und liefert die Daten für die **Angebotskalkulation**. Durch sie können kostendeckende Preise kalkuliert und deren Konkurrenzfähigkeit auf dem Markt festgestellt werden. Mit der Kosten- und Leistungsrechnung kann der Gewinn, der durch die Leistungserstellung erzielt wird **(Betriebsergebnis),** ermittelt werden. Die ermittelten Werte liefern die Grundlage für die **Planung** und die **Entscheidungen** der Betriebs- und Geschäftsleitung.

Die Grundlage für die Kosten- und Leistungsrechnung ist die Vollkostenrechnung. Sie ist die Basis für andere kostenrechnerische Verfahren wie z. B. die Teilkostenrechnung oder die Plankostenrechnung.

2 Grundbegriffe der Kostenrechnung

Die Kostenrechnung arbeitet mit Begriffen, deren Bedeutung exakt definiert ist und die gegeneinander abzugrenzen sind.

2.1 Aufwand, Kosten – Ertrag, Leistung

Zu den wichtigsten Begriffen gehören:

Kosten: Güter und Dienstleistungsverzehr zur Leistungserstellung in einer Abrechnungsperiode.

Auszahlungen: Zahlungsmittelbeträge, die einem anderen Wirtschaftssubjekt zufließen.

Ausgaben: Zahlungen und Zahlungsverpflichtungen einer Unternehmung gegenüber Dritten.

Aufwendungen: Sämtlicher Verzehr von Gütern und Dienstleistungen einer Unternehmung innerhalb einer Abrechnungsperiode, der zu Ausgaben führt. Minderung des Jahresüberschusses (Gewinn).

Kosten: Sämtlicher Verzehr von Gütern und Dienstleistungen eines Betriebes innerhalb einer Abrechnungsperiode, der zur Erzielung der betrieblichen Leistung dient.

Leistung: Ergebnis der betrieblichen Tätigkeit in einer Rechnungsperiode

Einzahlungen: Zahlungsmittelbeträge der von einen anderen Wirtschaftsubjekt zufließen.

Einnahmen: Geldmäßige Eingänge und Erwerb von Forderungen einer Unternehmung.

Erträge: Alle Werte, die zur Mehrung des Jahresüberschusses (Gewinns) einer Unternehmung innerhalb einer Rechnungsperiode beitragen.

Leistungen: Ergebnis der betrieblichen Tätigkeit (Produkte, Dienstleistungen) in einer Rechnungsperiode.

Rechnungskreis I: Geschäftsbuchführung

Rechnungskreis II: Kosten- und Leistungsrechnung

Auszahlungen, Ausgaben und Aufwendunge sowie Einzahlungen, Einnahmen und Erträge werden im **Rechnungskreis I** (Geschäftsbuchführung) erfasst. Der **Rechnungskreis II** nimmt die Kosten und die Leistungen auf, wenn die Kosten- und Leistungrechnung mit Hilfe des Industriekontenrahmen abgewickelt wird.

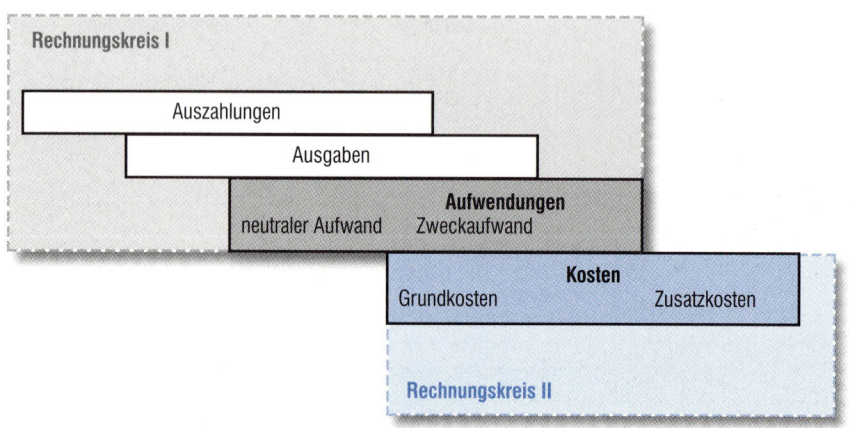

Wie aus der Grafik hervorgeht, überschneiden sich Ausgaben, Aufwendungen und Kosten in bestimmten Bereichen. Zur Veranschaulichung können folgende Beispiele dienen (Auszahlungen werden nicht weiter behandelt.)

Ausgabe = Aufwand: Die Ausgabe entsteht und wird sofort als Aufwand verbucht, z. B. Kauf von RHB (bei fertigungssynchroner Beschaffung), Zahlung von Lohn

Ausgabe ≠ Aufwand: Die Ausgabe entsteht auf Grund einer Einnahme oder der Aufwand fällt später an. z. B. Kauf einer Maschine, Tilgung eines Darlehens.

Aufwand ≠ Ausgabe: Es wird ein Aufwand verbucht, die Ausgabe liegt in einer anderen Periode z. B., Abschreibung für eine Maschine, Bestandsveränderungen.

Aufwand = Kosten: Aufwand und Kosten werden in der Geschäftsbuchführung und der Kosten- und Leistungsrechnung gleich verrechnet werden. (Zweckaufwand, Grundkosten) z. B. Fertigungslöhne oder der Kauf (Verbrauch) von Roh-, Hilfs- und Betriebsstoffen,

Zweckaufwand = Grundkosten

Aufwand ≠ Kosten *(Neutrale Aufwendungen)*

Der Aufwand betrifft nur die Unternehmung und nicht den Betrieb *(betriebsfremder Aufwand)*, z. B. Spenden bei der AG.

Der Aufwand betrifft die Leistungserstellung fällt aber normalerweise nicht an *(außerordentlicher Aufwand)*, z. B.: Schadensfälle.

Der Aufwand betrifft die Leistungserstellung, fällt aber in einer anderen Periode als die zugehörige Leistungserstellung an *(periodenfremder Aufwand)*, z. B.: Steuernachzahlung .

Neutraler Aufwand: Aufwand ≠ Kosten

Kalkulatorische Kosten: Kosten ≠ Aufwand

Kosten ≠ Aufwand:

Zusatzkosten, die in der Geschäftsbuchführung zum Gewinn führen, z. B. kalkulatorische Miete für die eigenen Gebäude, kalkulatorischer Unternehmerlohn oder der kalkulatorische Zins für das Eingenkapital.

Anderskosten, die zwar als Aufwand in der Geschäftsbuchführung auch anfallen, aber in der Höhe unterschiedlich sind. So entstehen entweder kalkulatorische Kosten oder neutraler Aufwand, z. B. kalkulatorische Zinsen für das Fremdkapital, kalkulatorische Abschreibungen

Zusatzkosten: Kosten ≠ Aufwand

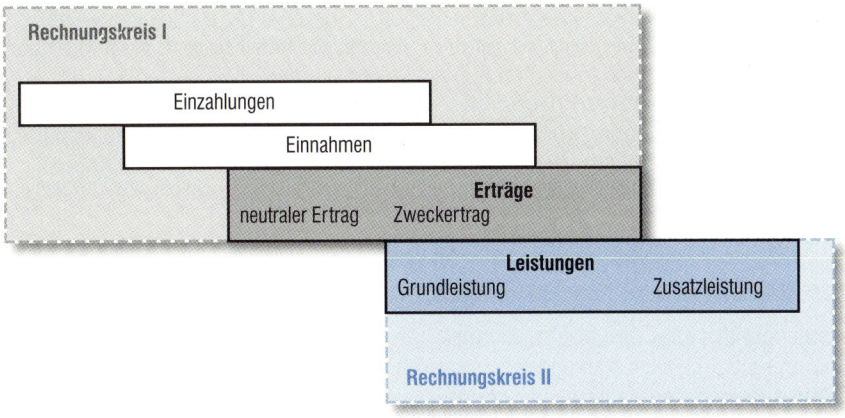

Wie aus der Grafik hervorgeht, überschneiden sich Einnahmen, Erträge und Leistungen in bestimmten Bereichen. Zur Veranschaulichung können folgende Beispiele dienen (Einzahlungen werden nicht weiter behandelt.)

Einnahme = Ertrag: Die Einnahme entsteht und wird sofort als Ertrag verbucht, z. B. Verkauf von Fertigerzeugnissen.

Einnahme ≠ Ertrag: Die Einnahme hat eine eine Ausgabe zur Folge oder der Ertrag fällt später an. z. B. Kapitaleinlage, erhaltene Anzahlung.

Ertrag ≠ Einnahme: Es wird ein Ertrag verbucht, die Einnahme liegt in einer anderen Periode z. B. Erträge aus Bestandsveränderungen.

Ertrag = Leistung: Ertrag und Leistung werden in der Geschäftsbuchführung und der Kosten- und Leistungsrechnung gleich verrechnet und gebucht (Zweckertrag), z. B. Umsatzerlöse.

Neutraler Ertrag:
Ertrag ≠ Leistung

Ertrag ≠ Leistung *(Neutrale Erträge):*
Betrifft nur die Unternehmung und nicht den Betrieb (betriebsfremder Ertrag) z. B. Zinsertrag,
Der Ertrag betrifft die Leistungserstellung, fällt aber normalerweise nicht an (außerordentlicher Ertrag), z. B. Ertrag aus dem Verkauf von Maschinen.
Der Ertrag gehört zur betrieblichen Leistung, fällt aber in einer anderen Periode als die erstellte Leistung an (periodenfremder Ertrag), z. B. Steuererstattung
Leistungen ≠ Ertrag: Neben den Erträgen, die keine Leistungen sind, gibt es auch den Fall, das zwar Erträge und Leistungen vorhanden sind, sich aber in ihrer Höhe unterscheiden. z. B. Erträge aus Bestandsveränderungen durch unterschiedliche Bewertung, Erträge aus Großprojekten

2.2 Kalkulatorische Kosten

Die Geschäftsbuchhaltung erfasst die tatsächlich anfallenden Ausgaben periodengerecht als Aufwand. In der Kostenrechnung sollen Kosten, d. h. alle Ausgaben, die mit der Leistungserstellung zu tun haben, periodengerecht erfasst werden. Die erfassten Werte sollen der Wirtschaftlichkeitskontrolle dienen und Informationen für Entscheidungen liefern sowie die Basis für die Preisermittlung sein. Deshalb müssen die erfassten Werte leistungsbezogen und „normal" sein. Ungewöhnliche Aufwendungen dürfen nicht in die Kalkulation der Preise eingehen oder müssen, wenn es sich z. B. um betriebsbedingte Schadensfälle handelt, entsprechend ihrer Wahrscheinlichkeit auf mehrere Perioden verteilt werden. Ferner müssen auch Faktoren in die Preisberechnung und Wirtschaftlichkeitskontrolle einbezogen werden, die zu keinen Ausgaben führen. So muss z. B. über den Verkauf der Produkte die Verzinsung des Eigenkapitals sichergestellt und deshalb in die Preise einkalkuliert werden.
Aus diesem Grunde werden häufig die Aufwendungen der Geschäftsbuchführung nicht in die Kostenrechnung übernommen. Die Kosten werden in der Kostenrechnung nach eigenen Verfahren ermittelt. Man spricht dann von **kalkulatorischen Kosten**.
In der Regel werden in der Kostenrechnung die auf einen Monat entfallenden Beträge benötigt.

2.2.1 Kalkulatorische Abschreibungen

Kalkulatorische
Abschreibung:
linear, auf die tatsächliche Nutzungsdauer,
vom Wiederbeschaffungswert

Die bilanzielle Abschreibung wird in der Regel nach steuerrechtlichen Gesichtspunkten berechnet. Die kalkulatorische Abschreibung soll dem tatsächlichen Werteverzehr entsprechen und in die Verkaufspreise eingehen. Bis zum Ende der Nutzungsdauer soll über die Umsatzerlöse der Kaufpreis für die neue Maschine erwirtschaftet werden (siehe Jahresabschluss, Bewertung, Erfolgsanalyse 3.2.1.2).
Die wichtigsten Unterschiede zwischen kalkulatorischer und bilanzieller Abschreibung sind:

kalkulatorische Abschreibungen	bilanzielle Abschreibungen
– nur lineare Abschreibung oder Leistungsabschreibung	– auch geometrisch-degressive Abschreibung
– tatsächliche Nutzungsdauer	– steuerrechtlich mögliche Nutzungsdauer
– vom Wiederbeschaffungswert	– von den Anschaffungskosten
– evtl. über die vollständige Abschreibung hinaus	– Σ Abschreibungen = Anschaffungskosten

Die Abschreibung vom Wiederbeschaffungswert soll die Substanzerhaltung ermöglichen. Es werden deshalb die Preissteigerungen berücksichtigt. Bis zum Ende der Nutzungsdauer sollen genügend Mittel angesammelt werden, um eine neue Maschine ohne zusätzliche Mittel erwerben zu können.

Beispiel

Im Januar 01 wird eine Maschine angeschafft. Es gelten folgende Werte: Die Anschaffungskosten betragen 20.000,00 €. Die steuerlich zulässige Nutzungsdauer wird in der Abschreibungstabelle mit 5 Jahren angegeben. Die tatsächliche Nutzungsdauer wird auf 8 Jahre geschätzt. Kalkulatorisch soll linear abgeschrieben werden. Der Preisindex laut statistischem Bundesamt liegt im Jahr 01 bei 123 und im Jahr 02 bei 125. Berechnen Sie die Abschreibung für das Jahr 02.

Berechnung:
Kalkulatorisch ist **linear** auf die **tatsächliche Nutzungsdauer** (8 Jahre) vom **Wiederbeschaffungswert** abzuschreiben.
Abschreibung von den Anschaffungskosten: **20.000 / 8 = 2.500,00 €/Jahr**
Berücksichtigung der Preissteigerungen (Wiederbeschaffungswert):
Abschreibungen für das Jahr 02: **(2500 • 125)/123 = 2540,65 €**
Abschreibung pro Monat: **2540,65/12 = 211,72 €**

Kann der Wiederbeschaffungswert geschätzt werden, so kann dieser Wert zu Grunde gelegt und auf die Nutzungsdauer verteilt werden.

Auch die kalkulatorische Abschreibung kann nicht alle Faktoren berücksichtigen. So geht z. B. der technische Fortschritt und das betriebliche Wachstum, das eine größere Ersatzmaschine erfordert, nicht in die Berechnung ein. Sind die kalkulatorischen Abschreibungen höher als die bilanziellen Abschreibungen, so führt dies zu höheren Umsatzerlösen bei niedrigeren Aufwendungen. Daraus entsteht ein zusätzlicher Gewinn, der zu versteuern und an die Eigentümer als Dividende teilweise abzuführen ist. Ein Teil der für den Ausgleich der Preissteigerungen erwirtschafteten Mittel geht dadurch verloren.

2.2.2 Kalkulatorische Zinsen

In der Geschäftsbuchführung fallen nur Zinsen für das Fremdkapital an. In die Preise muss jedoch auch die Verzinsung des Eigenkapitals eingerechnet werden, da das Eigenkapital anderweitig angelegt werden könnte und dann Zinsen für die Eigentümer erwirtschaften würde. In die Kalkulation dürfen jedoch nur die Zinsen des betriebsnotwendigen Kapitals eingehen. Ferner muss das den Betrieb zinsfrei überlassene Fremdkapital abgezogen werden.

Da auf der Kapitalseite eine Zuordnung in betriebsnotwendig und nicht betriebsnotwendig nicht möglich ist, wird das betriebsnotwendige Kapital über das betriebsnotwendige Vermögen errechnet.

Kalkulatorische Zinsen: Verzinsung des gesamten betriebsnotwendigen Kapitals (EK+FK)

Berechnung:

	Vermögen (Aktiva)
–	betriebsfremdes Vermögen
–	nicht betrieblich genutztes Vermögen
+/–	Bewertungskorrekturen
=	betriebsnotwendiges Vermögen
–	Abzugskapital (Verbindlichkeiten aLL, Anzahlungen von Kunden, Rückstellungen*)
=	**BETRIEBSNOTWENDIGES ZU VERZINSENDES KAPITAL**

* Pensionsrückstellungen, evtl. auch andere Rückstellungen

Die kalkulatorischen Zinsen berechnen sich nach der Formel

$$\text{kalkulatorische Zinsen} = \frac{\text{betriebsnotwendiges Kapital} \cdot \text{Kalkulationszinssatz}}{100}$$

Um die kalkulatorischen Zinsen pro Monat zu ermitteln, sind die kalkulatorischen Zinsen durch zwölf zu dividieren.

Der Kalkulationszinssatz wird vom Unternehmen festgelegt. Dabei sind folgende Faktoren zu berücksichtigen:

- langfristiger Zins auf dem Kapitalmarkt für
  - Anlagen
  - Kredite
- Risiko der Anlage im Betrieb
- Zinserwartung des Unternehmers
- u. a.

Beispiel

Für eine Unternehmung liegen folgende Wert vor (Angaben in T€):

Aktiva			Passiva	
Grundstücke	1.000		EK	8.000
davon für Wohngebäude	100		Pensionsrückstellungen	100
Gebäude	5.000	(AHK 9000)	Darlehen	8.000
davon Wohngebäude	500	(AHK 600)	Verb. a. L.L.	1.800
Maschinen	2.000	(AHK 8.000)	Kundenanzahlung	100
Beteiligungen	1.000			
Umlaufvermögen EB	10.000	AB 9.000		

Die Beteiligungen sind nicht betriebsbedingt. Die kalkulatorischen Abschreibungen der maßgeblichen Jahre waren bei Gebäuden um 100 und bei Maschinen um 500 höher als die bilanziellen Abschreibungen. Im Berichtsjahr wurde kalkulatorisch-linear vom Anschaffungswert abgeschrieben. Die tatsächliche Nutzungsdauer bei Gebäuden wurde auf 50 Jahre und bei Maschinen auf 5 Jahre geschätzt. Der Kalkulationszinssatz wurde auf 6 % festgesetzt. Berechnen Sie die kalkulatorischen Zinsen des zu verzinsenden betriebsnotwendigen Kapitals.

Berechung

Restwertmethode			Durchschnittsmethode		
+ Grundstücke	1.000		+ Grundstücke	1.000	
– nicht betriebsnotw.	100	900	– nicht betriebsnotw.	100	900
+ Gebäude	5.000				
– nicht betriebsnotw.	500		+ Gebäude	9.000	
– Afa-Korr.	100		– nicht betriebsnotw.	600	
– 1/2 Afa	84	4.316		8.400 : 2 =	4.200
+ Maschinen	2.000				
– Afa-Korr	500		+ Maschinen	8.000 : 2 =	4.000
– 1/2 Afa	800	700			
+ Beteiligungen		0	+ Beteiligungen		0
+ UV (10000+9000)/2		9.500	+ UV (10000+9000)/2		9.500
betriebsnotw. Vermögen		15.416	betriebnotw. Vermögen		18.600
– Abzugskapital			– Abzugskapital		
Pensonsrückst.	100		Pensionsrückst.	100	
Verbindlichk. aLL	1.800		Verb. aLL	1.800	
Kundenanzahlungen	100	2.000	Kundenanzahl	100	2.000
zu verz.betr.notw. Kap.		13.416	**zu verz.betr.notw.Kap.**		**16.600**

13.416 • 6% = 804,96 T€
pro Monat 67,08 T€

16.600 • 6 % = 996 T€
** pro Monat 83 T€**

Bei beiden Methoden werden die nicht betriebsnotwendigen Teile des Vermögens herausgerechnet. Die Beteiligungen werden, da sie nicht betriebsnotwendig sind, in das Vermögen nicht eingerechnet. Für das Umlaufvermögen wird der durchschnittliche Bestand ((Anfangsbestand + Endbestand)/2) angesetzt.

Bei der Restwertmethode werden die bilanziellen Bestände auf die kalkulatorischen Bestände korrigiert. Für das laufende Jahr wird die halbe kalkulatorische Abschreibung abgezogen, um den durchschittlichen Bestand zu ermitteln.

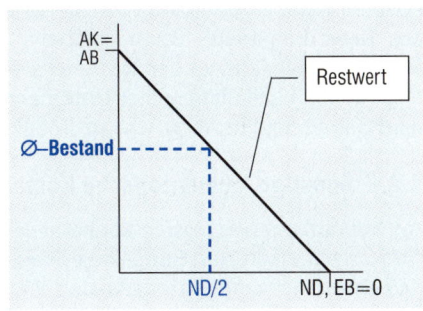

Da die Berechnung nach der Restwertmethode relativ schwierig ist, geht die Durchschnittsmethode davon aus, dass das Anlagevermögen im Durchschnitt die Hälfte der Nutzungsdauer im Betrieb ist und damit auch der Wert im Durchschnitt der Hälfte ((Anfangsbestand + Endbestand/2) = (AK+0)/2) der Anschaffungskosten entspricht.

2.2.3 Kalkulatorische Wagnisse

Jede unternehmerische Tätigkeit ist mit **Risiken** verbunden. Diese Risiken müssen bei der Kalkulation berücksichtig werden.

Kalkulatorische Wagnisse: Kosten für nicht versicherte Risiken.

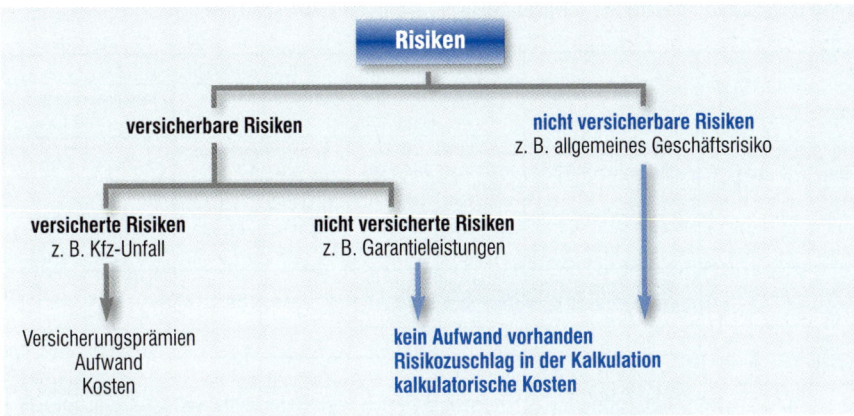

Es können z. B. Risikozuschläge für das Anlagewagnis, das Beständewagnis oder das Vertriebswagnis berechnet werden. Als Berechnungsgrundlage können vergleichbare Versicherungsprämien oder der durchschnittliche Schadensanfall der letzten Jahre dienen.

2.2.4 Kalkulatorische Miete

Für die eigenen selbstgenutzten Räume muss die Miete in die Kalkulation einbezogen werden. Als **kalkulatorische Miete** kann eine um die Abschreibungen und kalkulatorischen Zinsen verminderte Vergleichsmiete oder der Durchschnitt der anfallenden Ausgaben für Reparaturen, Versicherungen, Steuern usw. angesetzt werden.

Kalkulatorische Miete: Miete für eigene selbstgenutzte Räume

2.2.5 Kalkulatorischer Unternehmerlohn

Kalkulatorischer Unternehmerlohn: Gehalt des Eigentümers in einer Personengesellschaft

Der Vorstand einer Aktiengesellschaft erhält ein Gehalt, das als Aufwand verbucht wird und in die Kostenrechnung als Grundkosten eingeht. Bei einer Personengesellschaft wirken die Eigentümer an der Geschäftsleitung mit. Ihr Gehalt wird jedoch als Privatentnahme gebucht und ist steuerrechtlich Bestandteil des Gewinns (Einkünfte aus Gewerbebetrieb). Das Gehalt des Eigentümers muss, damit es in die Preiskalkulation eingeht, zu den Kosten gehören. Aus diesem Grund wird in der Kostenrechnung ein **kalkulatorischer Unternehmerlohn** angesetzt. Seine Höhe wird sich an dem Gehalt für eine vergleichbare Tätigkeit orientieren.

2.2.6 Sonstige kalkulatorische Kosten

Aufwendungen und Kosten können auch in anderen Bereichen voneinander abweichen. Schwanken zum Beispiel die Preise für Rohstoffe sehr stark, so können in der Kostenrechnung die **Materialkosten** mit Verrechnungspreisen kalkuliert werden. Bei den **Lohnkosten** werden z. B. jährlich einmalig auftretende Zahlungen wie Urlaubsgeld oder Weihnachtsgeld gleichmäßig auf die Monate verteilt.

2.3 Sachliche Abgrenzung

Sachliche Abgrenzung: Abgrenzung von Aufwand und Kosten

Werden die Kosten nicht getrennt erfasst, sondern aus der Geschäftsbuchhaltung übernommen, so müssen Aufwendungen und Kosten bei der Übernahme gegeneinander abgegrenzt werden. Es muss festgelegt werden, ob und in welcher Höhe die Aufwendungen Kosten sind, und welche Zusatzkosten anzusetzen sind. Diesen Vorgang nennt man **sachliche Abgrenzung.** Er kann tabellarisch durchgeführt werden.

Kon-to-num-mer	Bezeich-nung	Rechnungskreis I Erfolgsbereich Geschäftsbuchführung Kl. 5, 6, 7		Rechnungskreis II						
				Abgrenzungsbereich				Kosten-Leistungsrechung	
				unternehmensbezogene Abgrenzung		betriebsbezogene Abgrenzung			
				betriebsfremder		Aufwand	Ertrag		
		Aufwand	Ertrag	Aufwand	Ertrag	Leistung	Kosten	Kosten	Leistung
		−	+	−	+	−	+	−	+
		Betriebsfremder Ertrag / Aufwand							
		Zweckaufwand Zweckertrag		→				Grundkosten Grundleistung	
		verschiedener Aufwand / Ertrag		→		Anderskosten			
						Zusatzkosten			
		Gesamtergebnis Gewinn		Ergebnis aus der unternehmensbezogenen Abgrenzung		Ergebnis aus kosten- und leistungsrechnerischen Korrekturen		Betriebsergebnis	
				Abgrenzungsergebnis					
				Gesamtergebnis					

Beispiel

Aus der GuV für den Monat August liegen folgende Daten vor:

Konto	Kontobezeichnung	Betrag in T€	Konto	Kontobezeichnung	Betrag in T€
5000	Umsatzerlöse	135	6210	Urlaubslöhne	3
5200	Bestandsminderungen	10	6300	Gehälter	2
5300	Andere aktivierte Eigenleistungen	4	6520	Abschreibungen auf Sachanlagen	10
5460	Erträge aus dem Abgang von Vermögensgeg.	2	6960	Verluste aus dem Abgang von Vermögensgeg.	1
5700	Sonstige Zinsen und ähnliche Erträge	2	70	Betriebliche Steuern	2
6000	Materialaufwand	35	7510	Zinsen und ähnliche Aufwendungen	3
6200	Löhne	45	7600	Außerordentliche Aufwendungen	12

Die Kosten und Leistungsrechnung liefert folgende Angaben:
1. Die Bestandveränderungen werden in der Kostenrechnung zu Verrechnungspreisen erfasst: 11 T€
2. Der Materialverbrauch wurde mit Verrechnungspreisen zu 30 T€ bewertet.
3. Die Fertiglöhne werden in gleicher Höhe verrechnet.
4. 1 T€ der in der GuV ausgewiesenen Urlaubslöhne betreffen den Vormonat.
5. Kalkulatorische Gehälter 3 T€.
6. Kalkulatorische Abschreibungen 132 T€ pro Jahr.
7. Kalkulatorische Zinsen 25,8 T€ pro Jahr.
8. Die Kalulatorischen Wagnisse belaufen sich auf 1 T€/Monat.
9. Kalkulatorische Miete 4 T€/Monat.
10. Kalkulatorischer Unternehmerlohn für den Komplementär 8 T€/Monat.

Konto-nummer	Bezeichnung	Rechnungskreis I Erfolgsbereich Geschäftsbuchführung Kl. 5, 6, 7		Rechnungskreis II				Kosten-Leistungsrechung	
				Abgrenzungsbereich					
				unternehmensbezogene Abgrenzung		betriebsbezogene Abgrenzung			
				betriebsfremder		Aufwand Leistung	Ertrag Kosten		
		Aufwand −	Ertrag +	Aufwand −	Ertrag +	−	+	Kosten −	Leistung +
5000	Umsatzerl.		135						135
5200	Best. mind.	10				10	11	11	
5300	and.akt.EL		4						4
5460	E.a.d.v.VG		2				2		
5700	Zinsen		2		2				
6000	Materialauf.	35				35	30	30	
6200	Löhne	45						45	
6210	Urlaubsl.	3				3	2	2	
6300	Gehälter	2				2	3	3	
6520	Abschr.	10				10	11	11	
6960	V.a.A.v.VG	1				1			
70	betr.Steuer	2						2	
7510	Zinsen	3				3	2,15	2,15	
7600	a.o.Aufw.	12				12			
	k.Wagnisse						1	1	
	k. Miete						4	4	
	k. Untern.L						8	8	
		123	143	2		76	74,15	119,15	139
				+2		−1,85		+19,85	
		+20		+0,15 Abgrenzungsergebnis				Betriebsergebnis	
Gesamtergebnis				+20					

Betriebsergebnis	**19,85**
Ergebnis der unternehmensbezogenen Abgrenzung	2,00
Ergebnis aus kosten- und leistungsrechnerischen Korrekturen	−1,85
Abgrenzungsergebnis	**+0,15**
Gesamtergebnis (Gewinn)	**20,00**

Leistungen
– Kosten
Betriebsergebnis

Das **Betriebsergebnis** ist die Differenz zwischen Leistungen und Kosten. Es ist der betriebliche Gewinn, der aus der Leistungserstellung entsteht. Alle Aufwendungen und Erträge, die nicht in unmittelbaren Zusammenhang mit der Leistungserstellung anfallen oder außerordentlich bzw. periodenfremd sind, gehen nicht in das Betriebsergebnis ein. Mit Hilfe des Betriebsergebnisses kann die Wirtschaftlichkeit der Leistungserstellung beurteilt werden.
Die ermittelten Kosten und Leistungen bilden die Grundlage für die folgenden Verfahren der Kostenrechnung.

In der tabellarischen Abgrenzung kann die Spalte „betriebsbezogene Abgrenzung" in Spalten zur Abgrenzung der Aufwendungen und Erträge und in Spalten zur Abgrenzung der Kosten und Leistungen aufgeteilt werden. Ferner kann die sachliche Abgrenzung auch auf Konten durchgeführt werden. In der Praxis werden häufig die Kosten und Leistungen nicht aus der Buchhaltung übernommen, sondern gesondert erfasst.

3 Kostenartenrechnung

Die Kosten können nach verschiedenen Kriterien eingeteilt werden. Je nach Verwendung der Daten werden die Kosten nach den betrieblichen Funktionen, nach der Zurechenbarkeit oder der Abhängigkeit vom Beschäftigungsgrad eingeteilt.

3.1 Betriebliche Funktionen

Bei der Einteilung nach den betrieblichen Funktionen werden die Kosten nach ihrem Entstehungsbereich eingeteilt.

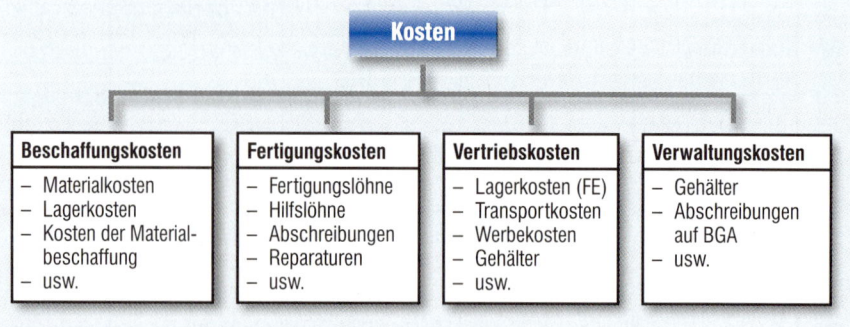

Eine weiter gehende Untergliederung ist möglich. Mit Hilfe dieser Gliederung können Aussagen über die Wirtschaftlichkeit der betrieblichen Funktionsbereiche erarbeitet werden. Die funktionelle Gliederung der Kostenarten wird im Zusammenhang mit der Kostenstellenrechnung wieder aufgegriffen.

3.2 Zurechenbarkeit

Unter **Zurechenbarkeit** versteht man die Möglichkeit, Kosten direkt oder indirekt den **Kostenträgern**, d. h. den Fertigerzeugnissen, zuzurechnen. Dies ist ein entscheidendes Kriterium für die **Vollkostenrechnung** und beeinflusst die Kontrolle der Wirtschaftlichkeit und die Kalkulation des Angebotspreises.

Kostenträger = Fertigerzeugnisse, Produkte

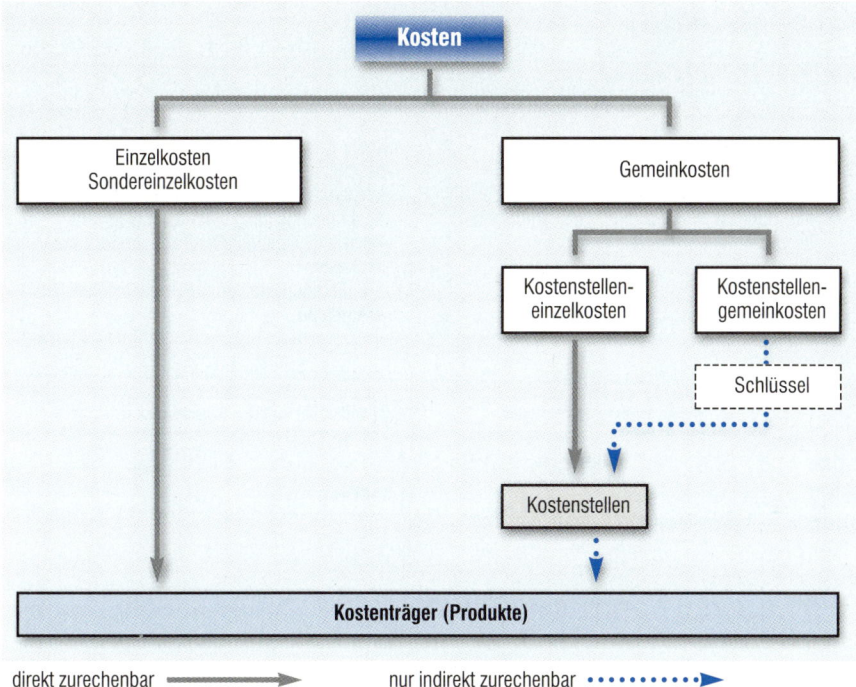

Einzelkosten sind Kosten, die direkt auf die Kostenträger (Produkte) zurechenbar sind. Zu ihnen gehören das Fertigungsmaterial und die Fertigungslöhne.

Einzelkosten: direkt zurechenbare Kosten

Zu den **Sondereinzelkosten** gehören Fertigungseinzelkosten, wie z. B. Spezialwerkzeuge; Modelle und Entwicklungskosten sowie Sondereinzelkosten des Vertriebs wie z. B. Fracht und Verpackung. Sie können den Produkten ebenfalls direkt zugerechnet werden.

Gemeinkosten sind Kosten, die nur indirekt den Produkten (Kostenträger) zugerechnet werden können oder deren Zurechnung nur mit einem unverhältnismäßig hohen Aufwand möglich wäre. Sie werden über die Kostenstellen auf die Produkte mit Hilfe von Schlüsseln und Zuschlagsätzen verrechnet.

Gemeinkosten: nur indirekt zurechenbare Kosten

Kostenstelleneinzelkosten (Kostenträgergemeinkosten) sind Gemeinkosten, die auf die Kostenstellen (z. B. Fertigung oder Verwaltung) direkt zugerechnet werden können. Zu ihnen gehören kalkulatorische Abschreibungen auf Maschinen der jeweiligen Kostenstelle, Gehalt des Kostenstellenleiters usw.

Kostenstellengemeinkosten sind Gemeinkosten, die auch auf die Kostenstellen nur indirekt d. h. über Verrechnungsschlüssel zugerechnet werden können. Zu ihnen gehören z. B. die Abschreibung für das Gebäude, Kosten für Sozialeinrichtungen (z. B. Kantine) und der Energieverbrauch.

3.3 Abhängigkeit vom Beschäftigungsgrad

Schwankt der Beschäftigungsgrad in einem Betrieb, so muss die Auswirkung auf die Kosten differenziert betrachtet werden. Es gibt Kosten, die bei schwankender Ausbringungsmenge ebenfalls schwanken. Andere Kosten verändern sich nicht, wenn mehr oder weniger produziert wird.

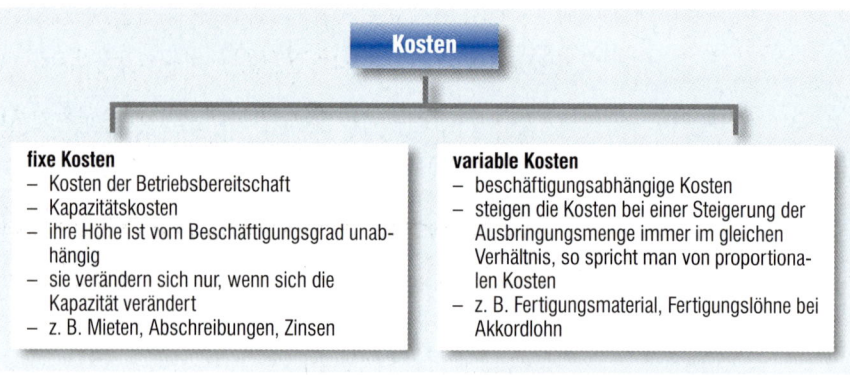

Kosten

fixe Kosten
- Kosten der Betriebsbereitschaft
- Kapazitätskosten
- ihre Höhe ist vom Beschäftigungsgrad unabhängig
- sie verändern sich nur, wenn sich die Kapazität verändert
- z. B. Mieten, Abschreibungen, Zinsen

variable Kosten
- beschäftigungsabhängige Kosten
- steigen die Kosten bei einer Steigerung der Ausbringungsmenge immer im gleichen Verhältnis, so spricht man von proportionalen Kosten
- z. B. Fertigungsmaterial, Fertigungslöhne bei Akkordlohn

In der Regel treten fixe Kosten und variable Kosten gleichzeitig auf.

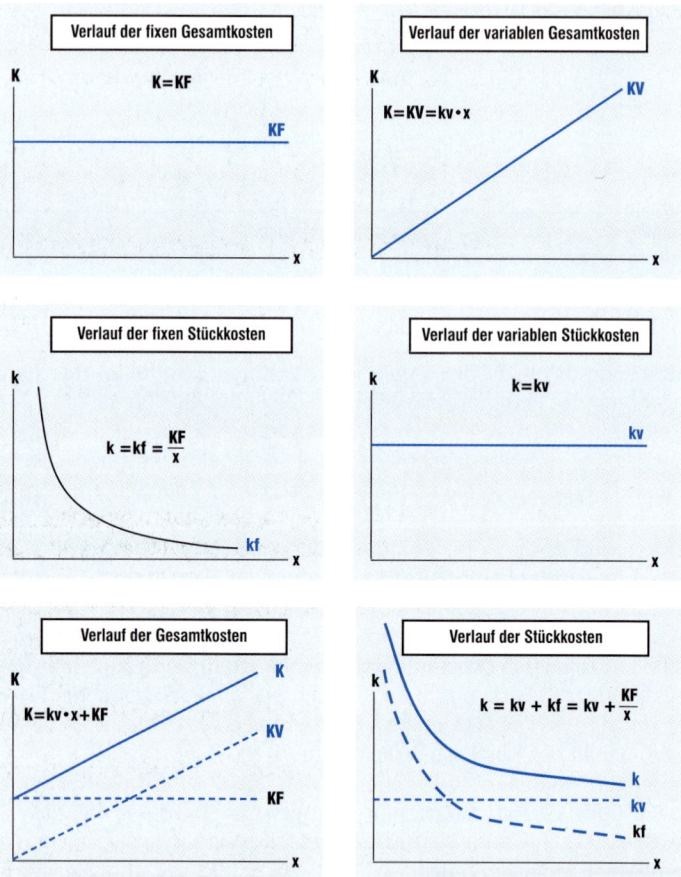

x: Beschäftigung (Ausbringungsmenge); K: Gesamtkosten, k: Stückkosten, kf: fixe Stückkosten, kv: variable (proportionale) Stückkosten, KF: fixe Gesamtkosten, KV: variable (proportionale) Gesamtkosten

Die **fixen Gesamtkosten** sind unabhängig von der Ausbringungsmenge. Sie würden nur ansteigen, wenn z. B. neue Maschinen gekauft würden. Dies würde eine Kapazitätsausweitung und einen Anstieg der fixen Kosten um einen bestimmten Betrag (sprungfixe Kosten) zur Folge haben. Die **fixen Stückkosten** vermindern sich mit zunehmender Ausbringungsmenge, da sich die Kosten auf eine immer größere Stückzahl verteilen.

Fixe Kosten, Kapazitätskosten, unabhängig von der Ausbringungsmenge

Die **variablen Stückkosten** sind, soweit es sich um **proportionale Kosten** (→) handelt, für jede Mengeneinheit gleich. Wird eine zusätzliche Einheit produziert, so steigen die Gesamtkosten um einen festen Betrag an. Diese Kostensteigerung, die eine zusätzlich produzierte Einheit auslöst, nennt man **Grenzkosten**. Bei proportionalen Kosten entsprechen die variablen Stückkosten den Grenzkosten. Die **variablen Gesamtkosten** sind linear.

Variable Kosten: steigen mit der Ausbringungsmenge an

Betrachtet man die **gesamten Kosten** eines Betriebes bei **linearem** Kostenverlauf, so bilden die fixen Kosten einen Sockel, auf dem die variablen Kosten aufbauen. Die **Stückkosten** (Durchschnittskosten) vermindern sich mit zunehmender Ausbringungsmenge, da sich die fixen Bestandteile auf eine immer größere Stückzahl verteilen. Sie nähern sich den variablen Stückkosten an. Man spricht von Stückkostendegression.

Proportionale Kosten: linearer Kostenveraluf

Beispiel

Bei der Fertigung fallen variable Kosten von 20,00 € je Stück an. Die fixen Kosten betragen 70.000,00 € pro Monat. Im Monat werden 8.000,00 Stück produziert.

Gesamtkosten:

$KF = 70.000,00 €$

$KV = 20 \cdot 8000 = 160.000,00 €$

$K = 20x + 70000 = 20 \cdot 8000 + 70000$

$K = 230.000,00 €$

Stückkosten

$kf = \dfrac{7000}{8000} = 8,75 \text{ DM}$

$kv = 20,00 €$

$k = 20 + \dfrac{70.000}{8.000} = \dfrac{230.000}{8.000}$

$k = 28,75 €$

Rechnerische Lösung

Zeichnerische Lösung

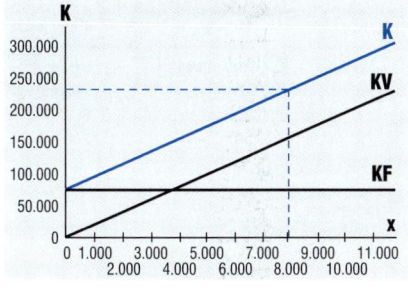

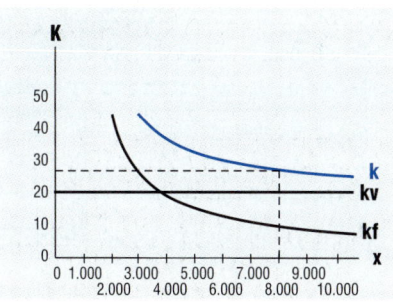

Nicht lineare Kostenverläufe

EXKURS!

degressiver Kostenverlauf (→)

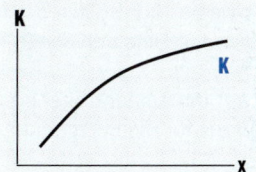

z. B. Materialkosten steigen
langsamer durch Mengenrabatte

progressiver Kostenverlauf (→)

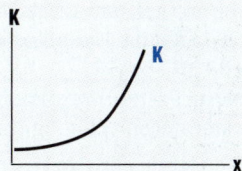

z. B. Fertigungskosten steigen
stärker durch Ausschussproduktion

ertragsgesetzlicher Kostenverlauf (→)

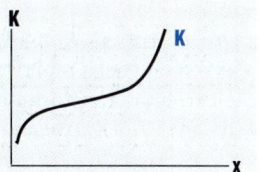

degressiv: bessere Auslastung
progressiv: Überlastung

4 Kostenstellenrechnung

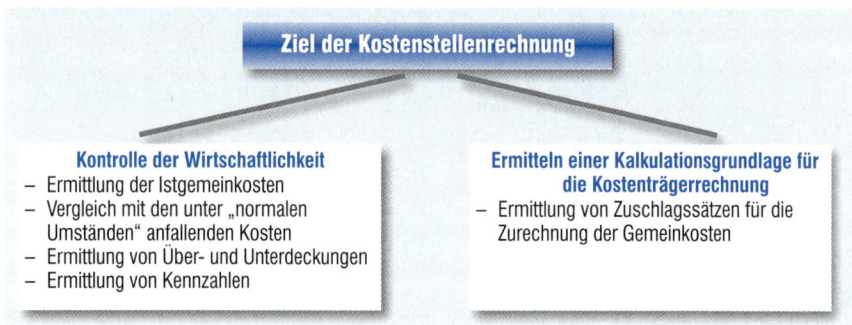

Gemeinkosten: nicht direkt auf die Kostenträger zurechenbare Kosten

Zunächst sind die Istgemeinkosten zu ermitteln. Die **Gemeinkosten** werden zunächst auf die Kostenstellen zugerechnet und danach mit Hilfe von Zuschlagssätzen den Kostenträgern zugerechnet. Bei **Kostenstelleneinzelkosten** ist bekannt, in welcher Höhe und in welcher Kostenstelle sie angefallen sind. Sie lassen sich der Kostenstelle direkt zurechen. Die **Kostenstellengemeinkosten** werden mit Hilfe von Schlüsseln auf die Kostenstellen umgelegt. Die Verteilung der Gemeinkosten auf die Kostenstellen erfolgt im **Betriebsabrechnungsbogen (BAB.)**
Die Einteilung der Kostenstellen folgt in der Regel den betrieblichen Funktionen.

Kostenstelleneinzel-kosten sind auf die Kostenstelle direkt zurechenbar

Kostenstellengemein-kosten sind nicht auf die Kostenstelle direkt zurechenbar

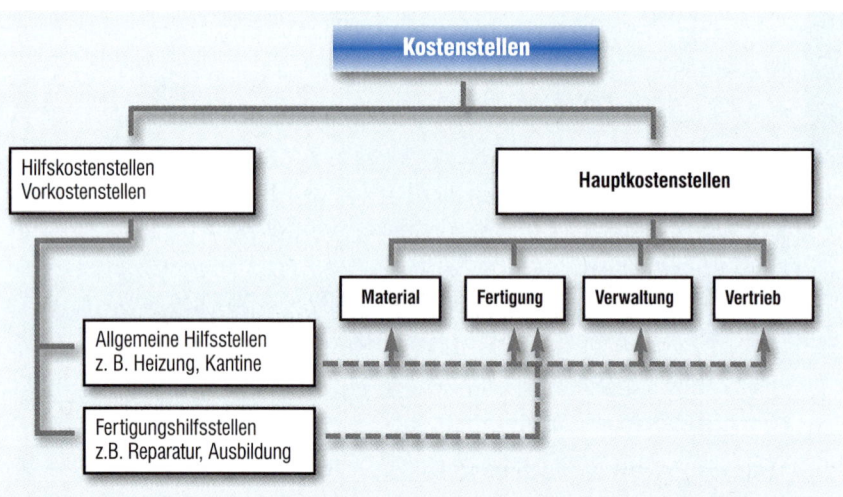

Die Kostenstellen können weiter nach Tätigkeit (z. B. Dreherei, Fräserei, Montage) oder nach Verantwortungsbereichen bzw. räumlichen Gesichtspunkten unterteilt werden. Die Vor- oder Hilfskostenstellen nehmen Kosten, die alle Kostenstellen bzw. mehrere Fertigungsstellen betreffen, auf, um diese Kosten besser kontrollieren zu können. Danach werden die Kosten auf die Hauptkostenstellen mit Hilfe von Schlüsseln verteilt (siehe mehrstufiger BAB).
Die Einzelkosten (Kostenträgereinzelkosten) werden direkt auf die Kostenträger zugerechnet und spielen in der Kostenstellenrechnung nur als Basis für die Berechnung der Zuschlagssätze eine Rolle.

4.1 Einfacher Betriebsabrechnungsbogen

Im einstufigen Betriebsabrechnungsbogen (BAB) treten keine Vorkostenstellen (Hilfs-kostenstellen) auf. Die **Istgemeinkosten** (tatsächlich angefallenen Gemeinkosten) werden auf die Hauptkostenstellen verteilt. Die Kostenstelleneinzelkosten werden auf Grund entsprechender Aufzeichnungen wie z. B. Gehaltslisten, Arbeitsnachweise, Materialentnahmescheine, Zählern usw. direkt verteilt. Die Verteilung der Kostenstellengemeinkosten erfolgt über Verteilungsschlüssel, z. B. Fläche, Beschäftigte, Erfahrungswerte.

*Istgemeinkosten:
Tatsächlich angefalle-
nen Kosten*

Nach der Übernahme aus der Buchhaltung liegen folgende Gemeinkosten vor:

Kostenarten	Betrag	Verteilungsschlüssel	Art
Hilfsstoffe	200.000,00	Materialentnahmeschein	
Hilfslöhne	20.000,00	Lohnliste	Kostenstelleneinzelkosten
Gehälter	20.000,00	Gehaltsliste	
Miete	50.000,00	qm	Kostenstellen-gemeinkosten
Abschreibungen	60.000,00	Anlagekartei	

Angaben zur Verteilung:

	Material	Fertigung	Verwaltung	Vertrieb
Materialentnahmescheine	100.000,00	60.000,00	30.000,00	10.000,00
Lohnliste	10.000,00	10.000,00		
Gehaltsliste	2.000,00	4.000,00	8.000,00	6.000,00
Fläche (qm)	200	100	100	100
Anlagekartei (Schlüssel)	1	2	1	2

Verteilung der Kosten:
Die Kostenstelleneinzelkosten können direkt in den BAB übertragen werden.
Die Verteilung der Kostenstellengemeinkosten erfolgt über die Schlüssel nach folgender Formel:

$$\text{Gemeinkosten der Kostenstelle} = \frac{\Sigma\,\text{Gemeinkosten} \bullet \text{Teile der Kostenstelle}}{\Sigma\,\text{der Teile}}$$

Für die Verteilung der Miete, die nach m² verteilt werden soll, ergibt sich folgendes Bild:

$$\Sigma\,\text{der Teile} = \Sigma m^2 = 200+100+100+100 = 500$$

$$\text{GK} - \text{Miete} - \text{Material} = \frac{50.000 \bullet 200}{500} = 20.000$$

$$\text{GK} - \text{Miete} - \text{Fertigung} = \frac{50.000 \bullet 100}{\Sigma\,500} = 10.000$$

usw.

Die Verteilung der Abschreibungen erfolgt analog.

Betriebsabrechnungsbogen (BAB)

Hauptkostenstelle / Kostenart	Summe	Material	Fertigung	Verwaltung	Vertrieb
Hilfsstoffe	200.000,00	100.000,00	60.000,00	30.000,00	10.000,00
Hilfslöhne	20.000,00	10.000,00	10.000,00		
Gehalt	20.000,00	2.000,00	4.000,00	8.000,00	6.000,00
Miete	50.000,00	20.000,00	10.000,00	10.000,00	10.000,00
Abschreibungen	60.000,00	10.000,00	20.000,00	10.000,00	20.000,00
Ist-Gemeinkosten	350.000,00	142.000,00	104.000,00	58.000,00	46.000,00

Häufig werden auch im einstufigen BAB mehrere Fertigungshauptstellen verwendet. In diesem Falle werden in dem BAB eine oder mehrere Spalten eingefügt (siehe mehrstufiger BAB).

4.2 Mehrstufiger Betriebsabrechnungsbogen

Mehrstufiger BAB: Vorkostenstellen werden auf die Hauptkostenstellen umgelegt.

Um bestimmte Kosten getrennt zu erfassen und besser kontrollieren zu können, werden Hilfskostenstellen (Vorkostenstellen) eingerichtet. In ihnen werden im mehrstufigen BAB die jeweiligen Kosten gesammelt und dann umgelegt. Die **Allgemeinen Hilfskostenstellen** (Kantine, Heizung, Hausverwaltung usw.) dienen allen anderen Kostenstellen und werden nach der Verteilung der Kosten auf die anderen Kostenstellen umgelegt. Die **Fertigungshilfskostenstellen** (Reparatur, Arbeitsvorbereitung, Lehrlingswerkstatt) dienen den Fertigungshauptstellen und werden nach der Verteilung der Kosten auf die Fertigungshauptstellen umgelegt. Die Reihenfolge ist bei der Umlage zu beachten (auf eine gegenseitige Verrechnung wird in diesem Rahmen verzichtet).

Beispiel

Nach Materialentnahmescheinen sowie Lohn- und Gehaltslisten wurden die Stelleneinzelkosten (Hilfsstoffe, Hilfslöhne, Gehälter) ermittelt. Die sonstigen Kosten sind als Kostenstellengemeinkosten nach dem unten stehenden Schlüssel auf die Kostenstellen zu verteilen.

Text	Summe	Energie	Fuhrpark	Material	Fertigung TF*	Fertigung Montage	Fert.Hi. WB*	Verwaltung	Vertrieb
Hilfsstoffe	43.000,00	6.000,00	4.000,00	5.000,00	3.000,00	12.000,00	10.000,00	2.000,00	1.000,00
Hilfslöhne	184.000,00	35.000,00	28.000,00	19.000,00	13.000,00	45.000,00	38.000,00	0,00	6.000,00
Gehälter	518.000,00	68.000,00	37.000,00	42.000,00	18.000,00	84.000,00	76.000,00	154.000,00	39.000,00
sonst. Kosten	800.000,00	1	1	1	2	2	1	1	1

*TF: Teilefertigung, WB: Fertigungshilfskostenstelle Werkzeugbau

Die allgemeinen Hilfskostenstellen sind nach folgendem Schlüssel zu verteilen:
Energie: 1:1:3:6:5:3:1
Fuhrpark: 4:1.2:2:2:2
Die Fertigungshilfsstelle ist im Verhältnis 3:2 zu verteilen.

Die Umlage der Hilfskostenstellen erfolgt wie die Umlage der Kostenstellengemeinkosten.

Beispiel

Umlage Energie auf die Kostenstellen Fuhrpark usw.

$$\text{Umlage Energie – Fuhrpark} = \frac{189.000 \cdot 1}{20} = 9.450,00\ €$$

usw.

Mehrstufiger BAB

Text	Summe	Allgemeine Hilfs-.kostenstelle Energie	Allgemeine Hilfs-.kostenstelle Fuhrpark	Fertigung Material	Fertigung Fertigungshaupt-kostenstellen Teilefert.	Fertigung Fertigungshaupt-kostenstellen Montage	Fertigung FertHi-Ko.St Werkzeugbau	Verwaltung	Vertrieb
Hilfsstoffe	43.000	6.000	4.000	5.000	3.000	12.000	10.000	2.000	1.000
Hilfslöhne	184.000	35.000	28.000	19.000	13.000	45.000	38.000	0	6.000
Gehälter	518.000	68.000	37.000	42.000	18.000	84.000	76.000	154.000	39.000
sonst. K.	800.000	80.000	80.000	80.000	160.000	160.000	80.000	80.000	80.000
ΣIstGK.	1.545.000	189.000	149.000	146.000	194.000	301.000	204.000	236.000	126.000
Uml.Energ.		→	9.450	9.450	28.350	56.700	47.250	28.350	9.450
Uml. Fuhr.			158.450						
			→	31.690	15.845	15.845	31.690	31.690	31.690
Uml. FertHi							282.940		
					113.176	169.764	←		
Σ Ist-GK	1.545.000			187.140	351.371	543.309		296.040	167.140

Es wird zunächst die erste allgemeine Hilfskostenstelle (Energie) auf alle anderen Kostenstellen umgelegt. Danach wird die zweite allgemeine Kostenstelle (Fuhrpark) verteilt. Danach werden die Fertigungshilfskostenstellen auf die Fertigungshauptkostenstellen verteilt. Wird keine gegenseitige Verrechnung vorgenommen, so ist darauf zu achten, dass die später angeordneten Kostenstellen keine Aufgaben für die vorherliegenden Kostenstellen übernehmen und deshalb diese auch nicht mit deren Kosten belastet werden müssen.

4.3 Berechnung der Gemeinkostenzuschlagssätze

Auf Grund der in den Hauptkostenstellen ermittelten Istgemeinkosten können die Istgemeinkostenzuschlagssätze ermittelt werden. Sie berechnen sich nach der folgenden Formel:

$$\text{Ist-Zuschlagssatz} = \frac{\text{Istgemeinkosten der Kostenstelle} \cdot 100}{\text{Istbasis}}$$

Als **Istzuschlagsbasis** dienen
- für die Materialgemeinkosten das Fertigungsmaterial (Einzelkosten)
- für die Fertigungsgemeinkosten die Fertigungslöhne (Einzelkosten)
- für die Verwaltungs- und Vertriebsgemeinkosten die Herstellkosten des Umsatzes

Istzuschlagsbasis:
Berechnungsbasis der
Istgemeinkosten

Beispiel

Ohne Bestandsveränderungen
Im mehrstufigen BAB wurden für die Hauptkostenstellen folgende Istgemeinkosten ermittelt:

	Summe	Hauptkostenstellen Material	Hauptkostenstellen Fertigung Teilefert.	Hauptkostenstellen Fertigung Montage	Hauptkostenstellen Verwaltung	Hauptkostenstellen Vertrieb
Ist-GK	1.545.000	187.140	351.371	543.309	296.040	167.140

Einzelkosten:		Sondereinzelkosten:	
Fertigungsmaterial	1.100.000 €	Fertigung	10.000 €
Fertigungslöhne Teilefertigung	420.000 €	Vertrieb	5.000 €
Fertigungslöhne Montage	320.500 €		

Berechnung der Istzuschlagssätze

	Summe		Hauptkostenstellen			
		Material	Fertigung		Verwaltung	Vertrieb
			Teilefert.	Montage		
Σ Ist-GK	1.545.000	187.140	351.371	543.309	296.040	167.140
Ist-Basis		1.100.000	420.000	320.500	2.932.320	2.932.320
Ist-GK-Zuschlagsatz		17,01	83,66	169,52	10,10	5,70

Die Herstellkosten sind nach dem folgenden Kalkulationsschema zu ermitteln:

Fertigungsmaterial		1.100.000,00	
Materialgemeinkosten	17,01	187.140,00	
Materialkosten			1.287.140,00
Fertigungslöhne Teilefertigung		420.000,00	
Fertigungsgemeinkosten Teilefert.	83,66	351.371,00	
Fertigungslöhne Montage		320.500,00	
Fertigungsgemeinkosten Montage	169,52	543.309,00	
Sondereinzelkosten der Fertigung		10.000,00	
Fertigungskosten			1.645.180,00
Herstellkosten			**2.932.320,00**

Die Istzuschlagssätze dienen der Kontrolle der Wirtschaftlichkeit. Sie können mit den kalkulierten Kosten oder den Werten der Vorperioden verglichen werden.

Neben den Einzelkosten können **Sondereinzelkosten** auftreten. Sondereinzelkosten sind *Einzelkosten* (d. h. auf die Kostenträger direkt zurechenbar), die nur für bestimmte Aufträge anfallen und auf diese gesondert verrechnet werden. Man unterscheidet Sondereinzelkosten der Fertigung wie z. B. Konstruktionspläne, besondere Ausstattung und besondere Werkzeuge sowie Sondereinzelkosten des Vertriebes wie z. B. Verpackung, Fracht.
Die jeweiligen Sondereinzelkosten der Fertigung sind nicht Bestandteil der Berechnungsbasis für die Fertigungsgemeinkosten. Sie gehen aber in die Herstellkosten des Umsatzes ein. Die Sondereinzelkosten des Vertriebs sind nicht Bestandteil der Herstellkosten des Umsatzes. Die Herstellkosten des Umsatzes, die Verwaltungsgemeinkosten, die Vertriebsgemeinkosten und die Sondereinzelkosten des Vertriebes ergeben die Selbstkosten.

EXKURS!   Bei der Bewertung des Vermögens in der Geschäftsbuchhaltung wird der steuerrechtliche Begriff „Herstellungskosten" verwendet. Die Berechnung der Herstellungskosten deckt sich nicht vollständig mit der Berechnung der Herstellkosten in der Kostenrechnung (siehe Kapitel Jahresabschluss, Bewertung, Erfolgsanalyse 2.2). In der LIteratur wird gelegentlich auch in der Kostenrechnung der Begriff Herstellungskosten verwendet.

Bestandsveränderungen

Wird auf Lager produziert oder werden Erzeugnisse vom Lager genommen (Bestandsveränderungen), so hat dies Auswirkungen auf die Kosten und Erlöse einer Periode, da sich Verschiebungen zwischen den Perioden ergeben. Bei der Ermittlung der Zuschlagsbasis für die Verwaltungs- und Vertriebsgemeinkosten muss dies berücksichtigt werden.

Die Vertriebsgemeinkosten fallen im vollen Umfang nur für die abgesetzten Produkte an. Das Gleiche gilt in abgeschwächter Form auch für die Verwaltungsgemeinkosten. Deshalb werden für die Verwaltungs- und Vertriebsgemeinkosten die Herstellkosten des Umsatzes (Herstellkosten der tatsächlich abgesetzten Produkte) als Bezugsbasis genommen.

Bestandsveränderungen: Bestände im Lager sinken oder steigen

Bei den Einzelkosten und den in den Hauptkostenstellen ermittelten Gemeinkosten handelt es sich um die Herstellkosten der Abrechnungsperiode. Werden sie um die Bestandsveränderungen der unfertigen Erzeugnisse korrigiert, so erhält man die Herstellkosten der Fertigung. Nach Berücksichtigung der Bestandsveränderungen der fertigen Erzeugnisse erhält man die Herstellkosten des Umsatzes und damit die Basis für die Berechnung der Verwaltungs- und Vertriebsgemeinkosten.

Bestandsveränderungen werden zu den Herstellkosten bewertet. Bei der Bewertung werden in diesem Buch die Normalgemeinkosten zu Grunde gelegt (siehe 3.5).

Eine Berechnung mit Hilfe der Istgemeinkosten ist prinzipiell möglich. Da die Istgemeinkostenzuschlagssätze jedoch erst im nachhinein festgestellt werden können, ist dies häufig schwierig. Ein Beispiel zur Ermittlung der Bestandsveränderungen mit Hilfe der Normalgemeinkostenzuschlagssätze befindet sich im Abschnitt 4.5 dieses Kapitels.

Beispiel

Mit Bestandsveränderungen

Die Bestände an unfertige Erzeugnissen haben sich um 40.000,00 € erhöht. Die Bestände an Fertigerzeugnissen haben um 30.000,00 € abgenommen.

Berechnung der Herstellkosten des Umsatzes

Herstellkosten der Abrechnungsperiode	2.932.320,00
Bestandsveränderungen an unfertigen Erzeugnissen	−40.000,00
Herstellkosten der Fertigung	2.892.320,00
Bestandsveränderungen an Fertigerzeugnisse	+30.000,00
Herstellkosten des Umsatzes	**2.922.320,00**

Berechnung der Istzuschlagssätze

	Summe	Hauptkostenstellen				
		Material	Fertigung		Verwaltung	Vertrieb
			Teilefert.	Montage		
Σ Ist-GK	1.545.000	187.140	351.371	543.309	296.040	167.140
Ist-Basis		1.100.000	420.000	320.500	2.932.320	2.932.320
Ist-GK-Zuschlagsatz		17,01	83,66	169,52	10,10	5,70

4.4 Über- und Unterdeckungen

NGK-ZS:
Zuschlagsätze mit de-
nen kalkuliert wird

NGK:
Normalisierte Ist-GK
der vergangenen
Perioden.
Im Normalfall anfal-
lende Kosten.

Die Gemeinkostenzuschlagssätze werden unter anderem zur Kalkulation des Angebotspreises verwendet. Die Kalkulation kann nicht ständig den schwankenden Istzuschlagssätzen angepasst werden. Man arbeitet deshalb i. d. R. mit **Normalgemeinkostenzuschlagssätzen.** Sie werden auf Grund der Istwerte der letzten Jahre (Erfahrungswerte) festgelegt. Dabei werden außergewöhnliche Faktoren herausgerechnet und zukünftige Entwicklungen berücksichtigt.
Als Normalgemeinkostenzuschlagsbasis dienen bei den Material- und Fertigungsgemeinkosten die Einzelkosten. Für die Verwaltungs- und Vertriebsgemeinkosten werden die Herstellkosten des Umsatzes (mit Normalgemeinkosten) verwendet.

Die **Normalgemeinkosten** werden nach folgender Formel berechnet:

$$\text{Normalgemeinkosten} = \frac{\text{Normalgemeinkostenzuschlagssatz} \cdot \text{Normalbasis}}{100}$$

Gemeinkosten

Istgemeinkosten
– tatsächlich angefallene Kosten
– durch Verteilung auf die Kostenstellen ermittelt

Normalgemeinkosten
– kalkulierte Kosten
– auf Grund von Vergangenheitswerten unter Berücksichtigung von Änderungen ermittelt (Erfahrungswerte, normalisierte Ist-GK)

Weichen die Istgemeinkosten und die Normalgemeinkosten voneinander ab, so entstehen Über- und Unterdeckungen.

Überdeckung	Unterdeckung
– Normal-GK > Ist-GK	– Normal-GK < Ist-GK
– Es sind weniger Kosten angefallen als kalkuliert	– Es sind mehr Kosten angefallen als kalkuliert
– **Kosteneinsparung**	– **Kostenüberschreitung (Mehrverbrauch)**
– zu hohe Preise	– zu niedrige Preise

Beispiel

Der Betrieb kalkuliert mit folgenden Normalgemeinkostenzuschlagssätzen:
Material: 18 %, Fertigung – Teilefertigung 80 %, Fertigung – Montage 160 %,
Verwaltung 10 %, Vertrieb 6 %

Berechnung der Normalbasis:

	NGK-ZS		
Fertigungsmaterial		1.100.000,00	
Materialgemeinkosten	18,00	198.000,00	
Materialkosten			1.298.000,00
Fertigungslöhne Teilefertigung		420.000,00	
Fertigungsgemeinkosten Teilefert.	80,00	336.000,00	
Fertigungslöhne Montage		320.500,00	
Fertigungsgemeinkosten Montage	160,00	512.800,00	
Sondereinzelkosten der Fertigung		10.000,00	
Fertigungskosten			1.599.300,00
Herstellkosten der Abrechnungsperiode			2.897.300,00
Bestandsveränderungen an unfertige Erzeugnissen			-40.000,00
Herstellkosten der Fertigung			2.857.300,00
Bestandsveränderungen an Fertigerzeugnissen			+30.000,00
Herstellkosten des Umsatzes			**2.887.300,00**

Berechnung der Normalgemeinkosten und der Über- und Unterdeckungen:

	Summe	Material	Fertigung Teilefert.	Fertigung Montage	Verwaltung	Vertrieb
Σ Ist-GK	1.545.000	187.140	351.371	543.309	296.040	167.140
Ist-Basis		1.100.000	420.000	320.500	2.932.320	2.932.320
Ist-GK-Zuschlagsatz		17,01	83,66	169,52	10,10	5,70
Normal-GK-Zuschlagsatz		**18,00**	**80,00**	**160,00**	**10,00**	**6,00**
Normalbasis		**1.100.000**	**420.000**	**320.500**	**2.887.300**	**2.887.300**
Normalgemeinkosten		**198.000**	**336.000**	**512.800**	**288.730**	**173.238**
Über-/Unterdeckung		**10.860**	**-15.371**	**-30.509**	**-7.310**	**6.098**

Insgesamt liegt eine Unterdeckung von 36.232 vor.
Es sind mehr Gemeinkosten angefallen als kalkuliert wurden. Die Teilefertigung
weist die größte Abweichung auf. Dies kann auf Unwirtschaftlichkeiten in der
Kostenstelle zurückzuführen sein. Es ist jedoch auch möglich, dass der Normalgemeinkostenzuschlagssatz zu niedrig angesetzt wurden oder dass Absatz-
schwankungen bzw. unvorhersehbare Ereignisse eingetreten sind.

4.5 Ermittlung der Bestandsveränderungen

Es treten Bestandsveränderungen an **fertigen** und **unfertigen** Erzeugnissen auf. Die Bestandsveränderungen bei fertigen Erzeugnissen sind in der Praxis relativ leicht mit Hilfe der Lagerbuchhaltung zu ermitteln. Die Bestandsveränderungen an unfertigen Erzeugnissen bereiten jedoch Schwierigkeiten, da die unfertigen Erzeugnisse im Fertigungsprozess verteilt sind. Sie müssten in jedem Monat durch Inventur und Bewertung, die bei einem unfertigen Erzeugnis schwierig ist, ermittelt werden.

Sind die Herstellkosten der Abrechnungsperiode und die Herstellkosten der Fertigung bekannt, so lassen sich die Bestandsveränderungen an unfertigen Erzeugnissen als Differenz berechnen. Die Herstellkosten der Abrechnungsperiode können aus dem BAB und den Einzelkosten ermittelt werden.

Zur Berechnung der BV werden in diesem Buch die Normal-GK verwendet.

Sind die abgesetzten und die gefertigten Erzeugnisse in Stück bekannt, so können die Bestandsveränderungen an fertigen Erzeugnissen in Mengeneinheiten errechnet werden. Die **Herstellkosten je Stück** werden aus Gründen der Vereinfachung mit Hilfe der Normalgemeinkostenzuschlagssätze errechnet. Multipliziert man die Herstellkosten je Stück mit der abgesetzten Menge, so lassen sich die Herstellkosten des Umsatzes ermitteln. Durch die Multiplikation mit Bestandsveränderungen in Mengeneinheiten erhält man die Bestandsveränderungen an Fertigerzeugnissen. Nun kann auf die Herstellkosten der Fertigung zurückgerechnet werden. Die Herstellkosten der Fertigung können auch durch die Multiplikation der hergestellten Menge mit den Herstellkosten je Stück berechnet werden. Die Bestandsveränderungen an unfertigen Erzeugnissen ergeben sich dann als Differenz zwischen den Herstellkosten der Abrechnungsperiode und den Herstellkosten der Fertigung

Beispiel

Herstellkosten der Abrechnungsperiode	250.000,00 €
Fertigungsmaterial je Stück	5,00 €
Normalgemeinkostenzuschlagssatz – Material	10 %
Normalgemeinkostenzuschlagssatz – Fertigung	100 %
verkaufte Stück	12.200 Stück
gefertigte Stück	12.700 Stück
Fertigungslöhne je Stück	7,50 €
Fertigungsgemeinkosten (NormalGK)	100 %

Berechnung der Bestandsveränderung in Stück
Bestandsveränderung FE = 12.700 Stück – 12.200 Stück = 500 Stück (Mehrung)

Berechnung der Herstellkosten je Stück:

Fertigungsmaterial	5,00
Materialgemeinkosten 10 %	0,50
Fertigungslöhne	7,50
Fertigungsgemeinkosten 100 %	7,50
Herstellkosten je Stück	**20,50**

Berechnung der Bestandsveränderungen

Herstellkosten der Abrechnungsperiode	250.000,00 €
+ Bestandsveränderungen unfertige Erzeugnisse (Minderung)	**10.350,00 €**
Herstellkosten der Fertigung 12.700 • 20,50	260.350,00 €
– Bestandsveränderung Fertigerzeugnisse (Mehrung) 500 • 20,50	10.250,00 €
Herstellkosten des Umsatzes 12.200 (20,50	250.100,00 €

5 Kostenträgerzeitrechnung

In der Kostenträgerzeitrechung werden die **Kosten und Leistungen** eines **Abrechnungszeitraums** nach **Produktgruppen gegenübergestellt und das Betriebsergebnis** ermittelt. Es werden alle Kosten **berücksichtigt. Aus diesem Grunde spricht man von der Vollkostenrechnung**. Diese Gegenüberstellung kann im Kostenträgerzeitblatt erfolgen.

Leistungen
– Kosten
= Betriebsergebnis

(betrieblicher Gewinn)

5.1 Kostenträgerzeitblatt

Das Kostenträgerzeitblatt kann auf Istkostenbasis als Nachkalkulation zur Kontrolle erstellt werden oder der Vorkalkulation dienen.

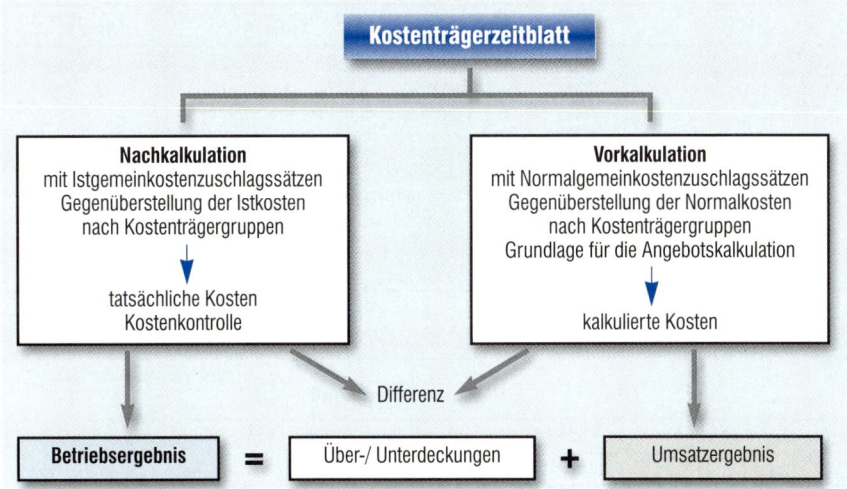

5.1.1 Kostenträgerzeitblatt mit Istkosten

Das Kostenträgerzeitblatt zur **Nachkalkulation** stellt die Istkosten nach Produktgruppen gegenüber. Die Istgemeinkosten werden aus dem BAB übernommen und in Form einer differenzierten Zuschlagskalkulation gegliedert.

Nachkalkulation:
Ermittlung der Istkosten zur Kontrolle

Differenzierte Zuschlagskalkulation in der Kostenträgerzeitrechnung

Fertigungsmaterial	Material-kosten	H K d A	H K d F	H K d U
Materialgemeinkosten				
Fertigungslöhn	Fertigungs-kosten			
Fertigungsgemeinkosten				
Sondereinzelkosten der Fertigung				Selbstkosten
Bestandsveränderungen unfertige Erz.				
Bestandsveränderungen Fertigerz.				
Verwaltungsgemeinkosten				
Vertriebsgemeinkosten				
Sondereinzelkosten des Vertriebs				

Die Einzelkosten, Sondereinzelkosten und Umsatzerlöse können direkt auf die Produktgruppen zugerechnet werden. Die Gemeinkosten werden mit Hilfe der im BAB ermittelten Istgemeinkostenzuschlagssätze auf die Produktgruppen verteilt. Es werden die Selbstkosten der Abrechnungsperiode ermittelt und den Umsatzerlösen gegenübergestellt. Das Betriebsergebnis ist die Differenz aus Selbstkosten und Umsatzerlösen.

Beispiel:
Die Istgemeinkosten und die Zuschlagssätze können dem BAB (Kapitel 4.4) entnommen werden. Die UMTECH AG produziert die Filter A und B. Für die Einzelkosten, die Sondereinzelkosten, die Bestandsveränderungen und die Umsatzerlöse gilt folgende Verteilung:

	Gesamt	Filter A	Filter B
FM	1.100.000	600.000	500.000
FL-Teilefertigung	420.000	240.000	180.000
FL-Montage	320.500	200.000	120.500
Sondereinzelkosten Fertigung	10.000	10.000	
Sondereinzelkosten Vertrieb	5.000	5.000	
BVUFE	40.000	15.000	25.000
BVFE	-30.000	-20.000	-10.000
UE	3.650.000	2.100.000	1.550.000

Kostenträgerzeitblatt auf Istkostenbasis

	Ist-GK-ZS	Gesamt	Kostenträgergruppe	
			A	B
Fertigungsmaterial		1.100.000	600.000	500.000
Materialgemeinkosten	17,01	187.140	102.076	85.064
Fertigungslöhne Teilefertigung		420.000	240.000	180.000
Fertigungsgemeinkosten Teilefert.	83,66	351.371	200.783	150.588
Fertigungslöhne Montage		320.500	200.000	120.500
Fertigungsgemeinkosten Montage	169,52	543.309	339.038	204.271
Sondereinzelkosten der Fertigung		10.000	10.000	0
Herstellkosten der Abrechnungsperiode		2.932.320	1.691.898	1.240.422
Bestandsveränderungen UFE		-40.000	-15.000	-25.000
Herstellkosten der Fertigung		2.892.320	1.676.898	1.215.422
Bestandsveränderungen an FE		30.000	20.000	10.000
Herstellkosten des Umsatzes		2.922.320	1.696.898	1.225.422
Verwaltungsgemeinkosten	10,13	296.040	171.901	124.139
Vertriebsgemeinkosten	5,72	167.140	97.053	70.087
Sondereinzelkosten des Vertriebes		5.000	5.000	0
Selbstkosten		3.390.500	1.970.852	1.419.648
Nettoverkaufserlöse		3.650.000	2.100.000	1.550.000
Betriebsergebnis		**259.500**	**129.148**	**130.352**

Der Filter B bringt bei niedrigeren Nettoverkaufserlösen ein höheres Betriebsergebnis und ist offensichtlich das ertragsstärkere Produkt.

Diese Beurteilung ist nur zutreffend, wenn die Gemeinkosten richtig verrechnet wurden. Dies ist nur der Fall, wenn sich die Gemeinkosten wie ihre Basis, d. h. die Einzelkosten bzw. die Herstellkosten des Umsatzes, verhalten.

Exkurs: Beurteilung
Zur Beurteilung könnte z. B. die betriebsbezogene Umsatzrentabilität herangezogen werden. Sie gibt an, wie viel Prozent des Umsatzerlöses betrieblicher Gewinn ist.

$$\text{Unsatzrentabilität} = \frac{\text{Betriebsergebnis} \bullet 100}{\text{Umsatzerlöse}}$$

$$\text{Umsatzrentabilität} = \frac{259.500 \bullet 100}{3.650.000} = 7,11 \text{ \% für beide Produkte}$$

Für Filter A errechnet sich ein Wert von 6,15 % und für Filter B ein Wert von 8,41 %. Die Umsatzrentabilität bestätigt, dass der Filter B das Produkt ist, das den höheren Gewinn erzielt.

5.1.2 Kostenträgerzeitblatt mit Istkosten und Normalkosten

Neben der Zurechnung der Istkosten auf die Kostenträger im Rahmen einer Nachkalkulation kann auch eine **Vorkalkulation** durchgeführt werden. Sie berechnet die erwarteten Kosten und stellt sie den Umsatzerlösen gegenüber. Der so ermittelte erwartete betriebliche Gewinn wird Umsatzergebnis genannt.

Vorkalkulation: Ermittlung des Angebotspreises oder der erwarteten Kosten und Erlöse

Beispiel:
Es gelten die Angaben aus dem BAB in Kapitel 3.4 und die Werte aus dem Kostenträgerzeitblatt von Kapitel 4.2.1

Kostenträgerzeitblatt mit Ist- und Normalkosten – Vor- und Nachkalkulation

	Nachkalkulation Istgemeinkosten		Vorkalkulation Normalgemeinkosten				
	GK-ZS	Gemein-kosten	GK-ZS	Gesamt	A	B	Über-Unterd.
Fertigungsmaterial		1.100.000		1.100.000	600.000	500.000	
Materialgemeinkosten	17,01	187.140	18	198.000	108.000	90.000	10.860
Fertigungslöhne Teilefertigung		420.000		420.000	240.000	180.000	
Fertigungsgemeinkosten Teilefert.	83,66	351.371	80	336.000	192.000	144.000	−15.371
Fertigungslöhne Montage		320.500		320.500	200.000	120.500	
Fertigungsgemeinkosten Montage	169,52	543.309	160	512.800	320.000	192.800	−30.509
Sondereinzelkosten der Fertigung		10.000		10.000	10.000	0	
HK d. A.		2.932.320		2.897.300	1.670.000	1.227.300	
BV UFE		−40.000		−40.000	−15.000	−25.000	
HK d. F.		2.892.320		2.857.300	1.655.000	1.202.300	
BV FE		30.000		30.000	20.000	10.000	
HK d U.		2.922.320		2.887.300	1.675.000	1.212.300	
Verwaltungsgemeinkosten	10,13	296.040	10	288.730	167.500	121.230	−7.310
Vertriebsgemeinkosten	5,72	167.140	6	173.238	100.500	72.738	6.098
Sondereinzelkosten des Vertriebes		5.000		5.000	5.000	0	
Selbstkosten		3.390.500		3.354.268	1.948.000	1.406.268	
Nettoverkaufserlöse		3.650.000		3.650.000	2.100.000	1.550.000	
Umsatzergebnis				295.732	152.000	143.732	
Über-/Unterdeckung				−36.232			−36.232
Betriebsergebnis		259.500		259.500			

Für die Vorkalkulation werden mit Hilfe der Normalgemeinkostenzuschlagssätze die Normalgemeinkosten ermittelt und auf die Kostenträger (Produkte) verteilt. Die Einzelkosten und die Sondereinzelkosten können wie im Istkostenträgerzeitblatt direkt zugerechnet werden. Die Bestandsveränderungen werden wie in der Istrechnung mit Hilfe der Normalgemeinkostenzuschlagssätze ermittelt. Die Summe der Über- und Unterdeckungen, die sich aus der Differenz zwischen Normal- und Istgemeinkosten ergeben, entsprechen dem Unterschied zwischen **Betriebsergebnis** und **Umsatzergebnis**. Sie stellen einen Mehr- oder Minderverbrauch in den Kostenstellen dar. Ein Mehrverbrauch (Unterdeckung) ist in der Regel als Unwirtschaftlichkeit negativ zu bewerten. Eine Überdeckung kann auf ungewöhnliche Einsparungen oder auf eine falsche Kalkulation zurückzuführen sein.

Leistungen
– Kosten (NGK)
= Umsatzergebnis

Im vorliegenden Beispiel ergibt sich eine Unterdeckung von 36.232 €. Das Betriebsergebnis ist um diesen Betrag niedriger als das Umsatzergebnis. Durch einen Mehrverbrauch in den zwei Fertigungskostenstellen und in der Kostenstelle Verwaltung ist das Betriebsergebnis niedriger ausgefallen als erwartet.

5.2 Maschinenkosten

Die moderne industrielle Fertigung ist geprägt durch
- einen **hohen Anteil an fixen Gemeinkosten,** der durch die **kapitalintensive Fertigung** mit ihren hohen Abschreibungen und der hohen Kapitalbindung verursacht wird
- einen relativ **niedrigen Anteil der Fertigungslöhne,** da ein Arbeiter oft mehrere Maschinen bedient
- einen **hohen Anteil an Hilfslöhnen** für Maschinenwartung, Kontrolle usw, die nicht auf das Produkt zurechenbar sind, und die Gemeinkosten erhöhen
- einen **inhomogenen Maschinenpark,** der von den Produkten **unterschiedlich beansprucht** wird

Hohe Fertigungs-gemeinkostenzu-schlagssätze führen zu Fehlkalkulationen.

Durch diese Entwicklung wurden die Fertigungslöhne als Zuschlagbasis immer kleiner und die Fertigungsgemeinkosten immer höher. Dies führte zu Zuschlagssätzen im Fertigungsbereich von bis zu 300 % und mehr. Entspricht die Verteilung der Fertigungsgemeinkosten auf die Kostenträger nicht der Verteilung der Fertigungslöhne (Einzelkosten), so sind Fehlkalkulationen die Folge.

Maschinenstunden-sätze berücksichtigen den Verursacher der Kosten

Um dieser Fehlentwicklung entgegenzuwirken, wird die Nutzung der bei der Produktion im Mittelpunkt stehenden Maschinen zur Verrechnung herangezogen. Die Zuschlagskalkulation wird um die Verrechnung von Maschinenstundensätzen ergänzt.

Dabei empfielt sich folgende Vorgehensweise:

1. **Zerlegung der Fertigungsgemeinkosten** in maschinenabhängige Kosten (Maschinenkosten) und nicht zurechenbare Restgemeinkosten.
   Zumindest teilweise maschinenabhängig sind u. a.:
   Energiekosten
   kalkulatorische Abschreibungen
   kalkulatorische Zinsen
   Instandhaltungskosten
   Raumkosten

2. Verteilung der Maschinenkosten auf die jeweiligen Maschinen.

3. Berechnung des **Maschinenstundensatzes (MS)** nach der Formel:

$$\text{Maschinenstundensatz} = \frac{\Sigma\ \text{Maschinenkosten der Abrechnungsperiode}}{\Sigma\ \text{Maschinenstunden der Abrechnungsperiode}}$$

4. Berechnung des Rest-Fertigungsgemeinkostenzuschlagssatzes auf der Basis der Fertigungslöhne

$$\text{Rest} - \text{FGK} - \text{Zuschlagssatz} = \frac{\text{Restfertigungsgemeinkosten} \cdot 100}{\text{Fertigungslöhne}}$$

5. Verrechnung der Maschinenstundensätze im Kostenträgerzeitblatt und der Kalkulation (siehe 6.5)

Fertigungsmaterial
+ Materialgemeinkosten
+ **Maschinenkosten**
  $MS_A \cdot \text{Maschinenstunden}_A$
  $MS_B \cdot \text{Maschinenstunden}_B$
  :
+ Fertigungslöhne
+ Restfertigungsgemeinkosten (Rest-FGK-Zuschlagssatz $\cdot$ FL/100)
Herstellkosten ...
:

Beispiel

Da der Fertigungsgemeinkostenzuschlagssatz in der Abteilung Montage relativ hoch ist, soll die Einführung der Maschinenstundensatzrechnung geprüft werden. Dazu werden die Daten der letzten Abrechnungsperiode zu Grunde gelegt. Die Montage der Filter wird auf drei Anlagen (M1, M2 und M3) durchgeführt. Die Belastung der Anlagen durch die Produktgruppen ist unterschiedlich und kann in gewissen Grenzen variiert werden. Auf Grund der Kostenanalyse lassen sich die Gemeinkosten der Kostenstelle den drei Anlagen wie folgt zurechnen:

Kostenarten	Gesamt	M1	M2	M3	Bemerkung
Hilfsstoffe	12.000	0	0	0	
Hilfslöhne	45.000	8.000	10.000	15.000	Wartung, Reparaturen
Gehälter	84.000	4.000	3.000	7.000	
sonstige Kosten	160.000	40.000	45.000	50.000	kalk. Abschreibungen, kalk. Zinsen, Betriebsst.
Umlage Energie	56.700	10.000	15.000	20.000	Stromverbrauch
Umlage Fuhrpark	15.845	0	0	0	
Umlage FhiKoSt	169.764	40.000	50.000	40.000	Werkzeuge
Maschinenstunden		150	150	160	

Die Maschinenstunden sind in der letzten Abrechnungsperiode aufgelaufen. In der Kostenstelle Montage sind in dieser Periode 320.500,00 € Fertigungslöhne angefallen.

Beispiel

Berechnung der Maschinenstundensätze und des Rest-Fertigungsgemein-kosten-Zuschlagssatzes

Maschinenstundensätze		Montage			
Kostenarten	Gesamt	M1	M2	M3	Rest-FGK
Hilfsstoffe	12.000	0	0	0	12.000
Hilfslöhne	45.000	8.000	10.000	15.000	12.000
Gehälter	84.000	4.000	3.000	7.000	70.000
sonstige Kosten	160.000	40.000	45.000	50.000	25.000
Umlage Energie	56.700	10.000	15.000	20.000	11.700
Umlage Fuhrpark	15.845	0	0	0	15.845
Umlage FHiKoSt	169.764	40.000	50.000	40.000	39.764
Summe Gemeinkosten	543.309	**102.000**	**123.000**	**132.000**	186.309
Maschinenstunden der Abrechnungsperiode		150	150	160	
Maschinenstundensatz (€)		**680,00**	**820,00**	**825,00**	
Fertigungslöhne Montage					320.500
Rest-FGK-Zuschlagssatz (%)					**58,13**

Durch die Einführung der Maschinenstundensatzrechnung könnte der Fertigungsgemeinkostenzuschlagssatz für die Kalkulation (NGK-ZS) von 160 % auf ca. 60 % gesenkt werden. Damit wäre eine genauere Kalkulation möglich.

In den nächsten Abrechnungsperioden sollen die ermittelten Maschinenstundensätze in der Kalkulation verwendet werden. Der Normalgemeinkostenzuschlagssatz für die Restgemeinkosten soll auf Grund der Berechnung auf 60 % festgesetzt werden.

EXKURS!   **Maschinenstundensatz und Kostenträgerzeitblatt – Beispiel**
In der nächsten Periode wurde die Maschinenstundensatzrechnung für die Abteilung Montage versuchsweise eingeführt. Im BAB liegen folgende Werte vor:

	Material	Teilefert.	Montage	Verwal-tung	Vertrieb	Netto-verkaufs-erlöse
Ist-GK lt. BAB	186.200	350.200	540.300	297.800	168.140	
Einzelkosten	1.050.000	418.000	320.000			
Filter A	580.000	239.000	200.000			2.000.000
Filter B	470.000	179.000	120.000			1.500.000

Sondereinzelkosten sind nicht angefallen. Es wurden keine Bestandsveränderungen ermittelt.

Zusätzliche Angaben zur Kostenstelle Fertigung – Montage

	M1	M2	M3	Rest-FGK-ZS
Normalwerte MS, Rest-FGK-ZS (€, %)	680	820	825	60 %
Fertigungsstunden für Filter A (Std.)	93	93	99	
Fertigungsstunden für Filter B (Std.)	56	56	60	
Ist-Gemeinkosten (€)	101.000	123.000	133.000	

Kostenträgerzeitblatt mit Maschinenstundensätzen:

| | Istkosten | | | Normalkosten | | | | | | Über-/ |
| | | | | Gesamt | | Filter A | | Filter B | | Unter- |
	GK-ZS MS	Std.	Kosten	GK-ZS MS	Kosten	Std.	Kosten	Std.	B	deckung
Fertigungsmaterial			1.050.000		1.050.000		580.000		470.000	
MGK	17,73		186.200	18	189.000		104.400		84.600	2.800
FL-Teilefertigung			418.000		418.000		239.000		179.000	
FGK- Teilefert.	83,78		350.200	80	334.400		191.200		143.200	−15.800
Maschinenkosten										
Montage M1	677,85	149	101.000	680	101.320	93	63.240	56	38.080	320
Montage M2	825,50	149	123.000	820	122.180	93	76.260	56	45.920	−820
Montage M3	836,48	159	133.000	825	131.175	99	81.675	60	49.500	−1.825
FL Montage			320.000		320.000		200.000		120.000	
Rest-FGK-Montage	57,28		183.300	60	192.000		120.000		72.000	8.700
SEKF			0		0		0		0	
HK d. A.			2.864.700		2.858.075		1.655.775		1.202.300	
BV UFE			0		0		0		0	
HK d. F.			2.864.700		2.858.075		1.655.775		1.202.300	
BV FE			0		0		0		0	
HK d. U.			2.864.700		2.858.075		1.655.775		1.202.300	
VwGK	10,40		297.800	10	285.808		165.578		120.230	−11.993
VtGK	5,87		168.140	6	171.485		99.347		72.138	3.345
SEKVt			0		0		0		0	
Selbstkosten			3.330.640		3.315.367		1.920.699		1.394.668	
Nettoverkaufserlöse			3.500.000		3.500.000		2.000.000		1.500.000	
Umsatzergebnis					184.633		79.301		105.332	
Über-/Unterdeckung					−15.273					−15.273
Betriebsergebnis			169.360		169.360					

Die Maschinenstundensatzrechnung ermöglicht eine genauere Kalkulation und eine differenziertere Analyse der Abweichungen. Man kann erkennen, welche Abweichungen auf die Nutzung der Maschinen entfallen. Diese können z. B. durch eine schwankende Auslastung verursacht werden. Wurde bei der Ermittlung der kalkulierten Maschinenstundensätze von einer zu hohen Auslastung ausgegangen, so treten bei der Nachkalkulation Unterdeckungen auf, da die Maschinenstundensätze zu niedrig angesetzt wurden. Bei der Berechnung der Maschinenstundensätze muss deshalb die zeitliche Auslastung der Maschinen, die z. B. durch Einschichtbetrieb, Mehrschichtbetrieb, Überstunden, Stillstandzeiten, Auftragslage usw. bestimmt wird, berücksichtigt werden.

Bei den Restfertigungsgemeinkosten werden die Über- und Unterdeckungen abnehmen, da nur noch die nicht maschinenabhängigen Gemeinkosten betrachtet werden. Ferner wird der Rest-Fertigungsgemeinkostenzuschlagssatz kleiner. Schwankungen der Einzelkosten (Fertigungslöhne) wirken sich nicht mehr so stark auf die verrechneten Gemeinkosten aus.

Im Rahmen der Abweichungsanalyse kann somit besser in beschäftigungsabhängige Abweichungen und in verbrauchsabhängige Ursachen unterschieden werden.

6 Kostenträgerstückrechnung

Neben der Kontrolle der angefallenen Kosten und der Überprüfung der kalkulierten Werte ist die Berechnung des Angebotspreises eine Aufgabe der Vollkostenrechnung. Industriebetriebe, die viele verschiedene Produkte herstellen oder Einzelstücke als Auftragsfertigung produzieren bedienen sich der differenzierten Zuschlagskalkulation, die bereits aus der Kostenträgerzeitrechnung bekannt ist.

6.1 Angebotskalkulation

Vorkalkulation: Berechnung der Selbstkosten und des Angebotspreises mit Normalgemeinkosten- zuschlagssätzen.

Bei der Kalkulation des Angebotspreises handelt es sich um eine **Vorkalkulation**. Es wird der gewünschte Angebotspreis ermittelt. Zunächst werden die **Selbstkosten** auf der Basis der **Normalgemeinkostenzuschlagssätze** berechnet. Da der Betrieb durch den Verkauf seiner Produkte einen **Gewinn** erzielen möchte, wird auf die Selbstkosten prozentual der gewünschte Gewinn aufgeschlagen und der vorläufige Verkaufspreis ermittelt.

Bis zum vorläufigen Verkaufspreis erfolgt die Kalkulation progressiv von oben nach unten. Soll dem Kunden der Abzug von **Rabatt** und **Skonto** gewährt werden, so ist dieser retrograd, d. h. von unten nach oben, zu kalkulieren, da der Kunde den Rabatt vom Angebotspreis und den Skonto vom Zielverkaufspreis abzieht. Ferner muss im Rahmen der retrograden Kalkulation evtl. die **Vertreterprovision** berücksichtigt werden.

Für die Berechnung des Angebotspreises ist die Zuschlagsbasis zu beachten.

Zuschlag	Zuschlagsbasis
Gewinn	Selbstkosten
Vertreterprovision	Zielverkaufspreis
Skonto	Zielverkaufspreis
Rabatt	Angebotspreis

Beispiel

Die UMTECH AG möchte den neuen Filter C auf den Markt bringen. Für die Berechnung des Angebotes gelten folgende Daten:

Fertigungsmaterial (FM)	200,00 €
Fertigungslöhne Teilefertigung (FLI)	150,00 €
Fertigungslöhne Montage (FLII)	250,00 €
Sondereinzelkosten der Fertigung (SEKF)	100,00 €
Sondereinzelkosten des Vertriebes (SEKVt)	50,00 €
Materialgemeinkostenzuschlagssatz MGK-ZS	18 %
Fertigungsgemeinkostenzuschlagssatz Teilefertigung (FGK-ZSI)	80 %
Fertigungsgemeinkostenzuschlagssatz Montage (FGK-ZSII)	160 %
Verwaltungsgemeinkostenzuschlagssatz (VwGK-ZS)	10 %
Vertriebsgemeinkostenzuschlagssatz (VtGK-ZS)	6 %
Gewinnzuschlagssatz	15 %
Vertreterprovision	6 %
Skonto	2 %
Rabatt	10 %

Angebotskalkulation:

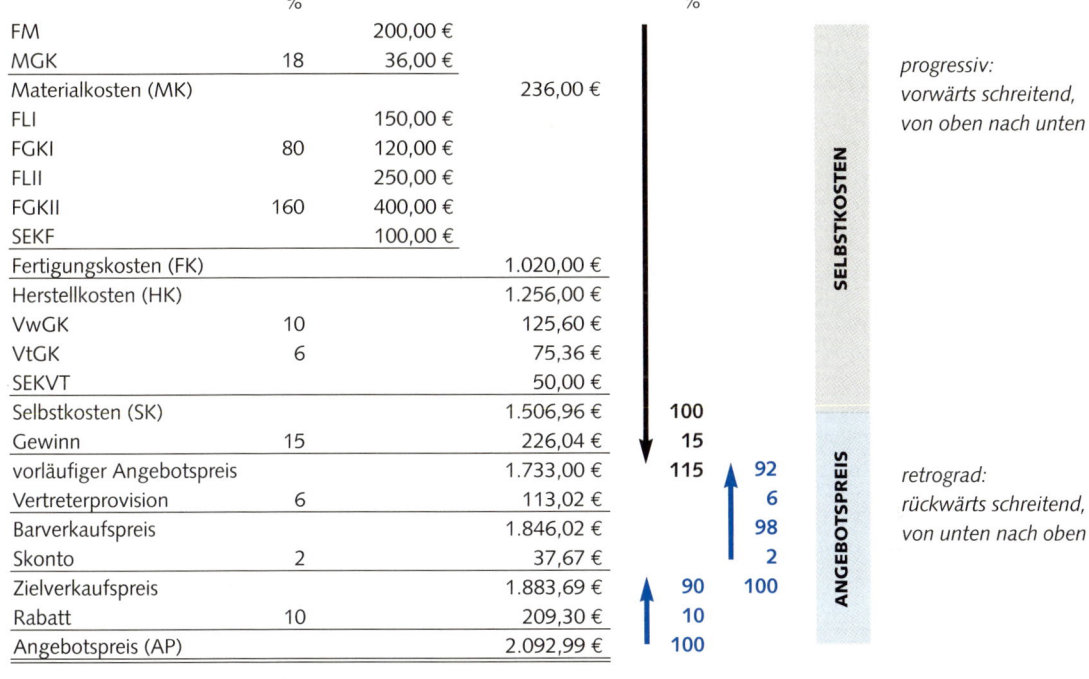

	%	€	€	%			
FM		200,00 €					
MGK	18	36,00 €					progressiv:
Materialkosten (MK)			236,00 €				vorwärts schreitend,
FLI		150,00 €					von oben nach unten
FGKI	80	120,00 €					
FLII		250,00 €					
FGKII	160	400,00 €					
SEKF		100,00 €					
Fertigungskosten (FK)			1.020,00 €				
Herstellkosten (HK)			1.256,00 €				
VwGK	10		125,60 €				
VtGK	6		75,36 €				
SEKVT			50,00 €				
Selbstkosten (SK)			1.506,96 €	100			
Gewinn	15		226,04 €	15			
vorläufiger Angebotspreis			1.733,00 €	115	92		retrograd:
Vertreterprovision	6		113,02 €		6		rückwärts schreitend,
Barverkaufspreis			1.846,02 €		98		von unten nach oben
Skonto	2		37,67 €		2		
Zielverkaufspreis			1.883,69 €	90	100		
Rabatt	10		209,30 €	10			
Angebotspreis (AP)			2.092,99 €	100			

progressiv ➡   retrograd ➡

Der Filter wird zu 2.093,00 € auf dem Markt angeboten.

6.2 Nachkalkulation

Werden Preise kalkuliert, so muss am Ende der Abrechnungsperiode nach Abwicklung des Auftrages festgestellt werden, ob die kalkulierten Wert auch tatsächlich angefallen sind und ob der kalkulierte Gewinn erreicht wurde.

Sind in der Abrechnungsperiode mehr Gemeinkosten angefallen, als über die Normalgemeinkosten verrechnet wurde, so vermindert sich der Gewinn. Sind weniger Gemeinkosten angefallen, so liegen die Istgemeinkostenzuschlagssätze unter den Normalgemeinkostenzuschlagssätzen und der Gewinn fällt höher aus.

Beispiel

Im BAB wurden für die Abrechnungsperiode folgende Istzuschlagssätze berechnet: MGK-ZS: 17,01, FGK-ZSI. 83,66 %; FGK-ZSII 169,52 %, VwGK-ZS: 10,13 %, VtGK-ZS: 5,72 %, SEKF: 120,00 €. Alle anderen Werte entsprechen der Vorkalkulation.

Die nachfolgende Berechnung zeigt, dass sich die Selbstkosten auf 1.551,20 erhöhen und der vorläufige Angebotspreis gleich bleibt. Dadurch ist der Gewinn auf 1.733,00 € – 1.551,20 € = 181,81 € gesunken. Dies entspricht nur noch 11,72 %.

Berechnung des tatsächlich erzielten Gewinns

	%	€		%	
FM		200,00 €			
MGK	17,01	34,02 €			
Materialkosten (MK)			234,02 €		
FLI		150,00 €			
FGKI	83,66	125,49 €			
FLII		250,00 €			
FGKII	166,52	416,30 €			
SEKF		120,00 €			
Fertigungskosten (FK)			1.061,79 €		
Herstellkosten (HK)			1.295,81 €		
VwGK	10,13		131,27 €		
VtGK	5,72		74,12 €		
SEKVT			50,00 €		
Selbstkosten (SK)			1.551,20 €	100	
Gewinn	**11,72**		**181,81 €**	x	
vorläufiger Angebotspreis			1.733,01 €	100+x	92
Vertreterprovision	6,00		113,02 €		6
Barverkaufspreis			1.846,03 €		98
Skonto	2,00		37,67 €		2
Zielverkaufspreis			1.883,70 €	90	100
Rabatt	10,00		209,30 €	10	
Angebotspreis (AP)			2.093,00 €	100	

progressiv ➡   retrograd ➡

6.3 Differenzkalkulation

Häufig kann der ermittelte Angebotspreis auf dem Markt nicht erzielt werden. Dies hat in der Regel Einbußen beim Gewinn zur Folge. Es muss dann entschieden werden, ob unter den gegebenen Marktbedingungen das Angebot aufrechterhalten werden soll. Nach der Vollkostenrechnung wird man vom Angebot Abstand nehmen, wenn die Selbstkosten nicht mehr gedeckt sind und ein Verlust entsteht.

Beispiel

In der folgenden Periode wird der Filter zu den unter 6.1 genannten Werten kalkuliert. Ein Konkurrenzunternehmen bietet einen vergleichbaren Filter zum Preis von 2.000,00 € (Angebotspreis) an. Die Geschäftsleitung möchte prüfen, ob der neue Filter weiter angeboten werden soll oder ob man sich auf die anderen Produkte konzentrieren soll.

Wie die folgende Berechnung zeigt, kann bei dem vom Markt vorgegebenen Preis nur noch ein Gewinn von 149,04 € erzielt werden. Das entspricht 9,89 %. Nach der Vollkostenrechnung wird der Filter auch zu dem niedrigeren Preis angeboten werden, da er noch einen Gewinn erzielt. Treten jedoch Produktionsengpässe auf, so könnte die Entscheidung zu Gunsten eines ertragstärkeren Produkts fallen.

Berechnung des Gewinns

	%			%	
FM		200,00 €			
MGK	18,00	36,00 €			
Materialkosten (MK)			236,00 €		
FLI		150,00 €			
FGKI	80,00	120,00 €			
FLII		250,00 €			
FGKII	160,00	400,00 €			
SEKF		100,00 €			
Fertigungskosten (FK)			1.020,00 €		
Herstellkosten (HK)			1.256,00 €		
VwGK	10,00		125,60 €		
VtGK	6,00		75,36 €		
SEKVT			50,00 €		
Selbstkosten (SK)			1.506,96 €	100	
Gewinn	**9,89**		**149,04 €**	x	
vorläufiger Angebotspreis			1.656,00 €	100+x	92
Vertreterprovision	6,00		108,00 €		6
Barverkaufspreis			1.764,00 €		98
Skonto	2,00		36,00 €		2
Zielverkaufspreis			1.800,00 €	90	100
Rabatt	10,00		200,00 €	10	
Angebotspreis (AP)			2.000,00 €	100	

progressiv ➝   retrograd ➝

6.4 Retrograde Kalkulation

Kann auf dem Markt nur ein niedriger Preis erzielt werden, so können auch Einsparungen vorgenommen werden, um das Produkt zum Marktpreis anbieten zu können, ohne dass dabei der Gewinn geschmälert wird. In diesem Fall muss die **Kalkulation rückwärts (retrograd)** durchgeführt werden.

retrograde Kalkulation: Ggs. progressive Kalkulation

Beispiel

In der folgenden Periode wird der Filter zu den unter 6.1 genannten Werten kalkuliert. Ein Konkurrenzunternehmen bietet einen vergleichbaren Filter zum Preis von 2.000,00 € an. Die Geschäftsleitung möchte prüfen, ob der neue Filter mit einem Gewinnzuschlag von 15 % weiter angeboten werden kann. Durch die Erschließung neuer Beschaffungsquellen sollen die Kosten für das Fertigungsmaterial gesenkt werden. Um Verhandlungen mit den Lieferanten zu führen, sollen die Fertigungsmaterialkosten berechnet werden, die der Betrieb gerade noch akzeptieren kann.

Wie die folgende Berechnung zeigt, kann bei dem vom Markt vorgegebenen Preis ein Gewinn von 15 % nur erzielt werden, wenn die Kosten für Fertigungsmaterial auf 151,08 € sinken.

Berechnung des Fertigungsmaterials

	%			%
FM		151,08 €		100
MGK	18,00	27,19 €		18
Materialkosten (MK)			178,28 €	118
FLI		150,00 €		
FGKI	80,00	120,00 €		
FLII		250,00 €		
FGKII	160,00	400,00 €		
SEKF		100,00 €		
Fertigungskosten (FK)			1.020,00 €	
Herstellkosten (HK)			1.198,28 €	100
VwGK	10,00		119,83 €	10
VtGK	6,00		71,90 €	6
SEKVT			50,00 €	
Selbstkosten (SK)			1.440,00 €	100	*
Gewinn	15,00		216,00 €	15
vorläufiger Angebotspreis			1.656,00 €	115	92
Vertreterprovision	6,00		108,00 €		6
Barverkaufspreis			1.764,00 €		98
Skonto	2,00		36,00 €		2
Zielverkaufspreis			1.800,00 €	90	100
Rabatt	10,00		200,00 €	10
Angebotspreis (AP)			2.000,00 €	100

progressiv ⟶   retrograd ⟶

* 116 % ⟶ 1440,00 € – 50,00 €, ((1440,00-50)•6)/116 = 71,90

6.5 Maschinenkosten

Die differenzierte Zuschlagskalkulation führt bei Aufträgen, die manuell bearbeitet werden und die Maschinen wenig beanspruchen, zu sehr hohen Angebotspreisen, da auf die Arbeitslöhne die hohen Fertigungsgemeinkosten verrechnet werden. Da solche Aufträge die Maschinen, die die hohen Gemeinkosten verursachen, gar nicht nutzen, führt dies zu einer Fehlkalkulation und zu nicht konkurrenzfähigen Preisen.
Wird die Kalkulation mit Maschinenstundensätzen vorgenommen, so werden die von den Maschinen verursachten Gemeinkosten diesen zugerechnet. Dies führt auch zu einer zutreffenderen Verrechnung auf die Kostenträger (siehe Kap. 5.2).

Beispiel

Die UMTECH AG soll einen Filter für eine Spezialanwendung umbauen. In der Montageabteilung muss ein Fremdbauteil in den Filter eingebaut werden. Da die Arbeitszeit relativ lang ist, fallen für den Auftrag Fertigungslöhne in Höhe von 900,00 € an. Die Montageanlage M1 wird 1/2 Stunde belastet. Die Kostenstelle Teilefertigung wird nicht benötigt. Das Fremdbauteil wird mit 100,00 € verrechnet. Der Angebotspreis soll vergleichsweise mit der differenzierten Zuschlagskalkulation mit und ohne Maschinenstundensätze durchgeführt werden.

Normalgemeinkostenzuschlagssätze: Material: 18 %, Teilefertigung: 80 %, Montage: 160 %, Verwaltung 10 %, Vertrieb 6 %, Gewinnzuschlag 15 %. Vertreterprovision, Rabatt und Skonto sind nicht zu berücksichtigen.

Für die Fertigungsstelle Montage gelten folgende zusätzliche Angaben
Maschinenstundensätze: M1: 680,00 €, M2: 820,00 €, M3: 825,00 €
Rest-Fertigungsgemeinkosten: 60 %

Angebotskalkulation ohne Maschinenstundensatz

	%		
FM		100,00 €	
MGK	18	18,00 €	
Materialkosten (MK)			118,00 €
FLII		**900,00 €**	
FGKII	**160**	**1.440,00 €**	
Fertigungskosten (FK)			**2.340,00 €**
Herstellkosten (HK)			2.458,00 €
VwGK	10		245,80 €
VtGK	6		147,48 €
Selbstkosten (SK)			2.851,28 €
Gewinn	15		427,69 €
Angebotspreis (AP)			**3.278,97 €**

Der Umbau des Filters würde mit 3.278,97 € angeboten. Davon würden
1.440,00 € auf die Fertigungsgemeinkosten entfallen. Die Gemeinkosten der
gesamten Fertigungsstelle würden anteilig auf den Auftrag verrechnet, obwohl
dieser die kostenintensiven Maschinen nur in geringem Umfang belastet.

Angebotskalkulation mit Maschinenstundensatz

	%		
FM		100,00 €	
MGK	18	18,00 €	
Materialkosten (MK)			118,00 €
Maschinenkosten			
680,00 € * 1/2 Std.		**340,00 €**	
FLII		900,00 €	
Rest FGKII	**60**	**540,00 €**	
Fertigungskosten (FK)			**1.780,00 €**
Herstellkosten (HK)			1.898,00 €
VwGK	10		189,80 €
VtGK	6		113,88 €
Selbstkosten (SK)			2.201,68 €
Gewinn	15		330,25 €
Angebotspreis (AP)			**2.531,93 €**

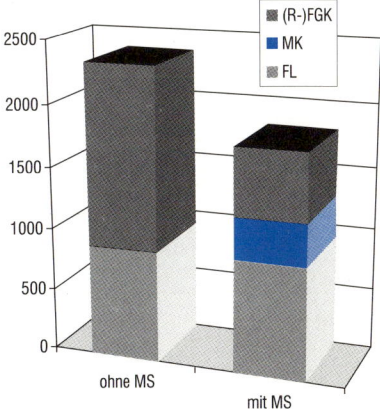

Bei einer Kalkulation mit Maschinenstundensätzen sinkt der
Angebotspreis um 747,04 € auf 2.531,93 €. Davon sind
560,00 € Maschinenkosten, die nicht den Auftrag betreffen,
da er die Anlagen nur in geringem Umfang belastet. Der Rest
von 187,04 € entfallen auf andere Gemeinkosten. Umso
höher die maschenbedingten Gemeinkosten sind, umso größer ist die Gefahr einer Fehlkalkulation, wenn diese nicht
über Maschinenstundensätze verrechnet werden.

1. Erklären Sie den Unterschied zwischen Rechungskreis I und Rechnungskreis II.
2. Erklären Sie, warum neben der Geschäftsbuchführung eine Kosten- und Leistungsrechnung (Betriebsbuchführung) notwendig ist.
3. Beschreiben Sie die sachliche Abgrenzung.
4. Definieren Sie folgende Begriffe und nennen Sie je ein Beispiel:
   a) neutraler Aufwand
   b) betriebsfremder Aufwand
   c) außerordentlicher Aufwand
   d) periodenfremder Aufwand
   e) kalkulatorische Kosten
   f) Anderskosten
   g) Zweckaufwand
   h) Grundkosten
5. Nennen Sie kalkulatorische Kosten.
6. Erklären Sie, warum sich die Anderskosten von den Aufwendungen unterscheiden.
7. Unterscheiden Sie Ausgabe, Aufwand und Kosten bzw. Einnahme, Ertrag und Leistungen. Bei Aufwand, Kosten, Erträge und Leistungen geben Sie bitte die Art genau an (Mehrfachnennungen sind möglich).
   a) Miete für eine LKW-Garage
   b) Verlust einer großen Forderung (Konkurs wird mangels Masse abgelehnt)
   c) Rückzahlung eines Bankkredits
   d) Verkauf von Fertigerzeugnissen
   e) Gehaltszahlung für den Vorstand
   f) Kauf eines Grundstückes gegen Bankscheck
   g) Verkauf von Handelswaren
   h) Kauf von Rohstoffen (sofortiger Verbrauch)
   i) Barzahlung von Akkordlöhnen
   j) Kauf einer Maschine
   k) Gewerbesteuerzahlung
   l) Gewerbesteuernachzahlung
   m) verrechnete kalk. Abschreibungen
   n) bilanzielle Abschreibungen
   o) Tilgung eines Bankkredites durch Banküberweisung
   p) Verbrauch von gelagerten Hilfsstoffen lt. Inventur
   q) Kfz.-Schaden durch Unfall (nicht versichert)
   r) Zahlung der Kfz-Haftpflicht
   s) Verkauf von Fertigerzeugnissen auf Ziel
   t) Bezahlung der Fertigerzeugnisse
   u) Zinsertrag für Wertpapiere
   v) Wir zahlen Verbindlichkeiten per Banküberweisung
   w) Lohnzahlung durch Banküberweisung
   x) Verbrauch von Büromaterial
   y) Verlust einer größeren Forderung
   z) Kursverlust von Wertpapieren
8. Erklären Sie den Unterschied zwischen Zinsaufwendungen und kalkulatorischen Zinsen genau.
9. Erklären Sie, wie sich die Kosten nach ihrer Zurechnebarkeit unterscheiden lassen.
10. Erklären Sie, wie sich die Kosten nach ihrem Verhalten bei Schwankungen des Beschäftigungsgrad unterscheiden lassen.

11. Beschreiben Sie, wie sich Beschäftigungsschwankungen auf die Stückkosten und auf die Gesamtkosten auswirken (Skizze).
12. Zeigen Sie, wie die Kosten nach Kostenarten gegliedert werden können.
13. Erklären Sie die Begriffe Kostenträgereinzelkosten, Kostenträgergemeinkosten, Kostenstelleneinzelkosten, Kostenstellengemeinkosten.
14. Beschreiben Sie den Unterschied zwischen dem BAB und dem Kostenträgerzeitblatt.
15. Begründen Sie, warum Bestandsveränderungen in der Kostenstellenrechnung und in der Kostenträgerzeitrechnung berücksichtig werden müssen.
16. Erläutern Sie den Unterschied zwischen Umsatzergebnis und Betriebsergebnis.
17. In der Kostenstellenrechnung (BAB) sollen die Istgemeinkosten getrennt nach Produkten erfasst und ausgewiesen werden. Diskutieren Sie, ob dies sinnvoll und möglich ist.
18. Begründen Sie, ob es sich bei der Vorkalkulation um Normalgemeinkostenzuschlagssätze oder um Istgemeinkostenzuschlagssätze handelt.
19. Erklären Sie, wie bei der Angebotskalkulation die Bestandsveränderungen berücksichtigt werden.
20. Begründen Sie, warum bei der Ermittlung der Vertreterprovision, des Skontos und des Rabatts im Hundert (retrograde Kalkulation) gerechnet wird.
21. Beschreiben Sie den Unterschied zwischen Vor- und Nachkalkulation.
22. Ein Betrieb möchte die Kalkulation mit Maschinenstundensätzen einführen. Diskutieren Sie, unter welchen Voraussetzungen dies sinnvoll ist und welche Vorteile dies für den Betrieb hat.

Aufgaben

1. Berechnen Sie die kalkulatorischen Abschreibungen für Dez. 03, wenn 03 1.470,00 € pro Jahr bilanziell abgeschrieben wurden und folgende Angaben gelten: *kalkulatorische Kosten*

Preisindex:	00	110	kalkulatorische Abschreibung: linear,
	01	113	vom Wiederbeschaffungswert
	02	117	Anschaffungsjahr 1995
	03	120	steuerl. Nutzungsdauer: 8 Jahre
	04	125	bil. Abschreibungen: 30 % geo. degr
			tatsächliche Nutzungsdauer 10 Jahre

2. Berechnen Sie die kalkulatorischen Zinsen nach der Durchschnittsmethode, wenn folgende Angaben gelten (in TEUR)

Vermögen	Anschaffungskosten	Nutzungsdauer
Grundstücke	1.100	
Gebäude	3.000	50
Maschinen	2.400	6
Betriebs- und Geschäftsausstattung	500	5
Umlaufvermögen AB 3.500; EB 3.700		
Anzahlungen: 100; Verbindlichkeiten aLL: 1.500		
Kalkulationszinsfuß 10 %		

3. Erstellen Sie die Abgrenzungsrechnung für das 2. Quartal der XY-AG und berechnen Sie daraus das Betriebsergebnis. Es gelten folgenden Zahlen aus der Gewinn- und Verlustrechnung dieses Quartals sowie die nachstehenden Angaben (Angaben in TE).

Abgrenzungsrechnung

Aufwand		GuV		Ertrag
6000 Materialaufwendungen.	50	5000 Umsatzlöse		250
6200 Löhne	100	5200 Bestandsveränderungen		10
64 Sozialabgaben	30	5300 andere aktivierte Eigenleist.		5
6510 Abschreibungen	40	5500 Erträge. aus Beteiligungen		50
6710 Leasing	30	5710 Zinserträge		30
70 Steuern	20			
75 Zinsen	6			
Gewinn	69			
	345			345

a) Die Bestandsmehrung wird mit 11 T€ in der Kostenrechnung bewertet.
b) Für kalkulatorische Abschreibungen werden 200 T€ pro Jahr verrechnet.
c) Die Steuern enthalten u. a. 5 T€ Vermögenssteuer, 2 T€ Gewerbesteuernachzahlung und 8 T€ Gewerbesteuer.
d) An kalkulatorischen Zinsen werden jährlich 5 % von 600 T€ verrechnet.
e) Als kalkulatorische Wagnisse werden 2 T€ angesetzt

4. Erstellen Sie die Abgrenzungsrechnung für das 3. Quartal der Maschinenbau AG und berechnen Sie daraus das Betriebsergebnis. Es gelten folgende Zahlen aus der Gewinn- und Verlustrechnung dieses Quartals sowie die nachstehenden Angaben (Angaben in T€).

Aufwand		GuV		Ertrag
5200 Bestandsveränderungen	11	5000 Umsatzlöse		300
6000 Materialaufwendungen.	60	5300 andere aktivierte Eigenleist.		4
6200 Löhne	110	5401 Ertr. aus Verm. und Verp.		10
64... Sozialabgaben	40	5710 Zinserträge		16
6510 Abschreibungen	50	Verlust		64
6770 Rechts- und Beratungskosten	10			
70... Steuern	25			
7400 Abschr. auf Finanzanlagen	80			
75... Zinsen	8			
	394			394

a) Die Bestandsmehrung wird mit 10 T€ in der Kostenrechnung bewertet.
b) Für kalkulatorische Abschreibungen werden 10 T€ pro Monat verrechnet.
c) Die Steuern enthalten u. a. 6 T€ Vermögenssteuer, 5 T€ Gewerbesteuernachzahlung und 6 T€ Gewerbesteuer.
d) Die Rechts- und Beratungskosten betreffen einen Rechtsstreit über eine vermietete Immobilie.
e) An kalkulatorischen Zinsen werden jährlich 7 % von 500 T€ verrechnet.
f) Als kalkulatorische Wagnisse werden 3 T€ angesetzt

einstufiger BAB

5. Nach der Übernahme aus der Buchhaltung liegen folgende Gemeinkosten vor:

Kostenarten	Betrag (€)	Verteilungsschlüssel
Hilfsstoffe	200.000,00	Materialentnahmeschein
Hilfslöhne	20.000,00	Lohnliste
Gehälter	20.000,00	Gehaltsliste
Miete	50.000,00	qm
Abschreibungen	60.000,00	Anlagekartei

Angaben zur Verteilung:

	Material	Fertigung	Verwaltung	Vertrieb
Materialentnahmescheine (€):	100.000,00;	60.000,00;	30.000,00	10.000,00
Lohnliste: (€)	10.000,00	10.000,00		
Gehaltsliste (€)	2.000,00	4.000,00	8.000,00	6.000,00
Fläche (qm)	200	100	100	100
Anlagekartei (Schlüssel)	1	2	1	2

a) Verteilen Sie die Istgemeinkosten auf die Kostenstellen.
b) Ermitteln Sie die Istgemeinkostenzuschlagssätze.
   Es gelten folgende zusätzliche Angaben:
   Fertigungsmaterial: 300.000,00 €
   Fertigungslöhne: 50.000,00 €
   Sondereinzelkosten der Fertigung: 4.000,00 €
   Sondereinzelkosten des Vertriebs: 1.000,00 €
c) Ermitteln Sie die Kostenüber- und Unterdeckungen.
   Es gelten folgende Normalgemeinkostenzuschlagssätze:
   Materialgemeinkosten: 50 %
   Fertigungsgemeinkosten   200 %
   Verwaltungsgemeinkosten   10 %
   Vertriebsgemeinkosten: 6 %
d) Führen Sie die Aufgaben b) bis c) durch, wenn folgende Bestandsveränderungen vorliegen:
   Unfertige Erzeugnisse (Bestandsmehrung): 2.000,00 €
   Fertigerzeugnisse (Bestandsminderung):   1.000,00 €

6. Erstellen Sie aus nachfolgenden Werten einen BAB und errechnen Sie die Über- bzw. Unterdeckungen.

Kostenart	Summe	Verteilungsschlüssel Material: Fertigung I : Fertigung II : Fertigung III : Verwaltung : Vertrieb)
Strom	7.000,00 €	1:2:4:4:2:1
Gehälter	10.000,00 €	1:2:2:2:8:5
Abschreibungen	16.000,00 €	1:5:3:4:2:1
Raumkosten	12.000,00 €	1:3:2:2:3:1

Verbrauchtes Fertigungsmaterial: 10.000,00 €
Fertigungslöhne I (Fräserei)   10.000,00 €
Fertigungslöhne II (Dreherei)   20.000,00 €
Fertigungslöhne III (Schleiferei)   30.000,00 €
Es liegen keine Bestandveränderungen vor.

Normalgemeinkostenzuschlagssätze:
Material   30 %
Fertigung I   100 %
Fertigung II   50 %
Fertigung III   25 %
Verwaltung   10 %
Vertrieb   6 %

7. Nach einem Computerfehler sind in einem BAB noch folgende Zahlen vorhanden.

mehrstufiger BAB

Text	Material	Fertigung I	Fertigung II	HiKoSt	Verwaltung	Vertrieb
ΣIst-GK	80.000	600.000	600.000		140.000	168.000
Umlage FhiKoSt						
ΣIst-GK		640.000				
Ist-Basis		400.000	480.000			
Ist-Zuschlagssatz	20%		150%		5%	
Normal-Zuschlagss.	25%		140%		7%	5%
Normal-Basis						
Normal-GK					191.240	
Über-/Unterdeckung		-40.000				

Bestände:

Text	AB	EB	Bestandsveränderungen	Mehrung/Minderung
unfertige Erzeugnisse	540.000			
Fertigerzeugnisse	680.000	560.000		

Ergänzen Sie alle fehlenden Zahlen in den schwarzen Feldern des BAB sowie die fehlenden Endbestände und die Bestandsveränderungen.

8. Die Bio AG verfügt über eine ausgereifte Kostenrechnung. Der BAB für Dezember weist folgende Werte aus:

Kostenstelle	Material	Fertigung I	Fertigung II	Verwaltung	Vertrieb
Ist-Gemeinkosten (€)	18.000,00	480.000,00	700.000,00	168.120.00	112.080,00
Zuschlagsbasen (€)	120.000,00	250.000,00	280.000,00		
Normalzuschlagssätze	10 %	200 %	240 %	?	6 %

Bei den Verwaltungsgemeinkosten liegt eine Überdeckung von 21.699,00 € vor.
Bestandsveränderungen:
unfertige Erzeugnisse: 183.400,00 € Minderung
fertige Erzeungisse: 91.700,00 € Minderung
Erstellen Sie den BAB und berechnen Sie die Über- und Unterdeckungen.

Selbstkosten

9. Die Kostenrechnung der XY-AG hat folgende Zahlen ermittelt:
Istgemeinkosten (Summen): Material 9.400;00 €; Fertigung 96.600,00 €; Verwaltung 51.480,00 €, Vertrieb 21.450,00 €
Einzelkosten: Fertigungsmaterial 100.000,00 €; Fertigungslöhne 84.000,00 €; Sondereinzelkosten der Fertigung: 5.000,00, € Sondereinzelkosten Vertrieb 1.000,00 €
Bestandsveränderungen: unfertige Erzeugnisse: Bestandsmehrung 5.000,00, € fertige Erzeugnisse: Bestandsminderung 40.000,00 €
Normalgemeinkostenzuschlagssätze: Material 10 %; Fertigung 125 %, Verwaltung 15 %; Vertrieb 5 %
Ermitteln Sie die Selbstkosten der Abrechnungsperiode.

10. Erstellen Sie ein Kostenträgerzeitblatt und einen BAB II nach folgenden Angaben:

Produktgruppe	A	B	C
Fertigungsmaterial	58.000,00	37.000,00	51.000,00
Fertigungslöhne	34.000,00	18.000,00	36.000,00
unfertige Erzeugnisse Anfangsbestand	5.000,00	4.000,00	3.000,00
unfertige Erzeugnisse Endbestand	2.000,00	1.000,00	2.000,00
fertige Erzeugnisse Anfangsbestand	9.000,00	2.000,00	7.000,00
fertige Erzeugnisse Endbestand	11.000,00	6.000,00	8.000,00
Netto-Verkaufserlöse	198.600,00	144.500,00	91.700,00

Kostenträgerzeitblatt

sonstige Angaben
Ist-Materialgemeink.   15.200,00
Ist-Fertigungsgemeink.   128.500,00
Ist-Verwaltungsgemeink.   52.890,00
Ist-Vertriebsgemeinkosten   24.470,00
Normal-MGK-Zuschlagssatz   10 %
Normal-FGK-Zuschlagssatz   150 %
Normal-VwGK-Zuschlagssatz   15 %
Normal-VtGK-Zuschlagssatz   5 %

Es besteht nur eine Kostenstelle Fertigung. Die Hilfskostenstellen wurden bereits auf die Hauptkostenstellen umgelegt. Sondereinzelkosten der Fertigung bzw. des Vertriebes sind nicht angefallen.

11. Eine Unternehmung stellt in einem Zweigwerk hochwertige Videokameras des Typs VHS und Video 8 her. Es gelten folgende Werte:

Text	VHS			Video 8		
	Summe	€/St.	Stück	Summe	€/St	Stück
Fertigungsmaterial	19.200,00	320,00		24.000,00	480,00	
Fertigungslöhne	27.000,00	450,00		32.500,00	650,00	
fertig gestellte Stück			62			51
verkaufte Stück			68			46
Preis je Stück		1.800,00			2.300,00	

Bei der Verrechnung der Gemeinkosten auf die Produkte wird mit folgenden Normalgemeinkostenzuschlagssätzen gerechnet:
Materialgemeinkosten   15 %
Fertigungsgemeinkosten   76 %
Verwaltungsgemeinkosten   20 %
Vertriebsgemeinkosten   15 %
Die Selbstkosten nach der Ist-Rechnung betragen 210.809,60 €

a) Erstellen Sie das Kostenträgerzeitblatt mit Normalwerten.
b) Ermitteln Sie die Bestandsveränderungen.
c) Ermitteln Sie das Umsatzergebnis.
d) Ermitteln Sie das Betriebsergebnis.
e) Ermitteln Sie die Über- bzw. Unterdeckungen.

BAB, Kostenträger-zeit-, Kostenträger-stückrechnung

12. Die Industrie AG stellt die Produkte A und B her. Der BAB des Monats Juni zeigt folgende Ist-Gemeinkostensummen:

Fertigungsstelle 1	1.182.000,00 €
Fertigungsstelle Stelle 2	496.000,00 €
Fertigungshilfsstelle	200.000,00 €
Verwaltungs- und Vertriebsstelle	480.000,00 €
Materialstelle	130.320,00 €

Die Fertigungshilfsstelle wird im Verhältnis 3 : 2 umgelegt.

Die Einzelkosten betrugen:

	im Abrechnungszeitraum	für die fertig gestellte Menge
Rohstoffverbrauch	362.000,00 €	360.000,00 €
Fertigungslöhne 1	620.000,00 €	618.000,00 €
Fertigungslöhne 2	400.000,00 €	390.000,00 €

Die Normalgemeinkostenzuschlagssätze betragen: MGK 40 %, FGK 1: 200 %, FGK II: 150 %, Vw/VtGK 15 %

Anfangsbestand der fertig gestellten Erzeugnisse: 164.000,00 €

Schlussbestand der fertig gestellten Erzeugnisse: 120.000,00 €

Ferner wird mit 5 % Gewinn, 20 % Rabatt und 3 % Skonto kalkuliert.

a) Ermitteln Sie Art und Höhe der Bestandsveränderungen der unfertigen Erzeugnisse.

b) Berechnen Sie für die Kostenstelle Verwaltung/Vertrieb die Zuschlagsbasis für den Monat Juni.

c) Anfang Juni wurden durch einen Bedienungsfehler am EDV-Terminal von einer bereits abgespeicherten Angebotskalkulation des Produktes A Daten gelöscht. Das Produkt A durchläuft nur die Fertigungsstelle 2. Neben den Zuschlagssätzen (s. o. Aufgabe 12) sind noch abrufbar:
Materialkosten insgesamt 2.100,00 €, SEKF 150,00 €, SEKVt 235,71 €, Vw/VtGK 1.050,00 €, Kundenrabatt 2.500,00 €.
Erstellen Sie für das Produkt A die gesamte Angebotskalkulation dieses Auftrages. Beachten Sie dabei, dass auch der Betrag der Vertreterprovision verloren ging.

d) Stellen Sie die Über- und Unterdeckung der Kostenstelle Fertigung 1 fest.

e) Ermitteln Sie den Ist-Zuschlagssatz für die Kostenstelle Vw/Vt.

13. Die Teile AG weist folgende Kostenstruktur auf (Normalkosten = Istkosten):

Maschinenstunden-satz

Fertigungsmaterial insgesamt 10.000,00 €; Fertigungslöhne insgesamt 90.000,00 €, Materialgemeinkosten 10 %, Maschinenlaufzeit: Drehbank 300 Std., Fräse 200 Std.

Die Fertigungsgemeinkosten verteilen sich wie folgt:

Text	Gesamt	Drehbank	Fräse
Hilfsstoffe	1.000,00		
Betriebsstoffe	2.000,00		
Abschreibungen	50.000,00	20.000,00	25.000,00
kalk. Zinsen	30.000,00	6.000,00	10.000,00
Raumkosten	10.000,00	3.000,00	3.000,00
Instandhaltung	4.000,00	1.000,00	2.000,00

a) Ermitteln Sie die Maschinenstundensätze und den Zuschlagssatz für die Rest-Fertigungsgemeinkosten.

b) Kalkulieren Sie einen Auftrag bis zu den Herstellkosten, wenn 1.000,00 € Fertigungsmaterial und Fertigungslöhne in Höhe von 2.000,00 € anfallen. Der Auftrag wird die Drehbank mit 15 Stunden und die Fräse mit 20 Stunden beanspruchen.

14. Berechnen Sie den Angebotspreis, wenn folgende Angaben gelten:

Kalkulation

Fertigungsmaterial:	100,00 €
Materialgemeinkosten:	5 %
Fertigungslöhne:	400,00 €
Fertigungsgemeinkosten:	250 %
Sondereinzelkosten der Fertigung:	95,00 €
Verwaltungsgemeinkosten:	10 %
Vertriebsgemeinkosten:	12 %
Sondereinzelkosten des Vertriebs:	48,00 €
Gewinnzuschlag:	8 %
Vertreterprovision:	7 %
Skonto:	3 %
Rabatt:	4 %

15. Die Metall AG richtet nach Anschaffung der Maschinen A und B eine zusätzliche Kostenstelle ein.

Kalkulation, Maschinenstundensatz

a) Auf die Maschine A können folgende Werte zugerechnet werden:

kalkulatorische Abschreibungen	60.000,00 €/Jahr
kalkulatorische Zinsen	22.500,00 €/Jahr
Instandhaltung	22.770,00 €/Jahr
Raumkosten	3.120,00 €/Jahr
Energiekosten	8.250,00 €/Jahr
Maschinenlaufzeit	1.944 Stunden/Jahr

Ermitteln Sie den Maschinenstundensatz

b) Auf der Anlage B wird das Produkt P hergestellt. Es gelten folgende Daten:

Fertigungszeit	5 Stunden
Materialkosten	252,00 €/Stück
Fertigungslöhne	150,00 €/Stück
Sondereinzelkosten des Vertriebes	151,90 €/Stück
Barverkaufspreis	1.746,00 €/Stück
Listenverkaufspreis	2.000,00 €/Stück

Zuschlagssätze		*Sonstiges*	
MGK	5 %	Gewinn	10,4 %
Rest-FGK	120 %	Vertreterprovision	5 %
Vw/VtGK	30 %	Skonto	3 %

Ermitteln Sie mit Hilfe einer vollständigen Angebotskalkulation den Maschinenstundensatz und geben Sie an, wie viele Prozent Rabatt gewährt werden könnte.

16. In einem Industriebetrieb wird ausschließlich Produkt A hergestellt. Die Kostenrechnung weist für den Monat Dezember folgende Werte aus:

Kostenträgerzeitrechnung, Kalkulation, Maschinenstundensatz

	Istkosten gesamt in €	Ist-Zuschlagssatz	Normalkosten gesamt in €	Normal-Zuschlagssatz
FM				
MGK		25 %	44.000,00	20 %
FL I	148.800,00			
FGK I				130 %
FL II				
Rest-FGK II	97.830,00			80 %
Maschinenkosten II			120.100,00	
VwVtGK	198.450,00	21 %	183.000,00	20 %

Von der fertig gestellten Menge konnten 40 Stück nicht verkauft werden. Bei den unfertigen Erzeugnissen wurde eine Bestandsminderung von 1 000,00 € festgestellt. Insgesamt wurde eine Bestandsmehrung von 7000,00 € errechnet.
a) Berechnen Sie den Verbrauch an Fertigungsmaterial.
b) Berechnen Sie die Fertigungslöhne II.
c) Berechnen Sie die Herstellkosten pro Stück auf Normalkostenbasis.
d) Die Angebotskalkulation basiert auf folgenden weiteren Daten:
   – Rabatt 20 %,
   – Skonto 3 %,
   – Gewinnzuschlag 15 %,
   – Vertreterprovision 5 %.
   Ermitteln Sie den Angebotspreis und die Vertreterprovision in EUR.

Kostenträgerzeitblatt, Bestandsveränderungen

17. Eine Tochterunternehmung der Metallbau AG stellt die Produkte A und B her. Aus dem Kostenträgerzeitblatt des vergangenen Monats sind folgende Werte bekannt (in EUR):

	A	B
Selbstkosten, basierend auf Normalkosten	2.200.000,00	1.200.000,00
abgesetzte Stück	5.000	6000
fertiggestellte Stück	4.500	6.100
Preis in DM je Stück	480,00	220,00

Normal-MGK-Zuschlagssatz   8 %
Normal-FGK-Zuschlagssatz   250 %
Normal-VwVtGK-Zuschlagssatz   10 %
Überdeckung (insgesamt)   53.580,00

a) Ermitteln Sie das Umsatzergebnis je Produkt und das Gesamtbetriebsergebnis.
b) Ermitteln Sie die Ist-Selbstkosten (insgesamt).
c) Ermitteln Sie die Bestandsveränderungen an fertigen Erzeugnissen für das Produkt A und geben Sie die Art der Bestandsveränderung an.

Zusammenfassende Übungen II

Die Hausgeräte AG steht am Ende eines erfolgreichen Geschäftsjahres. Zum Ab- *Geschäftsbuchführung*
schluss des Geschäftsjahres und zur Planung des nächsten Jahres sind noch folgende
Arbeiten zu erledigen:

In der Buchhaltung sind noch folgende Geschäftsfälle zu buchen:
1. Die Hausgeräte AG erhielt im Dezember eine Hilfsstofflieferung im Wert von
   20.000,00 € netto. Für einen Leihcontainer stellt der Lieferer 1.000,00 € (netto) in
   Rechnung. Auf den Warenwert gewährt der Lieferer einen Rabatt von 5 %.
   Buchen Sie den Rechnungseingang.
2. Die Hausgeräte AG sendet den Leihcontainer (1.) zurück und erhält eine Gutschrift von 60 %.
3. Die Hausgeräte AG bezahlt die Rechnung unter Abzug von 2 % Skonto auf den
   Warenwert (1 + 2 beachten).
4 Die Hausgeräte AG hat im Dezember eine Fertigungsmaschine selbst erstellt. Die
   Herstellkosten betragen 47.000,00 €. Verbuchen Sie die Inbetriebnahme.
5. Im Dezember wurde ferner ein neuer LKW in Betrieb genommen.

Kaufpreis	78.200,00 €	Überführungskosten	920,00 €
Zulassung durch den Händler	115,00 €	Skonto vom Kaufpreis	3 %
Kfz-Steuer Dezember bis Mai	600,00 €		

   Verbuchen Sie den Rechnungseingang und die Zahlung mit Skontoabzug per
   Bank nach 8 Tagen.
6. Ein alter LKW wird verkauft. Buchwert 10.000,00 €; Verkaufspreis brutto
   17.400,00 €. Buchen Sie den Verkauf gegen Verrechnungsscheck.
7. Verkauf von Fertigerzeugnissen 7.800,00 € Listenverkaufspreis abzüglich 10 %
   Rabatt und 2 % Skonto. Buchen Sie die Ausgangsrechnung.
8. Wegen Mängelrüge sendet der Käufer (7.) Waren im Wert von 1.000,00 € zurück
   und erhält auf den Rest 5 % Preisnachlass (Gutschrift).
9. Den Restbetrag (7. + 8.) zahlt der Kunde unter Abzug von 2 % Skonto auf den
   restlichen Warenwert.
10. Am 31.12. sind folgende vorbereitende Abschlussbuchungen und Abschluss-
    buchungen durchzuführen:
    a) Konto Rohstoffe: AB 50.000,00 €; EB 60.000,00 €.
    b) Konto Fertigerzeugnisse: AB: 90.000,00 €, EB 80.000,00 €

Die Hausgeräte AG stellt Haushaltsgeräte des gehobenen Bedarfs in Fließfertigung *Produktion*
her. Der Betrieb hat Probleme den gestiegenen Anforderungen an Qualität und
Service gerecht zu werden. Ferner besteht ein starker Preiswettbewerb auf den internationalen Märkten. Im Betrieb ist das Personal oft demotiviert. Die Maschinen und
Anlagen erreichen in Kürze ihre wirtschaftlichen Nutzungsdauer. Um die Probleme zu
lösen, soll für das nächste Jahr ein Rationalisierungskonzept entworfen werden.
1. Schlagen Sie eine Einzelmaßnahme vor und begründen Sie Ihre Auswahl.
2. Konkretisieren Sie Ihren Vorschlag (1) und entwerfen Sie einen Plan für die Durchführung im nächsten Kalenderjahr.
3. Entwerfen Sie für die Hausgeräte AG ein Rationalisierungskonzept zur Lösung der
   anstehenden Probleme.
4. Beschreiben Sie die Auswirkungen der Rationalisierungsmaßnahme auf den
   Einsatz der Produktionsfaktoren.
5. Prüfen Sie, ob die von ihnen vorgeschlagene Rationalisierungsmaßnahme Auswirkungen auf das Produktionsprogramm hat.
6. Entwickeln Sie Vorschläge zur Anpassung der Fertigungsplanung, wenn die von
   Ihnen vorgeschlagenen Rationalisierungsmaßnahmen durchgeführt werden.

Rationalisierungsmaßnahmen haben Auswirkungen auf Finanzierung und Investition.

Finanzierung

1. Nennen Sie die Investitionsarten, die durch die Rationalisierungsmaßnahmen notwendig sind.
2. Die Hausgeräte AG möchte 50 % der Investitionssumme mit Eigenkapital finanzieren. Davon soll die Hälfte ohne Inanspruchnahme des Kapitalmaktes aufgebracht werden. Nennen Sie alle von der Hausgeräte AG in Anspruch genommenen Finanzierungsarten und zeigen Sie jeweils Finanzierungsmöglichkeiten auf.
3. Nennen Sie Gründe, die für den hohen EK-Anteil bei der Investition sprechen.
4. Beschreiben Sie die Auswirkungen der Maßnahmen auf den Kreislauf der finanziellen Mittel in der Unternehmung.
5. Beschreiben Sie die Auswirkungen der Rationalisierung auf den Kapitalbedarf und die Finanzplanung

Vollkostenrechnung

In der Kostenrechnung eines Zweigwerks der Hausgeräte AG sind für Dezember noch folgende Arbeiten auszuführen.

1. Der BAB weist folgende Werte aus:

Kostenstelle	Istgemeinkosten	Normalzuschlagssätze	Einzelkosten
Heizung	35.000,00 €		
Material	16.000,00 €	10 %	120.000,00 €
Fertigung I	462.000,00 €	200 %	250.000,00 €
Fertigung II	668.000,00 €	240 %	280.000,00 €
Arbeitsvorbereitung	19.000,00 €		
Verwaltung	167.120,00 €		
Vertrieb	111.080,00 €		
	UFE	FE	
Bestand 30.11.	140.000,00 €	190.000,00 €	
Bestand 31.12.	180.000,00 €	130.000,00 €	

Die Heizung ist nach folgendem Schlüssel zu verteilen: 2:10:20:1:1:1.

2/5 der Kosten in der Arbeitsvorbereitung sind der Fertigung I zuzuordnen.

a) Ermitteln Sie die Ist-Zuschlagssätze für die FGK II und die VwGK sowie die Ist-Selbstkosten im Rahmen eines Kalkulationsschemas.
b) Ermitteln Sie die Normal-Verwaltungsgemeinkosten, wenn eine Überdeckung von 17.080,00 € vorliegt.
c) Die Hausgeräte AG stellt u. a. Waschmaschinen her. Für das Modell Beta gelten für Dezember folgende Werte:
Normal-GK-Zuschlagssätze:

Material	5 %	Fertigungslöhne I	525.000,00 €
Fertigung I	200 %	Fertigungslöhne II	420.000,00 €
Fertigung II	150 %	abgesetzte Maschinen	10.500
Verwaltung	5 %	Bestandsveränderungen	FE = 0
Vertrieb	5 %		uFE = 0

Herstellkosten je Stück 312,00 €

An einen guten Kunden können 15 Waschmaschinen zum Bruttopreis von 6.900,00 € (incl. 16 % MWSt) abgesetzt werden. Dem Käufer wird darauf ein Wiederverkäuferrabatt von 5 % gewährt. Ferner wird mit 2 % Skonto und 5 % Vertreterprovision gerechnet. Ermitteln Sie in einem vollständigen Kalkulationsschema den Gewinn in % und das Fertigungsmaterial je Stück.

2. Erklären Sie den Unterschied zwischen Kosten, Aufwand und Ausgabe und nennen Sie jeweils ein Beispiel.
3. Nennen Sie die Vorteile einer Kalkulation mit Maschienstundensätzen.
4. Beschreiben Sie die Auswirkungen einer Kalkulation mit Maschinenstundensätzen auf die Kalkulation von 1.c)

Marketing

Die UMTECH AG ist innerhalb kürzester Zeit zu einem führenden Anbieter für Umwelttechnologie geworden. Sie hat ihr Sortiment ausgeweitet und hat auch die Produktion auf neue Gebiete ausgeweitet. Die Geschäftsleitung plant ferner den Kauf mehrerer kleiner Produzenten von Umwelttechnologie. Die wachsende Nachfrage nach Umweltprodukten hat den Markt jedoch auch für andere Anbieter interessant gemacht. So sieht sich die UMTECH AG einer wachsenden Konkurrenz gegenüber.

1 Marktorientierung

Unter Marketing versteht man die Ausrichtung des gesamten Unternehmens am Markt.

H. Meffert definiert Marketing wie folgt:

„Marketing ist die bewusst marktorientierte Führung des gesamten Unternehmens oder marktorientiertes Entscheidungsverhalten in der Unternehmung."

(Meffert, H: Marketing, Wiesbaden 1985, S. 33)

1.1 Bedeutung des Marketing

Diese zentrale Bedeutung hat das Marketing durch die Veränderung des Marktes erhalten.

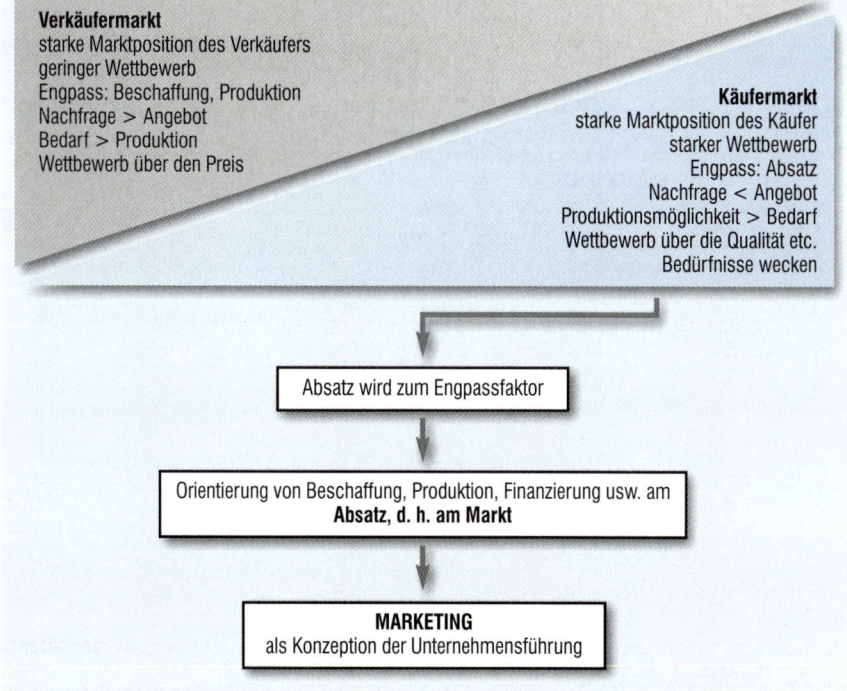

Verkäufermarkt:
Starke Stellung der Verkäufer

Käufermarkt: Starke Stellung der Käufer

Verkäufermarkt:
Nachfrage > Angebot,
starke Marktposition
des Verkäufers

Käufermarkt:
Angebot > Nachfrage,
starke Marktposition
des Käufers

Engpassfaktor:
Minimumsektor,
schwächster Teile-
bereich, der den Erfolg
des Unternehmens
begrenzt

Im 20. Jahrhundert haben sich die Märkte von **Verkäufermärkten**, bei denen die Befriedigung der Grundbedürfnisse der Menschen im Mittelpunkt stand, zum **Käufermakt** entwickelt, auf dem der Kunde ein breit gefächertes und differenziertes Angebot vorfindet. Diese Entwicklung hat sich zunächst in den USA vollzogen. Nach dem zweiten Weltkrieg wurde auch Europa in diese Entwicklung einbezogen. In der Folge des Wirtschaftswunders stellten die deutschen Unternehmen in den 60er Jahren fest, dass das Angebot die Nachfrage überstieg und dass der Konkurrenzdruck zunahm.

Der **Engpassfaktor** verlagerte sich von der Produktion zum Absatz. Der europäische Binnenmarkt und die Globalisierungstendenzen der 90er Jahre haben diese Entwicklung noch verstärkt. Ferner sind die Anforderungen der Verbraucher an den Umweltschutz und das Verbraucherbewusstsein gestiegen.

Vor dieser Entwicklung mussten die Unternehmungen am Markt ausgerichtet werden. Der Absatzmarkt bestimmt Beschaffung, Produktion, Finanzierung, Investition und Personal. Produkte werden für den Markt entwickelt, d. h. am Anfang stehen die Kundenwünsche und nicht das Produkt.

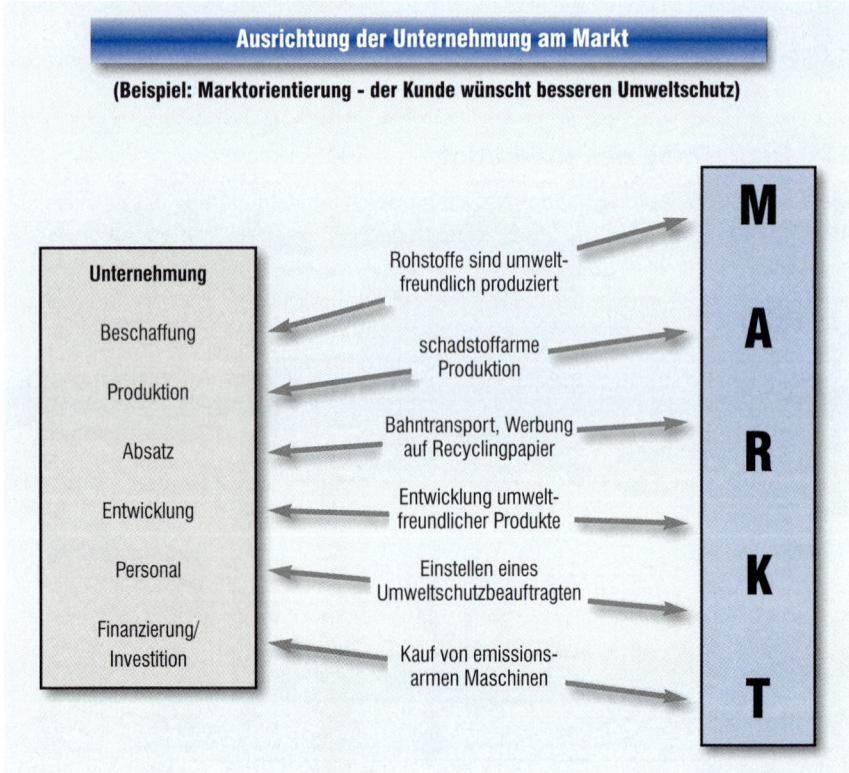

Die Ausrichtung der Unternehmung am Markt wird zur Unternehmensphilosophie und schlägt sich in der Unternehmenskultur und im Unternehmensleitbild nieder.

1.2. Marktgrößen und Marktsegmentierung

Soll die Unternehmung am Markt ausgerichtet werden, ist zunächst zu klären, welche Zielgruppen man im Markt ansprechen möchte. Die nachfolgende Grafik veranschaulicht die für die Unternehmung interessanten Marktgrößen.

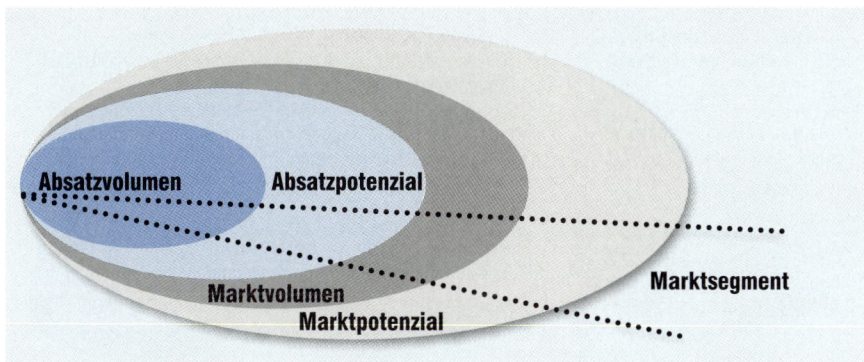

Marktpotenzial: Maximale Aufnahmefähigkeit des Marktes

Marktvolumen: tatsächlicher oder vorhergesagter Absatz oder Umsatz

Absatzpotenzial: Anteil eines Unternehmens am Marktpotenzial

Absatzvolumen: tatsächlicher Absatz eines Unternehmens

Marktanteil: %-ualer Anteil eines Unternehmens am Marktvolumen

Marktpotenzial: Maximale Aufnahmefähigkeit eines Marktes für ein Produkt. Maximaler Umsatz bei optimalen Bedingungen (z. B. vorhandene Kaufkraft), den alle Anbieter zusammen erzielen können.

Marktvolumen: Marktnachfrage nach einem Podukt, das von einer definierten Käufergruppe in einem definierten Gebiet innerhalb einer definierten Zeitperiode vermutlich oder tatsächlich gekauft wird.

Absatzpotenzial: Anteil am Marktpotenzial, den das Unternehmen glaubt, maximal erreichen zu können.

Absatzvolumen: tatsächlicher Absatz eines Unternehmens auf einem Markt

Marktanteil: Prozentualer Anteil des Absatzes bzw. Umsatzes eines Unternehmens am Marktvolumen.

 $$\text{Marktanteil} = \frac{\text{Absatz(Umsatz-)Volumen} \cdot 100}{\text{Marktvolumen}}$$

Marktsegmentierung:
Um die Kunden besser ansprechen zu können, wird der Markt in Teilmärkte, so genannte Marktsegmente, aufgeteilt. Ein Marktsegment ist gekennzeichnet durch eine nach bestimmten Merkmalen in sich gleichartige Abnehmergruppe, die sich von den Abnehmergruppen der anderen Marktsegmente unterscheidet.

Marktsegmentierung: Aufteilung des Marktes in Abschnitte

Eine wichtige Aufgabe der Marktforschung ist es, die Zielgruppe von Abnehmern festzustellen, die für die Unternehmung wichtig ist. Dadurch wird es möglich den Gesamtmarkt in entsprechende Segmente aufzuteilen, die für die Unternehmung bedeutenden Segmente auszuwählen und deren Abnehmergruppen mit differenzierten Marketingmaßnahmen an die Produkte zu binden.

Segmentierungsmerkmale
z. B. für Konsumgütermärkte

geografisch

Einteilung nach Ländern,
Gemeindegrößen, Stadt und
Land usw.
z. B.
Bayern, Hessen, Sachsen
usw.

soziodemographisch

Einteilung nach gesellschaftli-
chen Kriterien wie Alter,
Geschlecht, Einkommen, Beruf
z. B.:
Frauen zwischen 20 und 30 Jahren mit einem Monatseinkommen
über 1.500,00 €

psychographisch

Einteilung nach
Persönlichkeitsmerkmalen
z. B.:
sportliche Personen, die
die Geselligkeit lieben

Beispiel

Die Marketingabteilung möchte bei einem Marktforschungsinstitut eine
Marktforschung für ihre Heizungsfilter in Auftrag gegeben. Die UMTECH AG
hat in der letzten Periode 12.000,00 Einheiten auf dem europäischen Markt abgesetzt. Laut Auskunft der Industrie- und Handelskammer wurden in Europa
85.000 Einheiten vergleichbarer Filter verkauft. Daraus ergeben sich folgende
Untersuchungsobjekte:

Marktpotenzial:
alle Betreiber von Heizungsanlagen

Marktvolumen:
tatsächlicher (oder vorhergesagter) Absatz an Heizungsfiltern auf dem Markt =
85.000 Einheiten

Absatzpotenzial:
alle Betreiber von Heizungsanlagen, die im Absatzgebiet (Europa) liegen und die
für die UMTECH AG „ansprechbar" sind

Absatzvolumen:
tatsächlicher Absatz der UMTECH AG = 12.000 Filter

Marktanteil:

$$\text{Marktanteil} = \frac{12.000 \cdot 100}{85.000} = 14,12\ \%$$

Marktsegment:
Neben einer geograpischen Segmentierung wird eine Segmentierung nach dem
Einsatz der Filteranlagen in Ein- und Zweifamilienhäusern, in Mehrfamilien-
häusern und in industrielle Feuerungsanlagen erfolgen, da für diese Bereiche
unterschiedliche Produkte angeboten werden müssen. Bei den Ein- und Zweifamilienhäusern wird man bei den Hausbesitzern nach soziodemograpischen
und psychographischen Merkmalen segmentieren. So sind z. B. junge Familien
mit gehobenem Einkommen und hohem Umweltbewusstsein ein interessantes
Marktsegment.

1.3 Marktforschung

Um den Betrieb am Markt auszurichten, muss erforscht werden, was der Markt d. h. der Kunde, erwartet. Es ist zu klären, welche Produkte gewünscht werden, welche Personen diese in welcher Menge kaufen würden. Ferner müssen Informationen über die Konkurrenz und die wirtschaftliche Entwicklung beschafft werden.

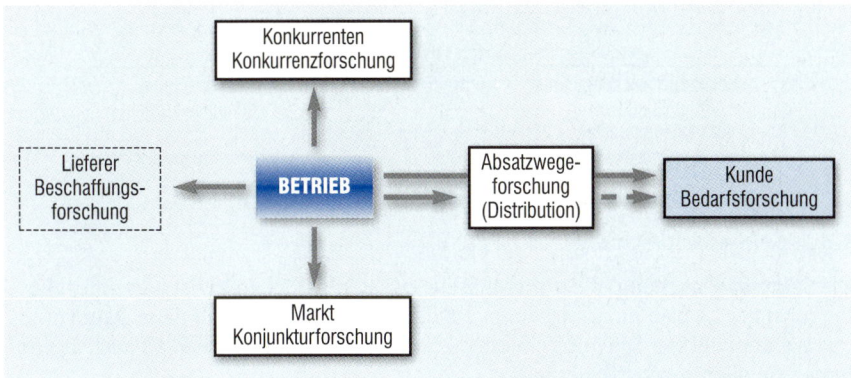

Mit Hilfe der Marktanalyse und/oder der Marktbeobachtung werden die notwendigen Daten erhoben und zu einer Marktprognose aufbereitet

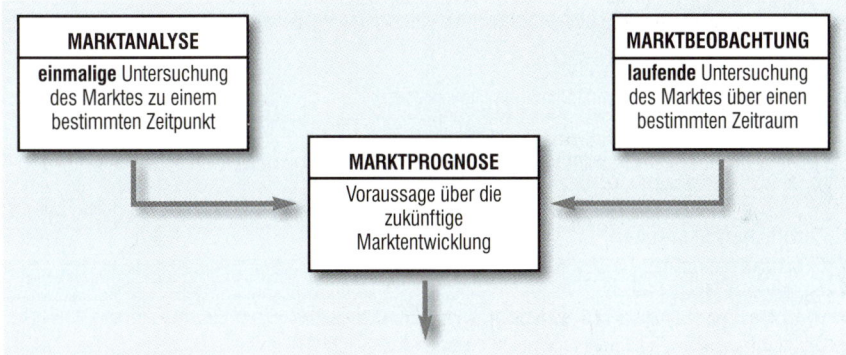

Marktanalyse:
einmalige
Untersuchung

Marktbeobachtung:
lfd. Untersuchung

Marktprognose:
Voraussage

Beispiel

Die UMTECH AG erwägt, das Fertigungsprogramm bei Heizungsfiltern auszuweiten. Es sollen Filter für spezielle Anwendungen und mit unterschiedlicher Technik angeboten werden. Die Geschäftsleitung benötigt eine Marktprognose über den zukünftigen Absatz.

Martkanalyse oder Marktforschung?
Da es sich um eine einmalige Entscheidung handelt, wird man bei einem Marktforschungsinstitut eine Marktanalyse in Auftrag geben.
Ob man, um spätere Entscheidungen abzusichern, eine Marktbeobachtung in Auftrag gibt, ist zu überlegen. Gegen eine Marktbeobachtung spricht, dass die Endabnehmer Filteranlagen in der Regel nur in sehr großen Zeitabständen (Einbau einer neuen Heizungsanlage nach 10 bis 20 Jahren) nachfragen. Andererseits wäre es sinnvoll, die Entwicklung der Einstellung zum Umweltschutz, gesetzliche Regelungen und die Konkurrenz langfristig zu beobachten.

Die gewünschten Informationen können aus bereits vorhandenen Daten generiert werden (Sekundärforschung) oder durch die Erhebung neuer Daten zusammengestellt werden.

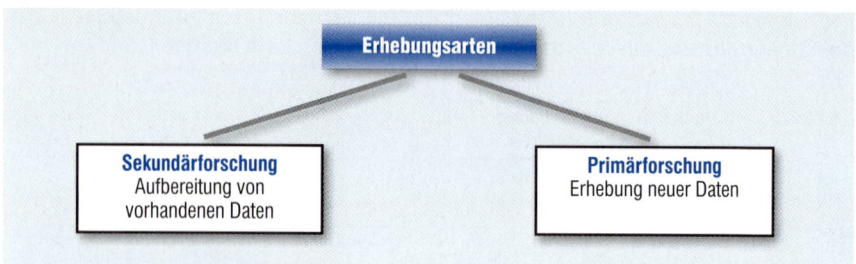

1.3.1 Sekundärforschung

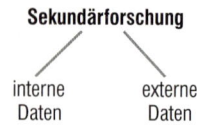

Die **Sekundärforschung,** die auf vorhandene Daten zurückgreift, ist wesentlich kostengünstiger als die Primärforschung, bei der mit hohem Aufwand neue Daten erhoben werden müssen. Die Informationen können sowohl aus **internen** als auch aus **externen Quellen** beschafft werden.

Als interne und damit sehr kostengünstige Quelle stehen u. a.

- Umsatz- und Absatzstatistiken
- Außendienstberichte
- Reklamationsstatistiken
- Kundendateien

zur Verfügung.

Da von sehr vielen Stellen Daten gesammelt werden, können auch externe Daten interessant sein. So können z. B.

- amtlichen Statistiken
- Zeitungsberichten
- Bankberichten
- Veröffentlichungen von Verbänden
- Berichten der IHK und
- Datenbanken

Informationen entnommen werden. Die Kosten sind von Anbieter zu Anbieter unterschiedlich.

Beispiel

Die Geschäftsleitung beauftragt die Marketingabteilung, vorhandene Quellen nach Informationen zu durchforsten.

Vorhandene Informationen:
Der mit der Suche beauftragte Fachhochschulpraktikant findet folgende Informationen:
Die **Umsatzstatistik** weist für Heizungsfilter ein jährliches Wachstum von 19 % aus.
Der **Außendienst** meldet Anfragen über Spezialfilter.
Ein großer Teil der **Reklamationen** ist auf Überlastung der eingebauten Filter durch eine besondere Beanspruchung, die mit dem jeweiligen Einsatzort zusammenhängt, zurückzuführen.

Die Zahl der Kunden ist lt. **Kundendate**i in den letzten Jahren jährlich um 12 % gestiegen. Dabei war der Zuwachs im europäischen Ausland im letzten Jahr besonders stark. Ferner hat die Zahl der Kunden, die große Heizungsanlagen herstellen, überproportional zugenommen.

In der Zeitschrift des **Verbandes** der Heizungsbauer findet der Praktikant eine Statistik, die nachweist, dass die Mehrzahl der privaten Haushalte eine umweltfreundliche Heizungsanlage wünscht. In den Publikationen des DIHT findet er Umfrageergebnisse, die der Wirtschaft ein wachsendes Umweltbewusstsein bescheinigen. Ferner findet er mehrere Artikel, die davon ausgehen, dass sich die Umweltschutzvorschriften in den nächsten Jahren verschärfen werden.

Bei Recherchen in kommerziellen Datenbanken findet er Informationen über geplante Gesetze zur Luftreinhaltung der Europäischen Union sowie Informationen über die Umsatzentwicklung bei Heizungsanlagen.

1.3.2 Primärforschung

Bei der Primärforschung, die in der Regel mit hohen Kosten verbunden ist und meist von Marktforschungsinstituten durchgeführt wird, muss zunächst geprüft werden, welcher Teil der in Frage kommenden Personen (Grundgesamtheit (→) befragt werden soll.

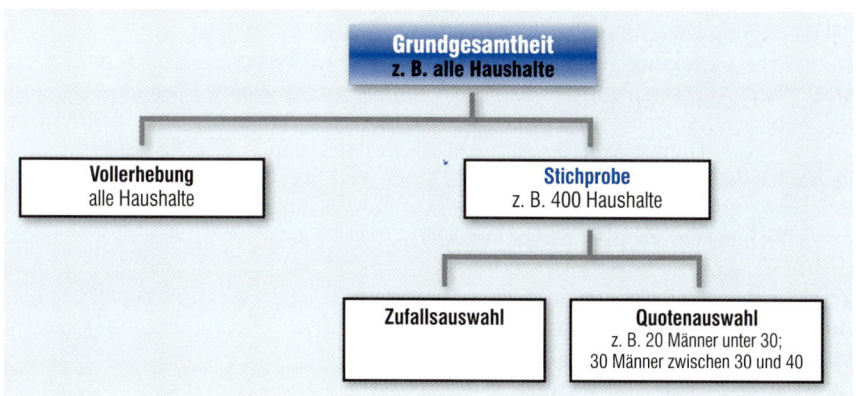

Eine Vollerhebung ist in der Regel zu teuer. Deshalb wird man sich meist für eine Teilerhebung (Stichprobe) entscheiden. Werden alle Telefonbesitzer einer Stadt als Grundgesamtheit definiert und jede hundertste Telefonnummer aus dem Telefonbuch für die Befragung ausgewählt, so spricht man von einer Zufallsauswahl. Müssen unter den ausgewählten 10 Telefoninhaber im Stadtteil A, 15 im Stadtteil B usw. wohnen, so liegt eine Quotenauswahl vor. Welches Verfahren gewählt wird, hängt von der Verteilung der Merkmale in der Grundgesamtheit, der Bedeutung der Merkmale für die Erhebung und von der Größe der Stichprobe ab. Wird zum Beispiel ein Produkt von einer Käufergruppe mehr gekauft als von anderen, so wird man eventuell eine Quotenauswahl bevorzugen und die Zahl der Befragten, die die Merkmale der Käufergruppe aufweisen, erhöhen. Auch bei relativ kleinen Stichproben wird man die Quotenauswahl wählen, um eine repräsentative Verteilung der Merkmale in der Stichprobe sicherzustellen.

Stichprobe: repräsentativer Teil der Grundgesamtheit, der stellvertretend befragt wird

Als Erhebungsmethoden werden die Befragung, die Beobachtung und das Experiment verwendet.

1.3.2.1 Befragung

Die häufigste Erhebungsmethode ist die Befragung. Dabei werden Personen gezielt zu bestimmten Themen befragt. Die Fragen können quantitative oder qualitative Daten erheben.

Quantitative Daten	Qualitative Daten
Fragebogen (Auszug)	**Fragebogen (Auszug)**
Wie hoch ist ihr Monatseinkommen ☐☐☐☐	Umweltschutz ist für Sie
	sehr wichtig ☐
Sind Sie Hauseigentümer ja ☐ nein ☐	wichtig ☐
	weniger wichtig ☐

Qualitative Daten können Auskunft über Motive oder Einstellungen (z. B. zum Umweltschutz) geben. Die Interpretation der Antworten ist jedoch oft problematisch. Bei der Erhebung müssen die Fragen sinnvoll gestellt werden. Handelt es sich z. B. um Suggestivfragen (die Antwort ist in der Frage vorweggenommen), so sind die Ergebnisse der Erhebung fragwürdig. Im obigen Beispiel wird bei einer mündlichen Befragung voraussichtlich niemand den Mut haben, den Umweltschutz als weniger wichtig einzustufen, auch wenn er es nach seiner Meinung ist.

Die **Befragung** kann mündlich, telefonisch oder schriftlich erfolgen.

Mündliche Befragungen sind relativ aufwändig, ermöglichen es jedoch den Interviewer nachzufragen. Ferner können auch komplexere qualitative Fragen gestellt und die Antworten entsprechend festgehalten werden. Die Probleme liegen beim Interviewer. Dieser kann sowohl die Auswahl der zu Befragenden als auch die Befragung bewusst oder unbewusst beeinflussen. Ferner wird über die Bereitschaft, bei einer Befragung mitzuwirken, bereits eine gewisse Vorauswahl getroffen. Dieses Problem tritt jedoch bei den meisten Methoden auf.

Bei **telefonischen Befragungen** ist die Ablehnungsrate relativ hoch. Sie eignet sich nur für kurze Umfragen. Ferner wird, da der Befragte einen Telefonbucheintrag haben muss, eine gewisse Vorauswahl getroffen.

Bei der **schriftlichen Befragung** können umfassende Fragen gestellt werden. Eine Einflussnahme durch den Interviewer ist, soweit die Befragung nicht von einem Interviewer unterstützt wird, nicht möglich. Ein Problem besteht wiederum in der Bereitschaft, an der Befragung teilzunehmen.

Beispiel

Um die Entscheidung zur Erweiterung des Produktionsprogramms abzusichern, beauftragt die UMTECH AG ein Marktforschungsinstitut, neue Daten über den Markt zu erheben.

Tätigkeit des Marktforschungsinstituts:

Das Unternehmen wertet zunächst vorhandene Daten über den Markt für Heizungen in den unterschiedlichen Marktsegmenten aus. Die Datenbasis reicht für die Beurteilung der Entwicklung im Ein- und Zweifamilienhaussegment aus. Für das Marktsegment Mehrfamilienhäuser und Industrie soll eine schriftliche Befragung bei den großen Heizungsbauern (Vollerhebung) durchgeführt werden.

In einer Stichprobe sollen 50 Industrieunternehmen als Endverbraucher befragt werden.
Die Konkurrenzsituation soll durch die Auswertung vorhandener Daten über den europäischen Markt beurteilt werden.

1.3.2.2 Panel

Für den Konsumgüterbereich hat das **Panel** als Sonderform der Befragung eine große Bedeutung. Es zeichnet sich durch die **fortlaufende Befragung** eines **festgelegten repräsentativen Personenkreises** zum **gleich bleibenden Erhebungsgegenstand** über einen **längeren Zeitraum** aus.
Mit Hilfe des Panels lassen sich Aussagen treffen über

Panel: laufende Befragung eines bestimmten Personenkreises zum gleichen Thema über einen längeren Zeitraum.

- die Entwicklung des Verbraucherverhaltens,
- die Preisentwicklung,
- die Wirkung von Marketingmixinstrumenten (→)
- Trends
- die Entwicklung der Umschlagskennzahlen
- usw.

Da nur ein bestimmter Personentyp bereit ist, Panelhaushalt zu werden, gibt es auch beim Panel das Problem, einen repräsentativen Stamm an Haushalten zusammenzustellen und aufrechtzuerhalten. Die Verweigerungsquote und die Austrittsquote (Panelsterblichkeit) ist relativ hoch. Ferner ist das Panel durch die Vergütung der Haushalte realtiv teuer.

Panels werden i.d.R. von Marktforschungsinstituten (Gfk, Nielsen) durchgeführt. Im Wesentlichen können vier Panels unterschieden werden:

Beim **Verbraucherpanel** werden Haushalte mit Hilfe von Einkaufsberichten, die wöchentlich abzugeben sind, über ihre Einkaufsgewohnheiten befragt. Sie geben Auskunft über:

- den Gesamtmarkt
  Anzahl der kaufenden Haushalte, Ausgaben je Haushalt, gekaufte Mengen, bevorzugte Marken und Sorten, Marktanteile, Verpackung, Packungsgröße, Preis, Geschäftsarten (SB, Versandhandel, etc) usw.
- unterschiedliches Kaufverhalten der Haushalte
  nach Bundesländern, Verkaufsgebieten, Ortsgrößenklassen, Einkommen, Alter, Haushaltsgröße usw.
- produktspezifisches Kaufverhalten
  z. B. Käuferwanderungen, Markentreue, Menge je Einkauf, Wirkung von Werbemaßnahmen

Beim Verbraucherpanel stellt die Verweigerungsquote und die Panelsterblichkeit ein besonderes Problem dar. Da in der Regel aus Kostengründen nur eine geringe Vergütung zum Beispiel über Einkaufsgutscheine oder Verlosungen gewährt wird, sind nur wenige Haushalte oder Einzelpersonen bereit, die umfangreichen Aufzeichnungen zu führen.

Ferner beeinflusst die Teilnahme am Panel das Einkaufsverhalten. Dieser Paneleffekt führt dazu, dass die Haushalte preisbewusster einkaufen und sich besser über die im Panel erfassten Artikel informieren (overreporting). Ferner wird, da sich der Verbraucher beobachtet fühlt, der Kauf bestimmter Produkte nicht oder nicht in vollem Umfang angegeben bzw. der Kauf von Prestigeprodukten vorgetäuscht.

Einzutragende Warengruppen	Datum des Einkaufs	Marke und Hersteller		Art des Produkts						Anzahl der gekauften Einheiten	Packungsangaben			Gewicht je Packung in Gramm, Liter, ml, ccm angeben
				(Bitte ankreuzen!)							Angabe ob Packungen, Stücke, Dosen, Flaschen, Tuben, Beutel, Schachteln, Gläser oder lose Ware			
				Art		Sorte								
		Entnehmen Sie bitte die Angaben dem Etikett			Ganze Bohnen		Coffein		light/mild					
							mit	ohne						
Bohnenkaffee bei Versand-Bezug: nur Menge des Eigenverbrauchs eintragen (auch wenn bei Bekannten mitbestellt)		Marke	Sorte	fabrikgemahlen vakuumverpackt / zuhause gemahlen / im Geschäft gemahlen ☐☐☐	☐	☐	☐	☐	☐		Weich-Packg. ☐	Karton ☐	Dose ☐	
				☐☐☐	☐	☐	☐	☐	☐		☐	☐	☐	
Bohnenkaffee-Extrakt sofort löslicher Kaffee, lösliche Kaffeespezialitäten, z.B. Eiskaffee, Cappuccino usw.				☐☐☐	☐	☐	☐	☐	☐		☐	☐	☐	
							☐	☐	☐		Glas ☐		Beutel ☐	
Kaffeefilter-Papier Teefilter-Papier inkl. selbsttragende Filter				Kaffeefilter ☐	Teefilter ☐	Filter-/Blattgröße					Tüten ☐		Blätter ☐	
				☐	☐						☐		☐	
Malz-/Mischkaffee auch sofort löslicher Kaffee-Ersatzmittel Kaffee		Hersteller und Marke									Glas ☐	Dose ☐	Weich-Packg. ☐	
Tee aller Art Schwarzer Tee, Kräutertee, Heiltee, Zitronentee		Hersteller und Marke		z.B. Schwarzer Tee, Pfefferminz-, Zitronen-, Abführ-, Husten-, Gallentee							Päckchen ☐ / Dose ☐ / Glas ☐ / Aufgußbeutel ☐ / Sofort löslicher Tee ☐			
einschließlich sofort löslichem Tee (Extrakt)											☐ ☐ ☐ ☐ ☐			

Anstelle der Einkaufsberichte werden in zunehmendem Maße elektronische Erfassungsgeräte genutzt. Die Panelhaushalte werden mit Scannern ausgestattet. Mit ihrer Hilfe werden die im EAN-Code gespeicherten Produktinformationen genutzt und die Erfassung der Einkäufe für den Haushalt erleichtert. Damit wird auch die Verweigerungsrate, die Panelsterblichkeit und der Paneleffekt gesenkt.

Die elektronisch gesammelten Daten werden über Modem und Telefonleitung an das Marktforschungsinstitut übermittelt. Die Auswertung kann ohne weitere Datenerfassung automatisch erfolgen. Damit verkürzt sich die Zeit zwischen der Aktion des Panelhaushaltes und der Bereitstellung der Information für den Kunden des Marktforschungsinstitutes erheblich. Bei einer Verbindung des elektronischen Verbraucherpanels mit den Scannerpanels im Handel können weitere Synergieeffekte erzielt werden.

Beim **Einzelhandelspanel** erfolgt die Befragung bei ausgewählten Einzelhandelsgeschäften. Sie gibt Auskunft über

- Trends im Umsatz,
- Absatz, Einkäufe und Lagerbestände des Einzelhandels,
- Umschlagsgeschwindigkeit,
- Durchschnittswerte je Monat,
- Bezugsquellen,
- Zahl der Läden, die einen Artikel führen.

Es sind Auswertungen nach dem Gesamtmarkt und nach Teilmärkten (Marken, Arten, Packungsgrößen, Gebiete, etc.) möglich. Ferner können Spezialanalysen über Ladenwerbung etc. durchgeführt werden.

Änliche Auskünfte geben **Großhandelspanels**, bei denen Großhändler befragt werden.

Scannerpanels erfassen den Verkauf, die Lagerhaltung etc. im Einzelhandel (Einzel-handelspanel) mit Scannerkassen. Die Datenerfassung erfolgt nicht über Berichte, sondern automatisch über die Kassen und andere Datenerfassungsgeräte und den EAN-Code.
Werden Kunden für das Scannerpanel geworben und mit einer Identifikationskarte ausgestattet, die sie beim Einkauf an der Scannerkasse vorlegen, so kann ein Haushaltspanel mit einbezogen werden.

Scannerpanels: Erhebung der Daten mit EDV-Unterstützung über den EAN-Code

Die Daten werden evtl. durch zusätzliche Erhebungen in den Geschäften, z. B. über Werbemaßnahmen, Verkaufsförderung, ergänzt.
Es können auch z. B. Daten über die Sehbeteiligung an TV-Werbung etc. in die Erhebung einbezogen werden.

Vorteile:	Nachteile:
• schnelle Verfügbarkeit der Daten	• erforderliche Mitarbeit des Handels
• automatische Aufbereitung großer Datenmengen	• erforderliche Mitarbeit von Verbrauchern
• Kombination verschiedener Erhebungen	• Geschäfte ohne Scannerkassen sind nicht vertreten
• Vereinfachung und Rationalisierung der Datenbeschaffung	• Einkäufe von Panelteilnehmern in Nichtscannerbetrieben werden nicht erfasst

1.3.2.3 Beobachtung

Mit Hilfe der Beobachtung sollen Verhaltensweisen festgestellt werden. Es wird z. B. festgestellt, welche Anordnung der Produkte den Kunden anspricht, wie hoch der Abverkauf ist, welches Kaufverhalten der Kunde zeigt, oder es wird der Kundenstrom in einem Supermarkt beobachtet. Die Untersuchung findet in der Realität statt. Die Beobachteten wissen häufig nicht, dass ihr Verhalten aufgezeichnet wird. Der Beobachtende greift nicht in das Geschehen ein. Dadurch wird das natürliche Verhalten nicht durch die Untersuchungssituation beeinflusst. Ferner spielt die Teilnahmebreitschaft keine Rolle. Die Untersuchungsmethode ist jedoch relativ teuer.

1.3.2.4 Experiment

Im Gegensatz zur Beobachtung wird beim Experiment die Testsituation künstlich herbeigeführt. Der Proband muss z. B. aus einer Anzahl von Produkten eines auswählen oder ein Werbeplakat beurteilen. Es kann z. B. festgestellt werden, welche Verpackung den Eindruck hoher Produktqualität vermittelt, welche Farbe von bestimmten Kunden bevorzugt wird oder welchen Wiedererkennungswert ein Werbeplakat hat. Ein Experiment kann mehrfach durchgeführt werden, wobei immer nur ein Faktor verändert wird, während die anderen gleich bleiben (Ceteris-paribus-Bedingung). Dadurch können Aussagen über Ursachen-Wirkung-Beziehungen getroffen werden. Eine Einflussnahme der Testsituation kann nicht ausgeschlossen werden.

1.3.3 Aufbereitung und Auswertung der Daten

Die erhobenen Daten (Informationsgewinnung) müssen nur aufbereitet und ausgewertet werden. Die Daten sind zu

- **ordnen**
- **skalieren** (bewertbar gemacht werden, in Skalen eingeordnet werden) und zu
- **analysieren**

Aus den so aufberteiteten Daten kann dann eine **Prognose** für die zukünftige Entwicklung gestellt werden.

Beispiel

Die von der Marketingabteilung und dem Marktforschungsinstitut durchgeführte Befragung wurden in einem gemeinsamen Bericht aufbereitet und der Geschäftsleitung unterbreitet. Der Bericht hat unter anderem folgenden Inhalt:

Ordnen von Daten

Reklamationen durch Überbeanspruchung	140
Reklamtionen durch Materialfehler	30
Reklamtionen durch Verarbeitungsfehler	20
Sonstige Reklamationen	15
Anzahl der Reklamationen pro Jahr:	205

Skalieren von Daten:

Bedeutung von zuverlässigen Filtern in Heizungsanlagen
Befragt wurden 50 Industrieunternehmen als Endverbraucher:

sehr wichtig	16
wichtig	27
nicht wichtig	5
unwichtig	1
keine Angaben	1

Analysieren von Daten

Die Umsatzanalyse nach Filtertypen ergibt nebenstehendes Bild

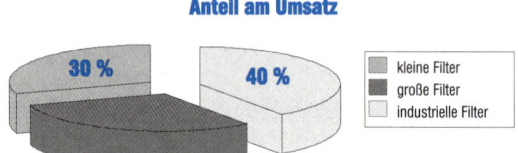

Anteil am Umsatz

30 % 40 %

- kleine Filter
- große Filter
- industrielle Filter

Prognose

Für die weitere Entwicklung wird nebenstehende Prognose erstellt. Daraus wird der Umsatz mit und ohne Ausweitung des Produktionsprogramms prognostiziert.
Der erwartete Umsatz kann z. B. durch eine Trendberechnung ermittelt werden.

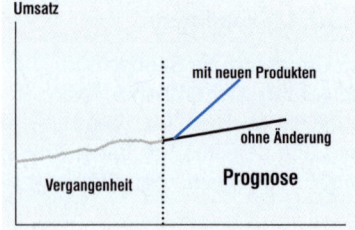

Umsatz

mit neuen Produkten

ohne Änderung

Vergangenheit   **Prognose**

2 Marketingziele

Das wirtschaftliche Handeln von Betrieben orientiert sich an Zielen (siehe Grundlagen der Betriebswirtschaftslehre, Kapitel 2). Die obersten Unternehmensziele werden nicht zuletzt von Marketingzielen bestimmt, da Rentabilität, Wachstum usw. von den Umsätzen abhängig ist. Andererseits wirken sich die Zielvorgaben für die gesamte Unternehmung auf die Marketingziele aus.

2.1 Ökonomische und psychographische Ziele

Marketingziele können in zwei Gruppen eingeteilt werden.

Die **ökonomischen Ziele** lassen sich in der Regel messen und nehmen auf beobachtbare Ergebnisse der Kaufentscheidung Bezug. Sie sind unmittelbar mit den Erwerbszielen verbunden. So lässt sich das Ziel einer Umsatzerhöhung leicht überprüfen und leistet einen Beitrag zum Gewinn- und Rentabilitätsziel.

Ökonomische Ziele: messbare Erwerbsziele

Die **psychographischen Ziele** wenden sich im Gegensatz dazu an die mentalen Prozesse des Käufers. Sie zielen auf eine psychische Wirkung beim Käufer. Sie sollen bei ihm das Kaufverhalten beeinflussen bzw. ändern. „Wird z. B. durch Werbung der Bekanntheitsgrad eines Produktes erhöht, so kann dies eine Änderung des Kaufverhaltens zur Folge haben. Psychographische Ziele lassen sich meist nicht unmittelbar überprüfen, da sich die Psyche des Käufers einer unmittelbaren Betrachtung entzieht. Die Erreichung dieser Ziele lassen sich nur über Indikatoren erfassen.

psychograpische Ziele: schwer messbare, auf psychische Wirkung ausgerichtete Ziele

Die Ziele können die Anpassung des Unternehmens an den Markt (adaptive Ziele) oder die Marktbeeinflussung (offensive Ziele) vorgeben. Ferner ist bei der Zielvorgabe zu beachten, dass evtl. für verschiedene Marktsegmente unterschiedliche Ziele vorgegeben werden müssen.

2.2 Operationaliserung von Zielen

Ziele werden mit den Mitarbeitern der Marketingabteilung vereinbart und mit der Geschäftsleitung abgesprochen werden, um eine Identifikation der Mitarbeiter zu erreichen. Eine Zielvorgabe ist nur sinnvoll, wenn auch festgestellt werden kann, ob die Vorgaben erreicht wurden. Deshalb müssen Ziele **operationalisiert,** d. h. nachprüfbar, gemacht werden. Der **Zielinhalt**, das **Zielausmaß** und der **Zeitbezug** sind möglichst genau festzulegen. Für die UMTECH AG und einige ausgewählte Funktionen können folgende operationalisierte Ziele vorgegeben werden.

Operationalisierung: Festlegen von Zielinhalt, Zielausmaß und Zeitbezug, um Ziele überprüfbar zu machen.

Beispiel	Zielinhalt	Zielausmaß	Zeitbezug
	Steigerung des Umsatzes bei Heizungsfilter	um 15 %	im nächste Geschäftsjahr
	Erhöhung des Bekanntheitsgrades bei Einfamilienhausbesitzern	von 45 % auf 50 %	im nächsten Geschäftsjahr

Das ökonomische Ziel der Umsatzsteigerung kann relativ leicht überprüft werden. Die Erhöhung des Bekanntheitsgrades (psychografisches Ziel) muss erst durch eine Umfrage bei Einfamilienhausbesitzern (Stichprobe) ermittelt werden.

2.3 Zielbeziehungen

Marketingziele können untereinander oder zu anderen **Unternehmenszielen komplementär, konkurrierend** oder **indifferent** sein (siehe Grundlagen der Betriebswirtschaftslehre, Kapitel 2.4). Komplementäre Ziele unterstützen sich gegenseitig. Konkurrierende Ziele beeinträchtigen sich gegenseitig bei der Zielerreichung. Bei indifferenten Zielen können beide Ziele unabhängig voneinander verfolgt werden. Die Zielbeziehung kann im Zeitverlauf oder bei unterschiedlicher Intensität der Verfolgung der Ziele wechseln.

In der Regel werden die Ziele Absatzsteigerung und Steigerung des Bekanntheitsgrades oder Absatzsteigerung und Erhöhung des Marktanteils komplementäre Ziele sein. Preissteigerungen und Absatzsteigerung werden sich häufig als konkurrierende Ziele erweisen. Zum Unternehmensziel Gewinnmaximierung wird sich das Marketingziel der Umsatzsteigerung in bestimmten Bereichen komplementär verhalten. Soll jedoch der Umsatz um jeden Preis gesteigert werden, so wird dies zu Konflikten mit dem Gewinnziel führen, da eine starke Umsatzsteigerung nur zu steigenden Kosten (Werbung etc.) möglich ist.

Im nebenstehenden Beispiel ist das Kosten- und Erlösziel im Intervall A komplementär, im Bereich B indifferent und im Intervall C konkurrierend.

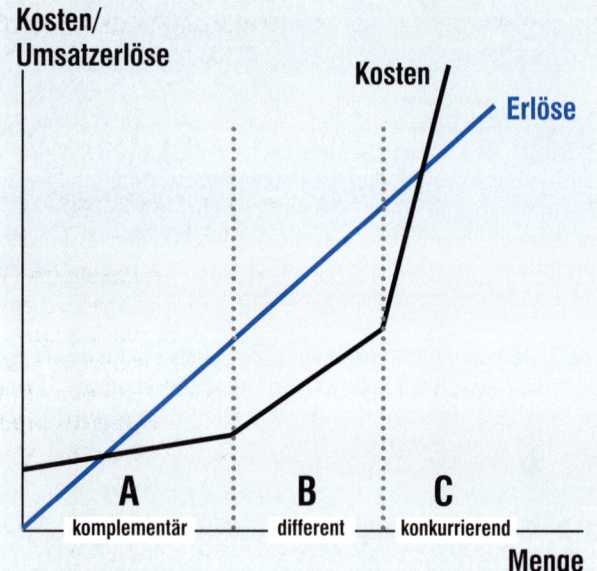

2.4 Zielhierarchien

Wie aus den Beispielen zu ersehen ist, werden im Bereich des Marketings mehrere Ziele nebeneinander vereinbart und vorgegeben. Da diese komplementär, konkurrierend oder indifferent sein können, müssen die Ziele nach der Priorität geordnet werden. In einer **Zielhierarchie** werden von Oberzielen Unterziele abgeleitet und mögliche Zielkonflikte aufgezeigt sowie Prioritäten festgelegt. Ziele, die sich nicht aus höheren Zielen ableiten lassen, aber trotzdem verfolgt werden sollen (autonome Ziele), werden eingefügt und auf ihre Zielbeziehungen überprüft. Die Marketingziele müssen ferner in das gesamte Zielsystem der Unternehmung eingefügt werden.

Zielhierarchie: hierarchische Gliederung von Zielen

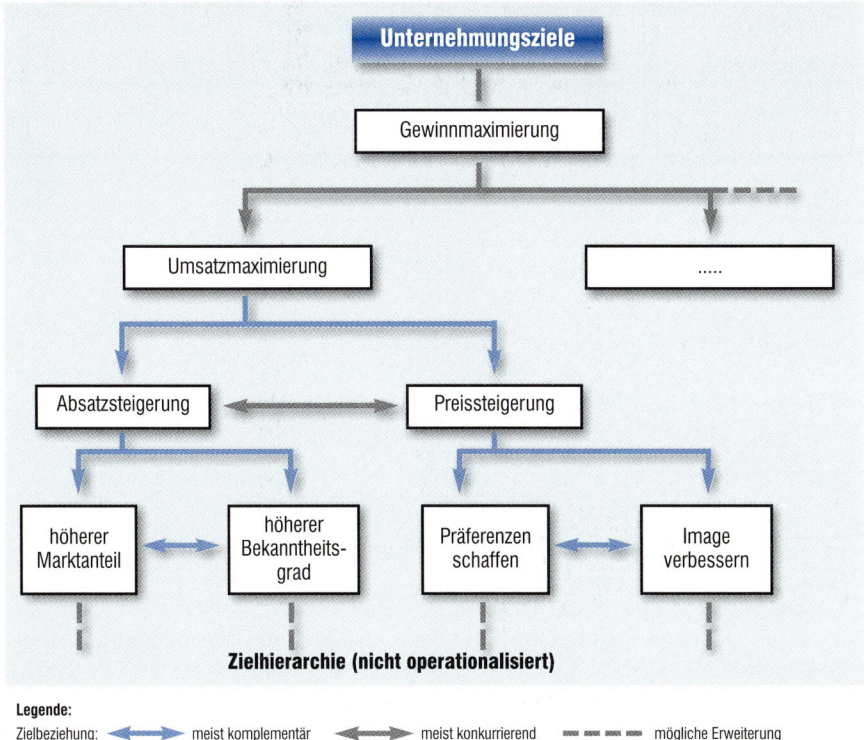

Legende:
Zielbeziehung: ◄──► meist komplementär ◄──► meist konkurrierend ▬ ▬ ▬ ▬ mögliche Erweiterung

2.5 Marktgrößen, Marktforschung und Marketingziele

Mit Hilfe der Marktforschung werden das Marktpotenzial und das Marktvolumen sowie das Absatzpotenzial und das Absatzvolumen für die Zukunft bestimmt und interessante Marktsegmente ermittelt. Die Marktprognose wird in Zielvorgaben (Marktanteil, Absatz, Umsatz usw.) umgesetzt, die durch den Einsatz der Marketinginstrumente angestrebt werden.

„Wir haben alles richtig gemacht, nur der Markt verhält sich völlig anders."

3 Marketingmixinstrumente

Um die vereinbarten Marketingziele zu erreichen werden die Marketingmixinstrumente eingesetzt.

3.1 Produkt- und Sortimentsmix

Für eine Unternehmung gibt es prinzipiell folgende Möglichkeiten, Produkt- und Sortimentspolitik zu betreiben:

Produktdifferenzierung: Ein Produkt wird mit anderen Leistungsmerkmalen ausgestattet.

Die Entwicklung neuer Produkte stellt eine Produktinnovation dar. Handelt es sich nur um kleine Änderungen an den vorhandenen Produkten, um zusätzliche Kundenwünsche abzudecken, so spricht man von einer **Produktdifferenzierung**. Das Produkt gibt es dann in der alten Ausführung und in einer oder mehreren geringfügig veränderten Ausprägungen. Ein typisches Beispiel sind die L-, GL-, S- und SL- Ausführungen, die es bei vielen Personenwagen neben der Standardausführung gibt. Dadurch wird der Grundnutzen durch andere Leistungsmerkmale des ansonst identischen Produkts vergrößert.

Produktdiversifikation: Ein Produkt wird zusätzlich mit anderen Leistungsmerkmalen angeboten.

Bei einer **Produktdiversifikation** wird das Produktprogramm verbreitert, andersartige Produkte werden angeboten. Findet die Diversifikation **horizontal** statt, so werden Produkte der gleichen Produktionsstufe angeboten, die mit den bisherigen Produkten in Zusammenhang stehen. Dies wäre z. B. der Fall, wenn eine Brauerei auch alkoholfreie Getränke anbietet. Wird die Diversifikation **vertikal** durchgeführt, so werden vor- oder nachgelagerte Produktionsstufen mit einbezogen. In diesem Fall würde die Brauerei eine Mälzerei angliedern und auch den Malz für das Bier produzieren. Eine vertikale Diversifikation wird häufig zur Sicherung von Bezugsquellen oder zur Verbesserung des Absatzes durchgeführt. Bei einer **lateralen** Diversifikation wird das Produktionsprogramm durch Produkte erweitert, die keinen direkten Zusammenhang zu den bisher produzierten Produkten besitzen. Eine laterale Diversifikation liegt vor, wenn ein Stromerzeuger als Anbieter von Telekommunikationsleistungen auftritt.

Produktvariation: Das Produkt wird verändert und löst das alte Produkt ab.

Von einer **Produktvariation** spricht man, wenn ästhetische, physikalische oder symbolische Produkteigenschaften, Zusatzleistungen oder Produktnamen im Zeitverlauf verändert werden. Das alte Produkt gibt es nicht mehr. Dies ist z. B. der Fall, wenn ein PKW-Modell durch das Nachfolgemodell abgelöst wird.

Werden Produkte aus dem Produktionsprogramm entfernt, spricht man von einer **Produktelimination**. Dies kann durch den Produktlebenszyklus bedingt sein, oder der Verschlankung des Produktionsprozesses (lean production) und der Konzentration auf die Kernbereiche dienen.

Produktelimination: Entfernung eines Produkts aus dem Produktionsprogramm

Stellt man die möglichen Formen der Produktpolitik dar, so ergibt sich folgendes Bild:

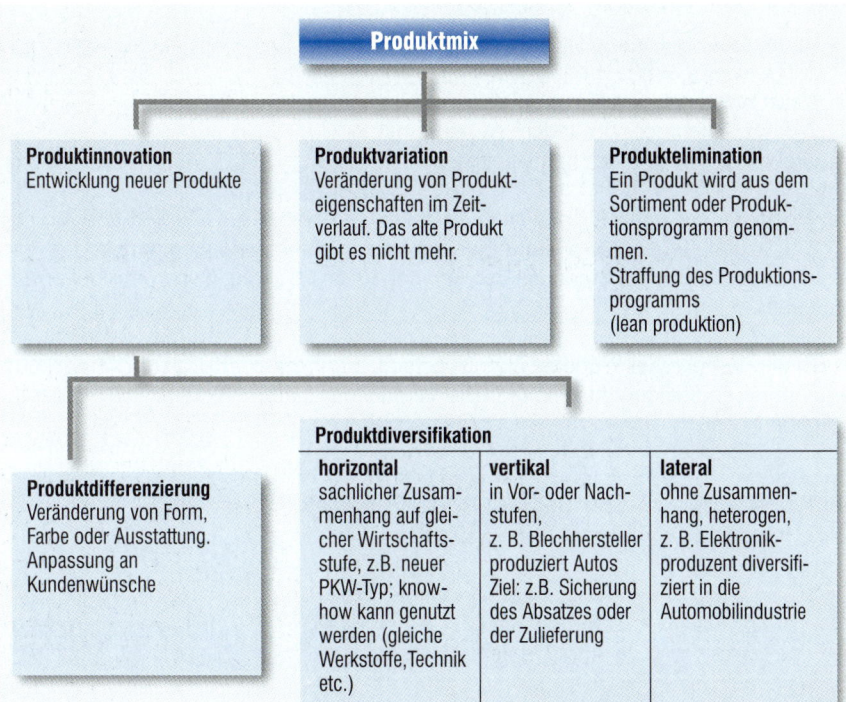

Neben der Produktentwicklung kommt der Produktgestaltung eine entscheidende Bedeutung zu. Dabei muss der Grundnutzen und der Zusatznutzen beachtet werden.

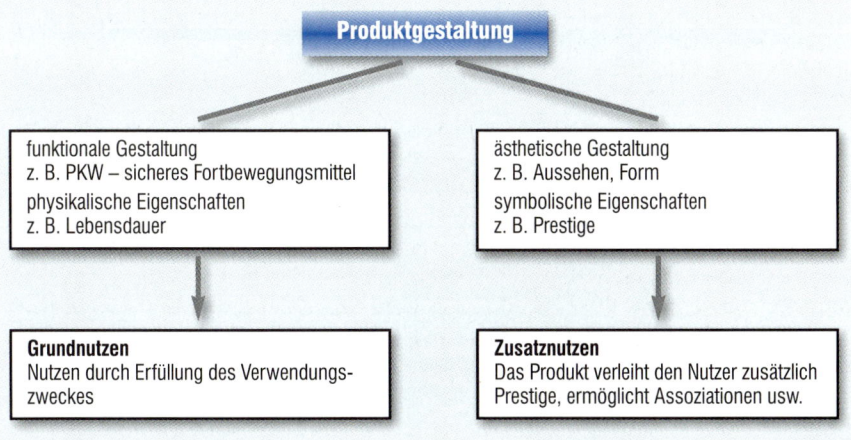

Es gibt Produkte, wie z. B. die Zigaretten (Lust nach Freiheit und Abenteuer), bei denen der Zusatznutzen den Grundnutzen teilweise überlagert und der entscheidende Auslöser zum Kauf ist. Ein Zusatznutzen kann sich auch aus Serviceleistungen, Garantieleistungen, umweltgerechten Produkten etc. ergeben.

Markenartikel dienen der Schaffung von Präferenzen

Viele Betriebe wollen ihre Produkte zu **Markenartikeln** entwickeln: Kennzeichen von Markenartikeln sind:

- standardisierte Erzeugnisse,
- differenzierte Massenbedarfsware,
- gleich bleibende Qualität,
- Warenzeichen oder besondere Ausstattung,
- direkte Werbung durch den Hersteller,

Der Hersteller versucht, für den Markenartikel Präferenzen zu schaffen und ihn aus der Masse abzuheben. Damit kann der Anbieter in einem gewissen Bereich fast wie ein Monopolist auf dem Markt agieren und den Preis unabhängig von der Konkurrenz festlegen.

Die Verpackung muss produktbezogene und verkaufsbezogene Funktionen erfüllen.

Durch den Vertrieb der Produkte über Selbstbedienungsgeschäfte hat die **Verpackung** einen höheren Stellenwert erhalten. Die Verpackung hat im Wesentlichen folgende Aufgaben:

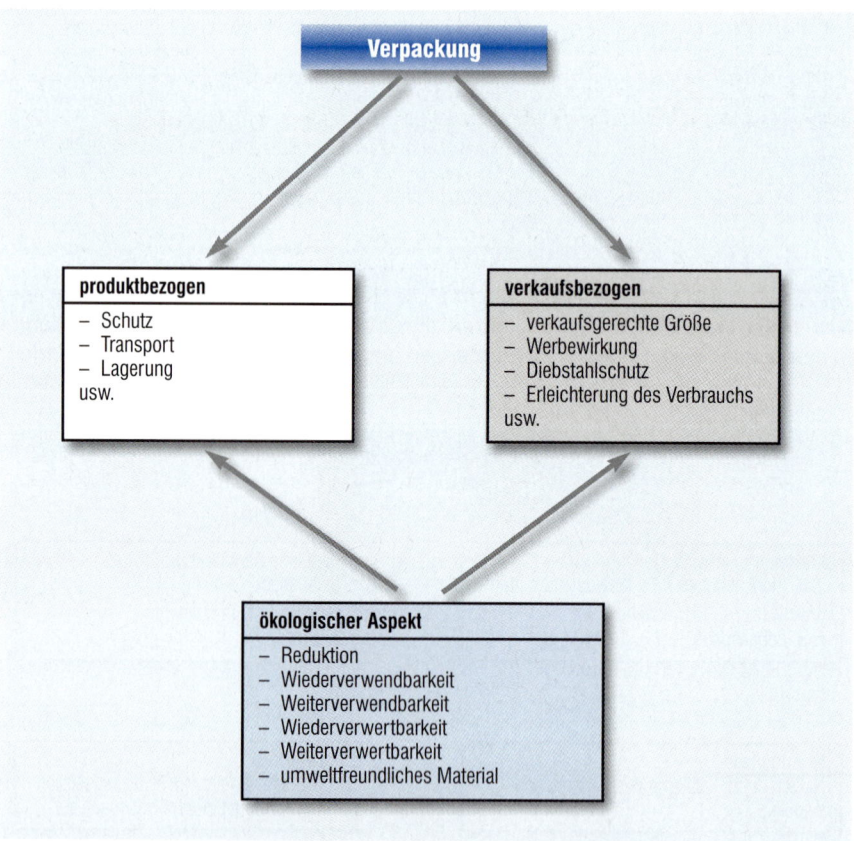

Neben den produktbezogenen Funktionen, die nach wie vor erfüllt sein müssen, ist die Verpackung zu einem wichtigen Verkaufsargument geworden. Sie soll den Kunden ansprechen (Werbewirkung) und ihm einen zusätzlichen Service bieten. Für den Handel soll sich auch der Schutz vor Diebstahl erhöhen. Um die Verpackungsflut zu vermindern, wird über eine Verminderung der Verpackung nachgedacht. Ferner soll die Verpackung wiederverwendet (z. B. Pfandflaschen), weiterverwendet (z. B. Honiggläser als Vorratsbehälter), wiederverwertet (z. B. Altglasrecycling) oder weiterverwertet (Tetrapack als Isoliermaterial) werden. Ist dies nicht möglich, so soll zumindest die Entsorgung ohne Probleme möglich sein (Verbrennung ohne giftige Rückstände).

Nicht nur von der Verpackung wird eine möglichst umweltneutrale Entsorgung erwartet sondern auch von den Produkten. Die Produkte sollten ebenfalls wiederverwendbar, weiterverwendbar oder weiterverwertbar sein. Die Recyclingfähigkeit von Produkten wird zunehmend zu einem wichtigen Verkaufsargument.

Beispiel

Die UMTECH AG hat in den letzten Perioden eine aktive Produktpolitik betrieben. In dem Geschäftsbericht der AG sollen diese Aktivitäten entsprechend dargestellt werden.

Produktpolitik:
Die Erweiterung des Handelsbetriebes um eine Produktionsstätte stellt eine vertikale Diversifikation dar. Der Handelsbetrieb hat in die Vorstufe diversifiziert. Werden Heizungsfilter mit unterschiedlichen Leistungsmerkmalen hergestellt, so handelt es sich um eine Produktdifferenzierung. Stellt die AG auch andere Filter, z. B. für die Abluftreinigung von Atomkraftwerken, her, so handelt es sich um eine horizontale Diversifikation. Wird ein veralteter Filter durch ein neueres Modell ersetzt, so liegt eine Produktvariation vor. Wird ein Filtertyp nicht mehr produziert, weil z. B. keine ausreichende Nachfrage vorhanden ist, so handelt es sich um eine Produktelimnination. Eine laterale Diversifikation könnte vorliegen, wenn die Unternehmung auch Behälter zur Mülltrennung herstellt. Wie das letzte Beispiel zeigt, ist die Abgrenzung zwischen den einzelnen Elementen des Produktmixes schwierig, da die Beurteilung, ob ein Zusammenhang zum bisherigen Produktionsprogramm besteht, subjektiv ist und von den jeweiligen Gegenheiten abhängt.

3.2 Distributionsmix

Im Ramen der Entscheidungen zum Distributionsmix muss zunächst das **Vertriebssystem** festgelegt werden. Damit wird bestimmt, ob der Verkauf zentral vom Werk aus oder dezentral über Niederlassungen und Filialen erfolgen soll.

Vertriebssystem: zentraler oder dezentraler Verkauf

Wichtiger ist jedoch die Entscheidung über den **Absatzweg.**
Der Absatzweg entscheidet darüber, wie das Produkt zum Endverbraucher kommt, d. h. über wie viele Zwischenstationen das Produkt den Konsumenten erreicht.

Absatzweg: Weg zum Endverbraucher

Dabei sind grundsätzlich folgende Wege möglich:

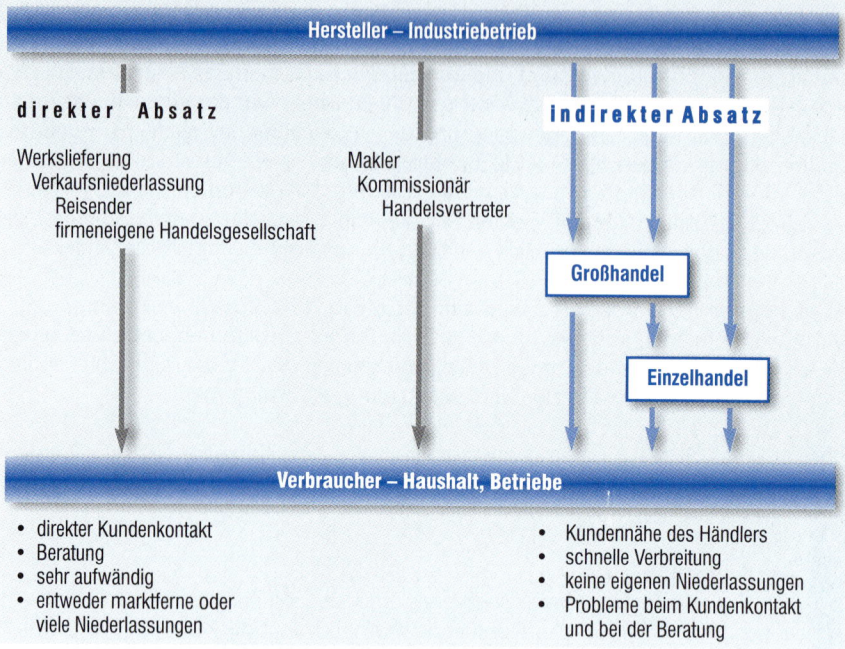

Beim direkten Absatzweg durch Werkslieferung, über Niederlassungen, Reisende oder firmeneigene Handelsgesellschaften hat der Hersteller den direkten Kontakt zum Endverbraucher. Der Produzent kann den Abnehmer beraten. Ferner kann er den Markt gut beurteilen. Beim indirekten Absatz über den Groß- und Einzelhandel fehlt der direkte Kontakt zum Endverbraucher. Dies ist insbesondere bei komplizierten technischen Produkten ein Problem. Andererseits können über den Handel wesentlich mehr Verbraucher erreicht werden als bei einem direkten Vertrieb. Bei einem Vertrieb über Makler (→), Kommissionäre (→) oder Handelsvertreter (→) hat der Hersteller einen begrenzten Einfluss auf den Vertrieb an den Endverbraucher.

Komplizierte technische Geräte, die als **Einzelanfertigung** für einen bestimmten Kunden angefertigt werden (Kernkraftwerke, Fabrikgebäude, Raffinerien, Flugzeuge usw.) werden in der Regel über den direkten Absatzweg abgesetzt. Produkte für den **Massenbedarf, die keine umfangreiche Beratung** benötigen (z. B. Staubsauger, Lebensmittel, Fernsehgeräte, Kleidung) werden in der Regel über den Groß- und Einzelhandel angeboten.
Die Grenzen zwischen den beiden Bereichen sind fließend. Gelegentlich vertreiben die Hersteller Massenware im Fabrikverkauf direkt, während komplizierte technische Geräte über den Groß- oder Einzelhändler beim Hersteller bestellt werden.

Häufig stehen Unternehmen vor der Entscheidung, Produkte über Reisende oder über Handelsvertreter zu vertreiben. Für die Entscheidung sind folgende Faktoren wichtig:

Reisender: Angestellter

Der **Reisende** ist Angestellter und unterliegt dem direkten Weisungsrecht des Unternehmens. Er erhält ein Gehalt (Fixum) und eine verkaufsabhängige Provision. Da er als Angestellter über gute Produktkenntnisse verfügt, kann er den Kunden bei komplizierten Produkten gut beraten. Durch das Fixum und die geringe umsatzbezogene Provision ist er bei hohem Absatz kostengünstiger als der Handelsvertreter. Wird der Handelsvertreter auf neuen Märkten eingesetzt, so können die geringen Marktkenntnisse Nachteile bringen.

Der **Handelsvertreter** ist als selbstständiger Kaufmann auf fremde Rechnung und im fremden Namen tätig. Er erhält für seine Tätigkeit eine umsatz(absatz-)abhängige Provision. Durch seine große Marktkenntnis ist er insbesondere für neue fremde Märkte, auf denen er schon vorher für andere Unternehmen tätig war, geeignet. Bei der Einführung neuer Produkte und geringem Umsatz ist er günstiger, da er nur umsatzabhängig bezahlt wird. Der Handelsvertreter kann auch andere Produkte, die keine Konkurrenzprodukte sind, mit vertreten und damit das Sortiment ergänzen. Durch die Provision besteht ein hoher Leistungsanreiz. Die Schwächen des Handelsvertreters liegen beim Vertrieb von komplizierten Produkten.

Handelsvertreter: Selbstständiger Kaufmann

Die Kosten für den Reisenden und den Handelsvertreter lassen sich an folgendem Beispiel verlgeichen:

Beispiel

Reisender: Fixum pro Monat 2.500,00 €, Provision 5 % des Umsatzes
Handelsvertreter: Provision 10 % des Umsatzes

Berechnung des kritischer Umsatzes:

M $K_{Reisender} = K_{Handelsvertreter}$

$$2.500 + \frac{Umsatz \bullet 5}{100} = \frac{Umsatz \bullet 10}{100}$$

UK = 50.000,00 €

Ab einem Umsatz von 50.000 € pro Monat ist der Reisende günstiger
(Lohngebundene Gemeinkosten etc. müssen im Fixum berücksichtigt werden)

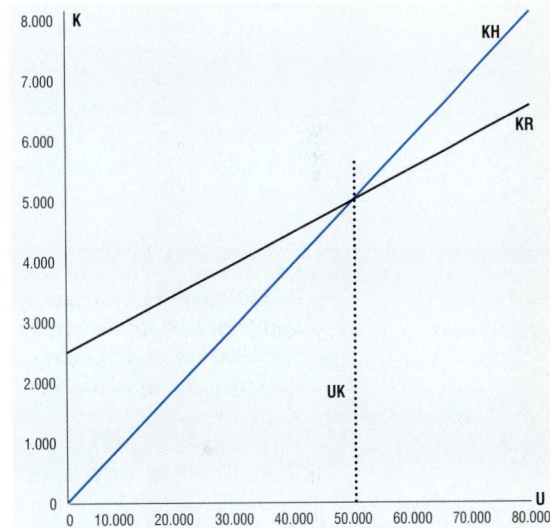

Neben den Absatzwegen gehört auch das logistische System zum Distributionsmix. Dazu gehören die Transportmittel (Straße, Schiene) und die Lagerhaltung (Auslieferungslager etc.).

Beispiel

Die UMTECH AG möchte für den Absatz ihrer Heizungsfilter den optimalen Absatzweg finden.

Absatzweg:
Da die UMTECH AG ursprünglich ein reines Handelsunternehmen war, wird der Absatz über die eigene Handelsorganisation erfolgen. Es empfiehlt sich, das Produkt in Deutschland über Reisende und im europäischen Ausland über Handelsvertreter Heizungsbauern anzubieten. Zusätzlich könnten Filter für Ein- und Mehrfamilienhäuser über den Einzelhandel (Baumärkte) abgesetzt werden. Beim Absatz über Baumärkte sollte geprüft werden, ob die dort vertriebenen Produkte nicht unter einem anderen Produktnamen mit kleinen Änderungen (Produktpolitik) angeboten werden sollten.

EXKURS!
Franchising: Vertikal-kooperativ organisier-te Absatzform

Franchising

Durch Unternehmen wie Coca Cola oder Mc Donald's ist Franchising auch in Deutschland bekannt geworden. Beim Franchising handelt es sich um eine vertikal-kooperativ organisierte Absatzform.

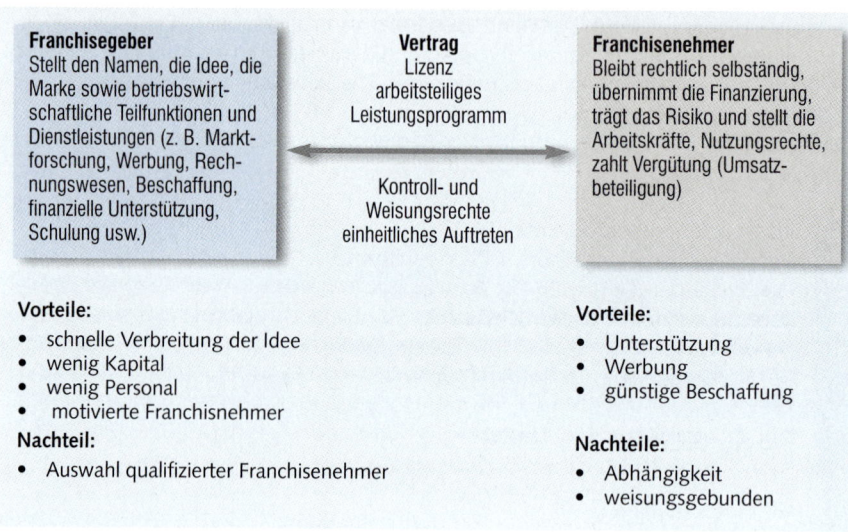

Franchisegeber
Stellt den Namen, die Idee, die Marke sowie betriebswirtschaftliche Teilfunktionen und Dienstleistungen (z. B. Marktforschung, Werbung, Rechnungswesen, Beschaffung, finanzielle Unterstützung, Schulung usw.)

Vertrag
Lizenz
arbeitsteiliges
Leistungsprogramm

Kontroll- und
Weisungsrechte
einheitliches Auftreten

Franchisenehmer
Bleibt rechtlich selbständig, übernimmt die Finanzierung, trägt das Risiko und stellt die Arbeitskräfte, Nutzungsrechte, zahlt Vergütung (Umsatzbeteiligung)

Vorteile:
- schnelle Verbreitung der Idee
- wenig Kapital
- wenig Personal
- motivierte Franchisnehmer

Nachteil:
- Auswahl qualifizierter Franchisenehmer

Vorteile:
- Unterstützung
- Werbung
- günstige Beschaffung

Nachteile:
- Abhängigkeit
- weisungsgebunden

In der Praxis gibt es Franchiseverträge zwischen Hersteller und Hersteller, Hersteller und Großhandel, Hersteller und Einzelhandel sowie Dienstleistungsfranchising. Die Franchiseverträge können sehr unterschiedlich sein, sodass sich die Verteilung der Rechte und Pflichten unterscheidet.

3.3 Kontrahierungsmix

3.3.1 Praxisorientierte Preisgestaltung

In der Praxis kann sich die Preisbestimmung an drei Kriterien orientieren.

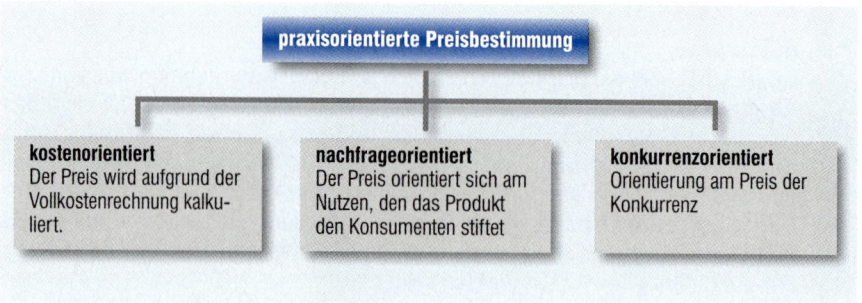

praxisorientierte Preisbestimmung

kostenorientiert
Der Preis wird aufgrund der Vollkostenrechnung kalkuliert.

nachfrageorientiert
Der Preis orientiert sich am Nutzen, den das Produkt den Konsumenten stiftet

konkurrenzorientiert
Orientierung am Preis der Konkurrenz

Bei einer **kostenorientierten Preisgestaltung** werden die Selbstkosten nach der Vollkostenrechnung kalkuliert und darauf ein Gewinnzuschlag berechnet (siehe Vollkostenrechnung). Der so errechnete Angebotspreis (Vorgabepreis) wird auf dem Markt gefordert. Kann er nicht erzielt werden, so wird die Deckungsbeitragsrechnung als Entscheidungshilfe herangezogen.

kostenorientierte Preisgestaltung: Selbstkosten + Gewinnzuschlag

Der Gewinnzuschlag ergibt sich aus dem von der Geschäftleitung vorgegebenen Gewinnziel. Das Gewinnziel wird von der Produktgruppe, dem Risiko und den Erfahrungswerten abhängig sein. Ob der kalkulierte Gewinn erzielt werden kann, ist davon abhängig, ob der Absatz richtig eingeschätzt und die fixen Kosten richtig verrechnet wurden und ob der kalkulierte Preis am Markt erzielt werden kann.

Kann die **Gesamtkostenkurve** bestimmt werden, so kann die Bestimmung des Preises auch nach folgendem Beispiel erfolgen:

Beispiel

Gesamtkostenfunktion: $K = 20x + 20000$
Gesamtkapazität: 1.000 Stück
geplante Absatzmenge: 75 % der Kapazität
Gewinnzuschlag: 20 % der Gesamtkosten

Berechnung des Verkaufspreises:
75 % von 1.000 Stück = 750 Stück
$K = 20 \cdot 750 + 20000 = 35.000$ €
Erlös = K + Gewinn

$$\text{Erlös} = 35.000 + \frac{35.000 \cdot 20}{100} = 42.000,00 \text{ €}$$

$$\text{Preis} = \frac{\text{Erlös}}{x} = \frac{42.000}{750} = \mathbf{56,00 \text{ €}}$$

Eine kostenorientierte Preisgestaltung wird vor allem bei Einzelanfertigung nach Kundenauftrag angewendet, da in solchen Fällen ein Marktpreis oder ein Konkurrenzpreis nicht vorhanden ist.

Eine **nachfrageorientierte oder marktorientierte Preisgestaltung** geht vom Konsumenten aus. Es wird versucht, den Preis zu bestimmen, den der Verbraucher als angemessen betrachtet. Dieser Preis ist u. a. abhängig

Die nachfrageorientierte Preisgestaltung orientiert sich an der Nachfrage und dem Nutzen.

- von der Höhe der Nachfrage
- vom Grundnutzen des Produkts
- vom Zusatznutzen des Produkts
- vom Ruf des Anbieters oder Herstellers (akquisitorisches Potenzial (→))
- von der Einschätzung des Verbrauchers in Bezug auf Preis und Produkt
- von der Preiselastizität, d. h. wie die Nachfrage auf Preisänderungen reagiert
- von der subjektiven Wirkung des Preises (runder oder gebrochener Preis)

Eine steigende Nachfrage wird zu steigenden Preisen führen. Die Bestimmung des Preises ist im Allgemeinen schwierig, da der Nutzen eines Gutes nur schwer ermittelt werden kann. In der Regel wird der Preis mit Hilfe der Marktforschung (Befragung, Test, Beobachtung) festgelegt.

Konkurrenzorientierte Preisgestaltung: Orientierung am Marktführer

Bei der **konkurrenzorientierten Preisgestaltung** orientiert sich der Anbieter am so genannten Leitpreis, der in der Regel der Preis des Marktführers ist oder dem Durchschnitt der Branche entspricht. Durch die Orientierung an der Konkurrenz wird das Risiko eines Preiskampfes minimiert. Ob zu dem so ermittelten Preis kurz- oder langfristig produziert oder verkauft werden kann, muss mit Hilfe der Voll- und Teilkostenrechnung geprüft werden.

3.3.2 Hochpreispolitik – Niedrigpreispolitik

Ob eine Unternehmung eine Hochpreispolitik oder eine Niedrigpreispolitik betreibt, ist von der Unternehmensphilosophie und von den Produkten abhängig.
Unternehmen, die sich als Qualitätsführer, Technologieführer etc. darstellen wollen oder einen exklusiven Kundenkreis ansprechen, werden zu einer Hochpreispolitik neigen. Steht die Produktion von Massenware im Mittelpunkt der betrieblichen Aktivitäten und sollen preiswerte Produkte hergestellt werden, so besteht eine Tendenz zur Niedrigpreispolitik.

Wird die Entscheidung durch das Produkt begründet, so ergibt sich folgendes Bild:

Für eine Hochpreispolitik spricht:	Für eine Niedrigpreispolitik spricht:
– die Einführung eines technisch neuen Produkts – hochwertiges Produkt – hohe Produktqualität – spezielle Serviceleistung	– die Einführung eines Massenprodukts – Produkte des täglichen Bedarfs – durchschnittliche oder mindere Qualität

Eine Niedrigpreispolitik kann auch zur Abschreckung der Konkurrenz, als langfristiges Werbeargument bei elastischer Nachfrage oder zur schnellen Erschließung von Massenmärkten erfolgen. Besteht bei der Einführung eines neuen Produktes ein Monopol, so können durch eine Hochpreispolitik Monopolgewinne abgeschöpft werden

3.3.3 Preisdifferenzierung

Aufgepasst beim Autokauf

Neuwagen werden in manchen Ländern billiger als in Deutschland verkauft. Bis zu 40 % Preisunterschiede hat man ermittelt.

Auf bestimmten Auslandsmärkten mit wesentlich höherer Mehrwertsteuer als in Deutschland müssen die Hersteller erheblich günstigere Nettopreise als hier zu Lande berechnen.

Um beispielsweise in Dänemark mit seiner Mehrwertsteuer von 25 % und zusätzlich 52 % Luxussteuer neue Autos verkaufen zu können, müssen die Produzenten den Netto-Abgabepreis heruntersetzen.

Dieses Preisgefälle können deutsche Autokäufer durch Eigenimport nutzen.

Bei einer **Preisdifferenzierung** werden von verschiedenen Kundengruppen verschiedene Preise gefordert. Eine Preisdifferenzierung ist nur auf unvollkommenen Märkten möglich. Es müssen Präferenzen bestehen oder die vollkommene Marktübersicht darf nicht gewährleistet sein. Durch eine gezielte Marktsegmentierung kann der Markt so in Kundengruppen aufgeteilt werden, dass in jedem Segment ein anderer Preis verlangt werden kann.
Die Segmentierung erfolgt u. a. nach folgenden Kriterien:

Preisdifferenzierung: Es werden unterschiedliche Preise für das gleiche Produkt in verschiedenen Marktsegmenten gefordert.

Räumliche Differenzierung: Auf unterschiedlichen, regional abgegrenzten Märkten werden unterschiedliche Preise verlangt. Es können z. B. in den USA andere Preise für den gleichen PKW verlangt werden als in Deutschland. Sind die Transportkosten kleiner als der Preisunterschied, so besteht die Gefahr des Reimports.
Zeitliche Differenzierung: Für das gleiche Gut können zu unterschiedlichen Zeiten verschiedene Preise verlangt werden. Dies ist z. B. bei Tag- und Nachtstrom der Fall. Ferner kann ein Produkt mit einem hohen Preis in den Markt eingeführt werden. Ist der Bedarf der Käufergruppe, die einen hohen Preis akzeptieren, gedeckt, so können durch ein Absenken des Preises neue Käuferschichten erschlossen werden.
Verwendungsmäßige Preisdifferenzierung: Je nach Verwendung wird ein anderer Preis verlangt. So ist z. B. der Preis für Heizöl niedriger als für Diesel.
Mengenmäßige Preisdifferenzierungen: In der Regel sinkt mit zunehmender Einkaufsmenge der Preis. Der Markt wird in Groß- und Kleinabnehmer segmentiert. Dies kann auch indirekt über einen Mengenrabatt erfolgen.
Personelle Preisdifferenzierung: Es wird Ware an verschiedene Personengruppen zu verschiedenen Preisen verkauft. Z. B. können Studenten Software zu einem Vorzugspreis beziehen oder die Eintrittspreise für bestimmte Einrichtungen differenzieren nach Personengruppen.
Produktbezogene Preisdifferenzierung: Werden Produkte mit unterschiedlichem Namen oder unterschiedlicher Ausstattung über unterschiedliche Absatzwege angeboten, so werden dadurch verschiedene Käufergruppen angesprochen, die bereit sind, unterschiedliche Preise zu bezahlen. Dies ist z. B. beim Vertrieb von Produkten über Fachgeschäfte bzw. Discounter oder bei No-Name-Produkten bzw. Markenprodukten der Fall. In der Regel liegt in solchen Fällen auch eine Produktdifferenzierung vor, sodass es sich um eine Maßnahme der Produkt- und Preispolitik handelt.

Bei allen Formen der Preisdifferenzierung besteht das Problem, **die Marktsegmente gegeneinander abzugrenzen.** Ist dies nicht möglich, so wird die Preisdifferenzierung z. B. durch Reimporte, unberechtigten Einkauf etc. unterlaufen.

3.3.4 Preispolitischer Ausgleich

Beim **preispolitischen Ausgleich** werden die Preis- und die Sortimentspolitik miteinander verknüpft. Verluste in einem Bereich werden zu Gunsten anderer Produkte hingenommen. Es wird eine Mischkalkulation vorgenommen.
Mischkalkulationen werden u. a. vorgenommen

Preispolitischer Ausgleich: Mischkalkulation

- bei Einführung eines neuen Produktes
- bei Einführung einer neuen Produktgruppe mit großen Zukunftsperspektiven, die zurzeit noch nicht kostendeckend abgesetzt werden können, z. B. ökologische Produkte
- bei Lockartikeln
- bei Produkten, die zur Abrundung des Produktionsprogramms angeboten werden müssen.

Eine indirekte Preisbeeinflussung verschleiert den Wettbewerb über den Preis.

3.3.5 Indirekte Preisbeeinflussung

Die meisten Betriebe versuchen, **einen direkten Wettbewerb über den Preis zu vermeiden**. Ist ein Wettbewerb über die anderen Mixinstrumente (z. B. Qualität, Service, Kundennähe, Werbung usw.) nicht möglich, so versucht man einen indirekten Wettbewerb über den Preis. In der Regel werden Konditionen eingeräumt, die sich indirekt auf den Preis auswirken.

Rabatte: Die Gewährung von Rabatten ermäßigt den Listenpreis nachträglich. Da der Rabatt individuell vereinbart wird, kann ein Preisnachlass gewährt werden, ohne dass das allgemeine Preisniveau verändert wird. Im Allgemeinen werden folgende Rabatte unterschieden:

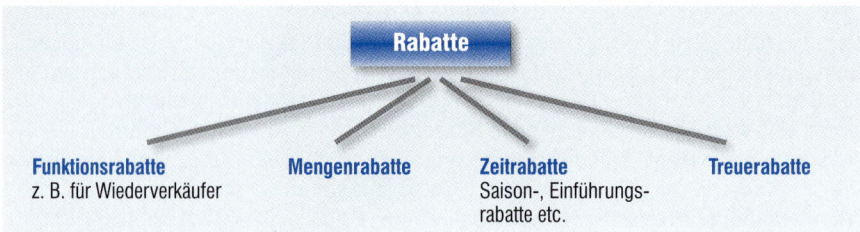

Lieferungsbedingungen: Warenzustellung, Porto-, Fracht- und Versicherungskosten (ab Werk, frei Haus etc) verursachen nicht unerhebliche Kosten (siehe Bezugskalkulation). Übernimmt der Verkäufer diese Kosten, so kann dies einen entscheidenden Preis- und Wettbewerbsvorteil bedeuten, der nicht unmittelbar das Preisgefüge beeinflusst. Ähnlich wirkt die Gewährung eines Umtauschrechts, die Akzeptierung einer Konventionalstrafe oder der Erlass von Mindestmengenzuschlägen.

Zahlungsbedingungen: Zahlungsweise, Lieferantenkredit (Verkauf auf Ziel), Skonto, Vorauszahlung und Ratenzahlungen stellen einen Kostenvorteil dar oder ersparen den Kunden eine Kreditaufnahme bei der Bank. Insbesonders bei angespannter Liquidität kann dies ein entscheidendes Verkaufsargument sein. Ähnlich wirkt der Erlass von Zahlungssicherung, die Inzahlungnahme von gebrauchten Produkten zu einem über dem normalen Zeitwert liegenden Betrag oder der Bonus.

Absatzkredite: Liefererkredite, die Brauereien für die Einrichtung von Gaststätten gewähren, Teilzahlungskredite an Konsumenten oder Exportkredite, die meist in Zusammenarbeit mit einem Kreditinstitut und mit staatlicher Absicherung gegeben werden, gehören ebenfalls zum Instrumentarium des Kontrahierungsmixes.

Leasing: Leasing hat sich in den letzten Jahrzehnten zu einem wichtigen absatzfördernden Instrument entwickelt. Sowohl das Operating Leasing für fungible Güter (Kopierer etc), das der Vermietung von Gütern ähnlich ist, als auch das Financial Leasing, das als ein Finanzierungsinstrument eingesetzt wird, werden immer beliebter. Leasing erleichtert den Vertragsabschluss, da für den Leasingnehmer keine zusätzlichen Finanzierungsmaßnahmen (Kreditaufnahme) etc. notwendig sind und sich die Kapitalstruktur nicht verändert.

Factoring: Faktoring ermöglicht ein langes Zahlungsziel bei sofortigem Mittelzugang. Durch den Verkauf der Forderung erhält der Verkäufer sofort den Verkaufspreis. Dem Käufer kann trotzdem ein langes Zahlungsziel gewährt werden.

Die Preisgestaltung für die Heizungsfilter der UMTECH AG muss von der Marketingabteilung vorgenommen werden.

Preisgestaltung:
Da es sich um einen neuartigen Filter handelt, bietet sich die kostenorientierte Preisgestaltung an. Unterstützend kann über die Marktforschung der für den Kunden akzeptable Preis ermittelt werden. Erst wenn die ersten Konkurrenten auf den Markt kommen, kann über eine konkurrenzorientierte Preisgestaltung nachgedacht werden. Die UMTECH AG sollte versuchen, die Preisführerschaft zu übernehmen.
Da es sich um ein technisch hochwertiges neues Produkt handelt, ist eine Hoch-preispolitik zu empfehlen. Über die Preisdifferenzierung sollte im Zeitverlauf der Preis abgesenkt werden. Ferner ist eine Preisdifferenzierung nach Abnehmern (Heizungsbauern, Endverbraucher, Baumärkte) möglich.

3.4 Kommunikationsmix

Die wichtigsten Instrumente des Kommunikationsmixes sind Absatzwerbung, Verkaufsförderung und Public Relations. Daneben werden in der Literatur weitere Elemente wie z. B. das **Product Placement** oder der persönliche Verkauf, den man auch dem Distributionmix zurechnen kann, genannt.

Product Placement: Platzieren eines Produktes, z. B. in einem Fernsehfilm

3.4.1 Werbung

Werbung ist ein Instrument, um Menschen zur freiwilligen Vornahme bestimmter Handlungen zu veranlassen. Sie ist produktbezogen und richtet sich an den Endverbraucher. Sie soll jetzige und zukünftige Kunden informieren und die Kaufentscheidung beeinflussen. Ihr Ziel ist die Förderung des Absatzes.
Die Werbung soll den Absatz steigern und sichern, Konkurrenz abwehren, neue Produkte einführen, den Marktanteil ausweiten, Bedürfnisse wecken und steigern, Präferenzen bilden sowie den Lebenszyklus von Produkten verlängern.

„Blödsinnig – diese Werbung"

Dies ist ein kleiner Ausschnitt aus den Zielen, die mit der Werbung verfolgt werden. Um diese Ziele zu erreichen, muss die Werbung von den Kunden wahrgenommen werden, sie muss das Interesse des Kunden wecken, sie muss den Kaufwunsch wecken und schließlich zum Kauf führen (AIDA (→)).

Durch den gezielten Einsatz von Werbemitteln und Werbeträgern soll der Erfolg optimiert werden.

Werbemittel	Werbeträger
Anzeige	Zeitschrift, Zeitung
Hörfunkspot	Rundfunk
Fernsehspot	Fernsehen
Werbefilm	Kino, Fernsehen
Plakat	Litfaßsäule, Plakatwand
Werbebrief	Post
Werbeaufdruck	Warenverpackung, Gebäude, Verkehrsmittel

Die Auswahl und der Einsatz von Werbemitteln und Werbeträgern wird u. a. bestimmt vom

- Werbebudget (Mittel, die der Werbeabteilung für einen bestimmten Zeitraum zur Verfügung stehen)
- Tausender-Preis des Werbeträgers (wie teuer ist es, 1000 Personen anzusprechen)
- Marktsegment (räumlich, Alter, Verbrauchergruppe, Zeit etc.), den die Werbung ansprechen soll

Folgende Begriffe spielen in der Werbung eine Rolle:

Gegenstand	Frage	Beispiel
Werbeobjekt	für was wird geworben?	Deostift,
Werbemittel	womit wird geworben?	Anzeigen,
Werbeträger	mit wessen Hilfe wird geworben?	Zeitung
Werbesubjekt	wer wirbt?	Hersteller, (Einzel-, Gemeinschafts- Sammelwerbung)
Zielgruppe	um wen wird geworben?	Verbraucher zwischen 16 und 40
Streu-/Werbegebiet	wo wird geworben?	Bayern
Werbebudget	welche Mittel stehen zur Verfügung?	500.000,00 € pro Jahr

3.4.2 Verkaufsförderung – Sales Promotion

Die Verkaufsförderung richtet sich an die Verkaufsorganisation. Sie soll am **Point of Purchase** (am Ort des Verkaufs) den Abverkauf fördern. Sie dient der kurzfristigen Unterstützung der anderen absatzfördernden Maßnahmen. Die Aktivitäten eines Herstellers können verschiedene Adressaten haben.

Verkaufsförderung findet ab Point of Purchase statt.

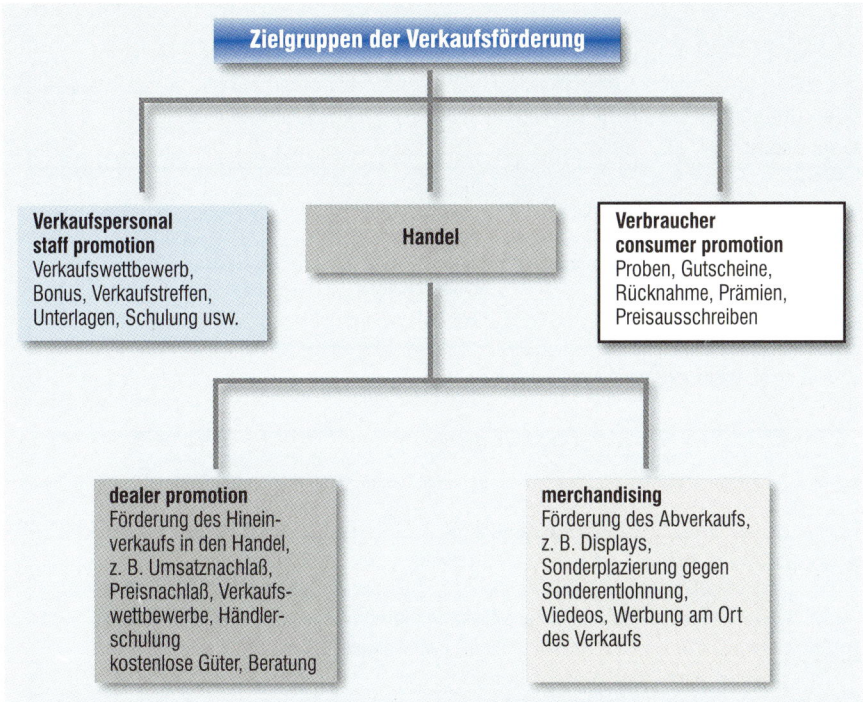

Bei der Verkaufsförderung kann das eigene Verkaufspersonal (Schulung, Motivation etc.) im Rahmen der **staff promotion** im Mittelpunkt stehen. Dadurch soll der Verkauf an den Handel gefördert werden. Im Rahmen der **dealer promotion** wird der Hinein-verkauf in den Handel durch Preisnachlässe, Schulungen von Händlern und deren Personal in einer angenehmen Umgebung, Prämien, Boni usw. gefördert. **Merchandising** fördert den Abverkauf im Handel durch Displays, zusätzliche Werbung am Ort des Verkaufs usw. **Consumer promotion** spricht den Kunden am Ort des Verkaufes durch Proben, Gutscheine, Preisausschreiben usw. an.

Verkaufsförderung: staff promotion, dealer promotion, merchandising, consumer promotion

Die Verkaufsförderung ist wie die Werbung produktbezogen. Im Gegensatz zur Werbung wirkt die Verkaufsförderung am Ort des Verkaufs. Sie ist in ihrer Wirkung kurzfristiger.

3.4.3 Public Relations

Public Relations:
Unternehmens-
bezogene Werbung -
Bild in der
Öffentlichkeit

Public Relations soll durch Pflege der Beziehungen zur Öffentlichkeit Meinungen schaffen und Vertrauen gewinnen und erhöhen. Public Relations ist unternehmensbezogen und nicht produktbezogen. Sie wirkt durch die Erhöhung des Bekanntheitsgrades der Unternehmung und durch Verbesserung seines Images absatzfördernd.

Auslöser für PR-Maßnahmen

schlechtes Image, Schadensfälle, Probleme mit der Öffentlichkeit, problematisches Produktionsprogramm, Entlassungen, umweltgefährdende Produktion, öffentliche Unterstützung für geplante Maßnahmen (Bauvorhaben etc.), Halten und Verbessern eines guten Images, Unternehmensphilosophie, Unternehmensziele u.a.

Maßnahmen

„TUE GUTES UND SPRICH DARÜBER"

PR-Anzeigen, Pressekonferenzen, Interviews, Betriebszeitung, Filme, Videos, Tag der offenen Tür, Stiftungen, Sponsoring (Sport, Kultur usw.) u. a.

Wirkungen

Information der Öffentlichkeit, Kontakt zu anderen Institutionen, Schaffen von Verständnis für betriebliche Maßnahmen, Repräsentation, Führungsfunktion, Verbesserung des Images, Harmonisierung nach innen und außen, Absatzförderung, Wahrung der Kontinuität, Stabilität, Akzeptanz, Kontakte, Verständnis für bestehende Probleme, Kooperationen etc.

Wegen der Umweltbelastung stehen Anwohner Industriebetrieben häufig kritisch gegenüber. Durch gezielte PR-Arbeit kann das Verhältnis zu den Anwohnern sowie zu Organisationen und Behörden verbessert und das Verständnis für die Probleme des Betriebes erhöht werden. Die Widerstände gegen betriebliche Maßnahmen wie z. B. Erweiterungsbauten etc. können dadurch vermindert werden. Eine offene Informationspolitik kann zusätzlich die Ängste mindern.

Die drei näher behandelten Instrumente des Kommunikationsmixes lassen sich gegeneinander wie folgt abgrenzen:

Absatzwerbung	Verkaufsförderung	Public Relations
produktbezogen	produktbezogen	unternehmensbezogen
eher langfristig	eher kurzfristig	langfristig
Ziel: Kunde	Ziel: Ort des Verkaufs	Ziel: Öffentlichkeit

Im Zusammenhang mit der Produkteinführung der neuen Heizungsfilter soll auch die Kommunikationspolitik der Unternehmung überdacht werden.

Werbung:
Für die Filter soll in einschlägigen Fachzeitschriften und durch Werbeschreiben an Heizungsbauer und die Industrie geworben werden. In Zeitschriften für Hausbesitzer soll in Anzeigen in allgemeiner Form auf die Filter und deren Funktion für den Umweltschutz hingewiesen werden. Ferner soll die mögliche Nachrüstung von Heizungen hervorgehoben werden.

Verkaufsförderung:
Das eigene Verkaufspersonal soll geschult werden. Ferner soll Heizungsbauern eine Verkaufs- und Technikerschulung in einem komfortablen Schulungszentrum angeboten werden. Sollte man sich für einen Verkauf über Baumärkte entscheiden, so soll der Hineinverkauf ebenfalls durch Schulungen gefördert werden. Für eine Verbesserung des Abverkaufs soll ein Video für die Verkaufsräume erstellt werden.

Public Relations:
Die Unternehmung will Umweltschutzmaßnahmen von Verbänden und Vereinen fördern und so das Image als Anbieter von Umwelttechnologie verbessern.

4 Produktlebenszyklus

Der Produktlebenszyklus ist ein zeitbezogenes Markt-Reaktions-Modell, das die Lebensdauer eines Produkts in verschiedene Phasen einteilt. Es wird davon ausgegangen, dass Produkte eine begrenzte Lebensdauer haben, die Ähnlichkeit mit dem Lebenszyklus eines Lebewesens hat. Man geht von einem S-förmigen Ertragsverlauf aus. Dies setzt zunächst steigende Ertragszuwächse (steigende Grenzerträge) und später sinkende Grenzerträge (→), die gegen Ende der Lebensdauer negativ werden, voraus.

Grenzertrag: Ertrag, den eine zusätzliche Einheit liefert, Ertragszuwachs pro zusätzliche Einheit

Sind die Phasen des Lebenszyklus für ein Produkt bekannt, so lassen sich Strategien für den Einsatz der Marketingmixinstrumente entwickeln.

Der Produktlebenszyklus als Entscheidungshilfe für den Einsatz von Marketinginstrumenten ist jedoch umstritten. Unter anderem wird angeführt, dass es sich bei dem Produktlebenszyklus um eine empirisch nicht nachgewiesene aber logische Erklärung des Lebenszyklus eines Produktes handele und die mathematische Begründung der Zusammenhänge nur bedingt möglich ist. Eine zeitliche Bestimmung der Länge des Zyklus und der Phasen ist nicht im Voraus, sondern nur im **ex post** möglich, da für jedes Produkt von einem anderen Verlauf ausgegangen werden muss. Ferner spielen Produktgruppen, Produktänderungen usw. eine Rolle. Es muss z. B. entschieden werden, ob der Lebenszyklus für Autos als Fahrzeug oder als Lebenszyklus für ein bestimmtes Modell gelten soll. Die jeweilige Phase, in der sich ein Produkt befindet, lässt sich nur schwer bestimmen, da der Lebenszyklus vom Konjunkturzyklus, saisonalen Zyklen usw. überlagert wird. Ferner verändern absatzpolitische Maßnahmen den Zyklus.

Ex-post-Analyse: im Nachhinein

*Der Produktlebens-
zyklus lässt sich in
fünf Phasen einteilen.*

4.1 Phasen des Produktlebenszyklus

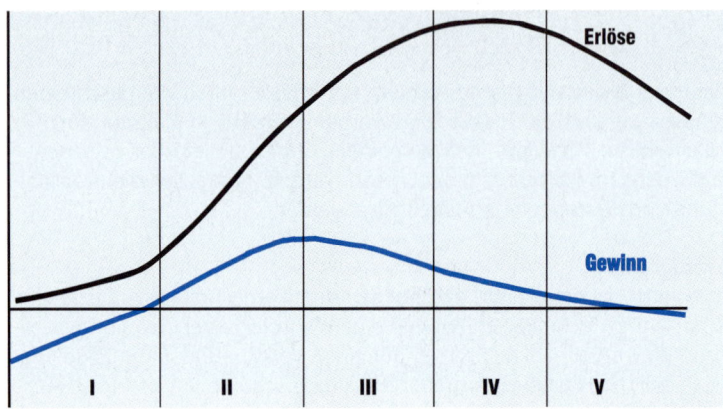

Die Phasen des Produktlebenszyklus können wie folgt beschrieben werden:

I. Einführungsphase: Platzierung des Produkts im Marktsegment. Es sind erhebliche Marktwiderstände vorhanden. Die Gruppe der „neugierigen Käufer" (Neuerer) fragt das Produkt nach. Die Kosten sind hoch und die Umsätze niedrig. Bei wachsenden Umsätzen werden Verluste erwirtschaftet. Die Deckungsbeiträge decken nicht die produktfixen Kosten.

II. Wachstumsphase: Der Markt expandiert und die Nachfrage steigt stark an. Die Gewinnschwelle wird überschritten. Das Produkt liefert einen Deckungsbeitrag zur Deckung der unternehmensfixen Kosten. In der Wachstumsphase treten die ersten Nachahmerprodukte (Me-too-Produkte) auf.

III. Reifephase: Konkurrenzprodukte und alternative Problemlösungen nehmen zu. Die Grenzumsätze sinken und die Umsatzrentabilität ist rückläufig.

IV. Sättigungsphase: Die Marktsättigung tritt ein. Der maximale Umsatz wird überschritten. Die Grenzumsätze sind rückläufig bis negativ. Die Deckungsbeiträge sinken.

V. Degenerationsphase: Die Umsätze und die Deckungsbeiträge sinken. Es treten Verluste auf, da andere Produkte billiger und/oder besser sind.

Der oben dargestellte Lebenszyklus wird in der Literatur gelegentlich auch mit vier Phasen dargestellt. Ferner wird gelegentlich in Produktlebenszyklus und Marktlebenszyklus unterschieden. In diesem Fall wird der oben beschriebene Zyklus als Marktlebenszyklus bezeichnet. Der Produktlebenszyklus enthält dann den Marktlebenszyklus und den vorgelagerten Entstehungszyklus. Der Entstehungszyklus gliedert sich in die vier Phasen Suche nach Alternativen, Bewertung der Lösungen, Forschung und Entwicklung, Produktions- und Absatzvorbereitung.

Betrachtet man die Phasen genauer, so ergibt sich folgendes Bild:

Kriterium	Einführung	Wachstum	Reife	Sättigung	Degeneration
Wachstums-rate	steigende Wachstumsrate	hohe steigende Wachstumsrate	Höchstwert der Wachstumsrate = Wendepunkt der Umsatzentwicklung	Stagnation der Wachstumsrate (evtl. negativ)	negative Wachstumsrate
Marktpotenzial	nicht überschaubar, Erfüllung eines kleinen Teils	Unsicherheit in der Bestimmung des Marktpot. auf Grund von Preissenkungen, Erfahrungswert	Überschaubarkeit des Marktpotentials	Begrenzung des Marktpotenzials	häufig nur Ersatzbedarf
Marktanteile	Entwicklung nicht abschätzbar	Konzentration der Marktanteile auf wenige	Konzentration der Marktanteile auf wenige	verstärkte Konzentration, Ausscheiden schwacher Marktteilnehmer	(siehe Sättigung, nur verstärkt)
Sortiment	spezialisiertes flexibles Produktspektrum und Dienstleistungsangebot	Intensivierung des Wettbewerbes, Erweiterung des Sortiments	Sortimentsbereinigung	Abbau des Sortiments, Segmentierung des Marktes	Elimination
Anzahl der Wettbewerber	gering	Höchstwert der Anzahl	Ausscheiden von Konkurrenten ohne Kosten- oder Wettbewerbsvorteil	Verringerung der Wettbewerber	nur wenige Wettbewerber
Stabilität der Marktanteile	starke Schwankung, hohe Instabilität	Konsolidierung der Marktanteile (Erfahrung)	Änderung der Marktanteile nur bei außergewöhnlichen Ereignissen (Ausscheiden von Marktteilnehmern etc.)		
Stabilität des Abnehmerkreises	keine Bindung	gewisse Kundentreue	festgelegte Einkaufspolitik	stabiler Abnehmerkreis weniger Anbieter	wenige alternative Bezugsquellen
Eintrittsbarrieren	keine konkurrenzbedingten Barrieren, aber Neuheit des Produktes, Know-How-Vorsprung	schwieriger Marktzutritt, Erfahrung der alten Anbieter, Nutzen von Marktnischen	sehr schwieriger Marktzutritt, da zusätzl. geringes Marktwachstum (Marktanteil abnehmend)	keine Veranlassung, in den stagnierenden Markt einzutreten	keine Veranlassung, in den schrumpfenden Markt einzutreten
Technologie	technische Innovation	Produkt- und Verfahrensverbesserung	Produktdifferenzierung, Rationalisierung, Verfeinerung	bekannte, verbreitete und stagnierende Technologie	veraltete Technologie
Strategische Grundsatzentscheidung	Stärke des Markteintrittes, Marktsegment, örtl. Begrenzung	Konsolidierung oder Verstärkung der Marktposition, Veränderung der Primärnachfrage durch geographische Ausdehnung, Veränderung des Marktsegments (neue Käuferschichten, niedrigerer Preis etc., neue Produktgruppen)	Verteidigung und Ausbau des Marktanteils durch Produktverbesserungen, Ausweitung der Produktlinie, Eindringen in Mitbewerberbereiche, Aufgabe sekundärer Produkteigenschaften	Durchstehen der harten Wettbewerbssituation durch Produktänderungen, Preispolitik etc.	Zeitpunkt des Marktaustritts (Produktelimination)

4.2 Produktlebenszyklus und Marketingmixinstrumente

In den verschiedenen Phasen des Produktlebenszyklus müssen die Marketingmix-instrumente unterschiedlich angewendet werden, um eine optimale Marktanpassung und Marktgestaltung zu erreichen. Der Einsatz kann wie folgt vorgenommen werden:

	Einführung	Wachstum	Reife	Sättigung	Degeneration
Situation	Umsatz steigend, Gewinn<0, DB gering, Widerstände auf Verbraucherseite, nur latente Nachfrage, evtl. Monopolstellung	E, G und DB steigend, Nachfrage steigend, breite Abnehmer-schicht, erste Konkurrenten, Wettbewerb über Preise und Konditionen	E schwach steigend, G relativ konstant, rückläufige Wachstumsraten, verstärkte Konkurrenz, Produkt ist selbstverständlich geworden	E konstant oder rückläufig, G sinkend, Nachfrage stagniert, Ersatznachfrage statt Erstnachfrage	E rückläufig, G rückläufig oder Verlust, Nachfrageänderung, techn. Fortschritt, andere neue Produkte werden marktbeherr-schend
Produktmix	i.d.R. nur ein oder wenige Grundprodukt(e), Know-how-Vorsprung	Verbesserung des Produkts, Produktvariation, an Nachfolgeprodukt denken	Produktdifferenzierung, um Verbraucherwünschen zu entsprechen, Verpackungspolitik	Bereinigung des Produktionsprogramms oder weitere Produktdifferenzierung	keine Produktänderungen mehr, Sortimentsbereinigung, Marktsegmentierung, evtl. Elimination
Kontrahierungsmix	a) Hochpreispolitik bei hochwertigen Produkten, hoher Einführungspreis mit stufenweiser Absenkung im Zeitverlauf b) Niedrigpreispolitik bei Massenprodukten zur Markteinführung, Abschrecken der Konkurrenz, evtl. spätere Preisanhebungen	Preissenkung Preiserhöhung evtl. auch Preissenkung durch Fixkostendegression	Tendenz zu Preissenkungen, Preisdifferenzierung	starke Preisdifferenzierung, Tendenz zu Preissenkungen, Konditionen werden immer wichtiger	Tendenz zur Preisanhebung durch steigende kf-Belastung, dadurch Beschleunigung des Marktverfalls
Distributionsmix	hoher Vetriebsaufwand, evtl. Aufbau der Absatzwege und des Kundendienstnetzes, evtl. Handelsvertreter bevorzugt, da geringer Umsatz	Kundendienst gewinnt an Bedeutung, der Einsatz von Reisenden lohnt sich, verstärkte Annahme des Produktes durch den Handel	weitere Verbesserung des Services	Konditionen werden wichtiger	Beschränkung auf wenige Absatzwege
Kommunikationsmix	hoher und optimaler Werbemitteleinsatz zur Aktivierung der Nachfrage (Einführungswerbung) Intensive Verkaufsförderung – Hineinverkauf in den Handel – Verkäuferschulung PR als Unterstützung	verbesserte, gezielte Werbung zur Vergrößerung des Marktvolumens, evtl. rückläufige Werbeausgaben	Werbung ist das zentrale Absatzinstrument, aggressive und attraktive Verkaufsförderung (sales promotion)	Werbung zur Erhaltung der Marktanteile	Verringerung des Werbeaufwandes (Erhaltungswerbung) oder Einstellung der Werbung

Für die Heizungsfilter soll auf Grund einer Lebenszyklusanalyse der Einsatz der Marktetingmixinstrumente geplant werden.

Lebenszyklusanalyse:
Die UMTECH AG bringt mit den Heizungsfiltern ein neues Produkt auf den Markt. Das Produkt befindet sich in der Einführungsphase.
Das Produkt muss gegen Widerstände auf dem Markt durchgesetzt werden. Die UMTECH AG hat keine direkten Konkurrenten. Das Produkt ist unbekannt. Der Umsatz ist niedrig. Die Erlöse decken die Kosten nicht.

Marketingmixinstrumente:
Das Produkt sollte als neues Produkt nur in wenigen Grundausführungen angeboten werden. Da es sich um ein technisch hochwertiges, neuartiges Produkt handelt, sollte die Hochpreispolitik gewählt werden. Die vorhandenen Absatzwege können genutzt werden. In neuen Märkten sollte das Produkt über Handelsvertreter an Heizungsbauer etc. vertrieben werden. Eine intensive Einführungswerbung sollte die Platzierung der Produkts auf den ausgewählten Marktsegmenten begleiten. Auf Grund des Produktes sind Fachzeitschriften, Zeitschriften für (zukünftige) Hauseigentümer und Werbebriefe zu empfehlen. Es sollte sowohl das eigene Personal als auch das Verkaufspersonal und die Monteure der Heizungsbauer geschult werden. Dadurch kann der Hineinverkauf und der Abverkauf bei den Kunden gefördert werden. Ferner sollten Videos und Prospekte eingesetzt werden. Public-Relations-Maßnahmen können den Ruf des Unternehmens als kompetenten Partner im Umweltschutz stärken und das Vertrauen in das neue Produkt erhöhen.

5 Marktwachstum-Marktanteils-Portfolio

Die Portfolio-Konzeption (→) hat ihren Ursprung im Bankwesen. Dort wird damit die zielorientierte Ausgestaltung eines Wertpapierdepots beschrieben. Das Depot ist so zu kombinieren, dass für eine gegebene Höhe des Risikos der erwartete Gesamtgewinn aus dem Portefeuille maximiert wird oder dass für eine gegebene Gewinnrate das Risiko des Portefeuilles minimiert wird.

Portfolio: Anordnung von SGE, um eine optimale Zusammenstellung der SGE zu erreichen

Bei einer Übertragung auf ein Unternehmen, die insbesondere von den amerikanischen Beratungsgesellschaften (Mc Kinsey etc.) initiiert wurde, stellt das gesamte Geschäftsfeld ein Portfolio, bestehend aus mehreren strategischen Geschäftseinheiten (SGE) (→), dar. **Zweck der Portfolio-Konzeption ist es, eine Kombination von SGE zusammenzustellen, die es ermöglicht, die strategischen Ziele des Unternehmens bei einem gegebenen Risiko bestmöglich zu erreichen**. Damit soll eine Streuung des Risikos, eine Kontinuität der Erfolgserzielung sowie der Transfer von flüssigen Mitteln in neue Märkte gesichert werden. Der Portfolio-Ansatz kann entsprechend auch auf die einzelnen SGE übertragen werden, wobei dann spezielle Produkte die Einzelemente darstellen. Die grundsätzliche Vorgehensweise der Portfolioanalyse besteht darin, die Chancen und Risiken von Produkten, Produktlinien oder strategischen Geschäftseinheiten durch ein System von Bestimmungsfaktoren zum Ausdruck zu bringen und Maßnahmen zur Weiterentwicklung des Portfolios abzuleiten. Die Portfolio-Analyse gehört zum strategischen (langfristigen) Instrumentarium des Marketings.

SGE: SGEs haben eine hohe Eigenständigkeit sowie eine spezifische Marktaufgabe und leisten einen Beitrag zum Erfolg.

5.1 Strategische Geschäftseinheiten

Wichtig für die Portfolio-Analyse ist die Bildung der **strategischen Geschäftseinheiten (SGE)**, da diese Grundlage für die Beurteilung sind und auf sie das strategische Instrumentarium angewendet wird. Für die Bildung gelten folgende Kriterien:

Kenn-zeichen	spezifische Marktaufgabe	hohe Eigenständigkeit	Beitrag zum Erfolgspotenzial der Unternehmung
Abgren-zungskrite-rien	SGE operiert als Wettbewerber	Vorhandensein spezifischer Konkurrenz	Erzielung von Wettbewerbs-vorteilen
	SGE löst Anwen-derprobleme	nach Größe, Wachstum, Konzentration eindeutig definierbarer Markt	Erzielung von Synergie-effekten
		Formulierung eigener Ziele	Verfügbarkeit einer effizien-ten Führung
		selbstständige Planung und Durchführung strategischer Aktivitäten	

Als Maß für die Bedeutung der Geschäftseinheit innerhalb der Unternehmung können folgende Kennzahlen gelten:

$$\text{Bedeutung einer SGE} = \frac{\text{Umsatz der SGE} \cdot 100}{\text{Umsatz der Unternehmung}}$$

oder

$$\text{relative Bedeutung einer SGE} = \frac{\dfrac{\text{Umsatz der SGE}}{\text{Deckungsbeitrag der SGE}}}{\dfrac{\text{Umsatz der Unternehmung}}{\text{Deckungsbeitrag der Unternehmung}}}$$

5.2 Grundannahmen

Grundannahmen: dem Portfolio liegen der Produktlebenszyklus und die Kosten-erfahrungskurve zu Grunde.

Zu den **Grundannahmen** für das Marktanteils-Markwachstums-Portfolio gehört der **Produktlebenszyklus**. Es geht davon aus, dass Produkte als neues Produkt in den Markt eintreten, wachsen, ihren wirtschaftlichen Höhepunkt erreichen und schließlich aus den Markt ausscheiden.

Ferner liegt dem Portfolio die **Kostenerfahrungskurve** zu Grunde. Auf Grund empirischer (→) Erfahrungen und Schätzungen kann man davon ausgehen, dass die Stückkosten jeweils um 20 bis 30 % zurückgehen, wenn sich die kumulierten (aufaddierten) Produktionsmengen verdoppeln. Dieser Kosteneffekt wird auf die Stückkostendegression, Lerneffekte, Erfahrungszuwachs, technischen Fortschritt usw. zurückgeführt.

5.3 Die Vier-Felder-Matrix

Das Marktwachstum-Marktanteils-Portfolio wird in der Regel als **Vier-Felder-Matrix** (entwickelt von der Boston Consulting Group) dargestellt. Dabei werden folgende Grundideen verfolgt:

- Sicherung von hohen Marktanteilen als Voraussetzung für hohe Rentabilität
- die Steigerung von Marktanteilen soll primär in künftig stark wachsenden Märkten erfolgen
  - hier kann der Umsatz und der Gewinn schnell wachsen
  - Marktanteilszuwachs aus dem Marktwachstum ist leichter zu erzielen als ein Anteilszuwachs auf Kosten der Konkurrenz
- Ausgewogenheit von Mittelbedarf und Mittelherkunft zwischen den SGEs
  - je höher das Marktwachstum, umso höher der Investitionsbedarf
  - der Mittelbedarf wird durch den Ausbau des Marktanteils noch erhöht.

Vier-Felder-Matrix: Portfolio mit den vier Feldern Nachwuchsprodukt, Starprodukt, Cashprodukt und Problemprodukt

Vier-Felder Matrix

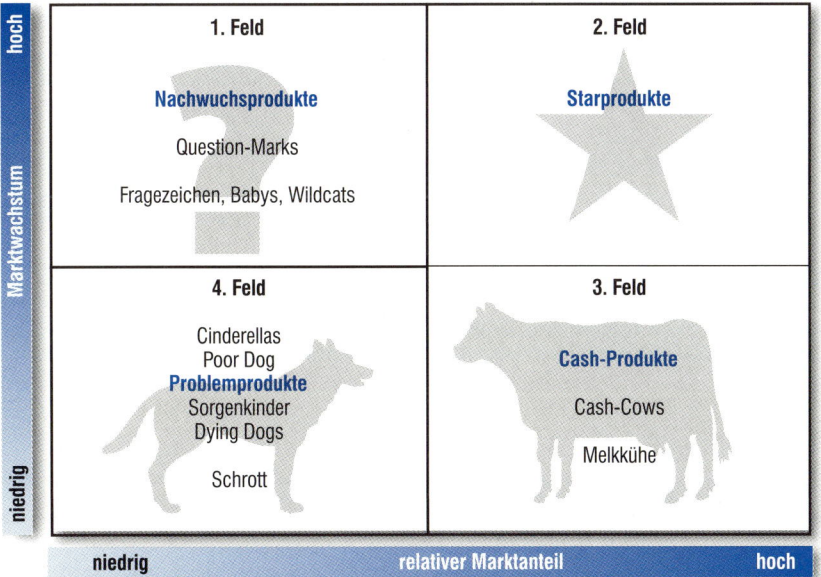

Auf der **X-Achse** wird in der Regel der **relative Marktanteil** abgetragen. Er kann wie folgt berechnet werden:

X-Achse: relativer Marktanteil

 relativer Marktanteil $= \dfrac{\text{eigener absoluter Marktanteil}}{\text{absoluter Marktanteil des größten Konkurrenten}}$

Der relative Marktanteil gilt als hoch, wenn er gleich oder größer eins ist, d. h. wenn der eigene Marktanteil größer als der des größten Konkurrenten ist. Der relative Marktanteil kann auch als Prozentsatz (Multiplikation mit 100) angegeben werden. An Stelle des relativen Marktanteils kann der absolute Marktanteil abgetragen werden. Ferner kann statt des linearen Maßstabes ein logarithmischer Maßstab gewählt werden.

Y-Achse:
Marktwachstum

Auf der **Y-Achse** wird das **Marktwachstum** abgetragen. Das Marktwachstum gilt als hoch, wenn es über dem Wachstum des Bruttosozialproduktes liegt. An Stelle des absoluten Marktwachstums kann auch das relative Marktwachstum abgetragen werden.

5.4 Beurteilung der SGE und der Unternehmung

Eine Achse des Portfolios kann relativ leicht vom Unternehmen beeinflusst werden, während die andere Achse nicht oder nur geringfügig von der Unternehmung verändert werden kann. Durch geeignete Maßnahmen kann zwar der Marktanteil (x-Achse) leicht ausgeweitet werden. Das Marktwachstum (y-Achse) entzieht sich jedoch meist einer Beeinflussung.

Die folgende Übersicht gibt eine genauere Beschreibung der einzelnen Felder.

relativer Marktanteil	hoch niedrig

hoch

1. Feld
– hohes Marktwachstum
– niedriger spezieller Marktanteil
– Nachwuchsprodukte
– meist Einführungsphase
– hoher Bedarf an finanziellen Mitteln
– hohe Rendite

2. Feld
– hohes Marktwachstum
– hoher spezieller Marktanteil
– Starprodukte
– meist Wachstumsphase
– Bedarf an finanziellen Mitteln
– überdurchschnittliche Rendite

4. Feld
– niedriges allgemeines Wachstum
– niedriger spezieller Marktanteil
– Problemprodukte
– meist Sättigungs- oder Degenerationsphase
– kein finanzieller Überschuss
– Verlust
– Cinderellas:Hoffnung in ein anderes Feld vorzustoßen
– Schrott: hoffnungslose Produkte

3. Feld
– niedriges allgemeines Marktwachstum
– hoher spezieller Marktanteil
– Cash-Produkte
– meist Reifephase
– erwirtschaften hohe finanzielle Mittel
– rückläufige Rendite

niedrig

niedrig	relativer Marktanteil	hoch

Unternehmung und
SGE lassen sich nach
der Zuordnung der
SGE zu den Feldern
beurteilen.

Um die **Situation einer Unternehmung** darzustellen, werden die strategischen Einheiten in die Vier-Felder-Matrix eingeordnet. Die Zuordnung erfolgt nach dem Marktwachstum und nach dem relativen Marktanteil. Die Bedeutung der Geschäftsfelder für die Unternehmung wird durch den Kreisdurchmesser symbolisiert, der nach dem Anteil des Umsatzes der SGE am Gesamtumsatz oder nach der relativen Bedeutung der SGE berechnet wird. Auf Grund der Anordnung der strategischen Geschäftseinheiten und auf Grund ihrer Größe kann die Situation der gesamten Unternehmung sowie die Lage der einzelnen strategischen Geschäftseinheiten beurteilt werden. Hat z. B. eine Unternehmung keine Wachstumsprodukte, so sind in der Zukunft Probleme zu erwarten, da nur veraltete Produkte angeboten werden können. Von einem Problemprodukt kann die Unternehmung i. d. R. weder einen großen Betrag zum Gewinn, noch eine positive Entwicklung in der Zukunft erwarten.

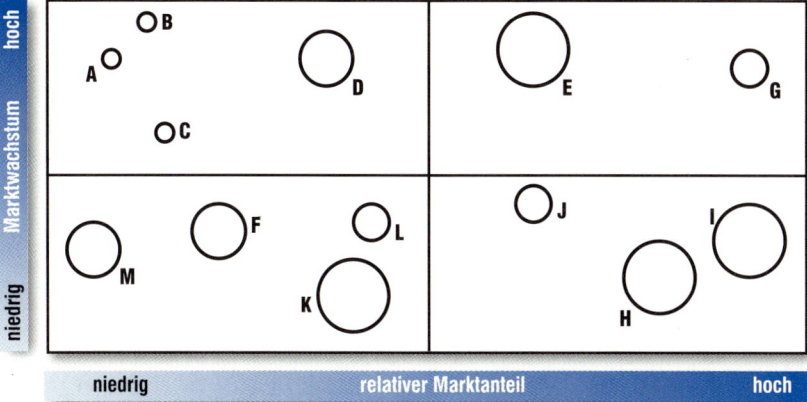

5.5 Marktstrategieen

Die Anwendung des Portfolio-Konzeptes dient der Entwicklung von **Marktstrategien.** Je nach der Stoßrichtung kann man gewollte und ungewollte Strategien unterscheiden. Da sich strategisches Denken in Alternativen vollzieht, müssen gewollte Strategien und ungewollte Strategien (Rückwärtsstrategien) beachtet werden. So kann z. B. ein Nachwuchsprodukt trotz hoher Investitionen zu einem Schrottprodukt in den Problembereich absinken.

Für die SGEs in den Feldern lassen sich Normstrategien entwickeln.

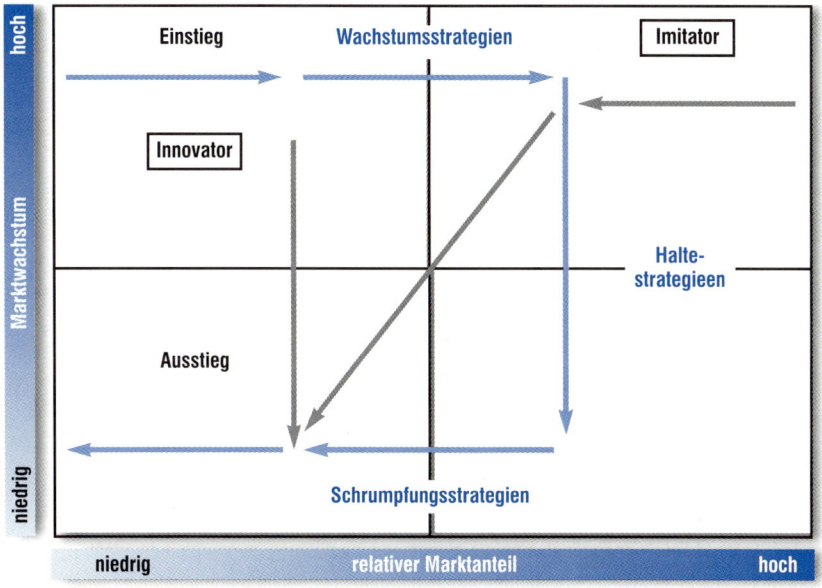

⟶ gewollte strategische Stoßrichtung
⟶ ungewollte strategische Stoßrichtung

Die Strategien können wie folgt umgesetzt werden.

Nachwuchsfeld Bewertung: niedriger MA, hohes MW, aggressive Investitionspolitik notwendig, um MA zu gewinnen, (bei mehreren Produkten evtl. Elimination der schwächsten Produkte) **Offensivstrategie** große Investitionen zur Stärkung des Wettbewerbsvorteils Finanzierung aus dem Cashflow **oder Rückzugsstrategie,** wo Chancen für zukünftige Erfolge nicht gesehen werden	**Starfeld** Bewertung: hohes MW, hoher MA, Marktführer auf schnell wachsendem Markt, Investition des Cash Flows, starkes MW impliziert Bereitschaft zu hohen Investitionen, Ausbau des MA erfordert eskalierende Investitionen, kann der MA nicht gehalten werden, sinkt der relative MA **Investitionsstrategie** erwirtschaftete Mittel (cash flow) investieren Position halten oder verbessern Wettbewerbsvorteile stärken
Problemfeld Bewertung: hoher Aufwand erforderlich, um MW zu erzielen, potenzielle Liquidationskandidaten, halten, so lange positive Deckungsbeiträge erwirtschaftet werden *Cinderellas:* **Selektion, Investition** z. B. neue Märkte erschließen, zum Nachwuchsprodukt entwickeln *Schrott:* **Desinvestitionsstrategie** minimale Investition, ernten, evtl. Verkauf, Liquidation	**Cashfeld** Bewertung: niedriges MW, hoher MA, Marktführerschaft, kein großer Investitionsbedarf, günstige Kostensituation als Marktführer, positive Cashflow-Situation, die erwirtschafteten finanziellen Mittel werden in die Nachwuchsprodukte investiert **Abschöpfungsstrategie** Position halten oder festigen nur notwendige Investitionen tätigen (Rationalisierung) hoch relativer Marktanteil

Links vertikal: **hoch** — **Marktwachstum** — **niedrig**

Unten horizontal: **niedrig** — **relativer Marktanteil** — **hoch**

Offensivstrategie:
Es wird versucht, den Marktanteil der Nachwuchsprodukte bei hohen Wachstumsraten durch hohe Investitionen zu erhöhen. Alle Chancen werden genutzt. Die durch die SGEs erwirtschafteten Mittel werden voll investiert. Die mit Cash-Produkten verdienten Überschüsse werden zusätzlich investiert. Evtl. werden Kooperationen mit anderen Unternehmen geschlossen, um den Marktanteil zu erhöhen. Bestehen keine Chancen der Expansion, ist es meist zweckmäßig, die Geschäftseinheit aufzugeben **(Rückzugsstrategie).**

Investitionsstrategie:
Liegen die Wachstumsraten bei Starprodukten über 10 %, so sind hohe Investitionen zur Sicherung des Marktanteils notwendig. Meist sind die erforderlichen Investitionen höher, als die über den Deckungsbeitrag erwirtschafteten finanziellen Mittel. Es müssen zusätzliche Mittel beschafft oder mit Cash-Produkten verdiente Überschüsse investiert werden, um die Zukunft abzusichern und das Wachstum zu erhalten.

Defensivstrategie:
Cash-Produkte sollten 40 bis 60 % des Gesamtumsatzes bestreiten. Die von ihnen erwirtschafteten Überschüsse dienen der langfristigen Finanzierung der Wachstums- und Starprodukte. Der Marktanteil muss gehalten werden, um die Finanzierungskraft der Unternehmung zu sichern.

Desinvestitionsstrategie:
Es ist kein zukünftiges Wachstum zu erwarten. Der Beitrag zum Gewinn ist gering. Es sollen nur die unbedingt notwendigen Investitionen getätigt werden. Die Investitionen sollten nicht größer als die durch die SGEs erwirtschafteten Mittel sein. Die Elimination dieser Produkte ist zu prüfen.
Ausnahme:
Werden für das Produkt Deckungsbeiträge erzielt, die weit über den des stärksten Konkurrenten liegen, so empfiehlt es sich, eine Politik des beschränkten Wachstums zu betreiben und sich durch Produktdifferenzierung auf spezielle Marktsegmente (Abnehmergruppen) zu konzentrieren.
Bei Cinderellas, die sich häufig vom Nachwuchsprodukt direkt zum Problemprodukt entwickelt haben oder auf Grund von Entwicklungen auf dem Markt eine neue Chance zum Wachstum haben, soll versucht werden, durch Selektion und Investition neue Märkte zu erschließen, um das Produkt zum Nachwuchs- und Starprodukt zu entwickeln. Die Selektion kann sich auf Marktsegmente oder Produktvarianten beziehen, die dann durch gezielte Investitionen weiterentwickelt werden.

5.6 Investitionen und finanzielle Überschüsse

Analysiert man den **Zusammenhang zwischen Mittelverwendung und Mittelherkunft** genauer, so ergibt sich folgendes Bild:

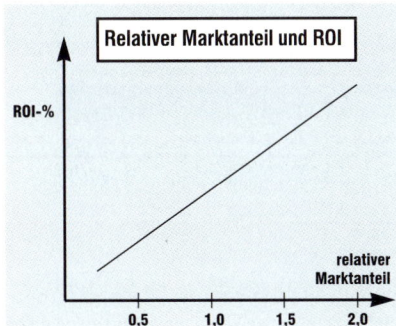

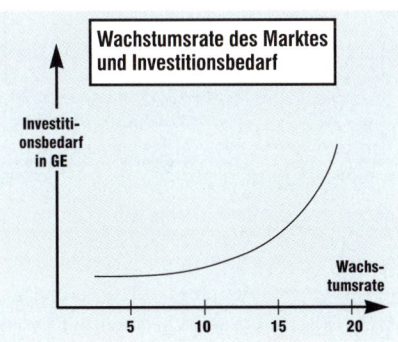

Nach allgemeinen Erfahrungswerten steigt die Rentabilität (ROI (→)) mit zunehmendem relativen Marktanteil linear an. Der Investitonsbedarf steigt bei wachsendem Markt progressiv an.
Aus den beiden Koordinatensystemen wird klar, dass Produkte mit hohem Marktwachstum (Nachwuchsprodukte und Starprodukte) die für ihre Entwicklung notwendigen Investitionen nicht selbst erwirtschafteten können. Der Zusammenhang zwischen Investition (Mittelverwendung) und Mittelrückfluss (Cashflow (→)) kann nachfolgender Übersicht entnommen werden.

Wie man aus der folgenden Grafik erkennen kann, werden die Mittelüberschüsse, die die Cash-Produkte verdienen, zur Finanzierung der Investitionen bei den Nachwuchs- und Starprodukten verwendet.

Bei einem ausgeglichenen Portfolio finanzieren die Cash-Cows die Wachstums- und Starprodukte

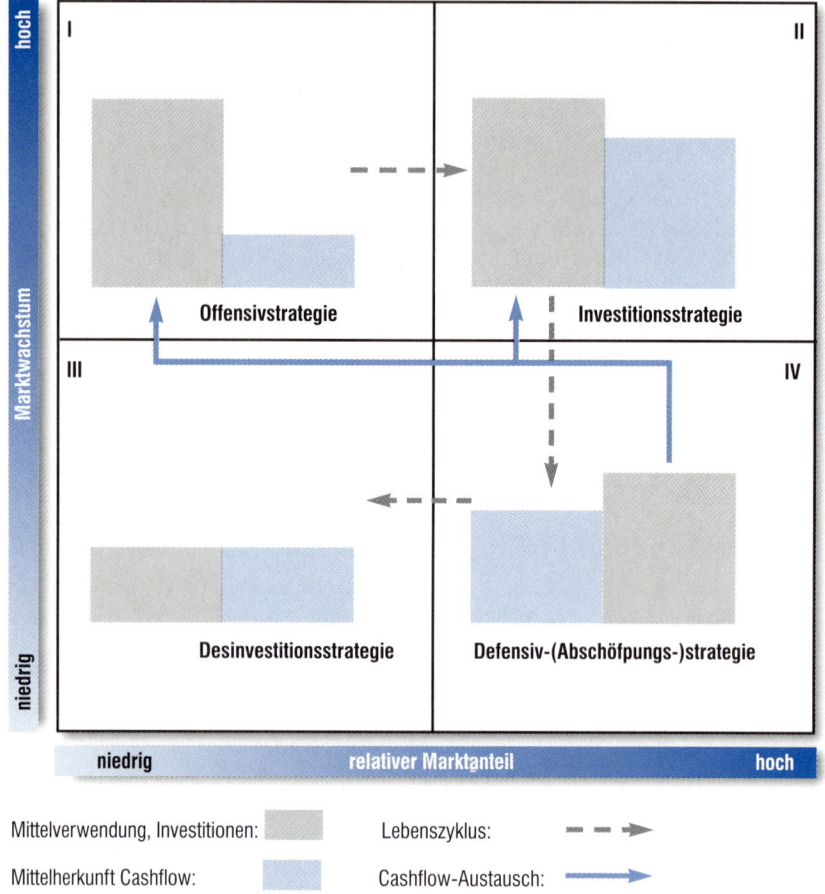

Mittelverwendung, Investitionen: ▢   Lebenszyklus: – – – ▶

Mittelherkunft Cashflow: ▢   Cashflow-Austausch: ▬▬▶

Anmerkung: Anstelle des Cash-flows kann auch der Deckungsbeitrag als Maßstab für die erwirtschafteten Mittel verwendet werden.

5.7 Zielportfolio

Zur Planung können Zielportfolios eingesetzt werden.

Neben dem bisher besprochenen Ist-Portfolio kann auch ein **Zielportfolio** erstellt werden, in dem Planwerte und die gewünschte Entwicklung eingetragen werden können.

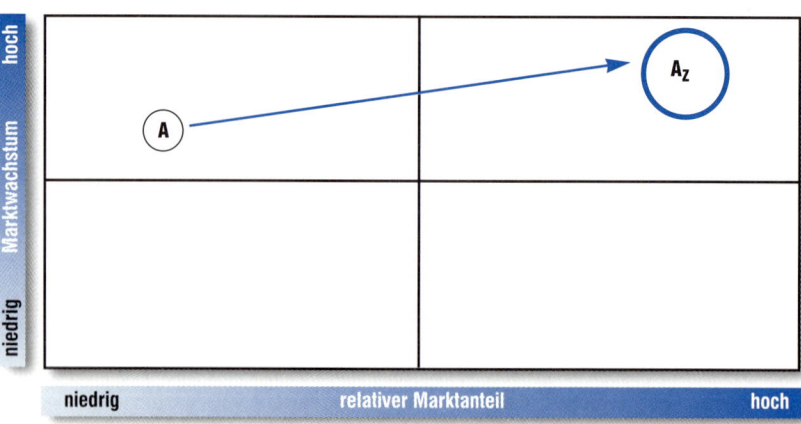

5.8 Portfolio und Marketingmix

Die Positionierung im Portfolio dient auch der **Strategiebestimmung** beim Einsatz der Marketingmixinstrumente. Im Allgemeinen kann folgende Zuordnung getroffen werden:

Die Position im Portfolio bestimmt den Einsatz der Marketingmixinstrumente.

Portfolio-kategorie	Nachwuchs-produkte	Starprodukte	Cash-Cows	Problem-produkte
Marketing-strategie	Offensivstrategie	Investitions-strategie	Abschöpfungs-strategie	Desinvestitons-strategie
Investitionen	hoch, Erweiterungsin-vestitionen	vertretbares Maximum; Investitionen > Abschreibungen	Ersatzinvestitio-nen unter Berücksichtigung des Cash-flows, Investitionen ≈ Abschreibungen	Minimum bzw. Stilllegung, Investitionen < Abschreibungen
Risiko	akzeptieren	akzeptieren	begrenzen	vermeiden
Abnehmer-märkte, Marktanteile	gezielt vergrößern	Gewinn-Basis verbreitern durch neue Regionen und neue Anwen-dungen	Position verteidi-gen, Konkurrenz abwehren	Kundenselektion und regionaler Rückzug, Auf-gabe zu Gunsten ertragsstarker Produkte
Produktpolitik	Produktspeziali-sierung	Sortiment aus-bauen, diversifi-zieren, Marken-name, Zweit-marken, Nach-folgeprodukt entwickeln	Imitation	Programmbe-grenzung, keine Differenzierung, Aufgeben ganzer Linien
Distributions-politik	Absatzwege suchen	Absatzwege aus-bauen	Absatzwege optimieren	Absatzwege beschränken
Preispolitik	tendenziell Niedrigpreise; bei technisch hochwertigen neuen Produk-ten Hochpreis-politik	Anstreben von Preisführerschaft	Stabilisieren des Preisniveaus	tendenzielle Hochpreispolitik, i. d. R. Preis-abschläge nicht mitmachen
Kommuni-kationspolitik	stark forcieren, Einführungs-werbung, Hineinverkauf fördern,	aktiver Einsatz der Werbemitteln	gezielte Produkt-werbung, Erhal-tungswerbung	Rückgang des Werbeaufwan-des, Werbung auf Segmente beschränken.

Da dem Portfolio u. a. der Produktlebenszyklus zu Grunde liegt, entspricht die Empfehlung für den Einsatz der Marketingmixinstrumente dem des Lebenszykluses. Da die Marktverhältnisse und die Produkte sehr unterschiedlich sind, kann im Einzelfall auch eine andere Strategie sinnvoll sein.

5.9 Beurteilung des Vier-Felder-Portfolios

Neben dem Portfolio müssen andere Verfahren zur Beurteilung herangezogen werden.

Wie alle **Analyseverfahren** im Marketing weist auch das Portfolio Stärken und Schwächen auf. Zur Beurteilung von Produkten (SGE) und der gesamten Unternehmung muss es deshalb mit anderen Verfahren angewendet werden. Zu den wichtigsten Vor- und Nachteilen eines Portfolios gehören:

Vorteile:	Nachteile:
– Einstieg in das strategische Denken – einfache Datenermittlung – Übersichtlichkeit – Verständlichkeit der Aussagen – leichte Operationalisierbarkeit – empirische Relevanz – hoher Kommunikationswert – zukunftsorientiertes Denken	– starke Abstraktion zur Realität – es werden nur die Erfolgsfaktoren Marktanteil und Marktwachstum berücksichtigt – keine Berücksichtigung von Ertragskraft, technischem Fortschritt, Zukunftsprodukten, Trends, Konkurrenzreaktionen – grobe Skalierung (hoch, niedrig) – geringe Aussagekraft bei allgemein schrumpfenden Märkten

Beispiel

Die UMTECH AG erstellt ein Portfolio auf Grund folgender Werte:

Produktgruppen (SGE)	A	B	C	D	E	F
Allgemeines Marktwachstum in %	+20	+4	-10	+1	+10	+25
Eigener Marktanteil in %	2	8	6	18	11	20
Marktanteil des stärksten Konkurrenten in %	20	10	13	11	8	10
Anteil der Produktgruppe am Unternehmensumsatz (%)	13	19	11	25	14	18

Bei den Produkten B bis F handelt es sich um Handelswaren, die zu SGE zusammengefasst wurden. Das Produkt A (Heizungsfilter), das neu in das Programm aufgenommen wurde, wird selbst produziert. Als Konkurrenten wurden die Hersteller von veralteten Filteranlagen in die Analyse einbezogen.
Die Steigerung des Bruttosozialprodukts wird mit 5 % angenommen.
Der Gesamtumsatz soll durch einen Gesamtdurchmesser von 10 cm gekennzeichnet werden. Für die Bedeutung einer SGE soll ihr Anteil am Gesamtumsatz maßgebend sein.

Daten für das Portfolio

	Marktwachstum	relativer Marktanteil	Bedeutung (Ø in cm)
A	+ 20	0,1	1,3
B	+ 4	0,8	1,9
C	- 10	0,46	1,1
D	+1	1,64	2,5
E	+10	1,38	1,4
F	+25	2	1,8

Marktwachstum

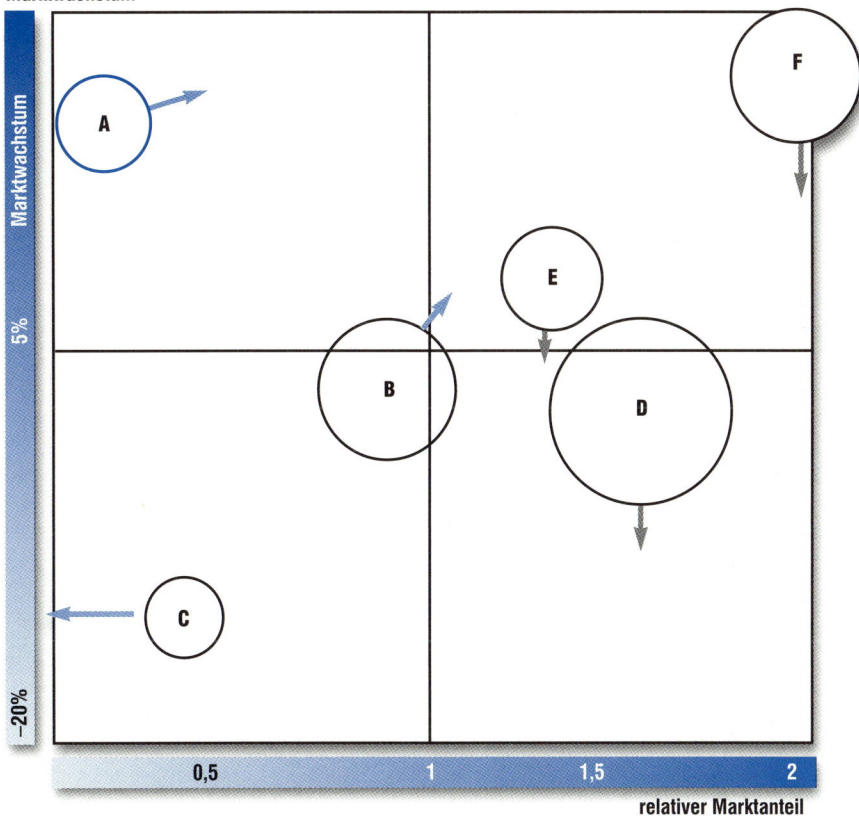

Angestrebte Entwicklung →   voraussichtliche Entwicklung →
(Für den relativen Marktanteil kann auch ein logaritmischer Maßstab gewählt werden)

Einordnung der SGE
A: Nachwuchsprodukt   B: Cinderella   C: Schrott
D: Cash-Produkt   E: Starprodukt   F: Starprodukt

Beurteilung der SGE:
A: Nachwuchsprodukt mit sehr hohem Marktwachstum, aber sehr geringem
Marktanteil und nicht unbedeutendem Umsatzanteil. Da es sich im Gegensatz
zur Konkurrenz um ein technisch neues Produkt handelt, sind die Aussichten
sehr gut.
B: Cinderella: Der Umsatzanteil ist hoch und das Marktwachstum ist positiv. Der
Abstand zum größten Konkurrenten ist nicht sehr groß (relativer Marktanteil).
Es besteht die Chance das Produkt zum Star- oder Cash-Produkt zu entwickeln.
C: Schrott, negatives Marktwachstum, geringer relativer Marktanteil. Das Pro-
dukt sollte, soweit nicht andere Gründe dagegen sprechen (Traditionsprodukt,
Ergänzung zu anderen Produkten etc). aus dem Markt genommen werden.
D: Cash-Produkt mit sehr hohem Umsatzanteil und starker Position im Markt.
Das Produkt verdient die Mittel, um die Nachwuchs- und Starprodukte zu ent-
wickeln.

E: Starprodukt auf dem Weg zum Cash-Produkt. Das Marktwachstum ist aber immer noch relativ hoch und die Marktposition gut.

F: Starprodukt mit traumhaftem Wachstum und extrem hohem Marktanteil.

Gesamturteil:

Beschränkt man das Urteil nur auf das selbst hergestellte Produkt, so fehlen Starprodukte und Cash-Produkte. Die Finanzierung des Nachwuchsproduktes müsste durch externe Mittel erfolgen. Sieht man das gesamte Unternehmen, so ist das Portfolio relativ ausgeglichen und damit positiv zu beurteilen. Es sind Produkte vorhanden, die die finanziellen Mittel erwirtschaften. Ferner ist das Bestehen der Unternehmung zumindest kurz- und mittelfristig gesichert, da Starprodukte mit hohem Wachstum vorhanden sind. Eine geringe Schwäche besteht bei den Nachwuchsprodukten. Ein Nachwuchsprodukt ist zu wenig, um die Unternehmung langfristig zu sichern. Offensichtlich konnte das Handelsunternehmen von seinen Lieferanten keine entsprechenden Produkte beschaffen. Der Weg, eigene Zukunftsprodukte zu entwickeln und zu produzieren war deshalb richtig. Weitere Innovationen in diesem Bereich sollten angestrebt werden.

Strategien:

A: Wachstumsstrategie, Offensivstrategie, Investitionen, Finanzierung durch Cash Cows, Stärkung der Wettbewerbsvorteile, Einführungswerbung, wenige Arten, Verkaufsförderung, um den Hineinverkauf in den Handel zu fördern

B: Investitionen, um das Produkt zum Nachwuchs- oder Starprodukt zu fördern, Spezialisierung auf bestimmte Marktsegmente, aggressive Werbung **oder** Schrumpfungsstrategie

C: Schrumpfungsstrategie, Desinvestition, Werbemaßnahmen einschränken, Produktelimination

D: Haltestrategie, Abschöpfen, Defensivstrategie, Erhaltungswerbung

E: Ausbauen, Investition, Wettbewerbsvorteile stärken, Übergang von der Investitions- zur Haltestrategie vorbereiten, Produktdifferenzierung, Erhaltungswerbung, Service verstärken

F: Investitionsstrategie, Marktanteil weiter ausbauen, hohes Risiko akzeptieren

Wiederholung

1. Beschreiben Sie, warum das Marketing in den letzten Jahrzehnten an Bedeutung gewonnen hat.
2. Definieren Sie den Begriff Marketing
3. Klären Sie die Begriffe Absatzvolumen, Absatzpotenzial, Marktvolumen, Marktpotenial und Marktsegment.
4. Nennen Sie Segmentierungsmerkmale.
5. Erklären Sie den Unterschied zwischen Marktanalyse, Marktbeobachtung und Marktprognose.
6. Beschreiben Sie den Unterschied zwischen Sekundär- und Primärforschung.
7. Nennen Sie Vorteile der Sekundärforschung.
8. Beschreiben Sie eine Form der Primärforschung genau.
9. Erklären Sie, warum die Ergebnisse der Marktforschung aufbereitet werden müssen.
10. Nennen und unterscheiden Sie ökonomische und psychographische Ziele.
11. Erklären Sie, wie Marketingziele operationalisiert werden können, und bilden Sie je ein Beispiel aus dem Bereich der ökonomischen und psychografischen Ziele.

12. Erklären Sie an einem Beispiel, was man unter einer Zielhierarchie versteht.
13. Nennen Sie die Marketingmixinstrumente.
14. Unterscheiden Sie die Instrumente des Produktmixes.
15. Definieren Sie den Begriff Markenartikel.
16. Beschreiben Sie die Bedeutung der Verpackung im Bereich des Marketings.
17. Nennen Sie je zwei Formen des direkten und des indirekten Absatzes und erklären Sie sie.
18. Unter welchen Bedingungen wird man einen Handelsvertreter bzw. einen Reisenden einsetzen?
19. Erklären Sie die Formen der praxisorientierten Preisgestaltung.
20. Zeigen Sie die Formen der Preisdifferenzierung an Beispielen auf.
21. Erklären Sie, was man unter einem preispolitischen Ausgleich versteht.
22. Nennen Sie Methoden der indirekten Preisbeeinflussung.
23. Grenzen Sie Absatzwerbung, Verkaufsförderung und Public Relations gegeneinander ab.
24. Erklären Sie den Unterschied zwischen Werbemittel und Werbeträger.
25. Nennen Sie die Phasen des Produktlebenszykluses.
26. Beschreiben Sie die Wachstumsphase.
27. Begründen Sie den Einsatz der Marketingmixinstrumente in der Sättigungsphase.
28. Definieren Sie die Begriffe Portfolio und strategische Geschäftseinheit.
29. Nennen Sie die Grundannahmen, die dem Produktlebenszyklus zu Grunde liegen.
30. Beschreiben Sie die Vier-Felder-Matrix.
31. Erklären Sie die Marktstrategien in Abhängigkeit vom Portfolio.
32. Beschreiben Sie den angestrebten finanziellen Ausgleich innerhalb des Portfolios.
33. Begründen Sie, welche Produktpolitik bei einem Starprodukt anzuwenden ist.

Aufgaben

1. Die Schoko AG möchte eine neue 300-g-Schokolade auf den Markt bringen. Die *Marktforschung* Markteinführung und die Entwicklung des Produkts auf dem Absatzmarkt soll durch eine gezielte Marktbeobachtung abgesichert werden. Die Unternehmung möchte diese Informationen durch ein Einzelhandelspanel erhalten.
   a) Erklären Sie, welche Unternehmungen Panelerhebungen durchführen und welche Informationen (5 genügen) darüber gewonnen werden können.
   b) Nennen Sie drei Vorteile, die das Panel gegenüber einer Marktanalyse bietet.
   c) Die Schoko AG prüft, ob sie ein normales Einzelhandelspanel oder ein Scannerpanel bevorzugen soll. Nennen Sie drei Vorteile, die das Scannerpanel gegenüber dem Einzelhandelspanel für die Schoko AG hat.
   d) Die Untersuchung soll durch eine weitere Methode der Primärforschung abgesichert werden. Beschreiben Sie das Vorgehen des Marketinginstituts.
   e) Nennen und beschreiben Sie drei Möglichkeiten, wie die Schoko AG mit Hilfe der Sekundärforschung entsprechende Informationen beschaffen könnte.

2. **Anpassungs-Zwänge**   *Marketingmix*
   Die Stahlkrise ist kein nationales Phänomen. Weltweit klaffen Kapazitäten und Produktion der Stahl-Industrie weit auseinander. So hätten 1992 eigentlich 970 Millionen Tonnen Stahl hergestellt werden können - tatsächlich aber betrug die Produktion weltweit nur 690 Millionen Tonnen. In Deutschland allein lagen 13 Millionen Tonnen oder 25 Prozent der Rohstahl-Kapazität brach. Mit prozentual ähnlich großen Überkapazitäten müssen die GUS, Japan und die USA fertig werden. Das Problem der mangelnden Kapazitätsauslastung existiert schon seit Mitte der Siebzigerjahre. Die Gründe dafür sind neue Werkstoffe und Fertigungsverfah-

Aufgaben

ren; außerdem verschiebt sich die Nachfrage in den reichen Ländern hin zu den Dienstleistungen. Die meisten Staaten haben jahrelang versucht, die nationale Stahl-Produktion durch Subventionen am Leben zu erhalten. Auf lange Sicht jedoch macht der Strukturwandel den Abbau von Stahlkapazitäten unerlässlich.

(Quelle: IWD, 08. April 1993, Seite 1)

a) Begründen Sie, welches Marketinginstrument ein Stahlhersteller einsetzen muss, um das Überleben seiner Unternehmung zu sichern.

b) Der o. g. Stahlhersteller vertreibt seine Produkte im Inland durch Reisende. Im Ausland setzt er Handelsvertreter ein. Nennen Sie jeweils drei wesentliche Gründe, die für diesen Absatzweg sprechen.

Marketingmix 3. Ein Kühlschrankhersteller überprüft seine Produktpolitik. Begründen Sie, um welche Arte der Produktpolitik es sich handelt.

a) Der Hersteller bietet den Typ Kühlboy neben der bisherigen Version auch als Einbauversion an.

b) Vor einigen Jahren wurde bei dem Kühlschrank Kühlboy das FCKW-haltige Kühlmittel durch ein FCKW-freies Kühlmittel ersetzt.

c) Der Kühlschrankhersteller entwickelt neuartige Solarzellen und bietet diese am Markt an.

d) Der Kühlschrankhersteller entwickelt ein neuartiges billiges und völlig umweltneutrales Kühlmittel, das problemlos entsorgt werden kann. Er verwendet es für die eigenen Kühlschränke und bietet es für andere Verwendungszwecke an.

e) Der Kühlschrankhersteller entwickelt und produziert neben den Kühlschränken auch Gefriertruhen und Kühl- und Gefriergeräte für den gewerblichen Einsatz.

f) Der Kühlschrankhersteller erweitert sein Sortiment um Küchen mit Einbaugeräten.

4. Eine Unternehmung überprüft die Preispolitik bei ihren Produkten.

a) Zunächst soll der Preis auf Grund der Kosten ermittelt werden.

Kostenfunktion: $K = 25x + 10000$
Gesamtkapazität: 500 Stück
geplante Absatzmenge: 80 % Beschäftigungsgrad
Gewinnzuschlag bei dieser Menge: 25 % der Gesamtkosten

Ermitteln Sie den Verkaufspreis rechnerisch.

b) Von der Konkurrenz wird das Produkt auf dem Markt zum Preis von 60,00 € angeboten. Prüfen Sie, ob dieser Preis akzeptabel ist.

c) Das Produkt soll auf dem Markt einen Preis von 70,00 € erzielen. Zeigen Sie, wie die Unternehmung dies erreichen kann.

d) Das Produkt soll ab dem nächsten Jahr in ganz Europa angeboten werden. Empfehlen Sie eine geeignete Preispolitik.

e) Es soll ein technisch neues Produkt auf den Markt gebracht werden. Die Fixkosten werden bei 1.000.000,00 € je Periode liegen. Die variablen Kosten liegen bei 6000,00 €. Eine Marktanalyse hat folgendes Ergebnis gebracht:

Von 100 Kunden würden bei einem Preis kaufen:

Preis	Kunden
4000-6000	10 %
6000- 8000	30 %
8000-10000	40 %
10000-12000	30 %
12000-14000	20 %
14000-16000	5 %

Begründen Sie, welchen Preis der Hersteller wählen wird.

f) Die Unternehmung prüft, für das Produkt (Aufgabe e)) Leasing als Absatzförderung eingesetzt werden kann. Geben Sie eine begründete Empfehlung.

5. Die Med AG stellt medizinische Geräte her. Zum Produktionsprogramm gehören: *Marketingmix*
   - Röntgengeräte
   - EKG-Geräte
   - Ultraschallgeräte
   - Blutdurckmessgeräte für den professionellen und privaten Einsatz
   - Blutzuckermessgeräte für den professionellen und privaten Einsatz

   Distributionspolitik
   a) Geben Sie einen begründeten Vorschlag für die Wahl der Absatzkanäle und für die logistische Abwicklung des Vertriebs.
   b) Die Med AG möchte den Produktbereich medizinische Geräte für den privaten Gebrauch ausweiten und prüft den Vertrieb durch Franchising. Wie könnte ein solcher Franchisingvertrag gestaltet werden?

   Kommunikationsmix
   c) Entwickeln Sie für jedes Gerät eine geeignete Werbestrategie. Berücksichtigen Sie dabei Werbemittel, Werbeträger, Zielgruppe und Streu- und Werbegebiet.
   d) Erklären Sie, wie die Verkaufsförderung für die Produkte eingesetzt werden kann.
   e) Welche Public-Relations-Maßnahmen sollten ergriffen werden.
   f) Welche Produkte eignen sich für den persönlichen Verkauf und welche Form sollte gewählt werden?

   Produktlebenszyklus　　　　　　　　　　　　　　　　　　　　　　　　　　*Produktlebenszyklus*
   g) Ordnen Sie jedes Produkt im Produktlebenszyklus ein.
   h) Entwickeln Sie für alle Produkte eine Marketingstrategie unter Berücksichtigung des Produktlebenszykluses und der Marketingmixinstrumente.

6. Ein Hersteller der Elektronikindustrie bietet auch Fernsehgeräte an. Auf Grund der Marktsättigung und großen Konkurrenz stagniert der Absatz auf hohem Niveau und die Ertragslage ist unbefriedigend. Absatzsteigerungen lassen sich nur durch Ausweitung des Marktanteils erzielen.
   a) In welcher Phase des Produktlebenszyklus befindet sich das Produkt.
   b) Entwerfen Sie eine geeignete Marketingstrategie (Einsatz aller Marketingmixinstrumente).

7. Eine Unternehmensberatung hat für die BOS AG folgendes Portfolio erstellt. Als *Portfolio* Bewertungskriterium für das Marktwachstum wurde das Wachstum des BIP gewählt. 2,5 cm Durchmesser der SGE im Portfolio bedeuten 100 % des Umsatzes der Unternehmung. Der Gesamtumsatz der Unternehmung beträgt 20.000.000,00 €. Für das Produkt A gibt es nur noch einen weiteren Anbieter auf dem Markt. Das Produkt F wurde erst vor drei Monaten in den Markt eingeführt. Das Produkt G war das erste Produkt, das von der traditionsreichen Firma auf den Markt gebracht wurde

a) Beurteilen Sie die Produkte der AG.

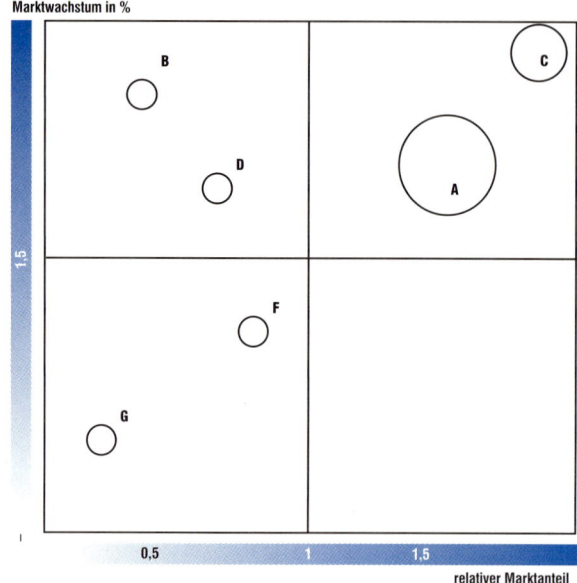

b) Beurteilen Sie die Lage der Unternehmung.
c) Entwickeln Sie für die Produkte C, D und F eine Marktstrategie.
d) Begründen Sie, welche Preispolitik Sie für das Produkt G vorschlagen würden.
e) Geben Sie für das Produkt A den Marktanteil in % und den Umsatz an.

Marktgrößen,
Marktsegment,
Marktforschung,
Marketingmix

8. Die Beauty GmbH, ein Hersteller von Körperpflegemitteln, ist bisher in den Produktbereichen, Badezusätze und Körpersprays tätig.
   a) Nachdem vor Jahren die Umsätze und Gewinne sanken, vollzog die Unternehmungsleitung notgedrungen die Umstellung von einer produktionsorientierten zu einer marketingorientierten Unternehmung. Nach der Neuorientierung war die Beauty GmbH in ihren angestammten Märkten wieder erfolgreich.
   Erläutern Sie, warum die Beauty GmbH in früheren Jahren mit der prouktionsoientierten Unternehmungspolitik erfolgreich sein konnte, später aber nicht mehr. Gehen Sie auch darauf ein, wie man sich gemäß dem marketingorientierten Denkansatz im Einzelnen konkret umstellen musste.
   b) Die Beauty GmbH möchte nun auch im Produktbereich Gesichtskrems aktiv werden. Die Marketingabteilung teilt diesen Spezialmarkt nach Produktgruppen ein:
   Segment I feste Krems (F)
   Segment II flüssige Krems (Fl)
   Man will vorläufig nur für eines der beiden Marktsegmente eine Marke entwickeln. Die Gesellschaft für Markterkundung (GfM), die mit der Marktanalyse beauftragt wurde, stellt die erhobenen Daten in Tabellenform zusammen (siehe Tabellen).
   aa) Begründen Sie, welchem speziellen Marketinginstrument die geplante Aktivität der Beauty GmbH zuzuordnen ist.
   bb) Analysieren Sie die Ausgangslage der Beauty GmbH eingehend anhand des vorliegenden statistischen Materials unter den Aspekten Marktsituation der beiden Produktgruppen und der Marken sowie Chance für den Aufbau einer neuen Marke (vgl. Tabelle 4) sowie Einkaufsverhalten der Verbraucher (vgl. Tabellen 2, 3 und 4).

c) Unterbreiten Sie, ausgehend von den vorliegenden Daten, der Unternehmungsleitung einen begründeten Vorschlag hinsichtlich der Wahl der Produktgruppe, der Wahl der Zielgruppe und der Wahl des konkreten Absatzweges.

d) Welche Probleme ergeben sich generell bei der Bestimmung des optimalen Marketingmix?

e) Hinsichtlich des zu bildenden Kommunikationsmix sind die Instrumente „Werbung", „Verkaufsförderung" und „Public Relations" im Gespräch.
Grenzen Sie die Instrumente begrifflich gegeneinander ab und beurteilen Sie ihre Eignung im vorliegenden Fall.

f) Im Außendienst wurden bisher nur Handelsvertreter eingesetzt. In Verbindung mit der geplanten Aktivität werden Überlegungen angestellt, zukünftig ausschließlich Reisende zu beschäftigen. Nach den bisherigen Erfahrungen kann ein Vertreter in einem durchschnittlichen Verkaufsbezirk monatlich einen Umsatz von ca. 50.000,00 € erzielen. Er erhält eine Vergütung von 12 % für die von ihm vermittelten Umsätze. Man schätzt, dass zwei Reisende im gleichen Verkaufsbezirk ebenfalls zusammen einen durchschnittlichen Umsatz von 50.000 € pro Monat erzielen. Jedem Reisenden ist ein monatliches Fixum von 1.200 € zu garantieren, außerdem steht ihnen zusammen eine Umsatzprovision von 6 % zu. Bestimmen Sie rechnerisch, ob der Einsatz eines Vertreters oder der von zwei Reisenden günstiger ist und nennen Sie zwei Kriterien, die neben dem Kostenaspekt für den Einsatz von Vertretern oder Reisenden von Bedeutung sein können.

Tabellen:
Von der GfM erhobene Daten des Gesichtskrem-Marktes

Tabelle I: Mengenmäßige Aufteilung des Marktvolumens

Jahr	00	01	02
Segment 1 F	78 %	74 %	65 %
Segment II FI	22 %	26 %	35 %
	100 %	100 %	100 %

Tabelle 2: Einkaufsstätten (Jahr 02)

	Menge	Wert
Supermärkte	17 %	13 %
Kaufhäuser/ Warenhäuser	18 %	18 %
Discounter/ Verbrauchermärkte	36 %	27 %
Fachgeschäfte/ Drogeriemärkte	29 %	42 %
	100 %	100 %

Tabelle 3: Verwendung von Gesichtskrems nach Altersgruppen (Jahr 02)

Altersgruppe	Menge	Wert
15 - 20 Jahre	17 %	13 %
21 - 30 Jahre	32 %	32 %
31 - 50 Jahre	36 %	39 %
51 Jahre und älter	15 %	17 %
	100 %	100 %

Anmerkung: Gesichtskrems werden von 82 % der 15-65-jährigen weiblichen und von 23 % der 15-65-jährigen männlichen Bevölkerung verwendet.

Tabelle 4: Marken und Marktanteile (Jahr 02)

Hersteller	Marke		Marktanteil	
	Feste Krems (F)	Flüssige Krems (Fl)	Menge	Wert
A	Irish Lotion	Fl	8 %	7 %
	Royal	Fl	10 %	9 %
B	Solmed	F	10 %	11 %
C	Fano	F	9 %	12 %
D	Kellan	FL	12 %	9 %
	Elgo	F	11 %	12 %
Sonstige			40 %	40 %
			100 %	100 %

Portfolio

9. Die HANDY AG produziert und vertreibt mobile Kommunikationsgeräte. Die Unternehmung ist weltweit tätig und beschäftigt ca. 500 Mitarbeiter. Die Vertriebsabteilung liefert folgende Daten über die zurzeit vertriebenen Produkte: Der Gesamtumsatz der Unternehmung liegt bei 150 Millionen €. Das Wachstum des Bruttoinlandsproduktes beträgt im Berichtsjahr ca. 2 % und wird auch in den nächsten Jahren voraussichtlich bei 2 % liegen.

Produkt	allgemeines Marktwachs-tum in %	eigener Markt-anteil in %	Marktanteil des stärksten Konkurrenten in %	Produktumsatz in Millionen	erwartetes Markwachs-tum in % pro Jahr
Handy Standard	+1	10	40	20	- 2
Handy Komfort	+2	10	50	40	+1
Dattrans.	+3	20	20	30	+5
Transpofax	+5	25	20	50	+4
Multifunk	+2	30	15	10	+10
Satkom*	+0	0	0	0	15

*Beim Produkt Satkom handelt es sich um eine mobile, in der Tasche tragbare Satelitenfunkanlage mit Miniaturantenne, die Telefongespräche und Daten jeder Art übermitteln kann. Die AG hat im abgelaufenen Geschäftsjahr das Patent für das Gerät beantragt und wird es in der nächsten Periode auf dem Markt einführen.

a) Zeichnen Sie den Stand der Produkte im abgelaufenen Geschäftsjahr in ein Portfolio ein. Für die Bedeutung des Produktes soll der Anteil am Gesamtumsatz ausschlaggebend sein (10 % Anteil am eigenen Umsatz ((0,5 cm)

b) Beurteilen Sie die Produkte Satkom, Multifunk und Handy Standard sowie die Lage der HANDY AG.

c) Erstellen Sie für die drei Produkte ein Zielportfolio für das nächste Geschäftsjahr und entwickeln Sie jeweils eine Handlungsstrategie.

Ziele, Zielhierarchie, Marektingmix

10. Die Robotec AG stellt elektronisch gesteuerte Werkzeugmaschinen her. Auf Grund konjunkturbedingter Auftragsrückgänge sowie einer verstärkten Konkurrenz aus Fernost möchte sich die Unternehmung neue Märkte erschließen. Die Unternehmensleitung erkennt eine Marktlücke im Handwerk und erwägt deshalb, NC-Maschinen und Roboter speziell für den Handwerksbetrieb zu entwickeln und in großer Stückzahl herzustellen und abzusetzen.

a) Die Marketingabteilung hat auf dem neu aufzubauenden Werkzeugmaschinen-markt für Handwerker keine Erfahrungen. Die weiteren Überlegungen zur Markteinführung sollen durch operationalisierbare Marketingziele effektiv vorbereitet werden.

   Erstellen Sie – ausgehend vom Oberziel Gewinnmaximierung – aus mindestens vier Marketingzielen eine mindestens dreistufige Zielhierarchie und zeigen Sie an einem der von Ihnen genannten Ziele die Merkmale der Operationalisierbarkeit auf.

b) Aufgrund einer Marktanalyse plant die Unternehmensleitung die folgenden Maßnahmen.

   Für den mobilen Einsatz soll ein leichter, preiswerter Roboter entwickelt werden.
   Für die Verkäufer im Fachhandel soll eine intensive Schulung durchgeführt werden.
   Die Markteinführung soll durch Rabatte unterstützt werden.
   Eine NC-Fräsmaschine, die seit Jahren über Reisende direkt an die Industrie verkauft wird, soll nun auch über den Fachhandel angeboten werden.
   Der Betrieb will über die Handwerkskammern und Innungen die überbetriebliche Ausbildung im Handwerk fördern.
   Ordnen Sie die Maßnahmen dem jeweiligen Marketingmixbereich zu und benennen Sie das zutreffende Instrument.
   Der geplante Roboter befindet sich in der Einführungsphase. Nennen Sie für jeden der vier Marketingmixbereiche eine Maßnahme, die die Einführung unterstützt, und begründen Sie Ihre Wahl.

c) Zur Absatzförderung soll den Kunden Leasing als Finanzierungsmöglichkeit angeboten werden. Ordnen Sie dieses absatzpolitische Instrument einem Marketingmixbereich zu und begründen Sie Ihre Zuordnung. Begründen Sie, ob für den Vertrieb des mobilen, leichten Roboters das Operating-Leasing ein geeignetes Marketinginstrument ist.

11. Die Monitor AG stellt Bildschirme für verschiedene Verwendungszwecke her. Sie bezieht die Zukaufteile weltweit und setzt ihre Produkte zu 70 % im europäischen Raum ab. Die Monitor AG hat einen neuen Bildschirm entwickelt, der umweltfreundlich produziert wird und recyclingfähig ist. Zunächst soll die Produktion für größere Bildschirme (ab 19 Zoll) umgestellt werden. In ca. einem Jahr soll auch die Produktion kleinerer Bildschirme, die überwiegend zur Grundausstattung für Computer im privaten Bereich gehören, auf das umweltfreundliche Gerät umgestellt werden.   *Marketingmix, Lebenszyklus, Ziele*

Auf dem Markt für Großbildschirme wird damit gerechnet, dass die Monitor AG im ersten Halbjahr alleiniger Anbieter ist. Bei den kleineren Bildschirmen werden vermutlich bereits mehrere Konkurrenzanbieter vor der Monitor AG auf dem Markt sein, da seit kurzem bereits ein Konkurrent entsprechende Bildschirme anbietet.

a) Entwickeln Sie eine Marketingstrategie für den Einsatz der **Marketingmixinstrumente** (mindestens ein Element aus jedem Instrument) unter Berücksichtigung des **Produktlebenszyklus** (Phase angeben) und der **Umweltverträglichkeit** bei jedem Instrument für die herkömmlichen Kleinbildschirme, die ja noch ein Jahr verkauft werden sollen, und für die Großbildschirme.

b) Nennen Sie drei Marketingziele, die die Monitor AG mit der Einführung des neuen Produkts verfolgt und begründen Sie Ihre Auswahl.

Marketingkonzept,
Ökomarketing

12. Fall – Nachwachsende Rohstoffe – Rapsöl

Ausgangslage:

Die Treibstoff AG erwägt, Rapsöl als Alternative zum Dieselöl in das Programm aufzunehmen.

Annahmen: Diesel und Rapsöl werden z. Zt. für ca. 0,70 € auf dem Markt angeboten. Bei diesem Preis lässt sich ein angemessener Gewinn erzielen. Für Rapsöl fällt keine Mineralölsteuer an. Auf dem Markt gibt es bisher nur wenige Rapsölanbieter. Die Nachfrage kommt nur aus einigen Spezialgebieten. Die Umrüstung eines Dieselmotors verursacht nur geringe Kosten. Der Verbrauch liegt bei Rapsöl um 20 % höher als bei Diesel.

a) Entwickeln Sie aus den Angaben ein Marketingkonzept.

b) Diskutieren Sie das entwickelte Konzept in einem Rollenspiel. An der Diskussion nehmen Vertreter des Marketings (Marketingleiter, Außendienstleiter, Leiter der Werbeabteilung), der Produktion, der Beschaffung, des Rechnungswesens und der Geschäftsleitung teil.

Teilkostenrechnung

Die UMTECH AG hat eine positive Entwicklung hinter sich. Neben dem Vertrieb hat sich die Produktion ausgeweitet. Es wurden einige kleiner Hersteller von Umwelttechnik aufgekauft. In mehreren Zweigwerken und Tochterunternehmen produziert die Unternehmung verschiedene Produkte aus dem Bereich des Umweltschutzes.

Andererseits sieht sich die Unternehmung einer wachsenden Konkurrenz gegenüber. Sowohl auf dem nationalen als auch auf dem internationalen Markt treten immer mehr Mitbewerber in den Markt ein. Obwohl die Unternehmung über eine ausgebaute Vollkostenrechnung verfügt, genügen die gelieferten Informationen nicht mehr den Anforderungen. Es müssen kurzfristig Marketingentscheidungen getroffen werden. Ferner muss geprüft werden, ob Produkte selbst produziert oder fremdbezogen werden sollen, und zu welchen Preisen sie auf dem Markt angeboten werden sollen.

Die Geschäftsleitung beschließt deshalb, die Kostenrechnung weiter auszubauen.

1 Vollkostenrechnung – Teilkostenrechung

Die Vollkostenrechnung verteilt die Gemeinkosten, die einen hohen Anteil an fixen Kosten enthalten, nach der Höhe der Einzelkosten, die in der Regel zu den variablen Kosten gehören, auf die Kostenträger. Da im Rahmen der Mechanisierung und Automatisierung der Anteile der Gemeinkosten und der fixen Kosten angestiegen ist, werden wachsende Gemeinkosten auf der Basis sinkender Einzelkosten verteilt. Eine kleine Änderung bei den Einzelkosten hat deshalb eine große Änderung bei den verrechneten Gemeinkosten und fixen Kosten zur Folge (siehe Vollkostenrechnung 3.2 + 3.3). Ferner kann nicht nachgewiesen werden, dass ein Produkt, das hohe Einzelkosten verursacht, auch hohe Gemeinkosten auslöst. **Eine falsche Verrechnung von Kosten kann zu nicht marktgerechten Preisen und zu falschen Entscheidungen führen**.

Die Vollkostenrechnung kann zu falschen Entscheidungen führen.

Bei wachsender Konkurrenz auf den Weltmärkten kann der Preis häufig nicht nur auf der Basis der kalkulierten Kosten und der Gewinnerwartung errechnet werden. Die Preisvorstellungen des Kunden und die Angebote der Konkurrenz zwingen den Betrieb auch Aufträge anzunehmen, bei denen der Preis nicht den Idealvorstellungen der Kalkulation entspricht. Genaue Informationen über die Kostenstruktur und über die Preisuntergrenze sowie eine effektive Produktionsplanung sind für den Betrieb lebensnotwendig.

In einem Zweigwerk der UMTECH AG werden die Containertypen A, B und C zur Mülltrennung produziert. Die Container unterscheiden sich in ihrer Ausstattung. Die Fertigungszeit ist für alle drei Typen gleich. Die Kapazität beträgt 2000 Mengeneinheiten. Die Gemeinkosten (ausschließlich fixen Kosten) betragen 42.000,00 €. Sie werden nach dem Verhältnis der Einzelkosten (variablen Kosten) auf die drei Produkte verteilt. Maximal absetzbar sind (in Mengeneinheiten) von Container A 1.000 Stück; von Container B 1.100 Stück und von Container C 1.000.Stück.

Die Betriebsleitung prüft, ob es aus kostenrechnerischer Sicht günstig ist, alle drei Produkte weiter herzustellen.

Die Kosten und Erlöse wurden wie folgt auf die Container zugerechnet:

Produkt	Menge	Preise	variable Stück- kosten	Erlöse	variable Kosten	fixe Kosten	Gesamt- kosten	Gewinn
Container A	900	75	60	67.500	54.000	9.201	63.200	4.299
Container B	600	155	125	93.000	75.000	12.779	87.779	5.221
Container C	500	275	235	137.500	117.500	20.021	137.521	-20
	2.000			298.000	246.500	42.000	288.500	9.500

Wegen des Verlustes **wird der Container C nicht mehr produziert**. Vom Container B werden 1100 Stück hergestellt, da er den höchsten Gewinn liefert.

Produkt	Menge	Preise	variable Stück- kosten	Erlöse	variable Kosten	fixe Kosten	Gesamt- kosten	Gewinn
Container A	900	75	60	67.500	54.000	11.843	65.843	1.657
Container B	1.100	155	125	170.500	137.500	30.157	167.657	2.843
	2.000			238.000	191.500	42.000	233.500	4.500

Wie aus dem Beispiel ersichtlich ist, war die Entscheidung falsch, denn **der Gewinn ist um 5.000,00 € gesunken.**

Würde man die Produktion von Container C auf die absetzbare Menge erhöhen und dafür Container A kürzen, würde sich folgender Gewinn ergeben:

Produkt	Menge	Preise	variable Stück- kosten	Erlöse	variable Kosten	fixe Kosten	Gesamt- kosten	Gewinn
Container A	400	75	60	30.000	24.000	3.018	27.018	2.982
Container B	600	155	125	93.000	75.000	9.431	84.431	8.569
Container C	1000	275	235	275.000	235.000	29.551	264.551	10.449
	2.000			398.000	334.000	42.000	376.000	22.000

Der Gewinnanstieg auf 22.000 € zeigt, dass die Vollkostenrechnung zu falschen Entscheidungen führen kann.

Die Teilkostenrechnung unterscheidet in fixe und variable Kosten.

In den letzten Jahrzehnten haben viele Unternehmen die **Teilkostenrechnung** eingeführt, um bessere Entscheidungsgrundlagen zu erhalten. Die Teilkostenrechnung bedient sich der Daten der Vollkostenrechnung. Sie unterscheidet jedoch die Kosten nicht in Einzelkosten und Gemeinkosten, sondern in fixe Kosten und in variable Kosten. Da nur bei den variablen Kosten die Entstehungsursache sicher zu bestimmen ist, werden in der Teilkostenrechnung auch **nur die variablen Kosten auf die Produkte zugerechnet**.

Nur die variablen Kosten werden auf die Kostenträger verrechnet.

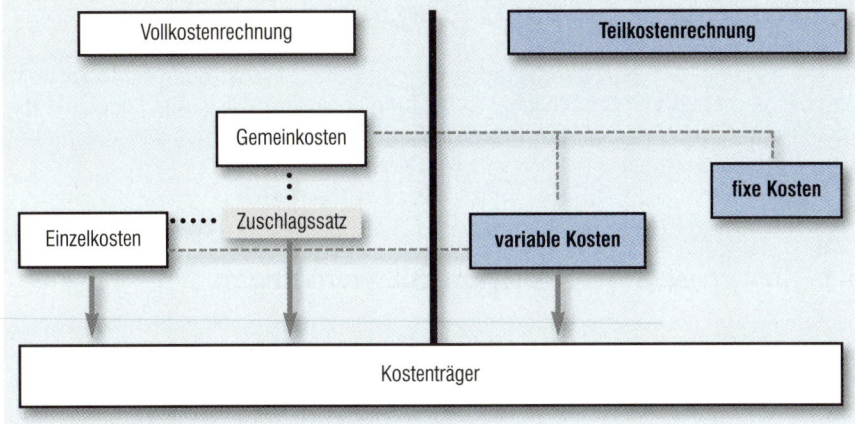

Verrechnung auf die Kostenträger ⟶   Bestandteil — — —

Die Gemeinkosten bestehen meist aus fixen und aus variablen Kosten. Die Einzel-kosten sind in der Regel variable Kosten.

Stellt man Voll- und Teilkostenrechnung einander gegenüber, so ergibt sich folgendes Bild:

	Vollkostenrechnung	**Teilkostenrechnung**
Zweck	Kalkulation – Vorkalkulation (HK, SK, AP) – Nachkalkulation (Kostenkon- trolle,Wirtschaftlichkeit) Ermittlung, Verrechnung und Kontrolle der Kosten im BAB, Kostenträgerzeit-blatt usw.	**Entscheidungshilfe** für – das Produktionsprogramm – das Produktionsverfahren – Zusatzaufträge – Eigenfertigung und Fremdbezug
Kosten-spaltung	Einzelkosten und Gemeinkosten	variable und fixe Kosten
Kostenver-rechnung	alle Kosten werden verrechnet	**nur die variablen Kosten** werden ver-rechnet
Ausgangs-punkt	Kosten	**erzielbarer Marktpreis**
Behandlung der fixen Kosten	– hohe variable Kosten sind nicht ur-sächlich für hohe fixe Kosten verant-wortlich – sinkender Absatz führt zu **höheren Fixkosten je Stück**, dies führt zu **höheren Preisen** und dies wiederum zu weiter sinkendem Absatz	– jedes Produkt leistet einen Beitrag zur Deckung der fixen Kosten, wenn sein Preis über den variablen Kosten liegt – die fixen Kosten werden am Ende als eine Summe verrechnet
Problem	– Zurechenbarkeit der fixen Kosten – kurzfristig falsche Entscheidungen – führt zu steigenden Preisen bei sin-kendem Absatz	– langfristig falsche Entscheidungen – Abbaubarkeit der fixen Kosten – langfristige Wirkung kurzfristiger Entscheidungen (Preis) – keine Preiskalkulation möglich
DIE TEILKOSTENRECHNUNG SOLL DIE VOLLKOSTENRECHNUNG NICHT ERSETZEN, SONDERN ERGÄNZEN		

2 Kosten und Beschäftigungsgrad

*Beschäftigungsgrad =
Istbeschäftiung im
Verhältnis zur
Vollbeschäftigung*

Kosten sind vom **Beschäftigungsgrad** abhängig. Unter Beschäftigungsgrad versteht man das Verhältnis von tatsächlicher Auslastung zu voller Auslastung. Schwankt die tatsächliche Auslastung, so schwanken auch die Kosten (siehe auch Vollkostenrechnung 3.3)

2.1 Kosten und Beschäftigungsschwankungen

*Variable Kosten er-
höhen sich mit
steigender Ausbrin-
gungsmenge.
Proportionale Kosten
erhöhen sich in einem
festen Verhältnis zur
Ausbrinungsmenge.*

Die Schwankungen des Beschäftigungsgrades beeinflussen die **variablen Kosten**. Sie sind beschäftigungsabhängig und steigen bei einer zunehmenden Ausbringungsmenge an. Sinkt die produzierte Stückzahl, so nehmen die Kosten ab. Verändern sich die Kosten im gleichen Verhältnis wie die Ausbringungsmenge, so spricht man von **proportionalen Kosten** oder **linearen Kosten**. In den folgenden Ausführungen wird unterstellt, dass es sich bei den variablen Kosten um proportionale Kosten handelt.

Die variablen Gesamtkosten (KV) steigen mit zunehmender Ausbringungsmenge (x) linear an. Die variablen Stückkosten (kv) sind konstant. Die Grenzkosten (K'), die für die Produktion einer zusätzlichen Einheit anfallen, sind ebenfalls konstant und entsprechen den variablen Stückkosten. Typische variable Kosten sind Materialkosten und Akkordlöhne.

*Fixe Kosten sind un-
abhängig von der
Ausbringungsmenge*

Bei den **fixen Kosten** handelt es sich um die Kosten der Betriebsbereitschaft. Soll der Betrieb eine bestimmte Produktionskapazität besitzen, so entstehen dadurch Kosten, unabhängig davon, ob produziert wird oder nicht. Nur bei einer Veränderung der maximalen Kapazität steigen oder sinken die fixen Kosten.
Die fixen Gesamtkosten (KF) sind bei einer Veränderung des Beschäftigungsgrades (x) konstant. Die fixen Stückkosten (kf) sinken mit zunehmender Ausbringungsmenge, da sich der Fixkostenblock auf eine größere Stückzahl verteilt. Man spricht auch von Fixkostendegression. Typische fixe Kosten sind Mieten, Zinsen und Abschreibungen (außer Leistungsabschreibung).

*Gesamtkosten =
fixe Kosten
+ variable Kosten*

Die **Gesamtkosten** setzen sich in der Regel aus fixen und variablen Bestandteilen zusammen. Die fixen Kosten bilden einen Sockel, auf dem die variablen Kosten aufbauen. Bei linearem Kostenverlauf ergibt sich unten stehendes Bild. Die Stückkosten (k), die auch Durchschnittskosten genannt werden, vermindern sich mit zunehmender Ausbringungsmenge und nähern sich den variablen Stückkosten. Ihre fixen Bestandteile verteilen sich auf eine immer größere Stückzahl. Man spricht von Stückkostendegression oder dem Gesetz der Massenproduktion. Dieses Gesetz besagt, dass hohe fixe Kosten durch eine hohe Menge kompensiert werden. Die Stückkosten sinken mit zunehmender Ausbringungsmenge.

Gesamtbetrachtung:

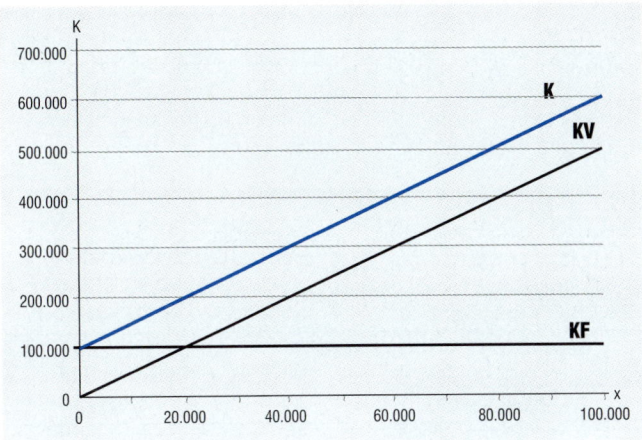

Funktionen: $K = Kv + Kf$ $K = kv \bullet x + KF$

Beispiel (Zeichnung): $K = 5x + 100000$

Stückbetrachtung:

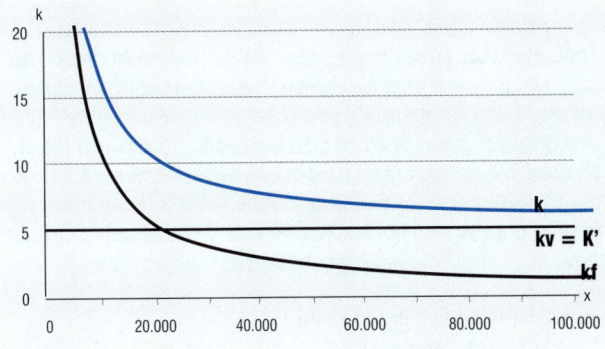

Funktionen: $k = kv + kf$ $k = kv + \dfrac{Kf}{x}$ $k = \dfrac{K}{x}$

Beispiel (Zeichnung:) $k = 5 + \dfrac{100.000}{x}$

2.2 Kostenauflösung

Die Vollkostenrechnung unterscheidet in Gemeinkosten und Einzelkosten. Um die in den Kostenstellen ermittelten Kosten in der Teilkostenrechnung zu verwenden, müssen sie in fixe und variable (proportionale) Kosten zerlegt werden. Dies kann für die einzelnen Kostenstellen oder für den ganzen Betrieb durchgeführt werden. Bei den Einzelkosten handelt es sich in der Regel um variable Kosten. Die Gemeinkosten enthalten fixe und variable Bestandteile. Diese müssen aufgespalten werden. Dies kann mit den folgenden Verfahren geschehen. Neben den drei beschriebenen Methoden werden andere Verfahren wie z. B. die Trendberechnung über die Methode der kleinsten Quadrate angewendet.

2.2.1 Direkte Methode

Die verschiedenen Kostenarten einer Kostenstelle werden von Kostenanalytikern einzeln untersucht und in fixe und proportionale (variable) Kosten aufgeteilt und aufsummiert.

Beispiel:
In einem Zweigwerk der UMTECH AG werden bei einer Produktion von 1.000 Mengeneinheiten pro Monat die folgenden Kosten ermittelt:

Kostenarten	Gesamtkosten	fixe Kosten	variable (proportionale) Kosten
Fertigungsmaterial	50.000,00		50.000,00
Fertigungslöhne	150.000,00		150.000,00
Hilfslöhne	80.000,00	60.000,00	20.000,00
Abschreibungen	120.000,00	90.000,00	30.000,00
Gesamt	400.000,00	150.000,00	250.000,00

2.2.2 Rechnerische Zerlegung

Kostenstruktur: Zusammensetzung der Kosten

Ist eine direkte Zerlegung zu aufwändig oder auf Grund der **Kostenstruktur** zu schwierig, so kann die Aufteilung mathematisch erfolgen. Diese Methode basiert auf der Überlegung, dass sich bei einer Änderung des Beschäftigungsgrades nur die variablen Kosten ändern. Ermittelt man die Kostendifferenz der Gesamtkosten bei zwei verschiedenen Beschäftigungsgraden, so handelt es sich bei der Differenz um die variablen Kosten. Unterstellt man einen linearen (proportionalen) Kostenverlauf, so müssen sich aus dem Quotienten aus Kostenänderung und Beschäftigungsänderung die variablen Kosten je Stück ergeben. Sind die variablen Stückkosten und die Gesamtkosten bekannt, so können auch die fixen Kosten errechnet werden.

Die Berechnung kann nach folgenden Formeln erfolgen:

$$kv = \frac{K_1 - K_2}{x_1 - x_2} = \frac{\Delta K}{\Delta x}$$

$$KF = K_1 - kv \bullet x_1$$

Istkosten: Tatsächlich angefallene Kosten

Zu beachten ist, dass die Berechnung auf **Istkosten**, die bei verschiedenen Ausbringungsmengen ermittelt wurden, beruht. Diese Istkosten können Unwirtschaftlichkeiten enthalten. Da die Beschäftigungsschwankungen von Periode zu Periode in der Praxis relativ niedrig sind, wirken sich Unregelmäßigkeiten sehr stark auf die ermittelten variablen Stückkosten aus.

In dem Zweigwerk fielen im Monat Mai bei einer Produktion von 1.000 Mengeneinheiten 400.000,00 € Gesamtkosten an. Im Monat Juni entstanden bei einer Produktionsmenge von 1.200 Einheiten Gesamtkosten in Höhe von 450.000,00 €.

Monat	Gesamtkosten	Beschäftigung	kv
Mai	400.000,00 €	1.000 Mengeneinheiten	
Juni	450.000,00 €	1.200 Mengeneinheiten	
Δ	50.000,00 €	200	**250,00 €**

$KF = 400000 - 250 \cdot 1000 =$ **150.000,00 €**

2.2.3 Zeichnerische Zerlegung

Die Zerlegung lässt sich auch zeichnerisch durchführen. Trägt man für zwei Beschäftigungsgrade die Gesamtkosten in ein Koordinatensystem ein und verbindet die beiden Punkte, so kann man die Linie bis zur Y-Achse verlängern und erhält die fixen Gesamtkosten. Zieht man diese von den variablen Kosten ab, so erhält man die variablen Gesamtkosten, aus denen durch die Division mit der Stückzahl die variablen Stückkosten berechnet werden können.

variable Stückkosten

Die Ermittlung ist insbesondere bei kleinen Beschäftigungsschwankungen sehr ungenau. Ferner treten die gleichen Probleme wie bei der mathematischen Methode auf.

Für die unter der rechnerischen Zerlegung genannten Werte ergibt sich folgendes Bild:

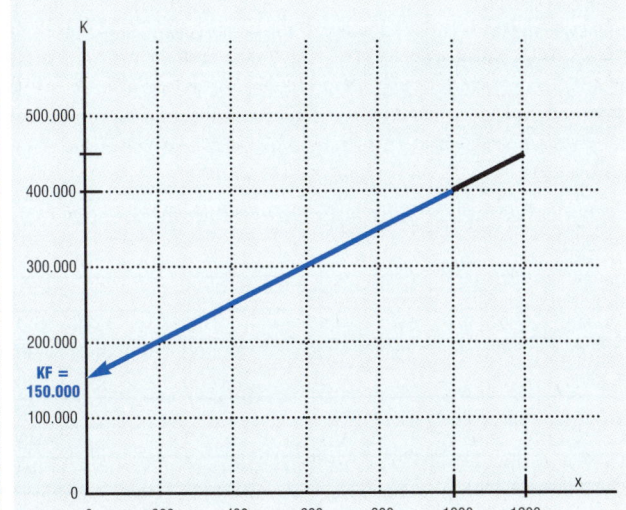

KF = 150.000

$KV = K_1 - K_f$
$KV = 400.000 - 150.000$
$KV = 250.000$

$kv = \dfrac{KV_1}{x_1} = \dfrac{250.000}{1.000}$ **kv = 250**

3 Der Stückdeckungsbeitrag als Entscheidungshilfe

Wie in den Ausführungen am Anfang festgestellt wurde, kann die Vollkostenrechnung zu falschen Entscheidungen führen. Die Ursache liegt in der falschen Verrechnung der fixen Kosten.

db = e – kv

DB = E – KV

Die Teilkostenrechnung verteilt die fixen Kosten **nicht** auf die Kostenträger, sondern rechnet ihnen nur die variablen Kosten zu. Als Preis wird nicht der kalkulierte Preis, sondern der am Markt erzielte Preis angesetzt. Die Differenz zwischen Preis und variablen Kosten wird Deckungsbeitrag genannt. Dieser **Stückdeckungebeitrag (db)** ist der Betrag, den ein Produkt zur Deckung der gesamten fixen Kosten leistet. Der **Gesamtdeckungsbeitrag (DB)** ist die Summe der Stückdeckungsbeiträge aller produzierten und abgesetzten Erzeugnisse.

Die fixen Kosten werden als Kapazitätskosten, die den ganzen Betrieb und damit alle Kostenträger betreffen, vom Gesamtdeckungsbeitrag abgezogen, um das Betriebsergebnis zu ermitteln. Der die fixen Kosten übersteigende Deckungsbeitrag ist der Gewinn.

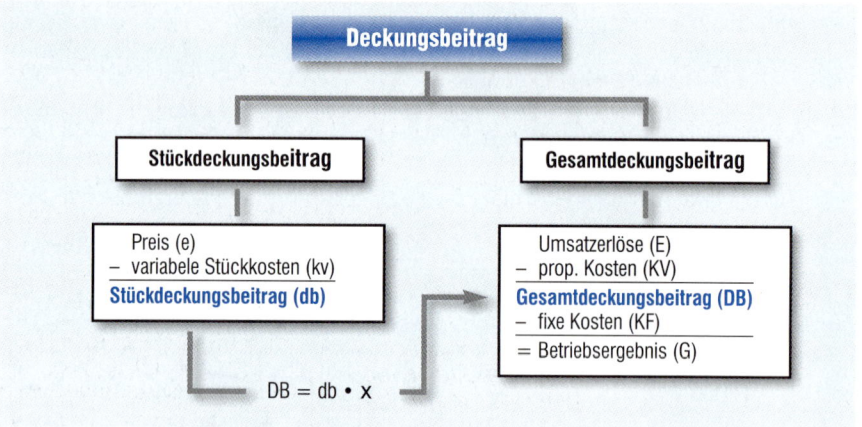

Wendet man die Deckungsbeitragsrechung auf unser Einführungsbeispiel (1.) an so ergibt sich folgendes Bild:

Produkt	x	e	kv	db	E	Kv	DB
Container A	0	75	60	15	0	0	0
Container B	1.000	155	125	30	155.000	125.000	30.000
Container C	1.000	275	235	40	275.000	235.000	40.000
Deckungsbeitrag							70.000
fixe Kosten							42.000
Betriebsergebnis							28.000

Stückdeckungs-beitrag = Preis – variable Kosten

Der **Stückdeckungsbeitrag** zeigt, dass der Container C den höchsten Deckungsbeitrag liefert und damit den größten Beitrag zur Deckung der fixen Kosten bzw. zum Gewinn leistet. Die Förderung dieses Produkts erhöht den Deckungsbeitrag und damit den Gewinn am stärksten. Es wird die maximal absetzbare Menge produziert. Das Produkt A müsste, da es den niedrigsten Stückdeckungsbeitrag hat, eingestellt werden. B würde entsprechend erhöht. Dadurch würde der Gewinn auf 28.000 € ansteigen.

Bei der Entscheidung sind aber Lieferverpflichtungen, Kundenbeziehungen usw. zu berücksichtigen.

Wie aus dem Beispiel ersichtlich ist, lässt sich die Deckungsbeitragsrechnung sowohl in der Stückbetrachtung als auch in der Gesamtbetrachtung anwenden.

Die Stückdeckungsbeitragsrechnung dient als **Entscheidungshilfe.** Wie aus dem obigen Beispiel ersichtlich ist, **ist das Produkt mit dem höchsten Stückdeckungsbeitrag zu fördern.** Dies gilt z. B. auch bei Werbemaßnahmen oder anderen Aktivitäten.

Das Produkt mit dem höchsten Stückdeckungsbeitrag ist zu fördern.

Der Stückdeckungsbeitrag dient auch als **Entscheidungshilfe** für die **Annahme bzw. die Ablehnung von Aufträgen**. Aufträge, deren Stückdeckungsbeitrag kleiner oder gleich 0 ist, leisten keinen Beitrag zur Deckung der fixen Kosten. Ist der Stückdeckungsbeitrag negativ, so erhöht sich mit der Produktion jeder Einheit der Verlust bzw. sinkt der Gewinn. Ist der Deckungsbeitrag positiv, so leistet jede verkaufte Einheit einen Beitrag zur Deckung der fixen Kosten bzw. zum Gewinn. Die variablen Stückkosten bilden deshalb die kurzfristige Preisuntergrenze. Der Preis für ein Produkt darf auch kurzfristig nicht unter die variablen Kosten sinken.

Aufträge sind anzunehmen, wenn

Stückdeckungsbeitrag ≥ 0 bzw.
Preis ≥ variable Kosten

Die variablen Kosten sind die kurzfristige Preisuntergrenze
$\rightarrow db \geq 0$

Selbst wenn alle Produkte zu einem Preis unter dem Selbstkostenpreis, aber über den variablen Stückkosten verkauft würden, wäre der Verlust geringer, als wenn die Produktion eingestellt würde. Die fixen Kosten sind kurzfristig nicht abbaubar und fallen in voller Höhe an. Werden keine Deckungsbeiträge erwirtschaftet, so entspricht der Verlust den fixen Kosten. Jeder erzielte Deckungsbeitrag vermindert diesen Verlust.

Langfristig müssen die fixen Kosten jedoch gedeckt sein, d. h. die Stückdeckungsbeiträge müssen insgesamt die Kosten decken und einen Gewinn erwirtschaften. Ferner können auch fixe Kosten langfristig abgebaut werden. Außerdem ist zu berücksichtigen, dass Preisnachlässe für einen Kunden Rückwirkungen auf die Preisgestaltung gegenüber den anderen Kunden haben können. Der Verkauf unter den Selbstkosten ist deshalb nur sinnvoll, wenn

- die Preissenkung kurzfristig ist
- die Preise gegenüber anderen Kunden nicht beeinflusst werden.

Beispiel

Die Kapazität für die Fertigung der Mülltrenncontainer konnte auf 2.200 Mengeneinheiten ausgeweitet werden.
Für den Container C gelten folgende Werte:
Selbstkosten 265,00 €, regulärer Verkaufspreis 275,00 €, variable Stückkosten 235,00 €. Von einem ausländischen Kunden liegt eine Anfrage über 200 Stück vor. Der Kunde würde allerdings für diesen Zusatzauftrag nur einen Preis von 260,00 € akzeptieren.

Entscheidung ohne Berücksichtigung der anderen Produkte:
Der Preis der Anfrage liegt unter den kalkulierten Selbstkosten (Vollkostenrechnung).
Auf Grund der Deckungsbeitragsrechnung ergibt sich folgendes Bild:
db = 260,00 – 235 = 25,00
Der Auftrag lieferte einen **positiven Stückdeckungsbeitrag**. Er erhöht den **zusätzlichen Gewinn um 25,00 € • 200 Stück = 5.000,00 €.** Er ist deshalb anzunehmen.

Entscheidung unter Berücksichtigung der anderen Produkte:
Vergleicht man den Deckungsbeitrag mit den Containern A und B, so ergibt sich folgendes Bild:
Der Deckungsbeitrag des **Containers A** liegt mit 15,00 € unter dem des Zusatzauftrages. Der zusätzliche Gewinn würde nur 3.000,00 € betragen. **Der Zusatzauftrag ist deshalb vorzuziehen.**
Der Deckungsbeitrag des **Containers B** liegt 30,00 € über dem Deckungsbeitrag des Zusatzauftrages. Der zusätzliche Gewinn würde **6.000,00 €** betragen. Der Betrieb müsste sich deshalb für eine Erhöhung der Produktion von B um 200 Stück entscheiden.
Von B sind aber **nur 1.100 Stück absetzbar**. Einer Gewinnerhöhung von 5.000,00 € beim Zusatzauftrag steht eine Gewinnerhöhung von **3.000,00 €** bei einer Produktionserhöhung von B entgegen. Aus kostenrechnerischer Sicht wird sich der Betrieb für den Zusatzauftrag entscheiden.
Bei der Entscheidung sind die Auswirkungen auf das Preisniveau, Lieferverpflichtungen, Kundenbeziehungen usw. als weitere Gründe zu berücksichtigen.

EXKURS! Deckungsbeitragssatz

Deckung fixer Kosten Zur Beurteilung der Vorteilhaftigkeit kann auch der Deckungsbeitragssatz herangezogen werden. Er gibt an, welcher Teil des Erlöses in % zur Deckung der fixen Kosten zur Verfügung steht.

$$\text{db-Satz} = \frac{db \cdot 100}{p}$$

$$\text{DB-Satz} = \frac{DB \cdot 100}{E}$$

Beispiel

Deckungsbeitragssatz für den Container C:

kv: 235,00 €, e = 275,00 €, KV: 235.000,00 €, E: 275.000,00 €
db = 40,00 €; DB = 40.000,00 €

$$\text{db-Satz} = \frac{40 \cdot 100}{275} = 14,55$$

$$\text{DB-Satz} = \frac{40.000 \cdot 100}{275.000} = 14,55$$

14,55 % des Preises oder des Erlöses sind Deckungsbeitrag und stehen damit zur Deckung der fixen Kosten oder zur Erhöhung des Gewinns zur Verfügung.

Der Deckungsbeitragssatz wird u. a. als Entscheidungshilfe bei Engpässen im Absatzbereich, z. B. Umsatzbeschränkungen für Produkte (z. B. im Agrarsektor), verwendet (siehe Kapitel 5).

4 Break-even-Analyse

Die **Break-even-Anaylse** eignet sich besonders als Entscheidungshilfe im **Einprodukt-unternehmen**. Um die Gewinnsituation zu betrachten, müssen Kosten und Erlöse einander gegenübergestellt werden.

Break-even-point: Gewinnschwelle

Bei der Analyse der Gewinnsituation sind folgende Fragen interessant:

- Ab welcher Absatzmenge erzielt der Betrieb Gewinn (Gewinnschwelle)?

- Ab welchem Umsatz erzielt der Betrieb Gewinn (Gewinnschwelle)?

- Welchen Preis kann der Betrieb kurzfristig akzeptieren (kurzfristige Preisuntergrenze)?

- Bei welchem Preis lohnt sich die Produktion nicht mehr (kurzfristige Preisuntergrenze)?

- Welchen Preis muss der Betrieb langfristig erzielen (langfristige Preisuntergrenze)?

- Bei welcher Menge sind die Stückkosten am niedrigsten (Stückkostenminimum, Betriebsoptimum)?

- Bei welcher Menge erzielt der Betrieb den höchsten Gewinn (Gewinnmaximum)?

- Welcher Gewinn wird bei einer bestimmten Absatzmenge erzielt?

4.1 Rechnerische Lösung

Gewinnschwelle, Break-even-point (BEP), Nutzenschwelle:

An der Gewinnschwelle ist der Gewinn = 0. Die Erlöse entsprechen den Kosten. Es gelten folgende Formeln:

Gewinnschwelle:
$$x_{BEP} = \frac{KF}{db}$$

$$\text{Gewinn} = 0; \qquad E = K; \qquad e \cdot x = kv \cdot x + KF;$$

$$x_{BEP} = \frac{\text{Fixkosten}}{\text{Preis} - \text{variable Kosten}} = \frac{KF}{e - kv}$$

$$DB = KF \qquad db \cdot x = KF; \qquad db = e - kv$$

$$x_{BEP} = \frac{KF}{db}$$

Break-Even-Umsatz:

$$E_{BEU} = \frac{KF \cdot 100}{db\text{-Satz}}$$

Kurzfristige
Preisuntergrenze:
db ≥ 0;
e ≥ kv

Kurzfristige Preisuntergrenze, absolute Preisuntergrenze (→):

Solange ein positiver Deckungsbeitrag erzielt wird, erwirtschaftet das Produkt einen Beitrag zur Deckung der fixen Kosten. Wird der Stückdeckungsbeitrag negativ, so entsteht durch die Produktion jeder zusätzlichen Einheit ein zusätzlicher Verlust. Deshalb gilt:

db ≥ 0;

da sich der Stückdeckungsbeitrag nach der Formel db = e − kv errechnet, gilt

e ≥ kv

Die kurzfristige oder absolute Preisuntergrenze bilden die variablen Stückkosten (kv).
Sinkt der Preis unter diese Grenze, stellt der Betrieb die Produktion ein, da jedes produzierte Stück variable Kosten verursacht, die über dem Preis liegen und damit den Verlust erhöhen.

Langfristige
Preisuntergrenze:
e ≥ k

Langfristige Preisuntergrenze (→):

Langfristig muss der Betrieb nicht nur die variablen Kosten decken, sondern auch die fixen Kosten. Auf dem Markt müssen mindestens die Selbstkosten erzielt werden. **Der Preis muss also mindestens so hoch wie die Stückkosten sein (e ≥ k).**

Da die Höhe der Stückkosten mengenabhängig ist, muss die Aussage präzisiert werden. Ist jede beliebige Menge absetzbar, so entspricht die langfristige Preisuntergrenze den Stückkosten an der Kapazitätsgrenze. Ist nur eine geringere Menge absetzbar, so sind die Stückkosten bei dieser Menge als langfristige Preisuntergrenze anzunehmen.

Das Stückkosten-
minimum liegt bei der
Kapazitätsgrenze

Stückkostenminimum, Betriebsoptimum (→):

Die Stückkosten werden durch die variablen Stückkosten und die fixen Stückkosten bestimmt. Die variablen Stückkosten sind konstant. Die fixen Stückkosten sinken kontinuierlich mit der Erhöhung der Ausbringungsmenge, da sich die fixen Gesamtkosten auf eine immer größere Stückzahl verteilen. Dadurch sinken auch die Stückkosten kontinuierlich. Sie sind bei der größten Ausbringungsmenge, d. h. an der Kapazitätsgrenze, am niedrigsten.

Gewinnmaximum:
Stückgewinn und
Gesamtgewinn sind
an der Kapazitäts-
grenze am größten

Gewinnmaximum:

Setzt man einen von der Ausbringungsmenge unabhängigen konstanten Marktpreis, wie er bei einem Polypol (→) auf vollkommenen Märkten vorliegt, und einen positiven Stückdeckungsbeitrag voraus, so steigt der Gewinn mit zunehmender Menge kontinuierlich an (bzw. der Verlust sinkt). **Der Gesamtgewinn ist deshalb an der Kapazitätsgrenze am größten**. Da die Stückkosten wie oben erwähnt mit zunehmender Ausbringugsmenge sinken, während der Preis konstant bleibt, liegt auch das **Stückgewinnmaximum an der Kapazitätsgrenze.**

Gewinn (Betriebsergebnis):

G = E-K

Der Gewinn (G) ergibt sich aus der Differenz von Erlös (E) und Kosten (K).

 G = E − K = (e • x) − (kv • x + KF)

Für den Stückgewinn (g) gilt:

Stückgewinn

 $$g = \frac{G}{x} = e - (kv+kf) = e - (kv + \frac{KF}{x})$$

Beispiel

In einem Zweigwerk der UMTECH AG wird Filtermaterial für Abgasfilter in Großanlagen hergestellt. Die Kapazitätsgrenze liegt bei 100.000 kg. Die variablen Stückkosten betragen 5,00 € je kg. Die monatlichen fixen Kosten betragen 200.000,00 €. Das Filtermaterial kann zu einem Preis von 8,00 € je kg abgesetzt werden. Im letzten Monat wurden 85.000 kg produziert und abgesetzt.

Break-even-point:

db = 8,00 € − 5,00 € = 3,00 €

$$x_{BEP} = \frac{200.000}{3} = 66.666,67 = \underline{\underline{66.667 \text{ kg}}}$$

Break-even-Umsatz:

E_{PEU}= 66.667 • 8,00 = **533.336,00 €**

Kurzfristige Preisuntergrenze:

Die kurzfristige Preisuntergrenze entspricht den variablen Kosten.

e = kv = **5,00 €**

Langfristige Preisuntergrenze:

Die langfristige Preisuntergrenze entspricht den Stückkosten.

Bei unbegrenztem Absatz:

$$e_{PU} = k_{100.000} = 5 + \frac{200.000}{100.000} = \textbf{7,00 €}$$

Bei tatsächlichem Absatz:

$$e_{PU} = k_{85.000} = 5 + \frac{200.000}{85.000} = \textbf{7,35 €}$$

Stückkostenminimum, Betriebsoptimum:

Stückkosten an der Kapazitätsgrenze: **k = 7,00 €**

Gewinnmaximum:

Gewinn an der Kapazitätsgrenze von 100.000 kg:

Gesamtgewinn:
G_{max} = E − K = 100.000 • 8 − (5 • 100.000 + 200.000)= **100.000,00 €**

Stückgewinn:
$$g_{max} = \frac{G}{x} = \frac{100.000}{100.000} = \textbf{1,00 €}$$

 **Im Abrechnungszeitraum (Monat) erzielter Gewinn:**

$$G = E - K = 8 \bullet 85000 - (5 \bullet 85000 + 200000) = \textbf{55.000,00 €}$$

$$g = \frac{G}{x} = \frac{55.000}{85.000} = \textbf{0,65 €}$$

4.2 Zeichnerische Lösung

Die grafische Lösung beruht auf den Zahlen des obigen Beispiels. Es ergibt sich folgendes Bild:

4.2.1 Gesamtbetrachtung

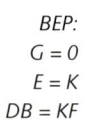

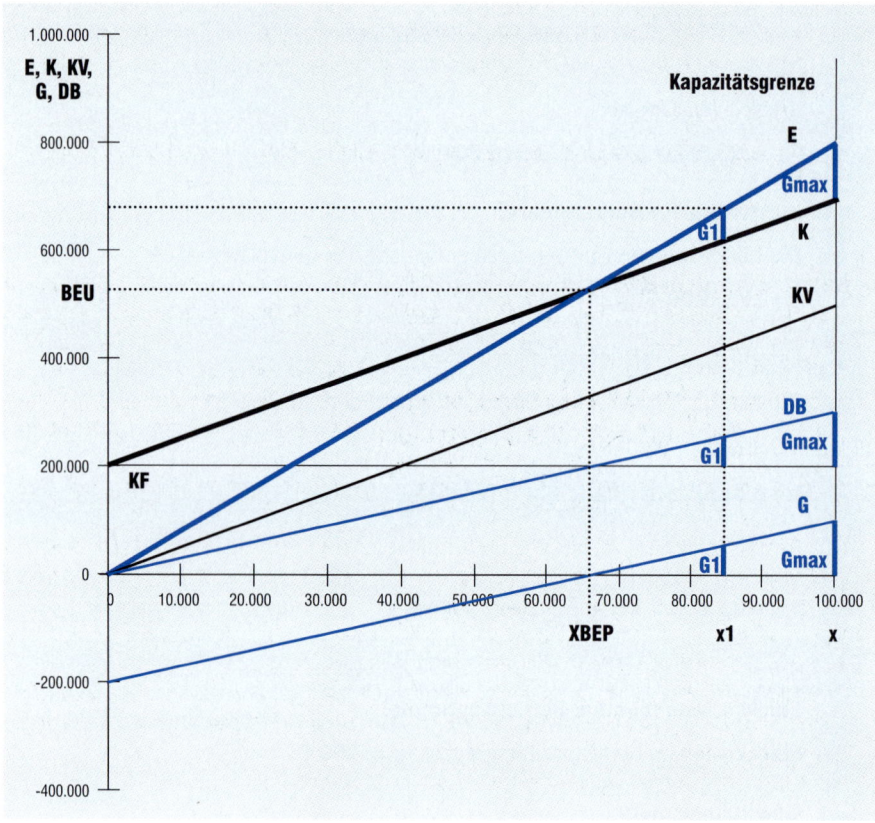

Der Break-even-point (xBEP) und der **Break-even-Umsatz (BEU)** kennzeichnen die Ausbringungsmenge bzw. den Umsatz, ab dem der Betrieb Gewinn erwirtschaftet. Bei dieser Ausbringungsmenge schneidet die Gewinngerade die x-Achse und die Deckungsbeitragslinie die fixen Kosten.

BEU = Umsatz, bei dem die Gewinn-schwelle erreicht ist.

Bei der tatsächlichen Ausbringungsmenge von 85.000 kg (x1) wird der **Gewinn** G1 erzielt. Er kann sowohl an der Gewinnline (G) als auch als Differenz zwischen Erlös (E) und Kosten (K) oder Gesamtdeckungsbeitrag (DB) und fixen Gesamtkosten (KF) dar-gestellt werden. Das gleich gilt für den **maximalen Gewinn**, der an der Kapazitäts-grenze abgetragen ist.

Die variablen Stückkosten (kurzfristige Preisuntergrenze) könnten auf der Y-Achse bei der Menge von einen Kilogramm über die variablen Gesamtkosten abgelesen wer-den.
Um die langfristige Preisuntergrenze in der Gesamtbetrachtung zu bestimmen, müs-ste eine Gerade aus dem Ursprung an den entsprechenden Punkt der Gesamtkosten-kurve angelegt werden. Bei der Menge von einem Kilogramm könnten dann auf der Y-Achse die entsprechenden Stückkosten (langfristige Preisuntergrenze) abgelesen werden.

Der Gesamtdeckungsbeitrag lässt sich aus der Differenz von E und KV ermitteln.

4.2.2 Stückbetrachtung

Beim Break-even-point schneiden sich der Preis (e) und die Stückkosten (k) sowie der Stückdeckungsbeitrag (db) und die fixen Stückkosten (kf). Der Stückgewinn (g) ist 0 und schneidet in diesem Punkt die x-Achse.
An der Kapazitätsgrenze entsteht der maximale Stückgewinn (gmax), der als Differenz zwischen Preis und Stückkosten oder bei der Stückgewinnkurve (g) abge-tragen werden kann. Auch die Differenz zwischen kf und db stellt den Stückgewinn dar.
Der Stückgewinn (g1) bei der tatsächlichen Ausbringungsmenge (x1) lässt sich eben-so darstellen.
Der Gesamtgewinn (G1) bei der Ausbringungsmenge von 85.000 kg (x1) kann als **Fläche (g • x)** eingezeichnet werden. Alle Werte der Gesamtbetrachtung lassen sich in der Stückbetrachtung als Flächen darstellen.
Die variablen Stückkosten (kv) entsprechen der kurzfristigen Preisuntergrenze. Der Preis (e) darf nicht weiter als bis zu dieser Linie sinken.
Die langfristige Preisuntergrenze entspricht den Stückkosten. Je nach Betrachtungs-weise kann sie auf die Kapazitätsgrenze oder auf die tatsächliche Ausbringungsmenge bezogen werden.
Der Stückdeckungsbeitrag ergibt sich aus der Differenz von e und kv.

Strecken in der Gesamtbetrachtung können in der Stückbetrachtung als Flächen dargestellt werden

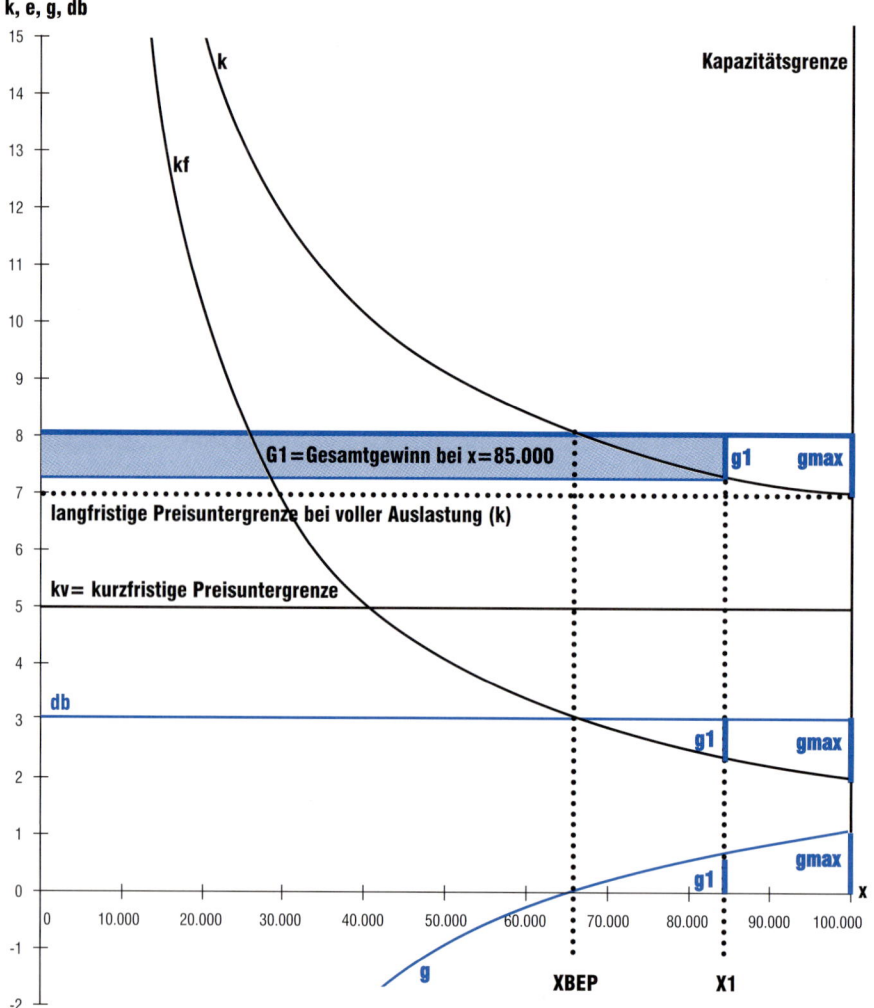

4.3 Auswirkung von Preisschwankungen

Preisänderungen ver-
ändern die Steigung
der Erlöskurve.

Ein **Preisverfall oder Preissenkungen** haben empfindliche Auswirkungen auf den Break-even-point und den Gewinn. Da sich der Stückdeckungsbeitrag aus der Differenz zwischen Preis und variablen Kosten errechnet, steigt oder sinkt dieser entsprechend. Die **Steigung der Erlösgeraden** ändert sich. Der konstante Stückerlös (Preis) verschiebt sich parallel.

Beispiel

Eine Preiserhöhung um 2,00 € je kg auf e1 = 10,00 € bzw. ein Preisverfall um 1,00 € auf e2 = 7,00 € würden sich wie folgt auswirken:

Gesamtbetrachtung

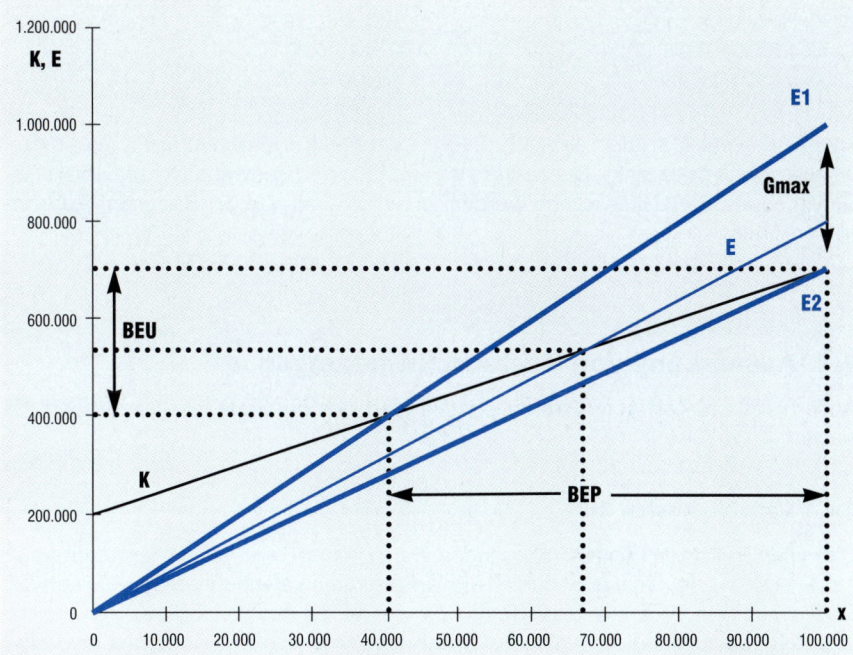

Stückbetrachtung

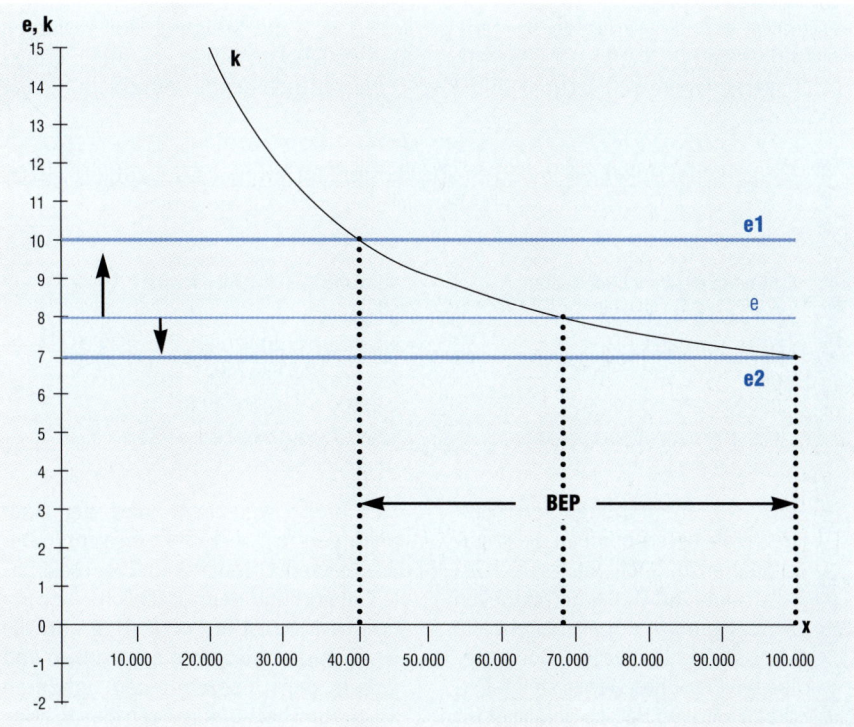

Preissteigerung:

db = 4,00 €
xBEP = 40.000 kg
Gmax = 300.000,00 €
G85000 = 225.000,00 €

Bei einer Preissteigerung würde der Break-Even-point früher erreicht. Der Break-even-Umsatz sinkt. Der maximale Gewinn und der erzielte Gewinn würden sich erhöhen.

Preissenkung:

db = 2,00 €
xBEP = 100.000 kg
Gmax = 0,00 €
G85000 = -30.000,00 €

Sinkt der Marktpreis um 1,00 €, so wird der Break-even-point erst an der Kapazitätsgrenze erreicht. Der maximale Gewinn sinkt auf 0. Bei einer Ausbringungsmenge von 85.000 kg fällt ein Verlust von 30.000,00 € an.

4.4 Auswirkung von Kostenschwankungen

Ändern sich die Kosten im Betrieb, so verändert sich der Break-even-point und der Gewinn.

4.4.1 Variable Kosten

Änderungen der variablen Kosten verändern die Steigung der Kostenkurve.

Die variablen Kosten können insbesondere durch höhere oder niedere Einstandspreise beim Fertigungsmaterial oder durch Lohnsteigerungen verändert werden. Da sich der Stückdeckungsbeitrag aus der Differenz zwischen Preis und variablen Kosten errechnet, steigt oder sinkt dieser entsprechend. Ferner wirkt sich eine Änderung der variablen Kosten auf die kurzfristige und die langfristige Preisuntergrenze aus. So konnte die Automobilindustrie in den letzten Jahren durch die Senkung der Materialkosten entscheidende Verbesserungen bei den Kosten, beim Deckungsbeitrag und beim Gewinn erreichen.

Verändern sich die **variablen Kosten**, so ändert sich **die Steigung der variablen Gesamtkosten** und damit der Gesamtkostenkurve. Die konstanten variablen Stückkosten verschieben sich parallel und lösen eine entsprechende Verschiebung der Stückkosten aus.

Beispiel

Steigen oder sinken die variablen Stückkosten um jeweils 1,00 € auf kv1 = 6,00 € bzw. auf kv2 = 4,00 €, so ergeben sich folgende Auswirkungen:

Erhöhung der variablen Kosten

db = 2,00 €
xBEP = 100.000 kg
Gmax = 0,00 €
G85000 = -30.000,00 €
kurzfr. Preisuntergrenze: 6,00 €
langfr. Preisuntergrenze: 8,00 €; 8,35 €

Die Kostenerhöhung verschiebt den Break-even-point an die Kapazitätsgrenze. Der maximale Gewinn sinkt auf 0. Bei der aktuellen Ausbringungsmenge entsteht ein Verlust. Die kurzfristige und langfristige Preisuntergrenze steigt. Dadurch wird der Betrieb anfälliger für Veränderungen des Marktpreises.

Senkung der variablen Kosten

db = 4,00 €
xBEP = 50.000 kg
Gmax = 200.000,00 €
G85000 = 140.000,00 €
kurzfr. Preisuntergrenze: 4,00 €
langfr. Preisuntergrenze: 6,00 €; 6,35 €

Der Break-even-point wird bei einer niedrigeren Stückzahl erreicht. Der Break-even-Umsatz sinkt. Der maximale Gewinn und der tatsächliche Gewinn erhöhen sich. Die kurzfristige und die langfristige Preisuntergrenze sinken und geben dem Betrieb einen größeren Spielraum bei Änderungen des Marktpreises.

Gesamtbetrachtung

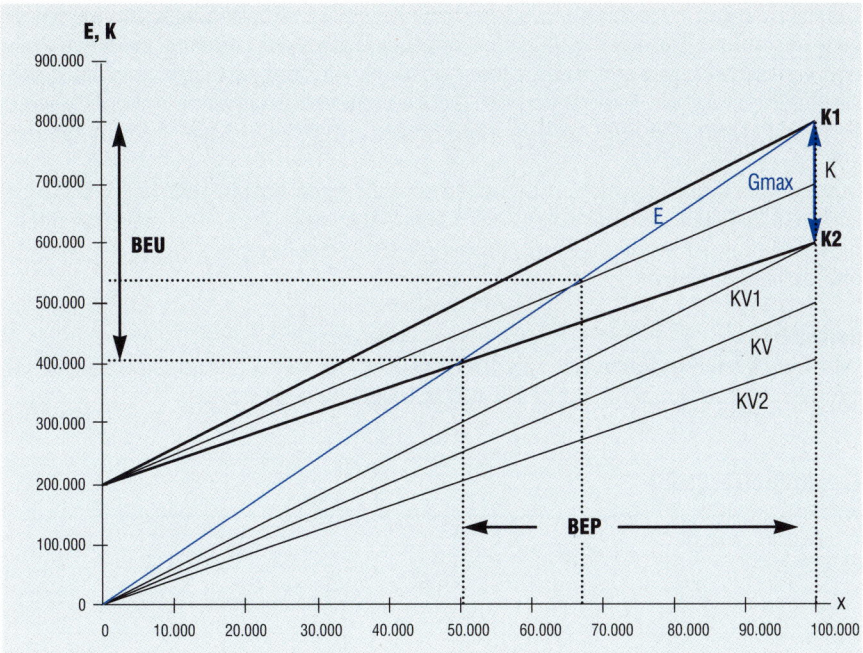

Stückbetrachtung

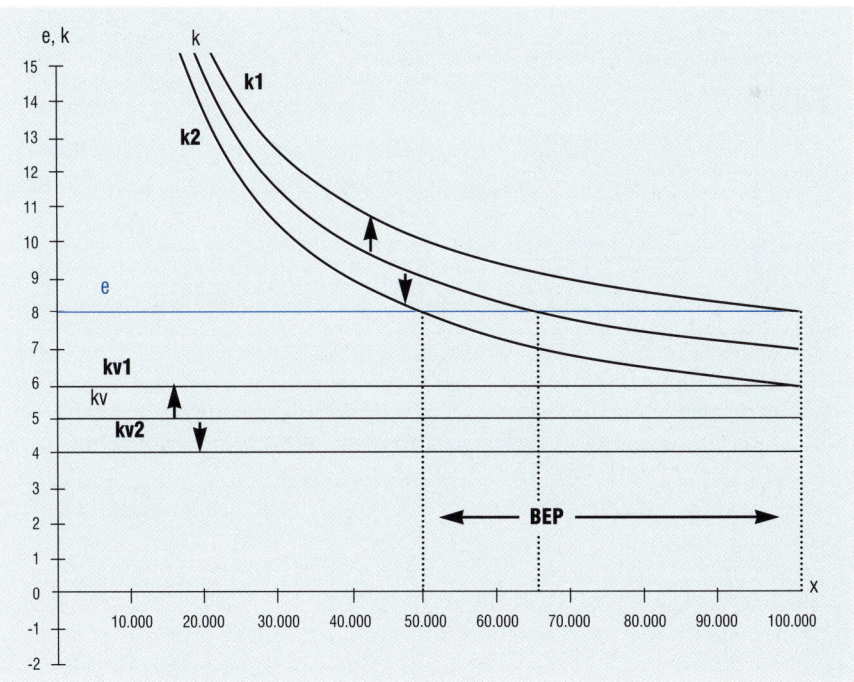

4.4.2 Fixe Kosten

Zusätzliche fixe Kosten erhöhen die Gewinnschwelle.

Die **fixen Kosten** werden insbesondere durch Kapazitätsveränderungen (Investitionen etc.) beeinflusst. Da sich der Stückdeckungsbeitrag aus der Differenz zwischen Preis und variablen Kosten errechnet, wirken sie sich Fixkostenänderungen nicht auf den Deckungsbeitrag aus. Es verändert sich jedoch der **Break-even-point** und der Gewinn. Ferner wirkt sich eine Änderung der fixen Kosten auf die langfristige Preisuntergrenze aus.

In vielen hoch automatisierten Betrieben sind die fixen Kosten sehr hoch. Dadurch kann ein Gewinn erst bei einer sehr hohen Ausbringungsmenge erzielt werden. Beschäftigungsschwankungen gefährden die Überschreitung des Break-even-points und damit den Gewinn.

Beispiel:

Die fixen Kosten erhöhen sich um 100.000,00 € auf KF1 = 300.000,00 € bzw. sie können um 100.000,00 € auf KF2 = 100.000,00 € gesenkt werden.

Gesamtbetrachtung

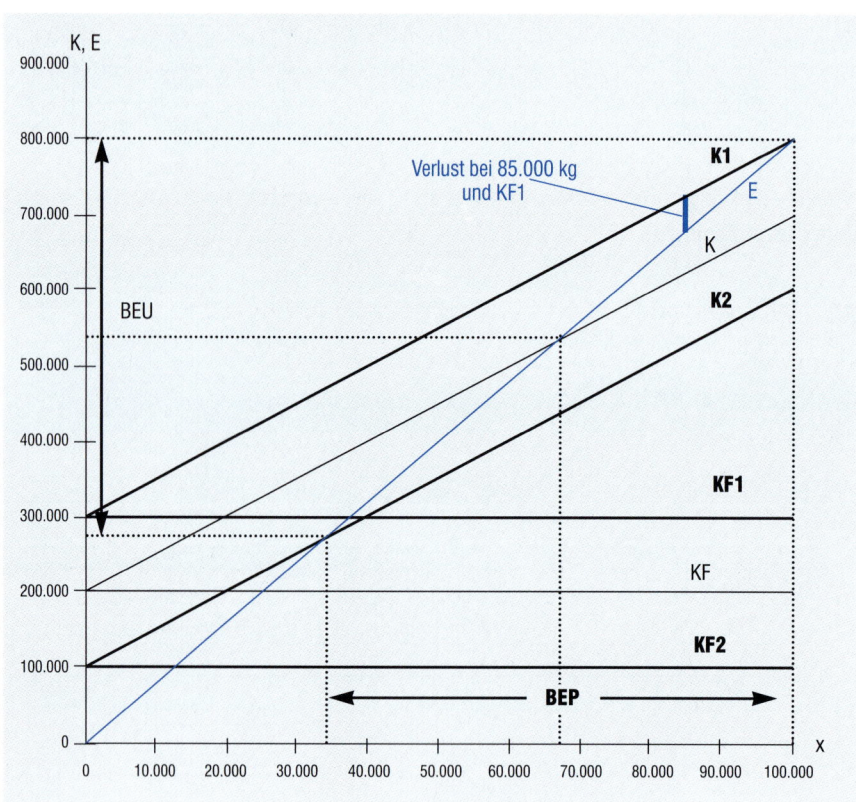

Stückbetrachtung

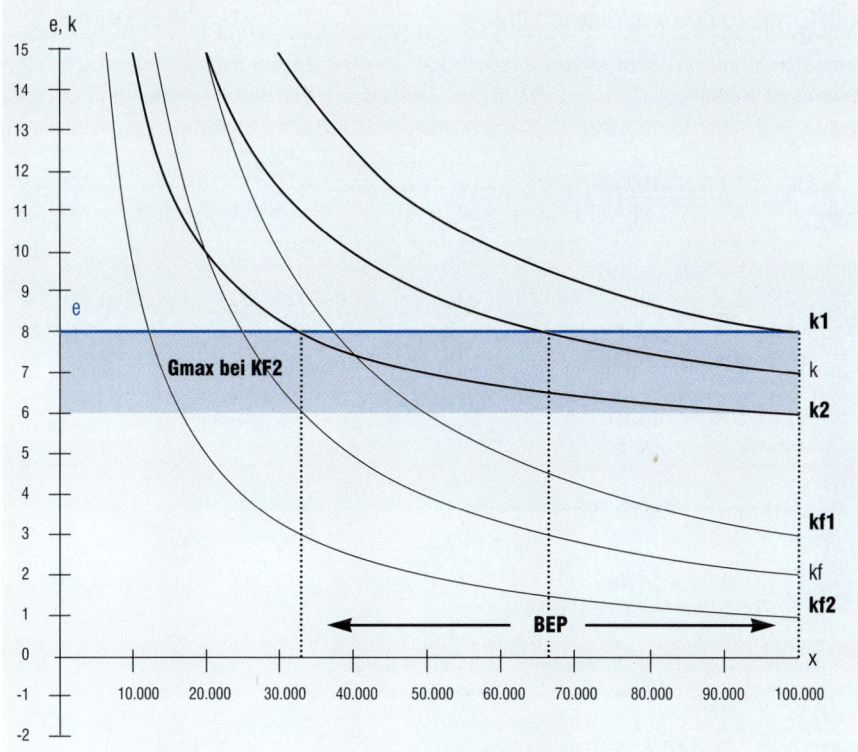

Erhöhung der fixen Kosten

xBEP = 100.000 kg
Gmax = 0,00 €
G85000 = -45.000,00 €
langfr. Preisuntergrenze: 8,00 €; 8,53 €

Durch die höheren fixen Kosten steigt der Break-even-point auf die Kapazitätsgrenze an. Der maximale Gewinn sinkt auf 0 und bei der tatsächlichen Auslastung wird ein Verlust von 45.000,00 € erzielt. Die kurzfristige Preisuntergrenze verändert sich nicht. Die langfristige Preisuntergrenze steigt. Damit erhöht sich die Gefahr, bei sinkenden Preisen Verluste zu erwirtschaften.

Senkung der fixen Kosten

xBEP = 33.333 kg
Gmax = 200.000,00 €
G85000 = 155.000,00 €
langfr. Preisuntergrenze: 6,00 €; 6,18 €

Der Break-even-point sinkt. Der maximale und der tatsächliche Gewinn steigen an. Die langfristige Preisuntergrenze sinkt. Damit vermindert sich die Verlustgefahr bei sinkenden Preisen.

Verhalten bei erhöhten und gesenkten Fixkosten

4.5 Die Break-Even-Analyse als Entscheidungshilfe

4.5.1 Absatzfördernde Maßnahmen

Werbemaßnahmen müssen ausreichende zusätzliche Deckungsbeiträge erwirtschaften.

Der Absatz kann durch Werbung gefördert werden. Dabei müssen die Kosten der **Werbemaßnahme** durch den zusätzlichen Umsatz erwirtschaftet werden.
Der zusätzliche notwendige Absatz kann wie folgt ermittelt werden:

$$x_{zusätzlich} = \frac{\text{zusätzliche fixe Kosten}}{db}$$

Für das Filtermaterial soll eine Werbeaktion durchgeführt werden, um den Absatz zu erhöhen. Die Aktion wird einmalig 10.000,00 € an Kosten verursachen. Der Verkaufspreis beträgt 8,00 € je kg. Die variablen Kosten liegen bei 5,00 € je kg.

Zusätzlicher Absatz:
db = 8,00 − 5,00 = 3,00

$$x_{zusätzlich} = \frac{10.000}{3} = \textbf{3.333,33 kg}$$

Es müssen **3.334 kg** zusätzlich verkauft werden, damit die Werbeaktion die aufgewendeten Mittel erwirtschaftet.

Bei absatzfördernden Maßnahmen muss auch die Kapazitätsgrenze beachtet werden.

4.5.2 Gewinn und Absatzsteigerung

Zusätzlicher Gewinn kann durch zusätzliche Deckungsbeiträge erwirtschaftet werden.

Häufig werden im Unternehmen Ziele vorgegeben. Wird ein bestimmter Gewinn vorgegeben, so kann dieser bei gegebenen Preisen und Kosten nur durch einen entsprechenden Absatz gewährleistet werden. Der **zusätzliche Absatz** lässt sich unter der Voraussetzung, dass die fixen Kosten bereits gedeckt sind, nach folgender Formel berechnen:

$$x_{zusätzlich} = \frac{\text{zusätzlicher Gewinn}}{db}$$

Der Gewinn des Zweigwerkes soll von 55.000,00 € auf 60.000,00 € erhöht werden. Die fixen Kosten betragen nach wie vor 200.000,00 € Die variablen Kosten liegen bei 5,00 € je kg. Das Filtermaterial kann zu 8,00 € je kg abgesetzt werden. Bisher wurden 85.000 kg abgesetzt. Die Kapazitätsgrenze liegt bei 100.000 kg.

Zusätzlicher Absatz:

$$x_{zusätzlich} = \frac{5.000}{3} = 1.666,67 \text{ kg}$$

Es müssen 1.667 kg zusätzlich abgesetzt werden, um den Gewinn entsprechend zu erhöhen. Das entspricht einem zusätzlichen Umsatz von 13.336,00 €.

Die gegebenen Kapazität erlaubt eine entsprechende Umsatzsteigerung. Sind absatzfördernde Maßnahmen notwendig, die Kosten verursachen, so ist eine größere Absatzsteigerung notwendig (siehe 4.5.1).

4.5.3　Absatzrückgang

Besteht die Gefahr von hohen Beschäftigungsschwankungen, so muss die Frage beantwortet werden, **welche Absatzeinbußen der Betrieb hinnehmen kann**, ohne in die Verlustzone zu kommen.

Absatzrückgang bis zum Break-even-point

Der Absatzrückgang lässt sich nach folgender Formel berechnen:

M $x_{rückgang} = \dfrac{\text{Gewinn}}{\text{db}}$

Ist der Break-even-point bekannt, so kann der maximale Absatzrückgang auch als Differenz zwischen dem Break-even-point und dem Absatz der Periode errechnet werden.

Der Gewinn des Zweigwerks beträgt zurzeit 55.000,00 €. Der Deckungsbeitrag liegt bei 3,00 € je kg.

$x_{Rückgang} = \dfrac{55.000}{3} = \textbf{18.333,33 kg}$

Der Absatz darf um maximal **18.333 kg** zurückgehen. Ein stärkerer Rückgang würde zu Verlusten führen.

Alternativlösung:　$85.000 - x_{BEP} = 85.000 - 66.667 = 18.333$ kg

4.5.4　Kapazitätsänderungen

Soll die Produktion über die Kapazitätsgrenze hinaus ausgeweitet werden, so erhöhen sich in der Regel die **Kapazitätskosten.** Es entstehen sprungfixe Kosten. Diese höheren fixen Kosten sind in der Regel nicht mehr ohne weiteres abbaubar. Es entsteht eine neue Kostenfunktion (siehe Skizze). Bei einem Produktionsrückgang besteht die Gefahr, dass die höheren fixen Kosten nicht mehr gedeckt werden können.

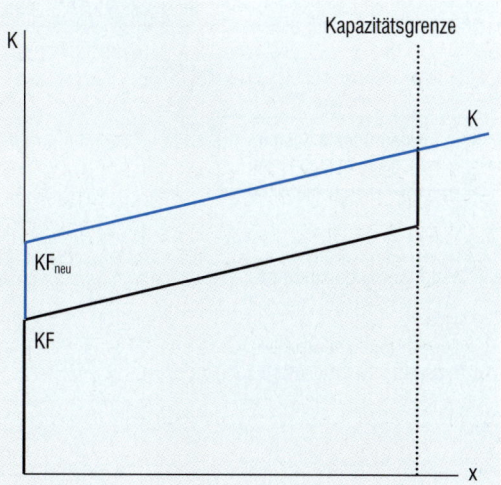

Kapaziättsausweitung en erhöhen die fixen Kosten.

Beispiel

Eine Kapazitätserhöhung um 50 % führt zu einer Erhöhung der fixen Kosten um 50 %. (Daten vor der Kapazitätserhöhung: Kapazität = 100.000 kg, KF = 200.000,00 €, kv = 5,00 €, e = 8,00 €)

Break-even-point:

$$x_{BEP} = \frac{KF}{db}\ \frac{300.000}{3} = 100.000,00 \text{ kg}$$

Durch die Kapazitätserhöhung steigt der Break-even-point auf 100.000 kg an. Die Kapazitätserweiterung darf nur vorgenommen werden, wenn der BEP auf dauer überschritten wird. Ferner muss der bisherige Gewinn von 55.000,00 € erwirtschaftet werden. Deshalb müssen mindestens

$$x_{Mindestabsatz} = \frac{300.000 + 55.000}{3} = 118.334 \text{ kg}$$

abgesetzt werden, damit die Investition sinnvoll ist.

5 Mehrstufige Deckungsbeitragsrechnung

Erzeugnisfixe Kosten:
Fixe Kosten, die einer
Erzeugnisgruppe
zurechenbar sind

Unternehmensfixe
Kosten:
Kosten, die keiner
Produktgruppe
zugeordnet werden
können

Werden in einem Unternehmen mehrere verschiedene Erzeugnisse hergestellt, so entstehen häufig fixe Kosten, die auf eines dieser Produkte zugerechnet werden können. Man spricht von **erzeugnisfixen Kosten**. Solche Kosten entstehen z. B. für Maschinen, die nur für ein Produkt eingesetzt werden können, oder für Gebäude, in denen nur ein Erzeugnis hergestellt wird, während die anderen Produkte andere Gebäude belegen. Neben diesen erzeugnisfixen Kosten entstehen fixe Kosten z. B. für die Verwaltung, die alle Produkte betreffen. Bei ihnen spricht man von **unternehmensfixen Kosten.**

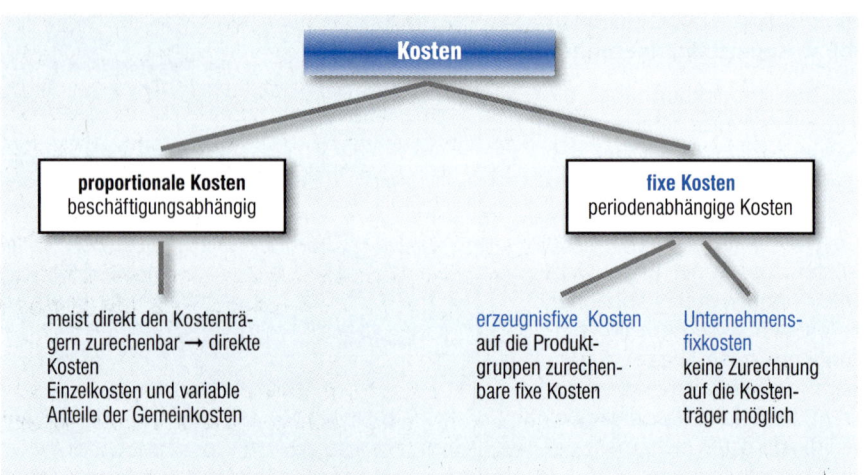

Mit Hilfe der mehrstufigen Deckungsbeitragsrechnung lassen sich die Kosten differenzierter berechnen und Entscheidungen über die Förderung und die Einstellung von Produkten besser treffen.

Mehrstufige Deckungsbeitragsrechnung

Periodenrechnung		
Produktgruppen		Gesamtprogramm
A	B	
Umsatzerlöse – proportionale Kosten	Umsatzerlöse – proportionale Kosten	Gesamterlöse – proportionale Kosten
= Deckungsbeitrag I – erzeugnisfixe Kosten	= Deckungsbeitrag I – erzeugnisfixe Kosten	= Deckungsbeitrag I – erzeugnisfixe Kosten
= Deckungsbeitrag II	= Deckungsbeitrag II	= Deckungsbeitrag II - unternehmensfixe Kosten
		= Betriebsergebnis

DB I:
Beitrag zur Deckung der erzeugnisfixen Kosten

Der **Deckungsbeitrag I (DB I)** gibt an, welchen Beitrag die Produktgruppe zur Deckung der fixen Kosten leistet.

Der **Deckungsbeitrag II (DB II)** gibt an, welchen Beitrag die Produktgruppe über die Deckung der eigenen direkt zurechenbaren fixen Kosten hinaus zur Deckung der unternehmensfixe Kosten und zum Betriebsergebnis leistet (Überschuss über die Deckung der direkt zurechenbaren Kosten).

DB II:
Beitrag zur Deckung der unternehmensfixen Kosten

Leistet eine Produktgruppe keinen Beitrag zur Deckung der eigenen fixen Kosten, so ist die Produktgruppe (aus Sicht der Kostenrechnung) einzustellen.

Leistet eine Produktgruppe einen Beitrag zur Deckung der eigenen fixen Kosten, ohne diese vollständig zu decken (negativer DBII), so ist zu prüfen, in welchem Umfang die fixen Kosten bei der Einstellung der Produktgruppe abbaubar sind. Ist der DB I höher als die abbaubaren erzeugnisfixen Kosten, so ist die Produktion fortzusetzen. Die Fixkosten können noch genauer untergliedert werden (Artikelartenfixkosten, Artikelgruppenfixkosten, Bereichsfixkosten, Unternehmensfixkosten)

Beispiel

Eine Tochterunternehmung der UMTECH AG stellt Messstreifen für Umweltgifte her. Zur zeit werden drei Messstreifen (A, B und C) produziert. Die Messstreifen stellen unterschiedliche Gifte fest und werden aus technischen Gründen auf verschiedenen Anlagen in getrennten Werkhallen produziert. Für die Lagerhaltung wird eine gemeinsame Lagerhalle benutzt. Der Vertrieb und die Verwaltung ist in einem Gebäude konzentriert und wird vom gleichen Personal durchgeführt. Von der Kostenrechnung werden für den vergangenen Monat folgende Werte ermittelt.

	A	B	C
verkaufte Stück in 1000	100	50	35
Netto-Verkaufspreis je Stück	15	10	20
proportionale Kosten in TEUR	10	4	18
Erzeugnisfixkosten in TEUR	175	180	160

Unternehmensfixkosten 55.000,00 €

Bei den erzeugnisfixen Kosten handelt es sich um fixe Kosten für Maschinen und Personal sowie um Raumkosten, die den jeweiligen Produktgruppen direkt zugerechnet werden können. Die Unternehmensfixkosten beinhalten die Kosten für die Lagerhaltung, den Vertrieb und die Verwaltung.

Mehrstufige Deckungsbeitragsrechnung (in TEUR)

Text (in TERU)	A	B	C	Gesamt
Erlöse (E = e • x)	1.500	500	700	2.700
variable Kosten (KV= kv • x)	1.000	200	630	1.830
Deckungsbeitrag I (DB I)	**500**	**300**	**70**	**870**
erzeugnisfixe Kosten (KFE)	**175**	**180**	**160**	**515**
Deckungsbeitrag II (DB II)	**325**	**120**	**−90**	**355**
unternehmensfixe Kosten (KFU)				**55**
Betriebsergebnis				300

Der Messstreifen C leistet keinen Beitrag zur Deckung der unternehmensfixen Kosten, sondern verursacht einen negativen DB II. Würde man das Produkt einstellen, so würde sich das Betriebsergebnis um 70 T€ verschlechtern, da der Beitrag zur Deckung der erzeugnisfixen Kosten in Höhe von 70 T€ entfällt. Nur wenn bei der Einstellung des Produkts mehr als 70 T€ fixe Kosten abgebaut werden können, ist die Einstellung des Produktes sinnvoll.

6 Optimales Produktionsprogramm – Engpassplanung

In einem Mehrproduktunternehmen werden, wie wir in den letzten Kapiteln gesehen haben, die Produkte mit dem höchsten Stückdeckungsbeitrag besonders gefördert. Produkte, die einen negativen Stückdeckungsbeitrag erbringen, werden eliminiert. Erwirtschaftet ein Produkt einen positiven Deckungsbeitrag, der aber nicht zur Deckung der von ihm verursachten fixen Kosten ausreicht, so entscheidet die Abbaubarkeit der fixen Kosten über die Fortführung oder Einstellung der Produktion.

Engpass: aus Kapazitätsgründen können nicht alle absetzbaren Produkte hergestellt werden

In einem **Mehrproduktunternehmen, in dem verschiedene Produkte wahlweise auf dem gleichen Maschinenpark hergestellt werden können**, treten häufig aber auch Engpässe auf. In diesem Fall können nicht alle absetzbaren Produkte in ausreichender Menge produziert werden. Das Produktionsprogramm ist dann nicht nur von den Absatzmöglichkeiten, sondern auch von den Produktionsmöglichkeiten abhängig.
In diesem Falle wird die Entscheidung, ob und in welchem Umfang die verschiedenen Erzeugnisse produziert werden, nicht auf Grund des absoluten Stückdeckungsbeitrages, sondern auf der Basis des relativen Deckungsbeitrages ermittelt.

$$db_{relativ} = \frac{db}{Engpasseinheit}$$

$$db_{relativ} = \frac{Stückdeckungsbeitrag}{Engpasseinheit}$$

Der relative Deckungsbeitrag gibt an, welchen Deckungsbeitrag eine Einheit des Engpassfaktors erbringt.

Ist der Einsatz des Engpaßfaktors bei allen Produkten gleich (z. B. gleiche Fertigungszeit für alle Produkte), so kann die Entscheidung aufgrund des absoluten Deckungsbeitrages erfolgen, da der relative Deckungsbeitrag zur gleichen Produktrangfolge führen würde.

6.1 Engpässe in der Fertigung

Handelt es sich um einen Engpass (→) in der Produktion, so lautet die Formel:

$$db_{relativ} = \frac{\text{Stückdeckungsbeitrag}}{\text{Fertigungszeit auf der Engpassmaschine}}$$

Der relative Deckungsbeitrag gibt an, welchen Deckungsbeitrag eine Fertigungs-
minute (Fertigungsstunde) auf der Engpasseinheit erbringt.
Für die Entscheidung über das Produktionsprogramm ist nur die **Engpasseinheit** ausschlaggebend, da alle anderen Produktionsfaktoren in beliebiger Menge verfügbar
und damit für die Entscheidung nicht relevant sind.

*Der Engpass bestimmt das Produktions-
programm.*

Bei der Ermittlung des optimalen Produktionsprogramms kann wie folgt vorgegangen
werden:

a) Ermittlung der maximalen Kapazität jeder Maschine
b) Berechnung der benötigten Kapazität je Produkt und je Maschine
c) Festlegen der Engpasseinheit (Engpassmaschine) durch den Vergleich zwischen
   benötigter Kapazität und vorhandener Kapazität
d) Berechnung des relative Deckungsbeitrags für die **Engpasseinheit**
e) Festlegen der Rangfolge für die Produktion nach dem relativen Deckungsbeitrag
f) Planung des optimalen Produktionsprogramms
g) Berechnung des Maschinenbelegungsplans und der freien Kapazität
h) Berechnung des Deckungsbeitrags und des Betriebsergebnisses

Sind Bestandteile des obigen Schemas bekannt oder ist deren Berechnung nicht erforderlich, kann es auch selektiv angewendet werden.

Beispiel

In einem Zweigwerk der UMTECH AG werden Behälter für Sondermüll hergestellt. Zur zeit werden die Behälter A, B und C hergestellt. Für alle drei Produkte
werden die Maschinen M1 und M2 verwendet. Es liegen folgende Werte vor:

Text		A	B	C
Verkaufspreis/Stück		320,00	200,00	480,00
variable Kosten/Stück		190,00	120,00	300,00
maximaler Absatz in Stück/Monat		300	280	150
Arbeitszeit pro Stück in Minuten				
M1		15	12	24
M2		6	7,5	36
Maximale Kapazität auf	M1	175 Std./Monat		
	M2	160 Std./Monat		
Fixe Kosten/Monat:		80.000,00 €		

Beispiel

Ermittelung der optimalen Maschinenbelegung und des optimalen Betriebsergebnisses.

			M1		M2
a)	maximale Kap.		10.500		9.600
b)	benötigte Kapazität	A	4.500 (15 • 300)	1.800 (6 • 300)	
		B	3.360 (12 • 280)	2.100 (7,5 • 280)	
		C	3.600 (24 • 150)	5.400 (36 • 150)	
	benötigte Kapazität		11.460		9.300
c)	Engpass/freie Kapazität		– 960		+ 300
			Engpass		

d)

	A	B	C	
p	320,00	200,00	480,00	
kv	190,00	120,00	300,00	
db	130,00	80,00	180,00	
Fertigungszeit **M1**	15	12	24	in Min.
rel. db (M1)	**8,67**	**6,67**	**7,5**	**db/Fertigungszeit**

e)

Rang	**I**	**III**	**II**

f) Max. Kap.   10.500
A 300 Stück (Rang I)   4.500
C 150 Stück (Rang II)   3.600
B 200 Stück (Rang III, Rest)   2.400   10.500
                                                                           0

NR: (10500-4500-3600)/12=200 Stück
Produktionsprogramm: A   300 Stück
                                          B   200 Stück
                                          C   150 Stück

g) **Maschinenbelegungsplan**

	A	B	C	ben.	vorh.	frei
Stück	300	200	150			
M1	4.500	2.400	3.600	10.500	10.500	0
M2	1.800	1.500	5.400	8.700	9.600	**900**

h) Ermittlung des **Betriebsergebnisses**

Produkt	db	Stück	Summe
A	130 •	300	=39.000,00
B	80 •	200	=16.000,00
C	180 •	150	=27.000,00
DB			82.000,00
-Kf			80.000,00
BE			2.000,00

6.2 Engpässe im Beschaffungsbereich

Engpässe treten nicht nur in der Fertigung auf. Beschränkungen können auch in anderen Bereichen auftreten. **Insbesondere im Beschaffungsbereich können Probleme bei der Versorgung mit Fertigungsmaterial auftreten.** Diese können durch Streiks, Umweltauflagen, internationale Krisen, eine plötzlich steigende Nachfrage usw. ausgelöst werden.

Faktoren von Beschaffungsengpässen

Beispiel

Das Zweigwerk der UMTECH AG konnte den Engpass auf der Maschine M1 durch die Vereinbarung flexibler Arbeitszeiten ohne Fixkostenanstieg beseitigen. Die Fertigung kann die absetzbare Menge produzieren. Durch einen Brand bei einem Zulieferer treten jedoch Versorgungsengpässe auf. Der Spezialkunststoff K10, der für die Fertigung der drei Behälter benötigt wird, kann nicht in ausreichender Menge beschafft werden. Es liegen folgende Daten vor:

Text	A	B	C
Verkaufspreis/Stück	320,00	200,00	480,00
variable Kosten/Stück	190,00	120,00	300,00
maximaler Absatz in Stück/Monat	300	280	150
Verbrauch von K10 in kg je Stück	12	10	15
Maximale Liefermenge bei K10	7.000 kg/Monat		
Für den Behälter B besteht eine feste Lieferverpflichtung von 150 Stück			
Fixe Kosten/Monat:	80.000,00 €!		

Ermittelung der optimalen Produktionsprogramms und des optimalen Betriebsergebnisses.

a) **maximal lieferbare Menge**   **7000 kg**

b) benötigte Kapazität   A   3.600 kg (12 • 300)
                       B   2.800 kg (10 • 280)
                       C   2.250 kg (15 • 150)

     benötigte Kapazität   **8.650 kg**

c) **Engpass**   **-1.650kg**

Es liegt wie erwartet ein Engpass vor. Da es sich nur um **einen** Rohstoff handelt, ist die Bestimmung der Engpasseinheit nicht notwendig.

d)

	A	B	C	
p	320,00	200,00	480,00	
kv	190,00	120,00	300,00	
db	130,00	80,00	180,00	
Verbrauch K10	12	10	15	in kg
rel. db (K10)	**10,83**	**8**	**12**	**db/kg**

e)

Rang	**II**	**III**	**I**

f) Maximale Menge.   7.000 kg

    B 150 Stück (Lieferverpflichtung)   1.500 kg

    C 150 Stück (Rang I)   2.250 kg

    A 270 Stück (Rang II)   3.240 kg

    B   1 Stück (Rang III, Rest)   10 kg

                                    0 kg

Durch die Lieferverpflichtung für B bleiben für A nur 3.250 kg. Dies reicht für 270 Stück. Von B kann noch ein Behälter zusätzlich hergestellt werden.

Produktionsprogramm: **A**   **270 Stück**

                             B   **151 Stück**

                             C   **150 Stück**

g) **Maschinenbelegungsplan**

   entfällt

h) Ermittlung des **Betriebsergebnisses**

Produkt	db	Stück	Summe
A	130 •	270	=35.100,00
B	80 •	151	=12.080,00
C	180 •	150	=27.000,00
DB			74.180,00
-Kf			80.000,00
BE			**-5.820,00**

Durch den Engpass im Materialbereich wird das Betriebsergebnis negativ.

EXKURS! ## 6.3 Engpässe in anderen Bereichen

Neben den hier behandelten Engpässen bei der Beschaffung und der Fertigung kann es zu Beschränkungen in fast allen betrieblichen Bereichen kommen. Die folgende Übersicht zeigt einige Beispiele und die dazugehörige Engpasseinheit.

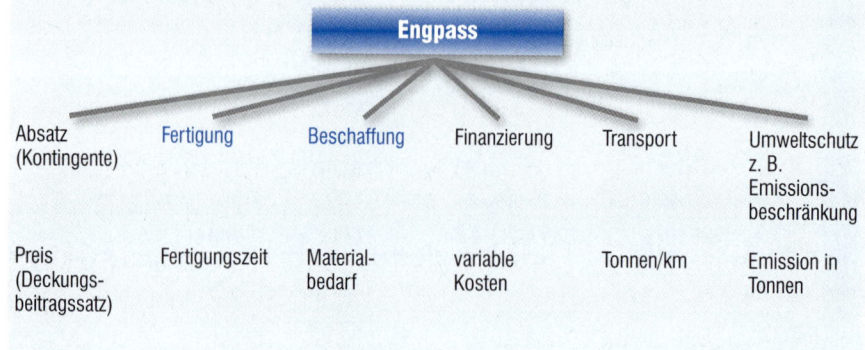

	Engpass				
Bereich:	Absatz (Kontingente)	Fertigung	Beschaffung	Finanzierung	Transport	Umweltschutz z. B. Emissions- beschränkung
Beschränkung:	Preis (Deckungs- beitragssatz)	Fertigungszeit	Material- bedarf	variable Kosten	Tonnen/km	Emission in Tonnen

Je nachdem, ob ein Engpass vorliegt oder nicht, wird entweder der relative Deckungsbeitrag oder der absolute Deckungsbeitrag als Entscheidungshilfe herangezogen.

6.4 Verdrängung eines Produktes

Soll ein neues Erzeugnis in das Produktionsprogramm aufgenommen werden, so ist dies, solange freie Kapazitäten vorhanden sind, unproblematisch. Besteht oder entsteht durch das neue Produkt eine **Engpasssituation**, so kann das neue Produkt nur hergestellt werden, wenn ein anderes Produkt verdrängt wird.

In einer Engpass-situation entscheidet der relative db über die Produktion eines neuen Produktes.

Das Produkt wird nur hergestellt, wenn gilt.

 rel.db~neues Produkt~ **> bislang kleinster rel.db**

Ferner sind im Einzelfall u. a. zu berücksichtigen:
*   verbleibende Fixkosten bei der Einstellung des alten Produktes,
*   Steigerung der fixen Kosten durch die Einführung des neuen Produktes,
*   Produktionsprogramm,
*   Lebenszyklus des alten Produktes.

Beispiel

siehe Beispiel zu 6.1
a) Der Betrieb plant die Erweiterung des Produktionsprogrammes. Der neue Behälter D würde die Maschine M1 mit 10 Minuten und die Maschine M2 mit 5 Minuten pro Stück belasten. Er könnte zu einem Preis von 300,00 € abgesetzt werden. Die variablen Kosten liegen bei 250,00 €. Die fixen Kosten würden sich nicht verändern.
Ist die Einführung aus kostenrechnerischen Gründen zu empfehlen? Welches Betriebsergebnis könnte erzielt werden?
b) Welcher Preis müsste erzielt werden, damit eine Einführung aus kostenrechnerischen Gründen zu empfehlen ist?

a) **Aufnahme des Produkts**
$db_D = 300 - 250 = 50$
rel. $db_D = 50/10 = 5$

Maschinennutzung der Engpasseinheit (siehe Einführung Engpass), kleinster bisheriger rel. db = 6,6
Produkt B auf der Engpasseinheit (siehe Einführung Engpass)
6,6 > 5 (neues Produkt) **das neue Produkt D wird nicht produziert**

Nachweis:

	Stück • d		= DB	
A	300	130	39.000,00	
C	150	180	27.000,00	max. Produktion: bisher frei für B 2400 Min.
D	**240**	**50**	**12.000,00**	**2400/10 = 240 maximale Produktion von D**
			78.000,00	
-Kf			80.000,00	
BE			**-2.000,00 das Betriebsergebnis sinkt**	

b) Produkt mit dem kleinsten rel db:
$db/10 = 6,66 \rightarrow db = 66,66 \rightarrow db_D > 66,66$
Es müsste ein db > 66,66 €, d. h. ein Preis von
über (250+66,66 =) 316,66 € erzielt werden (p = db + kp).

6.5 Einsatz der Instrumente

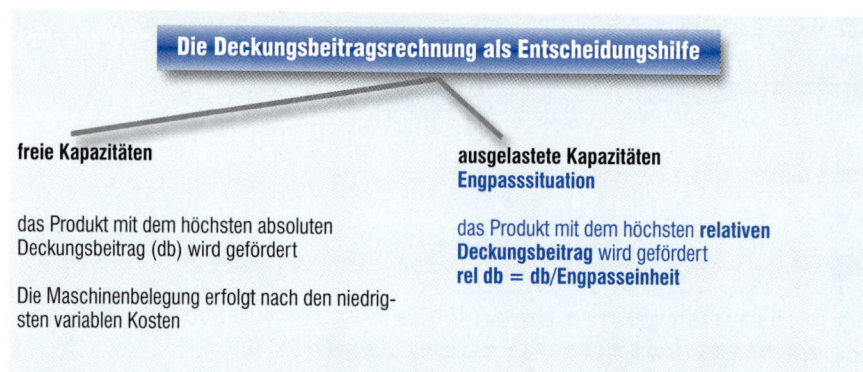

Die Deckungsbeitragsrechnung als Entscheidungshilfe

freie Kapazitäten

das Produkt mit dem höchsten absoluten Deckungsbeitrag (db) wird gefördert

Die Maschinenbelegung erfolgt nach den niedrigsten variablen Kosten

ausgelastete Kapazitäten Engpasssituation

das Produkt mit dem höchsten **relativen Deckungsbeitrag** wird gefördert
rel db = db/Engpasseinheit

7 Eigenfertigung und Fremdbezug

In den letzten Jahren ist Outsourcing zu einem zentralen Begriff geworden. Viele Betriebe verlagern Teile der Produktion zu ihren Zulieferern im In- und Ausland und beschränken die Produktion auf Kernbereiche. Im Extremfall wird die Produktion auf die Endmontage beschränkt oder sogar vollständig abgegeben. Der Betrieb wird dann zum Handelsunternehmen.

Vor diesem Hintergrund hat die Entscheidung über Eigenfertigung und Fremdbezug an Bedeutung gewonnen:

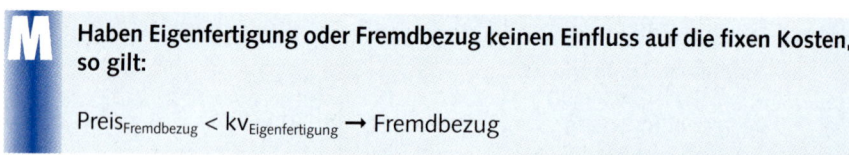

Haben Eigenfertigung oder Fremdbezug keinen Einfluss auf die fixen Kosten, so gilt:

$$\text{Preis}_{\text{Fremdbezug}} < kv_{\text{Eigenfertigung}} \rightarrow \text{Fremdbezug}$$

Ist der Preis beim Fremdbezug kleiner als die variablen Kosten der Eigenfertigung, so ist der Fremdbezug aus kostenrechnerischer Sicht immer vorzuziehen.

Fallen bei der Eigenfertigung fixe Kosten an, z. B. als Folge von notwendigen Investitionen, oder können fixe Kosten beim Fremdbezug abgebaut werden, so ist die kritische Menge x_k zu berechnen

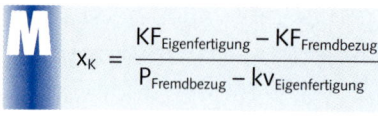

$$x_K = \frac{KF_{\text{Eigenfertigung}} - KF_{\text{Fremdbezug}}}{P_{\text{Fremdbezug}} - kv_{\text{Eigenfertigung}}}$$

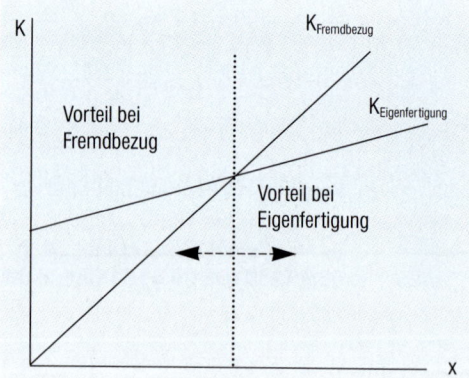

Übersteigt die gefertigte Menge die kritische Menge, so ist die Eigenfertigung günstiger. Bei einer geringeren Produktion ist der Fremdbezug günstiger.

Beim Fremdbezug können in bestimmten Fällen auch fixe Kosten wie z. B. Lagerkosten auftreten. Ist dies der Fall, so müssten diese angesetzt werden.

Beispiel

Die UMTECH AG stellt bisher ein Bauteil für einen Abgasfilter selbst her. Die variablen Kosten betragen 40,00 € je Stück. Ein ausländischer Zulieferer bietet das Teil zum Preis von 50,00 € an.

a) Die Einstellung der Produktion verändert die fixen Kosten der UMTECH AG nicht.

b) Bei der Einstellung der Produktion können fixe Kosten in Höhe von 4.000,00 € pro Monat abgebaut werden.

a) **Keine Änderung der fixen Kosten**
Der Fremdbezug ist nicht zu empfehlen, da (50>40) und damit p > kv.

b) **Fixkosten können abgebaut werden**
$50x = 40x + 4000$
$x_k = 400$ **Stück**
Ab 400 Stück ist die Eigenfertigung günstiger. Werden weniger Teile benötigt, ist ein Fremdbezug vorzuziehen.

Die Entscheidung zwischen Eigenfertigung und Fremdbezug kann nicht nur von den Kosten bestimmt werden. Es sind auch **qualitative Faktoren** einzubeziehen. Sie können je nach den bestehenden Gegebenheiten für oder gegen eine Eigenfertigung sprechen.

qualitative Faktoren: Sicherheit, Qualität, Lieferbereitschaft etc.

Für die Eigenfertigung sprechen:	Für die Fremdfertigung sprechen
– Entwicklung eigenen Know-hows	– Nutzung fremden Know-hows
– direkter Einfluss auf die Qualität	– Nutzung von fremden Qualitätsvorteilen
– Kontrolle von Umweltrisiken	– Risikoabwälzung auf Zulieferer
– bessere Kapazitätsauslastung	– Beseitigung von Fertigungsengpässen
– bessere Verfügbarkeit	– keine Probleme bei Kapazitätsschwankungen
– Sicherung von Arbeitsplätzen durch die Produktion	– Sicherung von Arbeitsplätzen durch Kostenvorteile
– höhere Wertschöpfung	– geringere Kapitalbindung
– technische Lösungen aus einer Hand	– Konzentration auf Kernbereiche
u. a.	u. a.

In der gegenwärtigen Situation fällt die Entscheidung in zunehmendem Maße für den Fremdbezug. Ausschlaggebend sind häufig die geringeren Kosten und die niedrigere Kapitalbindung.

8 Maschinenbelegung ohne Engpass – Exkurs

Ist die Fertigung von verschiedenen Produkten auf mehreren verschiedenen Maschinen möglich und liegt kein Engpass vor, so wird zunächst die Maschine mit den niedrigsten variablen Kosten voll ausgelastet. Dabei werden die Produkte mit der höchsten Kosteneinsparung je Minute zunächst auf den Maschinen mit den niedrigeren variablen Kosten hergestellt (Kostenminimierung). Die Fixkosten brauchen bei der Entscheidung nicht berücksichtigt werden, da sie in jedem Fall anfallen.

Beispiel

Die Produkte A, B und C können alternativ auf den zwei folgenden Maschinen hergestellt werden:

Text		Spitzendrehbank	Drehautomat
Kapazität in Minuten pro Monat		15.000	20.000
fixe Kosten je Minute bei 10.000 Minuten		0,20	0,30
variable Kosten je Minute		0,20	0,25
Gesamtkosten je Minute bei 10.000 Minuten		0,40	0,55
fixe Kosten je Monat		2.000,00	3.000,00
Fertigungszeit	Produkt A	15	10
	Produkt B	20	14
	Produkt C	16	10

Es liegen folgende Aufträge vor:

A: 1000 Stück   B: 600 Stück   C: 1100 Stück

Berechnung der optimalen Gesamtkosten

Produkt	Spitzendrehbank			Drehautomat			Bewertung		
	Min.	€/Min.	€/St.	Min.	€/Min.	€/St.	Einsparung/St.	Einsparung/Min.	Rang
A	15	0,20	3,00	10	0,25	2,50	0,50	0,050	2
B	20	0,20	4,00	14	0,25	3,50	0,50	0,035	3
C	16	0,20	3,20	10	0,25	2,50	0,70	0,070	1

	Stück	Minuten	€
Produkt C voll auf dem Drehautomaten (größte Ersparnis)	1.100	11.000	2.750,00
Produkt A teilweise auf dem Drehautomat	900	9.000	2.250,00
Rest auf Spitzendrehbank	100	1.500	300,00
Produkt B voll auf der Spitzendrehbank	600	12.000	2.400,00
variable Kosten (min.)			7.700,00
fixe Kosten Spitzendrehbank			2.000,00
fixe Kosten Drehautomat			3.000,00
Gesamtkosten			12.700,00

Maschinenbelegungsplan

	Spitzendrehbank		Drehautomat
vorhanden		15.000	20.000
für C			11.000
für A	1.500		9.000
			20.000
für B	12.000	13.500	
frei		1.500	0

Wiederholung

1. Nennen Sie die wichtigsten Unterschiede zwischen Vollkostenrechnung und Teilkostenrechnung.
2. Ein Betrieb verfügt nur über eine Vollkostenrechnung. Zeigen Sie Probleme auf, die sich aus dieser Tatsache ergeben könnten.
3. Die Geschäftsleitung eines neuen Betriebes hält die Vollkostenrechnung für veraltet. Es soll nur eine Teilkostenrechnung aufgebaut werden. Diskutieren Sie, ob dies sinnvoll ist.
4. Unterscheiden Sie die Kosten in beschäftigungsabhängige und beschäftigungsunabhängige Kosten und geben Sie Beispiele an.
5. Beschreiben Sie die direkte Methode zur Trennung von fixen und variablen Kosten.
6. Erklären Sie die Unterschiede zwischen Stückdeckungsbeitrag und Stückgewinn einerseits und Gesamtdeckungsbeitrag und Betriebsergebnis andererseits.
7. Nennen Sie Entscheidungssituationen, bei denen der Stückdeckungsbeitrag als Entscheidungshilfe dienen kann.
8. Definieren Sie für einen Einproduktbetrieb
   a) den Break-even-point
   b) das Gewinnmaximum
   c) die kurzfristige Preisuntergrenze
   d) die langfristige Preisuntergrenze
9. Beschreiben Sie, wie sich die Darstellung des Gesamtgewinns, des Umsatzerlöses und des Gesamtdeckungsbeitrages in der Gesamtbetrachtung und in der Stückbetrachtung unterscheidet.
10. Erklären Sie die Auswirkung der folgenden Ereignisse auf die Gewinnschwelle:
   a) Verfall des Marktpreises
   b) Große Investition zur Automation der Fertigung
   c) Senkung der Einstandspreise für Fertigungsmaterial (Rohstoffe).
11. Diskutieren Sie, wie sich eine Werbemaßnahme mit laufenden festen monatlichen Ausgaben auf die Gewinnschwelle auswirkt.
12. Nennen Sie die zusätzlichen Aussagen, die sich aus einer mehrstufigen Deckungsbeitragsrechnung gewinnen lassen.
13. Begründen Sie, unter welchen Voraussetzungen die Einstellung eines Produktes auf Grund der zweistufigen Deckungsbeitragsrechnung empfohlen werden kann.
14. Definieren Sie den relativen Deckungsbeitrag.
15. Erläutern Sie, für welche Probleme der relative Deckungsbeitrag eine Entscheidungshilfe darstellt.
16. Nennen Sie die Vorgehensweise bei der Ermittlung des optimalen Betriebsergebnisses bei einer Engpasssituation.
17. Erläutern Sie, unter welchen Voraussetzungen ein neues Produkt ein altes Produkt verdrängt, wenn in der Fertigung ein Engpass vorliegt.
18. Nennen Sie Gründe, die für einen hohen Anteil von Eigenfertigung bei der Produktion von Industrierobotern sprechen.
19. Nennen Sie Gründe, die für einen hohen Anteil von Fremdfertigung in der Automobilindustrie sprechen.

Aufgaben

Kostenauflösung

1. Vier Kostenstellen eines Betriebes weisen folgende Beschäftigung (x = Ausbringungsmenge in Stück) und folgende Gesamtkosten auf.

Periode	Kostenstelle 1		Kostenstelle 2		Kostenstelle 3		Kostenstelle 4	
	x	K	x	K	x	K	x	K
1	12.000	39.000,00	250	5.250,00	50	7.000,00	5	600,00
2	18.000	51.000,00	100	4.500,00	80	10.000,00	1	520,00
3	20.000	55.000,00	10	4.050,00	90	11.000,00	3	560,00

a) Berechnen Sie für die vier Kostenstellen die fixen und die variablen Kosten.
b) Führen Sie für die Kostenstellen die Kostenauflösung grafisch durch.

db, BEP

2 Auf einem Zulieferbetrieb lasten für die Pacht der Werkshalle, Leasing der Maschinen etc. Jahresfixkosten von 60.000,00 €. Kostenträger sind einheitliche Rohlinge, bei deren Verarbeitung für Material, Löhne, Energie etc. 10,00 €/Stück (proportionale Kosten) anfallen. Die Kunden A, B und C benötigen jeweils 500 Stück und sind bereit, je Stück 15,00 €, 10,00 € bzw. 9,00 € zu zahlen.

a) Berechnen Sie den Stückdeckungsbeitrag und den Deckungsbeitragssatz.
b) Welche Aufträge werden bei freier Kapazität angenommen?
c) Eine größere Werbeaktion erfordert Kosten in Höhe von 20.000,00 €. Wie viel Stück müssen einmalig zusätzlich abgesetzt werden, um die Werbeaktion zu rechtfertigen (Verkaufspreis 15,00 €)?
d) Die Miete einer Verpackungsmaschine wird um jährlich 6.000,00 € erhöht. Wie viel Stück müssen jährlich zusätzlich verkauft werden und welche Gewinnschwelle ergibt sich (Verkaufspreis 15,00 €)?
e) Ein Tarifabschluss erhöht die proportionalen Kosten um 20 %. Berechnen Sie den neuen Deckungsbeitrag und die Gewinnschwelle (Verkaufspreis 15,00 €).
f) Der Stückpreis wird um 1,25 € erhöht. Berechnen Sie die neue Gewinnschwelle und den neuen Deckungsbeitrag (alter Verkaufspreis 15,00 €).
g) Einem langjährigen Kunden wird für einen Auftrag von 800 Stück ein Vorzugspreis von 12,00 € eingeräumt. Wie viel Stück müssen zusätzlich gefertigt werden, um den bisherigen Erfolg zu erhalten (Verkaufspreis 15,00 €)?
h) Aus Konkurrenzgründen muss der Stückpreis einheitlich um 2,00 €/Stück gesenkt werden. Wie verändert sich die Gewinnschwelle (alter Verkaufspreis 15,00 €)?
i) Im kommenden Jahr wird bei gleichen Kosten und Preisen (Verkaufspreis 15,00 €/Stück) eine Gewinnsteigerung um 10.000,00 € geplant. Wie viel Stück müssen zusätzlich abgesetzt werden?
j) Im kommenden Jahr wird mit einem Gewinn von 20.000,00 € bei einem Umsatz von 240.000,00 € gerechnet. Um wie viel Stück bzw. € könnte bei einer Absatzstockung der Umsatz maximal zurückgehen, ehe die Verlustzone erreicht wird (Verkaufspreis 15,00 €/Stück)?
k) Ein Kunde, der bislang jährlich mit 1000 Stück zu einem Vorzugspreis von 14,00 €/Stück beliefert wurde, soll nicht mehr berücksichtigt werden. Wie viel Stück müssten an andere Kunden zum Preis von 15,00 € verkauft werden, um das Gesamtergebnis zu halten?

db

3. Ein Unternehmen der optischen Industrie stellt u. a. Sonnenbrillen her, die zum Nettoverkaufspreis von 35,00 € an den Fachhandel abgegeben werden. Die Monatskapazität für dieses Erzeugnis beträgt 4.000 Brillen. Sie wird z. Zt. zu 75 % = 3000 Stück ausgeschöpft. Bei diesem Beschäftigungsgrad entstehen Stückkosten von 32,00 €. Sie setzen sich zusammen aus:

24,00 € variablen Kosten, die auch bei anderen Auslastungsgraden anfallen   *db*
24.000,00 € monatliche Fixkosten, also 8,00 € je Stück
Der Stückgewinn beträgt 3,00 €.

a) In dieser Situation ist über den Auftrag eines Exporteurs zu entscheiden, der langfristig monatlich 600 Brillen abnehmen möchte, aber nur 28,00 € je Brille zu zahlen bereit ist.

b) Wie hoch ist der DB-Satz?

4. Ein Zweigwerk fertigt Zubehörteile für die Kfz-Industrie. Die Kapazität ist auf 5000   *BEP*
Teile je Monat ausgelegt. Die monatlichen Fixkosten belaufen sich auf 200.000,00 €. Die direkten Kosten verhalten sich proportional und betragen 200,00 € je Stück. Im Monat Januar wurden 3.500 Stück gefertigt und zu einem Stückpreis von 300,00 € verkauft.

a) Ermitteln Sie die Gewinnschwellenmenge und den Gewinnschwellenumsatz.

b) Ermitteln Sie das Betriebsergebnis!

c) Welcher Stückpreis wäre als Preisuntergrenze für einen ausländischen Zusatz-auftrag im Rahmen noch freier Kapazitäten anzusetzen?

5. Welche Probleme ergeben sich bei einer Preisgestaltung nach der Deckungs-beitragsrechnung?

6. Stellen Sie in einer Skizze die Auswirkungen einer Fixkostenerhöhung, einer Fixkostensenkung, einer Erhöhung bzw. Senkung der proportionalen Kosten so-wie einer Senkung bzw. Erhöhung des Stückpreises dar.

7. Die Fertigung der Metall AG ist zu 85 % ausgelastet. Bei dieser Auslastung gelten folgende Werte (ME: Mengeneinheiten):

    kv: 5,00 €   kf: 2,00 €
    e: 8,00 €   Kapazitätsgrenze: 5.000 ME

a) Ermitteln Sie den Deckungsbeitragssatz.

b) Prüfen Sie, ob ein Zusatzauftrag über 500 ME zum Preis von 7,00 € aus ko-stenrechnerischer Sicht angenommen würde und begründen Sie Ihre Aussage.

c) Ermitteln Sie die Break-even-Menge.

d) Durch eine Erhöhung der Rohstoffpreise steigen die variablen Gesamtkosten um 5 %. Beschreiben Sie die Auswirkungen auf die Kostenkurven (Stück- und Gesamtbetrachtung) und auf die Gewinnschwelle verbal.

e) Zeichnen Sie auf Grund der obigen Werte die Gesamt- und die Stückbetrach-tung (E, KV, K, KF, G, DB bzw. e, k, kf, kv, db, g)

f) Tragen Sie in die Gesamtbetrachtung den maximalen Gesamtgewinn, den Gesamtdeckungsbeitrag an der Gewinnschwelle und den Gewinnschwellenum-satz ein. Stellen Sie die entspechenden Strecken an möglichst vielen Grafen dar.

h) Tragen Sie in die Stückbetrachtung den maximalen Stückgewinn, die fixen Gesamtkosten, den maximalen Gesamtgewinn und die kurzfristige Preisunter-grenze ein.

i) Beschreiben Sie, wie Sie in der Gesamtbetrachtung den Preis (Stückerlös) und die variablen Stückkosten abtragen können.

8. Die Tele AG stellt u. a. Fernsehgeräte her. Das Unternehmen konkurriert auf dem internationalen Markt mit Anbietern aus Europa und aus Fernost. Im Unter-nehmen wird die Deckungsbeitragsrechnung als Hilfe für unternehmerische Entscheidungen angewandt.

db, DB, rel-db,
zweistufige DB-
Rechnung

a) Im Oktober produzierte die Tele AG 700 Fernsehgeräte des Typs Telestar. Dabei fielen folgende Kosten an:

Gehälter	29.600,00	Fertigungsmaterial	113.400,00
sonst. Personalkosten	75.000,00	Fertigungslöhne	81.950,00
Abschreibungen	21.600,00		
Raumkosten	9.200,00		
sonstige Gemeinkosten	28.000,00		

Für die Videotextelektronik müssen 9,00 € je Gerät als Lizenz abgeführt werden. In den Gemeinkosten sind bei der gegebenen Auslastung 75 % fixe Kosten enthalten. Die hergestellten Geräte können zu einem Preis von 600,00 € an den Wiederverkäufer abgesetzt werden.

- Berechnen Sie die Fixkosten, die variablen Kosten, den Gesamtdeckungsbeitrag und das Betriebsergebnis.
- Ermitteln Sie, um wie viel EURO der Absatz bei gleichem Preis pro Stück zurückgehen darf, ohne dass ein Verlust eintritt
- Aufgrund der allgemeinen Konjunkturschwäche rechnet die Unternehmung mit Exporteinbußen. Ferner wird sich durch Rationalisierungsinvestitionen die Kostenstruktur ändern. Die variablen Kosten werden auf 280,00 € fallen. Ferner rechnet man mit einem maximalen Absatz von 600 Geräten und einem Verlust von 11.000,00 € (jeweils je Monat). Ermitteln Sie den erwarteten Stückpreis und die fixen Kosten, wenn die Gewinnschwelle bei 650 Stück liegt.

b) Um den negativen Entwicklungen, die sich schon im November durch einen Absatzrückgang bemerkbar machen, vorzubeugen, stellt die Unternehmung neben den bisher gefertigten Fernsehgeräten des Typs Telestar und Telemax Computerbildschirme her. Alle drei Geräte durchlaufen u. a. die Abteilungen Endmontage und Prüffeld.

Für Dezember liegen folgende Werte vor:

	Telestar	Telemax	Bildschirm	Kapazität
db je Stück	252,50	260,00	300,00	
Bearbeitungszeit in Minuten				
Endmontage	20	25	30	900 Stunden
Prüffeld	5	6	6	180 Stunden
max. absetzbar	600	800	700	

Ermitteln Sie das optimale Produktionsprogramm und den Abteilungs-(Maschinen-) belegungsplan für die Endmontage. Prüfen Sie ferner, ob ein Lohnauftrag für die Endmontage (ohne Prüffeld) von 60 Bildschirmen für Geldautomaten angenommen werden kann, wenn für jeden Bildschirm eine Montagezeit von 20 Minuten kalkuliert wird.

c) In einem anderen Zweigwerk wird nur ein Produkt hergestellt. Auf Grund von Lohnerhöhungen steigen die proportionalen Kosten.
- Stellen Sie die Kostenveränderung und die Auswirkung auf den Break-Even-Point in einer Faustskizze (Gesamtkosten) dar.
- Zeichnen Sie den neuen Gesamtdeckungbeitrag (DB) in die Faustskizze ein.

d) Die Tele AG prüft, ob sie ein Bauteil fremdbeziehen oder selbst fertigen soll. Erläutern Sie verbal, unter welchen kostenrechnerischen Voraussetzungen sie sich für den Fremdbezug entscheiden wird.

e) Erklären Sie die Bedeutung der kritischen Ausbringungsmenge beim Vergleich von zwei verschiedenen Fertigungsverfahren.

9. In der Kostenstelle „Montage" werden neben dem Produkt A auch noch die Erzeugnisse B und C bearbeitet. Es liegen folgende Daten vor:

rel-db, zweistufige DB-Rechnung

	A	B	C
absetzbare Höchstmenge in Stück je Quartal	48.000	61.920	67.500
Preis/Stück in €	3,06	3,30	1,60
variable Stückkosten	2,40	2,00	0,80
vertragliche Lieferverpflichtung (Stück/Quartal)	42.000	55.080	56.250
erzeugnisfixe Kosten je Quartal	40.200,00	50.400,00	31.000,00

Alle drei Produkte werden von derselben Verpackungsmaschine zum Versand vorbereitet, deren Kapazität auf 500 Stunden je Quartal begrenzt ist. Die Bearbeitungszeiten für A, B und C betragen 6, 10 bzw. 16 Sekunden je Stück.
a) Ermitteln Sie das optimale Produktionsprogramm.
b) Berechnen Sie das optimale Quartals-Betriebsergebnis, wenn die den einzelnen Produkten nicht zurechenbaren Fixkosten € 46.000,00 pro Jahr betragen.
c) Die Unternehmung plant, die Produktion von A einzustellen, da es sich nach neuesten Erkenntnissen um ein für die Umwelt bedenkliches Produkt handelt. Die bisherigen Lieferverpflichtungen können bei diesem Produkt für die Zukunft rückgängig gemacht werden, während sie bei B und C weiterhin bestehen.
Die Erzeugnisfixkosten des Produktes A werden durch diese Maßnahme auf 15 % des bisherigen Wertes abgebaut.
Die bei Einstellung der Produktion von A frei werdende Kapazität soll zur Steigerung von Produktion und Absatz des Erzeugnisses B genutzt werden. Um den Absatz von B über die bisherige Höchstmenge hinaus auszuweiten, ist ein Werbefeldzug erforderlich. Dieser wird die neue Gesamtmenge von B mit zusätzlichen Kosten von € 0,50 je Stück belasten. Die Kapazität der Verpackungsmaschine bleibt gleich.
Berechnen Sie, wie und um welchen Betrag sich das optimale Betriebsergebnis infolge dieser Umstellung verändert.

10. Die Maschinen AG stellt Werkzeugmaschinen und Industrieroboter her. Nach eingehenden Untersuchungen wurden für Dezember folgende Werte festgestellt:

zweistufige DB-Rechnung, Eigenfertigung/ Fremdbezug

	mechanische Werkzeugm. (M)	elektronische Werkzeugm. (E)	Industrie- roboter (I)
variable Kosten je Einheit (€)	10.000,00	15.000,00	25.000,00
Erlöse je Einheit (€)	15.000,00	25.000,00	68.000,00
im Dezember abgesetzte Einheiten	3	16	25
Anteil der Erzeugnisfixkosten an den gesamten Fixkosten (€)	10 %	20 %	50 %
Gesamte Fixkosten (€)		1.253.200.00	

a) Ermitteln Sie die Deckungsbeiträge jedes Produktbereiches und das Betriebsergebnis für Dezember.
b) Würden Sie aus Kostengründen die Einstellung der Produktion von mechanischen Werkzeugmaschinen auf Grund einer Deckungsbeitragsrechnung empfehlen, wenn die fixen Kosten dieses Produktbereichs zu 50 % abbaufähig sind (rechnerische Begründung, Betriebsergebnis)?

c) Im Unternehmen bestehen Bestrebungen, die Produktion der mechanischen Werkzeugmaschinen einzustellen. Aus marktpolitischen Gründen sollen sie jedoch nicht aus dem Produktprogramm gestrichen werden. Sie sollen vielmehr von einem Unternehmen bezogen werden, das sie zu 12.000,00 € je Einheit anbietet.

Bis zu welcher Stückzahl ist der Fremdbezug vorteilhaft, wenn bei Fremdbezug auf Grund der verbleibenden Lager- und Vertriebsorganisation die fixen Kosten (=125.320,00) nur zu 40 % abbaubar sind?

db als Entscheidungshilfe, BEP

11. Das Unternehmen (siehe 10.) möchte mit seinen Industrierobotern (siehe 10) in den japanischen Markt eindringen. Die AG rechnet mit jährlich 1.290.000,00 € fixen Vertriebskosten (Werbung. Kundenbetreuung usw.).

a) Welcher Umsatz muss erreicht werden, damit allein diese jährlichen fixen Kosten gedeckt werden können?

b) Nach einer Marktstudie könnte das Unternehmen seinen für den Zeitraum von 3 Jahren vorläufig auf 105 Einheiten festgesetzten Plan-Absatz auf dem japanischen Markt um 40 % erhöhen, wenn es auf den Verkaufspreis 5 % Rabatt und 2 % Skonto einräumt sowie den Vertrieb von japanischen Handelsvertretern durchführen lässt. Die Handelsvertreter erhalten 5 % Provision. Die jährlichen fixen Vertriebskosten würden sich durch den Einsatz von selbstständigen Vertretern um 15 % vermindern. Wie und mit welchem Betrag würde sich der Absatz in Japan unter diesen Bedingungen in dem genannten Zeitraum auf das Gesamtergebnis auswirken?

rel.-db

12. Die Computer AG stellt die Produkte A und B her, deren Fertigung jeweils die Maschinen M 1 und M 2 beansprucht. Folgende Daten liegen für das 1. Quartal vor:

Produkt	Stückpreis	proportionale Kosten je Stück	Bearbeitungszeit (Minuten/Stück)	
			M 1	M 2
A	1.100,00	450,00	2	3
B	1.200,00	400,00	5	6

Maximale Maschinenkapazität	M 1	M 2
	375 Std.	500 Std.

Die Fixkosten betragen 2.850.000,00 €.
Es wurden im 1. Quartal von A 3.000 Stück und von B 1.500 Stück produziert und abgesetzt.

a) Wie hoch ist das Betriebsergebnis im 1. Quartal?

b) Da der Betrieb noch über freie Kapazitäten verfügt, beschließt die Unternehmensleitung, ab dem 2. Quartal das Produkt C zusätzlich auf den Markt zu bringen. Zur Fertigung von C werden ebenfalls die Maschinen M 1 und M 2 eingesetzt, wobei für ein Stück auf M 1 12 Minuten und auf M 2 20 Minuten Bearbeitungszeit anfallen. Das Produkt C soll zu einem Preis von 800,00 € netto angeboten werden. Die proportionalen Stückkosten von C belaufen sich auf 200,00 €.

Wie viel Stück des Produktes C können bei gegebener Kapazität pro Quartal maximal hergestellt werden, wenn für A und B weiterhin die Mengenangaben des 1. Quartals gelten?

c) Die Maschine M 2 soll im Zuge einer Kapazitätserweiterung im 3. Quartal umgerüstet werden. Während der Zeitdauer der Installationsarbeiten kann M 2 nur zu 60 % ihrer Kapazität genutzt werden. Für Produkt C besteht ein Vertrag über eine Mindestliefermenge von 120 Stück pro Quartal. Für A beträgt die am Markt maximal absetzbare Menge 3.200 Stück pro Quartal, für B 1.500 Stück pro Quartal.
Ermitteln Sie unter diesen Bedingungen das optimale Produktionsprogramm!

13. In einem Betrieb werden die Produkte X und Y ausschließlich für den Export in ein bestimmtes Abnehmerland hergestellt. Dazu liegen für den Monat Mai folgende Daten vor: *zweistufige DB-Rechnung, rel.-db*

Produkt	X	Y
hergestellte und abgesetzte Mengen im Mai	300 Stück	400 Stück
Barverkaufspreis je Stück	1.400,00 €	2.180,00 €
Einzelkosten je Stück	600,00 €	1.400,00 €
variable Gemeinkosten im Mai	150.000,00 €	160.000,00 €
erzeugnisfixe Gemeinkosten pro Monat	50.000,00 €	80.000,00 €

a) Ermitteln Sie für jedes Produkt die Gesamtdeckungsbeiträge DB I, DB II sowie die Stückdeckungsbeiträge (bezogen auf DB I)!
b) Es besteht weiterhin Nachfrage nach den beiden Produkten. Wegen Devisenbeschränkungen in dem Abnehmerland muss jedoch der Umsatz auf 90 % des im letzten Monat erzielten Gesamterlöses begrenzt werden. Die Unternehmung kann sich dieser Situation durch Einschränkung der Produktionsmengen bei einem der beiden Produkte bei sonst gleichen Verhältnissen wie im letzten Monat anpassen.
Ermitteln Sie das unter diesen Umständen optimale Produktionsprogramm.
c) Die frei werdende Kapazität könnte zur Herstellung von 200 Stück eines Produktes Z verwendet werden. Z verursacht variable Stückkosten von 700,00 €. Welcher Verkaufspreis müsste für dieses Produkt Z erzielt werden, um die Exporteinbußen (vgl. 4.1 und 4.2) wieder auszugleichen?

14. Die INTERTON AG, die Gewinnmaximierung anstrebt, produziert und vertreibt Tonträger im Marktsegment „Klassische Musik". Die Angebotspalette besteht aus selbst produzierten Langspielplatten (LP), Compactdiscs (CD) und Musikkassetten (MC). Zur Ergänzung des Produktionsprogramms werden als Handelsware Schallplatten-Archiv-Systeme (SAS) vertrieben.
Die Betriebsabrechnung liefert pro Geschäftsperiode folgende Daten: *db, BEP*

Produkt	Fixkostenanteil je Stück	Variable Kosten je Stück	Erlöse je Stück
LP	4,20 €	7,00 €	19,60 €
CD	22,40 €	22,40 €	46,20 €
MC	22,40 €	14,00 €	21,00 €
SAS	2,80 €	11,20 €	22,40 €
Die Summe der fixen Kosten beläuft sich auf 62 160,00 €.			

a) Ermitteln Sie den Stückgewinn je Produkt.
b) Die Ermittlung des Fixkostenanteils je Mengeneinheit ist betriebswirtschaftlich problematisch. Begründen Sie kurz diese Aussage.
c) Angenommen, die benötigten Kapazitäten sind vorhanden. Begründen Sie kostenrechnerisch, ob ein vorliegender Auftrag über 1.200 MC zum Stückpreis von 21,00 € angenommen werden soll.

zweistufige DB-
Rechnung,
rel.-db,

15 In der nächsten Periode soll in der INTERTON AG (siehe Aufgabe 14.) die mehr-stufige Deckungsbeitragsrechnung eingeführt werden. Bei normaler Beschäfti-gung wird mit folgenden Erzeugungs- bzw. Verkaufsmengen gerechnet:
LP: 2.000 Stück; CD 1.000 Stück; MC 1.200 Stück; SAS 1.600 Stück
Die Kostenrechnung ermittelt, dass in den gesamten Fixkosten produktabhängige Fixkosten in Höhe von 8.500,00 € für MCs und 2 750,00 € für SAS enthalten sind. Den anderen Produkten lassen sich keine Fixkosten direkt zurechnen.

a) Ermitteln Sie den Deckungsbeitrag I, den Deckungsbeitrag II und das Betriebs-ergebnis mit Hilfe der zweistufigen Deckungsbeitragsrechnung.

b) Erläutern Sie anhand Ihrer Berechnung den Vorteil dieser Rechnungsart (a)) gegenüber der einstufigen Deckungsbeitragsrechnung.

c) Die Zunahme der Anzahl regionaler Radiosender lässt einen enormen Nach-frageschub nach Tonträgern erwarten. Dadurch wird die Fertigung zum Eng-pass. Laut Planung durchlaufen die LP die Fertigung in 12 Minuten, die CDs in einer Stunde und die MCs in 30 Minuten.
Begründen Sie rechnerisch, welches Produkt bei unveränderter Kostensitu-ation dann vorrangig zu produzieren wäre, wenn die Nachfrage keine Grenzen setzen würde.

BEP

16. Die MODERN MUSIC GmbH, eine Tochterunternehmung der INTERTON AG, er-zielte in der letzten Periode mit ihrem einzigen Produkt einen Gewinn in Höhe von einer Million €. In der laufenden Periode rechnet die Geschäftsleitung mit einer Gewinnsteigerung von 200 % und einer Umsatzsteigerung um vier Millionen € auf 20 Millionen €. Die variablen Stückkosten und der Preis sind konstant.

a) Berechnen Sie, welchen Break-even-Umsatz die MODERN MUSIC GmbH in der jetzigen Periode erwartet.

b) Begründen Sie verbal, bei welchem Beschäftigungsgrad die GmbH den maxi-malen Gesamtgewinn erzielt.

BEP

17. Eine Video AG stellt Videokassetten vom Typ A her. Der Verkaufspreis für eine Kassette beträgt 8,00 €. Die monatliche Kapazitätsgrenze liegt bei 12.000 Stück. Die Gesamtkosten und die Gesamterlöse verlaufen linear.
Auf Grund eines Liefervertrages mit einem Großabnehmer kann das Unter-nehmen jede produzierte Menge zum Marktpreis absetzen. Bei einer Produktions-menge von 6.000 Stück betragen die Gesamtkosten 56.000,00 €, bei 10.000 Stück steigen sie auf 80.000,00 €.

a) Berechnen Sie die Ausbringungsmenge an der Nutzenschwelle und den maxi-mal möglichen Stückgewinn.

b) Der harte Wettbewerb lässt die Unternehmung einen starken Preisverfall er-warten. Wegen technischer Probleme sinkt die Kapazitätsgrenze um 2.000 Stück. Die Fixkosten betragen jetzt 18.000 €. Die variablen Stückkosten blei-ben gleich.
Ermitteln Sie den Preis, den die Unternehmung langfristig bzw. kurzfristig noch akzeptieren könnte.

c) Die Unternehmung ersetzt die alte Anlage durch eine neue. Die monatlichen Fixkosten betragen jetzt 24.000,00 €. Bei konstantem Verkaufspreis von 8,00 € beträgt der Deckungsbeitragssatz 37,5 % für die gesamte Monatsproduktion. Berechnen Sie die variablen Stückkosten und den Break-Even-Umsatz.

18. Die Video AG (Aufgabe 17.) ist auf einem sehr dynamischen Markt tätig. Da der Marktpreis für den Kassettentyp A weiter fällt, entschließt sich die Unternehmensleitung, nun die qualitativ höherwertigen Kassetten der Typen B, C und D ins Fertigungsprogramm aufzunehmen und A zu eliminieren.

rel.-db, zweistufige DB-Rechnung, Verdrängung eines Produktes

Für die Monatsproduktion gelten folgende Daten:

Typ	B	C	D
Stückpreis	5,50 €	12,00 €	28,00 €
variable Stückkosten	4,50 €	8,00 €	18,00 €
Fertigungsdauer	1,00 Min/St	2,00 Min/St	4,50 Min/St
maximal absetzbar	unbegrenzt	1.300 Stück	1.500 Stück
Lieferverpflichtung	1.000 Stück	0	0

Die neue Maschine hat eine Monatskapazität von 10 000 Minuten.

a) Erstellen Sie das optimale Produktionsprogramm für die neue Maschine.

b) Ermitteln Sie den maximalen Gesamtdeckungsbeitrag der Unternehmung.

c) Ermitteln Sie, wie sich das Ergebnis aus b) ändern würde, wenn die Unternehmung bei voller Auslastung der Kapazität keine Mindestliefermenge für das Produkt B beachten müsste.

d) Die Unternehmung plant die Einführung des neuen Produktes E. Die variablen Stückkosten (kv) werden bei 6,00 € liegen. Die Fertigungsdauer wird 3 Minuten betragen. Ermitteln Sie den Preis, der auf dem Markt erzielt werden muss, damit das Produkt E das Produkt B verdrängt, ohne dass sich der Gesamtdeckungsbeitrag verschlechtert.

19. Die XY AG produziert die Produkte A, B und C in drei Zweigwerken. Jedes Zweigwerk produziert nur ein Produkt.

BEP

Für das Zweigwerk III wird eine Break-Even-Analyse durchgeführt. In dem Zweigwerk gelten die durch die Graphen auf der nächsten Seite dargestellten Kosten- und Erlösfunktionen.

a) Übertragen Sie die Graphen in Ihr Heft und bezeichnen Sie sie.

b) Tragen Sie in Ihrem Heft die Graphen des Stückerlöses (e), Stückdeckungsbeitrages (db) und der variablen Stückkosten (kv) ein.

c) Markieren Sie in Ihrem Heft die Gesamtkosten (K) bei einer Ausbringungsmenge von 20.000 Stück.

d) Erstellen Sie auf Grund der von Ihnen erstellten Grafik die Gesamtkostenfunktion und die Erlösfunktion.

e) Berechnen Sie auf Grund der oben bestimmten Funktionen den Gesamtgewinn bei einer Ausbringungsmenge von 20.000 Stück.

f) Erklären Sie den Begriff Grenzkosten und beschreiben Sie den Unterschied zwischen Grenzkosten und Stückkosten.

g) Erklären Sie die Berechnung und die Bedeutung der kurzfristigen und der langfristigen Preisuntergrenze.

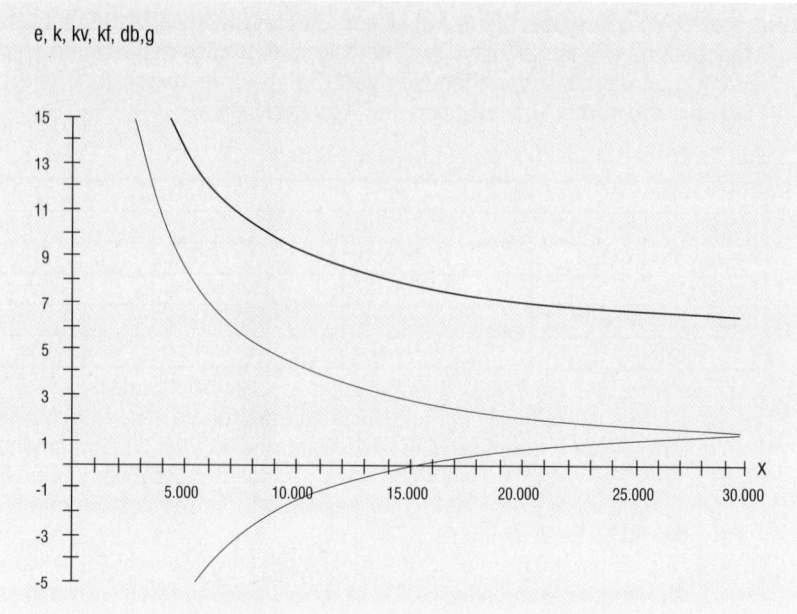

20. Die Kosten und Erlöse der drei Zweigwerke für die vergangene Periode sind durch folgende Funktionen gekennzeichnet:

Zweigwerk	Kostenfunktion	Preise	Abgesetzte Menge
I	$K_A = 19x + 30000$,	$e_A = 24{,}00$ DM	$x_A = 10.000$
II	$K_B = 16x + 40000$	$e_B = 18{,}00$ DM	$x_B = 15.000$
III	$K_C = 6x + 50000$	$e_C = 10{,}00$ DM	$x_C = 20.000$

Die unternehmensfixen Kosten betragen 60.000,00 DM je Periode.

mehrstufige DB-Rechnung

a) Ermitteln Sie das Betriebsergebnis mit Hilfe der mehrstufigen Deckungsbeitragsrechnung.

b) Das Produkt A, das erst vor kurzem auf den Markt gebracht wurde, hat sich gut entwickelt. Durch Preissteigerungen soll das Betriebsergebnis auf 20.000,00 DM pro Periode angehoben werden. Berechnen Sie den Preis, den die AG für das Produkt A fordern muss. (Alle anderen Werte bleiben unverändert.)

c) Berechnen Sie, um wieviel DM die fixen Kosten des schlechtesten Produktes abgebaut werden müssen, damit eine Einstellung des Produktes sinnvoll ist.

Eigenfertigung/ Fremdbezug

d) Die AG möchte durch Fremdbezug für das Produkt B mindestens einen DBII von 0 erzielen. Die fixen Kosten von B sind zu 50 % abbaubar. Bestimmen Sie den Einstandspreis, ab dem der Fremdbezug (bei unveränderter Menge) zu empfehlen ist.

rel. db

e) Erklären Sie die Unterschiede zwischen dem absoluten Stückdeckungsbeitrag und dem relativen Deckungsbeitrag (Berechnung, Anwendungsbereich, Aussage).

Zusammenfassende Übungen III

Die Textil AG, ein mittelständisches Unternehmen, das auf dem deutschen und seit einigen Jahren auch auf dem europäischen Markt tätig ist, sieht sich seit Jahren einer schwierigen Marktlage gegenüber. Billiganbieter aus den ehemaligen Ostblockländern und aus Fernost sowie hohe Lohnkosten und umfangreiche Umweltschutzbestimmungen erlauben keine kostendeckenden Preise. Ferner mussten empfindliche Umsatzeinbußen und Verluste von Marktanteilen hingenommen werden. Um diesem Trend entgegenzuwirken, hat die Unternehmung begonnen, sich ökologisch auszurichten. Inzwischen wird mehr als die Hälfte des Umsatzes mit hochwertigen ökologischen Produkten erzielt, und die AG ist in diesem Bereich Marktführer. Ein Ziel der Unternehmen ist die vollständige Umstellung auf ökologische Produkte.

1. Die Textil AG kauft zurzeit Jeans bei Herstellern in Billiglohnländern ein und vertreibt sie auf dem deutschen Markt. Neben diesen herkömmlichen Jeans möchte die AG in Zukunft Jeans in Deutschland unter Einhaltung strengster ökologischer Grundsätze herstellen und vertreiben. *Marketing*
   a) Begründen Sie, in welcher Phase des Produktlebenszykluses sich die herkömmlichen Jeans befinden.
   b) Begründen Sie, welche Preispolitik für die herkömmlichen Jeans sinnvoll ist.
   c) Begründen Sie, um welche Maßnahme der Produktpolitik es sich bei der Einführung der Ökojeans handelt.
   d) Entwickeln Sie für die Ökojeans eine Marketingstrategie (Kontrahierungs-, Distributions- und Kommunikationsmix).

2. Ein Zweigwerk der Textil AG fertigt T-Shirts. Es gelten folgende Werte: *Teilkostenrechnung*

Fixkosten pro Periode in EUR	150.000,00
variable Stückkosten in EUR	20,00
Fertigungszeit in Minuten	15
Angebotspreis (je Stück)	30,00
produzierte und verkaufte Stück	18.000,00
dabei ausgelastete Kapazität	90 %

   a) Ermitteln Sie das Betriebsergebnis.
   b) An einen Großkunden könnten 6.000 T-Shirts mit besonderer Ausstattung (Aufdruck) geliefert werden. Die Fertigungszeit würde bei 18 Minuten und die variablen Stückkosten bei 22,00 € liegen. Die Produktion und der Absatz der bisher produzierten T-Shirts kann problemlos bis auf 10.000 Stück vermindert werden. Prüfen Sie, welcher Preis mindestens erzielt werden muss, damit das Betriebsergebnis mindestens gleich bleibt (a)) und der Auftrag angenommen werden kann.
   c) In der nächsten Periode wird das Zweigwerk modernisiert, um flexibler auf den Markt reagieren zu können und den ökologischen Anforderungen gerecht zu werden. Die Kapazität steigt dadurch auf 8.000 Stunden. Auf der Anlage können dann auch wahlweise Sweat-Shirts und Hemden produziert werden. Für sie gelten folgende Angaben

	Sweat-Shirts	Hemden
Preis	40,00	55,00
kv	24,00	30,00
Fertigungszeit in Min.	22	30
maximal absetzbar	8.000	9.000

   Für die T-Shirts bestehen feste Lieferverträge über 10.000 Stück. Alle anderen Angaben bleiben unverändert.

Prüfen Sie, um wie viel EURO die Fixkosten maximal ansteigen dürfen, damit das Betriebsergebnis im Vergleich zu a) um mindestens 50 % verbessert wird.

Marketing 3. Für ein älteres Produkt des Betriebes wurde folgender Produktzyklus aus statistischen Werten ermittelt. Erklären Sie, auf welche Ursachen der angegebene Verlauf zurückzuführen sein könnte!

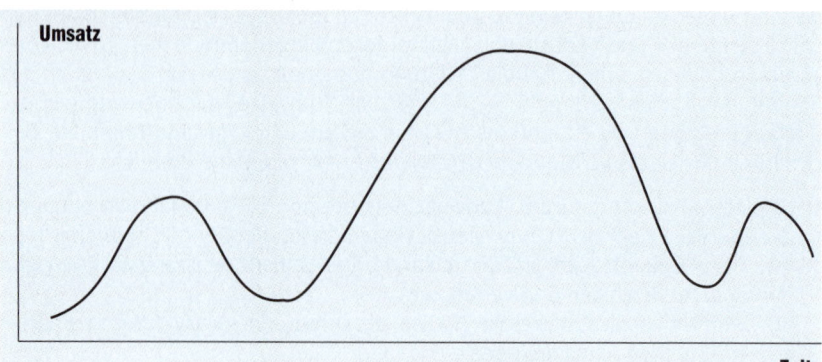

4. Für ein Tochterunternehmen wurde folgendes Portfolio erstellt

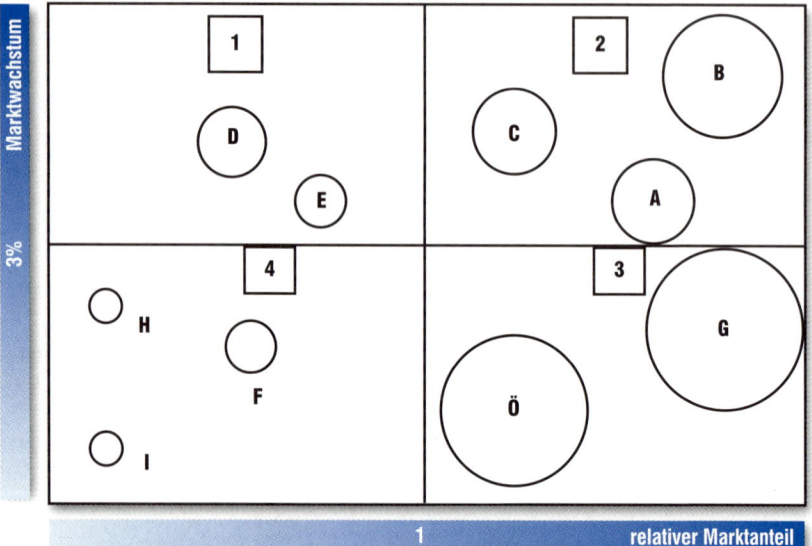

a) Benennen Sie das Portfolio, beschreiben Sie die Positionen der Produkte G und F sowie die Lage der Tochterunternehmung und entwickeln Sie eine Strategie für diese beiden Produkte

b) Die Tochterunternehmung bezieht bisher das Produkt W, das sich in der Einführungsphase befindet, als Handelsware von der Stoff GmbH. Aus finanziellen Gründen möchte der Hersteller sein Werk verkaufen. Der Umsatz von W liegt bei 5 Millionen € und das Marktwachstum bei 4 %. Der Markt für W wird von der Stoff GmbH und einem weiteren Hersteller beherrscht, von denen jeder einen Marktanteil von 40 % hat. Der Gesamtumsatz der Tochterunternehmung beträgt 50 Millionen € (= 10 cm). Bestimmen Sie die Position des Produktes W im Portfolio.

1 Jahresabschluss

Durch die Umwandlung von einer GmbH in eine Aktiengesellschaft haben sich für die UMTECH AG auch die gesetzlichen Vorschriften für die Buchfühung und den Jahresabschluss geändert. Die für sie wichtigsten Vorschriften findet man im Handelsgesetzbuch (HGB), im Aktiengesetz (AktG), in der Abgabenordnung (AO), im Einkommensteuergesetz (EStG) und im Körperschaftssteuergesetz (KStG).

Jede Unternehmung erstellt am Jahresende eine Bilanz und eine Gewinn- und Verlustrechnung. Dies liegt im eigenen Interesse des Betriebes, da die Wirtschaftlichkeit des Geschäftsbetriebes regelmäßig überprüft werden muss. Die gesetzliche Verpflichtung dafür ergibt sich aus § 242 HGB und § 141 AO (siehe Geschäftsbuchführung Kapitel 3). In der Regel wurde den folgenden Ausführungen die Vorschriften für die große Kapitalgesellschaft zu Grunde gelegt.

1.1 Adressaten, Rechnungslegungspflicht und Bestandteile

Am Jahresabschluss ist nicht nur der Betrieb, sondern verschiedene Institutionen interessiert. Die Gründe dafür reichen vom Interesse am Steueraufkommen bis zur Sicherheit von vergebenen Krediten. Die großen Aktiengesellschaften veröffentlichen deshalb zum Teil Geschäftsberichte, die weit über die gesetzlichen Vorschriften hinausgehen und der Darstellung der Unternehmung in der Öffentlichkeit dienen. Die folgende Übersicht zeigt die wichtigsten Adressaten, an die sich der Geschäftbericht wendet.

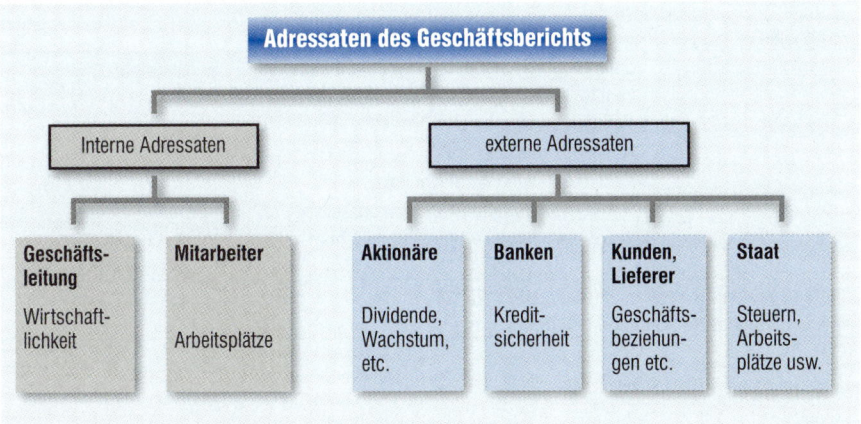

Umso größer ein Unternehmen ist, umso stärker sind die Auswirkungen der Geschäftsentwicklung auf Dritte. Damit nimmt auch das Interesse der Öffentlichkeit zu.

Oft hängt von der wirtschaftlichen Lage einer Unternehmung die Situation einer ganzen Region ab. Dann sind Kommunen, Verbände, Nachbarn usw. an dem Geschäftsbericht interessiert. Eine negative Geschäftsentwicklung kann schwer wiegende Auswirkungen auf Geschäftspartner, Banken, Mitarbeiter usw. haben.

Um die Interessen der Betroffenen zu schützen, wurden für den Jahresabschluss gesetzliche Regelungen geschaffen, die durch das Bilanzrichtliniengesetz zum Teil international geltenden Vorschriften angepasst wurden.

Die jeweils geltenden Vorschriften sind von der Größe und der Rechtsform der Unternehmung abhängig. Bei größeren Unternehmen werden höhere Anforderungen an die Tiefengliederung von Bilanz und Gewinn- und Verlustrechnung gestellt. Ferner muss bei größeren Unternehmen der Jahresabschluss von einer Wirtschaftsprüfungsgesellschaft geprüft und veröffentlicht werden. Im Einzelnen gelten folgende Vorschriften:

Exkurs: Größenklassen Übersicht		kleine Kapitalgesellschaft	mittlere Kapitalgesellschaft	große Kapitalgesellschaft und börsennotierte Kapitalgesellschaft
Krite rien	Bilanzsumme	< 5,31 Mio DM	liegen zwischen den kleinen und großen Kapitalgesellschaften	> 21,24 Mio
	Jahresumsatz	< 10,62 Mio DM		> 42,48 Mio
	Mitarbeiter Ø	< 50 Arbeitnehmer		> 250 Arbeitnehmer
Bilanzgliederung		Buchstaben + römische Ziffern	volle Gliederung, nach § 266 HGB	
GuV-Gliederung		Gliederungspunkt 1-5 darf zum Rohergebnis zusammengefasst werden		volle Gliederung nach § 275 HGB
Anhang		verkürzt	verkürzt	voll
Lagebericht		ja	ja	ja
Prüfpflicht		nein	ja	ja
Publikationspflicht		ohne Lagebericht, Bestätigungsvermerk und Bericht des Aufsichtsrates	gekürzte Bilanz, gekürzter Anhang	vollständig s. u.
		Einreichen zum Handelsregister, Veröffentlichung im Bundesanzeiger, bei welchem HR die Unterlagen einsehbar sind.		Veröffentlichung im Bundesanzeiger, Einreichung zum Handelsregister
Für die Einordnung in eine der drei Größenklassen müssen zwei der drei angegebenen Merkmale an zwei aufeinander folgenden Bilanzstichtagen erfüllt sein.				

Die folgenden Ausführungen basieren auf den Vorschriften zur großen Kapitalgesellschaft.

Der Vorstand einer AG hat innerhalb der ersten drei Monate des Geschäftsjahres den Jahresabschluss und den Lagebericht zu erstellen und den **Abschlussprüfern** (Wirtschaftsprüfer) vorzulegen. Der Jahresabschluss, der Lagebericht und der Prüfbericht ist vom Vorstand dem Aufsichtsrat zusammen mit einem Vorschlag zur Gewinnverwendung vorzulegen.

Nach Prüfung erstellt der Aufsichtsrat einen Bericht und leitet die Unterlagen der Hauptversammlung zu. Entscheiden Vorstand und Aufsichtsrat über die Gewinnverwendung, so ist der Gewinnverwendungsvorschlag des Aufsichtsrates und Vorstandes für die Hauptversammlung bindend. Diese kann dann nur noch über die Verwendung des Bilanzgewinns entscheiden. Überlässt der Vorstand und der Aufsichtsrat der Hauptversammlung die Entscheidung über die Verwendung des Jahresüberschusses, so beschließt diese auch über die Einstellung in die Rücklagen (§ 171 ff AktG).

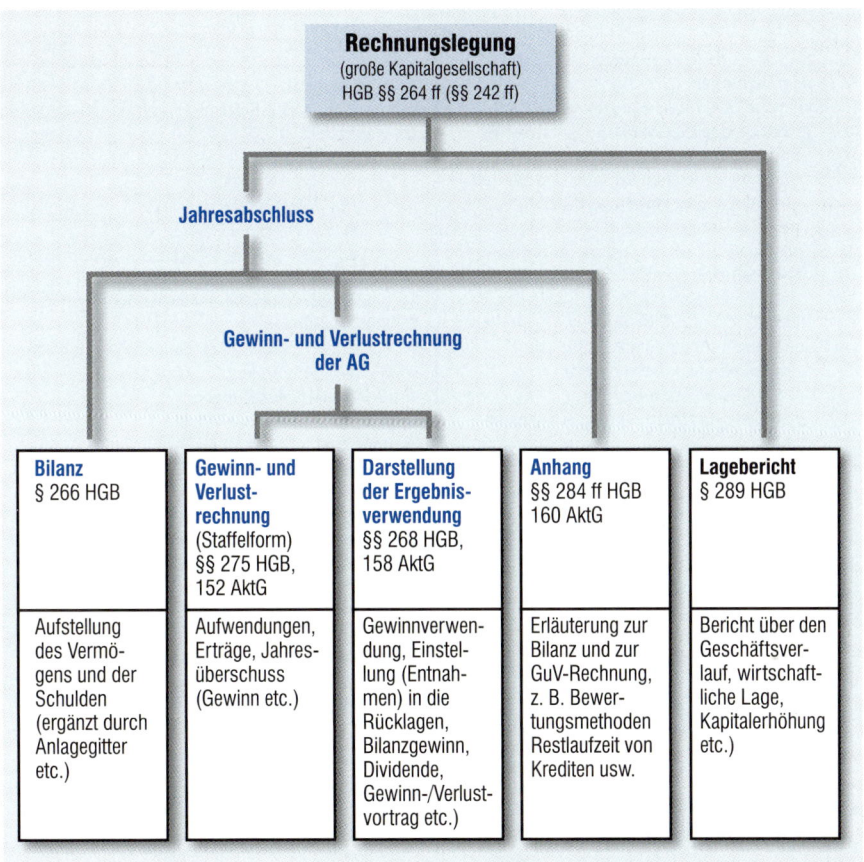

Neben den aus der obigen Übersicht zu entnehmenden Unterlagen muss eine große Kapitalgesellschaft den Bestätigungsvermerk der Prüfungsgesellschaft, den Bericht des Aufsichtsrates, den Vorschlag zur Gewinnverwendung (soweit nicht in der Ergebnisverwendung enthalten) und den Beschluss über die Gewinnverwendung veröffentlichen. Der Prüfungsvermerk muss bestätigen, dass der Jahresabschluss und der Lagebericht Gesetz und Satzung entsprechen und ein den tatsächlichen Verhältnissen entsprechendes Bild der Vermögens-, Finanz- und Ertragslage geben.

1.2 Bilanz

Die Bilanz ist in Kontenform zu erstellen. Diese Vorschrift gilt für alle Unternehmen, die zur Bilanzerstellung verpflichtet sind. Die Aktiva nehmen als Seite der Mittelverwendung alle Vermögenstitel auf. Die Passiva verzeichnen die Herkunft des Vermögens.

Die Gliederung ist für die große Kapitalgesellschaft verbindlich im § 266 HGB vorgegeben:

1.2.1 Bilanzgliederung

Bilanz

Aktiva	Passiva
A. Anlagevermögen	**A. Eigenkapital:**
I. Immaterielle Vermögensgegenstände:	I. Gezeichnetes Kapital;
1. Konzessionen, gewerbliche Schutzrechte und ähnliche Rechte und Werte sowie Lizenzen an solchen Rechten und Werten;	II. Kapitalrücklage;
2. Geschäfts- oder Firmenwert;	III. Gewinnrücklagen:
3. geleistete Anzahlungen;	1. gesetzliche Rücklage;
II. Sachanlagen:	2. Rücklage für eigene Anteile;
1. Grundstücke, grundstücksgleiche Rechte und Bauten einschließlich der Bauten auf fremden Grundstücken;	3. satzungsmäßige Rücklagen;
2. technische Anlagen und Maschinen;	4. andere Gewinnrücklagen;
3. andere Anlagen, Betriebs- und Geschäftsaus-stattung;	IV. Gewinnvortrag/Verlustvortrag;
4. geleistete Anzahlungen und Anlagen im Bau;	V. Jahresüberschuss/Jahresfehlbetrag.
III. Finanzanlagen:	**B. Rückstellungen:**
1. Anteile an verbundenen Unternehmen;	1. Rückstellungen für Pensionen und ähnliche Verpflichtungen;
2. Ausleihungen an verbundene Unternehmen;	2. Steuerrückstellungen;
3. Beteiligungen;	3. sonstige Rückstellungen.
4. Ausleihungen an Unternehmen, mit denen ein Beteiligungsverhältnis besteht;	**C. Verbindlichkeiten:**
5. Wertpapiere des Anlagevermögens;	1. Anleihen, davon konvertibel;
6. sonstige Ausleihungen.	2. Verbindlichkeiten gegenüber Kreditinstituten;
B. Umlaufvermögen:	3. erhaltene Anzahlungen auf Bestellungen;
I. Vorräte:	4. Verbindlichkeiten aus Lieferungen und Leistungen;
1. Roh-, Hilfs- und Betriebsstoffe;	5. Verbindlichkeiten aus der Annahme gezogener Wechsel und der Ausstellung eigener Wechsel;
2. unfertige Erzeugnisse, unfertige Leistungen;	6. Verbindlichkeiten gegenüber verbundenen Unternehmen;
3. fertige Erzeugnisse und Waren;	7. Verbindlichkeiten gegenüber Unternehmen, mit denen ein Beteiligungsverhältnis besteht;
4. geleistete Anzahlungen;	8. sonstige Verbindlichkeiten, davon aus Steuern, davon im Rahmen der sozialen Sicherheiten.
II. Forderungen und sonstige Vermögensgegenstände:	**D. Rechnungsabgrenzungsposten.**
1. Forderungen aus Lieferungen und Leistungen;	
2. Forderungen gegen verbundene Unternehmen;	
3. Forderungen gegen Unternehmen, mit denen ein Beteiligungsverhältnis besteht;	
4. sonstige Vermögensgegenstände;	
III. Wertpapiere:	
1. Anteile an verbundenen Unternehmen;	
2. eigene Anteile;	
3. sonstige Wertpapiere;	
IV. Schecks, Kassenbestand, Bundesbank- und Postgiroguthaben, Guthaben bei Kreditinstituten	
C. Rechnungsabgrenzungsposten.	

1.2.2 Erläuterungen zu den wichtigsten Bilanzpositionen

Bei den **immateriellen Vermögensgegenständen** handelt es sich um Rechte wie z. B. Patente, Warenzeichen, Lizenzen, Wasserrechte usw. oder um den Geschäfts- oder Firmenwert. Immaterielle Wirtschaftsgüter können nur **aktiviert** werden, wenn sie käuflich erworben werden. Erwirbt die Unternehmung ein Patent (Recht zur alleinigen Verwertung einer Erfindung) oder ein sonstiges Recht durch einmalige Zahlung, so wird das Gut in der Buchhaltung ähnlich wie Sachanlagevermögen behandelt. Der Firmenwert ist der Teil des Kaufpreises, der für einen Betrieb über den Wert des Vermögens abzüglich Schulden hinaus bezahlt wird. Er stellt ein Entgelt für den Ruf, das Know how usw. dar.

Aktivieren: Als Vermögen ausweisen. Auf die Aktivseite der Bilanz schreiben.

Zum **Sachanlagevermögen** gehören alle abnutzbaren und nicht abnutzbaren Vermögensgegenstände, die für längere Zeit dem Unternehmen dienen. Da die Bilanz nur die Endbestände ausweist, ist die Entwicklung des Anlagevermögens (Anschaffungskosten, Zugänge usw.) im Anhang näher zu erläutern (Anlagegitter).

Unter den **Finanzanlagen** werden Wertpapiere (Aktien, festverzinsliche Wertpapiere), mit denen eine längere Geldanlage beabsichtigt wird, aufgeführt. Werden Wertpapiere mit Beteiligungsabsicht gehalten, so gehören diese Papiere immer zu den Finanzanlagen. Von einer Beteiligungsabsicht ist auszugehen, wenn die Aktien mindestens 20 % des gezeichneten Kapitals verbriefen. Ferner gehören alle langfristigen Ausleihungen (Hypotheken, Darlehen usw.) zu den Finanzanlagen.

Im Gegensatz zum **Anlagevermögen** bleibt das **Umlaufvermögen** nur kurzfristig im Unternehmen. Neben den **Vorräten** und **Forderungen** werden auch **Wertpapiere,** die nur kurzfristig zur Anlage von Liquiditätsüberschüssen oder zu Spekulationszwecken gehalten werden im Umlaufvermögen angesetzt. Besitzwechsel werden unter die Forderungen eingeordnet. Die **flüssigen Mittel** enthalten neben dem Kassenbestand alle sofort fälligen Beträge auf Konten bei Kreditinstituten. Weist das Bankkonto eine Verbindlichkeit aus, wird es auf der Passivseite bilanziert.
Die **Rechnungsabgrenzungsposten** dienen der zeitlichen Abgrenzung von Aufwendungen zwischen den Geschäftsjahren.

Das Eigenkapital einer AG muss auf der Passivseite differenziert ausgewiesen werden. Das **gezeichnete Kapital** (Grundkapital) entspricht der Summe der Nennwerte aller Aktien. Der Nennwert einer Aktie muss 5,00 DM bzw. 1,00 € oder ein Vielfaches davon betragen. Bei einer Kapitalerhöhung werden die jungen Aktien in der Regel zu einem Ausgabekurs abgegeben, der über dem Nennwert liegt (Die Ausgabe zu einem Kurs unter dem Nennwert ist nicht zulässig). Dieses Agio wird in die **Kapitalrücklage** gebucht.

Agio: Aufgeld

Beispiel

Die UMTECH AG führt eine Kapitalerhöhung durch. Es werden 1.000.000 Aktien zu einem Nennwert von 5,00 € und einem Kurswert von 8,00 € ausgegeben.

Buchungssatz:

				S	H
2800 Bank	an	3000	gez. Kapital	8.000.000,00	5.000.000,00
		3100	Kapitalrücklage		3.000.000,00

Die Gewinnrücklagen dienen der Kapitalbildung

Die **Gewinnrücklagen** nehmen den im Unternehmen verbleibenden Anteil des Jahresüberschusses auf. Sie dienen der Sicherung des Unternehmensbestandes und der Kapitalbildung. Sie bestehen aus den **gesetzlichen Rücklagen**, den satzungsmäßigen Rücklagen und den anderen Rücklagen. Die Einstellung in die gesetzlichen Rücklagen ist vom Aktiengesetz vorgeschrieben (siehe 1.4). Die Satzung regelt die Bildung der satzungsmäßigen Rücklagen. Über die Einstellung in die **anderen Gewinnrücklagen** entscheiden Vorstand und Aufsichtsrat oder die Hauptversammlung (siehe 1.4)

Der Gewinn der AG wird Jahresüberschuss genannt. Bilanzgewinn: Teil des Gewinns, der zur Ausschüttung zur Verfügung steht.

Wird in der Bilanz das Eigenkapital vor Gewinnverwendung ausgewiesen, so erscheint der **Gewinnvortrag/Verlustvortrag** des Vorjahres und der **Jahresüberschuss** in der Bilanz. Wird das Eigenkapital nach teilweiser Gewinnverwendung bilanziert, so erscheint der Bilanzgewinn. Nach vollständiger Gewinnverwendung erscheint nur noch der Gewinn- oder Verlustvortrag für das nächste Jahr in der Bilanz (siehe 1.4).

Erscheinen **Sonderposten mit Rücklageanteil** in der Bilanz, so dienen diese der steuerbegünstigten Übertragung (§ 6 b EStG) von Gewinnen, die aus Verkäufen von Anlagevermögen entstanden sind. Dieser Bilanzposten enthält Gewinnbestandteile, die zum Eigenkapital gehören und gestundete Steuern, die als Schulden gegenüber dem Finanzamt Fremdkapital darstellen.

Rückstellungen sind Verbindlichkeiten, die in ihrer Ursache bekannt, in ihrer Höhe und Fälligkeit aber unbekannt sind. Die Bilanzgliederung nennt Pensionsrückstellungen, Steuerrückstellungen und sonstige Rückstellungen. Unter den Pensionsrückstellungen werden die Rentenansprüche der Mitarbeiter aus Betriebsrenten passiviert. Erwartete Steuernachzahlungen werden unter Steuerrückstellungen bilanziert. Zu den anderen Rückstellungen gehören Rückstellungen für ungewisse Verbindlichkeiten, für Prozesskosten, für unterlassene Instandhaltung, für Abraumbeseitigung usw.

Bei **Verbindlichkeiten** ist in kurzfristige Verbindlichkeiten mit einer Restlaufzeit von bis zu einem Jahr und in langfristige Verbindlichkeiten mit einer Restlaufzeit von über einem Jahr zu unterscheiden. Verbindlichkeiten gegenüber Unternehmen, mit denen ein Beteiligungsverhältnis besteht, sind getrennt auszuweisen.

Die **Rechnungsabgrenzungsposten** dienen der zeitlichen Abgrenzung von Erträgen zwischen den Geschäftsjahren.

Häufig wird im Geschäftsbericht die Bilanz nach den Gliederungsvorschriften für die kleine Kapitalgesellschaft veröffentlicht. Die Positionen werden dann im Anhang entsprechend der Gliederung der großen Kapitalgesellschaft aufgeschlüsselt.

Beispiel

Für das vergangene Geschäftsjahr erstellt die UMTECH AG folgende Bilanz (aus Gründen der Übersichtlichkeit wurde die Gliederung der kleinen Kapitalgesellschaft zu Grunde gelegt. Das Eigenkapital wurde detailliert ausgewiesen):

Bilanz (in Mio EUR)

	02	01		02	01
Anlagevermögen			**Eigenkapital**		
Immaterielle Vermögensgegenstände	2,3	1,3	gezeichnetes. Kapital	100,0	100,0
Sachanlagevermögen	89,3	70,3	Kapitalrücklagen	6,3	6,3
Finanzanlagen	5,3	5,3	Gewinnrücklagen		
Umlaufvermögen			gesetzliche Rücklagen	1,5	0,8
Vorräte	80,0	75,0	andere Gewinnrücklagen	10,0	6,0
Forderungen	85,5	78,0	Gewinnvortrag des Vorjahres	0,4	0,1
Wertpapiere	3,7	4,5	Jahresüberschuss	24,0	14,0
Guthaben bei Kreditinstituten, Kasse	1,9	1,4	**Rückstellungen**	16,6	15,4
Rechnungsabgrenzungsposten	0,1	0,1	**Verbindlichkeiten**	109,2	93,2
			Rechnungsabgrenzungsposten	0,1	0,1
	268,1	**235,9**		**268,1**	**235,9**

1.3 Gewinn- und Verlustrechnung

Die GuV kann im Gesamtkostenverfahren oder im Umsatzkostenverfahren erstellt werden. Die folgenden Ausführungen werden sich auf das Gesamtkostenverfahren beschränken.

1.3.1 Gliederung der Gewinn- und Verlustrechnung

Die Gewinn- und Verlustrechnung ist nach § 275 HGB in Staffelform zu erstellen.

Erläuterungen be-schränken sich auf das Gesamtkosten-verfahren.

1. Umsatzerlöse
2. Erhöhung oder Verminderung des Bestands an fertigen und unfertigen Erzeug-nissen
3. andere aktivierte Eigenleistungen
4. sonstige betriebliche Erträge
5. Materialaufwand:
    a) Aufwendungen für Roh-, Hilfs- und Betriebsstoffe und für bezogene Waren
    b) Aufwendungen für bezogene Leistungen
6. Personalaufwand:
    a) Löhne und Gehälter
    b) soziale Abgaben und Aufwendungen für Altersversorgung und für Unter-stützung
7. Abschreibungen:
    a) auf immaterielle Vermögensgegenstände des Anlagevermögens und auf Sach-anlagen sowie auf aktivierte Aufwendungen für die Ingangsetzung und Erwei-terung des Geschäftsbetriebs
    b) auf Vermögensgegenstände des Umlaufvermögens, soweit diese die in der Kapitalgesellschaft üblichen Abschreibungen überschreiten
8. sonstige betriebliche Aufwendungen
9. Erträge aus Beteiligungen, davon aus verbundenen Unternehmen
10. Erträge aus anderen Wertpapieren und Ausleihungen des Finanzanlagevermö-gens, davon aus verbundenen Unternehmen
11. sonstige Zinsen und ähnliche Erträge, davon aus verbundenen Unternehmen

12. Abschreibungen auf Finanzanlagen und auf Wertpapiere des Umlaufvermögens
13. Zinsen und ähnliche Aufwendungen, davon an verbundenen Unternehmen
14. Ergebnis der gewöhnlichen Geschäftstätigkeit
15. außerordentliche Erträge
16. außerordentliche Aufwendungen
17. außerordentliches Ergebnis
18. Steuern vom Einkommen und vom Ertrag
19. sonstige Steuern
20. Jahresüberschuss/Jahresfehlbetrag.

Bereitet man die Gliederung durch das Einfügen der Teilergebnisse auf, so ergibt sich folgendes Bild

Umsatzerlöse	*Gesamt-*		
± (Bestandsveränderungen UFE/FE	*leistung*	*Roh-*	
+ andere aktivierte Eigenleistungen		*ergebnis*	
+ sonstige betriebliche Erträge			**Betriebs**
– Materialaufwand			**ergebnis**
– Personalaufwand			
– Abschreibungen			
– sonstige betiebliche Aufwendungen			
+ Erträge aus Beteiligungen			
+ sonstige Zinsen und ähnl. Erträge	**Finanz-**		
– Abschr. auf Fin.-Anl. und WP d. UV	**ergebnis**		
– Zinsen und ähnliche Aufwendungen			
= Ergebnis der gewöhnlichen Geschäftstätigkeit			
+ außerordentliche Erträge			
– außerordentliche Aufwendungen			
= außerordentliches Ergebnis			
– Steuern vom Einkommen und vom Ertrag			
– sonstige Steuern			
= Jahresüberschuss/Jahresfehlbetrag			

1.3.2 Erläuterung zu den wichtigsten Positionen der GuV

Die **Gesamtleistung,** der **Rohertrag** und das Betriebsergebnis werden in der Regel nicht ausgewiesen. Kleine und mittelgroße Kapitalgesellschaften dürfen die oben angeführten Positionen zum Rohertrag zusammenfassen (§ 276 HGB).

Das **Betriebsergenis**, die außerordentlichen Erträge und die außerordentlichen Aufwendungen stimmen nicht mit denen in der Kosten- und Leistungsrechnung überein. Als **außerordentliche Aufwendungen und Erträge** werden nach dem HGB Aufwendungen und Erträge, die ungewöhnlich, selten und von einigem Gewicht sind (z. B. Betriebsstilllegung auf Grund behördlicher Anordnung) betrachtet.

Sonstige betriebliche Aufwendungen und **sonstige betriebliche Erträge** nehmen als Sammelposten alle innerhalb der gewöhnlichen Geschäftstätigkeit anfallenden Aufwendungen und Erträge auf, soweit sie nicht nach den Gliederungsvorschriften getrennt auszuweisen sind.

Die sonstigen Steuern können den sonstigen betrieblichen Aufwendungen zugeordnet werden.

Beispiel

Die UMTECH AG veröffentlicht folgende vereinfachte GuV:

Gewinn- und Verlustrechnung (in Mio EUR):

	02		01	
Umsatzerlöse	762,0		717,8	
Bestandmehrungen	0,1		0,1	
aktivierte Eigenleistungen	0,3		0,4	
(Gesamtleistung)		762,4		718,3
sonstige betriebliche Erträge		1,4		1,3
		763,8		719,60
Materialaufwand	300,0		285,2	
Personalaufwand	303,9		298,2	
Abschreibungen	15,0		14,2	
sonstige betriebliche Aufwendungen	88,0	-706,9	85,0	-682,6
(Betriebsergebnis)		56,9		37,0
Erträge aus Beteiligungen	0,1		0,1	
sonstige Zinsen und ähnliche Erträge	0,4		0,4	
Zinsen und ähnliche Aufwendungen	13,4		12,5	
(Finanzergebnis)		-12,9		-12,0
Ergebnis der gewöhnlichen Geschäftstätigkeit		44,0		25,0
Steuern vom Einkommen und Ertrag		-20,0		-11,0
Jahresüberschuss		**24,0**		**14,0**

(Die in () stehenden Teilergebnisse werden häufig nicht ausgewiesen. Nicht ausgewiesene Positionen sind nicht angefallen.)

1.4 Ergebnisverwendung

Bei Aktiengesellschaften muss auch über die Verwendung des Jahresüberschusses entschieden werden.

1.4.1 Vorschriften zur Ergebnisverwendung

Bei Aktiengesellschaften ist die Gewinn- und Verlustrechnung um die Gewinnverwendung nach § 158 AktG wie folgt zu erweitern:

1. Gewinnvortrag/Verlustvortrag aus dem Vorjahr
2. Entnahmen aus der Kapitalrücklage
3. Entnahmen aus Gewinnrücklagen
   a) aus der gesetzlichen Rücklage
   b) aus der Rücklage für eigene Aktien
   c) aus satzungsmäßigen Rücklagen
   d) aus anderen Gewinnrücklagen
4. Einstellungen in Gewinnrücklagen
   a) in die gesetzliche Rücklage
   b) in die Rücklage für eigene Aktien
   c) in satzungsmäßige Rücklagen
   d) in andere Gewinnrücklagen
5. Bilanzgewinn/Bilanzverlust.

Die vorstehenden Angaben können auch im Anhang gemacht werden.

Stellen der Vorstand und der Aufsichtsrat den Bilanzgewinn fest, so kann die Hauptversammlung nur noch über den Bilanzgewinn entscheiden. Dazu sind folgende Angaben zu veröffentlichen:

1. der Bilanzgewinn;
2. der an die Aktionäre auszuschüttende Betrag;
3. die in Gewinnrücklagen einzustellenden Beträge;
4. ein Gewinnvortrag;
5. der zusätzliche Aufwand auf Grund des Beschlusses.

Stellt die Hauptversammlung keine weiteren Beträge in die Gewinnrücklagen ein, so ergibt sich folgende verkürzte Berechnung:

Ergebnisverwendung/Gewinnverwendung

Jahresüberschuss/Jahresfehlbetrag
± Gewinnvortrag/Verlustvortrag aus dem Vorjahr
+ Entnahmen aus der Kapitalrücklage
+ Entnahmen aus den Gewinnrücklagen (gesetzl., satzungsm., andere)
− Einstellungen in die Gewinnrücklagen (gesetzl., satzungsm., andere)
= **Bilanzgewinn/Bilanzverlust**
− Dividende
= **Gewinnvortrag/Verlustvortrag**

Die Einstellung in die gesetzlichen Rücklagen muss nach den gesetzlichen Vorschriften des § 150 AktG erfolgen. Nach diesen sind „in die gesetzliche Rücklage der zwanzigste Teil des um einen Verlustvortrag aus dem Vorjahr geminderten Jahresüberschusses einzustellen, bis die gesetzliche Rücklage und die Kapitalrücklagen nach § 272 Abs. 2 Nr. 1 bis 3 des Handelsgesetzbuchs zusammen den Zehnten oder den in der Satzung bestimmten höheren Teil des Grundkapitals erreichen.

Die gesetzlichen Rücklagen dürfen, soweit sie die gesetzliche Höhe nicht übersteigen, nur zum Ausgleich eines Jahresfehlbetrages oder eines Verlustvortrages verwendet werden.
Stellt der Vorstand und der Aufsichtsrat den Jahresabschluss fest, so können sie bis zu 50 % des Jahresüberschusses in die anderen Rücklagen einstellen, soweit diese 50 % des gezeichneten Kapitals nicht übersteigen (§ 58 AktG).

Die Dividende wird in der Regel in € je Aktie angegeben. Der Nennwert einer Aktie beträgt 5,00 DM bzw. 1 € oder ein Vielfaches davon. Die Summe der Nennwerte aller Aktien stimmt mit dem gezeichneten Kapital überein.

Beispiel

Für die Ergebnisverwendung der UMTECH AG gelten folgende Vorgaben: Die Einstellung in die gesetzlichen Rücklagen soll nach den gesetzlichen Vorschriften erfolgen. Im Jahr 1997 wurden 4 Millionen € und im Jahr 1998 10 Millionen € in die anderen Rücklagen eingestellt. Im Jahr 1997 wurde eine Dividende von 4,50 € je 50,00 € je Aktie ausgeschüttet. Auf Grund des guten Geschäftsverlaufs sollen im Jahr 1998 eine Dividende von 6,50 € je 50,00 € Aktie ausgeschüttet werden.

Ergebnisverwendung (in Mio EUR):

	02	01
Jahresüberschuss	**24,0**	**14,0**
+ Gewinnvortrag aus dem Vorjahr	0,4	0,1
− Einstellung in die gesetzlichen Rücklagen[1]	1,2	0,7
− Einstellung in die anderen Gewinnrücklagen	10,0	4,0
Bilanzgewinn	**13,2**	**9,4**
− Dividende[2]	13,0	9,0
Gewinnvortrag	**0,2**	**0,4**

[1] Einstellung in die gesetzlichen Rücklagen:
01: 5 % von 14 Mio − 0 = 0,7 Mio €.
02: 5 % von 24 Mio − 0 = 1,2 Mio €.

Die gesetzlichen Rücklagen erreichen weder im Jahr 01 noch im Jahr 02 die Obergrenze
(Kapitalrücklage + geseztliche Rücklage = 10 % des gezeichneten Kapitals = 10 % von 100 Mio € = 10 Mio €)

Übersteigt die gesetzliche Rücklage durch Einstellung von 5 % des Jahresüberschusses die Obergrenze (Kapitalrücklage + gesetzliche Rücklage = 10 % des gezeichneten Kapitals), so muss die gesetzliche Rücklage nur bis zur Obergrenze aufgefüllt werden.

[2] 01: Dividende $= \dfrac{100 \text{ Mio} \bullet 4,50}{50} = 9 \text{ Mio } €$

02: Dividende $= \dfrac{100 \text{ Mio} \bullet 6,50}{50} = 13 \text{ Mio } €$

Buchung (02):

Einstellung in die Rücklagen

				S	H
8020 GuV	an	3210	gesetzl. Rückl.	11.200.000,00	1.200.000,00
		3240	andere Gewinnr.		10.000000,00

1.4.2 Ergebnisverwendung und Bilanzierung des Eigenkapitals

Das Handelsgesetzbuch erlaubt die Darstellung des Eigenkapitals in der Bilanz vor Gewinnverwendung und nach teilweiser Gewinnverwendung (§ 268 (1) HGB). Bei einer Bilanzierung nach teilweiser Gewinnverwendung wird nicht der Jahresüberschuss und der Gewinnvortrag aus dem Vorjahr ausgewiesen, sondern der Bilanzgewinn bzw. der Bilanzverlust (mit negativem Vorzeichen).

Beispiel

Auf Grund der bisher gemachten Angaben ergibt sich folgendes Bild für die Darstellung des Eigenkapitals:

Bilanzierung des Eigenkapitals vor Gewinnverwendung (in Mio EUR):

	02
Eigenkapital	
gezeichnetes. Kapital	100,0
Kapitalrücklagen	6,3
Gewinnrücklagen	
gesetzliche Rücklagen	1,5
andere Gewinnrücklagen	10,0
Gewinnvortrag des Vorjahres	0,4
Jahresüberschuss	24,0
:	:

Bilanzierung des Eigenkapitals nach teilweiser Gewinnverwendung (in Mio EUR):

	02
Eigenkapital	
gezeichnetes. Kapital	100,0
Kapitalrücklagen	6,3
Gewinnrücklagen	
gesetzliche Rücklagen	2,7
andere Gewinnrücklagen	20,0
Bilanzgewinn	13,2
:	:

Bei der Bilanzierung nach teilweiser Gewinnverwendung wurde die Einstellung in die Gewinnrücklagen bereits vorgenommen. Es wird der Bilanzgewinn ausgewiesen.

Eigenkapital nach vollständiger Gewinnverwendung (in Mio EUR):

	02
Eigenkapital	
gezeichnetes. Kapital	100,0
Kapitalrücklagen	6,3
Gewinnrücklagen	
gesetzliche Rücklagen	2,7
andere Gewinnrücklagen	20,0
Gewinnvortrag	0,2
:	:

Stellt man das Eigenkapital nach Abfluss der Dividende dar, so ergibt sich oben stehendes Bild. Die Dividende wurde ausbezahlt und hat die flüssigen Mittel oder andere Vermögensteile (z. B. Wertpapiere des Umlaufvermögens) vermindert oder zu einer Kreditaufnahme geführt. In dem obigen Beispiel hat die Hauptversammlung keine weiteren Beträge in die Gewinnrücklagen eingestellt. Der Gewinnvortrag wird auf nächste Jahr vorgetragen und ist Bestandteil des Eigenkapitals.

1.4.3 Auflösung von Rücklagen

Gesetzliche Rücklagen und Kapitalrücklagen können, soweit sie den gesetzlich geforderten Wert nicht übersteigen, nur zur Abdeckung eines Jahresfehlbetrages oder zur Abdeckung eines Verlustvortrages verwendet werden, wenn ein Ausgleichen durch andere Gewinnrücklagen nicht möglich ist (§ 150 (3) AktG). Da bei einer Aktiengesellschaft kein Eigentümer für Verluste haftet, dienen diese Rücklagen u. a. der Sicherung der Unternehmung und dem Schutz der Gläubiger.

Kapitalrücklage und gesetzliche Rücklage dienen ausschließlich dem Ausgleich von Verlusten

Die anderen Gewinnrücklagen können auch zur Erhöhung des Bilanzgewinns und damit zur Erhöhung der Dividende aufgelöst werden. Viele Aktiengesellschaften bemühen sich, Schwankungen bei der Dividende zu vermeiden, und setzen die anderen Gewinnrücklagen zur Dividendenpflege ein.

andere Gewinnrücklagen können zur Erhöhung der Dividende aufgelöst werden.

Beispiel

Auflösung gesetzlicher Rücklagen

Für die TEXTIL AG war 02 ein schwieriges Geschäftsjahr.
Die Bilanz weist folgende Werte aus:

Gezeichnetes Kapital	80 Mio €
Kapitalrücklagen	2 Mio €
gesetzliche Rücklagen	3 Mio €
andere Gewinnücklagen	1 Mio €
Sonstige Angaben:	
Gewinnvortrag aus dem Vorjahr	0
Jahresfehlbetrag	2,1 Mio €

Der Vorstand und der Aufsichtsrat schlagen folgende Gewinnverwendung vor: Aufgrund der schlechten Geschäftslage soll keine Dividende ausgeschüttet werden. 2 Millionen € sollen aus den Rücklagen entnommen werde. Der Rest soll auf neue Rechnung vorgetragen werden.

Ergebnisverwendung (in Mio EUR):

	1998
Jahresfehlbetrag	**2,1**
+ Gewinnvortrag aus dem Vorjahr	0,0
+ Entnahme aus den anderen Gewinnrücklagen	1,0
+ Entnahme aus den gesetzlichen Rücklagen	1,0
Bilanzverlust	**0,1**
− Dividende2)	0,0
Verlustvortrag	**0,1**

In der Bilanz werden dadurch die Gewinnrücklagen vollständig aufgelöst. Die gesetzlichen Rücklagen sinken auf 2 Mio €.

Auflösung von anderen Gewinnrücklagen zur Erhöhung der Dividende

Für die Ausschütt AG war 02 ein schwieriges Geschäftsjahr. Die Bilanz weist folgende Werte aus:

Gezeichnetes Kapital	80,0 Mio €
Kapitalrücklagen	5,0 Mio €
gesetzliche Rücklagen	2,8 Mio €
andere Gewinnrücklagen	20,0 Mio €
sonstige Angaben:	
Gewinnvortrag aus dem Vorjahr	0
Jahresüberschuss	6,0 Mio €

Der Vorstand und der Aufsichtsrat schlagen folgende Gewinnverwendung vor: Wie in den letzten Jahren möchte die AG eine Dividende von 5,00 € je 50,00 EUR-Aktie ausschütten. Ein Gewinnvortrag ist nicht geplant.

Ergebnisverwendung (in Mio EUR):

	02
Jahresüberschuss	6,0
+ Gewinnvortrag aus dem Vorjahr	0,0
− **Einstellung in die gesetzlichen Rücklagen**[1]	**0,2**
+ **Entnahme aus den anderen Gewinnrücklagen**	**2,2**
Bilanzgewinn	8,0
− **Dividende**[2]	**8,0**
Gewinnvortrag	0,0

[1] Einstellung in die gesetzliche Rücklage:
02: 5 % von 6 Mio − 0 = 0,3 Mio €.
Die Obergrenze von 10 % von 80 Mio € = 8 Mio € wird durch die Einstellung **überschritten** (5+ 2,8 + 0,3 > 8). **Es müssen nur 0,2 Mio € eingestellt werden.**

[2] $\text{Dividende} = \dfrac{80 \text{ Mio} \cdot 5,00}{50} = 8 \text{ Mio. } €$

Um die geplante Dividende auszuschütten, reicht der Jahresüberschuss nicht aus. Um einen entsprechenden Bilanzgewinn auszuweisen, müssen 2,2 Mio € aus den anderen Gewinnrücklagen entnommen werden.
In der Bilanz steigen die gesetzlichen Rücklagen auf 3 Mio € und erreichen damit zusammen mit der Kapitalrücklage 10 % des gezeichneten Kapitals. Die anderen Gewinnrücklagen sinken auf 17,8 Mio €.

1.5 Der Anhang

Der Anhang enthält nähere Erläuterungen zur Bilanz und Gewinn- und Verlust-rechnung. So liefert z. B. das Anlagegitter zusätzliche Angaben zum Anlagevermögen, bei dem in der Bilanz nur die Endbestände ausgewiesen sind. Das Anlagegitter gibt zusätzlich die Anschaffungs- und Herstellungskosten, die Zu- und Abgänge, die Um-buchungen, die Abschreibungen und die Zuschreibungen an. Das folgende Beispiel zeigt das Anlagegitter einer großen deutschen Unternehmung.

Immaterielle Vermögensgegenstände und Sachanlagen

Mio. DM	30.9.97	Wäh-rungs-ände-rung	Zu-gänge	Umbu-chun-gen	Ab-gänge	30.9.98	Kumulierte Abschrei-bungen	Netto-wert 30.9.98	Netto-wert 30.9.97	Abschrei-bungen des Geschäfts-jahrs
Immaterielle Vermögensgegenstände										
Patente, Lizenzen und ähnliche Rechte	1.045	– 57	1.126		300	1.814	530	1.284	503	252
Geschäfts- und Firmenwerte	2.042	– 120	3.019		392	4.549	415	4.134	1.657	436
	3.087	– 177	4.145		692	6.363	945	5.418	2.160	688
Sachanlagen										
Grundstücke, grundstücks-gleiche Rechte und Bauten einschließlich der Bauten auf fremden Grundstücken	16.308	– 312	2.585	237	698	18.120	8.362	9.758	9.396	1.361
Technische Anlagen und Maschinen	18.775	– 485	2.908	867	1.488	20.577	14.008	6.569	6.264	2.329
Andere Anlagen, Betriebs- und Geschäftsausstattung	19.447	– 586	5.063	262	3.209	20.977	15.703	5.274	4.593	2.653
Vermietete Erzeugnisse	2.607	– 116	1.267	42	552	3.248	1.805	1.443	796	450
Geleistete Anzahlungen und Anlagen im Bau	2.097	– 60	1.246	– 1.408	120	1.755	5	1.750	2.092	
	59.234	– 1.559	13.069		6.067	64.677	39.883	24.794	23.141	6.793
	62.321	**– 1.736**	**17.214**		**6.759**	**71.040**	**40.828**	**30.212**	**25.301**	**7.481**

Einen weiteren wichtigen Bestandteil des Anhangs bilden Angaben über die Bilanzierungs- und Bewertungsmethoden und Angaben über Veränderungen in die-sem Bereich. Dort findet man z. B. Angaben über einen Wechsel der Abschreibungs-methoden oder über die Ausübung von Bewertungswahlrechten. Ferner enthält der Anhang Aussagen über den Bestand an Aktien und über Kapitalerhöhungen, über die Aufgliederung der Umsätze auf bestimmte Märkte, über Sonderposten mit Rück-lageanteil, Beteiligungen, Mitglieder des Aufsichtsrates und des Vorstandes usw.
Der Anhang dient der Präzisierung und Erläuterung der Bilanz und der GuV-Rechnung und enthält zusätzliche Informationen über die Aktiengesellschaft. Er ist Bestandteil des Jahresabschlusses.

1.6 Der Lagebericht

Nach § 289 HGB müssen Kapitalgesellschaften einen Lagebericht erstellen. Dieser enthält Aussagen über die wirtschaftliche Lage der Unternehmung und den Geschäftsverlauf. Es wird z. B. die Umsatzentwicklung, der Auftragseingang, die Kostenentwicklung und die Situation auf den Beschaffungsmärkten beschrieben.

Der Lagebericht muss insbesondere auf die besonderen Vorgänge nach dem Schluss des Geschäftsjahres, auf die voraussichtliche Entwicklung der Kapitalgesellschaft, auf den Bereich Forschung und Entwicklung sowie auf Zweigniederlassungen eingehen.

Der Lagebericht gehört nicht zum Jahresabschluss. Er unterliegt wie der Jahresabschluss der Prüfung durch die Wirtschaftsprüfer (§ 317 HGB). Sie prüfen, ob der Lagebericht mit dem Jahresabschluss im Einklang steht und ob er kein falsches Bild von der Lage der Unternehmung vermittelt.

1.7 Interessenskonflikte

Die gesetzlichen Regelungen über den Jahresabschluss stellen einen Kompromiss zwischen den unterschiedlichen Interessensgruppen dar. Die Aktiengesellschaft möchte für die interne Rechnungslegung eine möglichst zutreffende Bewertung des Vermögens und des Kapitals und eine möglichst tiefe und aussagekräftige Gliederung der Bilanz und der GuV, um die Lage der Unternehmung zu beurteilen. Das gleiche Interesse haben auch die anderen internen und externen Adressaten des Jahresabschlusses. Ihnen gegenüber möchte sich die Aktiengesellschaft aber möglichst günstig darstellen. Was für die Aktiengesellschaft günstig ist, bestimmt die Interessenslage gegenüber den Adressaten. So soll dem Finanzamt gegenüber ein möglichst niedriger Gewinn ausgewiesen werden. Den Geschäftspartnern gegenüber soll die Aktiengesellschaft als potenter Partner erscheinen. Den Eigentümern gegenüber soll die AG als expandierendes Unternehmen dargestellt werden, das hohe Gewinnerwartungen suggeriert, aber eine geringe Dividende ausschüttet. Bei den Banken soll der Eindruck der Kontinuität und Solidität erweckt werden und die Konkurrenz soll über die Kapital- und Vermögensstruktur möglichst wenig erfahren.

Dieser unterschiedlichen Interessenslage versuchen die gesetzlichen Regelungen zur Gliederung von Bilanz und GuV sowie zur Bewertung gerecht zu werden. Sie ermöglichen es der Aktiengesellschaft, ihre Interessen in bestimmtem Umfang zu wahren und versuchen gleichzeitig, die Partner der AG vor einer unzutreffenden Darstellung der Firmenlage zu bewahren.

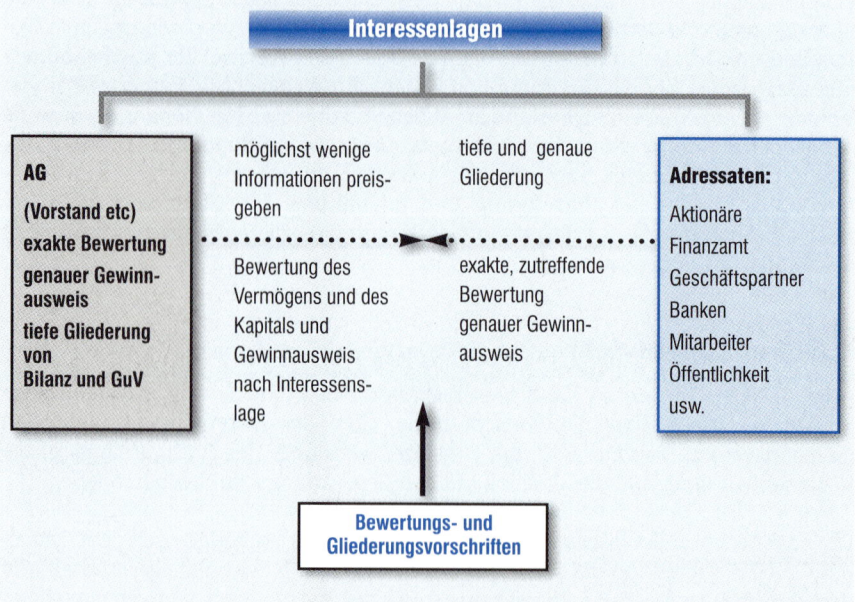

1.8 Bilanzierungsgrundsätze

Sowohl das Handelsrecht als auch das Steuerrecht kennen Grundsätze der Bilanzierung und Bewertung. Zu den wichtigsten gehören:

Grundsatz der Bilanzwahrheit (§ 246 (1) HGB): Die Bilanz soll vollständig und richtig sein. Es dürfen keine Vermögensteile weggelassen oder ihr Wert verfälscht werden. Die Bewertung muss den gesetzlichen Vorschriften entsprechen.

Bilanzwahrheit: Vollständigkeit, Richtigkeit

Bilanzklarheit (§ 246 (2) HGB): Die Gliederungsvorschriften sind einzuhalten. Verschiedene Kapital- und Vermögensposten dürfen nicht addiert und zusammengefasst oder saldiert werden **(Verrechnungsverbot).** Dadurch soll eine Verschleierung der tatsächlichen Vermögens- und Kapitalverhältnisse verhindert werden.

Bilanzklarheit: Verrechnungsverbot, Gliederungsvorschriften

Bilanzkontinuität (HGB §§ 252 (1)1, 265 (1), 252 (1) 6, 253 (5)): Die Schlussbilanz des vergangenen Jahres muss der Eröffnungsbilanz des neuen Jahres entsprechen **(Bilanzidentität).** Um die notwendige Vergleichbarkeit zu Gewähr leisten, darf die Bilanz- und GuV-Gliederung nicht ohne zwingende Gründe verändert werden. Notwendige Änderungen sind im Anhang anzugeben und zu begründen **(formale Bilanzkontinuität).** Ferner müssen die Bewertungsmaßstäbe wie z. B. die Abschreibungsmethoden oder die Berechnung der Herstellungskosten beibehalten werden **(materielle Bilanzkontinuität).** Bei Vermögensgegenständen müssen oder können Veränderungen des Wertes bei der Bewertung berücksichtigt werden (z. B. planmäßige Abschreibungen, außerplanmäßige Abschreibungen, Zuschreibungen). Die Anschaffungs- oder Herstellungskosten dürfen jedoch nicht überschritten werden **(eingeschränkter Wertezusammenhang).**

Bilanzkontinuität: Bilanzidentität, formale und materiele Bilanzkontinuität, Wertezusammenhang

Einzelbewertung (HGB §§ 240 (1), 252 (1) 3): Wirtschaftsgüter sind einzeln zu bewerten. Eine Gesamtbewertung der Unternehmung ist nicht zulässig. Beim Vorratsvermögen, bei dem die Anschaffungskosten oft nicht mehr festzustellen sind, sind Bewertungsvereinfachungen (z. B. Durchschnittsbewertung) zulässig.

Einzelbewertung: jedes Wirtschaftsgut ist einzeln zu bewerten.

Imparitätsprinzip (→) – **Grundsatz der kaufmännischen Vorsicht** (§ 252 (1) 4): Eine Unternehmung darf sich nicht besser darstellen als es den tatsächlichen Verhältnissen entspricht. Dies führt zur Ungleichbehandlung von Gewinnen und Verlusten. Während nicht realisierte Verluste in der Regel ausgewiesen werden müssen, dürfen nicht realiserte Gewinne im Allgemeinen nicht ausgewiesen werden.

Imparitätsprinzip: Grundsatz der kaufmännischen Vorsicht

True and fair view (HGB § 264 (2): Der Jahresabschluss soll einen den tatsächlichen Verhältnissen entsprechenden Einblick in die Vermögens-, Finanz- und Ertragslage des Unternehmens vermitteln. Dieser aus der angelsächsischen Bilanzauffassung stammende Grundsatz hat mit dem Bilanzrichtliniengesetz Eingang in das deutsche Handelsrecht gefunden. Ist die Bilanz und die GuV-Rechnung nicht aussagekräftig genug, so sind entsprechende Angaben im Anhang und im Lagebericht zu machen.

True and fair view: der Jahresabschluss soll die tatsächliche Lage widerspiegeln

Going-concern-Prinzip (HGB § 252 (1) 2): Bei der Erstellung der Bilanz und bei der Bewertung ist grundsätzlich davon auszugehen, dass der Betrieb weitergeführt wird.

Going-concern-Prinzip: der Betrieb wird fortgeführt

Stichtagsprinzip: Der Jahresabschluss soll die Lage der Unternehmung am Bilanzstichtag wiedergeben. Für die Einzelbewertung des Vermögens ist der Wert am Bilanzstichtag ausschlaggebend.

Stichtagsprinzip: maßgeblich ist der Bilanzstichtag

Periodengerechte Abgrenzung von Aufwendungen und Erträgen

Periodengerechte Abgrenzung: Aufwendungen und Erträge sind periodengerecht auf das Geschäftsjahr zuzurechnen. Der Zahlungstermin ist unerheblich. Wichtig ist, in welchem Zeitraum die Erträge und Aufwendungen anfallen.

NWP bzw HWP: Bewertung von Vermögen bzw. Schulden

Niederstwertprinzip (HGB § 253 (3)): Für das Vermögen gilt das Niederstwertprinzip. Bei zwei möglichen Wertansätzen ist in der Regel der niedrigere anzusetzen.

Höchstwertprinzip: Für das Fremdkapital gilt das Höchstwertprinzip. Bei zwei möglichen Wertansätzen ist in der Regel der höhere anzusetzen.

Die einzelnen Prinzipien beeinflussen die Bewertung der Vermögensgegenstände und werden dort konkretisiert.

1.9 Vorbereitung des Jahresabschlusses

Bevor der Jahresabschluss erstellt und veröffentlicht werden kann, müssen die Daten der Buchhaltung entsprechend aufbereitet werden. Insbesondere muss geprüft werden, ob die Angaben über das Vermögen und das Kapital den zum Jahresabschluss geltenden Werten entsprechen und ob alle Aufwendungen und Erträge periodengerecht erfasst wurden. Ferner müssen alle Unterkonten über die Hauptkonten abgeschlossen werden. Schließlich müssen die Abschlussbuchungen durchgeführt und die Posten in der Bilanz und der Gewinn- und Verlustrechnung nach den Gliederungsvorschriften des HGB aufgeführt werden.

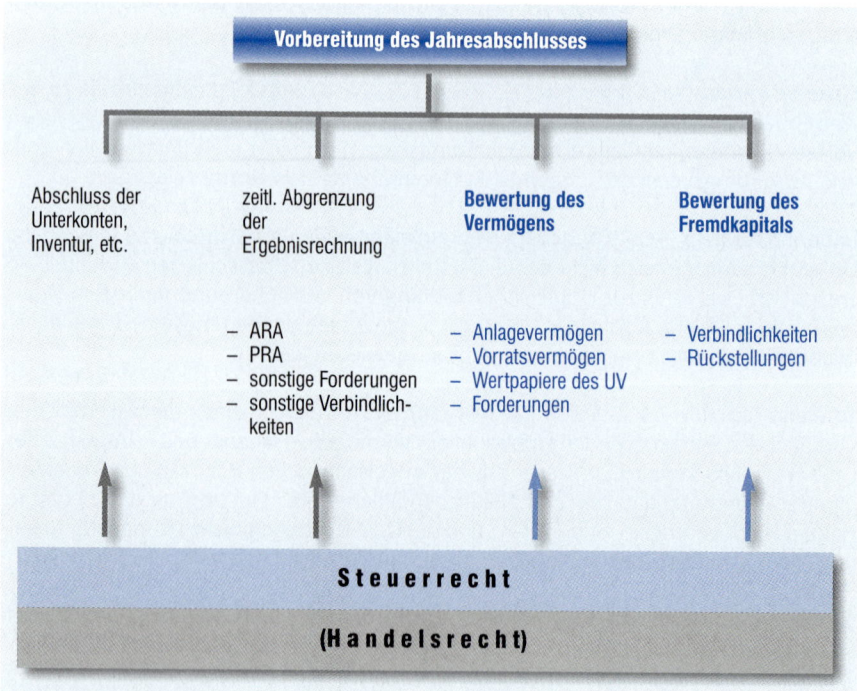

In den folgenden Ausführungen wird auf die Bewertung des Vermögens und des Kapitals näher eingegangen. Dabei sind sowohl handelsrechtliche als auch steuerrechtliche Vorschriften zu beachten.

2 Einkommensteuerrechtliche Bewertungsmaßstäbe

Für die Bewertung in der Bilanz kommt dem Steuerrecht entscheidende Bedeutung zu. Es werden u. a. folgende Wertbegriffe verwendet:

2.1 Anschaffungskosten

Wirtschaftsgüter sind nach dem Einkommensteuergesetz (EStG) zu ihren Anschaffungskosten, vermindert um die **Absetzung für Abnutzung (AfA),** anzusetzen. Die Anschaffungskosten sind im **EStG § 6** und **im Abschnitt 32a der Einkommensteuerrichtlinien (EStR)** sowie im HGB § 255 (1) geregelt.

AfA:
Absetzung für
Abnutzung,
Abschreibung

Anschaffungskosten eines Wirtschaftsgutes sind alle Aufwendungen, die geleistet werden, um das Wirtschaftsgut zu erwerben und in einen dem angestrebten Zweck entsprechenden betriebsbereiten Zustand zu versetzen. Anschaffungskosten können auch nachträglich anfallen, wenn z. B. für einen Computer nachträglich ein Drucker angeschafft wird.

Die Anschaffungskosten sind wie folgt zu berechnen:

Anschaffungskosten:
Alle Ausgaben für den
Erwerb und zur
Erreichung der
Betriebsbereitschaft

Listeneinkaufspreis
– Rabatt
– Rücksendungen (z. B. Mängelrüge)
– Preisnachlässe (z. B. Minderung)
– Skonto
+ Anschaffungsnebenkosten
= **Anschaffungskosten**

Die möglicherweise anfallenden Anschaffungsnebenkosten sind von den jeweils beschafften Vermögensteilen abhängig. Beispiele können der folgenden Tabelle entnommen werden.

Anschaffungsnebenkosten bei			
Maschinen	**Kraftfahrzeugen**	**Grund- Gebäuden stücken**	**Wertpapieren**

• Fracht
• Rollgeld
• Verpackung
• Transport-
  versicherung
• sonstige Gebühren
• Montage
• Fundament
• Schutzvorrichtung
• Zoll
etc.
	• Überführung
	• 1. Zulassung
	• Sonderausstat-
	  tung
		• Vermessungskosten
		• Erschließungskosten
		• Maklergebühr
		• Notariatsgebühr
		• Grundbuchgebühren
		• Grunderwerbsteuer
		• ggf. sind die Neben-
		  kosten nach dem Wert
		  zwischen Gebäude und
		  Grundstück aufzuteilen
			• Maklergebüh-
			  ren
			• Bankgebühren

Nicht zu den Anschaffungskosten gehören **lfd. Aufwendungen** wie z. B. Grundsteuer, Einarbeitungszeit, Ausschuss, Tankfüllung und Finanzierungskosten (Disagio, Zinsen, Gebühren, usw.)

Fortgeführte AK = AK – planmäßige AfA

Fortgeführte Anschaffungskosten: In der Bilanz sind die Anschaffungskosten, vermindert um die planmäßige Abschreibung (= fortgeführte Anschaffungskosten), anzusetzen (EStG § 6 (1) 1.). Die Abschreibung verteilt die Anschaffungskosten planmäßig auf die Nutzungsdauer (EStG § 7 Absetzung für Abnutzung, AfA; HGB § 253 (2)). Außerplanmäßige Abschreibungen auf den niedrigeren Teilwert sind möglich.

2.2 Herstellungskosten

Werden Wirtschaftsgüter nicht gekauft, sondern selbst erstellt, so sind sie zu den Herstellungskosten (EStG § 6, Abschn. 33 EStR) zu bewerten. Die Herstellungskosten sind wie folgt zu berechnen:

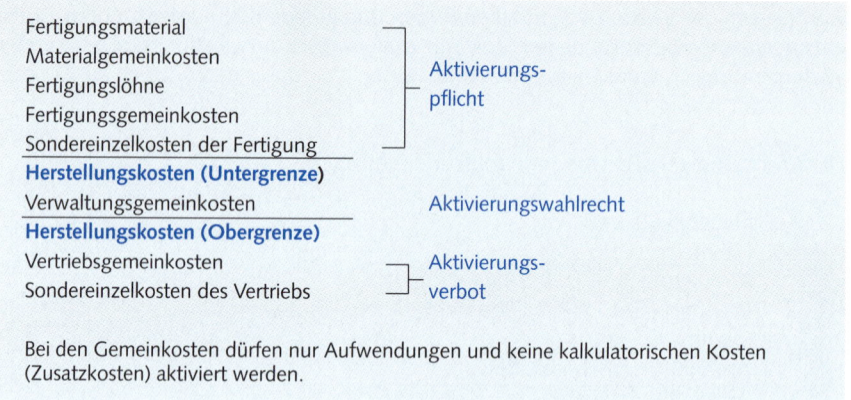

Fertigungsmaterial
Materialgemeinkosten
Fertigungslöhne   — Aktivierungs-
Fertigungsgemeinkosten   pflicht
Sondereinzelkosten der Fertigung
Herstellungskosten (Untergrenze)
Verwaltungsgemeinkosten   Aktivierungswahlrecht
Herstellungskosten (Obergrenze)
Vertriebsgemeinkosten   — Aktivierungs-
Sondereinzelkosten des Vertriebs   verbot

Bei den Gemeinkosten dürfen nur Aufwendungen und keine kalkulatorischen Kosten (Zusatzkosten) aktiviert werden.

In der Regel wird die Bewertungsunter- grenze aktiviert.

Bei der Aktivierung (→) von selbst erstellten Wirtschaftsgütern hat die Unternehmung ein Wahlrecht. Sie kann die Obergrenze aktivieren und damit hohe aktivierte Eigenleistungen verbuchen oder die Untergrenze wählen und einen niedrigen Ertrag ansetzen. Möchte das Unternehmen einen **niedrigen Gewinn** ausweisen und dadurch weniger Steuern zahlen, so wird es die **Untergrenze** wählen. Soll ein hoher Verlust gemindert werden, so ist die Obergrenze zu empfehlen.

2.3 Teilwert

Der Teilwert (EStG § 6 (1) 1 Satz 3) ist der Betrag, den ein Erwerber des ganzen Betriebes im Rahmen des Gesamtkaufpreises für das einzelne Wirtschaftsgut ansetzen würde. Dabei ist davon auszugehen, dass der Erwerber den Betrieb fortführt. Da der Teilwert nur schwer zu ermitteln ist, geht man häufig von einer Teilwertvermutung aus. Dies kann z. B. bei neuen Gütern der Börsen- oder Marktpreis bzw. die Anschaffungs- oder Herstellungskosten sein. Bei gebrauchten Gütern wird der Wiederbeschaffungswert abzüglich der tatsächlichen Abnutzung als Wert angenommen werden.
Diese Hilfswerte müssen immer mit Hilfe der Teilwertdefinition überprüft werden.

Beispiel

Ein Betrieb baut für eine Drehbank eine Bestückungsvorrichtung, mit deren Hilfe spezielle Materialien dem Drehautomat zugeführt werden können.

Teilwert:
Diese Vorrichtung wäre außerhalb des Betriebes wertlos und bestenfalls zum Schrottwert zu veräußern. Der Teilwert würde jedoch den Herstellungskosten, vermindert um die Wertminderung, entsprechen.

Neben dem Teilwert spielt der **gemeine Wert** (§ 9 BewG) bei Bewertung des Vermögens eine Rolle. Er ist immer dann anzusetzen, wenn das Steuerrecht keinen anderen Wert vorschreibt. Der gemeine Wert wird durch den Preis bestimmt, der im gewöhnlichen Geschäftsverkehr nach der Beschaffenheit des Wirtschaftsguts bei einer Veräußerung zu erzielen wäre.

Gemeiner Wert: Wert, der bei einer Veräußerung zu erzielen ist.

Bei der Bewertung von Verbindlichkeiten wird ferner der Begriff **Verfügungsbetrag** (Abschn. 37 EStR) verwendet: Der Verfügungsbetrag entspricht dem Auszahlungsbetrag. Dies ist der Betrag, den der Schuldner nach Abzug des Disagios (→) ausbezahlt erhält.

Verfügungsbetrag: Auszahlungsbetrag

2.4 Steuerrecht und Handelsrecht

Für die steuerrechtliche Bilanz sind auch die handelsrechtlichen Vorschriften wichtig. Über das Maßgeblichkeitsprinzip der Handelsbilanz für die Steuerbilanz (EStG § 5 (1)), das vorschreibt, dass die handelsrechtlichen Vorschriften auch für die Steuerbilanz gelten, soweit das Steuerrecht keine andere Regelung trifft, findet das Handelsrecht Eingang in die Steuerbilanz. Andererseits lässt das Handelsrecht häufig Wertansätze in der Handelsbilanz zu, wenn sie nach Steuerrecht zulässig sind (umgekehrtes Maßgeblichkeitsprinzip).

Beiden Bilanzen liegen wie die folgende Übersicht zeigt unterschiedliche Zielsetzungen zu Grunde.

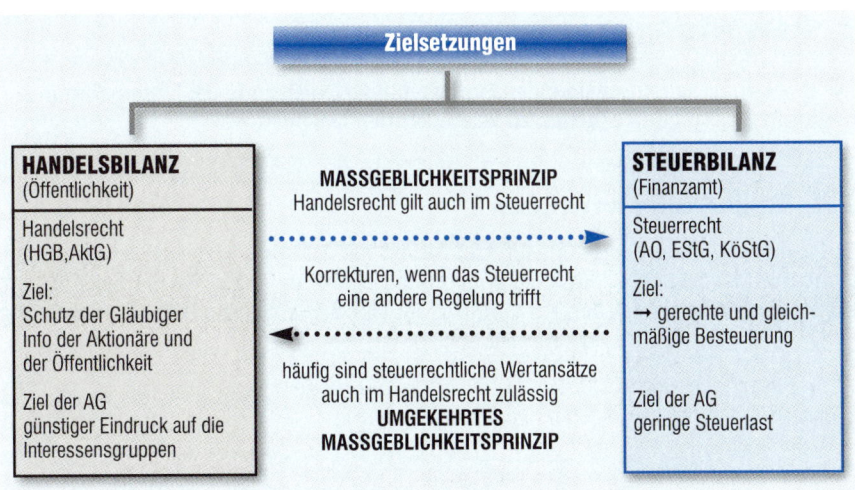

Die Verschränkung von Steuer- und Handelsrecht haben in der Praxis zu einer Angleichung der Handelsbilanz an die Steuerbilanz geführt. In diesem Buch wird deshalb primär die Steuerbilanz behandelt. Wichtige handelsrechtliche Aspekte werden kurz erläutert.

2.5 Handelsrechtliche Wertbegriffe – Exkurs

Herstellugskosten (HGB § 255 (2) + (3)):
Das Wahlrecht bei der Berechnung der Herstellungskosten ist nach Handelsrecht wesentlich größer als nach Steuerrecht. Es ergibt sich folgendes Bild:

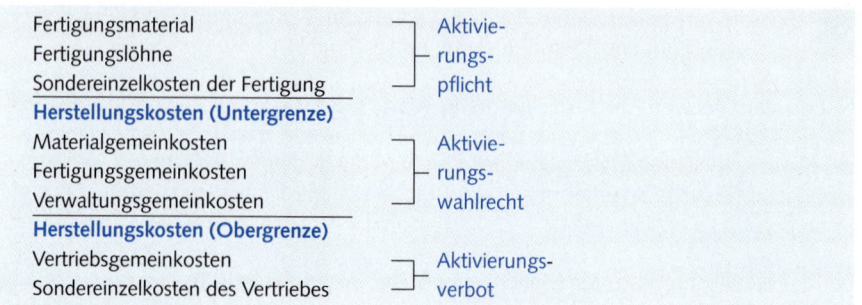

Mit den Gemeinkosten dürfen keine Zusatzkosten aktiviert werden.

Marktwert (HGB § 253 (3):
Tageswert, den Gegenstände auf dem Markt erzielen. Durchschnittswert, der sich auf dem Markt bildet (evtl. AK – Abschreibungen)

Börsenwert (HGB § 253 (3):
An der Waren- oder Wertpapierbörse im Freiverkehr oder bei amtl. Notierung festgestellter Kurs

Rückzahlungsbetrag (HGB § 253 (1) Satz 2):
Wert der Verbindlichkeit am Tag der Rückzahlung

3 Bewertung

Die Bewertung hat entscheidenden Einfluss auf die Darstellung der Unternehmung in der Bilanz und auf den erzielten zu versteuernden Gewinn.

3.1 Bewertungsprinzipien

Das anzuwendende Bewertungsprinzip ist von der Zuordnung des zu bewertenden Gegenstandes zu den Gliederungspunkten der Bilanz abhängig. Zu den wichtigsten Prinzipien gehört das Niederstwertprinzip, das Höchstwertprinzip und das Prinzip des eingeschränkten Wertezusammenhangs.

3.1.1 Niederstwertprinzip – Höchstwertprinzip

Nach dem **Niederstwertprinzip** sind von zwei möglichen Bilanzansätzen der niedrigere Ansatz zu wählen (§ 253 (1) bis (3) HGB) dies gilt (außer bei Gütern, die degressiv abgeschrieben werden) immer, wenn eine **dauernde Wertminderung** vorliegt

NWP: Von zwei möglichen Werten ist der niedrigere anzusetzen.

Bei einer vorübergehenden Wertminderung gilt folgende Regelung:

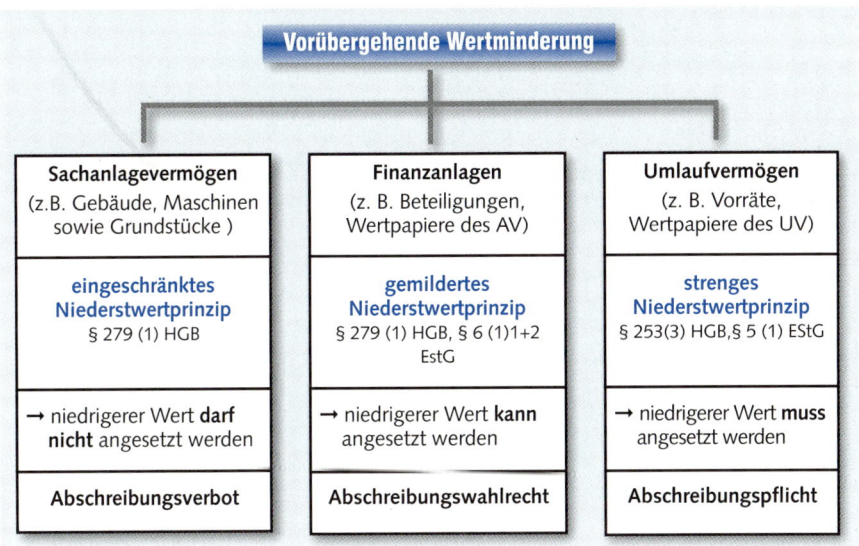

Vorübergehende Wertminderung		
Sachanlagevermögen (z.B. Gebäude, Maschinen sowie Grundstücke)	**Finanzanlagen** (z. B. Beteiligungen, Wertpapiere des AV)	**Umlaufvermögen** (z. B. Vorräte, Wertpapiere des UV)
eingeschränktes Niederstwertprinzip § 279 (1) HGB	**gemildertes Niederstwertprinzip** § 279 (1) HGB, § 6 (1)1+2 EstG	**strenges Niederstwertprinzip** § 253(3) HGB,§ 5 (1) EStG
→ niedrigerer Wert **darf nicht** angesetzt werden	→ niedrigerer Wert **kann** angesetzt werden	→ niedrigerer Wert **muss** angesetzt werden
Abschreibungsverbot	**Abschreibungswahlrecht**	**Abschreibungspflicht**

Werden Wirtschaftsgüter geometrisch-degressiv abgeschrieben, ist eine außerplanmäßige Wertminderung ausgeschlossen.

Bei den **Verbindlichkeiten** gilt analog dazu das **Höchstwertprinzip.**

Höchstwertprinzip: Von zwei möglichen Wertansätzen ist der höchste anzusetzen. Gilt für Verbindlichkeiten.

3.1.2 Eingeschränkter Wertezusammenhang

Nach Steuerrecht und Handelsrecht gilt für das Anlagevermögen und das Umlaufvermögen das Prinzip des **eingeschränkten Wertezusammenhangs** (§ 253 (5) HGB; § 6 (1) Nr. 1+2 EstG). Entfällt der Grund für eine außerplanmäßige Abschreibung, so ist eine Zuschreibung möglich. Es besteht in der Regel ein **Wertaufholungswahlrecht**. Nach § 280 (1) HGB würde für Kapitalgesellschaften ein Wertaufholungsgebot bestehen. Es kann jedoch nach § 280 (2) HGB von der Zuschreibung abgesehen werden, wenn in der Steuerbilanz vom Wertaufholungswahlrecht Gebrauch gemacht wurde. Es greift das umgekehrte Maßgeblichkeitsprinzip, sodass auch für Kapitalgesellschaften ein Wertaufholungswahlrecht besteht.
Die Zuschreibung ist bis zum Teilwert möglich. Da nicht realisierte Gewinne nicht ausgewiesen werden dürfen, liegt die Obergrenze für die Wertaufholung bei nicht abnutzbaren Wirtschaftsgütern bei den Anschaffungskosten und bei Wirtschaftsgütern, die der Abnutzung unterliegen, bei den fortgeführten Anschaffungskosten.

eingeschränkter Wertezusammenhang: Wertaufholungswahlr echt bis zu den AHK bzw. fortgeführten AHK

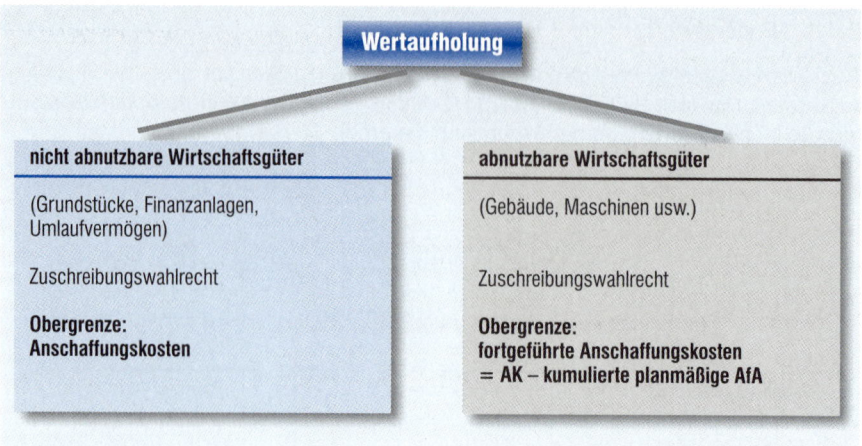

3.1.3 Bewertungsprinzipien und Bilanzgliederung

Die folgende Tabelle zeigt den Zusammenhang zwischen der Stellung in der Bilanz und den Bewertungsprinzipien.

Bewertung					
Vermögen					**Verbind-lichkeiten**
Umlauf-vermögen	**Anlagevermögen**				
Vorräte Forderungen Wertpapiere des UV	**abnutzbar**		**nicht abnutzbar**		Rückstellungen Verbindlich-keiten
	beweglich	**Immobilie**	**SAV**	**Finanzanlagen**	
	Maschinen BGA usw.	Gebäude	Grund-stücke	Beteiligungen Wertpapiere Ausleihungen	
keine AfA	AfA		keine AfA		keine AfA
Außerplanmäßige Abschreibung					
strenges NWP	eingeschränktes NWP		gemildertes NWP		Höchstwert-prinzip
Wertaufholungswahlrecht bis zur Obergrenze					Senkung des Wertes bis zu den „Anschaffungs-kosten"
AHK	fortgeführte AHK		AHK		

(AfA: planmäßige Abschreibung, Absetzung für Abnutzung)

EXKURS!   **Immaterielle Wirtschaftsgüter**
Immaterielle Wirtschaftsgüter können, soweit sie käuflich erworben wurden, aktiviert werden (HGB §§ 255 (4), 248; EStG § 6). Unterliegen sie der Abnutzung (Patente, Firmenwert), so sind sie linear abzuschreiben (EStG § 7(1); HGB § 255 (4)). Es gilt das eingeschränkte Niederstwertprinzip. Bei Wertsteigerung besteht ein Zuschreibungs-wahlrecht. Die Obergrenze bilden die fortgeführten Anschaffungskosten.

3.2 Abnutzbares Sachanlagevermögen

Zum Sachanlagevermögen gehören Wirtschaftsgüter, deren Nutzungsdauer zeitlich begrenzt ist. Zu ihnen gehören nicht die Grundstücke, da sie nicht der Abnutzung unterliegen.

3.2.1 Bewegliche Wirtschaftsgüter

Zu den beweglichen Wirtschaftsgütern gehören Maschinen, Fahrzeuge, Betriebs- und Geschäftsausstattung usw. Nicht zu den beweglichen Wirtschaftsgütern werden Gebäude, Rechte, Finanzanlagen etc. gerechnet.

In der Bilanz sind bewegliche abnutzbare Wirtschaftgüter zu den fortgeführten Anschaffungskosten anzusetzen.

3.2.1.1 Anschaffungs- und Herstellungskosten

Wie unter 2.1 beschrieben, sind alle Ausgaben, die zum Erwerb und zur Erreichung der Betriebsbereitschaft notwendig sind, als Anschaffungskosten anzusetzen (siehe auch Finanzwirtschaft 3.1).

Buchung

```
       M        S                                              H
           0.... Sachanlagevermögen
           2600  Vorsteuer              an    4400  Verbindlichkeiten aLL
```

Beispiel

Anschaffungskosten:

Die UMTECH AG kauft eine Fertigungsmaschine. Der Lieferer stellt folgende Beträge in Rechnung:
Katalogpreis 17.600,00 € (netto); Rabatt 10 %; Skonto 2 %; Transport 400,00 € (netto); Montage 1.500,00 € (netto), zusätzliche Maschinenwerkzeuge 576,80 € (netto).
Ferner fallen an: Löhne für den Probelauf 100,00 €; Ausschussarbeiten 800,00 €. Finanzierungskosten (Disagio, Gebühren etc.) 500,00 €.
Die Bezahlung erfolgt mit Skontoabzug.

Berechnung der Anschaffungskosten:

Katalogpreis	17.600,00 €
– Rabatt 10 %	1.760,00 €
	15.840,00 €
– Skonto 2 %	316,80 €
+ Transport	400,00 €
+ Montage	1.500,00 €
+ Maschinenwerkzeuge	576,80 €
Anschaffungskosten	**18.000,00 €**

Die Maschine ist mit ihren Anschaffungskosten von 18.000,00 € zu aktivieren.

Buchung des Rechnungseinganges:

				S	H
0720 Maschinen				18.316,80	
2600 Vorsteuer	an	4400	Verbindlichkeiten aLL	2.930,69	21.247,49

Buchung des Rechnungsausgleichs unter Abzug von Skonto:

				S	H
4400 Verbindlichkeiten aLL	an	0720	Maschinen	21.247,49	316,80
		2600	Vorsteuer		50,69
		2800	Bank		20.880,00

Neben den um Preisnachlässe verminderten Listenpreis sind alle Anschaffungs-nebenkosten wie z. B. Fracht, Rollgeld, Verpackung, Transportversicherung, sonstige Gebühren, Montage, Fundament, Schutzvorrichtung, Zoll usw. zu aktivieren. Bei Fahrzeugen gehören auch Überführungskosten, Zulassungsgebühren etc. zu den Anschaffungsnebenkosten. Keine Anschaffungsnebenkosten sind Finanzierungs-kosten, Probeläufe, Ausschussarbeiten, erste Tankfüllung usw.

Herstellungskosten:

Die UMTECH AG fertigt für den eigenen Bedarf eine Maschine. Es fallen 10.000,00 € Fertigungsmaterial sowie 20.000,00 € Fertigungslöhne an. Das Unternehmen kalkuliert mit 10 % Materialgemeinkosten, 200 % Fertigungs-gemeinkosten, 5 % Verwaltungsgemeinkosten und 4 % Vertriebsgemein-kosten. Für Sondereinzelkosten der Fertigung fallen 3.000,00 € an. Die Ferti-gungsgemeinkosten und die Verwaltungsgemeinkosten enthalten je 10 % rein kalkulatorische Kosten (Zusatzkosten). In den anderen Gemeinkosten sind kei-ne rein kalkulatorischen Beträge enthalten.

Fertigungsmaterial		10.000,00	Aktivierungspflicht
MGK 10 %		1.000,00	Aktivierungspflicht
Fertigungslöhne		20.000,00	Aktivierungspflicht
FGK 200 %	40.000,00		
– Zusatzosten 10 %	4.000,00	36.000,00	Aktivierungspflicht
SEKF		3.000,00	Aktivierungspflicht
Herstellkosten		**70.000,00**	**Bewertungsuntergrenze**
VWGK 5%	3.500,00		
– Zusatzkosten 10 %	350,00	3.150,00	*Aktivierungswahlrecht*
Herstellkosten		**73.150,00**	**Bewertungsobergrenze**

Für die **Vertriebsgemeinkosten** besteht ein **Aktivierungsverbot.** Will die UM-TECH AG einen möglichst niedrigen Gewinn ausweisen, um ihre Steuern zu ver-mindern, so wird sie die **Bewertungsuntergrenze** in Höhe von 70.000,00 € ak-tivieren.

Buchung der aktivierten Eigenleistung

				S	H
0720 Fertigungsmaschinen	an	5300	aktivierte Eigenleistungen	70.000,00	70.000,00

Durch die Aktivierung wird ein Ertrag gebucht, der die für die Herstellung der Maschine notwendigen Aufwendungen ausgleichen soll. Der Ertrag (aktivierte Eigenleistung) er-höht den Gewinn. Eine niedriger Wertansatz führt zu einem geringeren Anstieg des

Gewinns und damit auch zu einer geringeren Steuer. Die aktivierte Maschine wird abgeschrieben. Damit wird ihr Wert als Aufwand auf die Nutzungsdauer verteilt.

3.2.1.2 Abschreibungen

Abnutzbare Wirtschaftgüter (→) verlieren durch ihre Nutzung an Wert. Dieser normale Werteverzehr wird durch die Abnutzung, das Alter (Zersetzung, Rost, Umwelteinflüsse) und technische Veränderungen bestimmt. Auch Preisänderungen auf den Beschaffungs- oder Absatzmärkten können den Wert eines Wirtschaftsgutes mindern. So ist der Werteverzehr bei Computern durch technische Neuerungen und durch den Preisverfall wesentlich stärker als durch die natürliche Abnutzung. EDV-Anlagen sind oft nach drei bis vier Jahren völlig veraltet und müssen ausgetauscht werden, obwohl sie noch zuverlässig arbeiten. Der Preisverfall bei diesen Geräten ist oft höher als die Abschreibung. Durch Veränderungen auf dem Absatzmarkt können Spezialmaschinen unbrauchbar werden, weil die von ihnen produzierten Güter nicht mehr abgesetzt werden können. Dieser normalen Abnutzung und dem Werteverfall trägt die planmäßige Abschreibung (Absetzung für Abnutzung) Rechnung. Nach § 7 EStG sind die Anschaffungs- oder Herstellungskosten planmäßig auf die Nutzungsdauer zu verteilen.

Die Höhe der Abschreibung ist von den **Anschaffungs- oder Herstellungskosten**, der **Nutzungsdauer** und der steuerlich zulässigen **Abschreibungsmethode** abhängig.
Bei der Nutzungsdauer unterscheidet man die technische Nutzungsdauer, die wirtschaftliche Nutzungsdauer und die **betriebsgewöhnliche Nutzungsdauer**. Die technische Nutzungsdauer wird erreicht, wenn eine sachgemäße Nutzung des Wirtschaftsgutes nicht mehr möglich ist. Ist eine Ersatzinvestition oder die Stilllegung der Maschine aus Kostengründen oder aus anderen wirtschaftlichen Gründen angezeigt, so ist die wirtschaftliche Nutzungsdauer erreicht.

Nutzungsdauer: Die betriebsgewöhnliche Nutzungsdauer ist der steuerlichen AfA zugrundezulegen

Um eine einheitliche Berechnung der steuerlichen Abschreibung sicherzustellen, veröffentlicht das Finanzamt AfA-Tabellen, in denen die **betriebsgewöhnliche Nutzungsdauer** angegeben ist. Die auf Erfahrungswerten der Betriebsprüfung beruhenden Werte dürfen nur unterschritten werden, wenn eine überdurchschnittliche Beanspruchung vorliegt. Bei einem Zweischichtbetrieb ist eine 25%ige und bei einem Dreischichtbetrieb eine 50 %ige Kürzung der Nutzungsdauer zulässig.

Die Wahl der Abschreibungsmethode ist durch das Steuerrecht auf die lineare Abschreibung, die geometrisch-degressive Abschreibung und die Abschreibung nach Leistung beschränkt. Geringwertige Wirtschaftsgüter können im Jahr der Anschaffung abgeschrieben werden.

Abschreibungs-methoden:

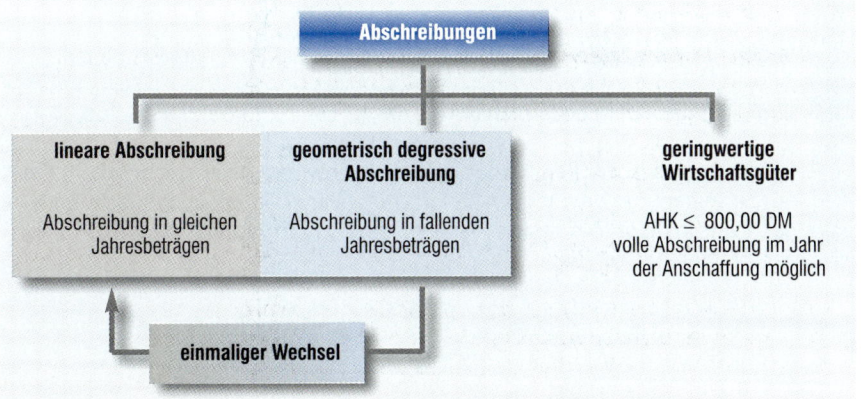

Vereinfachungsregelung (EStR Abschn. 44): Bei beweglichen Wirtschaftsgütern **kann**, wenn sie im ersten Halbjahr angeschafft wurden, die **volle Jahresabschreibung** angesetzt werden. Werden die Wirtschaftsgüter im zweiten Halbjahr angeschafft, **kann** noch die halbe Jahresabschreibung gebucht werden. Diese Regelung gilt nur für **bewegliche Wirtschaftsgüter**. Bei Grundstücke, oder beim Disagio ist die Abschreibung im Jahr der Anschaffung monatsgenau zu berechnen.

Lineare Abschreibung

Im EStG § 7 (1) ist die Absetzung für Abnutzung in gleichen Jahresbeträgen geregelt. Die lineare Abschreibung verteilt die Anschaffungs- oder Herstellungskosten gleichmäßig auf die Nutzungsdauer. Die Abschreibungsbeträge sind von Jahr zu Jahr gleich. Der Buchwert sinkt, wenn nicht ein Restbuchwert verbleiben soll, auf Null.

Berechnung:

$$\text{Abschreibungssatz} = \frac{100}{\text{Nutzungsdauer}}$$

$$\text{Abschreibungsbetrag} = \frac{\text{AHK} \cdot \text{Abschreibungssatz}}{100} = \frac{\text{AHK}}{\text{Nutzungsdauer}}$$

Soll am Ende der Nutzungsdauer ein Restbuchwert verbleiben, so gilt folgende Formel:

$$\text{Abschreibungsbetrag} = \frac{\text{AHK} - \text{Restbuchwert}}{\text{Nutzungsdauer}}$$

Beispiel

Die von der UMTECH AG beschaffte Maschine hat eine Nutzungsdauer von 8 Jahren. Sie wurde im Januar 01 in Betrieb genommen. Die Anschaffungskosten betragen 18.000,00 €

Berechnung der Abschreibung:

$$\text{Abschreibungssatz} = \frac{100}{8} = \mathbf{12{,}5\ \%}$$

$$\text{Abschreibungsbetrag} = \frac{18.000 \cdot 12{,}5}{100} = \frac{18.000}{8} = \mathbf{2.250{,}00\ €}$$

In den nächsten Jahren werden in jedem Jahr 2.250,00 € abgeschrieben.

Buchwert nach dem ersten Jahr = 18.000,00 € – 2.250,00 € = **15.750,00 €**

Da der Betrieb in der Regel einen niedrigen Gewinnausweis anstrebt, um Steuern zu sparen, hat er von der Vereinfachungsregel Gebrauch gemacht und, da das Wirtschaftsgut im ersten Halbjahr angeschafft wurde, die ganze Jahresabschreibung angesetzt.

Beispiel

Anschaffung im 2. Halbjahr:
Die Maschine wurde im August 01 angschafft.

Es kann nur die **halbe Jahresabschreibung,** d. h. **1.125,00 €,** angesetzt werden. Der Buchwert sinkt nur auf **16.875,00 €.**

Mit Restbuchwert
Der Restwert am Ende der Nutzungsdauer wird auf 2.000,00 € geschätzt.

$$\text{Abschreibungsbetrag} = \frac{18.000 - 2.000}{8} = 2.000,00 \text{ €}$$

In diesem Fall würde bei einer Anschaffung im ersten Halbjahr der Abschreibungsbetrag 2.000,00 € und der Buchwert nach dem ersten Jahr 16.000,00 € betragen.

Geometrisch-degressive Abschreibung

Das Einkommensteuergesetz erlaubt in § 7 (2) die Absetzung für Abnutzung in fallenden Jahresbeträgen. Dabei werden die Abschreibungsbeträge nicht in jeder Periode von den Anschaffungskosten, sondern vom Buchwert berechnet. Der Abschreibungsbetrag ist im ersten Jahre relativ hoch und fällt in den nächsten Jahren kontinuierlich. Mit der **geometrisch-degressiven Abschreibung** kann das Wirtschaftsgut nicht vollständig abgeschrieben werden, da der Buchwert nicht auf 0 sinkt.

geo. degr. Afa: lineare Afa • 3; maximal 30 %

Nach Steuerrecht beträgt der geometrisch-degressive AfA-Satz das Dreifache des linearen Abschreibungssatzes maximal jedoch 30 %.

 geometrisch-degressiver AfA-Satz = linearer AfA-Satz • 3; maximal 30 %

Damit liegt der geometrisch-degressive AfA-Satz bei einer Nutzungsdauer von bis zu 10 Jahren bei 30 %. Bei einer längeren Nutzungsdauer beträgt er das Dreifache der linearen Abschreibung. Bei einer Nutzungsdauer von 3 Jahren oder weniger ist die geometrisch-degressive Abschreibung steuerlich ungünstiger als die lineare Abschreibung.

Um die vollständige Abschreibung zu erreichen, kann ein Restbuchwert vorgesehen werden und über die Formel

$$\text{Abschreibungssatz} = 100 \left(1 - \sqrt[\text{Nutzungsdauer}]{\frac{\text{Restbuchwert}}{\text{AHK}}}\right)$$

ein geeigneter Abschreibungssatz errechnet werden. Dieser wird jedoch, einen realistischen Restbuchwert vorausgesetzt, zu keinem steuerlich zulässigen Abschreibungssatz führen. Die Formel hat deshalb keine praktische Bedeutung.

Steuerrechtlich ist es jedoch zulässig, den verbleibenden Buchwert im letzten Jahr der Nutzung abzuschreiben. In der Praxis wird man jedoch von der Möglichkeit, die Abschreibungsmethode zu wechseln, Gebrauch machen.

Wechsel von der geometrisch-degressiven zur linearen Abschreibung

Das Einkommensteuergesetz sieht in § 7 (3) den einmaligen Wechsel von der geometrisch-degressiven Abschreibung zur linearen Abschreibung vor.

Wechsel der Abschreibungs-methoden

Da die geometrisch-degressive Abschreibung in den ersten Jahren die höhere Abschreibung ermöglicht, während die Abschreibungen am Ende der Nutzungsdauer unter die linearen Abschreibungsbeträge fallen, wird man die Abschreibung dann wechseln, wenn die lineare Abschreibung höhere Beträge zulässt.

Nach dem Wechsel ist der Buchwert gleichmäßig auf die Restnutzungsdauer zu verteilen. Der daraus entstehende Abschreibungsbetrag ist größer als die geometrisch-degressive Abschreibung, wenn folgende Formel erfüllt ist:

$$\frac{100}{\text{Restnutzungsdauer}} > \text{geometrisch-degressiver Abschreibungssatz}$$

Das Jahr des Wechsels (t) kann auch mit Hilfe der folgenden Formeln ermittelt werden (Kommastellen werden grundsätzlich abgerundet):

Bei Anschaffung im ersten Halbjahr:

$$t = \text{Nutzungsdauer} + 1 - \frac{100}{\text{geometrisch-degressiver AfA-Satz}}$$

Bis zu einer Nutzungsdauer von 10 Jahren ist der Wechsel immer dann durchzuführen, wenn die Restnutzungsdauer noch 3 Jahre beträgt.

Bei Anschaffung im zweiten Halbjahr:

$$t = \text{Nutzungsdauer} + 1,5 - \frac{100}{\text{geometrisch-degressiver AfA-Satz}}$$

Bis zu einer Nutzungsdauer von 10 Jahren ist der Wechsel immer dann durchzuführen, wenn die Restnutzungsdauer noch 2,5 Jahre beträgt.

Berechnung des Abschreibungsbetrages nach dem Wechsel:

$$\text{Abschreibungsbetrag}_{\text{linear}} = \frac{\text{Buchwert}}{\text{Restnutzungsdauer}}$$

Die von der UMTECH AG beschaffte Maschine hat eine Nutzungsdauer von 8 Jahren. Sie wurde im Januar 01 in Betrieb genommen. Die Anschaffungskosten betragen 18.000,00 €.

Abschreibungssatz:

$$\text{Abschreibungssatz}_{linear} = \frac{100}{8} = \textbf{12,5 \%}$$

Geometrisch-degressiver AfA-Satz
= 12,5 • 3 = 37,5 % maximal 30 %

= 30 %

Abschreibung im 1. Jahr
AfA = 18000 • 30 % = **5.400,00 €**

Abschreibung im 2. Jahr
AfA = 12600 • 30 % = **3.780,00 €**

Wechsel:

$$t = 8 + 1 - \frac{100}{30} = 5,66 \approx \textbf{5 Jahre}$$

Jahr des Wechsels 01 + 5 = **06**

AK	18.000,00 €
AfA 01	5.400,00 €
Buchwert	12.600,00 €
AfA 02	3.780,00 €
Buchwert	8.820,00 €
AfA 03	2.646,00 €
Buchwert	6.174,00 €
AfA 04	1.852,20 €
Buchwert	4.321,80 €
AfA 05	1.296,54 €
Buchwert	3.025,26 €
AfA 06 Wechsel	**1.008,42 €**
Buchwert	2.016,84 €
AfA 07	1.008,42 €
Buchwert	1.008,42 €
AfA 08	1.008,42 €
Buchwert	0,00 €

Berechnung der linearen AfA nach dem Wechsel:
Buchwert 31.12.2002 = 3.025,26 €; Restnutzungsdauer 3 Jahre

$$\text{Abschreibungsbetrag} = \frac{3.025,26}{3} = \textbf{1.008,42 €}$$

Anschaffung im 2. Halbjahr

Abschreibungsbetrag im 1. Jahr

$$AfA = \frac{18.000 • 30}{100 • 2} = \textbf{2.700,00 €}$$

Abschreibungsbetrag im 2. Jahr

Buchwert = 18000-2700 = **15.300,00 €**

$$AfA = \frac{15.300 • 30}{100} = \textbf{4.590,00 €}$$

Wechsel:

$$t = 8 + 1,5 - \frac{100}{30} = 6,16 \approx \textbf{6 Jahre}; \quad \text{Jahr des Wechsels: 01 + 6 = } \textbf{07}$$

Restnutzungsdauer 2,5 Jahre

Vergleich lineare Abschreibung – geometrisch-degressive Abschreibung

AHK 18.000,00 €, Nutzungsdauer von 8 Jahren, Anschaffung im 1. Halbjahr.

Jahr	lineare Abschreibung		geometrisch-degressive Abschreibung		geometrisch-degressive Abschreibung mit Wechsel		
	AfA-Betrag	Buchwert	AfA-Betrag	Buchwert	lin. AfA für die RND	AfA-Betrag	Buchwert
01	2.250,00	15.750,00	5.400,00	12.600,00	2.250,00	5.400,00	12.600,00
02	2.250,00	13.500,00	3.780,00	8.820,00	1.800,00	3.780,00	8.820,00
03	2.250,00	11.250,00	2.646,00	6.174,00	1.470,00	2.646,00	6.174,00
04	2.250,00	9.000,00	1.852,20	4.321,80	1.234,80	1.852,20	4.321,80
05	2.250,00	6.750,00	1.296,54	3.025,26	1.080,45	1.296,54	3.025,26
06	2.250,00	4.500,00	907,58	**2.117,68**	**1.008,42**	**1.008,42**	**2.016,84**
07	2.250,00	2.250,00	635,30	1.482,38	1.058,84	1.008,42	1.008,42
08	2.250,00	0,00	444,71	1.037,66	1.482,38	1.008,42	0,00

Beispiel

Liegt die Anschaffung im 2. Halbjahr, ergibt sich folgendes Bild:

Jahr	lineare Abschreibung		geometrisch-degressive Abschreibung		geometrisch-degressive Abschreibung mit Wechsel		
	AfA-Betrag	Buchwert	AfA-Betrag	Buchwert	lin. AfA für die RND	AfA-Betrag	Buchwert
01	1.125,00	16.875,00	2.700,00	15.300,00	1.125,00	2.700,00	15.300,00
02	2.250,00	14.625,00	4.590,00	10.710,00	2.040,00	4.590,00	10.710,00
03	2.250,00	12.375,00	3.213,00	7.497,00	1.647,69	3.213,00	7.497,00
04	2.250,00	10.125,00	2.249,10	5.247,90	1.363,09	2.249,10	5.247,90
05	2.250,00	7.875,00	1.574,37	3.673,53	1.166,20	1.574,37	3.673,53
06	2.250,00	5.625,00	1.102,06	2.571,47	1.049,58	1.102,06	2.571,47
07	2.250,00	3.375,00	771,44	**1.800,03**	**1.028,59**	**1.028,59**	**1.542,88**
08	2.250,00	1.125,00	540,01	1.260,02	1.200,02	1.028,59	514,29
09	1.125,00	0,00	378,01	882,01	1.260,02	514,29	0,00

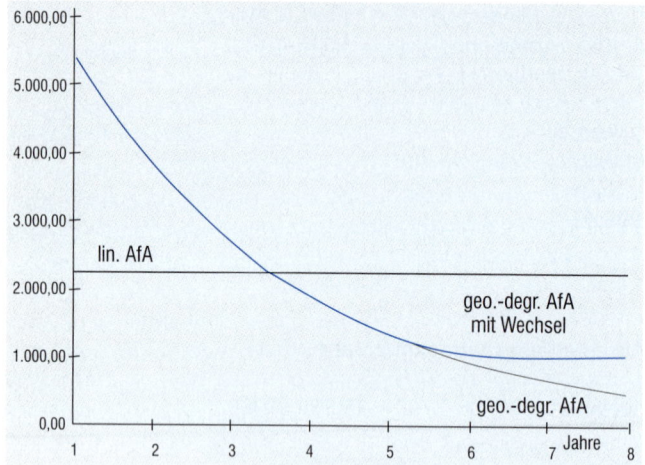

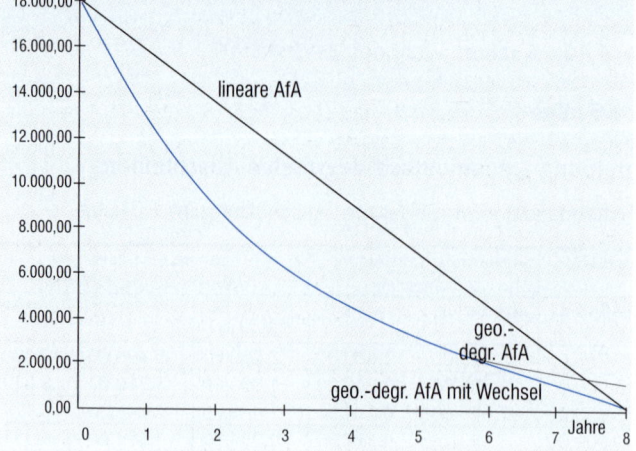

Die beiden Tabellen zeigen die Entwicklung der Abschreibungsbeträge und der Buchwerte bei den verschiedenen Abschreibungsmethoden. Die gleich bleibenden linearen Abschreibungsbeträge und die fallenden degressiven Abschreibungsbeträge sind klar erkennbar. Ferner wird sichtbar, dass die geometrisch-degressive Abschreibung nicht zum Buchwert Null führt. Beim Wechsel im Jahre 06 bzw. 07 ist die lineare Abschreibung für die Restnutzungsdauer größer als die geometrisch-degressive Abschreibung. Deshalb ist in diesem Jahr der Wechsel für die Unternehmung am günstigsten. In der zweiten Tabelle ist erkennbar, dass im ersten Jahr nur die Hälfte abgeschrieben wird und die letzte Abschreibung ein Jahr später erfolgt. Im Jahr 09 wird, wie im Jahr 01, nur eine halber Abschreibungsbetrag verrechnet.

Wie die beiden Tabellen und die nebenstehende Zeichnung zeigen, führt die geometrisch-degressive Abschreibung in den ersten Jahren zu einem höheren Abschreibungsbetrag als die lineare Abschreibung.

Dies gilt bei den gegenwärtigen Abschreibungssätzen immer dann, wenn die Nutzungsdauer vier Jahre oder länger beträgt. Abschreibungen sind Aufwendungen und senken den Gewinn. Die Minderung des Gewinns und der Steuern ist dadurch bei der geometrisch-degressiven Abschreibung in den ersten Jahren höher. In den letzten Jahren kehrt sich dies auch bei einem Wechsel zur linearen Abschreibung um. Trotzdem wird sich die Unternehmung bei guten Gewinnaussichten für die geometrisch-degressive Abschreibung entscheiden, da sie dadurch Gewinne und Steuern in eine spätere Periode verlagern kann. Durch die erhöhten Abschreibungen entstehen ferner stille Rücklagen. Es wird der Mittelabfluss für Steuern und Dividende verhindert. Es entsteht ein Finanzierungs- und Liquiditätseffekt. Nur wenn sich die Unternehmung in der Verlustzone befindet, wird sie die lineare Abschreibung wählen, um durch geringere Aufwendungen den Verlust zu mindern. Ein Wechsel der Abschreibungsmethode kann jedoch gegen die **Bilanzkontinuität** verstoßen.

Bilanzkontinuität: SBK des Vorjahres = EBK des Berichtsjahres, Beibehaltung der Bewertungsprinzipien etc.

Buchungen

Abschreibungen mindern den Bestand und sind Aufwendungen der Abrechnungsperiode. Bei der direkten Abschreibung werden sie direkt auf dem Anlagekonto verbucht. Die Gegenbuchung erfolgt auf dem Aufwandskonto Abschreibungen auf Sachanlagen mit der Kontonummer 6520.

Allgemein lautet der Buchungssatz:

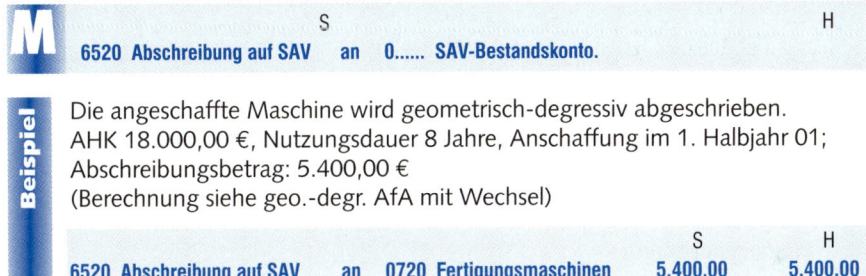

M

	S	H
6520 Abschreibung auf SAV an 0...... SAV-Bestandskonto.		

Beispiel

Die angeschaffte Maschine wird geometrisch-degressiv abgeschrieben.
AHK 18.000,00 €, Nutzungsdauer 8 Jahre, Anschaffung im 1. Halbjahr 01;
Abschreibungsbetrag: 5.400,00 €
(Berechnung siehe geo.-degr. AfA mit Wechsel)

	S	H
6520 Abschreibung auf SAV an 0720 Fertigungsmaschinen	5.400,00	5.400,00

Analog dazu werden Abschreibungen auf Betriebs- und Geschäftsausstattung, Fuhrpark usw. verbucht.

Ist ein Wirtschaftsgut vollständig abgeschrieben, wird aber weiterhin genutzt, so verbleibt ein Erinnerungswert von einer DM bzw. einem EURO in der Bilanz. Dieser wird erst ausgebucht, wenn das Wirtschaftsgut aus dem Betrieb ausscheidet.

Geringwertige Wirtschaftsgüter

Geringwertige Wirtschaftsgüter (EStG § 6 (2)) können im Jahr der Anschaffung vollständig abgeschrieben werden. Dabei müssen folgende Voraussetzungen erfüllt werden:

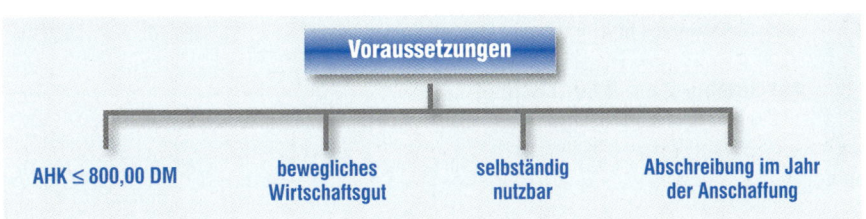

Voraussetzungen

AHK ≤ 800,00 DM | bewegliches Wirtschaftsgut | selbständig nutzbar | Abschreibung im Jahr der Anschaffung

Die vollständige Abschreibung ist nur im Jahr der Anschaffung oder Herstellung möglich. Es besteht ein Wahlrecht. Wird linear oder geometrisch-degressiv abgeschrieben, so ist die gewählte Abschreibungsmethode beizubehalten. Der einmalige Wechsel von der geometrisch-degressiven zur linearen Abschreibung ist möglich.

Geringwertige Wirtschaftsgüter sind in ein eigenes Verzeichnis, das den Anschaffungs- oder Herstellungstag und die Anschaffungs- oder Herstellungskosten enthält, aufzunehmen. Übersteigen die Anschaffungs- oder Herstellungskosten 100,00 DM nicht, so ist die Anschaffung sofort als Aufwand, z. B. Aufwand für Büromaterial, zu buchen.

Beispiel

Buchung:

Die UMTECH AG kauft im Geschäftsjahr 1998 folgende Wirtschaftsgüter:
a) Eine Schreibmaschine zum Ausfüllen von Formularen für 900,00 DM abzüglich 10 % Rabatt und 3 % Skonto auf Ziel.
b) Einen Locher für 60,00 DM gegen Barzahlung.
c) Ein Werkzeug für die angeschaffte Maschine (siehe geo.-degr. Abschreibung mit Wechsel) für 600,00 DM gegen Bankscheck.

a) Schreibmaschine

Listenpreis	900,00 DM
– 10 % Rabatt	90,00 DM
	810,00 DM
– 3 % Skonto	24,30 DM
AHK	**785,70 DM**

Es handelt sich um ein bewegliches Wirtschaftsgut, das selbstständig nutzbar ist. Die Anschaffungskosten liegen unter 800,00 DM. Es soll im Jahr der Anschaffung als GWG behandelt werden.

Eingangsrechnung

				S	H
0860 Büromaschinen				810,00	
2600 Vorsteuer	an	4400 Verbindlichkeiten aLL		129,60	939,60

Zahlung

				S	H
4400 Verbindlichkeiten aLL	an	0860 Büromaschinen		939,60	24,30
		2600 Vorsteuer			3,89
		2800 Bank			911,41

Umbuchung des geringwertigen Wirtschaftsgutes

				S	H
0890 Geringwertige BGA	an	0860 Büromaschinen		785,70	785,70

Abschreibung am Bilanzstichtag

				S	H
6540 Abschreibung a. GWG	an	0890 Geringwertige BGA		785,70	785,70

b) Locher

Der Locher wird zwar länger als ein Jahr genutzt, da die Anschaffungskosten jedoch nicht höher als 100,00 DM sind, kann er sofort als Aufwand gebucht werden.

				S	H
6800 Aufw. für Büromaterial					60,00
2600 Vorsteuer	an	2880 Kasse		9,60	69,60

c) Werkzeug

Die AHK liegen zwar unter 800,00 DM. Das Werkzeug ist aber nicht selbstständig nutzbar. Es ist mit der Maschine zu aktivieren und abzuschreiben.

Ergänzung zur Buchung – Kauf:

				S	H
0720 Fertigungsmaschinen					600,00
2600 Vorsteuer	an	2800 Bank		96,00	696,00

Abschreibung (neue abgeänderte Buchung)

			S	H
6520 Abschreibung a. SAV	an	0720 Fertigungsmaschinen	5.580,00	5.580,00

Die Abschreibungsbuchung würde, da die Anschaffung während des Geschäftsjahres getätigt wurde, unter Einbeziehung der zu aktivierenden Werkzeuge erfolgen. Das Wirtschaftsgut wurde geometrisch-degressiv abgeschrieben.

Nutzt die Unternehmung die **GWG**-Regelung, so kommt es zu einer buchmäßigen Gewinnminderung. Die Steuerschuld wird auf spätere Perioden verschoben. Wie bei der geometrisch-degressiven Abschreibung entstehen stille Rücklagen und es wird der Mittelabfluss durch Dividende und Steuerzahlung verhindert.

GWG = geringwertiges Wirtschaftsgut

Leistungsabschreibung

EXKURS!

Das Einkommensteuergesetz erlaubt in § 7 (1) die Absetzung nach Leistung, wenn

*   es sich um bewegliche Wirtschaftsgüter handelt
*   es wirtschaftlich begründet ist und
*   die jährlich anfallende Leistung nachweisbar ist

Wird nach Leistung abgeschrieben, kann nach folgendem Beispiel vorgegangen werden:

Beispiel

Die 1998 für 18.000,00 € angeschaffte Maschine hat eine mögliche Leistungsabgabe von insgesamt 17.000 Stunden. Im Jahre 1998 war die Maschine 1.900 Stunden im Einsatz.

$$\text{Abschreibungssatz pro Stunde} = \frac{18.000 \text{ DM}}{17.000 \text{ Std}} = \textbf{1,06 €/Std.}$$

Abschreibungsbetrag 1998 = 1900 Std • 1,06 € /Std. = **2.014,00 €**

3.2.1.3 Außerplanmäßige Wertminderung

Wirtschaftsgüter verlieren nicht nur durch den normalen Verschleiß an Wert, sondern können auch durch Schadensfälle oder drastische Änderungen auf den Beschaffungs- oder Absatzmärkten an Wert verlieren. So kann z. B. ein PKW durch einen Unfall auf Dauer eine unvorhergesehene Wertminderung erfahren oder eine Maschine kann an Wert verlieren, weil plötzlich technisch neuartige Maschinen zu einen wesentlich niedrigeren Preis angeboten werden oder die Produkte, die auf der Maschinen produziert wurden, nicht mehr absetzbar sind. In diesen Fällen besteht die Möglichkeit einer **außerplanmäßigen Abschreibung**.

Für das bewegliche SAV gilt das eingeschränkte NWP

Für das Sachanlagevermögen gilt das **eingeschränkte Niederstwertprinzip,** Es besteht bei einer **dauernden Wertminderung** ein **Abschreibungsgebot**. Der niedrigere Teilwert ist anzusetzen. Bei einer **vorübergehenden Wertminderung** ist das **Abschreibungsverbot** zu beachten. Der niedrigere Teilwert darf nicht angesetzt werden.

dauernde Wertminderung: Abschreibungsgebot

Eine außerplanmäßige Abschreibung ist nach § 7 (1) EStG nur möglich, wenn linear und nicht in fallenden Jahresbeträgen (geometrisch-degressive Abschreibung) abgeschrieben wird.

vorübergehende Wertminderung: Abschreibungsverbot

Wird das Wirtschaftsgut zum Jahresende mit dem neuen Teilwert (→) bewertet, so kann der Bilanzansatz wie folgt ermittelt werden:

Anschaffungs- oder Herstellungskosten
– kumulierte Abschreibungen
= fortgeführte Anschaffungskosten (Regelwert, Buchwert)
– außerplanmäßige Abschreibung
= **Bilanzansatz (Teilwert)**

Nach der Teilwertabschreibung ist der Teilwert auf die Restnutzungsdauer zu verteilen und planmäßig abzuschreiben.
Wird der Teilwert während des Geschäftsjahres z. B. durch Gutachten nach einem Autounfall festgestellt, so ist dieser Wert auf die Restnutzungsdauer zu verteilen und für das laufende Geschäftsjahr die monatsgenaue AfA anzusetzen. Da das Wirtschaftsgut in dem Geschäftsjahr weder angeschafft noch hergestellt wird, kann die Vereinfachungsregel (1/2 Jahresregel) nicht angewendet werden.

Buchung:

S	H
6550 Außerplanmäßige Absch. auf SAV	an 0...... SAV-Bestandskonto.

Beispiel

Ein im ersten Halbjahr 01 angeschaffter PKW muss auf Grund eines schweren Verkehrsunfalls Ende 02 neu bewertet werden. Der Kfz-Sachverständige schätzt den Teilwert zum 31.12.02 auf 15.000,00 €. Die Anschaffungskosten betrugen 40.000,00 €. Der PKW wurde linear auf 4 Jahre abgeschrieben. Der Abschreibungsverlauf kann nebenstehender Aufstellung entnommen werden.

AHK	40.000,00
– Afa 01	10.000,00
Buchwert	30.000,00
– Afa 02	10.000,00
Buchwert (Regelwert, fortgeführte AK)	**20.000,00**
Teilwert	**15.000,00**
außerplanmäßige Abschreibung	**5.000,00**

Beispiel

Außerplanmäßige Abschreibung:
Die Wertminderung ist von Dauer. Es besteht ein **Abschreibungsgebot**. Der niedrigere Teilwert von 15.000,00 € ist anzusetzen.

Buchungssatz:

	S	H
6520 Abschreibung a. SAV	10.000,00	
6550 außerplanm. Absch. a. SAV an 0840 Fuhrpark	5.000,00	15.000,00

02 wird die normale Abschreibung und die Teilwertabschreibung verbucht.

Abschreibung für 03:
Der Teilwert ist auf die Restnutzungsdauer (zwei Jahre) zu verteilen. Die Abschreibung beträgt in den nächsten zwei Jahren **7.500,00 €.**

3.2.1.4 Wertaufholung

EXKURS!

Bei steigendem Teilwert gilt der **eingeschränkte Wertezusammenhang (→)**. Bei abnutzbaren Wirtschaftsgütern sind die Zuschreibungen bis zu den fortgeführten Anschaffungskosten möglich, wenn der Grund für eine außerplanmäßige Abschreibung aus dem Vorjahr entfallen ist. Es besteht ein **Wertaufholungswahlrecht.** Das Wertaufholungsgebot für Kapitalgesellschaften des **§ 280 HGB** greift wegen des umgekehrten Maßgeblichkeitsprinzip nicht.

nach § 280 HGB grundsätzlich maßgebend für Kapitalgesellschaften

Fortgeführte Anschaffungskosten = AK – kumulierte planmäßige Abschreibung

Beispiel

Das teilwertberichtigte Kraftfahrzeug wird 03 aufwändig repariert. Laut Gutachten zum 31.12.03 beträgt der Teilwert des Fahrzeuges 11.000,00 €.

AHK	40.000,00
planmäßige Afa 01	10.000,00
fortgef. AK (Buchwert)	30.000,00
planmäßige Afa 02	10.000,00
fortgef. AK (Buchwert)	20.000,00
Teilwert	**15.000,00**
außerplanmäßige Abschreibung	5.000,00
Buchwert 31.12.02	15.000,00
planmäßige Afa 03	7.500,00
Buchwert 03	**7.500,00**
Teilwert	**11.000,00**
fortgeführte AK (OG)	**10.000,00**
Zuschreibung max.	**2.500,00**

Zuschreibung:
Eine Zuschreibung ist bis zu den fortgeführten Anschaffungskosten möglich. D.h.
40.000,00 € – 3 • 10.000,00 €
= 10.000,00 €
Es stehen drei Werte zur Auswahl:
Der Buchwert, die fortgeführten AHK und der Teilwert. Da die fortgeführten AHK die Obergrenze sind, besteht ein Wahlrecht zwischen dem Buchwert und dem fortgeführten Anschaffungskosten.
Wenn die Unternehmung einen möglichst niedrigen Gewinn erzielen will, wird sie den niedrigeren Buchwert beibehalten.

Buchungen:
Die Unternehmung wird nur die Abschreibung am Jahresende 03 buchen.

	S	H
6520 Abschreibung a. SAV an 0840 Fuhrpark	7.500,00	7.500,00

Entschließt sich die Unternehmung zu einer Zuschreibung, um z. B. einen zu erwartenden Verlust zu vermindern, wird sie zusätzlich buchen:

	S	H
0840 Fuhrpark an 5440 Erträge a. d. Werterhöhung v. SAV	2.500,00	2.500,00

3.2.2 Immobilien – Gebäude

Gebäude sind abnutzbare Wirtschaftsgüter. Da sie jedoch zu den Immobilien gehören, gelten für sie besondere Bestimmungen. An dieser Stelle sollen die wichtigsten Unterschiede zu den beweglichen Wirtschaftsgütern dargestellt werden. Gebäude sind mit dem Grundstück verbunden und werden in der Regel mit ihm zusammen beschafft.

3.2.2.1 Anschaffungskosten

Anschaffungsneben-kosten

Wie unter 2.1 beschrieben, **sind alle Ausgaben die zum Erwerb und zur Erreichung der Betriebsbereitschaft** notwendig sind, als Anschaffungskosten anzusetzen (siehe auch Finanzwirtschaft 3.1). Bei Gebäuden und Grundstücken gehören zu den Anschaffungsnebenkosten Vermessungskosten, Erschließungskosten, Maklergebühr, Notariatsgebühr, Grundbuchgebühren, Grunderwerbssteuer usw. Werden Grundstück und Gebäude zusammen erworben, sind die Nebenkosten nach dem Wert zwischen Gebäude und Grundstück aufzuteilen, soweit sie nicht dem Gebäude (z. B. Umbaukosten) oder dem Grundstück (z. B. Erschließungskosten) direkt zurechenbar sind. Zum Gebäude gehören alle mit dem Gebäude fest verbundenen Gegenstände. Der Erwerb von Grundstücken ist von der Umsatzsteuer befreit (UstG § 4 (9)). Damit ist der Abzug der Vorsteuer für alle damit verbundenen Ausgaben nicht möglich. Die darauf anfallende Umsatzsteuer ist zu aktivieren. Nach UStG § 9 kann der Unternehmer auf die Steuerbefreiung verzichten (optieren). In diesem Fall können alle anfallenden Umsatzsteuerbeträge als Vorsteuer abgezogen werden. Wird das Grundstück für einen Gewerbebetrieb gekauft und genutzt, so fällt für die damit erzielten Erlöse Umsatzsteuer an. Die beim Kauf des Grundstücks anfallende Umsatzsteuer kann dann als Vorsteuer gebucht werden. In den folgenden Beispielen wird davon ausgegangen, dass der Unternehmer das Grundstück im Rahmen des Gewerbebetriebes nutzt.

Buchung:

```
              S                                              H
0....   Grundstücke
0....   Gebäude
2600 VST                        an    2800 Bank
```

Beispiel

Anschaffungskosten:
Die UMTECH AG kauft im Februar 01 ein Grundstück mit einer schlüsselfertig errichteten Fertigungshalle. Der Kaufpreis beträgt 450.000,00 €. Davon entfallen 250.000,00 € auf das Grundstück. Ferner fallen an: Grunderwerbssteuer 15.750,00 €, Grundsteuer 800,00 €, Notariatsgebühren 2.500,00 € (netto), Grundbuchgebühren 2.000,00 €, Maklergebühr mit 3.600,00 € (netto).
Die Finanzierung erfolgt durch ein hypothekarisch gesichertes, auf 20 Jahre laufendes Bankdarlehen mit 4 % Disagio, 5 % jährlicher Tilgung und 8 % Zinsen. An Umbaukosten, die selbst durchgeführt werden fallen 30.000,00 € an.

Berechnung der Anschaffungskosten:	Grund	Gebäude
Wert des Objektes	250.000,00	200.000,00
Anteil a. d. Grunderwerbssteuer	8.750,00	7.000,00
Grundbuch	1.111,11	888,89
Notar	1.388,89	1.111,11
Anteil a. d. Maklergebühren	2.000,00	1.600,00
Umbaukosten		30.000,00
AHK	263.250,00	240.600,00

Finanzierungskosten, Grundsteuer etc. gehören nicht zu den AHK.

Buchung des Kaufes:

				S	H
0510	bebaute Grundstücke			263.250,00	
0530	Betriebsgebäude	an	5300 Aktivierte Eigenleistung	240.600,00	30.000,00
2600	VST		2800 Bank	976,00	474.826,00

3.2.2.2 Abschreibungen

Wie alle Wirtschaftsgüter, die der Abnutzung unterliegen, werden Gebäude abgeschrieben. In § 7 (4) EStG ist die Abschreibung für Gebäude genau geregelt. Im Allgemeinen gelten folgende Steuersätze:

Abschreibung auf Gebäude

Betriebsgebäude, deren Bau nach dem 31.03.85 beantragt wurde	**andere Gebäude,** die nach dem 31.12.1924 erstellt wurden
Lineare Abschreibung mit 4 %	Lineare Abschreibung mit 2 %
Im Jahr der Anschaffung ist die **monatsgenaue Abschreibung** vorzunehmen. Da es sich um kein bewegliches Wirtschaftsgut handelt, darf die Vereinfachungsregel (Halbjahresregel) nicht angewendet werden.	

Neue Betriebsgebäude werden liniear mit 4 % oder nach Sondervorschriften des § 7 (4) EStG abgeschrieben.

Eine lineare Abschreibung von 4 % entspricht einer betriebsgewöhnlichen Nutzungsdauer von 25 Jahren.

Neben diesen Abschreibungssätzen sieht der § 7 des Einkommensteuergesetzes unterschiedliche Abschreibungmöglichkeiten, u. a. nach Staffelsätzen, vor.

Beispiel

Das zu AHK von 240.600,00 € im Februar 01 beschaffte Wirtschaftsgut ist am Jahresende abzuschreiben

Berechnung der Abschreibung

$$\text{Abschreibungsbetrag} = \frac{240.600 \bullet 4 \bullet 11}{100 \bullet 12} = 8.822,00 \text{ €}$$

Monatsgenaue Abschreibung für 11 Monate im Jahr der Anschaffung.

Buchung:

				S	H
6520	Abschreibung a. SAV	an	0530 Betriebsgebäude	8.822,00	8.822,00

3.2.2.3 Außerplanmäßige Wertminderung

Wie bewegliche Wirtschaftsgüter können Gebäude durch Unglücksfälle (Blitzschlag, Sturm, Brand usw.) oder durch andere Ergeignisse (z. B. Versagen einer Betriebsgenehmigung) an Wert verlieren. Dies kann zu einer **außerplanmäßigen Abschreibung** führen.

Für Gebäude gilt das eingeschränkte NWP

dauernde Wertminderung: Abschreibungsgebot

vorübergehende Wertminderung: Abschreibungsverbot

Für Gebäude gilt das **eingeschränkte Niederstwertprinzip.** Es besteht bei einer **dauernden Wertminderung** ein **Abschreibungsgebot.** Der niedrigere Teilwert ist anzusetzen. Bei einer **vorübergehenden Wertminderung** ist das **Abschreibungsverbot** zu beachten. Der niedrigere Teilwert darf nicht angesetzt werden.

Wird das Wirtschaftsgut zum Jahresende mit dem neuen Teilwert bewertet, so kann der Bilanzansatz wie folgt ermittelt werden:

Anschaffungs- oder Herstellungskosten
– kumulierte Abschreibungen
= fortgeführte Anschaffungskosten (Regelwert, Buchwert)
– außerplanmäßige Abschreibung
= Bilanzansatz (Teilwert)

Nach der Teilwertabschreibung ist der Teilwert auf die Restnutzungsdauer zu verteilen und planmäßig abzuschreiben.
Wird der Teilwert während des Geschäftsjahres z. B. durch Gutachten nach einem Schadensereignis festgestellt, so ist dieser Wert auf die Restnutzungsdauer zu verteilen und für das laufende Geschäftsjahr die monatsgenaue AfA anzusetzen.

Buchung:

M

S			H
6550 Außerplanmäßige Absch. auf SAV		an 05... Gebäude	

Beispiel

Das obige Gebäude wurde durch einen Wasserschaden 02 schwer beschädigt. Der Teilwert wird zum 31.12.02 auf 200.000,00 € geschätzt.

AHK	240.600,00
– Afa 01	8.822,00
Buchwert	231.778,00
– Afa 02	9.624,00
Buchwert (Regelwert, fortgeführte AK)	**222.154,00**
Teilwert	**200.000,00**
außerplanmäßige Abschreibung	**22.154,00**

Außerplanmäßige Abschreibung:
Die Wertminderung ist von Dauer. Es besteht ein **Abschreibungsgebot.** Der niedrigere Teilwert von 200.000,00 € ist anzusetzen

Buchungssatz:

		S	H
6520 Abschreibung a. SAV		**9.624,00**	
6550 außerplanm. Absch. a. SAV an 0530 Betriebsgebäude		**22.154,00**	**31.778,00**

02 wird die normale Abschreibung und die Teilwertabschreibung verbucht.

Abschreibung für 03:
Der Teilwert ist auf die Restnutzungsdauer (23 Jahre und 1 Monat) zu verteilen. Die Abschreibung beträgt in den nächsten Jahren **8.664,26 €.**

Eine Wertaufholung wird analog zu den beweglichen Wirtschaftgütern durchgeführt.

3.3 Nicht abnutzbares Sachanlagevermögen

Zum nicht abnutzbaren Sachanlagevermögen gehören insbesondere die Grundstücke. Grundstücke sind unbewegliche Wirtschaftsgüter (Immobilien). Eine planmäßige Abschreibung ist nicht zulässig, da sie nicht der Abnutzung unterliegen.

3.3.1 Anschaffungskosten

Die Anschaffungskosten sind nach EStG § 6 , EStR Abschn 32 a und HGB § 255 (1) zu ermitteln.
Da Grundstücke häufig zusammen mit Gebäuden erworben werden, sind bei der Ermittlung der Anschaffungskosten die Anschaffungsnebenkosten aufzuteilen. Die Berechnung und Verbuchung wurde im Kapitel 3.2.2.1 dargestellt.

3.3.2 Außerplanmäßige Wertminderung

Grundstücke unterliegen zwar nicht der Abnutzung, sie können aber durch außergewöhnliche Umstände an Wert verlieren. So kann z. B. die Baugenehmigung versagt werden oder störende Einflüsse aus der Umgebung den Wert des Grundstückes beeinträchtigen. Dies kann zu einer **außerplanmäßigen Abschreibung** führen.

Für Grundstücke gilt das **eingeschränkte Niederstwertprinzip.** Es besteht bei einer **dauernden Wertminderung** ein **Abschreibungsgebot.** Der niedrigere Teilwert ist anzusetzen. Bei einer **vorübergehenden Wertminderung** ist **das Abschreibungsverbot** zu beachten. Der niedrigere Teilwert darf nicht angesetzt werden.

Für Grundstücke gilt das eingeschränkte NWP

dauernde Wertminderung: Abschreibungsgebot

Wird das Wirtschaftsgut zum Jahresende mit dem neuen Teilwert bewertet, so kann der Bilanzansatz wie folgt ermittelt werden:

vorübergehende Wertminderung: Abschreibungsverbot

Anschaffungs- oder Herstellungskosten
– Teilwertabschreibung
= **Bilanzansatz (Teilwert)**

Buchung:

	S		H
6550 Außerplanmäßige Absch. auf SAV		an 05... Grundstücke	

01 wurde ein unbebautes Grundstück zu Anschaffungskosten von 1.500.000,00 € erworben, um die Produktionshalle des Stammwerkes zu erweitern. Bei Grabungsarbeiten wurde festgestellt, dass das Grundstück teilweise mit hochgiftigen Stoffen eines vor Jahrzehnten abgerissenen Chemiewerkes belastet ist. Experten halten die Sanierung des belasteten Teils für technisch nicht möglich. Dadurch sinkt der Teilwert des Grundstückes auf 1.000.000,00 €.

Abschreibung:
Bei der Wertminderung handelt es sich um eine dauernde Wertminderung. Es besteht ein **Abschreibungsgebot**. Der niedrigere Teilwert von 1.000.000,00 € ist anzusetzen.

Buchungssatz:

			S	H
6550 außerplanm. Absch. a. SAV	an	0500 unbeb. Grundstücke	500.000,00	500.000,00

3.3.3 Wertaufholung

Eingeschränkter Wertezusammenhang: Zuschreibungen sind bis zu den AK möglich.

Bei steigendem Teilwert gilt der **eingeschränkte Wertezusammenhang**. Bei nicht abnutzbaren Wirtschaftsgütern (Grundstücken) sind **Zuschreibungen bis zu den Anschaffungskosten** möglich, wenn der Grund für eine außerplanmäßige Abschreibung aus dem Vorjahr entfallen ist. Es besteht ein **Wertaufholungswahlrecht.** Das Wertaufholungsgebot für Kapitalgesellschaften des § 280 HGB greift wegen des umgekehrten Maßgeblichkeitsprinzips nicht.

Wertaufholungswahlrecht: Zuschreibungen können vorgenommen werden

Buchung

	S			H
0.... Grundstücke		an	5440 Erträge aus der Werterhöhung von AV	

Beispiel

Das unter 3.3.2 teilwertberichtigte Grundstücke kann mit Hilfe neu entwickelter Verfahren relativ einfach und kostengünstig saniert werden. Da am Standort der UMTECH AG die Grundstückspreise angestiegen sind, wird das Areal von einem Gutachter mit 1.750.000,00 € bewertet.

Zuschreibung:

Wenn die Unternehmung einen möglichst niedrigen Gewinn erzielen will, wird sie den niedrigere Buchwert beibehalten, da sie ein Wertaufholungswahlrecht hat.

Buchungen:

Entschließt sich die Unternehmung zu einer Zuschreibung, um z. B. einen zu erwartenden Verlust zu vermindern, wird sie eine Zuschreibung bis zu den Anschaffungskosten (Bewertungsobergrenze) vornehmen.

			S	H
0500 unbeb. Grundst.	an	5440 Erträge a. d. Werterhöhung v. SAV	500.000,00	500.000,00

3.4 Finanzanlagen

Zu den Finanzanlagen gehören Beteiligungen, Aktien und festverzinsliche Wertpapiere, die der langfristigen Geldanlage dienen, und langfristige Ausleihungen. Von eine Beteiligung geht man aus, wenn ein Unternehmen mindestens 20 % des Kapitals einer anderen Unternehmung hält. Finanzanlagen unterliegen keiner Abnutzung und gehören nicht zum Sachanlagevermögen.

3.4.1 Anschaffungskosten

Als Anschaffungskosten ist bei Wertpapieren der Kurswert zu aktivieren. Als Anschaffungsnebenkosten können z. B. Bankprovisionen und Maklergebühren auftreten.

Buchung:

	S				H
1.... Finanzanlagen		an	2800 Bank		

Beispiel

Die UMTECH AG hat im Geschäftsjahr 01 1.000 Aktien der Maschinenbau AG zur langfristigen Anlage erworben. Der Stückkurs betrug 180,00 €, der Nennwert 50,00 €. Es fielen Spesen (Maklergebühr, Bankprovision) in Höhe von 1,1 % an.

Anschaffungskosten:

1.000 Stück à 180,00 €/Stück	180.000,00 €
Spesen	1.980,00 €
Anschaffungskosten	**181.980,00 €**

Buchung:

				S	H
1500 Wertpapiere des AV	an	2800 Bank		181.980,00	181.980,00

3.4.2 Außerplanmäßige Wertminderung

Finanzanlagen unterliegen zwar nicht der Abnutzung, sie können aber an Wert verlieren. Insbesondere bei Wertpapieren können Kursschwankungen auftreten, die zu Kursverlusten führen. Liegen die Ursachen in Veränderungen am Aktienmarkt, so sind diese Schwankungen meist kurzfristiger Natur. Werden sie durch die wirtschaftliche Lage der jeweiligen Unternehmung ausgelöst, so können sie auch langfristig sein. Ferner kann eine Veränderung in der Bonität des Gläubigers eine Neubewertung von langfristigen Ausleihungen (Darlehen etc.) notwendig machen.

Für Finanzanlagen gilt das **gemilderte** Niederstwertprinzip (HGB § 279, EstG §6 (2) 1+2). Es besteht bei einer **dauernden Wertminderung** ein **Abschreibungsgebot**. Der niedrigere Teilwert ist anzusetzen. Bei einer **vorübergehenden Wertminderung** liegt ein **Abschreibungswahlrecht** vor. Der niedrigere Teilwert darf angesetzt werden. Liegt ein Abschreibungswahlrecht vor, so wird die Unternehmung von der Abschreibungsmöglichkeit Gebrauch machen, wenn sie ihre Steuerlast und ihren Gewinn senken will. Erwartet sie einen Verlust, so wird sie die Abschreibung nicht vornehmen. Das Prinzip der Bilanzkontinuität darf dabei nicht verletzt werden und die Änderung der Bewertungsprinzipien sind im Anhang anzugeben.

Für Finanzanlagen gilt das eingeschränkte NWP

dauernde Wertminderung: Abschreibungsgebot

vorübergehende Wertminderung: Abschreibungsverbot

Wird das Wirtschaftsgut zum Jahresende mit dem neuen Teilwert bewertet, so kann der Bilanzansatz wie folgt ermittelt werden:

Anschaffungskosten
– Teilwertabschreibung
= **Bilanzansatz (Teilwert)**

Buchung:

	S				H
7400 Abschreibungen auf Finanzanlagen		an	1..... Finanzanlagen		

Beispiel

Die Wertpapiere der Maschinenbau AG haben am Jahresende (01) einen Kurs-wert von 165,00 €. Die Kursschwankung werden als vorübergehende Börsen-reaktion eingestuft.

Abschreibung:
Teilwert:

1.000 Stück à 165,00 € /Stück	165.000,00 €
+ Spesen 1,1 %	1.815,00 €
Teilwert am Bilanzstichtag	**166.815,00 €**
Buchwert (Anschaffungskosten)	181.980,00 €
notwendige Abschreibung	15.165,00 €

Laut Angabe handelt es sich um eine **vorübergehende Wertminderung**. Für Finanzanlagen gilt das **gemilderte Niederstwertprinzip**. Es besteht ein **Abschrei-bungswahlrecht**. Da die UMTECH AG ihren Gewinn und damit ihre **Steuerlast** mindern möchte macht sie von ihrem Wahlrecht Gebrauch und schreibt die Wertpapiere auf ihren **niedrigeren Teilwert** ab.

Buchungssatz:

		S	H
7400 Abschreibungen auf Fin.-Anl.	an 1500 Wertpapiere des AV	15.165,00	15.165,00

Würde die UMTECH AG auf eine Abschreibung verzichten, so würde der o. g. Buchungssatz entfallen. Bei einer dauerhaften Wertminderung muss die Abschreibung gebucht werden.

3.4.3 Wertaufholung

Eingeschränkter Wertezusammenhang: Zuschreibungen sind bis zu den AK möglich.

Wertaufholungswahl-recht: Zuschreibungen können vorgenommen werden

Bei steigendem Teilwert gilt auf für Finanzanlagen der **eingeschränkte Wertezusammenhang**. Bei nicht abnutzbaren Wirtschaftsgütern (Finanzanlagen) sind die **Zuschreibungen bis zu den Anschaffungskosten** möglich, wenn der Grund für eine außerplanmäßige Abschreibung aus dem Vorjahr entfallen ist. Es besteht ein **Wertaufholungswahlrecht**. Das Wertaufholungsgebot für Kapitalgesellschaften des § 280 HGB greift wegen des umgekehrten Maßgeblichkeitsprinzips nicht.

Buchung

	S		H
1.... Finanzanlagen	an	5440 Erträge aus der Werterhöhung von AV	

Beispiel

Die Wertpapiere der Maschinenbau AG haben 02 am Jahresende einen Kurs-wert von 210,00 €.

Zuschreibung:
Teilwert:

1.000 Stück à 210,00 € /Stück	210.000,00 €
+ Spesen 1,1 %	2.310,00 €
Teilwert am Bilanzstichtag	**212.310,00 €**
Buchwert	**166.815,00 €**
Anschaffungskosten (Obergrenze)	**181.980,00 €**
mögliche Zuschreibung	**15.165,00 €**

Es ist der **eingeschränkte Wertezusammenhang** zu beachten. Zuschreibungen sind bis zum **Teilwert, maximal bis zu den Anschaffungskosten** möglich. Es besteht ein **Zuschreibungswahlrecht.** Da die UMTECH AG einen niedrigen Gewinn und eine **niedrige Steuerbelastung** anstrebt, wird sie von der Zuschreibungsmöglichkeit **keinen Gebrauch machen**.

Buchungen:
Entschließt sich die Unternehmung zu einer Zuschreibung, um z. B. einen zu erwartenden Verlust zu vermindern, wird sie eine Zuschreibung bis zu den Anschaffungskosten (Bewertungsobergrenze) vornehmen

			S	H
1500 Wertpapiere d. AV	an	5440 Erträge a. d.		
		Werterhöhung v. SAV	15.165,00	15.165,00

3.5 Wertpapiere des Umlaufvermögens

Wertpapiere des Umlaufvermögens sind, da sie Teil des Umlaufvermögens sind, nicht für den längeren Verbleib im Unternehmen vorgesehen. Sie dienen in der Regel der kurzfristigen Anlage von finanziellen Mitteln z. B. Liquidiätsüberschüssen. Da Wertpapiere Kursschwankungen unterliegen kann zum Bilanzstichtag eine Neubewertung und Abschreibung notwendig sein. Da durch die kurze Verweildauer im Umlaufvermögen die Gefahr einer Realisation von Verlusten relativ hoch ist, gelten für das Umlaufvermögen strengere Vorschriften einer Teilwertabschreibung als im Anlagevermögen.

3.5.1 Anschaffungskosten

Als Anschaffungskosten ist bei Wertpapieren der Kurswert zu aktivieren. Als Anschaffungsnebenkosten können z. B. Bankprovisionen und Maklergebühren auftreten.

Buchung:

		S		H
2700	Wertpapiere des Umlaufvermögens		an 2800 Bank	

Die UMTECH AG hat im Geschäftsjahr 01 100 Aktien der Textil AG zur kurzfristigen Anlage erworben. Der Stückkurs betrug 180,00 €, der Nennwert 50,00 €. Es fielen Spesen (Maklergebühr, Bankprovision) in Höhe von 1,1 % an.

Anschaffungskosten:

100 Stück à 180,00 €/Stück	18.000,00 €
Spesen	198,00 €
Anschaffungskosten	18.198,00 €

Buchung:

			S	H
2700 Wertpapiere des UV	an	2800 Bank	18.198,00	18.198,00

3.5.2 Außerplanmäßige Wertminderung

Im UV gilt das strenge NWP

Für Wertpapiere des Umlaufvermögens gilt das **strenge Niederstwertprinzip** (HGB § 253 (3), EstG § 5 (1)), es besteht bei einer **dauernden und einer vorübergehenden Wertminderung** ein **Abschreibungsgebot**. Der niedrigere Teilwert ist anzusetzen.

Der niedrigere Teilwert ist bei dauernden und vorübergehenden Wertminderungen anzusetzen.

Wird das Wirtschaftsgut zum Jahresende mit dem neuen Teilwert bewertet, so kann der Bilanzansatz wie folgt ermittelt werden:

Anschaffungskosten
– Teilwertabschreibung
= **Bilanzansatz (Teilwert)**

Buchung:

	S				H
7420	Absch. auf Wertpapiere des UV		an	2700	Wertpapiere des UV

Beispiel

Die Wertpapiere der Textil AG haben am Jahresende (01) einen Kurswert von 165,00 €. Die Kursschwankung wird als vorübergehende Börsenreaktion eingestuft.

Abschreibung:

Teilwert:	
100 Stück á 165,00 €/Stück	16.500,00 €
+ Spesen 1,1 %	181,50 €
Teilwert am Bilanzstichtag	**16.681,50 €**
Buchwert (Anschaffungskosten)	18.198,00 €
notwendige Abschreibung	**1.516,50 €**

Laut Angabe handelt es sich um eine **vorübergehende Wertminderung**. Für Wertpapiere des Umlaufvermögens gilt das **strenge Niederstwertprinzip**. Es besteht ein **Abschreibungsgebot**.

Buchungssatz:

					S	H
7420 Absch. auf Wertpapiere d. UV		an	2700 Wertpapiere des UV		1.516,50	1.516,00

3.5.3 Wertaufholung

Eingeschränkter Wertezusammenhang: Zuschreibungen sind bis zu den AK möglich.

Bei steigendem Teilwert gilt auch für Wertpapiere des Umlaufvermögens der **eingeschränkte Wertezusammenhang**. Die **Zuschreibung ist**, soweit der Grund für die Abschreibung entfallen ist, **bis zu den Anschaffungskosten** möglich. Es besteht ein **Wertaufholungswahlrecht.** Das Wertaufholungsgebot für Kapitalgesellschaften des § 280 HGB greift wegen des umgekehrten Maßgeblichkeitsprinzips nicht.

Wertaufholungswahlrecht: Zuschreibungen können vorgenommen werden

Buchung

	S				H
2700	Wertpapiere d. UV		an	5783	Erträge a. d. Zuschreibung v. WP d. UV

Beispiel

Die Wertpapiere der Textil AG haben 02 am Jahresende einen Kurswert von 210,00 €.

Zuschreibung:

Teilwert:

1.000 Stück á 210,00 €/Stück	21.0000,00 €
+ Spesen 1,1 %	231,00 €
Teilwert am Bilanzstichtag	**21.231,00 €**
Buchwert	**16.681,50 €**
Anschaffungskosten (Obergrenze)	**18.198,00 €**
mögliche Zuschreibung	**1.516,50 €**

Es ist der **eingeschränkte Wertezusammenhang** zu beachten. Zuschreibungen sind bis zum **Teilwert, maximal bis zu den Anschaffungskosten** möglich. Es besteht ein **Zuschreibungswahlrecht.** Da die UMTECH AG einen niedrigen Gewinn und eine **niedrige Steuerbelastung** anstrebt, wird sie von der Zuschreibungsmöglichkeit **keinen Gebrauch machen.**

Buchungen:
Entschließt sich die Unternehmung zu einer Zuschreibung, um z. B. einen zu erwartenden Verlust zu vermindern, wird sie eine Zuschreibung bis zu den Anschaffungskosten (Bewertungsobergrenze) vornehmen.

			S	H
2700 Wertpapiere d. UV	an	5783 Erträge a. d. Zuschreibung WP UV	1.516,50	1.516,50

3.6 Vorräte

3.6.1 Bewertung von Vorräten

Der Verkauf von Fertigerzeugnissen wird über das Erlöskonto (5000) und der Einkauf von Roh-, Hilfs-, und Betriebsstoffen sowie Vorprodukten über die Aufwandskonten (60..) gebucht.
Die Bestandskonten für unfertige (2100) und fertige (2200) Erzeugnisse sowie für Roh- (2000), Hilfs- (2020) und Betriebsstoffe (2030) sowie Vorprodukte (2010) werden als **ruhende Konten** geführt. Am Jahresende wird durch Inventur der Endbestand ermittelt und auf den jeweiligen Bestandskonten (2000, 2010, 2020, 2030, 2100, 2200) und in der Bilanz als Schlussbestand gebucht. Die Differenz zwischen Anfangs- und Endbestand wird als Mehr- oder Minderverbrauch bzw. Bestandsveränderung gebucht. (Siehe Materialwirtschaft Kapitel 5 und Produktionswirtschaft Kapitel 4)

ruhende Konten:
2100
2200
2000
2020
2030

Die Bewertung bei der Inventur erfolgt
* bei den Roh-, Hilfs- und Betriebsstoffen sowie den Vorprodukten zu den **Anschaffungskosten** (siehe Werte)
* bei den fertigen und unfertigen Erzeugnissen zu den **Herstellungskosten**

Bewertungsverein-
fachung bei Vorräten:
Bewertung mit Durch-
schnittsverfahren

Bewertungsvereinfachung:

Für die Bewertung des Vermögens gilt das Prinzip der Einzelbewertung. Beim Vorrats-vermögen ist jedoch eine **Bewertungsvereinfachung** möglich.

Unter anderen ist das **Durchschnittsverfahren** nach Steuerrecht (EStR Abschn. 36 Abs. 2) und Handelsrecht (HGB § 240) zulässig. Neben der Durchschnittsbewertung kommt noch das Verbrauchsfolgeverfahren und die Festwertbewertung in Frage.

gewogenes arith-
metisches Mittel

Durchschnittsverfahren – gewogenes arithmetisches Mittel

Beispiel

Die UMTECH AG verarbeitet u. a. einen Filterstoff (Rohstoffe). Es liegen folgende Werte vor:

Datum	Anfangsbestand und Zugänge laut Konto 6000 bzw. 2000	Anfangsbestand und Zugänge lt. Lagerkartei	Anschaffungs-kosten je kg
	€	kg	€ /kg
Anfangsbestand 01.01.	5.000,00	2.000	2,50
Zugang: 30.01	6.000,00	2.000	3,00
Zugang: 20.04.	10.000,00	4.100	2,44
Zugang: 07.08.	8.000,00	3.500	2,29
Zugang: 10.10.	6.000,00	3.000	2,00
Zugang: 30.11.	7.000,00	2.800	2,50
Endbestand (lt. Inventur) zum 31.12.	?	3.000	

Berechnung (Bewertung) des Schlussbestandes:

Einstandspreis	kg
5.000,00	2.000
6.000,00	2.000
10.000,00	4.100
8.000,00	3.500
6.000,00	3.000
7.000,00	2.800
42.000,00/	17.400

= 2,41 €/kg (Durchschnitt)

bewerteter Schlussbestand = 3.000 • 2,41

= **7.241,38 € → Bilanzansatz**

Ist der **Teilwert (Marktpreis) niedriger** als der nach der Einzelbewertung oder Durchschnittsbewertung ermittelte Wert, so ist der niedrigere Teilwert anzusetzen (siehe 3.6.2)

Buchungen:

S	2000 Rohstoffe		H
8000 AB	5.000,00	8010 SBK	7.241,38
6000 BV	2.241,38		
	7.241,38		7.241,38

S	6000 Aufwendungen für Rohstoffe		H
4400	6.000,00	2000 Rohs.	2.241,38
4400	10.000,00	8020 GuV	34.758,62
4400	8.000,00		
4400	6.000,00		
4400	7.000,00		
	37.000,00		37.000,00

Beispiel

Buchung der Bestandsveränderung

				S	H
2000 Rohstoffe	an	6000 Aufw. f. Rohstoffe		2.241,38	2.241,38

Buchung des Rohstoffverbrauches

				S	H
8020 GuV	an	6000 Aufw. f. Rohstoffe		34.758,62	34.758,62

Buchung des bewerteten Inventurbestandes

				S	H
8010 SBK	an	2000 Rohstoffe		7.241,38	7.241,38

Über die Buchung des bewerteten Inventurbestandes, der Bestandsveränderung und des Rohstoffverbrauches wird die Bewertung nach dem Durchschnittsverfahren gebucht.

3.6.2 Wertminderung – Außerplanmäßige Abschreibung

Ist der Teilwert niedriger als der durch Einzel- oder Durchschnittsbewertung ermittelte Wert, so **ist der niedrigere Teilwert anzusetzen**, da für Vorräte das **strenge Niederstwertprinzip** gilt.

strenges NWP für Vorräte

Beispiel

Der Marktpreis für den nach dem Durchschnittsverfahren bewerteten Filterstoff liegt am 31.12. bei 2,00 €.

Bewertung:

Wert nach Durchschnittsbewertung – Regelwert: =	7.241,38 €
Bewertung zum Marktpreis (Teilwert, Vergleichswert)	
3.000 kg • 2,00 € =	6.000,00 €
Bilanzansatz	**6.000,00 €**

Nach dem strengen Niederstwertprinzip ist der niedrigere Wert anzusetzen.

Buchungen:

S	2000 Rohstoffe		H
8000 AB	5.000,00	**8010 SBK** 6.000,00	
6000 BV	**1.000,00**		
	6.000,00		6.000,00

S	6000 Aufwendungen für Rohstoffe		H
4400	6.000,00	**2000 Rohs.**	1.000,00
4400	10.000,00	**8020 GuV**	36.000,00
4400	8.000,00		
4400	6.000,00		
4400	7.000,00		
	37.000,00		37.000,00

Buchung der Bestandsveränderung

			S	H
2000 Rohstoffe	an	6000 Aufw. f. Rohstoffe	1.000,00	1.000,00

Buchung des Rohstoffverbrauches

			S	H
8020 GuV	an	6000 Aufw. f. Rohstoffe	36.000,00	36.000,00

Buchung des bewerteten Inventurbestandes

			S	H
8010 SBK	an	2000 Rohstoffe	6.000,00	6.000,00

Über die Buchung des bewerteten Inventurbestandes, der Bestandsveränderung und des Rohstoffverbrauches wird die Bewertung nach dem Niederstwertprinzip gebucht. Die niedrigere Bewertung des Bestandes führt zu einer geringeren Bestandsminderung und dadurch zu einer geringeren Korrektur der Aufwendungen. Die Teilwertabschreibung schlägt sich in einem höheren Rohstoffverbrauch nieder.

3.6.3 Werterhöhung

Bei steigendem Teilwert gilt auch für Vorräte der **eingeschränkte Wertezusammenhang**. Die Bewertungsobergrenze bilden die **Anschaffungskosten** bzw. der **ermittelte Durchschnittswert**. Bei einer Einzelbewertung besteht ein **Wertaufholungswahlrecht**! Das Wertaufholungsgebot für Kapitalgesellschaften des § 280 HGB greift wegen des umgekehrten Maßgeblichkeitsprinzips nicht.

Beispiel

Der Marktpreis für den nach dem Durchschnittsverfahren bewerteten Filterstoff liegt am 31.12. bei 2,60 € je kg.

Bewertung:

Wert nach Durchschnittsbewertung – Regelwert: =	7.241,38 €
Bewertung zum Marktpreis (Teilwert, Vergleichswert) 3.000 kg • 2,60 € =	7.800,00 €
Bilanzansatz	7.241,38 €

Auf Grund des eingeschränkten Wertezusammenhanges darf der Durchschnittswert nicht überschritten werden.

Buchungen

Buchung der Bestandsveränderung

			S	H
2000 Rohstoffe	an	6000 Aufw. f. Rohstoffe	2.241,38	2.241,38

Buchung des Rohstoffverbrauches

			S	H
8020 GuV	an	6000 Aufw. f. Rohstoffe	34.758,62	34.758,62

Buchung des bewerteten Inventurbestandes

			S	H
8010 SBK	**an**	**2000 Rohstoffe**	**7.241,38**	**7.241,38**

Über die Buchung des bewerteten Inventurbestandes, der Bestandsveränderung und des Rohstoffverbrauches wird die Bewertung nach dem Durchschnittsverfahren gebucht, da dieser Wert unter dem Marktwert liegt. Die Buchungssätze und die kontenmäßige Darstellung entsprechen den Buchungen bei der Durchschnittsbewertung.

3.7 Forderungen aus Lieferungen und Leistungen

Jede Forderung ist als selbstständiger Vermögensposten zu bewerten (HGB §§252 (1) Nr. 3).

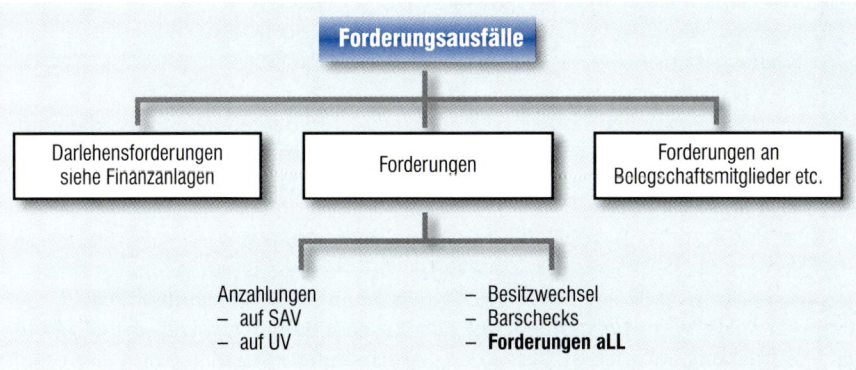

Die weiteren Betrachtungen sollen auf Forderungen aus Lieferungen und Leistungen beschränkt werden.

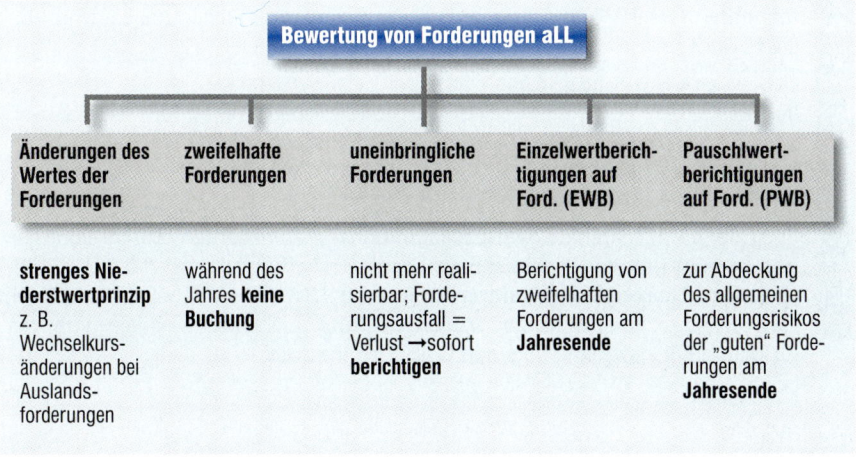

3.7.1 Änderungen des Wertes der Forderungen

Auslandsforderungen können durch Wechselkursschwankungen an Wert verlieren oder in ihrem Wert steigen.

Im UV gilt das strenge NWP.

Für Forderungen des Umlaufvermögens gilt das **strenge Niederstwertprinzip** (HGB § 253 (3), EStG § 5 (1)), es besteht bei einer **dauernden und einer vorübergehenden Wertminderung** ein **Abschreibungsgebot**. Der niedrigere Teilwert ist anzusetzen.

Der niedrigere Teilwert ist bei dauernden und vorübergehenden Wertminderungen anzusetzen.

Beispiel

Die UMTECH AG hat Fertigerzeugnisse in die USA geliefert. Die Rechnung lautet auf 10.000 $. Der Wechselkurs beträgt 0,85 €. Am 31. 12. wird ein Wechselkurs von 0,80 € festgestellt.

„Anschaffungskosten" der Forderung
10000 • 0,85 € = 8.500,00 €

Teilwertabschreibung:

Wert am Bilanzstichtag (Teilwert): 10.000 • 0,80	= 8.000,00 €
Buchwert (Regelwert):	= 8.500,00 €
Bilanzansatz:	= 8.000,00 €

Unabhängig davon, ob es sich um eine **vorübergehende oder dauernde Wertminderung** handelt, ist der **niedrigere Wert anzusetzen**. Für Forderungen des Umlaufvermögens gilt das **strenge Niederstwertprinzip**. Es besteht ein **Abschreibunggebot**.

Eingeschränkter Wertezusammenhang: Zuschreibungen sind bis zu den AK möglich.

Bei steigendem Teilwert gilt für Forderungen des Umlaufvermögens der **eingeschränkte Wertezusammenhang**. Die **Zuschreibung ist**, soweit der Grund für die Abschreibung entfallen ist, **bis zu den „Anschaffungskosten"** möglich. Es besteht ein **Wertaufholungswahlrecht.** Das Wertaufholungsgebot für Kapitalgesellschaften des § 280 HGB greift wegen des umgekehrten Maßgeblichkeitsprinzips nicht.

Wertaufholungswahlrecht: Zuschreibungen können vorgenommen werden

Beispiel

Auf Grund von Gewährleistungsstreitigkeiten ist die Schuld am Ende des darauf folgenden Geschäftsjahres noch nicht beglichen. Der Dollarkurs liegt nun bei 0,875 €

Teilwert am Bilanzstichtag 10.000 • 0,875	**8.750,00 €**
Buchwert	**8.000,00 €**
„Anschaffungskosten" (Obergrenze)	**8.500,00 €**
mögliche Zuschreibung	**500,00 €**

Es ist der **eingeschränkte Wertezusammenhang** zu beachten. Zuschreibungen sind bis zum **Teilwert, maximal bis zu den Anschaffungskosten** möglich. Es besteht ein **Zuschreibungswahlrecht.** Da die UMTECH AG einen niedrigen Gewinn und eine **niedrige Steuerbelastung** anstrebt, wird sie von der Zuschreibungsmöglichkeit **keinen Gebrauch machen**.

3.7.2 Zweifelhafte Forderungen

Eine Forderung ist zweifelhaft, bei
- wiederholter Mahnung
- Bitte um Stundung
- Wechselprotest
- Beantragung eines Mahnbescheides

- Zahlungseinstellung
- Eröffnung des Vergleichsverfahren
- Beantragung des Konkurses
- etc.

Wird eine Forderung zweifelhaft so erfolgt während des Jahres **keine Buchung**. Es gibt kein Konto zweifelhafte Forderungen. Die Forderung wird in der Buchhaltung durch einen geeigneten Vermerk gekennzeichnet.

Zweifelhafte Forderungen werden nicht gebucht.

> **Beispiel**
>
> Die Heizungsbau GmbH, ein Kunde der UMTECH AG, hat Konkurs beantragt. Es stehen noch Forderungen in Höhen von 1.160,00 € aus.
>
> **Zweifelhafte Forderung**
> keine Buchung

3.7.3 Abschreibung uneinbringlicher Forderungen

Forderungen gelten ganz oder teilweise als uneinbringlich bei
- erfolgloser Pfändung
- Mitteilung der Vergleichsquote

- Mitteilung der Konkursquote
- Verzichtserklärung

Uneinbringliche oder teilweise uneinbringliche Forderungen sind ganz oder teilweise **abzuschreiben. Die Umsatzsteuer ist zu berichtigen.**

Uneinbringliche Forderungen: abschreiben, USt berichtigen

Buchung

	S			H
6951 Abschreibungen auf Forderungen				
4800 Umsatzsteuer	an	2400 Forderungen aLL		

> **Beispiel**
>
> Am 0.02 wird das Konkursverfahren gegen einen unserer Kunden abgeschlossen. Von unserer Forderung über 11.600,00 € gehen 50 % auf unserem Bankkonto ein. Der Rest der Forderung gilt als verloren.
>
> **Buchung**
>
> | | | | | S | H |
> |---|---|---|---|---|---|
> | 2800 Bank | | | | 5.800,00 | |
> | 6951 Abschr. auf Ford. | | | | 5.000,00 | |
> | 4800 USt | an | 2400 Forderungen | | 800,00 | 11.600,00 |

Uneinbringliche Forderungen werden sofort abgeschrieben.

Eingang abgeschriebener Forderungen

Gehen abgeschriebene Forderungen unerwartet ein, so ist der Nettowert als **Ertrag** zu buchen. **Die Berichtigung der Umsatzsteuer muss rückgängig gemacht werden.**

Beispiel

Am 06.11. gehen zusätzlich 580,00 € der obigen Forderung auf dem Konto der UMTECH AG ein.

Buchung:

				S	H
2800 Bank	an	5495 Zahlungseingang abg. Ford.	580,00		500,00
		4800 USt			80,00

3.7.4 Einzelwertberichtigungen

Zweifelhafte Forderungen werden am Jahresende einzelwertberichtigt.

Jede Forderung ist als selbstständig Vermögensposten zu bewerten (HGB §§252 (1) Nr. 3). Werden Forderungen zweifelhaft, so wird während des Jahres keine Buchung durchgeführt. Am **Jahresende** ist für die jeweilige Forderung eine **Einzelwertberichtigung (EWB)** auf dem Konto 3670 Einzelwertberichtigung zu bilden. Das Konto Einzelwertberichtigung wird während des Jahres als ruhendes Konto geführt. Am jeweiligen Jahresende wird der Bestand an EWB wenn nötig erhöht oder gesenkt.

Die Abschreibung der Forderung erfolgt zunächst indirekt über ein Wertberichtigungskonto. Die Korrektur der Umsatzsteuer erfolgt erst beim Ausfall der Forderung (§17(1) UStG).

Sind in einem Jahr weniger zweifelhafte Forderungen vorhanden, so ist die Wertberichtigung am Jahresende herabzusetzen. Es entsteht ein gewinnerhöhender Ertrag.

EWB wird über das Konto Forderungen abeschlossen.

Da die Forderungen zum Gegenwartswert auszuweisen sind, muss das Konto Einzelwertberichtigung im Rahmen der vorbereitenden Abschlussbuchungen **über das Konto Forderungen abgeschlossen** werden (Umwandlung in eine direkte Abschreibung).

Buchungen:

Erhöhung:

Für die zweifelhafte Forderung wird ein Korrekturposten auf der Passivseite gebildet (Wertberichtigung). Dadurch entsteht ein **gewinnmindernder Aufwand** in Höhe des erwarteten Ausfalls der zweifelhaften Forderung. Da auf das Konto nur am Jahresende gebucht wird, muss nur die Höhe der Wertberichtigung **dem tatsächlichen Bestand** an zweifelhaften Forderungen und deren Ausfallpotenzial **angepasst werden**.

Herabsetzung:

Ist der Bestand am Jahresende zu hoch, da weniger zweifelhafte Forderungen mit einem geringeren erwarteten Ausfall vorhanden sind, ist der entsprechende Teil **gewinnerhöhend (Ertrag) aufzulösen**.

Abschluss

3670 Einzelwertberichtigungen an   2400 Forderungen

Das Konto Einzelwertberichtigung wird über das Forderungskonto abgeschlossen, da in der Bilanz der tatsächliche Wert der Forderung (Gegenwartswert, Teilwert) ausgewiesen werden muss.

3.7.5 Pauschalwertberichtigung

Auch in den einwandfreien Forderungen können Forderungen enthalten sein, die im Laufe des Geschäftsjahres nicht beglichen werden. Aus Gründen der kaufmännischen Vorsicht (HGB § 253 (4) soll dieses allgemeine Kreditrisiko durch eine **Pauschalwertberichtigung (PWB)** abgedeckt werden. Der Forderungsausfall wird nach den Erfahrungswerten der letzten Jahre, dem Konjunkturverlauf, der Zahlungsmoral und den besonderen Geschäftsrisiken bestimmt. In der Regel können zwischen 1 % und 5 % der einwandfreien Forderungen angesetzt werden.

PWB: Wertberichtigung für das allgemeine Forderungsrisiko.

Am jeweiligen Jahresende wird der Bestand des Kontos Pauschalwertberichtigung (3680) wenn nötig erhöht oder gesenkt. Das Konto wird während des Jahres als ruhendes Konto geführt. Eine Erhöhung führt zu einem gewinnmindernden Aufwand. Die Senkung erhöht über einen Ertrag den Gewinn.

Die Abschreibung der Forderung erfolgt zunächst indirekt über ein Wertberichtigungskonto. Dabei dürfen **nur die einwandfreien Forderungen** berücksichtigt werden. Die Korrektur der **Umsatzsteuer** erfolgt erst beim Ausfall der Forderung (§17(1) UStG).

Da die Forderungen zum Gegenwartswert auszuweisen sind, muss das PWB-Konto im Rahmen der vorbereitenden Abschlussbuchungen **über das Konto Forderungen abgeschlossen** werden (Umwandlung in eine direkte Abschreibung).

Das Konto PWB wird über Forderungen abgeschlossen.

Buchungen:

Erhöhung:

6953 Einstellung in PWB   an   3680 Pauschalwertberichtigung

Für das allgemeine Ausfallrisiko bei Forderungen wird ein Korrekturposten auf der Passivseite gebildet (Wertberichtigung). Dadurch entsteht ein **gewinnmindernder Aufwand** in Höhe des erwarteten Ausfalls bei den sicheren Forderungen. Da auf das Konto nur am Jahresende gebucht wird, muss nur die Höhe der Wertberichtigung **dem tatsächlichen Bestand** an möglichen allgemeinen Forderungsrisiken **angepasst werden**.

Herabsetzung:

	S		H
3680 PWB		an **5450 Ertr. a. d. Herabs. v. WB a. Ford.**	

Ist der Bestand am Jahresende zu hoch, da weniger Forderungen vorhanden sind oder sich das Ausfallrisiko vermindert hat, ist der entsprechende Teil **gewinnerhöhend (Ertrag) aufzulösen**.

Abschluss

	S		H
3680 PWB		an **2400 Forderungen**	

Das Konto Pauschalwertberichtigung wird über das Forderungskonto abgeschlossen, da in der Bilanz der tatsächliche Wert der Forderung (Gegenwartswert, Teilwert) ausgewiesen werden muss.

3.7.6 Einzelwertberichtiungen – Pauschalwertberichtigungen – Beispiele

Beispiel

Erhöhung der Wertberichtigungen:

Der Kunde X meldet am 03.09.00 Konkurs an. Für die ausstehende Forderung über 12.760,00 € rechnen wir mit einem Ausfall von voraussichtlich 25 %.
Am 30.10.00 erfahren wir, dass gegen den Kunden Y das Konkursverfahren eröffnet wurde. Von unserer Forderung über 6.960,00 € wird voraussichtlich nur noch 50 % eingehen.
Am Jahresende gelten folgende Werte nach Saldenbilanz: Forderungen 200.220,00 €; EWB 4.000,00 €; PWP 2.000,00 €; Delkrederesatz 2 %;

Berechnung der EWB

	zweifelhafte Forderungen				
	brutto	UST	netto	zweifelhafter Anteil	**EWB**
Vorhandene EWB					**4.000,00**
notwendige EWB	12.760,00	1.760,00	11.000,00	2.750,00	
	6.960,00	960,00	6.000,00	3.000,00	
					5.750,00
Erhöhung					**1.750,00**

Buchungen:

Erhöhung:

				S	H
6952 Einstellungen in EWB		an **3670 EWB**		1.750,00	1.750,00

Abschluss:

				S	H
3670 EWB		an **2400 Forderungen**		5.750,00	5.750,00

Beispiel

Berechnung der PWB:

		gute Forderungen			PWP
		brutto	USt	netto	2 %
Vorhandene PWB					**2.000,00**
benötigte PWB	200.220,00				
zweifelhafte Ford.	− 12.760,00				
zweifelhafte Ford	− 6.960,00				
gute Ford		180.500,00	24.896,55	155.603,45	**3.112,07**
Erhöhung					**1.112,07**

Buchungen:

Erhöhung:

			S	H
6953 Einstellungen in PWB	**an**	**3680 PWB**	**1.112,07**	**1.112,07**

Abschluss:

			S	H
3680 PWB	**an**	**2400 Forderungen**	**3.112,07**	**3.112,07**

Beispiel

Herabsetzung der Wertberichtigungen:

Am Jahresende 01 gelten folgende Werte nach Saldenbilanz: Forderungen 179.800,00 €; EWB siehe Geschäftsjahr 00; PWP siehe Geschäftsjahr 00; Delkrederesatz 2 %. Es ist eine zweifelhafte Forderungen in Höhe von 5.800,00 € vorhanden. Der geschätzter Ausfall beträgt 50 %.

Berechnung der EWB

		zweifelhafte Forderungen			EWB
	brutto	USt	netto	zweifelhafter Anteil	
Vorhandene EWB					**5.750,00**
notwendige EWB	5.800,00	800,00	5.000,00	2.500,00	**2.500,00**
Herabsetzung					**3.250,00**

Buchungen:

Herabsetzung:

			S	H
3670 EWB	**an**	**5450 Ertr. a. d. Aufl.**		
		WB. a. Ford.	**3.250,00**	**3.250,00**

Abschluss:

			S	H
3670 EWB	**an**	**2400 Forderungen**	**2.500,00**	**2.500,00**

Berechnung der PWB:

		gute Forderungen			PWP
		brutto	USt	netto	2 %
vorhandene PWB					3.112,07
benötigte PWB	179.800,00				
zweifelhafte Ford.	5.800,00				
gute Ford.		174.000,00	24.000,00	150.000,00	3.000,00
Herabsetzung					112,07

Buchungen:

Herabsetzung:

				S	H
3680 PWB	an	5450 Ertr. a. d. Aufl. WB. a. Ford	112,07	112,07	

Abschluss:

			S	H
3680 PWB	an	2400 Forderungen	3.000,00	3.000,00

3.8 Rückstellungen

Rückstellungen (HGB §§ 249 (1) + (2) und 246 (1)) sind

- **Verbindlichkeiten,**
- **die ihrem Ursprung nach bekannt sind,**
- **deren Fälligkeit und**
- **Höhe aber noch nicht feststeht.**

Für Verbindlichkeiten gilt das Höchstwertprinzip

Da Rückstellungen zu den Verbindlichkeiten gehören, gilt für sie das **Höchstwertprinzip.** Sie werden nach dem Prinzip der kaufmännischen Vorsicht gebildet.

Zur zeitlichen Abgrenzung der Aufwendungen werden, wenn sie das alte Jahr betreffen, Rückstellungen gebildet. Die Aufwendungen werden im betreffenden Jahr gebucht und als ungewisse Verbindlichkeit (Rückstellung) in das nächste Jahr übertragen. Die Aufwendungen vermindern den Gewinn und führen zu geringeren Steuerzahlungen.

Langfristige Rückstellungen haben einen Finanzierungseffekt, da durch sie der Abfluss von finanziellen Mitteln durch Dividenden- und Steuerzahlungen verhindert wird. Auch bei kurzfristigen Mitteln entsteht ein „Bodensatz" an Rückstellungen, der der Unternehmung langfristig zu Finanzierungszwecken zur Verfügen steht.

Ein Passivierungswahlrecht besteht z. B. für unterlassene Instandhaltungen, die innerhalb von 12 Monaten nachgeholt werden.

Arten		
Pensionsrück-stellungen	**Steuerrück-stellungen**	**sonstige Rückstellungen**
Konto 3700	Konto 3800	Konto 3910, 3930 und 3970

langfristig	kurzfristig	kurzfristig (evtl. mittelfristig)
		– Rückstellungen für andere ungewisse Verbindlichkeiten
		  – **Prozesskostenrückstellungen**
		  – Gewährleistungsrückstellungen
		u. a.
		– Rückstellungen für drohende Verluste aus schwebenden Geschäften
		– Rückstellungen für unterlassene Instandhaltung (sind innerhalb von 3 Monaten nach Bildung aufzulösen)
		– u. a.

Passivierungspflicht		

Die Bildung von Rückstellungen soll nur an den Prozesskostenrückstellungen und an den Pensionsrückstellungen gezeigt werden.

3.8.1 Pensionsrückstellungen

Wurden Betriebspensionen auf freiwilliger oder tariflicher Grundlage vereinbart, so können diese durch eine entsprechende Versicherung übernommen werden oder vom Betrieb selbst bezahlt werden. Im letzteren Fall werden entsprechende **Pensions-rückstellungen** gebildet, die bis zur Inanspruchnahme dem Betrieb zu **Finanzierungs-zwecken** zur Verfügung stehen. Die Bildung erfolgt nach finanzmathematischen Modellen.

Pensionsrück-stellungen haben einen Finanzierungs-effekt

Die einmal gebildeten Pensionsrückstellungen werden in der Regel **fortgeschrieben** (ruhendes Konto) d. h. entsprechend der zu erwartenden Ausgaben erhöht oder ge-senkt. Es entsteht für die Erhöhung oder Senkung ein entsprechender **Aufwand oder Ertrag.** Die tatsächlichen Ausgaben (Pensionszahlungen) während des jeweiligen Geschäftsjahres werden auf dem entsprechenden Aufwandskonto verbucht ohne die Rückstellungen zu verändern. Die Bildung von Pensionsrückstellungen verhindert den Abfluss von finanziellen Mitteln durch Dividendenzahlungen und Steuern. Die einbe-haltenen Mittel können zur Finanzierung verwendet werden.

Die Bildung von Pensionsrückstellun-gen führt zu einem Aufwand.

Beispiel

a) Auf dem Konto Pensionsrückstellungen befindet sich im Jahr 00 ein Anfangsbestand von 500.000,00 €. Am Jahresende ist nach mathematischen Berechnungen auf Grund gestiegener Pensionsansprüche ein Bestand von 600.000,00 € angemessen.

b) Im Juni des Jahres 01 wurden Betriebspensionen in Höhe von 6.000,00 € per Bank bezahlt.

c) Am Jahresende des Jahres 01 wird auf Grund einer rückläufigen Anzahl von Mitarbeitern ein notwendiger Bestand von 550.000,00 € ermittelt.

Buchungen:

a) Erhöhung

			S	H
6440 Aufw. f. Altersversorgung	an	3700 Pensionsrückstellungen	100.000,00	100.000,00

Es wurde ein Aufwand gebucht. Die Rückstellungen nehmen zu.

Abschluss:

			S	H
3700 Pensionsrückstellungen	an	8010 SBK.	600.000,00	600.000,00

Pensionsrückstellungen werden in die Schlussbilanz abgeschlossen.

b) Zahlung von Betriebspensionen

			S	H
6440 Aufw. f. Altersversorgung	an	2800 Bank	6.000,00	6.000,00

Betriebspensionen werden als Aufwand gebucht. Die Pensionsrückstellungen werden dadurch nicht verändert.

c) Senkung

			S	H
3700 Pensionsrückstellungen	an	5480 Ertr. a. d. Herabs. v. Rück.	50.000,00	50.000,00

Die Auflösung von Rückstellungen führt zu einem Ertrag.

Abschluss:

			S	H
3700 Pensionsrückstellungen	an	8010 SBK.	550.000,00	550.000,00

Der Bestand an Pensionsrückstellungen ist gesunken.

3.8.2 Prozesskostenrückstellungen

Prozesskosten-rückstellungen sind ungewisse Verbindlichkeiten

Liegt die Ursache eines Rechtsstreites im zu Ende gehenden Geschäftsjahr und ist das Ende des Prozesses nicht absehbar, so ist zwar die Ursache für die drohende Verbindlichkeit bekannt, die Höhe und die Fälligkeit stehen jedoch nicht fest. Der erwartete **Aufwand** wird geschätzt und im alten Jahr gebucht. Dem Aufwand steht eine **Prozesskostenrückstellung** (ungewisse Verbindlichkeit) gegenüber. Beim Eintritt der Fälligkeit wird die **Rückstellung aufgelöst**. War die Rückstellung zu niedrig, wird ein entsprechender **Aufwand** gebucht. War die Rückstellung zu hoch, so entsteht ein **Ertrag** aus der Herabsetzung von Rückstellungen.
Eine evtl. anfallende **Vorsteuer** wird bei der Buchung der Rückstellung nicht berücksichtigt, da sie als durchlaufender Posten nicht die GuV berührt. Sie wird bei der Fälligkeit gebucht.

Beispiel

Aus einem laufenden Prozess sind Kosten in Höhe von 10.150,00 € zu erwarten. In den geschätzten Prozesskosten ist die Umsatzsteuer auf das Anwaltshonorar in Höhe von 150,00 € enthalten. Im März des Jahres 01 werden auf Grund des Urteils a) 9.150,00 €; b) 10.150,00 €; c) 11.150,00 € per Bank überwiesen.

Bildung der Rückstellung am 31.12.

		S	H
6770 Rechts- und Beratungs- kosten an 3930 Rückst. f. a. ungew. Verb.		10.000,00	10.000,00

Auflösung der Rückstellung im neuen Jahr

a)

		S	H
3930 Rückst. f. a. ungew. Verb. an 2800 Bank		10.000,00	9.150,00
2600 VST 5480 Ertr. a. d. Herabs. v. Rücks.		150,00	1.000,00

Die Rückstellung ist höher als die Prozesskosten. Die Rückstellung wird aufgelöst. Es entsteht ein zusätzlicher Ertrag.

b)

		S	H
3930 Rückst. f. a. ungew. Verb.		10.000,00	
2600 VST an 2800 Bank		150,00	10.150,00

Die Rückstellung deckt die Prozesskosten ab.

c)

		S	H
3930 Rückst. f. a. ungew. Verb.		10.000,00	
6770 Rechts- und Beratungs- kosten		1.000,00	
2600 VST an 2800 Bank		150,00	11.150,00

Die Rückstellung wurde zu niedrig gebildet. Sie wird aufgelöst. Ferner entsteht ein zusätzlicher Aufwand.

3.9 Verbindlichkeiten

Wie beim Vermögen gilt das Prinzip der kaufmännischen Vorsicht und das Prinzip des Gläubigerschutzes. Nach Handelsrecht (HGB § 252 (1) Nr. 4) sind Verbindlichkeiten zum **Rückzahlungsbetrag** zu bilanzieren. Für Verbindlichkeiten gilt deshalb das Höchstwertprinzip. Ändert sich der Wert einer Verbindlichkeit, so ist von zwei möglichen Werten der höhere anzusetzen.

Für Verbindlichkeiten gilt das Höchstwertprinzip.

Beispiel

Die UMTECH AG hat bei einem US-Unternehmen Rohstoffe gekauft. Die Rechnung lautet über 200.000,00 Dollar zum Kurs von 0,85 €.

a) Zu welchem Wert wird die Verbindlichkeit gebucht?
b) Am 31.12. dieses Jahres wird der Dollar zu 0,825 € gehandelt.
c) Am 31.12 dieses Jahres wird ein Kurs von 0,875 € festgestellt.

d) Am 31.12. des folgenden Jahres wird ein Kurs von 0,80 € notiert. Wegen einer Mängelrüge, über die noch nicht entschieden wurde, besteht die Forderung immer noch.

a) Kreditaufnahme

Die Verbindlichkeit wird zum Rückzahlungsbetrag passiviert.
200.000 $ • 0,85 €/$ = **170.000,00 €**

			S	H
6000 Rohstoffe	an	4400 Verbindlichkeiten aLL	170.000,00	170.000,00

(Die Einfuhrumsatzsteuer wird gesondert verbucht.)

b) Kurssenkung

Der $-Kurs ist gesunken.
Bilanzansatz: 170.000,00 €
Es gilt das **Höchstwertprinzip**. Es ist keine Buchung notwendig.

c) Kurssteigerung

Der $-Kurs ist gestiegen.
Bilanzansatz: 175.000,00 €
Es gilt das Höchstwertprizip. Der Rückzahlungsbetrag ist gestiegen.

			S	H
6000 Rohstoffe	an	4400 Verbindlichkeiten aLL	5.000,00	5.000,00

Anmerkung: Bei langfristigen Bankverbindlichkeiten würde der Buchungssatz 7590 an 4250 lauten.

d) Kurssenkung

Der $-Kurs ist unter den Kurs der Kreditaufnahme gesunken.
Bilanzansatz: 175.000,00 € oder 170.000,00 €.
Es besteht ein Wahlrecht.
Der Rückzahlungsbetrag ist gesunken. Die Unternehmung kann den Wert bis auf 170.000,00 € senken. Auf Grund des eingeschränkten Wertezusammenhangs darf dieser Wert nicht unterschritten werden.
Da die AG einen möglichst niedrigen Gewinn ausweisen will, wird sie den Wert der Verbindlichkeit nicht herabsetzen.
Der höhere Bilanzansatz wird beibehalten.

Würde die AG einen möglichst niedrigen Verlust anstreben, so wäre zu buchen:

			S	H
4400 Verbindlichkeiten aLL	an	6000 Rohstoffe	5.000,00	5.000,00

EXKURS!   ## Disagio

Damnum = Darlehensabgeld   Handelsrecht: Verbindlichkeiten sind **zum Rückzahlungsbetrag zu bilanzieren** (HGB § 252 (1) Nr. 4). Ein Disagio **(Damnum)** kann aktiviert und auf die Laufzeit abgeschrieben werden. Das Disagio ist ein vorweggenommener Zins, der die Effektivverzinsung erhöht.

Steuerrecht: Nach Steuerrecht ist der Verfügungsbetrag zu bilanzieren. Es kann auch der Rückzahlungsbetrag passiviert und das **Disagio aktiviert** werden**.** Das aktivierte Disagio stellt einen Korrekturposten zum passivierten Rückzahlungsbetrag dar. Es ist **auf die Laufzeit abzuschreiben**. Im Jahr der Kreditaufnahme ist monatlich abzuschreiben, da es sich um kein bewegliches Wirtschaftsgut handelt, gilt die 1/2-Jahresregelung nicht.

Disagio ist zu aktivieren und abzuschreiben

Beispiel

Die UMTECH AG erhält am 15. März von ihrer Hausbank ein Darlehen über 200.000,00 € mit einer Laufzeit von 10 Jahren. Das vereinbarte Disagio beträgt 10 %

Auszahlung:

				S	H
2800	Bank			180.000,00	
2910	Disagio	an	4250 langfristige		
			Verbindlichkeiten	20.000,00	200.000,00

Abschreibung des Disagios
20.000/10 = 2.000,00 €/Jahr;

$$\text{Abschreibung im Jahr der Anschaffung} = \frac{2.000 \cdot 10}{12} = \mathbf{1.666,66\ €}$$

				S	H
7590	Abschreibung auf Disagio	an	2910 Disagio	1.666,66	1.666,66

Abschreibung des Disagios in den folgenden Jahren

				S	H
7590	Abschreibung auf Disagio	an	2910 Disagio	2.000,00	2.000,00

4 Stille Rücklagen

Im Gegensatz zu den **offenen Rücklagen**, die nach Gesetz und Satzung bzw. durch Beschluss des Vorstandes und des Aufsichtsrates oder der Hauptversammlung gebildet und in der Bilanz ausgewiesen werden, sind die **stillen Rücklagen** nicht aus der Bilanz ersichtlich. Die stillen Rücklagen lassen sich wie folgt einteilen:

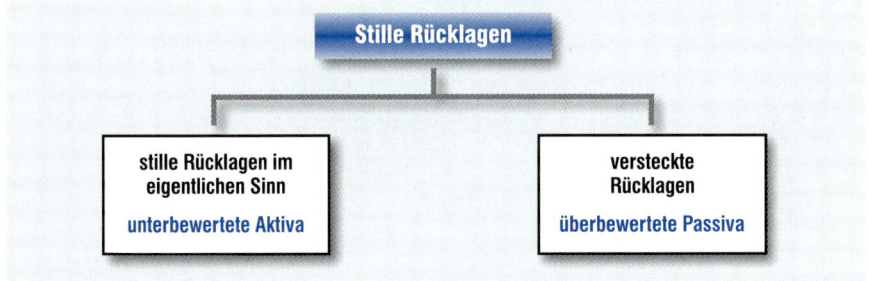

4.1 Entstehung stiller Rücklagen

Unterbewertung der Aktiva oder Überbewertung der Passiva führen zu stillen Rücklagen

Stille Rücklagen entstehen zum Teil zwangsläufig durch die gesetzlichen Vorschriften. Das Niederstwertprinzip zwingt die Unternehmung unter bestimmten Voraussetzungen zu einer Bewertung unter dem tatsächlichen Marktwert, wenn z. B. Zuschreibungen nur bis zu den Anschaffungskosten möglich sind oder von zwei möglichen Werten der niedrigere anzusetzen ist. Ferner ermöglichen Bewertungswahlrechte eine steuerrechtlich günstige Bewertung und die Legung von stillen Reserven. Das Prinzip der kaufmännischen Vorsicht bei der Schätzung von erforderlichen Rückstellungen oder Abschreibung fordert ferner eine vorsichtige Beurteilung von Erträgen und eine pessimistische Einschätzung von Aufwendungen. Auch dies begünstigt die Bildung stiller Reserven. Gesetzliche Vereinfachungsvorschriften (GWG-Regelung, 1/2-Jahresregelung usw.) und steuerliche Vergünstigungen (Sonderabschreibungen für bestimmte förderungswürdige Investitionen usw.) ermöglichen Steuerersparnisse und stille Rücklagen. Letztendlich versucht die Unternehmung im eigenen Interesse, durch die Bildung von stillen Rücklagen Steuern zu sparen und die Selbstfinanzierung zu stärken.

4.2 Auswirkungen stiller Rücklagen

Stille Rücklagen vermindern den zu versteuernden Gewinn und dienen der Finanzierung

Werden stille Rücklagen gebildet, so entstehen Aufwendungen (z. B. überhöhte Abschreibungen) oder es fallen weniger Erträge (z. B. unterlassene Zuschreibung bei Wertaufholungswahlrechten) an.

Durch die Verbuchung von höheren Aufwendungen wird der **Gewinn (Jahresüberschuss) vermindert**. Ein kleinerer Gewinn vermindert die Steuerzahlung und führt zu geringeren Dividendenzahlungen. Der Mittelabfluss ist niedriger. Die nicht abgeflossenen Mittel stehen der Unternehmung zur **Finanzierung** zur Verfügung. Man spricht von einer stillen Selbstfinanzierung.

Das Vermögen wird zu niedrig bzw. die Schulden zu hoch bewertet. Da die stillen Reserven bei der Liquidation aufgedeckt würden, verbessert sich der Gläubigerschutz. Ferner verbessert sich die Substanzerhaltung.

Andererseits wird der Vermögensausweis verschleiert und die Gewinn- und Verlustrechnung manipuliert. Die Aktionäre werden durch die niedrigere Gewinnausschüttung benachteiligt und dem Finanzamt werden Steuern vorenthalten.

4.3 Auflösung stiller Rücklagen

Die **Auflösung** stiller Rücklagen erfolgt meist **zwangsläufig** z. B. durch

Stille Rücklagen lösen sich meist zwangsläufig auf.

- die fortgesetzte Nutzung der abgeschriebenen Anlagen
- den Verkauf von Wirtschaftsgütern über den Buchwert
- den Eingang wertberichtigter oder abgeschriebener Forderungen
- die gewinnerhöhende Auflösung von Rückstellungen
- Fälligkeit überbewerteter Verbindlichkeiten

Eine gewollte Auflösung der Rücklagen durch Zuschreibung (Wertaufholung) erfolgt in der Regel dann, wenn ein niedrigerer Verlust ausgewiesen werden soll. Bei guter Gewinnsituation wird die Unternehmung i. d. R. von ihrem Bewertungswahlrecht Gebrauch machen und auf eine Zuschreibung verzichten.

Die Auflösung führt i. d. R. zu einem höheren Gewinn und zu einem Mittelabfluss durch erhöhte Steuer- und Dividendenzahlungen.

Beispiel

Ein Wirtschaftsgut mit Anschaffungskosten von 800,00 DM wird im Januar erworben. Die Nutzungsdauer beträgt 8 Jahre. Der tatsächliche Werteverzehr entspricht der linearen Abschreibung.

Annahme: Der Steuersatz beträgt 50 %. Vom Gewinn nach Steuern werden 50 % in die offenen Rücklagen eingestellt.

Stille Rücklage nach dem ersten Jahr:

Wert des Wirtschaftsgutes: 800,00 DM – 100,00 DM = 700,00 DM
Buchwert des Wirtschaftsgutes: 0,00 DM , da das Wirtschaftsgut als GWG abgeschrieben wurde.
Stille Rücklage 700,00 DM, die nicht versteuert und nicht an die Aktionäre ausgeschüttet werden müssen.

Einbehaltene finanzielle Mittel:

Der Gewinn vermindert sich um 700,00 DM, die nicht versteuert werden müssen.
Vom Rest müssen 50 % nicht ausgeschüttet werden:

Steuerersparnis:	350,00 DM
verminderte Dividendenausschüttung	175,00 DM
zusätzlich einbehaltene finanzielle Mittel	**525,00 DM**

Auflösung der stillen Rücklage:

Die Auflösung der stillen Rücklage erfolgt durch die Nutzung. Der Wert der Maschine und damit die stille Rücklage nimmt in jedem Jahr um 100,00 DM ab. Eine Verminderung des Gewinns durch Abschreibungen findet nicht mehr statt. Der Gewinnausweis ist in den Folgejahren höher.

5 Analyse des Unternehmenserfolges

Der Gewinnausweis in der Gewinn- und Verlustrechnung und die Darstellung des Vermögens und des Kapitals in der Bilanz geben keinen ausreichenden Einblick in die wirtschaftliche Lage der Unternehmung. Die Analyse des Unternehmenserfolges sowie der Bilanzpositionen mit Hilfe von **Kennzahlen** kann zusätzliche Informationen liefern.

Kennzahlen = Maßstabswerte zum Vergleich

5.1 Eigenkapitalrentabilität

Rentabilität =
Gewinn • 100
eingesetztes Kapital

Eine wichtige Kennzahl ist die Eigenkapitalrentabilität. Sie gibt Auskunft über die Verzinsung des Eigenkapitals. Wie bei allen **Rentabilitätskennzahlen** wird der erwirtschaftete Gewinn dem eingesetzten Kapital gegenübergestellt. Für die Eigenkapitalrentabilität (EKR) ergibt sich folgende Formel:

 $$EKR = \frac{\text{Jahresüberschuss} \bullet 100}{\text{Eigenkapital}}$$

Der Gewinn einer AG wird Jahresüberschuss genannt.

Da die Eigenkapitalrentabilität für den Unternehmer, der bei der Personengesellschaft auch Eigentümer ist, besonders wichtig ist, wird sie auch **Unternehmerrentabilität** genannt. Der **Gewinn** einer Aktiengesellschaft ist der **Jahresüberschuss**.

Bei anderen Rechtsformen wird der entsprechende Wert, der dem Gewinn entspricht, verwendet.

Zur Berechnung der Rentabilität ist der jeweilige Endbestand des Kapitals eine ungeeignete Basis, da der Endbestand das am Ende der Periode vorhandene Kapital zeigt und nicht das Kapital, mit dem der Gewinn erwirtschaftet wurde. Deshalb wird der Endbestand nur in Ausnahmefällen verwendet.

In der Regel wird der Durchschnittsbestand oder der Anfangsbestand verwendet. In den folgenden Ausführungen wird vom **Anfangsbestand** ausgegangen.

Berechnung des Anfangsbestandes

Meist wird in der Bilanz das **Eigenkapital nach teilweiser Gewinnverwendung** ausgewiesen.

Beispiel

(siehe 1.2 bis 1.4):

	1998
Eigenkapital	
gezeichnetes. Kapital	100,0
Kapitalrücklagen	6,3
Gewinnrücklagen	
gesetzliche Rücklagen	2,7
andere Gewinnrücklagen	20,0
Bilanzgewinn	13,2
:	:

In diesem Fall berechnet sich der Anfangsbestand des Eigenkapitals wie folgt:

	Beispiel
gezeichnetes. Kapital	100
– Nennwert junger Aktien1)	0
Kapitalrücklagen	6,3
– Agio auf junge Aktien[1)]	0
+ Entnahmen aus den Kapitalrücklagen	0
Gewinnrücklagen	
gesetzliche Rücklagen	2,7
– Einstellungen in die gesetzlichen Rücklagen	1,2
+ Entnahmen aus den gesetzlichen Rücklagen	0
andere Gewinnrücklagen	20
– Einstellungen in de anderen Gewinnrücklagen	10
+ Entnahme aus den anderen Kapitalrücklagen	0
Bilanzgewinn	13,2
– Bilanzgewinn	13,2
+ Gewinnvortrag aus dem Vorjahr (- Verlustvortrag)	0,4
Eigenkapital (Anfangsbestand)	**118,2**

[1)] Nennwert bzw. Agio der im Laufe des Berichtsjahres ausgegebenen jungen Aktien

Wird in der Bilanz das **Eigenkapital vor teilweiser Gewinnverwendung** ausgewiesen, so entsprechen die Werte, wenn man den Jahresüberschuss außer Acht lässt und keine Kapitalerhöhung durchgeführt wurde, dem Anfangsbestand.

Beispiel

(siehe 1.2 bis 1.4):

Eigenkapital	
gezeichnetes. Kapital	100,0
Kapitalrücklagen	6,3
Gewinnrücklagen	
gesetzliche Rücklagen	1,5
andere Gewinnrücklagen	10,0
Gewinnvortrag des Vorjahres	0,4
Jahresüberschuss	24,0

Es ergibt sich folgende Berechnung:

Eigenkapital	
gezeichnetes Kapital	100
– Nennwert junge Aktien1)	0
Kapitalrücklagen	6,3
– Agio auf junge Aktien1)	0
Gewinnrücklagen	
gesetzliche Rücklagen	1,5
andere Gewinnrücklagen	10
Gewinnvortrag des Vorjahres (-Verlustvortrag)	0,4
Eigenkapital – Anfangsbestand	**118,2**

Ist das Eigenkapital nach vollständiger Gewinnverwendung angegeben, so entspricht es dem Endbestand soweit keine Kapitalerhöhung durchgeführt wurde.

Beispiel (siehe 1.2 bis 1.4):

Eigenkapital	
gezeichnetes. Kapital	100,0
Kapitalrücklagen	6,3
Gewinnrücklagen	
gesetzliche Rücklagen	2,7
andere Gewinnrücklagen	20,0
Gewinnvortrag	0,2

Auf den Anfangsbestand kann wie folgt zurück gerechnet werden:

	Beispiel
gezeichnetes. Kapital	100
– Nennwert junger Aktien1)	0
Kapitalrücklagen	6,3
– Agio auf junge Aktien1)	0
+ Entnahmen aus den Kapitalrücklagen	0
Gewinnrücklagen	
gesetzliche Rücklagen	2,7
– Einstellungen in die gesetzlichen Rücklagen	1,2
+ Entnahmen aus den gesetzlichen Rücklagen	0
andere Gewinnrücklagen	20
– Einstellungen in de anderen Gewinnrücklagen	10
+ Entnahme aus den anderen Kapitalrücklagen	0
Gewinnvortrag aus dem Berichtsjahr	0,2
– Gewinnvortrag aus dem Berichtsjahr	0,2
+ Gewinnvortrag aus dem Vorjahr	0,4
Eigenkapital Anfangsbestand	**118,2**

Der Anfangsbestand des Eigenkapitals kann auch aus der Vorjahresbilanz ermittelt werden.

Anmerkung: Die Dividende gehört bis zum Beschluss der Hauptversammlung über die Ausschüttung zum Eigenkapital. Da die im Geschäftsbericht angegebene Dividende i. d. R. auch ausgeschüttet wird und der Geschäftsbericht im Bereich der Schule meist erst nach der Hauptversammlung analysiert wird, wird die Dividende zum kurzfristigen Fremdkapital gerechnet. Wird der Gewinnvortrag nicht ausgewiesen, so gilt dies auch für den Bilanzgewinn, da der Gewinnvortrag nur eine untergeordnete Rolle spielt.

Berechnung der Eigenkapitalrentabilität:

$$EKR = \frac{\text{Jahresüberschuss} \bullet 100}{\text{Eigenkapital}} = \frac{24 \bullet 100}{118,2} = 20,3\ \%$$

Zur **Beurteilung der Eigenkapitalrentabilität** kann herangezogen werden

Die EKR soll mindestens der Verzinsung am Kapitalmarkt entsprechen

- die Verzinsung für langfristige Anlagen auf dem Kapitalmarkt + Risikozuschlag
- Vergleichszahlen aus der Branche
- Vergleichszahlen aus dem Vorjahr
- Verzinsung konkurrierender Anlagemöglichkeiten
- u. a.

Die errechnete Eigenkapitalrentabilität kann als sehr gut bezeichnet werden.

5.2 Gesamtkapitalrentabilität

$GKR =$
$\dfrac{(Gewinn + FK - Zins)100}{Gesamtkapital}$

Neben dem Eigenkapital wird Fremdkapital in der Unternehmung eingesetzt. Für beide muss eine angemessene Verzinsung erwirtschaftet werden. Aus diesem Grund wird neben der Eigenkapitalrentabilität auch die **Gesamtkapitalrentabilität (GKR)** berechnet. Da die Gesamtkapitalrentabilität die gesamte Unternehmung betrifft, wird sie auch als **Unternehmensrentabilität** bezeichnet. In der GuV-Rechnung schlägt sich die Verzinsung des Eigenkapitals im Gewinn bzw. Jahresüberschuss und die Verzinsung des Fremdkapitals in den Zinsaufwendungen nieder. Bei der Berechnung der Gesamtkapitalrentabilität ist deshalb auch der Fremdkapitalzins als Entgelt für das Fremdkapitals mit einzubeziehen.

$$GKR = \frac{(\text{Jahresüberschuss} + \text{Fremdkapitalzins})100}{\text{Gesamtkapital}}$$

Gesamtkapital = Eigenkapital + Fremdkapital

Da die Verzinsung mit dem eingesetzten Kapital und nicht mit dem am Ende des Jahres vorhandene Kapital erwirtschaftet wird, ist der Endbestand des Gesamtkapitals ungeeignet. Es wird der Durchschnittsbestand oder der Anfangsbestand verwendet. In der folgenden Betrachtung wird immer vom **Anfangsbestand** ausgegangen.
Der Anfangsbestand kann aus dem unter 5.1 errechneten Anfangsbestand des Eigenkapitals und dem Endbestand des Fremdkapitals, das um die Zu- und Abgänge zu korrigieren ist, ermittelt werden. Es kann aber auch das Gesamtkapital des Vorjahres (Bilanzsumme), das häufig im Geschäftsbericht angegeben ist, genommen werden.

Beispiel

(siehe 1.2 und 1.3)
Jahresüberschuss: 24 Mio. €; Fremdkapitalzins 13,4 Mio. €;
Gesamtkapital (Anfangsbestand): 235,9 Mio. €

Berechnung der Gesamtkapitalrentabilität

$$GKR = \frac{(\text{Jahresüberschuss} + \text{Fremdkapitalzins})100}{\text{Gesamtkapital}} = \frac{(24 + 13,4)100}{235,9} = \textbf{15,85 \%}$$

Zur **Beurteilung der Gesamtkapitalrentabilität** kann herangezogen werden

- die Verzinsung für langfristige Anlagen auf dem Kapitalmarkt + Risikozuschlag
- der langfristige Fremdkapitalzins
- Vergleichszahlen aus der Branche
- Vergleichszahlen aus dem Vorjahr
- Verzinsung konkurrierender Anlagemöglichkeiten
- u. a.

Die GKR soll mindestens der Verzinsung am Kapitalmarkt entsprechen

Die errechnete Gesamtkapitalrentabilität kann als sehr gut bezeichnet werden.

5.3 Return-on-Investment

5.3.1 Umsatzrentabilität

Umsatzrentabilität:
Anteil des Gewinns
bzw. von Gewinn und
Zinsen am Umsatz

Die **Umsatzrentabilität** gibt den prozentualen Anteil des Gewinns bzw. des Kapitalertrags am Umsatz an. Die Umsatzrentabilität kann in zwei Formen berechnet werden.

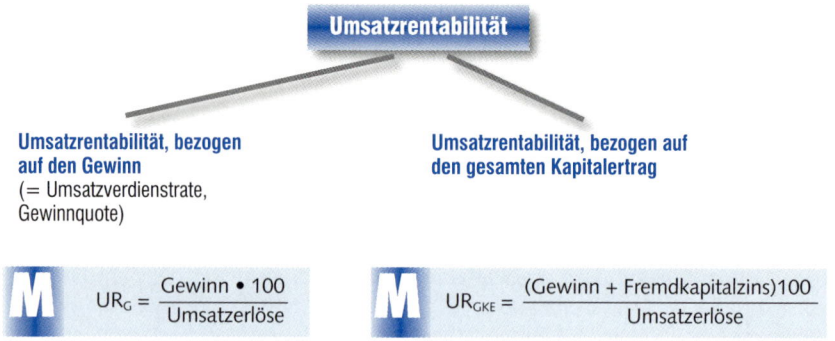

Umsatzrentabilität, bezogen auf den Gewinn
(= Umsatzverdienstrate, Gewinnquote)

Umsatzrentabilität, bezogen auf den gesamten Kapitalertrag

$$UR_G = \frac{\text{Gewinn} \cdot 100}{\text{Umsatzerlöse}}$$

$$UR_{GKE} = \frac{(\text{Gewinn} + \text{Fremdkapitalzins})100}{\text{Umsatzerlöse}}$$

Die Umsatzrentabilität ist von der Branche und von der Art des Betriebes abhängig. So ist z. B. die Umsatzrentabilität in einem Fachgeschäft höher als bei einem Discounter. Ferner dürfte die Umsatzrentabilität in der Möbelbranche höher sein als im Lebensmittelbereich.

Beispiel

Jahresüberschuss: 24 Mio. €; Fremdkapitalzins 13,4 Mio. €; Eigenkapital: 118,2 Mio €; Gesamtkapital (Anfangsbestand): 235,9 Mio. €; Umsatzerlöse 762 Mio €

$$UR_G = \frac{24 \cdot 100}{762} = 3,15 \text{ %}$$

Bei einem Umsatz von 100,00 € wurde ein Gewinn von 3,15 € erwirtschaftet bzw. der Gewinn beläuft sich auf 3,15 % der Umsatzerlöse.
Eine Beurteilung wäre nur im Vergleich mit Branchenwerten möglich.

$$UR_{GKE} = \frac{(24 + 13,4)100}{762} = 4,91 \text{ %}$$

Bei einem Umsatz von 100,00 € wurde ein Kapitalertrag (Gewinn + Zins) von 4,91 € erwirtschaftet bzw.der Kapitalertrag beläuft sich auf 4,91 % der Umsatzerlöse.
Eine Beurteilung wäre nur im Vergleich mit Branchenwerten möglich.

Die Umsatzrentabilität kann durch folgende Maßnahmen erhöht werden:

- Senkung des mengenmäßigen Aufwands, z. B. durch Einsparungen beim Materialverbrauch, bei den Arbeitsstunden und beim Einsatz von Energie,

- Verringerung des wertmäßigen Aufwands, z. B. durch günstigere Beschaffungspreise für Produktionsfaktoren aller Art,

- Kostensenkung durch optimales Produktions-Mix, z. B. Produktvereinfachung, Normung, Mengendegression,

- Förderung ertragsstarker Produkte unter Beachtung von Interdependenzen im Fertigungs- und Absatzbereich etc.

Maßnahmen zur Erhöhung der Umsatzrentabilität

5.3.2 Kapitalumschlagshäufigkeit

Die Kapitalumschlagshäufigkeit zeigt an, an wie vielen Absatzvorgängen das eingesetzte Kapital beteiligt war, d. h. sie zeigt an, wie oft das Kapital durch die Umsatztätigkeit in einer Periode umgeschlagen wurde. Sie kann sich auf das Eigenkapital oder auf das Gesamtkaptial beziehen.

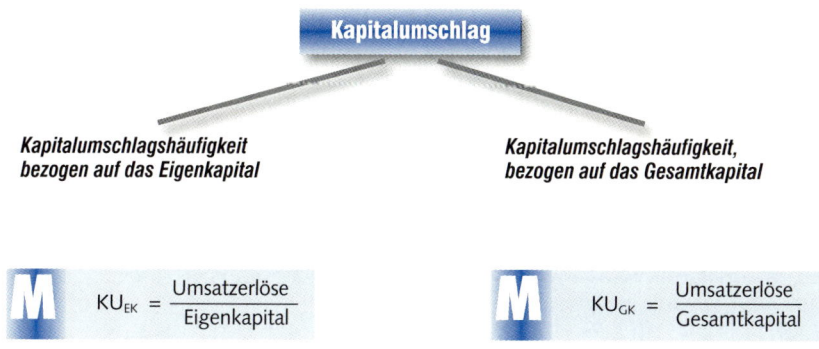

Kapitalumschlag

Kapitalumschlagshäufigkeit bezogen auf das Eigenkapital

Kapitalumschlagshäufigkeit, bezogen auf das Gesamtkapital

$$KU_{EK} = \frac{Umsatzerlöse}{Eigenkapital}$$

$$KU_{GK} = \frac{Umsatzerlöse}{Gesamtkapital}$$

Der Kapitalumschlag ist von der Branche und von der Art des Betriebes abhängig. So ist z. B. der Kapitalumschlag in einem Fachgeschäft niedriger als bei einem Discounter. Ferner dürfte der Kapitalumschlag in der Möbelbranche niedriger sein als im Lebensmittelbereich.

Beispiel

Jahresüberschuss: 24 Mio. €; Fremdkapitalzins 13,4 Mio. €; Eigenkapital: 118,2 Mio €; Gesamtkapital (Anfangsbestand): 235,9 Mio. €; Umsatzerlöse 762 Mio €

$$KU_{KK} = \frac{762}{118,2} = 6,45$$

Ein Eigenkapitalumschlag von 6,45 bedeutet, dass das eingesetzte Eigenkapital 6,45 mal in Form von Umsatzerlösen zurückgeflossen ist bzw. dass 6,45 € Verkaufsumsatz mit 1,00 € Eigenkapitel erzielt wurden.
Eine Beurteilung wäre nur im Vergleich mit Branchenwerten möglich.

$$KU_{GK} = \frac{762}{235,9} = \mathbf{3,23}$$

Ein Gesamtkapitalumschlag von 3,23 bedeutet, dass das eingesetzte Gesamt-kapital 3,23 mal in Form von Umsatzerlösen zurückgeflossen ist bzw. dass 3,23 € Verkaufsumsatz mit 1,00 € Eigenkapitel erzielt wurden.
Eine Beurteilung wäre nur im Vergleich mit Branchenwerten möglich.

Der Kapitalumschlag kann u. a. durch folgende Maßnahmen gesteigert werden:

Maßnahmen zur Erhöhung des Kapitalumschlags

* Umsatzsteigerung durch optimales Marketing-Mix, z. B. durch die Preisgestaltung, die Sortimentsbreite/-tiefe, die Qualität, die Lieferfristen, den Kundendienst, eine verbesserte Verkaufsorganisation, Werbung, Public Relations, Sales Promotion.

* Beschränkung des Sortiments auf rasch absetzbare Produkte.

* Rationalisierung der Fertigung
  – weniger Anlagevermögen durch bessere Auslastung der Maschinen
  – Verminderung Kapitalbestands durch Abbau der „Leerkosten"
  – Verringerung von Zwischenlägern (Just-in-time)
  – Optimierung des Bestellwesens (Optimale Bestellmenge, ABC-Analyse)
  – Optimierung des Materialflusses (durch Verringerung der Durchlaufzeiten)

* Minderung des investierten Kapitals durch Verzicht auf juristisches Eigentum un-ter Wahrung des wirtschaftlichen Verfügungsrechts, z. B. durch Miete/Leasing von Anlagen statt Kauf

* Allgemeine Fristenkürzung:
  – Kürzung der Lagerzeiten,
  – Verringerung des Forderungsbestandes
  – Factoring

5.3.3 ROI-Formel

Mit Return on Investment bezeichnet man

* den Ertrag der Investition oder des eingesetzten Kapitals
* die Kapitalrendite
* die Kapitalertragszahl

Formeln:

 ROI = UR • KU

 $ROI_{EK} = \dfrac{\text{Gewinn} \bullet 100}{\text{Umsatzerlöse}} \bullet \dfrac{\text{Umsatzerlöse}}{\text{Eigenkapital}}$

Da die Umsatzerlöse gekürzt werden können, entspricht der **ROI** des Eigenkapitals der Eigenkapitalrentabilität.

ROI =
Return on Investment =
Rendite des eingesetz-
ten Kapitals

 $ROI_{GK} = \dfrac{(\text{Gewinn} + \textit{Fremdkapitalzins}) \bullet 100}{\text{Umsatzerlöse}} \bullet \dfrac{\text{Umsatzerlöse}}{\text{Gesamtkapital}}$

Da die Umsatzerlöse gekürzt werden können, entspricht der ROI des Gesamtkapitals der Gesamtkapitalrentabilität. (In der Praxis werden häufig die Zinsaufwendungen nicht angesetzt.)

Die ROI-Formel zeigt, dass eine Erhöhung der Eigenkapitalrentabilität bzw. Gesamtkapitalrentabilität durch eine **Erhöhung der Umsatzrentabilität** und/oder durch eine **Erhöhung des Kapitalumschlages** erfolgen kann.

Hinter der ROI-Formel verbergen sich zwei entgegengesetzte unternehmenspolitische Konzeptionen:

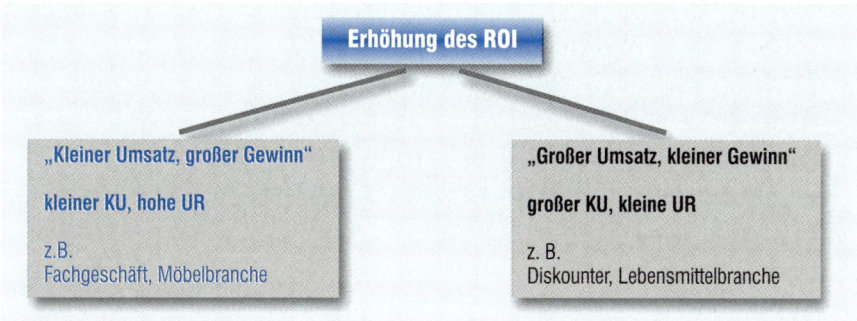

Beispiel

Angaben: siehe 5.3.1 und 5.3.2

$ROI_{EK} = 3{,}15 \bullet 6{,}45 = $ **20,32 %**

$ROI_{GK} = 4{,}91 \bullet 3{,}23 = $ **15,86 %**

Die Werte entsprechen den als Eigenkapitalrentabilität und Gesamtkapitalrentabilität berechneten Werten.
Ein Steigerung des ROI könnte durch eine Steigerung des Umsatzes bei gleichem Kapital oder durch einen höheren Gewinnanteil am Umsatz erreicht werden. Auch eine Verringerung des Kapitals würde den Kapitalumschlag und damit den ROI erhöhen.
(Beurteilung siehe 5.1 und 5.2.)

EXKURS!

5.3.4 ROI-Schema nach Dupon

Über den Kapitalumschlag und die Umsatzrentabilität kann der ROI gesteuert werden. Anhand des ROI-Schemas kann man die Größen aufzeigen, die die Umsatzrentabilität und den Kapitalumschlag beieinflussen.

ROI-Schema: Gesamtkapital

ROI-Schema: Eigenkapital

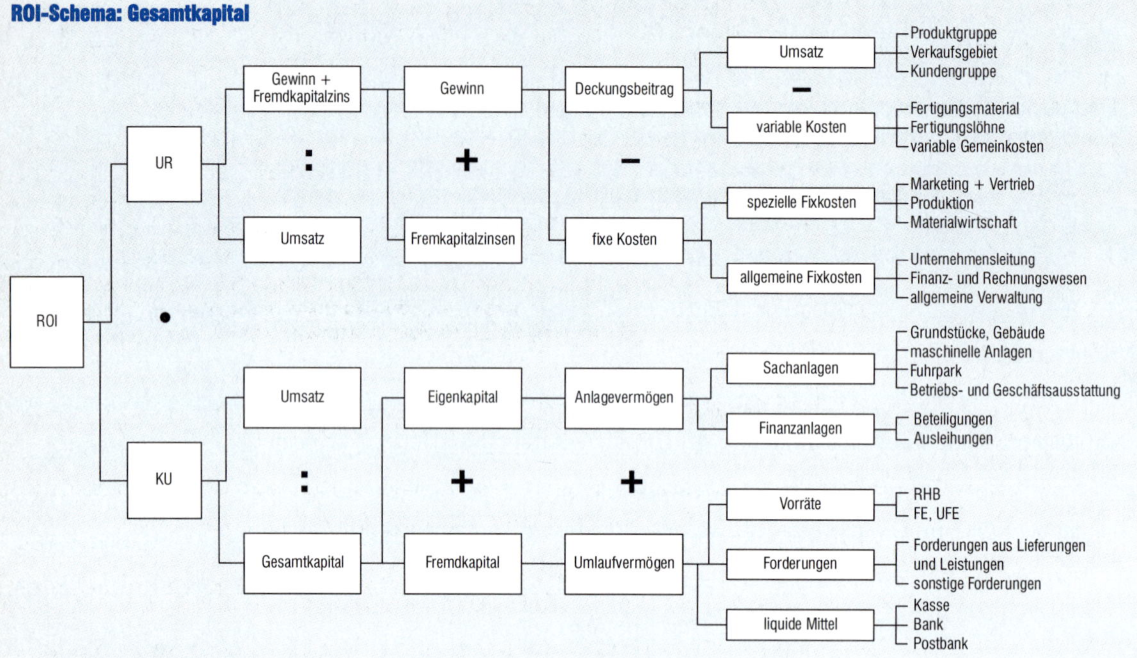

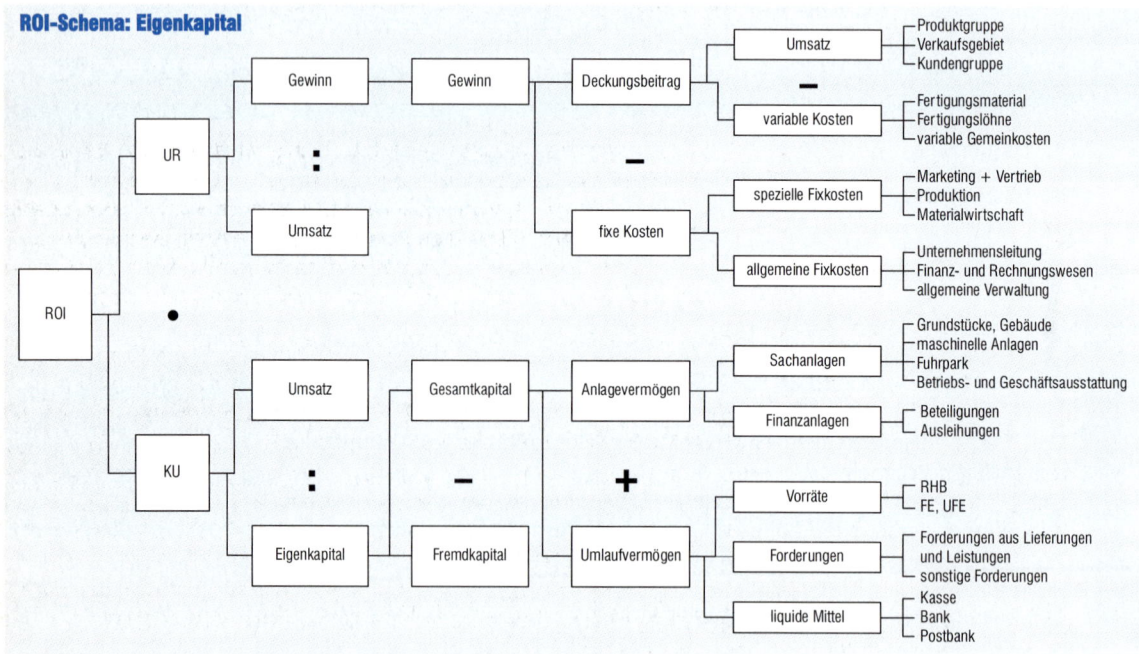

Wiederholung

1. Nennen Sie die für die Rechnungslegung einer Aktiengesellschaft maßgeblichen gesetzlichen Grundlagen.
2. Beschreiben Sie, wer am Geschäftsbericht einer AG interessiert ist und geben Sie an, aus welchen Motiven dieses Interesse vorhanden ist.
3. Unterscheiden Sie die Vorschriften für die Rechnungslegung und die Publikation des Jahresabschlusses nach Größe und Rechtsform.
4. Nennen Sie die Bestandteile des Jahresabschlusses.
5. Skizzieren Sie die Gliederung der Bilanz und der GuV-Rechnung nach dem HGB.
6. Erklären Sie die Bilanzpositionen Finanzanlage, Sachanlagevermögen, Vorräte und Wertpapiere des Umlaufvermögens.
7. Erläutern Sie die zum Eigenkapital gehörenden Bilanzpositionen.
8. Beschreiben Sie den Unterschied zwischen Rückstellungen und Verbindlichkeiten.
9. Erklären Sie die wichtigsten Positionen der GuV-Rechnung.
10. Die GuV kann zu Teilergebnissen zusammengefasst werden. Erklären Sie die Berechnung und die Bedeutung der Teilergebnisse.
11. Zeigen Sie die Unterschiede der Bilanzierung vor, nach teilweiser und nach Gewinnverwendung auf.
12. Erklären Sie den Inhalt und die Bedeutung des Anhangs.
13. Beschreiben Sie den Inhalt und die Bedeutung des Lageberichts.
14. An den Jahresabschluss stellen Adressaten Anforderungen, die sich widersprechen. Zeigen Sie diesen Interessenskonflikt auf.
15. Erklären Sie die Berechnung der Anschaffungskosten und der Herstellungskosten.
16. Definieren Sie den Teilwert eines Wirtschaftsgutes.
17. Erklären Sie die Begriffe Maßgeblichkeitsprinzip und umgekehrtes Maßgeblichkeitsprinzip.
18. Definieren Sie
    a) Höchstwertprinzip
    b) Niederstwertprinzip
    c) eingeschränktes Niederswertprinzip
    d) gemildertes Niederstwertprinzip
    e) strenges Niederstwertprinzip
    f) eingeschränkter Wertezusammenhang.
19. Begründen Sie die Notwendigkeit von Abschreibungen.
20. Zeigen Sie den Unterschied zwischen linearer und geometrisch-degressiver Abschreibung auf.
21. Begründen Sie den Wechsel von der linearen zur geometrisch-degressiven Abschreibung.
22. Erläutern Sie die Besonderheiten der Anwendung des Niederstwertprinzips beim abnutzbaren beweglichen Sachanlagevermögen.
23. Erklären Sie die Besonderheiten der Anwendung des Niederstwertprinzips beim abnutzbaren nicht beweglichen Sachanlagevermögen (Gebäude).
24. Beschreiben Sie die Besonderheiten der Anwendung des Niederstwertprinzips und des Prinzips des eingeschränkten Wertezusammenhangs bei
    a) Grundstücken
    b) Finanzanlagen
    c) Wertpapieren des Umlaufvermögens
    d) Vorräten
    e) Forderungen
25. Zeigen Sie die Bildung von Pensionsrückstellungen und von Prozesskostenrückstellungen an einem Beispiel auf.

26. Erklären Sie das Höchstwertprinzip an einem Beipiel.
27. Erläutern Sie die Bildung, die Auswirkungen und die Auflösung stiller Rücklagen.
28. Begründen Sie, warum die Eigenkapitalrentabilität und die Gesamtkapitalrentabilität vom Anfangskapital berechnet werden.
29. Erklären Sie den Unterschied zwischen Eigen- und Gesamtkapitalrentabilität.
30. Zeigen Sie die Berechnung des ROI über seine Komponenten an einem Beispiel.
31. Erläutern Sie, wie der ROI durch die Beeinflussung seiner Komponenten verbessert werden kann.

Aufgaben

Rechnungslegung   1. Skizzieren Sie Besonderheiten der Rechnungslegung einer Aktiengesellschaft.

Ausgabe von Aktien   2. Eine Aktiengesellschaft gibt 50.000 junge Aktien zum Kurswert von 185,00 € aus. Der Nennwert der Aktien beträgt 50,00 €. Verbuchen Sie die Kapitalerhöhung.

3. Eine Aktiengesellschaft gibt 200.000 junge Aktien zum Kurswert von 11,50 € aus. Der Nennwert der Aktien beträgt 5,00 €. Verbuchen Sie die Kapitalerhöhung.

GuV
Bilanz
Gewinnverwendung   4. Das gezeichnete Kapital einer AG beträgt 70 Millionen €, die Kapitalrücklage 6 Millionen, die gesetzlichen Rücklagen 800.000,00 € und die anderen Gewinnrücklagen 11,6 Millionen €.
Nach Durchführung der Abschlussbuchungen ermittelt die AG Umsatzerlöse von 160 Mio €, Bestandsminderungen von 10 Mio €, andere aktivierte Eigenleistungen von 6 Mio €, Materialaufwendungen von 60 Mio €, sonstige betriebliche Erträge von 1,2 Mio € und Personalaufwendungen von 90 Mio €. Die Zuweisung zu den gesetzl. Rücklagen soll nach den Vorschriften des Aktiengesetzes erfolgen. Den anderen Gewinnrücklagen sollen 0,9 Mio € entnommen werden, Aus dem Vorjahr liegt kein Gewinnvortrag vor.
a) Erstellen Sie die GuV nach HGB.
b) Ermitteln Sie, wie viel % Dividende (volle %) ausgeschüttet werden können, wenn mindesten 0,15 Mio Gewinnvortrag in der Unternehmung verbleiben sollen.

5. Das gezeichnete Kapital einer AG beträgt 60.000.000,00 €, die Kapitalrücklage 1.000.000,00 € die gesetzl. Rücklage 4.850.000,00 €, die anderen Gewinnrücklagen 12,2 Mio €. Nach Durchführung der Abschlussbuchungen ermittelt die AG folgende Werte:

	Anfangsbestand	Endbestand
unfertige Erzeugnisse	7.500.000,00 €	5.000.000,00 €
fertige Erzeugnisse	14.500.000,00 €	20.000.000,00 €
andere aktivierte Eigenleistungen	2.000.000,00 €	
Umsatzerlöse	87.000.000,00 €	
Materialaufwand	35.000.000,00 €	
Personalaufwand	54.500.000,00 €	
sonstige betriebl. Erträge	1.500.000,00 €	
Gewinnvortrag aus dem Vorjahr	0,00 €	

Die gesetzl. Rücklagen werden nach dem Aktienrecht gebildet.Erstellen Sie die GuV-Rechnung incl. Gewinnverwendung, wenn 4,00 € Dividende je 50,00 € Aktie ausgeschüttet werden sollen und ein Gewinnvortrag von 150.000,00 € auf das nächste Jahr vorgetragen werden soll.

6. Ermitteln Sie die mögliche Dividende in % (volle %) und in €, die der Hauptver- *GuV*
   sammlung vorzuschlagen ist, sowie den Jahresüberschuss, den Bilanzgewinn und *Bilanz*
   den Gewinn-/Verlustvortrag. Es gelten folgende Werte: *Gewinnverwendung*

gez Kapital	5.000.000,00	Umsatzerlöse	12.000.000,00
Kapitalrücklagen	400.000,00	Materialaufwand	8.500.000,00
gesetzl. Rücklagen	50.000,00	Personalaufwand	2.320.000,00
andere Gewinnrücklagen	950.000,00	sonstige betr. Erträge	130.000,00

   Die Bestände an Fertigerzeugnissen sanken im Berichtsjahr um 90.000,00 €. Die
   Bestände an unfertigen Erzeugnissen erhöhten sich um 60.000,00 €.
   Im Vorjahr wurde ein Bilanzverlust von 40.000,00 € erzielt, der auf das Berichtsjahr vorgetragen wurde. Die Gewinnrücklagen sollen um 180.000,00 € aufgestockt werden, wobei die gesetzlichen Rücklagen bis zur Höchstgrenze aufgefüllt
   werden.

7. Im Dezember wurde ein neuer LKW in Betrieb genommen. : *AK*

		Afa
Kaufpreis	78.880,00 (brutto)	
Überführungskostenn	928,00 (brutto)	
Zulassung durch den Händler	116,00 (brutto)	
Skonto vom Kaufpreis	3 %	
Kfz-Steuer Dezember bis Mai	600,00	
Nutzungsdauer	5 Jahre	

   a) Verbuchen Sie den Rechnungseingang und die Zahlung per Bank.
   b) Verbuchen Sie die maximale Abschreibung für das 1. Jahr.
   c) Bestimmen Sie das Jahr des Wechsels der Abschreibung.

8. Ein Betrieb fertigt die Bestückungseinrichtung für einen Drehautomaten selbst. Es *HK*
   gelten folgende Werte:
   Fertigungslöhne 10.000,00 €, Fertigungsmaterial 8.000,00 €, Sondereinzelkosten
   der Fertigung 200,00 €, Materialgemeinkosten 10 %, Fertigungsgemeinkosten
   150 %, Verwaltungsgemeinkosten 5 %, Vertriebsgemeinkosten 8 %. In den
   Materialgemeinkosten und in den Vertriebsgemeinkosten sind jeweils 10 % und
   in den Fertigungsgemeinkosten und den Verwaltungsgemeinkosten jeweils 20 %
   kalkulatorische Kosten enthalten. Bei Fertigerzeugnissen und unfertigen Erzeugnissen wurde von der Kostenrechnung eine Mehrung in Höhe von insgesamt
   800,00 € ermittelt.

   a) Ermitteln Sie die Ober- und die Untergrenze für die Herstellungskosten nach
      dem Steuerrecht und begründen Sie, unter welchen Voraussetzungen sich der
      Betrieb für welchen der beiden Werte entscheiden wird.
   b) Die Anlage (Drehautomat + Bestückungseinrichtung) wurde am 07. April 00
      in Betrieb genommen. Die Anschaffungs- und Herstellungskosten betrugen
      140.000,00 €. Die Nutzungsdauer wird auf 11 Jahre geschätzt. Ermitteln Sie
      die Differenz zwischen der linearen Abschreibung und der geometrisch-de-
      gressiven Abschreibung für die ersten zwei Jahre der Nutzung.
   c) Der Betrieb hat die genannte Anlage geometrisch-degressiv abgeschrieben. In
      welchem Kalenderjahr wird er zur linearen Abschreibung wechseln, wenn er
      aus steuerlichen Gründen einen möglichst niedrigen Gewinn erzielen möchte?
   d) Erklären Sie den prinzipiellen Unterschied zwischen linearer und geometrisch-
      degressiver Abschreibung und stellen Sie die Abschreibungsbeträge beider
      Verfahren im Zeitverlauf in einer Faustskizze dar.

Bewertung SAV   9. Eine Maschine mit einer Nutzungsdauer von 8 Jahren wurde im Januar des Jahres 00 zum Preis von 160.000,00 € angeschafft. Die Maschine wird linear abgeschrieben. Am Ende des Jahres 02 beträgt der Wert der Maschine auf Grund marktbedingter Änderungen, die voraussichtlich von Dauer sind, 80.000,00 €. Auf Grund unerwarteter Marktänderungen wird der Wert der Maschine am Ende des Jahres 04 auf 70.000,00 € geschätzt. Der Betrieb möchte einen möglichst niedrigen Gewinn erzielen. Ermitteln Sie den Bilanzansatz am Ende des Jahres 05 und begründen Sie Ihre Antwort ausführlich rechnerisch und verbal.

AHK, Afa   10. Am 26.07.00 wird ein Bestückungsroboter zum Nettopreis von 100.000,00 € mit einer Nutzungsdauer von 6 Jahren erworben. Zusätzlich fallen 4.500,00 € netto Transportkosten und 1.500,00 € netto Montagekosten durch den Hersteller an. Die erforderlichen Fundamentierungsarbeiten in der Maschinenhalle wurden von einer ortsansässigen Baufirma durchgeführt und belaufen sich auf 6.000,00 € netto.
   a) Buchen Sie den Rechnungseingang für die Maschine.
   b) Buchen Sie die Fundamentarbeiten, wenn diese sofort per Postscheck bezahlt werden.
   c) Buchen Sie die Zahlung der Maschine incl. restlicher Nebenkosten per Banküberweisung, wenn die Zahlung unter Abzug von 2 % Skonto auf den Maschinenwert erfolgt.
   d) Ermitteln Sie die aktivierungspflichtigen Anschaffungs- und Herstellungskosten.
   e) Ermitteln Sie die Abschreibungen für die ersten beiden Jahre und buchen Sie die Abschreibung für das erste Jahr.
   f) Ermitteln Sie, soweit erforderlich, in welchem Kalenderjahr die Abschreibungsmethode zu wechseln ist.

11. Die XY AG hat im Dezember eine Fertigungsmaschine selbst erstellt. Die Fertigungslöhne betrugen 20.000,00 €. An Fertigungsmaterial wurden 10.000,00 € aufgewendet. Der Betrieb rechnet mit 10 % MGK, 100 % FGK, 5 % VwGK und 8 % VtGK. Von den FGK und VwGK sind jeweils 20 % rein kalkulatorische Kosten (Zusatzkosten). Die Nutzungsdauer liegt bei 7 Jahren.
   a) Ermitteln Sie die möglichen Wertansätze nach Steuerrecht und begründen Sie Ihren Ansatz.
   b) Verbuchen Sie die Inbetriebnahme mit den steuerlich günstigsten Werten.
   c) Ermitteln Sie die Abschreibung für die ersten beiden Jahre.
   d) Ermitteln Sie das Jahr des Wechsels zur linearen Abschreibung.

GWG   12. Im Jahr 00 wird eine Heftmaschine zum Preis von 40,00 € netto und eine elektronische Rechenmaschine zum Preis von 350,00 € netto gegen Barzahlung erworben.
   a) Buchen Sie den Kauf der Güter.
   b) Buchen Sie die Abschreibung im Jahr 00.

13. Im Februar des Jahres 00 wird eine Schreibmaschine zum Listenpreis von 810,00 DM erworben und nach 10 Tagen unter Abzug von 2 % Skonto bezahlt. Der Betrieb strebt einen möglichst niedrigen Gewinnausweis an.
   a) Buchen Sie den Kauf und die Zahlung.
   b) Buchen Sie die Abschreibung im 1. Jahr

14. Die X AG hat im März 00 eine Büromaschine zum Preis von 300,00 € erworben und linear auf 5 Jahre monatsgenau abgeschrieben. Buchen Sie die Abschreibung im Jahre 00 und im Jahre 01. Begründen Sie ihr Vorgehen für das Jahr 01.

15. Es wird im Januar des Jahres 00 eine Maschine zum Preis von 50.000,00 € ange- *Bewertung SAV*
schafft. Die Nutzungsdauer beträgt 5 Jahre, es wird linear abgeschrieben.
   a) Wie ist am Ende des Jahres 00 zu bilanzieren?
   b) Wie ist am Ende des Jahres 01 zu bilanzieren, wenn der tatsächliche Wert
      (z. B. Teilwert) vorübergehend auf 15.000,00 € gesunken ist?
   c) Wie ist am Ende des Jahres 01 zu bilanzieren, wenn der tatsächliche Wert
      (z. B. Teilwert) dauernd auf 15.000,00 € gesunken ist?
   d) Wie ist zu bilanzieren, wenn der Wert der Maschine am Ende des Jahres 02 auf
      30.000,00 € gestiegen ist. (Ausgangsbasis ist c), Exkurs)

16. Ein Grundstück wurde im Jahr 00 zum Preis von 800.000,00 € angeschafft. Im *Bewertung*
Jahr 03 trat eine vorübergehende Wertminderung auf 700.000,00 € ein. Am Ende *Grundstücke*
des Jahres 05 wird der Wert von einem Gutachter auf 1.000.000,00 € geschätzt.
Ermitteln Sie den Bilanzansatz für das Jahr 05 und begründen Sie Ihre Antwort
ausführlich.

17. Im Februar 00 erwarb die AG ein unbebautes Grundstück für 420.000,00 €. Die
Grunderwerbssteuer betrug 3,5 %; die Grundsteuer wurde auf 1.600,00 € festgesetzt. Darüber hinaus musste die AG noch 13.340,00 € brutto an Notariats-
und Maklergebühren entrichten. Das Grundstück wurde mit einem Kredit über
400.000,00 € und einer Laufzeit von 8 Jahren finanziert, für den 16.000,00 €
Disagio und 14.600,00 € an aufgelaufenen Zinsen für das Jahr 00 berechnet wurden.
   a) Ermitteln Sie die Anschaffungskosten und begründen Sie Ihre Entscheidung.
   b) Buchen Sie die Anschaffung und die Kreditaufnahme.
   c) Am 22.12.00 lehnt die Baubehörde einen Bauantrag zur Errichtung einer
      Fertigungshalle ab. Der Teilwert des Grundstückes sinkt dadurch auf Dauer auf
      330.000,00 €. Bewerten und buchen Sie am 31.12.00. Begründen Sie Ihre
      Entscheidung.
   d) Führen Sie die für den Kredit (incl. Disagio) notwendigen Buchungen durch,
      wenn zum 30.12.00 die aufgelaufenen Zinsen und 50.000,00 € Tilgung fällig
      werden.
   e) Bewerten Sie das Grundstück zum 31.12.01, wenn der Widerspruch der AG
      gegen den Bescheid der Baubehörde Erfolg hatte und der Teilwert des Grund-
      stückes bei 500.000,00 € liegt. Begründen Sie Ihre Entscheidung.

18. Es wird ein Grundstück zum Preis von 500.000,00 € erworben.
   a) Wie ist zu bilanzieren?
   b) Welcher Wert ist anzusetzen, wenn das Grundstück in ein Naturschutzgebiet
      einbezogen werden soll und der Wert auf 400.000,00 € fällt?
   c) Zwei Jahre später (1.2) wird entschieden, dass das Grundstück nicht in das
      Naturschutzgebiet aufgenommen wird. Der Wert steigt auf 600.000,00. Wie
      ist zu bilanzieren.

19. Anfang 00 erwarb die XY-AG eine Beteilgung an einem Zulieferbetrieb. Es handelt *Bewertung*
sich dabei um 10.000 Aktien zum Nennwert von 50,00 € und einem Kurswert *Finanzanlagen*
von 580,00 € je Aktie. Die AG möchte einen möglichst niedrigen Gewinn ausweisen. Begründen Sie, mit welchem Wert die Aktien in der Bilanz anzusetzen sind,
wenn zum Jahresende der Kurswert vorübergehend
   a) auf 600,00 € steigt.
   b) auf 500,00 € sinkt.

20. Es wird im Januar des Jahres 00 eine Beteiligung zum Kurswert von 500.000,00 €
erworben.

a) Wie ist am Ende des Jahres 01 zu bilanzieren, wenn der Wert auf 600.000,00 € gestiegen ist.

b) Wie ist am Ende des Jahres 01 zu bilanzieren, wenn der tatsächliche Wert (z. B. Teilwert) vorübergehend auf 450.000,00 € gesunken ist?

c) Wie ist am Ende des Jahres 01 zu bilanzieren, wenn der tatsächliche Wert (z. B. Teilwert) dauernd auf 450.000,00 € gesunken ist?

d) Wie ist zu bilanzieren, wenn der Wert am Ende des Jahres 02 auf 600.000,00 € gestiegen ist (Ausgangsbasis ist c)?

Bewertung
WP des UV

21. Die AG kauft zur kurzfristigen Geldanlage im November des Jahres 00 500 Aktien zum Kurswert von 110,00 € je Stück. Am 31.12.00 ist der Kurswert auf Grund vorübergehender Schwankungen auf den Aktienmärkten auf 90,00 € je Aktie gesunken. Am 03.03.01 werden die Aktien zum Kurswert von 120,00 € je Aktie verkauft. Der Betrieb möchte einen möglichst niedrigen Gewinn erzielen. Ermitteln Sie den Bilanzansatz am 31.12.00 und begründen Sie Ihre Antwort ausführlich.

22. Die Y AG erwarb zu Beginn des Jahres 01 4.200 Stück Aktien (Nennwert 50,00 €) der X AG zur kurzfristigen Geldanlage. Der Stückkurs betrug 190,00 €. Die Spesen beliefen sich auf insgesamt 8.778,00 €.

a) Buchen Sie den Kauf.

b) Am 31.12.01 beträgt der Börsenkurs dieser Aktien vorübergehend 180,00 €. Dazu kommen pro Aktie 1,98 € Anschaffungsnebenkosten. Bewerten Sie die Aktien und begründen Sie den Wertansatz. Führen Sie die nochtwendigen Buchungen durch.

c) Am 31.12.02 befinden sich die Aktien immer noch im Besitz der AG. Der Stückkurs beträgt nun 200,00 €. Die Bezugskosten je Aktie liegen bei 1,98 €.

Bewertung
Wertpapiere

23. Im Wertpapierbestand der FOS/BOS AG befinden sich Aktienpakete der X AG und der Y AG, über die folgende Informationen vorliegen:

	X AG	Y AG
Kaufdatum	12.07.01.	15.05.01
gezeichnetes Kapital	4 Mio. €	20 Mio. €
Nennwert/Aktie	50,00 €	50,00 €
Kurswert bei Kauf	85,00 €	140,00 €
Spesen	1 %	–
gekaufte Stückzahl	?	1.200
Anschaffungskosten	1.717.000,00 €	?
Teilwert am 31.12.01	1.650.000,00 € (ges.)	130,00 €/Stück
Teilwert am 31.12.02	1.480.000,00 € (ges.)	171,00 €/Stück

Bewertung
WP des UV

Die FOS/BOS AG möchte einen möglichst hohen Gewinn erzielen.

a) Bei einer Anlage handelt es sich um eine kurzfristige Geldanlage, bei der anderen Anlage um eine Beteiligung. Treffen Sie eine begründete Entscheidung, welche Anlage eine Beteiligung ist.

b) Bewerten Sie die beiden Anlagen zum 31.12.01 und begründen Sie den Wertansatz.

c) Bewerten Sie die beiden Anlagen zum 31.12.02 und begründen Sie den Wertansatz.

24. Am 03.12.00 werden 2 t Rohstoffe zu 10,00 € je kg geliefert. Der Lieferant gewährt 2 % Skonto auf den restlichen Warenwert und berechnet 500,00 € Frachtkosten netto. 20 % der Lieferung sind unbrauchbar und werden mit Einverständnis des Lieferers zurückgegeben. *Bewertung Vorräte*
    a) Buchen Sie die Lieferung und die Rechnungstellung.
    b) Buchen Sie die Rücksendung.
    c) Buchen Sie die Zahlung innerhalb der Skontofrist.
    d) Am 31.12.00 sind von dieser Lieferung noch 0,3 Tonnen vorhanden (Endbestand), die einen Tageswert von 3.300,00 € haben. Bewerten (Einzelbewertung) Sie den gesamten Schlussbestand nach Einkommensteuerrecht und begründen Sie dies.

25. Im September des Jahres 00 werden Rohstoffe für 50.000,00 € erworben.
    a) Wie ist am Ende des Jahres 00 zu bilanzieren, wenn der Wert auf 60.000,00 € gestiegen ist!
    b) Wie ist am Ende des Jahres 01 zu bilanzieren, wenn der tatsächliche Wert (z. B. Teilwert) vorübergehend auf 40.000,00 € gesunken ist?

26. Die X AG stellt gleichartige Hauptplatinen (unfertige Erzeugnisse) zum Einbau in ihre NC-Steuerung her. Aus der Finanz- und Lagerbuchhaltung liegen folgende Daten vor:
    Anfangsbestand: 52 Stück, Wertansatz 860,00 €/Stück

Lagerzugänge	Menge in Stück	Herstellungskosten/Stück
12.02	220	850,00 €
08.05	240	805,00 €
02.12	260	810,00 €

Schlussbestand: 95 Stück
Teilwert zum 31.12.00: 830,00 €/Stück

Bewerten Sie den Schlussbestand zum 31.12.00 mit Hilfe des Durchschnittsverfahrens und begründen Sie den Wertansatz.

27. Die FOS/BOS AG bezieht ihre Hilfsstoffe von einem einzigen Lieferanten. Am 06.12.01 kauft sie 28.000 kg zu folgenden Konditionen:
    Listenpreis 3,75 € je kg
    20 % Rabatt
    3 % Skonto bei Zahlung innerhalb von 10 Tagen nach Rechnungseingang
    Lieferung frei Haus
    a) Buchen Sie den Rechnungseingang am 06.12. und die Bezahlung am 15.12.
    b) Weitere Zugänge im Jahr 01

Datum	Menge	Anschaffungskosten
20.01.01	21.000 kg	63.000,00 €
14.03.01	14.000 kg	55.000,00 €
15.08.01	24.000 kg	85.520,00 €

Der Schlussbestand des Jahres 00 von 13.000 wurde mit 39.400,00 € bewertet. Am 30.12.01 erhält die FOS/BOS AG eine Mitteilung des Lieferanten, dass auf die Umsätze des Jahres 01 ein Bonus von 4 % gewährt wird. Der Bonus wird mit Lieferverbindlichkeiten verrechnet. Bei der Inventur am 31.12.01 wird von diesem Hilfsstoff ein Bestand von 14.500 kg festgestellt. Der Marktpreis beträgt am Bilanzstichtag 3,10 €/kg. Die Bewertung erfolgt mit Hilfe des Durchschnittsverfahrens.

Buchen Sie die Gutschrift zum 30.12.

Ermitteln sie den Bilanzansatz und begründen Sie ihn.

Führen Sie die notwendigen Buchungen durch.

EWB
PWB
Abschr. a. Ford.

28. Der Saldenbilanz zum 15.12.01 können folgende Zahlen entnommen werden:

2400 Forderungen aus Lieferungen und Leistungen	915.472,00 €	Soll
3670 Einzelwertberichtigungen auf Forderungen	18.000,00 €	Haben
3680 Pauschalwertberichtigungen auf Forderungen	25.000,00 €	Haben

Folgende Geschäftsvorfälle sind im Dezember noch nicht gebucht. Bilden Sie die Buchungssätze und erstellen Sie die notwendigen Berechnungen in übersichtlicher Form für die fehlenden laufenden Buchungen und die vorbereitenden Abschlussbuchungen.

a) Eine 00 einzelwertberichtigte Forderung in Höhe von 5.800,00 € geht in voller Höhe am 16.12.01 auf dem Bankkonto ein.

b) Ein Kunde überweist (am 18.12.01) 22.736,00 € auf unser Bankkonto. Er hat dadurch unsere Forderung unter Abzug von 2 % Skonto beglichen.

c) Das Konkursverfahren über das Vermögen eines Kunden wird mit einer Konkursquote von 20 % abgeschlossen. Unsere 00 einzelwertberichtigte Forderung über 2.320,00 € geht anteilig auf dem Bankkonto ein. Der Rest ist uneinbringlich.

d) Eine am 25.07.01 als uneinbringlich abgeschriebene Forderung über 4.640,00 € geht auf dem Bankkonto am 20.12.01 in voller Höhe ein.

e) Am Jahresende (31.12.01) sind drei Forderungen zweifelhaft:

3.480,00 €; beim schwebenden Konkursverfahren rechnen wir mit einer Konkursquote von 10 %, der Rest ist voraussichtlich verloren.

4.872,00 €; wir nehmen an, dass die Forderung nur zu 40 % eingeht.

5.800,00 €, wir rechnen mit der Uneinbringlichkeit der Forderung.

f) Auf die guten Forderungen soll eine Pauschalwertberichtigung von 2 % gebildet werden (31.12.01).

g) Schließen Sie die Konten 3670 und 3680 ab.

h) Eröffnen Sie die Konten 3670 und 3680 im Jahr 02.

i) Buchen Sie den Eingang der Forderung e) (4.872,00 €) am 10.01.02, wenn die Forderung in voller Höhe eingeht.

EWB
PWB
Absch. auf Ford.

29. Die Saldenbilanz der XY AG weist am 01.12.01 für Forderungen aus Lieferungen und Leistungen € 985.884,00 im Soll aus. Ferner weisen die Konten 3670 und 3680 folgende Anfangsbestände aus:

3670 Einzelwertberichtigungen auf Forderungen	12.000,00 €	Haben
3680 Pauschalwertberichtigungen auf Forderungen	16.000,00 €	Haben

Folgende Geschäftsvorfälle sind im Dezember noch nicht gebucht. Bilden Sie die Buchungssätze, und erstellen Sie die notwendigen Berechnungen in übersichtlicher Form für die fehlenden laufenden Buchungen und die vorbereitenden Abschlussbuchungen.

a) Von einer abgeschriebenen Forderung gehen am 05.12.01 unerwartet 928,00 € ein.

b) Die einzige, im Vorjahr mit 80 % einzelwertberichtigte Forderung in Höhe von 17.400,00 € wird vollständig uneinbringlich.

c) Eine weitere Forderung, die mit 9.860,00 € im Forderungskonto steht, wird zu 75 % uneinbringlich. Der Rest geht auf dem Konto ein.

d) Ein Kunde zahlt seine Rechnung per Bank unter Abzug von 2 % Skonto. Auf dem Bankkonto gehen 8.526,00 € ein.

e) Am Ende des Jahres 01 sind noch folgende drei Forderungen zweifelhaft:
7.540,00 € auf Grund eines schwebenden Konkursverfahrens. Wir erwarten eine Konkursquote von 15 % und den Verlust der restlichen Forderung.
2.784,00 €; wir nehmen an, dass die Forderung vollständig uneinbringlich wird.
11.600,00 €; wir nehmen an, dass 50 % der Forderung uneinbringlich wird

f) Auf die guten Forderungen soll am Jahresende eine Pauschalwertberichtigung von 3 % gebildet werden.

g) Die Konten 3670 und 3680 sind abzuschließen (Buchungssatz).

h) Eröffnen Sie die Konten 3670 und 3680 im Jahr 02 (Buchungssatz).

i) Bilden Sie den Buchungssatz, wenn die Forderung f) (2.784,00 €) am 20.01.02 vollständig auf unserem Bankkonto eingeht.

30. Auszug aus der Saldenbilanz zum 30.11.00

	Soll	Haben
2400 Forderungen aus Lieferungen und Leistungen	208.800,00	
3670 Einzelwertberichtigungen zu Forderungen		3.200,00
3680 Pauschalwertberichtigungen zu Forderungen		3.500,00

Bilden Sie die Buchungen für folgende Geschäftsvorfälle, die in der obigen Saldenbilanz noch nicht berücksichtigt sind:

a) Der Gerichtsvollzieher teilt im Dezember 00 mit, dass das Konkursverfahren gegen den Kunden Bruch KG mangels Masse eingestellt wurde. Gegen den Kunden besteht eine Forderung in Höhe von 4.640,00 €.

b) Von der im Jahre 00 in Konkurs geratenen Kunden Müller oHG gehen am 30.12.00 überraschend 2.320,00 € auf unserem Bankkonto ein. Die Forderung galt am 30.09.00 als uneinbringlich und wurde abgeschrieben.

c) Ein Kunde sendet am 30.12.00 auf Grund einer von uns akzeptierten Mängelrüge gelieferte Fertigerzeugnisse zum Nettowert von 10.000,00 € zurück.

d) Am 31.12.00 ist auf Grund eines Vergleichsverfahrens gegen die Y GmbH eine Forderung in Höhe von 6.960,00 € als zweifelhaft anzusehen. Es ist mit einer Vergleichsquote von 40 % zu rechnen. Führen Sie die Einzelwertberichtigung durch (incl. Abschlussbuchung), wenn dies die einzige zweifelhafte Forderung ist.

e) Das Verlustrisiko auf den einwandfreien Forderungsbestand beträgt 2 %. Bilden Sie die Pauschalwertberichtigungen (incl. Abschlussbuchung) unter Berücksichtigung der Geschäftsfälle a) bis b).

31. Im Jahr 00 wird ein US-Kredit über 100.000,00 US-$ zum Kurs von 0,75 € aufgenommen. Die AG strebt einen möglichst niedrigen Gewinnausweis an.

Bewertung Verbindlichkeiten

a) Wie ist zu buchen?

b) Am Bilanzstichtag des Jahres 00 beträgt der Kurswert 0,80 €. Wie ist zu bilanzieren?

c) Am Bilanzstichtag des Jahres 01 beträgt der Kurswert 0,70 €. Wie ist zu bilanzieren?

32. Die Y AG hat seit dem 22.12.01 gegenüber einem Lieferer aus den USA eine Schuld in Höhe von 120.000,00 Dollar. Am 22.12.01 lag der Kurs des Dollars bei 0,85 €. Am 31.12.01 betrug der Kurs 0,875 €. Führen Sie die vorbereitenden Abschlussbuchungen durch und begründen Sie den Wertansatz.

33. Um den US-Markt besser beliefern zu können, kauft die FOS/BOS AG ein Grundstück mit Lagerhalle in Texas. Zur teilweisen Finanzierung wird am 01.06.01 ein Darlehen bei einer amerikanischen Bank über 2.000.000,00 US-Dollar zum Kurs von 0,745 € aufgenommen. Das Darlehen hat eine Laufzeit von 10 Jahren.
    a) Buchen Sie die Darlehensaufnahme.
    b) Der Wechselkurs für den US-Dollar liegt am 31.12.01 bei 0,775 €. Bestimmen und begründen Sie den Wertansatz des Darlehens.

Pensionsrück-
stellungen

34. Der Bestand an Pensionsrückstellungen der FOS/BOS AG beträgt am Ende des Jahres 01 50.000,00 €. Nach mathematischen Verfahren ist am Ende des Jahres 02 eine Rückstellung von 60.000,00 € angemessen.
    a) Im Juni des Jahres 02 werden Betriebsrenten in Höhe von 1.500,00 € bezahlt. Buchen Sie die Bezahlung.
    b) Erstellen Sie die vorbereitenden Abschlussbuchungen für das Jahr 02.
    c) Am Ende des Geschäftsjahres 03 hat sich die Belegschaft vermindert. Lt. versicherungsmathematischen Berechnungen sind damit Ansprücke in Höhe von 3.000,00 € entfallen. Erstellen Sie die vorbereitenden Abschlussbuchungen für das Jahr 03.

kurzfr. Rückstellungen

35. Auf Grund eines Rechtsstreites über Lizenzrechte im Jahre 01, für den das Urteil im Jahr 02 zu erwarten ist, könnten Gerichtskosten in Höhe von 10,000,00 € und Anwaltskosten in Höhe von 12.000,00 € + USt entstehen.
    a) Erstellen Sie die notwendigen vorbereitenden Abschlussbuchungen für das Jahr 01.
    b) Im Jahr 02 wird der Prozess gewonnen. Die andere Prozesspartei trägt alle Kosten.
    c) Im Jahr 02 wird der Prozess verloren. Es entstehen Anwaltskosten in Höhe von 12.000,00 € + UST und Gerichtskosten in Höhe von 10.000,00 €
    d) Im Jahr 02 wird ein Vergleich geschlossen. Auf die FOS/BOS AG entfallen 6.000,00 € Gerichts- und 9.000,00 € (+ USt) Rechtsanwaltskosten.
    e) Der Prozess geht im Jahr 02 verloren. Es fallen Gerichtskosten in Höhe von 15.000,00 € und Anwaltskosten in Höhe von 14.000,00 € + USt an.

36. Zeigen Sie die Bildung, die Auswirkung und die Auflösung von stillen Rücklagen an den Aufgaben 10, 11, 13, 17 und 20.

37. Zeigen Sie die Bildung, die Auswirkung und die Auflösung von stillen Rücklagen an den Aufgaben 31 und 35.

Erfolgsanalyse

38. Aus dem Jahresabschluss einer AG zum 31.12.00 liegen folgende Angaben vor (Beträge in TEUR):

	Veränderungen während des Jahres		Schlussbestand am 31.12. 00	
	Soll	Haben	Aktiva	Passiva
gezeichnetes Kapital		500		3.500
Kapitalrücklage				100
gesetzliche Rücklagen				236
andere Gewinnrücklagen				934
kurzfristiges Fremdkapital		100		1.200
langfristiges Fremdkapital	400			3.400

Angaben aus der GuV und der Gewinnverwendung

Umsatzerlöse	5.060
andere aktivierte Eigenleistungen	20
sonstige betriebliche Erträge	320
Aufwendungen für RHB	3.840
Zinsaufwendungen	380
sonstige betriebliche Aufwendungen	380
Gewinnvortrag aus dem Vorjahr	10
Einstellung in die gesetzlichen Rücklagen	36
Einstellung in die anderen Rücklagen	44

Der Bilanzgewinn wird vollständig ausgeschüttet.

a) Ermitteln Sie die Eigenkapitalrentabilität.
b) Ermitteln Sie die Gesamtkapitalrentabilität.

39. Die Passivseite der FOS/BOS AG weist für die Jahre 01 und 02 nach teilweiser Verwendung der Jahresergebnisse durch Vorstand und Aufsichtsrat folgende Werte aus (Beträge in TEUR):

	01	02
gezeichnetes Kapital	20.000	20.000
Kapitalrücklagen	800	800
gesetzliche Rücklagen	?	1.100
andere Gewinnrücklagen	?	1.800
Bilanzgewinn	?	300
davon Gewinn-/Verlustvortrag	0	0
langfristige Bankschulden	30.000	30.000
Pensionsrückstellungen	6.000	6.150
Verbindlichkeiten aLL	14.000	9.850
Bilanzsumme	74.400	70.000

Zum 31.12.02 hat der Vorstand 270.000,00 € in die anderen Gewinnrücklagen eingestellt. Die gesetzlichen Rücklagen wurden nach den Vorschriften des Aktiengesetzes gebildet.

a) Berechnen Sie den Bilanzgewinn des Jahres 01, wenn auf Vorschlag des Vorstandes der gesamte Bilanzgewinn von 01 an die Aktionäre ausgeschüttet wurde und die Stückdividende von 2,50 € bei einem Nennwert von 50,00 € pro Aktie betrug.
b) Ermitteln Sie den Jahresüberschuss für das Jahr 02.
c) Die GuV-Rechnung liefert für 02 folgende Werte:

Zinsaufwand	2.400 TEUR
Umsatzerlöse	80.000 TEUR
Zinserträge	50 TEUR

Ermitteln Sie die Eigenkapitalrentabilität und die Gesamtkapitalrentabilität.

40. Die FOS/BOS AG hat eine Gesamtkapitalrentabilität von 8 % und einen Kapital-umschlag von 4.   *Erfolgsanalyse*
a) Berechnen Sie die Umsatzrentabilität.
b) Nennen Sie Möglichkeiten, die Umsatzrentabilität zu erhöhen.

41. Die Y AG hat eine Umsatzrentabilität von 3 % und einen Jahresüberschuss von 2 Millionen EUR. Der Kapitalumschlag des Eigenkapitals beträgt 4. Ermitteln Sie das Eigenkapital.

42. Die nebenstehende Kurve gibt eine Gesamtkapitalrentabilität von
8 % wieder.
   a) Geben Sie die Höhe des Kapitalumschlages an.
   b) Erklären Sie, wie eine Gesamtkapitalrentabilität von 10 %
dargestellt werden kann.

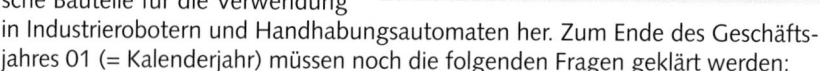

43. Die X AG stellt spezielle elektronische Bauteile für die Verwendung
in Industrierobotern und Handhabungsautomaten her. Zum Ende des Geschäftsjahres 01 (= Kalenderjahr) müssen noch die folgenden Fragen geklärt werden:

EWB, PWB

a) Vor dem Jahresabschluss beträgt der Forderungsbestand 858.400,00 €. Darin
sind zwei dubiose Forderungen enthalten. Gegenüber dem Kunden A besteht
eine Forderung in Höhe von 15.660,00 €, der voraussichtliche Ausfall wird auf
60 % geschätzt. Die Forderung gegenüber dem Kunden B in Höhe von
39.440,00 € wird voraussichtlich mit 70 % eingehen. Als Delkrederesatz werden 2 % zu Grunde gelegt. Der EWB-Bestand beträgt 3.500,00 €, bei der
PWB sind 5.000,00 € vorhanden.
Ermitteln Sie den Wert der Forderungen in der Bilanz zum 31.12.01.

AHK

b) Die Aktiengesellschaft hat am 01.10.01 ein selbsterstelltes Gerät für die
Qualitätskontrolle in Betrieb genommen. Als Nutzungsdauer werden 4 Jahre
veranschlagt. Für die Kalkulation des zu aktivierenden Wertes stellt die Kosten-
und Leistungsrechnung folgende Zahlen zur Verfügung:

Fertigungsmaterial	2.200,00 €,
Materialgemeinkostenzuschlagssatz	15 %,
Fertigungslöhne	4.500,00 €
Fertigungsgemeinkostenzuschlagssatz	210 %,
Sondereinzelkosten der Fertigung	1.520,00 €,
Verwaltungsgemeinkosten	10 %,
Vertriebsgemeinkosten	15 %.

Ermitteln Sie die einkommensteuerrechtlich möglichen Wertansätze bei der
Aktivierung.

Afa,
stille Rücklagen

Das Unternehmen will stets die einkommensteuerrechtlichen Vorteile voll aus-
nutzen. Erstellen Sie einen Abschreibungsplan für die gesamte Nutzungsdauer,
der die Abschreibungsbeträge der einzelnen Jahre und die jeweiligen
Restbuchwerte aufzeigt.
Ermitteln Sie den Betrag der stillen Reserven am Ende des Geschäftsjahres 01,
wenn die Beanspruchung des Prüfgerätes über die gesamte Nutzungsdauer
relativ gleichmäßig ist, der oben aktivierte Wert dem tatsächlichen Kosten-
anfall bei der Herstellung entspricht und der Wiederbeschaffungswert gleich
den Anschaffungskosten ist.

c) Die X AG hat im Geschäftsjahr 00 Wertpapiere zur langfristigen Anlage erworben. Beschafft wurden: 500 Stück der Y AG, Nennwert 50,00 €, Spesen 1,1 %, Stückkurs 180,00 €. Diese Wertpapiere sind am 31.12.00 mit dem Wert in Höhe von 83.407,50 € in die Bilanz eingegangen. Zum 31.12.01 beträgt der Börsenkurs der Papiere 210,00 €.
Ermitteln und begründen Sie die zum 31.12.01 möglichen Wertansätze.
Geben Sie den Wert an, den die X AG bei Ausnutzung einkommensteuerrechtlicher Vorteile wählt.

Bewertung Finanzanlagen

44. Bei der BOS AG liegen zum 31.12.03 folgende Bilanzpositionen zur Bewertung vor:

Bewertung Vorräte

a) Bei der Bewertung eines Hilfsstoffes sind am 31.12.03 folgende Angaben zu berücksichtigen (alle Beträge sind Nettowerte):
Der Anfangsbestand von 800 kg wurde am 01.01.03 mit 40 800,00 € bewertet. Am 15.03.03 wurden 500 kg zu einem Einstandspreis von 49,80 €/kg gekauft. Am 27.07.03 wurden 1.200 kg des Hilfsstoffes zu einem Listenpreis von 60,00 €/kg geliefert. Der Lieferer gewährte 20 % Rabatt und 2 % Skonto, die bei der Bezahlung abgezogen wurden. Außerdem entstanden 552,00 € Frachtkosten. Ein Zugang von 1.000 kg erfolgte am 01.08.03, wobei die Anschaffungskosten 51.000,00 € betrugen. Am 31.12.03 befinden sich lt. Inventurliste noch 1 900 kg Hilfsstoffe auf Lager. Der Marktpreis beträgt an diesem Tag 47,00 €/kg. Die BOS AG wendet bei der Bewertung der Hilfsstoffe stets die Durchschnittswertmethode an.
Ermitteln Sie den Bilanzansatz dieses Hilfsstoffs zum 31.12.03. Begründen Sie den Wertansatz.
Bestimmen Sie in übersichtlicher Form den Hilfsstoffverbrauch in EUR.
In der Kosten- und Leistungsrechnung wurde der Hilfsstoffverbrauch mit 50,00 €/kg verrechnet. Berechnen Sie den Betrag, um den das Betriebsergebnis dadurch größer bzw. kleiner als der Erfolg der Geschäftsbuchführung ist.

b) Die BOS AG kaufte im Januar 00 ein Grundstück und erbaute darauf in innerbetrieblicher Eigenleistung im gleichen Jahr ein Wohngebäude für Werksangehörige. Der Kaufpreis des Grundstücks belief sich auf 400 000,00 € zuzüglich 3,5 % Grunderwerbsteuer und 1 200,00 € Grundbuch- und Notargebühren. Die Herstellungskosten des Wohngebäudes betrugen bei Bezugsfertigkeit am 01.10.00 1 200 000,00 €. Die Nutzungsdauer wird mit 50 Jahren angesetzt.
In unmittelbarer Nähe der Immobilie wird 03 eine Ringstraße gebaut. Dadurch liegt der Wert des Grundstücks an 31.12.03 bei 300 000,00 €, der des Wohngebäudes bei 800 000,00 €.
Ermitteln und begründen Sie die nach Einkommensteuerrecht möglichen Wertansätze für das Grundstück und das Gebäude zum 31.12.03 und geben Sie eventuell nötigen Vorabschlussbuchungen zum 31.12.03 an.

Bewertung Grundstücke Gebäude

Zusammenfassende Übungen IV

Marketing   1. Die Süßwaren AG behauptet sich seit Jahren mit ihrer Tafelschokolade Marke „Lecker" auf einem umkämpften und sich ständig ändernden Süßwarenmarkt. Tafelschokolade hat einen Anteil von 93 % am Umsatz im Süßwarengeschäft der Süßwaren AG. Neben der klassischen Tafelschokolade wird am Markt von der Konkurrenz auch der Schokoriegel mit Erfolg angeboten.

Von 1986 bis 1997 ist der Markt für Tafelschokolade nur um 5,3 % gewachsen. 1990 wurde mit 250.000 t mengenmäßig am meisten abgesetzt. Bemerkenswert ist, dass der Endverbraucherpreis für Tafelschokolade von 1986 bis 1997 annähernd konstant blieb.

Die Marktanteile für die Marke „Lecker" sind im genannten Zeitraum ebenfalls nahezu konstant geblieben. Einem Anbieter für Tafelschokolade in dreieckiger Form gelang es, seine Position gegenüber der zweitplatzierten Marke „Lecker" auszubauen. 1997 veränderte sich der Markt für Tafelschokolade wie folgt:

Eine unzureichende Gewinnentwicklung und der Druck der Rohstoffkosten veranlassten die Süßwaren AG, die Preise im zweiten Halbjahr 1997 um 20 % anzuheben.

Die Konkurrenz erhöht daraufhin ebenfalls die Preise.

Als Folge der Preiserhöhungen sank das Marktvolumen für Tafelschokolade um 10 %. Am stärksten waren die führenden Marken „Lecker" und die Schokolade in dreieckiger Form betroffen, wobei letztere die größten Volumensverluste hinzunehmen hatte und die Marktführerposition an „Lecker" abgab.

a) Begründen Sie, in welcher Phase des Produktlebenszykluses sich die Tafelschokolade befindet.

b) Nennen Sie je zwei mögliche ökonomische und psychographische Marketingziele (Marketingziele im weiteren und engeren Sinne) der Süßwaren AG für ihr Produkt „Lecker".

c) Entwerfen Sie ein geeignetes Marketing-Mix für die Süßwaren AG mit je zwei Maßnahmen aus jedem der vier Marketing-Mix-Bereiche.

d) Entwerfen Sie ein Portfolio (Skizze) und beurteilen Sie die Situation.

e) Skizzieren Sie ein Zielportfolio unter Berücksichtigung des unter c) entworfenen Marketing-Mixes.

f) Für eine Tochterunternehmung der Süßwaren AG wurde folgendes Marktwachstums-Marktanteils-Portfolio erstellt:

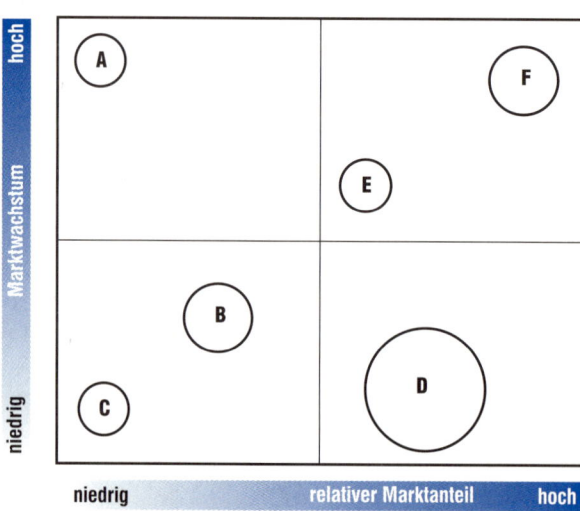

Nennen Sie die Fachbegriffe, die die jeweilige Position der SGE A, B, D und F charakterisieren.

Bewerten Sie die Position der SGE A und D hinsichtlich

- der Lebenszyklusphase,
- des Investitionsbedarfs und
- der Finanzmittelüberschüsse.

Begründen Sie zwei unterschiedliche Strategien für die SGE B.

2. Die Kostenrechnung eines Industriebetriebes, der drei Produkte herstellt, liefert für den Monat Juni die folgenden Daten:

Vollkostenrechnung
Teilkostenrechnung

	Produkte		
	A	B	C
produzierte Menge in Stück	10.000	20.000	30.000
Fertigungsmaterial in €/St	6,00	8,00	2,00
Fertigungslöhne in €/St	5,00	6,00	3,00
Sondereinzelkosten Fertigung €/St	0,50	0,00	1,00
Sondereinzelkosten Vertrieb €/St	0,00	0,50	0,00
Bestandsminderungen Fertigerzeugnisse in €		500,00	1.000,00
Bestandserhöhungen Fertigerzeugnisse in €	2.000,00		

Bei unfertigen Erzeugnissen liegen keine Bestandsveränderungen vor.

Der Betriebsabrechnungsbogen liefert für Juni folgende Ist-Gemeinkosten (in €):

Allgemeine Kostenstelle	Material	Fertigungs-hilfsstelle	Fertigung	Verwaltung/Vertrieb
10.000	40.000	5.000	180.000	125.000

Die allgemeine Kostenstelle ist im Verhältnis 2:1:5:2 umzulegen.

Der Betrieb rechnet im Juni mit folgenden Normalgemeinkostenzuschlagssätzen: 20 % MGK; 70 % FGK; 17 % VwVtGK

a) Errechnen Sie die drei Ist-Gemeinkostenzuschlagssätze für den Monat Juni.

b) Errechnen Sie die Höhe der Kostenabweichung im Monat Juni für die Hauptkostenstelle Verwaltung und Vertrieb.

c) Begründen Sie verbal, wie sich der Fertigungsgemeinkostenzuschlagssatz verändert, wenn eine Tariflohnerhöhung zu berücksichtigen ist, und ob sich die Gemeinkostenzuschlagssätze ändern, wenn der Beschäftigungsgrad steigt und es sich bei den Gemeinkosten um fixe Kosten handelt.

d) Begründen Sie rechnerisch, ob bei Produkt B ein Zusatzauftrag zu einem Stückpreis von 15,00 € angenommen würde, wenn 10 % der Normalgemeinkosten variabel sind.

e) Nennen Sie, neben dem in d) genannten Problemfeld, zwei weitere Entscheidungssituationen, bei denen die Verwendung der Teilkostenrechnung sinnvoll ist.

f) In einem Zweigwerk des Industriebetriebes wird das Produkt D hergestellt. Das Zweigwerk erzielt im Juni einen Deckungsbeitragssatz von 20 %, eine Umsatzrentabilität von 2 % und einen Umsatz von 300.000,00 €. Der Break-Even-Point liegt bei 4.000 Stück.

Ermitteln Sie das Betriebsergebnis, die gesamten Fixkosten und die variablen Stückkosten.

Bewertung   3. Die FUNK AG ist ein Hersteller von modernen Kommunikationsgeräten. Die Ertragslage des Unternehmens kann als sehr gut bezeichnet werden. Die FUNK AG will daher alle einkommensteuerrechtlichen Vorteile nutzen. Zum Ende des Geschäftsjahres 01 müssen noch einige Fragen geklärt werden?

a) Zum 01.12.01 weisen die nachstehenden Konten folgende Bestände aus:

Forderungen aLL	1.067.200,00 €
EWB zu Forderungen	22.500,00 €
PWB zu Forderungen	14.000,00 €

Am 12.12.01 wird das gerichtliche Vergleichsverfahren gegenüber dem Kunden A eröffnet. Die Forderung über 21.750,00 € wird mit 60 % bewertet. Es sind keine weiteren zweifelhaften Forderungen vorhanden. Buchen Sie die Einzelwertberichtigung zum 31.12.01.

Am 15.12.01 werden Telefonanlagen nach Ungarn geliefert. Die Rechnung lautet auf 2.800.000,00 HUF. Der Ungarische Forint (HUF) wird am 15.12.01 mit 0,625 €/100 HUF notiert. Am 31.12.01 beträgt der Kurs 0,65 €/100 HUF. Ermitteln und begründen Sie den Wert der Forderungen zum Bilanzstichtag.

Der Delkrederesatz des Unternehmens beträgt zwei Prozent. Buchen Sie die Pauschalwertberichtigung. Ermitteln Sie den Schlussbestand des Kontos Forderungen aus Lieferungen und Leistungen mit Hilfe eines T-Kontos.

b) Am 15.12.01 wird die Installation einer hauseigenen Telefonanlage abgeschlossen. Das notwendige Material verursachte Kosten in Höhe von 8.500,00 €. Für den Einbau wurden Techniker aus dem betrieblichen Bereich eingesetzt. Die notwendigen Fertigungslöhne betrugen 2.450,00 €. Das Unternehmen rechnet mit den folgenden Kalkulationssätzen:

Materialgemeinkosten	25 %
Fertigungsgemeinkosten	150 %
Verwaltungsgemeinkosten	5 %
Vertriebsgemeinkosten	8 %

In den Gemeinkosten sind jeweils 6 % kalkulatorische Zusatzkosten enthalten. Die Nutzungsdauer der Telefonanlage wird auf lediglich 3 Jahre veranschlagt, da das Unternehmen aus absatzpolitischen Gründen immer auf dem neuesten technischen Stand sein muss.

Ermitteln und begründen Sie, mit welchem Wert die Anlage in der Schlussbilanz angesetzt wird, wenn die Unternehmung einen möglichst niedrigen Gewinn ausweisen möchte.

c) Die FUNK AG hat sich im Jahre 00 an der PLASTO GmbH mit 120.000,00 € beteiligt. Im gleichen Jahr ist die PLASTO GmbH in Zahlungsschwierigkeiten geraten. Die Schlussbilanz 00 wies deshalb nur 90.000,00 € für die Beteiligung aus. In den ersten Monaten des Jahres 01 hat die PLASTO GmbH ihren Kundenkreis vergrößern können und kann nun als solventes Unternehmen bezeichnet werden.

Begründen Sie, ob der Bilanzansatz in der Schlussbilanz 00 zulässig war.

Nennen und begründen Sie den Bilanzansatz zum 31.12.01, wenn der Teilwert der Beteiligung 200.000,00 € beträgt.

Begründen Sie kurz, ob hier eine stille Reserve vorliegt, und nennen Sie ggf. den Betrag.

Industriekontenrahmen

AKTIVA — Kontenklasse 0 (AV)

0 Immaterielle Vermögensgegenstände und Sachanlagen

Immaterielle Vermögensgegenstände

02 Konzessionen, gewerbl. Schutzrechte und ähnliche Rechte u. Werte sowie Lizenzen an solchen Rechten und Werten
0200 Konzessionen, gewerbliche Schutzrechte und ähnliche Rechte und Werte sowie Lizenzen an solchen Rechten und Werten

Sachanlagen

05 Grundstücke, grundstücksgleiche Rechte und Bauten einschließlich der Bauten auf fremden Grundstücken
0500 Unbebaute Grundstücke
0510 Bebaute Grundstücke
0530 Betriebsgebäude
0540 Verwaltungsgebäude
0550 Andere Bauten
0590 Wohngebäude

07 Techn. Anlagen und Maschinen
0710 Anl. der Materiallagerung
0720 Fertigungsmaschinen
0750 Transportanlagen
0790 Geringwertige Anlagen und Maschinen

08 Betriebs- und Geschäftsausstattung
0810 Werkstätteneinrichtung
0820 Werkzeuge, Werksgeräte und Modelle, Prüf- und Messmittel
0830 Lager- und Transporteinrichtungen
0840 Fuhrpark
0860 Büromaschinen, Organisationsmittel und Kommunikationsanlagen
0870 Büromöbel und sonstige Geschäftsausstattung
0890 Geringwertige Vermögensgegenstände der Betriebs- und Geschäftsausstattung

09 Geleistete Anzahlungen und Anlagen im Bau
0900 Geleistete Anzahlungen auf Sachanlagen
0950 Anlagen im Bau

AKTIVA — Kontenklasse 1 (AV)

1 Finanzanlagen

13 Beteiligungen
1300 Beteiligungen

15 Wertpapiere des Anlagevermögens
1500 Wertpapiere des Anlagevermögens

16 Sonstige Finanzanlagen
1600 Sonstige Finanzanlagen

AKTIVA — Kontenklasse 2 (UV)

2 Umlaufvermögen und aktive Rechnungsabgrenzung

Vorräte

20 Roh-, Hilfs- und Betriebsstoffe
2000 Rohstoffe / Fertigungsmaterial
2010 Fremdbauteile
2020 Hilfsstoffe
2030 Betriebsstoffe

21 Unfertige Erzeugnisse, unfertige Leistungen
2100 Unfertige Erzeugnisse
2190 Unfertige Leistungen

22 Fertige Erzeugnisse und Waren
2200 Fertige Erzeugnisse

23 Geleistete Anzahlungen auf Vorräte
2300 Geleistete Anzahlungen auf Vorräte

Forderungen und sonstige Vermögensgegenstände (24-26)

24 Forderungen aus Lieferungen und Leistungen
2400 Forderungen auf Lief. und Leist.
2450 Wechselforderungen aus Lieferungen und Leistungen (Besitzwechsel)

26 Sonstige Vermögensgegenstände
2600 Vorsteuer
2650 Forderungen an Mitarbeiter
2690 übrige sonstige Forderungen

27 Wertpapiere des Umlaufvermögens
2700 Wertpapiere des Umlaufvermögens

28 Flüssige Mittel
2800 Guthaben bei Kreditinst. (Bank)
2850 Postbank
2880 Kasse

29 Aktive Rechnungsabgrenzung (und Bilanzfehlbetrag)
2900 Aktive Rechnungsabgrenzung
2910 Disagio
2920 Umsatzsteuer auf erhaltene Anzahlungen

PASSIVA — Kontenklasse 3

3 Eigenkapital und Rückstellungen

Eigenkapital

30 Eigenkapital / Gezeichnetes Kapital

Bei Personalgesellschaften
3000 Kapital-Gesellschafter A
3001 Privatkonto A
Bei Kapitalgesellschaften
3000 Gezeichnetes Kapital (Grundkapital/ Stammkapital)

31 Kapitalrücklage
3100 Kapitalrücklage

32 Gewinnrücklagen
3210 Gesetzliche Rücklage
3230 Satzungsmäßige Rücklagen
3240 Andere Gewinnrücklagen

36 Wertberichtigungen
3670 Einzelwertberichtigungen zu Forderungen
3680 Pauschalwertberichtigungen zu Forderungen

Rückstellungen

37 Rückstellungen für Pensionen und ähnliche Verpflichtungen
3700 Rückstellungen für Pensionen und ähnliche Verpflichtungen

38 Steuerrückstellungen
3800 Steuerrückstellungen

39 Sonstige Rückstellungen
3910 - für Gewährleistung
3930 - für andere ungewisse Verbindlichkeiten
3970 - für drohende Verluste aus schwebenden Geschäften

PASSIVA — Kontenklasse 4

4 Verbindlichkeiten und passive Rechnungsabgrenzung

41 Anleihen
4100 Anleihen

42 Verbindlichkeiten gegenüber Kreditinstituten
4200 Kurzfristige Bankverbindlichkeiten
4250 Langfristige Bankverbindlichkeiten

43 Erhaltene Anzahlungen auf Bestellungen
4300 Erhaltene Anzahlungen auf Bestellungen

44 Verbindlichkeiten aus Lieferungen und Leistungen
4400 Verbindlichkeiten aus Lieferungen und Leistungen

45 Wechselverbindlichkeiten
4500 Wechselverbindlichkeiten

48 Sonstige Verbindlichkeiten
4800 Umsatzsteuer
4830 Sonstige Verbindlichkeiten gegenüber dem Finanzamt
4840 Verbindlichkeiten gegenüber Sozialversicherungsträgern
4860 Verbindlichkeiten aus vermögenswirksamen Leistungen
4890 Übrige sonstige Verbindlichkeiten

49 Passive Rechnungsabgrenzung
4900 Passive Rechnungsabgrenzung
4920 Vorsteuer auf geleistete Anzahlungen

Erträge — Kontenklasse 5

5 Erträge

50 Umsatzerträge für eigene Erzeugnisse und andere eigene Leistungen
5000 Umsatzerlöse für eigene Erzeugnisse
5001 Erlösberichtigungen

51 Sonstige Umsatzerlöse
5190 Sonstige Umsatzerlöse
5191 Erlösberichtigungen

52 Erhöhung oder Verminderung des Bestandes an unfertigen und fertigen Erzeugnissen
5200 Bestandsveränderungen

53 Andere aktivierte Eigenleistungen
5300 Aktivierte Eigenleistungen

54 Sonstige betriebliche Erträge
5401 Nebenerlöse aus Vermietung und Verpachtung
5410 Sonstige Erlöse (z. B. aus Provisionen oder Lizenzen oder aus dem Abgang von Gegenständen des Anlagevermögens)
5420 Eigenverbrauch
5430 Andere sonst. betriebl. Erträge (z. B. Schadenersatzleistungen)
5440 Erträge aus Werterhöhungen vorgegenst. d. AV (Zuschreibungen)
5450 Erträge aus der Auflösung oder Herabsetzung von Wertberichtigungen aus Forderungen
5460 Erträge aus dem Abgang von Vermögensgegenständen
5480 Erträge aus der Herabsetzung von Rückstellungen
5495 Zahlungseingänge aus abgeschriebenen Forderungen

55 Erträge aus Beteiligungen
5500 Erträge aus Beteiligungen

56 Erträge aus anderen Wertpapieren und Ausleihungen des Finanzanlagevermögens
5600 Erträge aus anderen Finanzanlagen

57 Sonstige Zinsen und ähnliche Erträge
5710 Zinserträge
5780 Erträge aus Wertpapieren des UV
5783 Erträge aus der Zuschreibung von Wertpapieren des Umlaufverm.
5784 Erträge aus dem Abgang von Wertpapieren des Umlaufvermögens

58 Außerordentliche Erträge
5800 Außerordentliche Erträge

Aufwendungen — Kontenklasse 6

6 Betriebliche Aufwendungen

Materialaufwand

60 Aufwendungen für Roh-, Hilfs- und Betriebsstoffe und für bezogene Waren
6000 Aufwendungen für Rohstoffe / Fertigungsmaterial
6001 Bezugskosten
6002 Nachlässe
6010 Aufwendungen für Fremdbauteile
6011 Bezugskosten
6012 Nachlässe
6020 Aufwendungen für Hilfsstoffe
6021 Bezugskosten
6022 Nachlässe
6030 Aufwendungen für Betriebsstoffe / Verbrauchswerkzeuge
6031 Bezugskosten
6032 Nachlässe
6040 Aufwendungen für Verpackungsmat.
6050 Aufwendungen für Energie

61 Aufwendungen für bezogene Leistungen
6100 Fremdleistungen für Erzeugnisse und andere Umsatzleistungen
6140 Ausgangsfrachten und Fremdlager (incl. Versicherung und anderer Nebenkosten)
6150 Vertriebsprovisionen
6160 Fremdinstandhaltung
6170 Sonstige Aufwendungen für bezogene Leistungen

Personalaufwand

62 Löhne
6200 Löhne für geleistete Arbeitszeit einschl. tariflicher, vertraglicher oder arbeitsbed. Zulagen
6210 Löhne für andere Zeiten (Urlaub, Feiertag, Krankheit)
6220 Sonstige tarifliche oder vertragliche Aufwendungen für Lohnempfänger
6230 Freiwillige Zuwendungen

63 Gehälter
6300 Gehälter einschl. tarifl., vertragl. o. arbeitsbed. Zulagen
6310 Urlaubs- und Weihnachtsgeld
6320 Sonstige tarifliche und vertragliche Aufwendungen
6330 freiwillige Zuwendungen

64 Soz. Abgaben u. Aufw. f. Altersvers.
6400 Arbeitgeberanteil zur Sozialversicherung (Lohnbereich)
6410 Arbeitgeberanteil zur Sozialversicherung (Gehaltsbereich)
6420 Beiträge zur Berufsgenossenschaft
6440 Aufw. für Altersversorgung

Abschreibungen auf Anlagevermögen

65 Abschreibungen
6510 Abschreibung auf immaterielle Vermögensgegenstände des AV
6520 Abschreibung auf Sachanlagen
6540 Abschreibung auf GWG
6550 Außerplanmäßige Abschreibungen

Sonstige betriebl. Aufwendungen (66-70)

66 Sonstige Personalaufwendungen
6600 Sonstige Personalaufwendungen

67 Aufwendungen für die Inanspruchnahme von Rechten und Diensten
6700 Mieten, Pachten
6710 Leasing
6720 Lizenzen und Konzessionen
6730 Gebühren
6750 Kosten des Geldverkehrs
6760 Provisionsaufwendungen (außer Vertriebsprovisionen)
6770 Rechts- und Beratungskosten

68 Aufwendungen für Kommunikation (Dokumentation, Info, Reisen, Werbung)
6800 Büromaterial
6810 Zeitungen und Fachliteratur
6820 Postgebühren
6850 Reisekosten
6860 Bewirtung und Repräsentation
6870 Werbung
6880 Spenden (nur Kapitalgesellsch.)

69 Aufwendungen für Beiträge und Sonstiges sowie Wertkorrekturen und periodenfremde Aufwendungen
6900 Versicherungsbeiträge
6920 Beiträge zu Wirtschaftsverbänden und Berufsvertretungen
6930 Verluste aus Schadensfällen
6950 Abschreibungen auf Forderungen
6951 Abschreibung auf Forderungen wegen Uneinbringlichkeit
6952 Einstellung in Einzelwertberichtigungen
6953 Einstellung in Pauschalwertberichtigungen
6960 Verluste aus dem Abgang von Vermögensgegenständen (einschl. Kassenfehlbetrag)
6980 Zuführung zu Rückstellungen für Gewährleistungen

Aufwendungen — Kontenklasse 7

7 Weitere Aufwendungen

70 Betriebliche Steuern
7000 Gewerbekapitalsteuer
7010 Vermögensteuer (nur bei Kapitalgesellschaften)
7020 Grundsteuer
7030 Kraftfahrzeugsteuer
7090 Sonstige betriebliche Steuern

74 Abschreibungen auf Finanzanlagen und auf Wertpapiere des Umlaufvermögens und Verluste aus entsprechenden Abgängen
7400 Abschreibungen auf Finanzanlagen
7420 Abschreibungen auf Wertpapiere des Umlaufverm.
7450 Verluste aus dem Abgang von Finanzanlagen
7460 Verluste aus dem Abgang von Wertpapieren des Umlaufvermögens

75 Zinsen und ähnliche Aufwendungen
7510 Zinsaufwendungen
7590 Sonstige zinsähnliche Aufwendungen (z. B. Abschreibung auf aktiviertes Disagio)

76 Außerordentliche Aufwendungen
7600 Außerordentliche Aufwendungen

77 Steuern von Einkommen und Ertrag
7700 Gewerbeertragsteuer
7710 Körperschaftsteuer (bei Kapitalgesellschaften)
7720 Kapitalertragsteuer (bei Kapitalgesellschaften)

Ergebnisrechnungen — Kontenklasse 8

8 Ergebnisrechnungen

80 Eröffnung / Abschluss
8000 Eröffnungsbilanzkonto
8010 Schlussbilanzkonto
8020 GuV-Konto Gesamtkostenverfahren

Glossar

ABC-Analyse	Verfahren zur Schwerpunktbildung durch Dreiteilung: A: wichtig; B: weniger wichtig; C: unwichtig. Die Aktivitäten werden sich vornehmlich auf die A-Kategorie konzentrieren.
Abschreibungen	Wertminderung für Abnutzung, Verschleiß, Wertverlust usw. bei Gegenständen des Anlagevermögens.
Agio	Aufgeld; Betrag, um den der Preis oder Kurs über dem Nennwert eines Wertpapiers liegt.
AIDA	Werbewirkungsmodell (Stufenmodell) – Teilziele: Aufmerksamkeit (attention) / Interesse (interest) / Wunsch (desire) / Aktion (action). Das Werbung muß zunächst Aufmerksamkeit auslösen. Dann soll diese ihn motivieren, d. h. Interesse hervorrufen (Motivation). Der Umworbene soll den Wunsch verspüren, das Produkt, die Leistung zu kaufen. Dieser Wunsch (Kaufabsicht) muss später in der Kaufsituation zum Kauf führen.
akqusitorisches Potenzial	Präferenzschaffende Tatbestände eines Unternehmens. Fähigkeit des Unternehmens auf Grund, seines Rufes, seines Kundendienstes, der Qualität usw. Kunden zu gewinnen.
Aktiengesellschaft	AG; Kapitalgesellschaft mit eigener Rechtspersönlichkeit (juristische Person). Die Aktionäre haften nur mit der Einlage. Aktiennennwert mindestens 5,00 DM bzw 1 EUR. Gezeichnetes Kapital mindestens 100.000,00 DM bzw 50.00 EUR. Aktien können i. d. R. jederzeit (an der Börse) verkauft werden
aktive RAP	Aktive Rechnungsabgrenzungsposten. Dienen der periodengerechten Abgrenzung von Aufwendungen.
Anleihe	Festverzinsliches Wertpapier, verbrieft Gläubigerrechte, wird an der Börse gehandelt.
Annuitätendarlehen	Darlehen, das in gleich bleibenden Beträgen zurückgezahlt wird. Entsprechend der Tilgung sinkt der Zinsanteil und der Tilgungsanteil steigt.
Anspruchsgruppen	Personen, Gruppen oder Institutionen, die an der Unternehmung interessiert sind und gewisse Forderungen an sie stellen. Z. B. Aktionäre, Öffentlichkeit usw.
Arbeitsproduktivität	Arbeitsproduktivität = Ausbringungsmenge/Arbeitsleistung; Benennung: Stück/Arbeiter oder Stück/Arbeitsstunde
Arbeitsteilung	Zerlegen eines Arbeitsvorgangs in kleinste Teilelemente (Taylorismus) und deren Zuweisung an einzelne Arbeitsausführende. Am gleichen Arbeitsplatz fallen stets dieselben Arbeitsvorgänge an.
Assessment Center	Aufwändiges, mehrtägiges psychologisches Testverfahren, um die Eignung von Bewerbern bei der Einstellung oder Beförderung festzustellen und zur Prognose des Erfolgs potenzieller Führungskräfte. Z. B. Testverfahren, Simulationen, In-basket-Methode →
Baustellenfertigung	Das Produkt wird vor Ort an einer Baustelle produziert, da das Produkt (zumindest teilweise) unbeweglich ist (Raumzentralisation).
BEP	Break-even-point, Gewinnschwelle, Nutzenschwelle, Menge, ab der Gewinn erzielt wird

Beschaffungsmarketing	Langfristig: Sicherung der Bezugsquellen und die Pflege der Beziehungen zu diesen. Kurzfristig: Beschaffungsmarktforschung, Segmentierung, Einsatz der Beschaffungsmixinstrumente.
Betriebsmittel	Güter, die zur Produktion erforderlich sind und nicht Bestandteile der Endproduktion werden, z. B. Gebäude, Maschinen, Werkzeuge, Einrichtungen (Produktionsfaktor).
Betriebsoptimum	Menge, bei der die niedrigsten Stückkoste entstehen.
Betriebsstoffe	Stoffe, die, ohne selbst in die Produkte direkt einzugehen, zur Durchführung des Fertigungsprozesses benötigt werden, z. B. Schmiermittel, Reparatur- und Büromaterial.
bilanzielle Abschreibung	Absetzung für Abnutzung (Afa), Abschreibung in der GuV
Brainstorming	Problemlösungsverfahren, bei dem eine Ideensuchgruppe ohne Kritik möglichst viele Lösungsvorschläge unterbreiten soll („Ideenwirbel").
Cashflow	= Gewinn + Abschreibungen – Zuschreibungen + Erhöhung der langfristigen Rückstellungen – Verminderung von langfristigen Rückstellungen.
Chargenfertigung	In einem Produktionsvorgang (Füllmenge) hergestelltes Produkt, z. B. Farben, Tapeten. Die Produkte verschiedener Partien unterscheiden sich auf Grund der Abweichungen bei dem Produktionsvorgang.
CIM	Computerintegrierte Fertigung: Vernetzung von CAD, DAP, CAM und CAQ Komponenten zur computerunterstützen Fertigung.
Cost Center	Organisatorischer Teilbereich, für den eine eigene Kostenrechnung durchgeführt wird und zur Beurteilung bzw. Steuerung der Teilbereichsaktivitäten herangezogen wird. Der Bereichsleiter kann die Kosten und die Kostenentwicklung beeinflussen und ist dafür verantwortlich.
degressive Kosten	Die Kosten steigen in geringerem Maße als die Kosteneinflussgröße Beschäftigung.
Delkredere	Forderungsrisiko; Gewährleistung für den Eingang einer Forderung.
direct costing	Einfaches Teilkostenrechnungssystem
Disagio	Abgeld; Spanne, um die der Preis oder Kurs unter dem Nennwert eines Wertpapiers liegt.
doppelte Buchführung	Jede durch einen Geschäftsfall ausgelöste Buchung berührt mindestens zwei Konten. Die Ermittlung des Periodenerfolges geschieht zweimal durch die Bilanz und durch die GuV.
Doppik	Abk. für doppelte Buchführung
Economies of scale	Größenkostenersparnisse. Durch die zunehmende Betriebsgröße und die zunehmende Produktion verteilen sich die Fixkosten auf eine größere Anzahl von Produkten. Dies führt zu sinkenden Stückkosten.
Eigenkapitalrentabilität	$$\text{Eigenkapitalrentabilität} = \frac{\text{Gewinn} \cdot 100}{\text{Eigenkapital}}$$
Eigenverbrauch	Entnahme oder Verwendung von Vermögensgegenständen (Fertigerzeugnissen etc) der Unternehmung für unternehmensfremde bzw. private Zwecke.

eingeschränkter Wertezusammenhang	Bewertungsobergrenze sind die AHK bzw. die fortgeführten AHK (AHK – Afa).
eingeschränktes NWP	Bei einer dauernden Wertminderung ist der niedrigere Teilwert anzusetzen. Bei einer vorübergehenden Wertminderung darf der niedrigere Teilwert nicht angesetzt werden. Gilt für das Sachanlagevermögen.
Einzelfertigung	Die Produkte werden meist auf besonderen Kundenauftrag hin gefertigt.
eiserner Bestand	Bestand, der für „Notfälle" wie z. B. verzögerte Lieferung gehalten wird und im Normalfall nicht unterschritten werden sollte.
Emission	An die Umwelt abgegebene Schadstoffe aus Produktion, Distribution und Konsum.
empirisch	Aus der Erfahrung, aus der Realität, aus der Beobachtung, dem Experiment entnommen
Engpass	Auftreten knapper Kapazitäten. Produktionsfaktor (Maschine, Arbeitsstelle), der die höchstmögliche Produktion bestimmt.
ertragsgesetzlicher Kostenverlauf	S-förmiger Kostenverlauf, Abgeleitet aus dem Ertragsgesetz von Turgott. Gesetz der fallenden Grenzerträge.
Finanzanlagen	Vermögensgegenstände des Anlagevermögens, die auf Dauer finanziellen Anlagezwecken (Ausleihungen und Wertpapiere) bzw. Unternehmensverbindungen (Beteiligungen) dienen.
Finanzierung	Maßnahmen der Mittelbeschaffung und -rückzahlung. Bilanziell: Passiva, rechte Seite der Bilanz.
fixe Kosten	Kapazitätskosten. Vom Beschäftigungsgrad unabhängige Kosten.
Fließfertigung	Die Betriebsmittel und Arbeitsplätze sind in der Reihenfolge der auszuführenden Arbeiten angeordnet. Die Arbeitszeit ist getaktet. Das Bearbeitungobjekt wird von Arbeitsplatz zu Arbeitsplatz transportiert.
Fluktuation	Wechsel eines Arbeitnehmers von einem Arbeitgeber zu einem anderen. (Manchmal auch gebraucht für den Wechsel des Arbeitsplatzes.).
gemeiner Wert	Preis, der im gewöhnlichen Geschäftsverkehr nach der Beschaffenheit des Wirtschaftsguts bei einer Veräußerung zu erzielen wäre. Dabei sind – außer ungewöhnlichen und persönlichen Verhältnissen – alle Umstände zu berücksichtigen, die den Preis beeinflussen.
gemildertes NWP	Bei einer dauernden Wertminderung ist der niedrigere Teilwert anzusetzen. Bei einer vorübergehenden Wertminderung kann der niedrigere Teilwert angesetzt werden. Gilt für Finanzanlagen.
geometrisch-degressive Afa	Abschreibung vom Buchwert. Fallende Jahresabschreibungsbeträge. Steuerlich zulässig: 3fache lineare Afa, max. 30 %.
geringwertige Wirtschaftgüter	Bewegliche selbstständig nutzbare Wirtschaftsgüter mit AHK ≤ 800,00 DM. Sie können im Jahr der Anschaffung voll abgeschrieben werden (Wahlrecht).
Gesamtkapitalrentabilität	$\text{Gesamtkapitalrentabilität} = \dfrac{(\text{Gewinn} + \text{Fremdkapitalzins})100}{\text{Gesamtkapital}}$
Gewinnthesaurierung	Finanzierung durch einbehaltene Gewinne. Selbstfinanzierung.

Globalisierung	Unternehmen treten weltweit als Nachfrager und Anbieter auf. Diese Entwicklung erfasst nach und nach alle Märkte. Ausnutzung von Standortvorteilen, komparativer Vorteile und Erzielung von economies of scale.
GmbH	Gesellschaft mit beschränkter Haftung. Kapitalgesellschaft mit eigener Rechtspersönlichkeit. Haftungsbeschränkung der Gesllschafter auf die Einlagen und etwaige Nachschüsse. Gesellschaftsvertrag mit großem Spielraum. Mindeststammkapital 50.000,00 DM bzw. 25.000 EUR, Geschäftsanteil mindestens 500,00 DM bzw. 100 EUR
Grenzertrag	Ertrag, den die Produktion einer zusätzlichen Einheit bzw. der Einsatz einer zusätzlichen Mengeneinheit eines Produktionsfaktors erbringt.
Grenzkosten	Kosten, die durch die Produktion einer zusätzlichen Einheit entstehen.
Grundgesamtheit	Menge aller Elemente, auf die ein Untersuchungsziel in der Statistik gerichtet ist. Die Grundgesamtheit muss exakt sachlich, räumlich und zeitlich abgegrenzt sein.
Gruppenfertigung	Es werden gleiche bzw. gleichartige Erzeugnisse in einer Ferigungsabteilung, in der mehrere Verrichtungen zusammengefasst sind, hergestellt. → Selbststeuernde Arbeitsgruppen.
GWG	Geringwertiges Wirtschaftsgut.→
Handelsvertreter	Handelsvertreter sind selbstständige Kaufleute, die Waren auf fremden Namen und fremde Rechnung, verkaufen. Für ihre Dienste erhalten sie eine Provision.
Hilfsstoffe	Stoffe, die in das Endprodukt eingehen, aber nicht wesentlicher Bestandteil sind, z. B. Lacke.
Immaterielle Wirtschaftgüter	Nichtstofflicher Vermögenswert eines Unternehmens wie Firmenname, Firmenwert, Konzessionen; verschiedene Rechte wie Patente, Lizenzen usw.
Immissionen	Durch Emission in bestimmte Umweltmedien eindringender bzw. dort in bestimmten Konzentrationen vorhandener Schadstoff. Immissionen sind das Ergebnis von Emissionen.
Imparitätsprinzip	Prinzip der Ungleichbehandlung von Gewinnen und Verlusten. Nicht realisierte Verluste müssen i. d. R. ausgewiesen werden. Nicht realisierte Gewinne dürfen i. d. R. nicht ausgewiesen werden (Handelsrecht).
In-basket-Methode	Methode, um die Eignung von Bewerbern z. B. im Rahmen eines Assessment Centers festzustellen. Der Teilnehmer, der sich in die Rolle der Führungskraft versetzt, erhält ein Postkörbchen mit 14-40 einzelnen Schriftstücken, die Informationen zu Problemen. Er analysiert unter Zeitdruck, setzt Prioritäten und gibt Anweisungen. In einem Interview ist die Entscheidung zu begründen. Es werden u. a. Überblick, Delegationsfähigkeit, Entscheidungsvermögen, Organisationsfähigkeit, Belastbarkeit, Leistungskontrolle getestet.
Inhaberaktien	Aktien, die durch Einigung und Übergabe weitergegeben werden können.
Instanz	Eine Leitungseinheit mit Weisungsbefugnis gegenüber den ihr hierarchisch untergeordneten organisatorischen Einheiten z. B. Stellen oder Instanzen.
Investition	Meist langfristige Kapitalbindung (in Produktivgüter) zur Erwirtschaftung zukünftiger Erträge. Investitionen im Sachanlagevermögen, Kauf von Wertpapieren (Finanzinvestitionen) usw. Kurzfristige Kapitalbindung: z. B. Lagerinvestitionen (Vorratsinvestitionen).

Job Enrichment	Arbeitsbereicherung, Maßnahme, die durch eine Erweiterung des Entscheidungs- und Kontrollspielraums auf eine Verminderung der Arbeitsteilung abzielt. Ziel: Förderung der Arbeitsmotivation und Arbeitszufriedenheit.
Job Rotation	Systematischer Arbeitsplatzwechsel, um Kenntnisse und Erfahrungen zu vermitteln und/oder Arbeitsmonotonie und einseitige Belastung zu vermindern.
Just-in-time-Beschaffung	Beschaffung von Roh-, Hilfs- und Betriebsstoffen sowie Fremdbauteilen entsprechend dem Bedarf in der Fertigung. Die Lagerhaltung wird auf den „eisernen Bestand" (→) reduziert. Die Lagerhaltung wird zum Lieferer verlagert.
Just-in-time-Produktion	Produktion auf Bestellung oder entsprechend der Absatzerwartungen. Das Fertiglager wird auf ein Minimum („eiserner Bestand") reduziert.
Kaizen	jap.: KAI = Wandel, ZEN = das Gute, ständige Verbesserung von Verfahren, Arbeitsbedingungen und Produkten
kalkulatorische Abschreibung	Abschreibungen in der Kosten- und Leistungsrechnung i. d. R. vom Wiederbeschaffungswert, linear, auf die tatsächliche Nutzungsdauer
Kapitalgesellschaft	Bei K. steht die kapitalmäßige Beteiligung der Gesellschafter im Vordergrund. Eine persönliche Mitarbeit der Gesellschafter ist nicht erforderlich. Eigene Rechtsfähigkeit. Handelt durch Organe. Die Anteile sind i. d. R. übertragbar. Beschlussfassung erfolgt i. d. R. nach dem Verhältnis der Kapitalbeteiligung. Die Haftung ist i. d. R. auf die Einlage beschränkt.
Kapitalumschlag	Verhältnis vom Umsatz zum Eigenkapital bzw. zum Gesamtkapital.
Kapovaz	kapazitätsorientierte variable Arbeitszeit, Arbeit auf Abruf Vereinbarung zwischen Arbeitgeber und -nehmer, dass der Arbeitnehmer seine Arbeitsleistung entsprechend dem Arbeitsanfall erbringt.
Kommanditgesellschaft	KG, Personengesellschaft, die aus einem oder mehreren vollhaftenden Gesellschaftern (Komplementäre) und aus einem oder mehreren beschränkt haftenden Gesellschaftern (Kommanditisten) besteht. Die Kommanditisten haben Informationsrechte, aber kein Recht zur Geschäftsführung
Kommissionäre	Kommissionäre sind selbstständige Kaufleute, die Waren im eigenen Namen auf fremde Rechnung verkaufen
Komparative Kosten	Werden in zwei Ländern zwei Produkte mit jeweils unterschiedlichen Kosten produziert, so führt eine Spezialisierung jedes Landes auf das Produkt, das die jeweils niedrigsten Kosten hat, zu einem wirtschaftlichen Vorteil für beide Länder. Dieser Vorteil besteht auch dann, wenn ein Land beide Produkte günstiger produzieren könnte als das andere Land. Begründung des internationalen Handels.
Konventionalstrafe	Vertragsstrafe, vertragliche Verpflichtung des Schuldners zur Zahlung eines bestimmten Betrages, falls er seine Leistung nicht oder nicht ordnungsgemäß erfüllt.
kurzfristige Preisuntergrenze	Preis, der kurzfristig nicht unterschritten werden darf; absolute Preisuntergrenze: Preis = kv
langfristige Preisuntergrenze	Niedrigster Preis, der langfristig nicht unterschritten werden darf; Preis = Stückkosten.
lineare Abschreibung	Abschreibung in gleichen Jahresbeträgen. Afa-Betrag = AK/ND.

Liquidität	Fähigkeit und Bereitschaft eines Unternehmens, seinen bestehenden Zahlungsverpflichtungen termingerecht und betragsgenau nachzukommen.
Logistik	Alle Prozesse innerhalb des Betriebes und zwischen den Betrieben, die der Raumüberbrückung und Zeitüberbrückung sowie deren Steuerung und Regelung dienen.
Makler	Handelsmakler vermitteln als selbstständige Kaufleute im fremden Namen und auf fremde Rechnung Geschäfte. Für ihre Dienste erhalten sie eine Maklergebühr (Courtage).
Marktetingmixinstrumente	Bestandteile:Produktmix, Kontrahierungsmix, Distributionsmix, Kommunikationsmix.
Massenfertigung	Es wird eine unbegrenzt hohe Stückzahl als Massenartikel für den anonymen Markt produziert.
mehrstufige DB-Rechnung	Neben den variablen Kosten werden die zurechenbaren fixen Kosten auf Produkte, Produktgruppen etc. und schließlich auf das Unternehmen stufenweise zugerechnet. Ermittlung von DBI, DBII, DBIII usw.
Namensaktien	Aktien, die auf einen Inhaber lauten. Sie können nur durch Indossament weitergegeben werden. Ferner muss die Weitergabe der AG zur Eintragung gemeldet werden. Vinkulierte Namensaktien: Dem Verkauf muss die Aktiengesellschaft zustimmen.
NC-Maschinen	Numerisch gesteuerte (numerical control) Werkzeugmaschine, die automatisch die einzelnen Bearbeitungsschritte zur Erstellung eines Werkzeugstücks durchführt. Die Arbeitsfolge ist durch ein Programm festgelegt.
Niederstwertprinzip	Von zwei möglichen Wertansätzen ist der niedrigere anzusetzen.
Normung	Vereinheitlichung von materiellen und immateriellen Gegenständen (Normen). National: DIN (Deutsches Institut für Normung); Europa: CEN (Comité Européen de Normalisation); International: ISO (International Organization for Standardization).
offene Handelsgesellschaft	oHG; Personengesellschaft, die aus zwei oder mehreren gleichberechtigten und voll haftenden Gesellschaftern besteht
optimale Losgröße	Zu produzierende Stückzahl einer Produktart, bei der die entscheidungsrelevanten Gesamtkosten (Rüst- und Lagerungskosten) ein Minimum bilden.
Outsourcing	Auslagerung betrieblicher Funktionen. Wertschöpfungsaktivitäten werden auf Zulieferer verlagert und die Leistungstiefe verkürzt.
Partiefertigung	Ein aus einer einheitlichen Rohstoffmenge hergestelltes Produkt. Die Produkte verschiedener Partien unterscheiden sich auf Grund der Abweichungen bei dem Rohstoff. Z. B. Kaffee aus Rohkaffee unterschiedlicher Anbaugebiete
passive RAP	Passive Rechnungsabgrenzungsposten. Dienen der periodengerechten Abgrenzung von Erträgen.
Pauschlwertberichtigung	Wertberichtigung auf Forderungen für das allgemeine Forderungsrisiko
Personalleasing	Überlassung von Arbeitnehmern (Leiharbeitnehmern) von einem Arbeitgeber (Verleiher) an einen anderen Arbeitgeber (Entleiher). Der Leiharbeitnehmer untersteht dem Weisungsrecht des Entleihers (Direktionsrecht).

Personengesellschaft	Zusammenschluss von mindestens zwei Personen zur Verwirklichung eines bestimmten Zweckes in der Rechtsform der Gesellschaft. Die Gesellschafter arbeiten persönlich mit, haben das Recht zur Geschäftsführung und haften i. d. R. mit ihrem geschäftlichen und privaten Vermögen. Z. B.; Gesellschaft des bürgerlichen Rechts, Partnerschaftsgesellschaft, OHG, KG.
Polypol	Marktform. Viele Anbieter und viele Nachfrager. Auf einem vollkommenen Markt sind die Anbieter Mengenanpasser und können den Preis nicht beeinflussen. Auf einem unvollkommenen Markt herrscht monopolistische Konkurrenz.
Portfolio	Anordnung von SGE in einer Matrix, um eine optimales Produktionsprogramm zu erreichen. Ursprünglich: Bezeichnung für den Bestand von Wechseln oder Wertpapieren eines Anlegers, eines Unternehmens oder einer Bank.
PPS	Produktionsplanungs- und Steuerungssystem. Softwaresystem, welches zur operativen Planung und Steuerung des Produktionsgeschehens in einem Industriebetrieb eingesetzt wird.
Präferenzen	Subjektive Bewertung von Gütern oder Unternehmen auf Grund persönlicher, standortbezogener o. ä. Merkmale, die zu einer Bevorzugung eines Gutes oder Unternehmens führt.
Preisuntergrenze	Preis, der nicht unterschritten werden sollte.
Productstewardship	Der Hersteller ist für den gesamten Lebenszyklus des Produktes verantwortlich. D. h. er muss auch für eine umweltsfreundliche Entsorgung einstehen. Die Verantwortung kann auch auf die Vorstufen ausgeweitet werden.
Produktivität	Produktivität = Output/Input; Ausbringungsmenge/ Einsatzmenge; Ergiebigkeit der betrieblichen Faktorkombination. Z. B. Arbeitsproduktivität, Produktivität des Bodens usw.
Profit Center	Organisatorischer Teilbereich, für den ein eigener Periodenerfolg (Gewinn) ermittelt und zur Beurteilung bzw. Steuerung der Teilbereichsaktivitäten herangezogen wird. Die Bereichsleiter operieren wie selbständige Unternehmer.
progressive Kosten	Die Kosten steigen stärker als die Kosteneinflussgröße Beschäftigung.
proportionale Kosten	Lineare Kosten, Teil der variablen Kosten, der sich im gleichen Verhältnis wie die Beschäftigung (Ausbringung) verändert.
Qualitätszirkel	Kleine Arbeitsgruppe von Mitarbeitern, die gemeinsam in ihrem Arbeitsbereich auftretende Probleme zu lösen versucht. Sie trifft sich regelmäßig, ist weitestgehend hierarchielos; der Leiter übernimmt die Moderatorenfunktion. Aufgaben: Persönliche Weiterbildung, gegenseitige Förderung sowie Kontrolle und Verbesserungen innerhalb ihres Bereiches.
Rationalisierung	Alle Maßnahmen, die der Verwirklichung des Rationalprinzips bei veränderten Bedingungen dienen. Z. B. Automatisierung durch den Einsatz von Bearbeitungszentren, flexiblen Produktionszellen und flexiblen Produktionssystemen, eines integrierten CIM-Konzepte
Recycling	Rückführung von Produktions- und Konsumabfällen in den Wirtschaftskreislauf. (Abfallwirtschaft). Z. B. Recycling von Altglas, Altpapier, Abwärme, Baterien usw.

Reihenfertigung	Die Betriebsmittel und Arbeitsplätze sind in der Reihenfolge der auszuführenden Arbeit angeordnet. Jeder Arbeitsplatz nimmt eine andere Verrichtung am gleichen Bearbeitungsobjekt vor. Zwischen den Arbeitsplätzen gibt es Zwischenlager, die die unterschiedliche Bearbeitungszeit ausgleichen.
relativer Deckungsbeitrag	Deckungsbeitrag je Engpasseinheit, z. B. Deckungsbeitrag pro Minute
Rohstoffe	Grundstoffe, die im Produktionsprozess in das Erzeugnis eingehen und die stofflichen Hauptbestandteile der Erzeugnisse bilden (z. B. Stahlblech).
ROI	Return-on-investment, ROI = Kapitalumschlag • Umsatzrentabilität; entspricht der Gesamtkapitalrentabilität oder Eigenkapitalrentabilität.
sachliche Abgrenzung	Abgrenzung von Aufwand und Kosten sowie Erträgen und Leistungen
Schuldscheindarlehen	Darlehen, über das ein Schuldschein ausgestellt wird. Großkredite, die von öffentlichen Stellen (Bund, Länder, Gemeinden) bestimmten Unternehmen bei Kapitalsammelstellen (z. B. Versicherungen) aufgenommen werden. Die Kapitalsammelstellen erhalten die erforderlichen Mittel von mehreren Kapitalgebern.
selbststeuernde Arbeitsgruppen	Einer Kleingruppe wird eine komplexere Aufgabe übertragen, deren Regelung von der Gruppe teilautonom vorgenommen wird. Dabei sind auch Führungsfunktionen wie Arbeitsvorbereitung, Arbeitsorganisation und Arbeitsergebniskontrolle an die Gruppe delegiert. Möglichst alle Arbeiten sollten von jedem Mitglied der Arbeitsgruppe beherrscht werden. Ziel ist die Anhebung der Qualität und der Arbeitszufriedenheit sowie die Senkung der Fehlzeiten (Volvo-Werke in Kalmar) .
Serienfertigung	Eine begrenzte Stückzahl (Serie) wird auf einer Anlage gleichzeitig oder unmittelbar nacheinander erstellt.
SGE	Strategische Geschäftseinheit. Produkt oder Produktgruppe die eine eigene Marktaufgabe erfüllt
signifikant	bedeutsam, kennzeichnend
Sortenfertigung	Es werden Varianten eines gleichen Grundproduktes, die sich nur bezüglich einzelner Merkmale unterscheiden, gefertigt.
Standardisierung	Vereinheitlichung im Zusammenhang mit der Produktgestaltung. Fixierung bestimmter Eigenschaften und Eigenschaftsprägungen von Produkten (End- und Vorprodukte). Überbetrieblich: Normung; betriebsbezogen: Typung.
stiller Gesellschafter	Am Handelsgewerbe eines Kaufmanns mit einer Einlage, die gegen Anteil am Gewinn in das Vermögen des Inhabers des Handelsgeschäfts übergeht, beteiligte Person. Er ist kein Gesellschafter und an dem Geschäftsvermögen der Firma nicht unmittelbar beteiligt.
Strenges NWP	Der niedrigere Teilwert ist anzusetzen. Gilt für das Umlaufvermögen.
Stückdeckungsbeitrag	db = Preis – variable Kosten, Beitrag eines Stücks zur Deckung der fixen Kosten bzw. zum Gewinn.
Stückkostendegression	Mit zunehmender Ausbringungsmenge verteilen sich die Stückkosten auf eine immer größere Stückzahl. Die Stückkosten sinken.
Substitution	Ersetzung von Produktionsfaktoren durch andere (substitutionale Produktionsfaktoren)

teilautonome Arbeitsgruppen	Selbststeuernde Arbeitsgruppen →
Teilkostenrechnung	Kostenrechnungssysteme, die nur einen Teil der Kosten (die variablen Kosten oder die Einzelkosten) auf die Kostenträger verrechnen. Verzichtet auf willkürliche Schlüsselung von fixen Kosten bzw. Gemeinkosten.
Teilwert	Betrag, den ein Erwerber des ganzen Betriebs im Rahmen des Gesamtkaufpreises für das einzelne Wirtschaftsgut ansetzen würde; dabei ist davon auszugehen, dass der Erwerber den Betrieb fortführt (§ 6 I Nr. 1 EStG, § 10 BewG).
time lag	Zeitabschnitt zwischen der Veränderung einer Größe (Ursache) und der Auswirkung dieser Veränderung auf eine andere Größe.
Typung	Vereinheitlichung im Zusammenhang mit der Produktgestaltung auf Unternehmungsebene. Produkttypen werden insbes. für komplexe Produkte der zusammenbauenden Produktion gebildet (z. B. Elektromotoren, Kraftfahrzeuge, Werkzeugmaschinen). Kostenvorteile resultieren aus größeren Serien
Umsatzrentabilität	Anteil des Gewinns am Umsatz in %.
variable Kosten	Vom Beschäftigungsgrad abhängige Kosten
virtuelle Teams	Teams, deren Mitglieder an verschiedenen Orten gemeinsam eine Aufgabe erledigen. Die Zusammenarbeit erfolgt über elektronische Medien wie z. B. Videokonferenzen, eMail, Internet usw.
Wandelschuldverschreibung	Anleihe, die nach einer bestimmten Zeit im bestimmten Verhältnis Aktien umgetauscht werden kann.
Werkstättenfertigung	Betriebsmittel mit gleicher Verrichtung werden zu einer Gruppe (Werkstatt) zusammengefasst (Verrichtungszentralisation). Die Werkstücke werden von Werkstatt zu Werkstatt transportiert.
Werkstattfertigung	Fertigung in einem mit verschiedenen Maschinen ausgestatten Raum, in dem das Produkt hergestellt wird
Wirtschaftgut	steuerrechtlicher Begriff, entspricht dem Vermögensgegenstand im Handelsrecht
zeitliche Abgrenzung	Periodengerechte Zurechnung von Aufwand und Ertrag.

Stichwortverzeichnis

Bildquellenverzeichnis